材料现代研究与测试技术

刘向春　王志华　郭一萍　王　涛　主编

中国建材工业出版社

图书在版编目（CIP）数据

材料现代研究与测试技术/刘向春等主编．--北京：中国建材工业出版社，2022.6

ISBN 978-7-5160-3406-4

Ⅰ.①材…　Ⅱ.①刘…　Ⅲ.①材料科学—研究方法—高等学校—教材　②材料科学—测试方法—高等学校—教材　Ⅳ.①TB3

中国版本图书馆CIP数据核字（2021）第247804号

材料现代研究与测试技术

Cailiao Xiandai Yanjiu yu Ceshi Jishu

刘向春　王志华　郭一萍　王　涛　主编

出版发行：中国建材工业出版社

地　　址：北京市海淀区三里河路11号

邮　　编：100044

经　　销：全国各地新华书店

印　　刷：北京雁林吉兆印刷有限公司

开　　本：787mm×1092mm　1/16

印　　张：24.25

字　　数：590千字

版　　次：2022年6月第1版

印　　次：2022年6月第1次

定　　价：85.00元

本社网址：www.jccbs.com，微信公众号：zgjcgycbs

前　言

材料现代研究方法是关于材料分析测试理论及技术的一门课程，内容包括X射线衍射分析、透射电子显微分析、扫描电子显微镜和电子探针显微分析、电子衍射分析、热分析及振动光谱等。由于篇幅所限，光学显微分析、核磁共振光谱分析等内容暂未编入。各章节内容均由活跃在材料科学领域第一线的从事科研和研究生教学的教师编写，参考了国内外一些材料研究与测试方面的专著、教材和学术期刊。在编写过程中，以基础理论为主线，以测试原理、仪器结构、测试要求介绍及实例分析为支撑，着重于将抽象的理论与实际的测试结果关联起来，学以致用，以提高学生对实验结果的总结和分析能力，锻炼学生的科学研究和工程实践能力。

全书共分7章，第1、3章由刘向春编写，第2章由刘向春、王涛、郭一萍共同编写，第3章由刘向春编写，第4章由王涛编写，第5章和第7章由王志华编写，第6章由郭一萍编写，全书由刘向春统稿。每章后均附有习题与思考题，以帮助学生掌握基本理论及重点知识。

本书可作为高等院校材料科学与工程专业、相关学科本科生及硕士研究生的教材使用，亦可供从事材料研究和开发的科技工作者和相关工程技术人员参考。

由于编者的学术水平有限，不足之处，欢迎读者批评指正。

编　者

2022年4月

目　　录

1

绪　论

1.1　材料研究的意义

材料的不同性能是材料内部因素在一定外界因素作用下的综合反映。材料的内部因素一般来说包括物质的成分和结构（从原子级的结构来说，是由化学键决定的）。物质的成分和结构直接决定了材料的性能和使用效能。在材料的制备和使用过程中，物质经历了一系列物理、化学或物理化学变化，从而决定了材料的性能和使用效能。

成分、结构、制备加工和性能是材料科学与工程的4个基本要素。从事材料研究，应着重于探索制备过程前后和使用过程中的物质变化规律，并在此基础上，探明材料成分、结构、制备加工和性能及其相互关系。

对原料、半成品、成品从宏观到微观各个层次进行检测，分析影响材料性能的各种因素，为原料选择、工艺改进、材料改性、研制新材料等提供理论依据，这对于材料的应用开发具有重要意义。

研究材料必须以正确的研究方法为前提。从广义上说，研究方法包括技术路线、实验技术、数据分析等；从狭义上讲，就是某一种测试方法。材料现代分析方法是关于材料分析测试技术及其有关理论的一门课程。

随着科学技术的进步，越来越多的测试方法应用到材料研究中，掌握这些研究方法有利于深入理解材料本质、提高材料研究水平，对于从事材料研究的科技人员来说十分重要也非常必要。

1.2　材料结构和研究内容

1.2.1　材料结构及其层次

结构是指材料系统内各组成单元之间的相互联系和相互作用方式。

从存在形式上讲，无非是晶体结构、非晶体结构、孔结构及它们之间不同形式且错综复杂的组合或复合；从尺度上讲，分为宏观结构、显微结构、亚微观结构、微观结构等不同的层次。

结构层次大体是按观察工具（设备）的分辨率范围来划分的。一般分为以下几个层次（表1-1）。

表1-1　材料结构层次的划分

物体尺寸	结构层次	观测设备	研究对象	举例
100μm以上	宏观结构（大结构）	肉眼、放大镜、实体显微镜	大晶粒、颗粒基团	断面结构、外观缺陷、裂纹、空洞
100～10μm	显微结构	偏光显微镜	晶粒、多相基团	相分定性和定量晶形、分布及物象光学性质
10～0.2μm		反光显微镜、相衬显微镜、干涉显微镜	微晶基团	物相或颗粒形状、大小取向、分布和结构，物相的部分光学性质：消光、干涉色、延性、多色性等
0.2～0.01μm	亚微观结构（细观结构）	暗场显微镜、超视显微镜、干涉相衬显微镜、电子显微镜、扫描电子显微镜	微晶胶团	液相分离体，沉积，凝胶结构，界面形貌；晶体构造的位错缺陷
＜0.01μm（即＜10nm）	微观结构	场离子显微镜、高分辨电子显微镜	晶格点阵	钨晶格、高岭石点阵

宏观结构：人眼（借助放大镜）可分辨的结构范围，结构组成单元是相、颗粒、组成材料（孔隙、裂纹不同材料的组合与复合方式等）。

显微结构：光学显微镜分辨的结构范围，结构组成单元是相（相的种类、数量、形貌、相互关系等）。

亚微观结构：普通电子显微镜分辨的结构范围，结构组成单元是微晶粒、胶粒等粒子（单个粒子的形状、大小和分布）。

微观结构：高分辨电子显微镜分辨的结构范围，结构组成单元是原子、分子、离子或离子团等质点（质点在相互作用力下的聚集状态、排列形式）。

人们对结构层次的划分、理解、认识并不统一，有三层次论、二层次论。三层次论：宏观结构、亚微观结构、微观结构；二层次论：宏观结构、显微结构。除了宏观结构可直接用肉眼观察外，其他层次结构的研究一般需要借助先进仪器。

1.2.2　材料研究的内容和研究方法的种类

材料分析已经成为材料科学的重要研究手段，广泛应用于解决材料理论和工程实际问题。其借助现代先进仪器，开展的材料研究主要包括以下内容。

① 组织形貌。包括材料的外观形貌、晶粒大小与形态、界面等。

② 成分和价键（电子）结构。包括宏观和微观化学成分、元素分布、元素的价键

类型和化学环境等。成分一般指化学成分，可以理解为物质的组成元素及各化学元素的比例。例如，Al_2O_3 的成分由 Al 和 O 元素组成，元素比例为 2∶3，其中的 Al 和 O 通常由 Al^{3+} 和 O^{-2} 组成，主要的价键类型为离子键。

③ 晶体物相结构。包括晶体结构，物相组成，各种相的尺寸与形态、含量与分布、位向关系及晶体缺陷等。物相结构一般指原子的连接方式和存在状态，连接方式不同，形成的晶体结构不同。例如，Al_2O_3 的物相结构是指 Al 原子和 O 原子的连接方式，根据原子连接方式和存在状态的不同，可以形成 α-Al_2O_3、β-Al_2O_3 和 γ-Al_2O_3 等不同晶体结构，α-Al_2O_3 晶体结构为密排六方结构，γ-Al_2O_3 为体心立方结构，而 γ-Al_2O_3 属于面心立方晶格，是一种缺陷型的尖晶石结构。因此，尽管它们的化学成分相同，但是由于原子排布和占位情况不同，导致结构不同，因而也具有不同的性能。

④ 有机物的分子结构。包括高分子链的局部结构（官能团、化学键）、构型序列分布、共聚物的组成等。

根据上述材料研究的内容，可将材料研究方法分为图像分析法和非图像分析法两大类。图像分析法主要是显微术，非图像分析法主要是衍射法和成分谱分析，如图 1-1 所示。

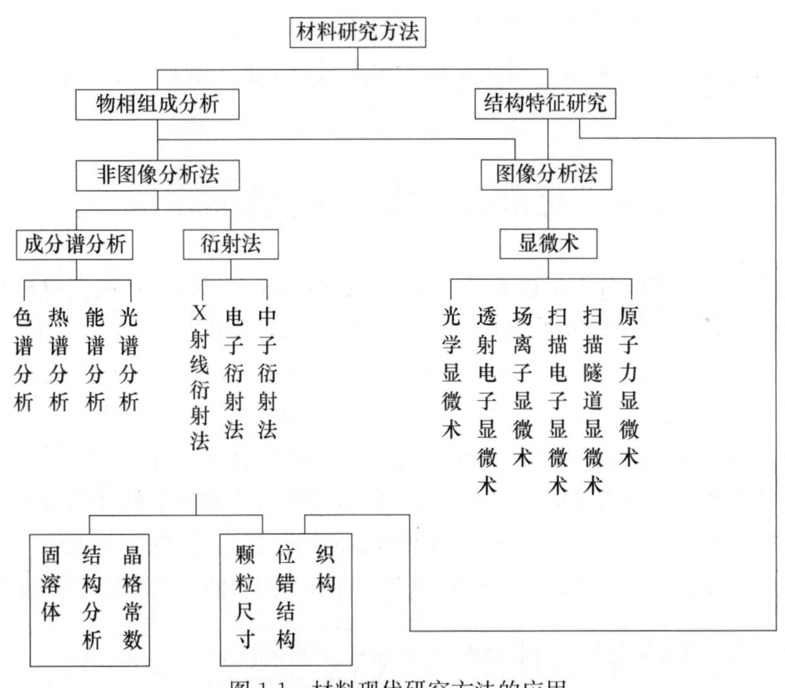

图 1-1 材料现代研究方法的应用

图像分析是材料结构分析的重要研究手段，借助光学显微镜、电子显微镜，根据图像（照片）的特点及有关的性质研究材料的组织形貌、显微和微观结构特征，以及微观结构参数（如纳米材料）的测定。

衍射法包括 X 射线衍射、电子衍射、中子衍射等分析方法，主要用来研究材料的物相结构及物相组成。

成分谱分析用于材料的化学成分分析，种类很多，包括光谱（紫外、红外、荧光等）、色谱（气相、液相、凝胶等）、热谱（差热、热重、差示扫描量热等）。

此外，基于其他物理性质或电化学性质与材料的特征关系而建立的色谱分析、质谱分析、电化学分析及热分析等方法也是材料分析的重要方法。但相对而言，上述四大类方法在材料研究中的应用更为频繁，因此，本教材重点介绍这 4 类常见的分析方法。

1.3 现代分析技术与常规研究方法的不同

材料现代分析技术与常规研究方法的不同主要表现在以下方面。

① 常规方法多半仅给出材料的宏观特性，并不涉及材料的微观结构。常规的光学显微镜受所用光线的干涉与衍射效应等限制，其分辨率极限仅约 2000 埃，而现代大型扫描电镜可分辨几个埃，已进入原子尺度，观察微观或显微结构。场离子显微镜则可直接观察原子的情况。

② 各种化学分析方法分析材料的成分时，所反映的是被分析材料的总体结构，而现代分析技术反映的则是材料最外层数埃范围内的所谓表面或近表面区的微区情况、纳米级或原子尺度范围内化学元素分布情况。

③ 常规方法一般都属于破坏性分析，大多数现代分析技术都是非破坏性的。

显然，从上述对比可看出，现代分析技术是以微观的、表面的、非破坏性方法为其特征的。

1.4 材料现代研究的基本原理

物质内部的结构和成分很难被人类直接观察到或直接加以操纵。人们对材料内部结构和成分的研究与对物质的了解过程类似，均是利用工具或相关仪器，采用间接的手段进行。一般的过程如图 1-2 所示，采用光、热、电、磁等能量对物质进行激发，物质将会产生诸如电子、光子、离子等信号或发生尺寸、重量、颜色等特征的变化，然后采用探测器对这些信号进行识别、拣选，再采用分析仪器对有用的信息进行分析，根据已有的物理和化学理论，推断和检测物质结构和成分。所有的现代分析技术基本都遵循这个原理。相应地，现代分析检测仪器一般也由激发源、探测器和分析仪三大部件作为主体结构，但是每一台具体的检测仪器，其部件的名称和类型可能有所不同，但主要功能是类似的。

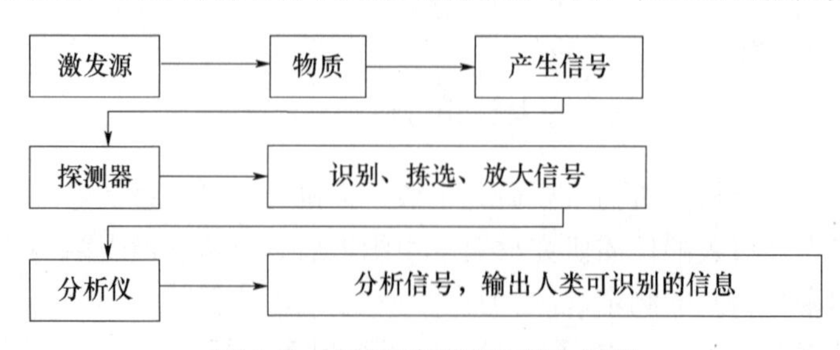

图 1-2 材料现代研究的基本原理

在学习每种检测方法时，应从上述基本原理和设备的基本构成出发了解检测原理，如此可以加深理解。

2

衍射的晶体几何学基础

晶体是固态物质之一。它是由原子、分子或原子集团在三维空间内呈周期规则排列而构成的固体。正是这种有规则的排列决定了晶体许多特殊的性质。只讨论有关原子在晶体中的排列方式和晶体的形状特点，不涉及产生这种现象物理本质的学科，称为晶体几何学。

利用X射线被晶体衍射这个物理现象，可以测定晶体中原子的排列方式和晶体形状特点及许多有关晶体几何学的特性。因此，在本章中，首先对利用X射线测量的对象——晶体做一个较为全面的了解，对晶体几何学做一些概括的介绍。

2.1 晶体结构和点阵结构

在晶体中，原子、分子或原子集团的排列规律称为晶体结构，有时也称为晶体的原子结构。

例如，NaCl晶体的晶体结构如图2-1（a）所示，它由Cl和Na两种原子构成。在三维空间内，Cl和Na原子相间分布，并且等距分布，同名原子之间的距离（沿3个棱方向）为0.5628 nm。图2-1中，原子之间的连线是为了图形观察方便而加上的。以后的图形都采用这种方法绘制。

又如，纯铜的晶体结构如图2-1（b）所示。它由一种原子（Cu原子）构成，原子之间的距离（沿3个棱方向）为0.361nm。

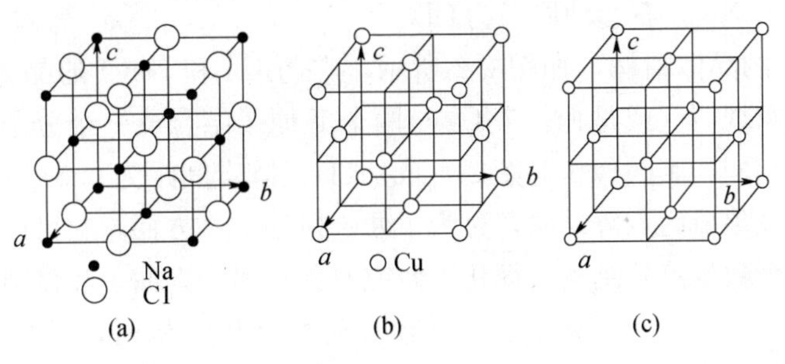

图2-1　晶体结构和点阵结构

任何一种晶体都有它自己特定的晶体结构。晶体结构的数目是极多的，并且不可能有两种晶体具有完全相同的晶体结构。如果两种晶体结构完全相同，则二者必定是同一种晶体物质。而一种晶体物质可有几种不同的晶体结构。

图 2-1 所示晶体结构只是晶体中很小的一部分。实际上，例如，$1mm^3$ 的纯铜晶体，将有 8.5×10^{19} 个原子。因此，只能绘出其部分图像代表整个晶体。根据图中所示的晶体结构，可以看出以下重要特点。

首先，如果将晶体沿任意两个同名原子的连线平移一个原子间距，例如，沿纸面右移，则移动之后又会回复到原始情况。或者说，通过平移可以获得整个无限大的晶体结构。晶体结构的这个特点称为平移。它是晶体结构对称性中一个很重要的特性。

其次，例如在 NaCl 晶体中，所有 Na 原子的前后、左右、上下都是等距分布的 Cl 原子；而在 Cl 原子的上下、左右、前后又都是等距分布的 Na 原子。同样，在 Cu 的晶体结构中，每一个 Cu 原子的上下、左右、前后都是等距分布的另外一些 Cu 原子。在晶体结构中，每一个同名原子所处的物理环境（它们周围的原子种类）和几何环境（周围各种原子的分布规律）均相同。在晶体结构中几何环境和物理环境完全相同的点称为等同点。在 NaCl 晶体中，Na 所在的位置就是一组等同点，而 Cl 所在的位置也是一组等同点。再仔细观察，可以发现，在晶体中的任一位置都可以找出一组等同点。

NaCl 和 Cu 的晶体结构是完全不相同的，但是从等同点的定义来讨论问题，二者就有了相似之处。两种晶体结构中，等同点的分布规律是完全相同的。在图 2-1（c）中，每一个点不代表某一种原子（不是 Cu 也不是 Na 或 Cl），而是代表 Cu 晶体结构中或是 NaCl 晶体结构中一组等同点的分布规律。这个等同点的分布规律称为点阵结构，而图中每一个等同点称为阵点。

再从另外一个角度来看，把 NaCl 晶体中每一对 Na 和 Cl 原子（规定选左边为 Na，右边为 Cl，两原子间距为 0.2614nm）看成一个牢固的不可再分的分子，则 NaCl 分子在其晶体中和 Cu 原子在其晶体中的分布规律是完全相同的。这个分布规律就是点阵结构。

一个点阵结构中的阵点，并不是一个实际存在的物质点，只是一个抽象的点。这些点只代表晶体结构中的等同点。当然，如果用图 2-1（c）的点阵结构代表 Cu 的晶体结构时，每一个阵点就代表一个 Cu 原子；如果用它代表 NaCl 晶体结构时，一个阵点就代表了一个 NaCl 分子（当然每个分子中的原子分布必须有相同的规律。在本例中，分子内左边的原子为 Na，右边的原子为 Cl）。

又如，CaF_2 的晶体结构，如图 2-2 所示，它与 Cu 和 NaCl 的晶体结构均不相同。但从等同点的分布规律（或是把一个 Ca 与两个 F 原子结合成一个分子）来考虑，它们的点阵结构完全相同，其图像仍是图 2-1（c）（只是阵点间距为 0.545nm）。

将晶体结构抽象成为点阵结构，是为了便于研究。一方面，它可以将众多的晶体结构抽象成为有限个数的点阵结构，简化了研究对象；另一方面，晶体结构的许多重要特点，点阵结构也都具有，如平移等。因此，在研究晶体结构时，都是首先研究点阵结构，然后再讨论每一个阵点的特性（所代表的原子及其分布规律），这样也就了解了晶体结构。

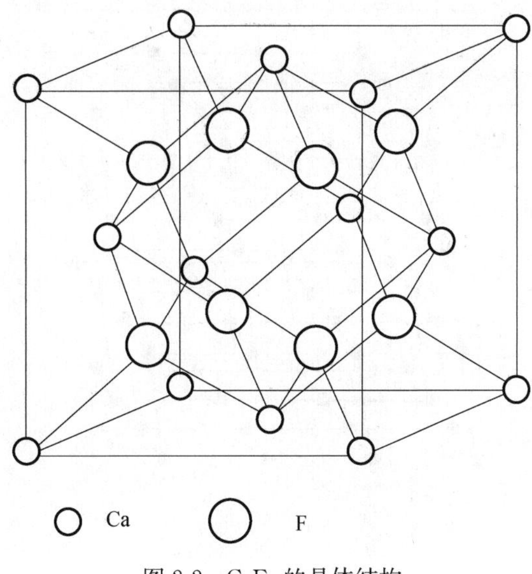

图 2-2 CaF_2 的晶体结构

所谓晶体，就是指内部质点在三维空间呈周期性重复排列的固体，这种周期性重复排列形成了点阵结构（或称为格子构造），因此，也可以说晶体是具有点阵结构（格子构造）的固体。

2.2 点阵与点阵结构

点阵是由许多阵点在三维空间内有规律地周期排列而成的一种空间图形（图 2-3)。这些阵点的排列规律称为点阵结构。每一个阵点代表晶体结构中的一个等同点。点阵结构（简称“点阵”）具有与晶体结构完全相同的特点，如排列的规律性、对称性等。

为了描述一个点阵，选择它的某一个阵点作为坐标的原点。再将由此原点与 3 个不在同一平面上的阵点连线定义为坐标轴，称为点阵轴，并依次（选用右手坐标系）定名为 a，b，c 轴。从原点沿 3 个点阵轴引出 3 个矢量 $\boldsymbol{a}$，$\boldsymbol{b}$，$\boldsymbol{c}$，矢量的模分别等于该轴上两个相邻阵点的间距。并定义此 3 个矢量为初基矢量，其模 a，b，c 称为点阵常数。3 个初基矢量之间的夹角 α，β，γ（其中 α 为 b 与 c 的夹角，依此类推）称为点阵轴夹角。a，b，c，α，β，γ 6 个数值总称为点阵常数（图 2-3)。

在一个点阵中，选择点阵常数的方法有许多种，在晶体几何学中，习惯上应当遵守以下几条原则。

① 由 $\boldsymbol{a}$，$\boldsymbol{b}$，$\boldsymbol{c}$3 个初基矢量所决定的平行六面体称为点阵胞。点阵胞必是一个平行六面体，应当充分反映点阵排列的几何特性、对称性等特点；

② 点阵常数 a，b，c，即点阵胞的棱长最好彼此相等或部分相等。点阵轴夹角 α、β、γ 应有较多的直角；

③ 在满足以上条件下，点阵胞应具有尽可能小的体积。

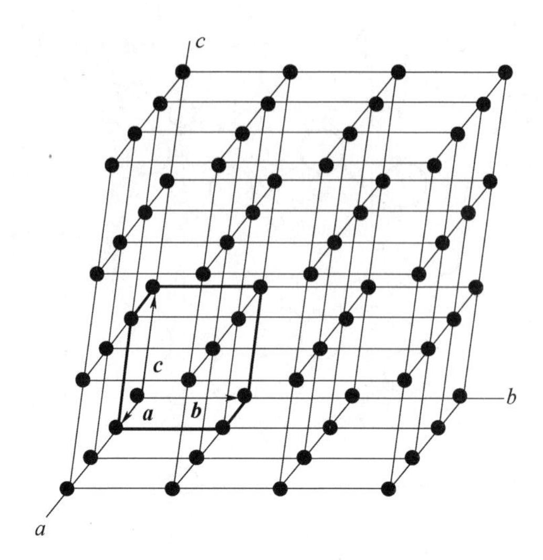

图 2-3　点阵与点阵胞

根据以上原则，只需要 7 种点阵常数的组合形式，就可以描述所有的点阵结构。此 7 种组合形式称为 7 种晶系。表 2-1 给出 7 种晶系的名称和它们的点阵常数的组合形式。

表 2-1　晶系与布拉维点阵

晶系	点阵参数	布拉维点阵名称	代号	基点阵点数目	基点阵点坐标*
三斜	$a \neq b \neq c$ $\alpha \neq \beta \neq \gamma \neq 90°$	简单三斜	P	1	0，0，0
单斜	$a \neq b \neq c$ $\alpha = \gamma = 90° \neq \beta$	简单单斜	P	1	0，0，0
		底心单斜	C	2	0，0，0；1/2，1/2，0
正交	$a \neq b \neq c$ $\alpha = \beta = \gamma = 90°$	简单正交	P	1	0，0，0
		底心正交	C	2	0，0，0；1/2，1/2，0
		体心正交	I	2	0，0，0；1/2，1/2，1/2
		面心正交	F	4	0，0，0；1/2，1/2，0； 1/2，0，1/2；0，1/2，1/2
四方	$a = b \neq c$ $\alpha = \beta = \gamma = 90°$	简单四方	P	1	0，0，0
		体心四方	1	2	0，0，0；1/2，1/2，1/2
菱形	$a = b = c$ $\alpha = \beta = \gamma \neq 90°$	简单菱形	R	1	0，0，0
六方	$a = b \neq c$ $\alpha = \beta = 90°$，$\gamma = 120°$	简单六方	P	1	0，0，0
立方	$a = b = c$ $\alpha = \beta = \gamma = 90°$	简单立方	P	1	0，0，0
		体心立方	I	2	0，0，0；1/2，1/2，1/2
		面心立方	F	4	0，0，0；1/2，1/2，0； 1/2，0，1/2；0，1/2，1/2

*基点阵点坐标均以点阵常数为度量单位。

点阵胞是点阵的最基本单位。一个点阵可以认为是由点阵胞无间隙地堆砌而成的，或是由点阵胞沿 3 个点阵轴方向平移而成的。研究点阵结构，只需要了解点阵胞，因为它可以说明点阵的全部特点。点阵胞是由 $\boldsymbol{a}$，$\boldsymbol{b}$，$\boldsymbol{c}$ 所决定的一个平行六面体。它的 8 个顶角必须都有阵点。如果只是在点阵胞的顶角上有阵点，则称此点阵胞为初基阵胞，或简单阵胞。

一个初基阵胞共有 8 个顶角，每一个顶角有一个阵点，所以共有 8 个顶角阵点。但是每一个顶角阵点为相邻的 8 个点阵胞所共有。因此，每一顶角阵点的 1/8 才属于这个点阵胞所有。最后可以计算出每一个简单阵胞只含有一个阵点顶角阵点。以后把完全属于一个点阵胞的阵点称为基点阵点。

一个简单阵胞只有一个基点阵点（图 2-4）。可以想象，把这个唯一的阵点放置在所选定的坐标系原点上，此时此基点阵点的坐标将是 0，0，0 。一个点阵可以由一个点阵胞平移而成，也可以通过沿 3 个坐标轴，以点阵常数为单位，平移基点阵点而成。

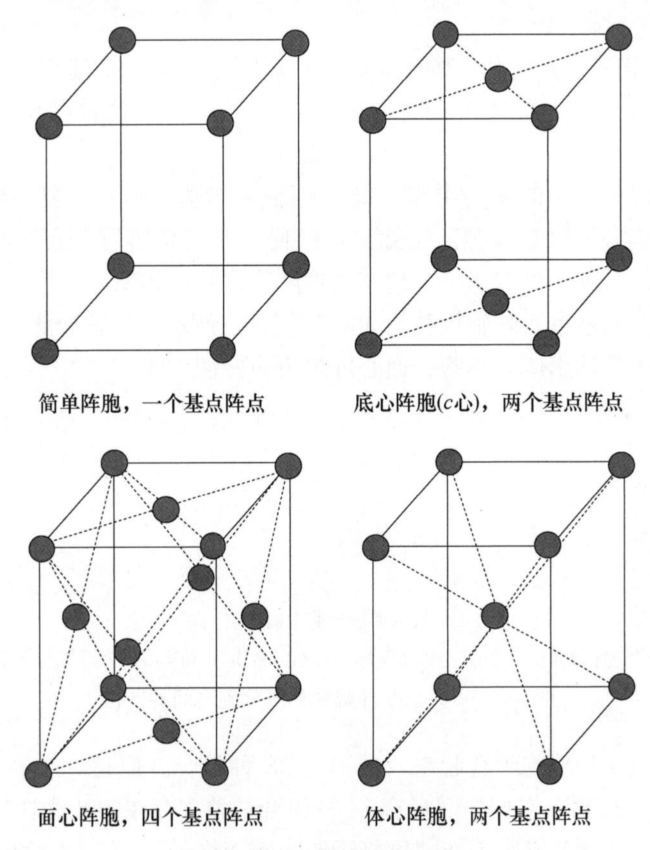

图 2-4　4 种阵胞及阵点位置

在讨论点阵胞的基点阵点时，曾规定在点阵胞的顶角上必须有阵点，由此构成初基（或简单）阵胞。但是，这并没有排斥在点阵胞的内部或点阵胞的面上出现阵点的可能性。如果一个点阵胞，除了在顶角上必有阵点外，在点阵胞的内部或其面上也有阵点时，则称此点阵胞为非初基阵胞或称为复杂阵胞。复杂阵胞中，阵点的数目必定大于 1。

复杂阵胞有以下几种。

在一个点阵胞的内部中心有一个阵点，则此阵点完全属于此点阵胞所有。因此，此点阵胞有两个基点阵点：一个阵点位于坐标原点处，其坐标为 0，0，0；而另一个阵点必定位于点阵胞的中心，其坐标应当是 $a/2$，$b/2$，$c/2$。如果以 a，b，c 为度量坐标轴的单位，则其坐标应当是 1/2，1/2，1/2，这种点阵胞称为体心阵胞（图 2-4）。

处于点阵胞面上的阵点应当属于两个点阵胞所共有，每个点阵胞分得 1/2 阵点，如果在一个点阵胞中，只有在一组相对的面中有阵点，则此点阵胞也有两个基点阵点，其坐标应当是 0，0，0 和 1/2，1/2，0（或 1/2，0，1/2，或 0，1/2，1/2。由此阵点处于哪对点阵胞面上来决定）。这种点阵胞称为底心阵胞（当基点阵点坐标为 1/2，1/2，0，即第二个基点阵点处于由 $\boldsymbol{a}$，$\boldsymbol{b}$ 所决定的平面中心）或侧心阵胞（当基点阵点坐标为 1/2，0，1/2 或 0，1/2，1/2，即阵点在由 $\boldsymbol{a}$，$\boldsymbol{c}$ 或 $\boldsymbol{b}$，$\boldsymbol{c}$ 所决定的平面上）（图 2-4）。

如果在点阵胞的 6 个面中心都有阵点，则点阵胞共有 4 个基点阵点，其坐标分别是 0，0，0；1/2，1/2，0；1/2，0，1/2；0，1/2，1/2。这种阵胞被称为面心阵胞（图 2-4）。

点阵胞只有以上讨论的 4 种类型。简单阵胞（初基阵胞）和复杂阵胞（非初基阵胞）——底心、体心、面心阵胞。实际上，任何一种复杂阵胞都可以用简单阵胞来代替。例如，一个面心阵胞可以用一个初基菱形阵胞代替，如图 2-5（a）所示；而一个体心阵胞可以用一个初基单斜阵胞代替，如图 2-5（b）所示。尽管如此，实际上，为了显示对称性，通常还是选用体心阵胞、面心阵胞更为方便一些。

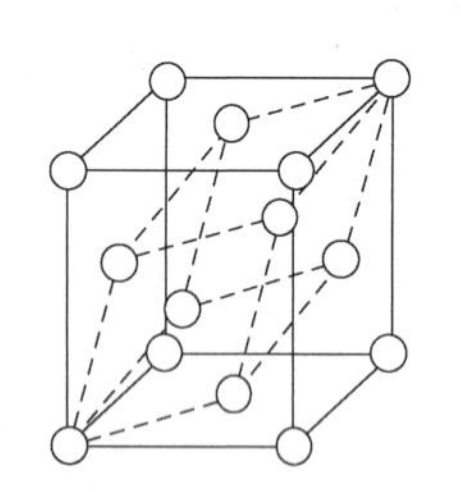

(a)面心阵胞与菱形阵胞的转换

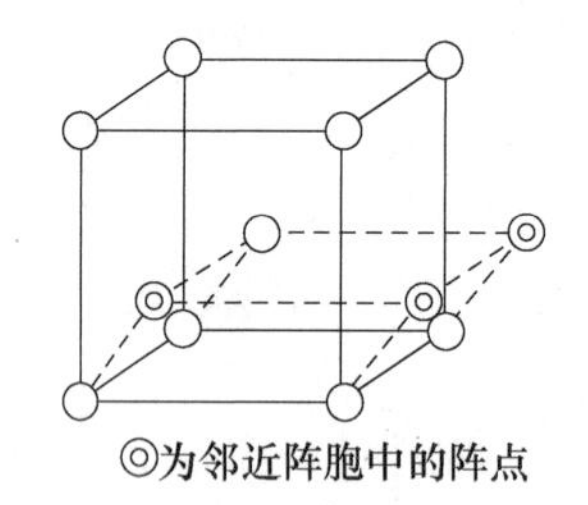

(b)体心阵胞与单斜阵胞的转换

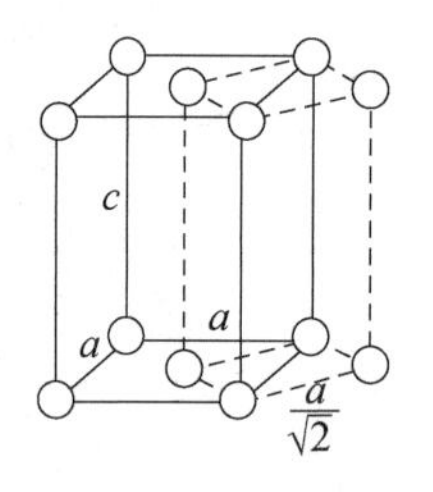

(c)底心四方阵胞与简单四方阵胞的转换

图 2-5　一些复杂阵胞和初级阵胞之间的转换

将 7 种晶系与 4 种阵胞组合起来，应当有 28 种组合。但是，法国晶体学家布拉维（Bravais A.）研究证明，它们中间只有 14 种组合是独立存在的，这就是所谓的 14 种布拉维点阵（又称为布喇非点阵或布拉维格子或布喇非格子）。表 2-1 给出了 14 种布拉维点阵的名称及它们的特性——代号、基点阵点数目、基点阵点坐标，并给出了晶系与布拉维点阵的关系。图 2-6 给出了 14 种布拉维点阵的示意图。

14 种布拉维点阵概括了所有晶体结构中原子的排列规律，它们也是 14 种点阵胞。晶系与点阵胞的另外 14 种组合是重复的，因此，不把它们看成一种布拉维点阵。例如，图 2-5（c）中一个所谓的底心四方点阵，实际上与简单四方点阵是一样的。此外，所谓的面心四方点阵也可以用体心四方点阵来代替。

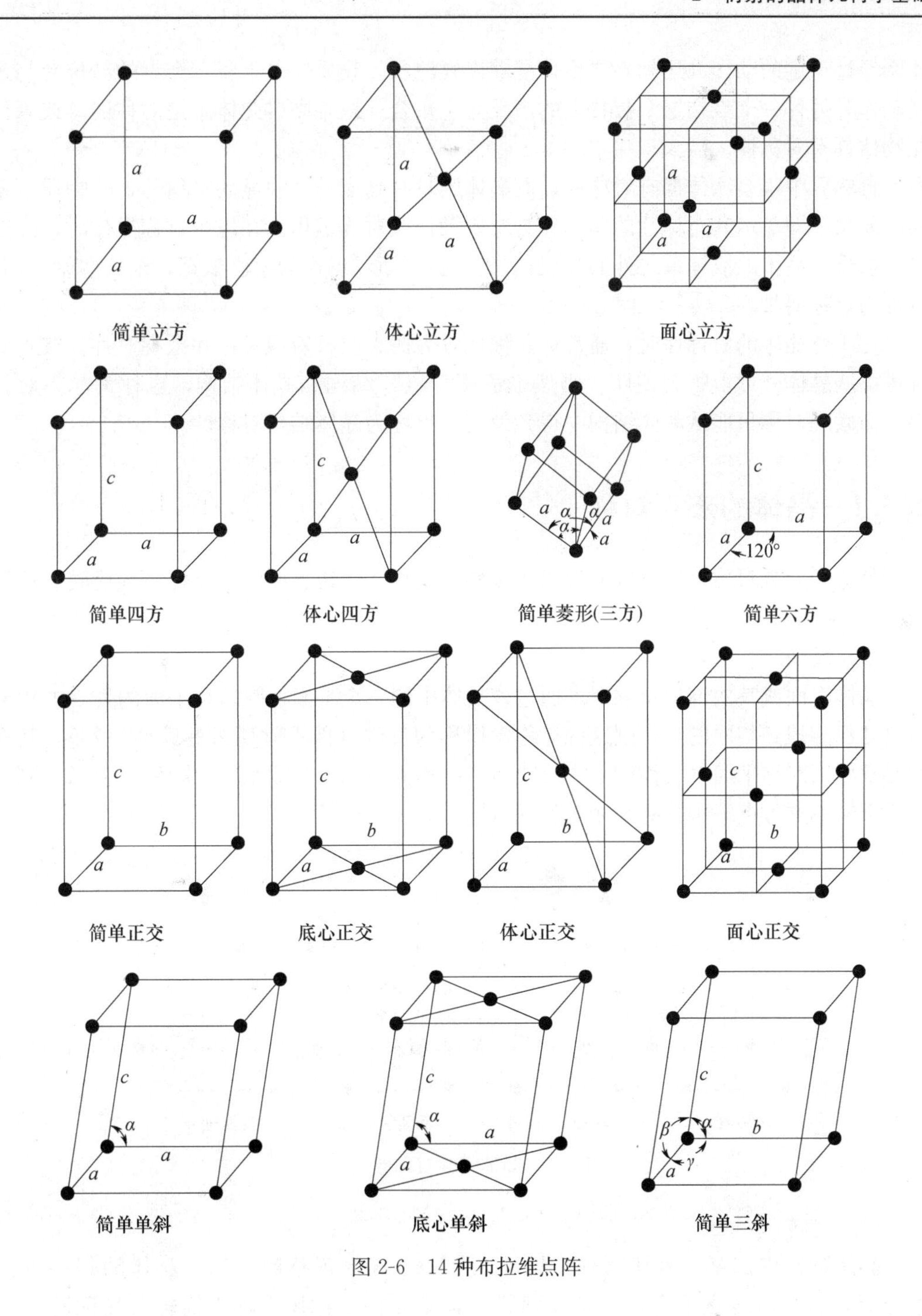

图 2-6　14 种布拉维点阵

2.3　晶体的对称性

不论是晶体结构或是点阵结构都具有各种对称性。对称性是物质体系中各组成部分或内部结构之间相互联系、相互作用的一种特殊几何性质。更具体地讲，如果一个物质体系经过一定的动作（运动）之后，能够恢复原状，物质体系上每一个点的新位置与未经动作时另外一个点在这个位置上的情况完全重合一致，则称此体系是对称的，或者说此物体具有对称性。

自然界中很多物体都有对称性，而晶体则具有高度的、明显的对称性。使物质体系回到原状，即显示其对称性的动作称为对称操作或对称运用。在进行对称操作时，必然要以物质体系中的或体系之外的某根轴（直线）、面或点作为中心依据，则这些轴、面、点称为对称要素。

在研究晶体的对称性时，通常把对称性分为两大类：宏观对称和微观对称。宏观对称可以从晶体外形上得到说明，当然也适用于点阵结构和晶体结构，也称为晶体对称性。而微观对称只能从晶体结构中得到说明，也称为晶体结构对称性。

2.3.1 晶体的宏观对称

晶体的宏观对称操作可以分为以下 4 种：反映、旋转、反演（反伸）和旋转—反演（旋转—反伸）。

（1）反映

晶体表面或其内部的每一个点通过该晶体中的一个平面反映，在平面的另一方相同距离处都能找到相同的点，则这种对称操作称为反映（即平常所讲的镜面对称）。其对称要素称为对称平面（又称镜面或反映面，简称为面）。在国际符号中用 m 表示。例如在一个简单立方点阵中共有 9 个对称面（图 2-7）。

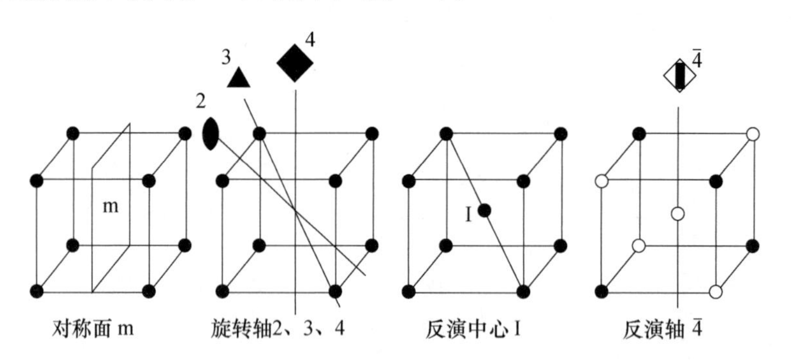

图 2-7　晶体宏观对称性图示

（2）旋转

晶体绕其内部某一直线（轴）转动 $360°/n$（n 是正整数）后，晶体的每一点都能与原始状态时各点重合，即恢复到原状，则此种对称操作称为旋转（又称转动）。对称要素为 n 次转动（旋转）轴。晶体中的转动轴只有一次、二次、三次、四次和六次转动轴，在国际符号中用 1、2、3、4、6 来表示。一次转动轴表示此晶体没有旋转对称性，而五次或高于六次转动轴是不存在的。在作图时，通常是用一个实心符号表示转动轴（图 2-7）。例如，一个简单立方点阵有 3 根四次轴，4 根三次轴和 6 根二次轴（图 2-7）。

(3) 反演(反伸)

晶体表面或其内部的一点与该晶体中心连一直线，并延长此直线与晶体的另一面或内部的另一点相交，如交点处也存在着一个与前者相同的点，则此种对称操作称为反演，对称要素称为对称中心。晶体中最多只能有一个对称中心(图 2-7)。在国际符号中用 I 表示这种对称性。

(4) 旋转—反演(旋转—反伸)

这是一种复合对称，晶体先绕一转动轴转动 $360°/n$ 后，再经反演操作而恢复原状，这种对称操作称为旋转—反演，对称要素称为反演轴。反演轴也分为一次、二次、三次、四次和六次 5 种，在国际符号中分别用 $\bar{1}$、$\bar{2}$、$\bar{3}$、$\bar{4}$ 和 $\bar{6}$ 表示。其中 $\bar{1}$ 相当于 I，$\bar{2}$ 相当于 m，$\bar{3}$ 相当于 3＋I，而 $\bar{6}$ 相当于 3＋m。当考虑到旋转—反演操作后，对称中心、对称面可以不再考虑，所有晶体的宏观对称性就可以通过旋转和旋转—反演来表示。

在一个晶体中可能同时具有多种宏观对称性。当多种对称性同时存在时，它们之间必然要相互派生、相互制约。可以用数学方法严格证明，晶体中的宏观对称性是按一定规律集合成对称组合的。能够独立存在的对称组合只有 32 种，称为 32 种点群(又称 32 种对称型或晶类)。这是一种关于晶体的分类方法，也就是说，将晶体的所有宏观对称性找出来，它们必是此 32 种对称组合之中的一种。

每一种晶系均与一定的对称组合(点群、对称型或晶类)相对应，并且每一种晶系都有一定的最低的对称要素。这是晶系的基本性质之一。正如可以根据点阵常数来区分晶系一样，也可以用最低对称性来区分晶系。例如，如果晶体的点群中有 1 根四次旋转轴，则此晶体必定属于四方晶系。表 2-2 给出每一晶系的最低对称要求和各种点群的符号及其对称组合。

从对称性角度来考虑，选择点阵胞时，希望点阵胞具有较高的对称性，并且要满足该晶系的最低对称性要求。例如，不可能出现底心立方点阵。因为这种点阵的对称性中是没有 4 根三次旋转轴的，所以它不具备立方晶系的对称性最低要求。这种所谓的底心立方点阵，实际上应当是简单四方点阵，它只符合 1 根四次旋转轴的最低要求。

2.3.2 晶体结构的微观对称

微观对称操作分为 3 种：平移、螺旋(旋转—平移)和滑移(反映—平移)。相应地，对称要素为平移方向、螺旋轴和滑移面。微观对称性只能使用在晶体结构上(部分可使用在点阵结构上)。

(1) 平移

前几节中已经讨论过平移，它是点阵和晶体结构具有周期性的基础。由 32 种点群再加上平移对称，可以有 14 种组合形式，称为 14 种平移群。实质上就是 14 种布拉维点阵。

表 2-2 晶系和点群

晶系	最低对称要素	晶类（点群）符号①			全部对称要素组合②
		熊夫列符号	国际符号（全）	国际符号（缩）	
三斜晶系	无	C_1	1	1	—
		C_i（S_1）	I（$\bar{1}$）	I（$\bar{1}$）	I
单斜晶系	1根二次旋转轴2或旋转—反演轴$\bar{2}$	C_s（C_{1h}）	m	m	m（$\bar{2}$）
		C_2	2	2	2
		C_{2h}	2/m	2/m	2mI
三方晶系（菱形晶系）	1根三次旋转轴3或旋转—反演轴$\bar{3}$	C_3	3	3	3
		C_{3i}（S_6）	$\bar{3}$	$\bar{3}$	$\bar{3}$（3I）
		C_{3v}	3m	3m	3_3m
		D_3	32	32	3_32
		D_{3d}	32/m	$\bar{3}$m	3_32_3m（3_32_3mI）
正交晶系	3根互相垂直的旋转轴$_3$2或旋转—反演轴$_3\bar{2}$	C_{2v}	2mm	mm	2_2m
		D_2（V）	222	222	$_32$
		D_{2h}（V_h）	2/m 2/m 2/m	mmm	$_32_3mI$
四方晶系	1根四次旋转轴4或旋转—反演轴$\bar{4}$	S_4	$\bar{4}$	$\bar{4}$	$\bar{4}$
		C_4	4	4	4
		C_{4h}	4/m	4/m	42I
		D_2d（V_d）	$\bar{4}$2m	$\bar{4}$2m	$\bar{4}_22_2m$
		C_{4V}	4mm	4mm	4_4m
		D_4	422	42	4_42
		D_{4h}	4/m4/m4/m	4/mmm	4_42_5mI
六方晶系	1根六次旋转轴6或旋转—反演轴$\bar{6}$	C_{3h}	$\bar{6}$	$\bar{6}$	$\bar{6}$（3m）
		C_6	6	6	6
		C_{6h}	6/m	6/m	6mI
		D_{3h}	$\bar{6}$2m	$\bar{6}$2m	$\bar{6}_32_3m$（3_32_4m）
		C_{6v}	6mm	6mm	6_6m
		D_6	622	62	6_62
		D_{6h}	6/m 2/m 2/m	6/mmm	6_62_7mI
立方晶系	4根三次旋转轴$_4$3	T	23	23	$_43_32$
		T_h	2/m$\bar{3}$	m3	$_43_32_3mI$
		T_d	$\bar{4}$3m	$\bar{4}$3m	$_3\bar{4}_43_6m$
		O	432	43	$_34_43_62$
		O_h	4/m $\bar{3}$ 2/m	m3m	$_34_43_62_4mI$

①晶类符号的意义见国际X射线晶体学表（International Tables for X-Ray Cryatsllography）。

②全部对称组合符号中较小的数字表示其后边对称要素的数目。

（2）螺旋（旋转—平移）

这是一种复合对称操作，是旋转与平移的组合。晶体中某一点（原子）绕旋转轴转动 360°/n 后，再沿此轴平移一定距离，晶体恢复到原始状态。图 2-8 给出有关四次旋转轴，3 种四次螺旋轴和四次反演轴的示意图。平移与二次、三次、四次和六次旋转轴相结合，可以得到 13 种螺旋轴。它们是 2_1、3_1、3_2、4_1、4_2（$=2_1$）、4_3、6_1、6_2、6_3（$=2_1$）、6_4、6_5。

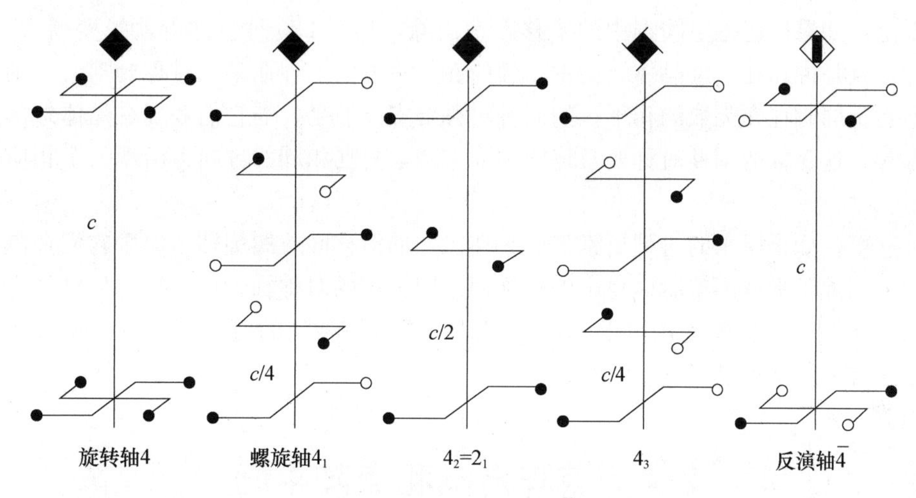

图 2-8　4、4_1、4_2、4_3 和$\bar{4}$示意

（3）滑移（反映—平移）

这是一种复合操作，是反映与平移的组合。晶体中任一点（原子）先进行反映操作，然后再沿反映面平移一定距离，晶体恢复到原始状态。例如，图 2-1 所示的 NaCl 晶体结构就具有滑动对称面（图 2-9），其中一个滑动对称面就是一个平行于 a，b 组成的并与原点相距为（1 /4）c 的平面。平移的矢量将是 $\boldsymbol{t}=$（1/2）b 或（1/2）a。

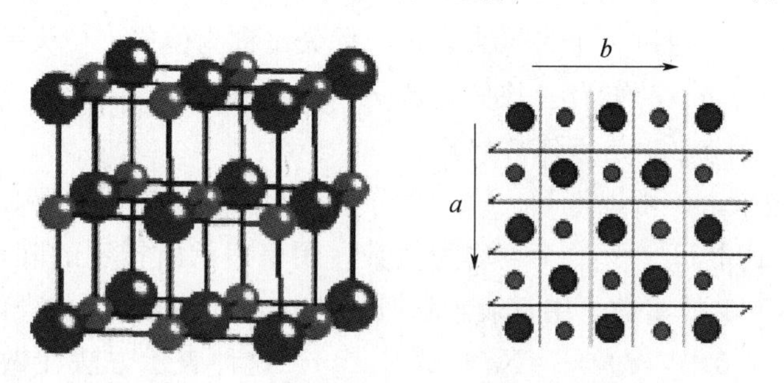

图 2-9　NaCl 晶体结构中的 a 滑移面和 b 滑移面

微观对称的分析较为复杂，只做以上简单介绍。如果将 7 种对称要素组合起来，可以得到 230 种组合，称为 230 种空间群。它表示了所有晶体结构，以对称组合来分类，共有 230 种组合类型。

晶体的对称型与空间群是统一的又是有差异的，这种差异的根本点就在于是否出现平移这一对称操作。

晶体的几何外形是有限图形，平移这一对称操作是根本不能成立的，因而对称型中的所有对称要素，都必须是共点，它们只具有方向上的意义，而不存在位置在哪里的问题。

但是，对于晶体结构来说，由于它是一种无限图形，而且其中的质点都是在三维空间呈周期性重复排列的，它就必定存在平移因素。

空间群与对称型之间又是统一的，230 种空间群分属于 32 种对称型（点群），其间的关系是：如果设想把空间群中的平移因素消除，那么 230 种空间群就蜕变成 32 种对称型。这就是说，在一个晶体结构中，假如在某一方向上存在某个对称要素时，则在该方向上必定同时存在无数的相平行的同种对称要素。但是，当它们表现在晶体外部的对称性上时，这无数的同种对称要素将归并成一个，只在相同的方向上出现一个相应的对称要素。

在这里，如果原来的对称要素带有平移操作的滑移面或螺旋轴，那么它们在晶体外部将变为消除了平移因素后而得出的对称面或同轴次的对称轴。

利用 X 射线研究方法，可以测定晶体结构或点阵结构的对称性。但用得较多的是测定平移群，其次是点群。

2.4　点阵方向和点阵平面

在点阵中任一阵点的位置可以用它的坐标来表示。假如，根据晶系要求，选定点阵轴的位置，并以点阵常数 a、b、c 作为三轴的测距单位，则阵点坐标可以用 U、V、W 来表示。当点阵具有简单阵胞时，U、V、W 必定是整数；当点阵具有复杂阵胞时，U、V、W 必定是实数。如果三坐标中有负值时，习惯在其数字上加一短横表示。如果要用真实尺寸表示阵点的位置，则应写成 Ua，Vb，Wc。

表示阵点位置亦可通过一个矢量来表示，此矢量称为位矢。位矢的表达式为 $\boldsymbol{r}=U\boldsymbol{a}+V\boldsymbol{b}+W\boldsymbol{c}$（当以 $\boldsymbol{a}$、$\boldsymbol{b}$、$\boldsymbol{c}$ 作为三基矢）或 $\boldsymbol{r}=Ua\boldsymbol{a}_0+Vb\boldsymbol{b}_0+Wc\boldsymbol{c}_0$（$\boldsymbol{a}_0$、$\boldsymbol{b}_0$、$\boldsymbol{c}_0$ 为三晶轴的单位矢量，a、b、c 是点阵常数）。

对于复杂阵胞来讲，可以把 U、V、W 分解为两个部分。设 $U=U_1+X$，$V=V_1+Y$，$W=W_1+Z$，其中 U_1、V_1、W_1 均为整数，用来表示所指定的阵点属于哪个阵胞；X、Y、Z 均为小于 1 的实数，用它表示该阵点在阵胞中的位置。这样，一个位矢就可写成 $\boldsymbol{r}=(U_1\boldsymbol{a}+V_1\boldsymbol{b}+V_1\boldsymbol{c})+(X\boldsymbol{a}+Y\boldsymbol{b}+Z\boldsymbol{c})$。这种表示方法在做理论分析和计算时，有其方便之处。

在点阵中的任意一条直线必定至少要通过两个阵点。如果指定此直线的方向是从第 1 个阵点指向第 2 个阵点，则此直线称为点阵方向（在晶体结构中称为晶向）。通常是采用点阵方向指数（在晶体结构中称为晶向指数）来表示和说明一个点阵方向。

点阵方向指数（晶向指数）的求法有以下两种。

① 通过坐标原点，平行待定的点阵方向，并按其方向画一条直线。在此直线上找出任一阵点坐标，把它化成最小整数比，并加上方括号得 $[UVW]$，$[UVW]$ 即所求的

方向指数。当其中有负值时，则在该指数数字上加一短横表示。

② 方向指数 [UVW] 等于第 2 个阵点的坐标减去第 1 个阵点的坐标，在加方括号之前，应把 U、V、W 化成最小整数比。

点阵方向也可以用一个矢量来表示，$\boldsymbol{R}=U\boldsymbol{a}+V\boldsymbol{b}+W\boldsymbol{c}$，$U$、$V$、$W$ 即此方向的方向指数，它必定是整数。图 2-10 给出了立方点阵中几个点阵方向的示意图。

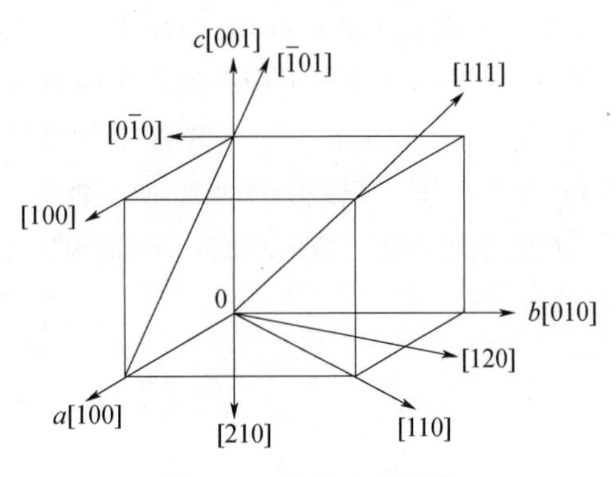

图 2-10　点阵方向示意

由于晶体具有对称性，则点阵方向之间也有对称关系。由对称性互相联系的，并在此方向线上阵点分布完全相同的所有点阵方向叫作方向族。表示这一族方向时，在其中的某一方向指数外边加上一个尖括号。例如，立方点阵的 4 个对角线 [111]、[$\bar{1}$11]、[1$\bar{1}$1]、[11$\bar{1}$]，就可以用一个<111>来表示。它们是以四次旋转轴 [001] 联系起来的。

由点阵中任意 3 个阵点（不包括原点）可以构成一个平面，称为点阵平面（简称点阵面，在晶体结构中称为晶面）。常用密勒（Miller）指数来表示点阵面和它在点阵中的位置、取向等。点阵面密勒指数的求法是：将待求点阵面扩大，使其与坐标轴相交，量出此面的 3 个截距（以 a、b、c 为测距单位）；再取截距的倒数，并化为最小整数比，用圆括号括起（hkl），即为所求的密勒指数，又称点阵面指数（晶面指数）。指数中有负值时，则在其数字上加一短横来表示。

任何点阵中的任一点阵面，都有一组等距离分布的点阵面和它平行，并且其中之一将通过原点。根据密勒指数的定义可以看出，（hkl）所指的点阵面应是这一组平行并等间距分布的点阵面中距原点最近的那个面。但是，密勒指数（hkl）实际上是代表了这一组平行的面。

当一组点阵面与另一组点阵面相互平行，但两组点阵面的面间距不同时，用密勒指数来表示此两组点阵面，应是（hkl）和（$nhnknl$），其中 n 为整数。但根据密勒指数的定义，指数应为最小整数比。因此，nh、nk、nl 中消去公因数 n，仍是 h、k、l。所以密勒指数不能反映相互平行的点阵面面间距不等的这种区别。在 X 射线实验中，有时这种区别是重要的。所以，在 X 射线学中经常采用另一种点阵面指数——衍射面指数。这种指数表示方法可以区分面间距不同但又相互平行的两组点阵面。

衍射面指数的求法是先求出点阵面与 3 个点阵轴的截距，再取截距的倒数。以下有两种可能：如果 3 个倒数都是整数，用圆括号括起，就是所求衍射面指数；如果 3 个倒数中有分数或小数，则将其化成最小整数比，再用圆括号括起，作为衍射面指数。从这种求法可以看出，衍射面指数中可能出现公因数。例如，(210) 表示一组点阵面，而 (420) 作为密勒指数是不可能的。因为它不是最小整数比，消去公因数 2，仍是 (210)。但作为衍射面指数 (210)、(420) 都是可以的，它们表示两组平行的衍射面，只是 (210) 衍射面的面间距是 (420) 衍射面面间距的 2 倍。

习惯上，用 (hkl) 泛指一个密勒指数，而用 (HKL) 泛指衍射面指数。利用密勒指数或衍射面指数表示一组相互平行且等间距分布的点阵面有许多方便之处。

首先，从指数中即可以得到点阵面在 3 个点阵轴上的截距。它们是 $1/H$、$1/K$、$1/L$（或 $1/h$、$1/k$、$1/l$），如果要求三截距的真实尺寸，则是 a/H、b/K、c/L。

其次，用两种指数可以求出面间距。晶系不同，求面间距的公式有所不同。设面间距为 d（以衍射面间距为例），则

立方晶系：
$$d=\frac{a}{\sqrt{H^2+K^2+L^2}} \tag{2-1}$$

四方晶系：
$$d=\frac{1}{\sqrt{\frac{H^2+K^2}{a^2}+\frac{L^2}{c^2}}} \tag{2-2}$$

六方晶系：
$$d=\frac{1}{\sqrt{\frac{4}{3}\frac{H^2+HK+K^2}{a^2}+\frac{L^2}{c^2}}} \tag{2-3}$$

正交晶系：
$$d=\frac{1}{\sqrt{\frac{H^2}{a^2}+\frac{K^2}{b^2}+\frac{L^2}{c^2}}} \tag{2-4}$$

假如衍射面指数中有公因数 n，即 $H=nh$，$K=nk$，$L=nl$，则可以得到以密勒指数表示的点阵面面间距为 $d_{(hkl)}=nd_{(HKL)}$，此式适用于所有晶系。

最后，利用衍射面指数（或密勒指数）可以求得两个面的夹角。对于不同晶系求面间夹角的公式不同。例如，对衍射面 $(H_1K_1L_1)$ 与 $(H_2K_2L_2)$ 的夹角为 φ 来讲，

立方晶系有：
$$\cos\varphi=\frac{H_1H_2+K_1K_2+L_1L_2}{\sqrt{H_1^2+K_1^2+L_1^2}\cdot\sqrt{H_2^2+K_2^2+L_2^2}} \tag{2-5}$$

四方晶系有：
$$\cos\varphi=\frac{(H_1H_2+K_1K_2)/a^2+L_1L_2/c^2}{\sqrt{(H_1^2+K_1^2)/a^2+L_1^2/c^2}\cdot\sqrt{(H_2^2+K_2^2)/a^2+L_2^2/c^2}} \tag{2-6}$$

六方晶系有：
$$\cos\varphi=\frac{\frac{4[H_1H_2+K_1K_2+(H_1K_2+H_2K_1)/2]}{(3a^2)}+\frac{L_1L_2}{c^2}}{\sqrt{\frac{4(H_1^2+H_1K_1+K_1^2)}{(3a^2)}+\frac{L_1^2}{c^2}}\cdot\sqrt{\frac{4(H_2^2+H_2K_2+K_2^2)}{(3a^2)}+\frac{L_2^2}{c^2}}} \tag{2-7}$$

在任何晶系中，均可能有若干组依据对称性相联系的且有相同阵点分布规律的点阵面，称为共族面（等同晶面），又称点阵面族。表示这些面族时，用大括号括起其中任一指数，如写成 $\{HKL\}$。例如，在立方晶系中，(100)、(010)、(001)、$(\bar{1}00)$、$(0\bar{1}0)$、

$(00\bar{1})$均属于$\{100\}$面族，联系它们的对称要素是四次旋转轴$<100>$。在四方晶系中，(100)、(010)、$(\bar{1}00)$、$(0\bar{1}0)$属于$\{100\}$面族，而(001)、$(00\bar{1})$则属于$\{001\}$面族。因为前者是以四次旋转轴为联系，而后者是以一根二次轴相联系的。

凡平行于同一点阵方向（即一直线）的点阵面的组合称为一个点阵带（在晶体结构中称为晶带），其中每一个点阵面称为共带面，而该点阵方向称为点阵带轴。各共带面的指数和面间距可能是完全不同的，但必须都平行于同一直线。假设点阵带轴指数（晶带轴指数）为$[UVW]$，而该点阵带中任一共带面指数为(HKL)，则二者必定满足以下关系：$HU+KV+LW=0$。这个关系就称为点阵带关系式（又称晶带轴定律）。任意两组不相互平行的点阵面$(H_1K_1L_1)$和$(H_2K_2L_2)$必定属于一个点阵带，其点阵带轴（晶带轴）的指数为：

$$\left.\begin{aligned} U&=K_1L_2-K_2L_1\\ V&=L_1H_2-L_2H_1\\ W&=H_1K_2-H_2K_1\end{aligned}\right\} \tag{2-8}$$

在讨论六方晶系的点阵方向和点阵面指数时，可能会遇到另一种表示方法，即所谓的四指数（又称密勒—布拉维指数）方法。在六方晶系中，选择晶轴时，不是选用3个坐标轴a、b、c，而是选用4个坐标轴a_1（即a），a_2（即b），a_3和c。并且，规定a_1、a_2、a_3共面，它们相互之间的夹角均是120°，c轴垂直于此面。表示一个空间系统只需要3个坐标即可。因此，在四坐标轴中，有一个（在此处为a_3）是多余的，它可以通过另外3个（或2个）坐标表示出来。采用四坐标轴的目的是便于显示其六次和三次旋转对称性（图2-11）。由于有4个坐标轴，所以方向指数和面指数均有4个数字。点阵面指数用$(hkil)$或$(HKIL)$表示。根据四坐标轴的几何关系可知，四指数中的h、k、l（或H、K、L）与三指数表示方法中的h、k、l（或H、K、L）完全一样，只是其中$i=-(h+k)$，或$I=-(H+K)$。

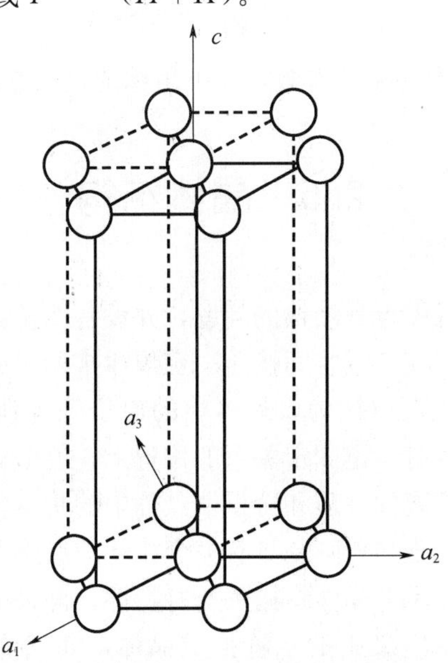

图2-11　六方晶系的三轴和四轴坐标系

因此，有时为了简便，点阵面的四指数直接写成（$hk \cdot l$）或（$HK \cdot L$），即用·代表 i 或 I，而不必计算。

当同一方向的四指数和三指数的表示方法分别用［$UVTW$］和［uvw］来表示时，它们彼此之间的关系是：

$$\left.\begin{aligned}U&=\frac{1}{3}(2u-v)\\V&=\frac{1}{3}(2v-u)\\T&=-\frac{1}{3}(u+v)\\W&=w\end{aligned}\right\} \tag{2-9}$$

从式（2-9）计算出的［$UVTW$］可能不是最小整数比或不是整数，但乘以或除以一个系数仍可变成最小整数比。由于换算关系比较复杂，习惯上在表示六方晶系的方向指数时，多采用三指数法。

在研究菱形晶系问题时，可以把其换算成六方晶系，并按照六方晶系有关公式计算，最后再换算回去，以表示最终结果。这样在计算上会简单。由菱形晶系换算成六方晶系，对点阵面指数有以下关系：

$$\left.\begin{aligned}H&=H_R-K_R\\K&=K_R-L_R\\L&=H_R+K_R+L_R\end{aligned}\right\} \tag{2-10}$$

对点阵常数及晶轴夹角有：

$$\left.\begin{aligned}a_R&=\frac{1}{2}\sqrt{3a^2+c^2}\\\sin\frac{1}{2}a_R&=\frac{3}{2\sqrt{3+(c/a)^2}}\end{aligned}\right\} \tag{2-11}$$

式中，有下角标 R 的是菱形晶系的参数，无下角标的是六方晶系的参数。

2.5 晶体结构

前面几节讨论的都是有关点阵结构的问题，并没有涉及实际晶体。一个晶体是由原子、分子或一组组原子集团在三维空间按照一定规律排列而成的固体，这种排列规律的抽象图样就是点阵。所以也可以认为，晶体中的原子等排列在各种布拉维点阵的阵点处，或者排列在和这些阵点有一定固定关系的位置上，就形成了各种各类的晶体。

点阵与晶体具有许多相同的性质和特点。点阵中的基本单位是点阵胞，与此相对应的，在晶体中应是晶胞。晶胞与点阵胞具有完全相同的点阵参数。与点阵胞能够表示点阵结构的特性一样，晶胞表示了晶体结构的所有特性。许多描述点阵的定义在描述晶体时也是完全适用的，只需将定义中的点阵换成晶体，如点阵方向——晶体方向（简称“晶向”）、点阵面——晶面、点阵带——晶带等。但是有些定义是有差别的，其中最主要的是基点阵点数目及坐标和基点原子数目及坐标之间的差别。在点阵中只有 4 种点阵胞，它们的基点阵点数目为 1、2 或 4，其坐标也是已知的、固定的。但在一个晶胞内，基点原子数目要由构成晶体的原子数目、种类而定，其坐标也必须经过实际测定。这是由一种点阵结构可以代表许多晶体结构而造成的。例如，图 2-1 和图 2-2 中一种面心立方点阵可以代表 Cu、NaCl、CaF_2 等晶体结构，而后三者在其晶胞中，基点原子数目均不相同，基点原子坐标也不相同。

最常见的晶体结构有以下几种。

2.5.1 每个阵点只代表一个同名原子的晶体结构

这类晶体结构的特点是原子的排列规律与阵点在点阵中完全相同，基点原子数目和坐标与基点阵点数目和坐标相同。许多纯金属都有这种晶体结构。

① 面心立方晶体结构（A1）。例如，Cu、Al、Ag、Au 等都具有这种晶体结构，如图 2-1（b）所示。每个晶胞中有 4 个基点原子，其点阵为面心立方点阵。基点原子坐标与其基点阵点相同。

② 体心立方晶体结构（A2）。例如，α-Fe、V、Mn、Mo 等都具有这种晶体结构，如图 2-12（a）所示。每个晶胞中有两个基点原子，其点阵为体心立方点阵。基点原子坐标与基点阵点相同。

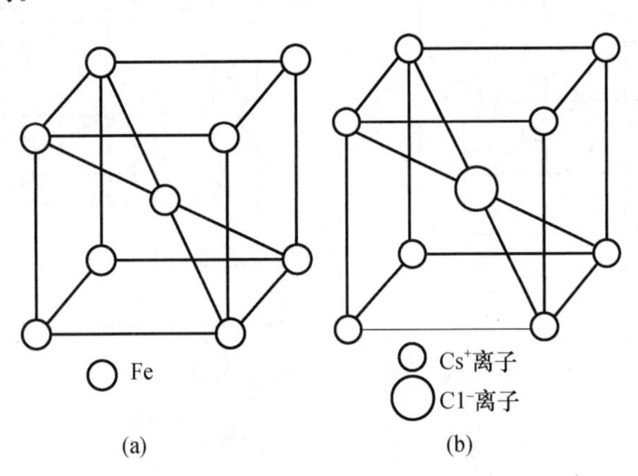

图 2-12　α-Fe（a）和 CsCl（b）的晶体结构

2.5.2 每个阵点代表两个或两个以上同名原子的晶体结构

在这种晶体结构中，要把两个或两个以上的同名原子“缔合”在一起，形成一个原子集团。这样，这些集团的分布规律才与点阵相同。

① 密排六方晶体结构（A3）。如 Ti、Mg、Zn、Zr 等具有这种晶体结构。它的点阵结构是简单六方点阵。每一个晶胞中有两个基点原子，其坐标为 0，0，0 和 1/3，2/3，1/2。也就是说，每一个阵点均是由两个原子“缔合”而成的。图 2-13 表示密排六方晶体结构（a）、两个基点原子“缔合”方式（b）和简单六方阵胞（c）的示意图。

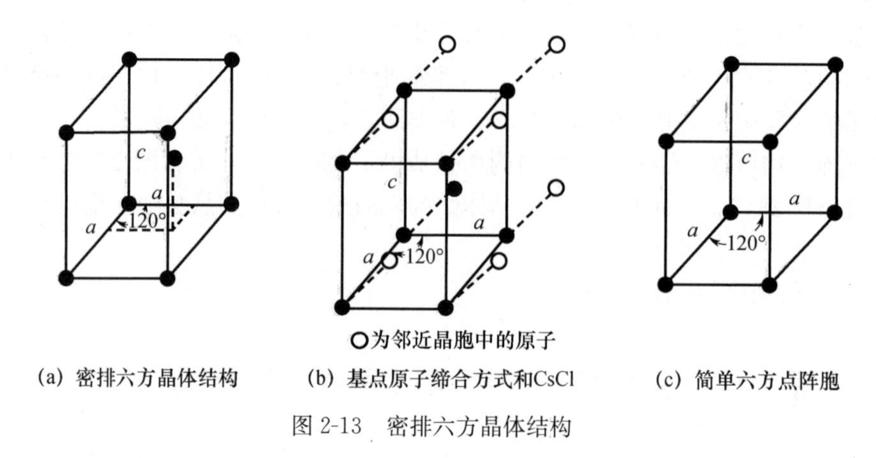

图 2-13　密排六方晶体结构

② 金刚石晶体结构（A4）。C（金刚石）、Si、Ge 等都具有这种晶体结构，如图 2-14 所示。在一个晶胞中有 8 个基点原子，基点原子的坐标为：0，0，0；1/2，1/2，0；1/2，0，1/2；0，1/2，1/2；1/4，1/4，1/4；3/4，3/4，1/4；3/4，1/4，3/4；1/4，3/4，3/4。其点阵为面心立方点阵，每个阵点相当于两个原子。

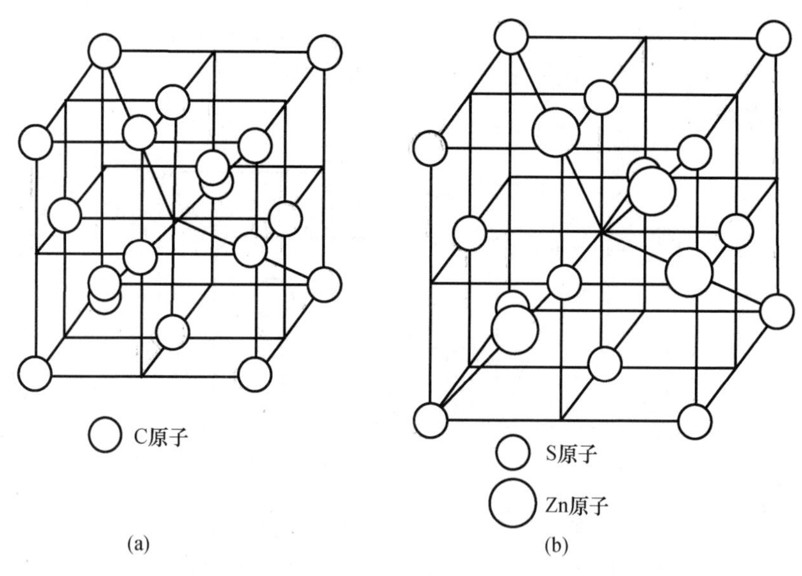

图 2-14　金刚石（a）和 ZnS（闪锌矿）（b）的晶体结构

2.5.3　由异类原子构成的晶体

由异类原子构成的晶体，其晶体结构都比较复杂。点阵结构可以看成晶体结构的骨架，而每个阵点是由一组不同名原子“缔合”而成的。当然，在平移这种晶体时，必须是从同类原子出发到达同类原子止。进行对称操作时应使同类原子相重合。同一类原子（如 A 原子）的分布规律要与另一类原子（如 B 原子）的分布规律相似，并且要有相同的与整体晶体一致的对称性。

比较简单的由异类原子构成的晶体，如 NaCl 晶体（图 2-1）。它具有面心立方点阵。单位晶胞中共有 8 个基点原子，有 4 个钠（Na）原子和 4 个氯（Cl）原子。Na 原子的坐标分别为 0，0，0；1/2，1/2，0；1/2，0，1/2；0，1/2，1/2；Cl 原子的坐标分别为 1/2，1/2，1/2；0，0，1/2；0，1/2，0；1/2，0，0。点阵中每个阵点可以看成由 Na 和 Cl 原子按正常价“缔合”的一个分子。KCl、CaSe、MgO 等都具有这种类型的晶体结构。

CsCl 晶体结构［图 2-12（b）］属于简单立方点阵。单位晶胞中有 2 个基点原子 Cs 和 Cl，它们的坐标分别是 0，0，0 和 1/2，1/2，1/2。由于 0，0，0 和 1/2，1/2，1/2 两个位置由不同名原子所占有，不是等同点，所以，只能将这两个原子“缔合”成为一个阵点。故 CsCl 晶体结构属于简单立方点阵。CsBr、NiAl 等晶体都具有这类晶体结构。

某些化合物具有所谓的金刚石型晶体结构，如闪锌矿（ZnS）。在单位晶胞内有 8 个基点原子，如图 2-14（b）所示。4 个 S 原子处于 0，0，0；1/2，1/2，0；1/2，0，1/2；0，1/2，1/2。4 个 Zn 原子处于晶胞之内，其坐标是 1/4，1/4，1/4；3/4，3/4，1/4；3/4，1/4，3/4；1/4，3/4，3/4。此种晶体结构属于面心立方点阵。HgS、CuI 等具有这类晶体结构。

在由异类原子构成的晶体中，晶胞内原子数目均较多，基点原子的排列方式各式各样。在已知基点原子数目和坐标的情况下，用作图法或计算结构因子法（详见第 4 部分）可以确定其点阵类型。

由异类原子构成的晶体中还有一种固溶体晶体结构。无序置换固溶体的晶体结构与溶剂的晶体结构相同，只是溶质原子部分置换了溶剂原子。这种晶体可以看成由一种平均原子［由 c%溶质原子加上（$100-c$）%溶剂原子组成］所形成的晶体，它的晶体结构、点阵结构均与溶剂相同，只是点阵常数有所不同（加大或缩小）。在有序置换固溶体中，因原子之间有次序地排列和置换，这种固溶体具有自己的晶体结构。间隙式固溶体是由间隙原子（溶质原子）处于溶剂晶体结构的空隙位置而形成的固溶体。根据溶质原子的大小、多少，间隙式固溶体可能与溶剂的晶体结构相同或不同。例如，α-Fe 具有体心立方晶体结构。当含有微量碳（质量分数不超过原子质量的 0.1%）时，晶体结构仍没有改变，只是点阵常数有所增大。但当含碳量继续增加，并经淬火形成马氏体后，这种间隙式固溶体的晶体结构具有体心四方类型。

2.6 点群和空间群的国际符号

对称面的国际符号表示为 m；对称轴国际符号为代表轴次的数字，如 1、2、3、4、6；旋转—反演轴的国际符号为在轴次的数字上面加一横杠，如 $\bar{1}$、$\bar{2}$、$\bar{3}$、$\bar{4}$ 和 $\bar{6}$。

点群是对称要素的组合，它的国际符号由不超过 3 个的位组成，根据所属的不同晶系，每个位分别表示晶体一定方向（指定的方向）上所存在的对称要素，如表 2-3 所示。即存在与该方向平行的对称轴或旋转—反演轴，以及存在与该方向垂直的对称面。

表 2-3 各晶系点群国际符号中 3 个位所代表的方向

晶系	以点阵胞 3 个矢量来表示			备注
	第一方向	第二方向	第三方向	
立方	$\boldsymbol{c}_0$	$(\boldsymbol{a}_0+\boldsymbol{b}_0+\boldsymbol{c}_0)$	$(\boldsymbol{a}_0+\boldsymbol{b}_0)$	1. $\boldsymbol{a}_0$ 代表 X 轴方向，$\boldsymbol{b}_0$ 代表 Y 轴方向，$\boldsymbol{c}_0$ 代表 Z 轴方向；$(\boldsymbol{a}_0+\boldsymbol{b}_0)$ 代表 X 轴与 Y 轴的角平分线方向；$(\boldsymbol{a}_0+\boldsymbol{b}_0+\boldsymbol{c}_0)$ 代表 X、Y、Z 轴体对角线方向；2. 三方和六方晶系均按轴定向取方位
四方	$\boldsymbol{c}_0$	$\boldsymbol{a}_0$	$(\boldsymbol{a}_0+\boldsymbol{b}_0)$	
三方、六方	$\boldsymbol{c}_0$	$\boldsymbol{a}_0$	$(2\boldsymbol{a}_0+\boldsymbol{b}_0)$	
斜方	$\boldsymbol{a}_0$	$\boldsymbol{b}_0$	$\boldsymbol{c}_0$	
单斜	$\boldsymbol{b}_0$			
三斜	$\boldsymbol{c}_0$（或任意）			

当这两类对称要素在同一方向上同时存在时，则写成分式的形式。例如，4/m 即代表该方向上有一个四次对称轴，同时还有一个对称面与它垂直。

例如，晶体中某一位对应的方向上，不存在对称要素时，则将该位空着或用 1 来填补空缺。

立方晶系点群可写为 $3L_4 4L_3 6L_2 9PC$，即包含 3 个四次对称轴、4 个三次对称轴、6 个二次对称轴、9 个对称面和 1 个对称中心，按照表 2-3 规定的 3 个位对应的方向，写出各对称要素对应的国际符号，即立方晶系点群国际符号为 4/m 3 2/m。

四方晶系点群为 $L^4 4L^2 5PC$，其国际符号规定的 3 个位及每个位所代表的方向是：$\boldsymbol{c}_0$，$\boldsymbol{a}_0$，$(\boldsymbol{a}_0+\boldsymbol{b}_0)$（表 2-3）。

首先写第一位 c_0 及其所代表的第一方向（Z 轴）上存在的对称要素，有一个 L^4（4）和垂直此 L^4 的对称面 P（m），因此第一位写作 4/m；

其次写第二位 a_0 及其所代表的第二方向（X 轴）上存在的对称要素，有一个 L^2（2）和垂直此 L^2 的对称面 P（m），因此第二位写作 2/m；

再次写第三位 $(\boldsymbol{a}_0+\boldsymbol{b}_0)$，代表第三方向（$X$ 轴与 Y 轴的角平分线）上的对称要素，有一个 L^2 和垂直此 L^2 的对称面 P，因此第三位写作 2/m。

最后将写出的 3 个位的符号按照规定的序位排列在一起，即 4/m 2/m 2/m，还可以简化为 4/mmm（简化时，有对称面的一般简化为面符号，有特征对称要素的不能简化）。

空间群的国际符号包括两个组成部分。符号前面的字母（大写斜体拉丁字母 P、C、I、F 或 R）表示布拉维点阵类型。后面继以点群的国际符号，但将其中的对称要素符号换上相应的微观对称要素的符号。

例如，$I4_1$/and 空间群，从符号的后面部分可知，它属于四方晶系 4/mmm 对称型；从符号的前面部分可知，它属于体心点阵。因此，属于四方体心点阵。此外，根据后面部分中列出的对称要素可知，在此晶体结构中，平行 Z 轴方向为螺旋轴 4_1，而且垂直 Z 轴有滑移面 a；垂直 X 轴为滑移面 n；垂直 X 轴与 Y 轴的角平分线则有滑移面 d。

了解了空间群国际符号的书写规则，从空间群国际符号便能很方便地辨认晶系。下面的规律可帮助我们快速识别晶系和点阵。

立方晶系：第 2 个对称符号为 3（如 $Ia3$，$Pm3m$，$Fd3m$）；

四方晶系：第 1 个对称符号为 4，4_1，4_2或 4_3（如 $P4_12_12$，$I4/m$，$P4/mcc$）；

六方晶系：第 1 个对称符号为 6，6_1，6_2，6_3，6_4或 6_5（如 $P6mm$，$P6_3/mcm$）；

三方晶系：第 1 个对称符号为 3，3_1或 3_2（如 $P31m$，$R3$，$R3c$，$P312$）；

斜方晶系：点阵符号后的全部 3 个符号是镜面、滑移面、2 次旋转轴或 2 次螺旋轴（即 $Pnma$，$Cmc2_1$，$Pnc2$）；

单斜晶系：点阵符号后有唯一的镜面、滑移面、二次旋转或者螺旋轴，或者轴/平面符号（即 Cc，$P2$，$P2_1/n$）；

三斜晶系：点阵符号后是 1 或 $\overline{1}$。

2.7 倒易点阵

利用点阵结构来研究晶体结构的几何特性是很方便的，也是很直观的。但是，在衍射实验中，直接引用点阵结构又是较为复杂的。为了使有关的衍射理论简化，并把晶体结构、点阵结构与衍射实验联系起来，就又引出了倒易点阵这样一种抽象图形。倒易点阵是研究衍射理论一个不可缺少的工具。

2.7.1 定义

X 射线在晶体中的衍射与光学衍射十分相似，衍射过程中作为主体的光栅与作为客体的衍射像之间存在着一个傅里叶（Fourier）变换的关系。

倒易点阵是在晶体点阵的基础上按照一定的对应关系建立起来的空间几何图形，是晶体点阵的另一种表达形式，相当于实空间的傅里叶变换。

倒易点阵是晶体点阵的倒易，它并不是一个客观实在，也没有特定的物理概念和意义，它纯粹是一种数学抽象。衍射花样实际上是满足衍射条件的倒易阵点的投影，可见，衍射花样是倒易空间的形象。从这个意义上讲，倒易点阵本身就具有衍射属性。晶体点阵中的二维阵点平面在倒易点阵中只对应一个零维的倒易阵点，晶面间距和取向两个参量在倒易点阵中只用一个倒易矢量表达。称为倒易点阵是因为它的许多性质与晶体点阵存在着倒易关系。为了便于区别，有时将晶体点阵称为正点阵（或真实点阵）。

利用倒易点阵处理晶体几何关系和衍射问题，能使几何概念更清楚，数学推演更简化。

用 $\boldsymbol{a}$、$\boldsymbol{b}$、$\boldsymbol{c}$ 表示正点阵 L 的 3 个基本平移矢量（也叫初基矢量，简称“基矢”）；用 $\boldsymbol{a}^*$、$\boldsymbol{b}^*$、$\boldsymbol{c}^*$ 表示倒易点阵 L^* 的 3 个基矢。倒易点阵 L^* 与正点阵 L 的基本对应关系为正交归一条件：

$$\boldsymbol{a}^* \cdot \boldsymbol{b} = \boldsymbol{a}^* \cdot \boldsymbol{c} = \boldsymbol{b}^* \cdot \boldsymbol{a} = \boldsymbol{b}^* \cdot \boldsymbol{c} = \boldsymbol{c}^* \cdot \boldsymbol{a} = \boldsymbol{c}^* \cdot \boldsymbol{b} = 0 \tag{2-12}$$

$$\boldsymbol{a}^* \cdot \boldsymbol{a} = \boldsymbol{b}^* \cdot \boldsymbol{b} = \boldsymbol{c}^* \cdot \boldsymbol{c} = 1 \tag{2-13}$$

共有 9 个方程式，可以由 $\boldsymbol{a}$、$\boldsymbol{b}$、$\boldsymbol{c}$ 唯一地确定 $\boldsymbol{a}^*$、$\boldsymbol{b}^*$、$\boldsymbol{c}^*$。

前面 6 个方程称为正交关系，给出了倒易基矢量的方向；后面 3 个方程称为倒易关系，给出了倒易基矢量的长度。

上面 9 个方程式，也可以写成矩阵形式：

$$\begin{vmatrix} \boldsymbol{a} \\ \boldsymbol{b} \\ \boldsymbol{c} \end{vmatrix} \cdot \begin{vmatrix} \boldsymbol{a}^* & \boldsymbol{b}^* & \boldsymbol{c}^* \end{vmatrix} = \begin{vmatrix} \boldsymbol{a}^* \\ \boldsymbol{b}^* \\ \boldsymbol{c}^* \end{vmatrix} \cdot \begin{vmatrix} \boldsymbol{a} & \boldsymbol{b} & \boldsymbol{c} \end{vmatrix} = \begin{vmatrix} 1 & 0 & 0 \\ 0 & 1 & 0 \\ 0 & 0 & 1 \end{vmatrix} = 1 \tag{2-14}$$

以倒易初基矢量 $\boldsymbol{a}^*$、$\boldsymbol{b}^*$、$\boldsymbol{c}^*$ 绘出的点阵，即以 $\boldsymbol{a}$、$\boldsymbol{b}$、$\boldsymbol{c}$ 为初基矢量绘出的正点阵的倒易点阵。倒易点阵与真实点阵一样，也是许多点在三维空间中有规律地、周期地排列而成的。它的许多定义，如倒易点、倒易点阵方向（简称“倒易矢量”）、倒易点阵面（简称“倒易面”）、倒易阵胞等，都与点阵中的定义相同，只需将点阵换成倒易点阵。

依据上面的方程式，可以计算出倒易基矢 $\boldsymbol{a}^*$、$\boldsymbol{b}^*$、$\boldsymbol{c}^*$ 的方向和大小（图 2-15）。

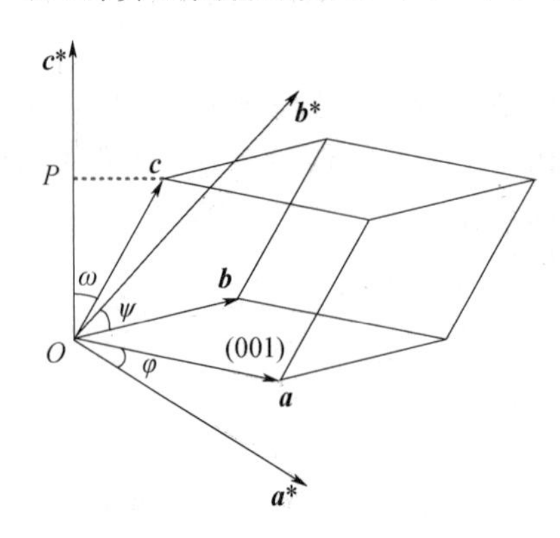

图 2-15　正点阵基矢和倒易基矢之间的关系示意

由矢量的基本运算法则可知，$\boldsymbol{a}^* \cdot \boldsymbol{b}=0$，说明 $\boldsymbol{a}^*$ 和 $\boldsymbol{b}$ 矢量相互垂直。所以由 $\boldsymbol{a}^* \cdot \boldsymbol{b}=\boldsymbol{a}^* \cdot \boldsymbol{c}=0$，可得 $\boldsymbol{a}^*$ 同时垂直 $\boldsymbol{b}$ 和 $\boldsymbol{c}$，也即 $\boldsymbol{a}^*$ 垂直 $\boldsymbol{b}$、$\boldsymbol{c}$ 所构成的平面。在正点阵中，$\boldsymbol{b}$、$\boldsymbol{c}$ 两个基矢构成的平面即是（100）晶面，因此，$\boldsymbol{a}^*$ 垂直正点阵（100）晶面。同理，可推出 $\boldsymbol{b}^*$ 垂直（010）晶面，$\boldsymbol{c}^*$ 垂直（001）晶面。这样，$\boldsymbol{a}^*$、$\boldsymbol{b}^*$、$\boldsymbol{c}^*$ 的方向就被确定了。同时也确定了倒易点阵坐标系与正点阵坐标系之间的刚性联系。当正点阵坐标系发生某些转动时，其坐标平面也发生转动，因而倒易点阵坐标系也将发生同方向、同样大小的转动。

与正点阵类似，在倒易点阵中，$\boldsymbol{a}^*$ 基矢端点的坐标为（1，0，0），$\boldsymbol{b}^*$ 基矢端点的坐标为（0，1，0），$\boldsymbol{c}^*$ 基矢端点的坐标为（0，1，1）。

因此，可以得出结论：倒易基矢的方向垂直于该倒易基矢端点坐标所对应的正点阵的面。

由 $\boldsymbol{c}^* \cdot \boldsymbol{c}=1$，可推出 $c^* c\cos\omega=1$，因此 $c^*=1/(c\cos\omega)$。其中，ω 为当正点阵和倒易点阵原点重合时，$\boldsymbol{c}$ 和 $\boldsymbol{c}^*$ 基矢的夹角，如图 2-15 所示，OP 为 $\boldsymbol{c}$ 在 $\boldsymbol{c}^*$ 上的投影，$OP=c\cos\omega$，同时也是 $\boldsymbol{a}$、$\boldsymbol{b}$ 所构成的（001）晶面的面间距 $d_{(001)}$，因此，$c^*=1/(c\cos\omega)=1/d_{(001)}$。

同理，$\boldsymbol{a}^* \cdot \boldsymbol{a}=\boldsymbol{b}^* \cdot \boldsymbol{b}=1$，可以推出 $a^*=1/d_{(100)}$，$b^*=1/d_{(010)}$。

因此，可以得出结论：倒易基矢的大小等于该倒易基矢端点坐标所对应的正点阵的面的面间距的倒数。

由矢量的基本运算法则可知，已知 $\boldsymbol{b}\times\boldsymbol{c}=\boldsymbol{d}$，$\boldsymbol{d}$ 是垂直于由 $\boldsymbol{b}$，$\boldsymbol{c}$ 所组成的平面的一个矢量（这里采用右手坐标系，下同），所以 $\boldsymbol{a}^*$ 应当与 $\boldsymbol{d}$ 是平行的。因此，可以写出：$\boldsymbol{a}^*=K_1\boldsymbol{d}=K_1(\boldsymbol{b}\times\boldsymbol{c})$。同理，$\boldsymbol{b}^*=K_2(\boldsymbol{c}\times\boldsymbol{a})$，$\boldsymbol{c}^*=K_3(\boldsymbol{a}\times\boldsymbol{b})$。式中，$K_1$、$K_2$、$K_3$ 为比例系数。如果以 $\boldsymbol{a}$ 点乘第 1 个式子，$\boldsymbol{b}$ 点乘第 2 个式子，$\boldsymbol{c}$ 点乘第 3 个式子，即可得：

$$\boldsymbol{a}^* \cdot \boldsymbol{a}=1=K_1\boldsymbol{a}\cdot(\boldsymbol{b}\times\boldsymbol{c});\ K_1=1/\boldsymbol{a}\cdot(\boldsymbol{b}\times\boldsymbol{c})=1/V \tag{2-15}$$

$$\boldsymbol{b}^* \cdot \boldsymbol{b}=1=K_2\boldsymbol{b}\cdot(\boldsymbol{c}\times\boldsymbol{a});\ K_2=1/\boldsymbol{b}\cdot(\boldsymbol{c}\times\boldsymbol{a})=1/V \tag{2-16}$$

$$\boldsymbol{c}^* \cdot \boldsymbol{c}=1=K_3\boldsymbol{c}\cdot(\boldsymbol{a}\times\boldsymbol{b});\ K_3=1/\boldsymbol{c}\cdot(\boldsymbol{a}\times\boldsymbol{b})=1/V \tag{2-17}$$

进而可推出：

$$\boldsymbol{a}^*=(\boldsymbol{b}\times\boldsymbol{c})/V \tag{2-18}$$

$$\boldsymbol{b}^*=(\boldsymbol{c}\times\boldsymbol{a})/V \tag{2-19}$$

$$\boldsymbol{c}^*=(\boldsymbol{a}\times\boldsymbol{b})/V \tag{2-20}$$

式中，$V=\boldsymbol{a}\cdot(\boldsymbol{b}\times\boldsymbol{c})=\boldsymbol{b}\cdot(\boldsymbol{c}\times\boldsymbol{a})=\boldsymbol{c}\cdot(\boldsymbol{a}\times\boldsymbol{b})$ 为正点阵的体积。展开后得：

$$V=\boldsymbol{a}\cdot(\boldsymbol{b}\times\boldsymbol{c})=abc(1-\cos^2\alpha-\cos^2\beta-\cos^2\gamma+2\cos\alpha\cos\beta\cos\gamma)^{\frac{1}{2}} \tag{2-21}$$

对 $\boldsymbol{a}^*=(\boldsymbol{b}\times\boldsymbol{c})/V$、$\boldsymbol{b}^*=(\boldsymbol{c}\times\boldsymbol{a})/V$、$\boldsymbol{c}^*=(\boldsymbol{a}\times\boldsymbol{b})/V$ 三式两端求模，可得 $\boldsymbol{a}^*$、$\boldsymbol{b}^*$、$\boldsymbol{c}^*$ 的模 a^*、b^*、c^* 分别为：

$$\begin{aligned} a^* &= \frac{1}{V}bc\sin\alpha \\ b^* &= \frac{1}{V}ca\sin\beta \\ c^* &= \frac{1}{V}ab\sin\gamma \end{aligned} \tag{2-22}$$

若再用两矢量点乘积，结合多重积公式则可以求得倒易初基矢量之间的夹角 α^*、β^*、γ^* 分别是：

$$\begin{aligned} \cos\alpha^* &= \frac{\cos\beta\cos\gamma-\cos\alpha}{\sin\beta\sin\gamma} \\ \cos\beta^* &= \frac{\cos\alpha\cos\gamma-\cos\beta}{\sin\alpha\sin\gamma} \\ \cos\gamma^* &= \frac{\cos\alpha\cos\beta-\cos\gamma}{\sin\alpha\sin\beta} \end{aligned} \tag{2-23}$$

以上两组方程组就是利用真实点阵参数计算倒易点阵参数的公式。根据式（2-22）和式（2-23），将各晶系的具体点阵常数代入，就可以求出各晶系使用的具体公式。计算发现，倒易点阵与正点阵一般具有相同类型的坐标系。例如，立方晶系的倒易点阵仍为立方晶系，四方晶系倒易点阵也仍为四方晶系。

由于在倒易点阵定义中的 9 个方程中，$\boldsymbol{a}$、$\boldsymbol{b}$、$\boldsymbol{c}$ 和 $\boldsymbol{a}^*$、$\boldsymbol{b}^*$、$\boldsymbol{c}^*$ 的地位完全对称，可以互换，因此，用 $\boldsymbol{a}^*$、$\boldsymbol{b}^*$、$\boldsymbol{c}^*$ 来表示 $\boldsymbol{a}$、$\boldsymbol{b}$、$\boldsymbol{c}$ 时，具有完全相同的形式，正点阵和倒易点阵之间是相互联系、相互转化的互为倒易关系。这种互为倒易关系也体现在点阵体积

上，从式（2-24）的推导可以看出正点阵和倒易点阵的阵胞体积具有 $VV^*=1$ 的关系。

$$V^*=\boldsymbol{c}^*\cdot(\boldsymbol{a}^*\times\boldsymbol{b}^*)=\frac{(\boldsymbol{a}\times\boldsymbol{b})\cdot(\boldsymbol{a}^*\times\boldsymbol{b}^*)}{V}$$
$$=\frac{(\boldsymbol{a}\cdot\boldsymbol{a}^*)\cdot(\boldsymbol{b}\cdot\boldsymbol{b}^*)-(\boldsymbol{a}\cdot\boldsymbol{b}^*)\cdot(\boldsymbol{a}^*\cdot\boldsymbol{b})}{V}=\frac{1}{V} \tag{2-24}$$

2.7.2 倒易点阵与正点阵的几何关系

正点阵与倒易点阵以初基矢量之间的刚性关系联系在一起，因此，二者在几何图像上也一定有某种相互关系。

如果用矢量来表示一个正点阵空间，如图 2-16 所示，$\boldsymbol{a}$、$\boldsymbol{b}$、$\boldsymbol{c}$ 分别为对应于 X、Y、Z 轴的 3 个基本平移矢量，那么，正点阵中的一个矢量 $\boldsymbol{r}=u\boldsymbol{a}+v\boldsymbol{b}+w\boldsymbol{b}$，式中 u、v、w 为矢量 $\boldsymbol{r}$ 端点在正点阵的坐标。同样，如果用矢量来表示一个倒易点阵空间，其中某一倒易原点和倒易阵点连线形成的倒易矢量可以写为 $\boldsymbol{r}^*=H\boldsymbol{a}^*+K\boldsymbol{b}^*+L\boldsymbol{c}^*$，$H$、$K$、$L$ 为倒易矢量 $\boldsymbol{r}^*$ 端点在倒易点阵中的坐标。

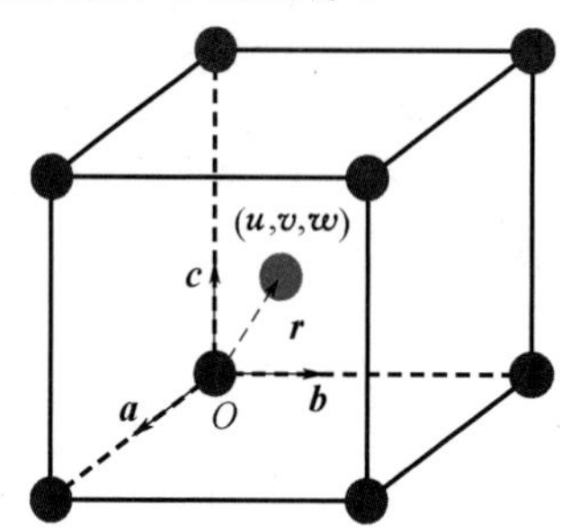

图 2-16　矢量坐标表示的正点阵中的某一矢量

倒易矢量具有两个重要性质：

① 倒易矢量 $\boldsymbol{r}^*$ 的方向垂直于正空间的（HKL）晶面，即 $\boldsymbol{r}^*$ 的方向与实际点阵面（HKL）相垂直，或 $\boldsymbol{r}^*$ 的方向是实际点阵面（HKL）的法线方向。

② 倒易矢量 $\boldsymbol{r}^*$ 的长度为正空间（HKL）晶面间距的倒数 $1/d_{(HKL)}$。

这两个重要性质实际上跟倒易基矢与正基矢之间的关系是统一的。（H，K，L）是倒易矢量 $\boldsymbol{r}^*$ 端点坐标所对应的正点阵的面，因此，也可以写倒易矢量 $\boldsymbol{r}^*$ 的方向垂直于 $\boldsymbol{r}^*$ 端点坐标（H，K，L）所对应的正点阵的晶面（HKL）；倒易矢量 $\boldsymbol{r}^*$ 的大小等于 $\boldsymbol{r}^*$ 端点坐标（H，K，L）所对应的正点阵晶面（HKL）面间距的倒数 $1/d_{(HKL)}$。由此可知，正点阵中的一个二维晶面只对应一个零维的倒易阵点，晶面间距和取向两个参量在倒易点阵中只用一个倒易矢量即可表达，处理问题大大简化。

下面对以上两个性质进行证明。

（1）证明倒易矢量 $\boldsymbol{r}^*$ 的方向垂直于正空间的（HKL）晶面

如图 2-17 所示，ABC 面为正点阵中（HKL）晶面，根据晶面指数的定义，其与 $\boldsymbol{a}$、$\boldsymbol{b}$、$\boldsymbol{c}$ 3 个晶矢轴相交的截距分别为 $\boldsymbol{OA}=\boldsymbol{a}/H$，$\boldsymbol{OB}=\boldsymbol{b}/K$，$\boldsymbol{OC}=\boldsymbol{c}/L$。则有

$$\boldsymbol{r}^* \cdot \boldsymbol{OA} = (H\boldsymbol{a}^* + K\boldsymbol{b}^* + L\boldsymbol{c}^*) \cdot (\boldsymbol{a}/H) = \boldsymbol{a}^* \cdot \boldsymbol{a} + \frac{K}{H}\boldsymbol{b}^* \cdot \boldsymbol{a} + \frac{L}{H}\boldsymbol{b}^* \cdot \boldsymbol{a} = 1 \tag{2-25}$$

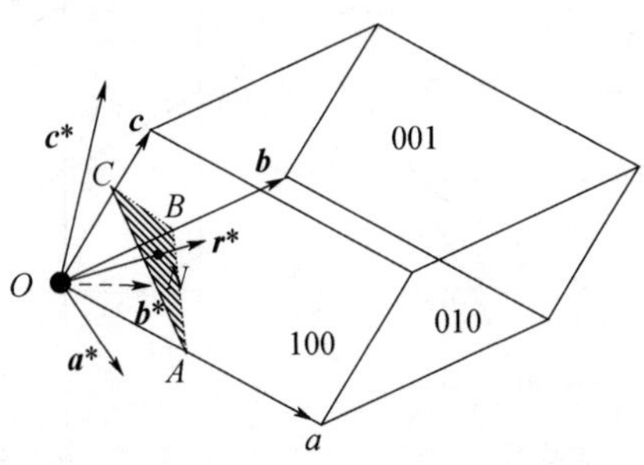

图 2-17 倒易矢量与正点阵晶面关系示意

同理，$\boldsymbol{r}^* \cdot \boldsymbol{OB} = 1$，

由于矢量 $\boldsymbol{AB} = \boldsymbol{OB} - \boldsymbol{OA}$，所以，$\boldsymbol{r}^* \cdot \boldsymbol{AB} = r^* \cdot \boldsymbol{OB} - \boldsymbol{r}^* \cdot \boldsymbol{OA} = 0$。

同理，$\boldsymbol{r}^* \cdot \boldsymbol{CA} = 0$，因此，$\boldsymbol{r}^*$ 垂直于 ABC 面即（HKL）晶面，平行于（HKL）晶面法线方向 $\boldsymbol{ON}$。

（2）证明倒易矢量 $\boldsymbol{r}^*$ 的长度为正空间（HKL）晶面间距的倒数 $1/d_{(HKL)}$

（HKL）晶面的面间距为 $\boldsymbol{ON}$ 矢量的模，$|\boldsymbol{ON}| = d_{(HKL)} = |\boldsymbol{OA}|\cos\theta$，$\theta$ 为矢量 $\boldsymbol{a}$ 和 $\boldsymbol{ON}$（也即和 $\boldsymbol{r}^*$）的夹角。$\cos\theta = \dfrac{\boldsymbol{OA} \cdot \boldsymbol{r}^*}{|\boldsymbol{OA}||\boldsymbol{r}^*|}$，因此，$|\boldsymbol{ON}| = d_{(HKL)} = |\boldsymbol{OA}|\cos\theta = \dfrac{\boldsymbol{OA} \cdot \boldsymbol{r}^*}{|\boldsymbol{r}^*|} = \dfrac{1}{|\boldsymbol{r}^*|}$。则 $|\boldsymbol{r}^*| = \boldsymbol{r}^* = 1/d_{(HKL)}$。

上面两个性质非常重要，其将真实点阵和倒易点阵在几何图像上紧密地联系在一起。说明可以用倒易点阵这个抽象的几何图形来描述一个真实点阵中的阵点排列规律。利用这两个性质可以很容易地将一个真实点阵转换为倒易点阵，图 2-18 所示就是将一个立方晶系沿 $\boldsymbol{c}$ 轴投影的二维晶面转换成为倒易点阵，这个倒易点阵面经投影成像后可以形成晶体的衍射花样；图 2-19 所示为六方晶格的倒易变换。

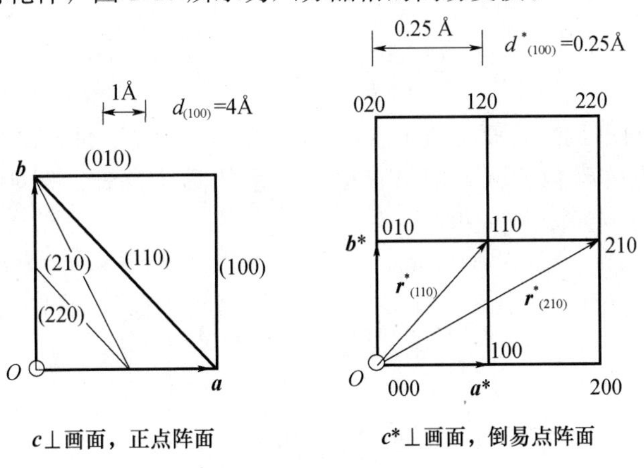

图 2-18 立方晶格的倒易变换

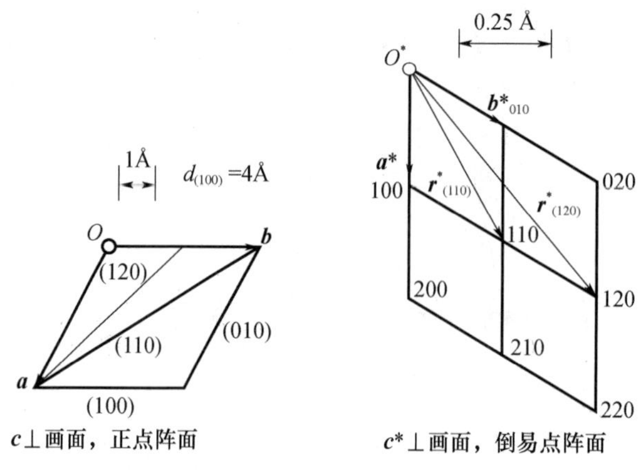

图 2-19　六方晶格的倒易变换

倒易点阵在讨论衍射理论中，不但是一种直观的几何图像，而且是一种非常简单的教学工具，在以后各章节中经常会遇到。

2.7.3　倒易点阵应用举例

（1）点阵面间距

已知 $d=l/r^*$，所以在已知点阵常数和所求点阵面指数条件下，按比例尺绘出倒易点阵，即可直接测出点阵面间距。此外，也可以通过以下计算求得。

根据 $\boldsymbol{r}^*=H\boldsymbol{a}^*+K\boldsymbol{b}^*+L\boldsymbol{c}^*$，求出其模

$$
\begin{aligned}
|\boldsymbol{r}^*|&=(\boldsymbol{r}^*\cdot\boldsymbol{r}^*)^{\frac{1}{2}}=[(H\boldsymbol{a}^*+K\boldsymbol{b}^*+L\boldsymbol{c}^*)\cdot(H\boldsymbol{a}^*+K\boldsymbol{b}^*+L\boldsymbol{c}^*)]^{\frac{1}{2}}\\
&=(H^2\boldsymbol{a}^{*2}+K^2\boldsymbol{b}^{*2}+L^2\boldsymbol{c}^{*2}+2HK\boldsymbol{a}^*\cdot\boldsymbol{b}^*+2KL\boldsymbol{b}^*\cdot\boldsymbol{c}^*+2HL\boldsymbol{a}^*\cdot\boldsymbol{c}^*)^{\frac{1}{2}}
\end{aligned}
\tag{2-26}
$$

将前述倒易点阵参数的计算公式代入式（2-26），整理简化得

$$
|\boldsymbol{r}^*|=r^*=\frac{abc}{V}\begin{pmatrix}\dfrac{H^2}{a^2}\sin^2\alpha+\dfrac{K^2}{b^2}\sin^2\beta+\dfrac{L^2}{c^2}\sin^2\gamma+2HK\dfrac{\cos\alpha\cos\beta-\cos\gamma}{ab}\\+2KL\dfrac{\cos\beta\cos\gamma-\cos\alpha}{bc}+2LH\dfrac{\cos\gamma\cos\alpha-\cos\beta}{ca}\end{pmatrix}^{\frac{1}{2}}
\tag{2-27}
$$

求得 r^* 后，再取倒数，就是所求（HKL）面的面间距。此式适用于所有晶系，只需将有关晶系的点阵常数代入，即可求得该晶系的具体公式。例如，对于立方晶系，$a=b=c$，$\alpha=\beta=\gamma=90°$，代入得

$$
\left.\begin{aligned}
&V=abc\\
&r^*=\frac{1}{a}(H^2+K^2+L^2)^{\frac{1}{2}}\\
&d=\frac{a}{\sqrt{H^2+K^2+L^2}}
\end{aligned}\right\}
\tag{2-28}
$$

（2）点阵面夹角

点阵面（衍射面、晶面）夹角是研究点阵结构（晶体结构）中一个很重要的晶体学

特性。利用倒易点阵可以很方便地计算出点阵面夹角。点阵面夹角等于两点阵面法线的夹角，而法线又与倒易矢量平行，因此，可以从倒易点阵中直接测出点阵面夹角。此外，也可通过倒易矢量的点乘积求得。

根据矢量点乘积的定义得到

$$\boldsymbol{r}_1^* \cdot \boldsymbol{r}_2^* = r_1^* \cdot r_2^* \cos\theta \Rightarrow \cos\theta = \frac{\boldsymbol{r}_1^* \cdot \boldsymbol{r}_2^*}{r_1^* \cdot r_2^*} \tag{2-29}$$

式中，$\boldsymbol{r}_1^*$，$\boldsymbol{r}_2^*$ 为（$H_1K_1L_1$），（$H_2K_2L_2$）点阵面的倒易矢量，θ 为所求两点阵面的夹角。将式（2-29）展开，并将倒易点阵参数变换成真实点阵参数，即可求得两点阵面夹角。

$$\boldsymbol{r}_1^* \cdot \boldsymbol{r}_2^* = (H_1\boldsymbol{a}^* + K_1\boldsymbol{b}^* + L_1\boldsymbol{c}^*) \cdot (H_2\boldsymbol{a}^* + K_2\boldsymbol{b}^* + L_2\boldsymbol{c}^*)$$

$$= \frac{a^2b^2c^2}{V^2}\begin{bmatrix} \dfrac{H_1H_2}{a^2}\sin^2\alpha + \dfrac{K_1K_2}{b^2}\sin^2\beta + \dfrac{L_1L_2}{c^2}\sin^2\gamma \\ + \dfrac{H_1K_2 + H_2K_1}{ab}(\cos\alpha\cos\beta - \cos\gamma) \\ + \dfrac{K_1L_2 + K_2L_1}{bc}(\cos\beta\cos\gamma - \cos\alpha) \\ + \dfrac{L_1H_2 + L_2H_1}{ca}(\cos\gamma\cos\alpha - \cos\beta) \end{bmatrix} \tag{2-30}$$

式（2-30）可以用于所有晶系，只需将有关晶系的点阵参数代入，便可求得该晶系所用的具体公式。例如，将立方晶系的点阵参数代入，就可得到立方晶系点阵面夹角公式

$$\cos\theta = \frac{H_1H_2 + K_1K_2 + L_1L_2}{\sqrt{H_1^2 + K_1^2 + L_1^2} \cdot \sqrt{H_2^2 + K_2^2 + L_2^2}} \tag{2-31}$$

（3）点阵带（晶带）定律

点阵带轴的指数（晶带轴指数）为 $[UVW]$，可用 $\boldsymbol{R} = U\boldsymbol{a} + V\boldsymbol{b} + W\boldsymbol{c}$ 矢量表示。共带面指数为（HKL），其法线为 N，与其相应的倒易矢量为 $\boldsymbol{r}^* = H\boldsymbol{a}^* + K\boldsymbol{b}^* + L\boldsymbol{c}^*$。因（$HKL$）面平行于 $\boldsymbol{R}$，则 N 垂直于 $\boldsymbol{R}$；又平行于 N，所以 $\boldsymbol{r}^*$ 也应当垂直于 $\boldsymbol{R}$。又知二矢量相互垂直，其点乘积必为零，故可得到

$$\boldsymbol{r}^* \cdot \boldsymbol{R} = (H\boldsymbol{a}^* + K\boldsymbol{b}^* + L\boldsymbol{c}^*) \cdot (U\boldsymbol{a} + V\boldsymbol{b} + W\boldsymbol{c}) = HU + KV + LW = 0 \tag{2-32}$$

至此，可以总结出关于晶带的 3 个基本性质：

① 晶带轴 $[UVW]$ 与该晶带的晶面（HKL）之间存在关系：$HU + KV + LW = 0$。

② 如果（$H_1K_1L_1$）和（$H_2K_2L_2$）晶面属于同一晶带，其晶带轴指数 $[UVW]$ 可由式（2-33）确定，

$$\begin{vmatrix} K_1 & L_1 \\ K_2 & L_2 \end{vmatrix} = U, \quad \begin{vmatrix} L_1 & H_1 \\ L_2 & H_2 \end{vmatrix} = V, \quad \begin{vmatrix} H_1 & K_1 \\ H_2 & K_2 \end{vmatrix} = W \tag{2-33}$$

也可表示为

$$\left.\begin{aligned}U&=K_1L_2-K_2L_1\\V&=L_1H_2-L_2H_1\\W&=H_1K_2-H_2K_1\end{aligned}\right\}\tag{2-34}$$

③ 如果（$H_1K_1L_1$）、（$H_2K_2L_2$）和（$H_3K_3L_3$）3 个晶面属于同一晶带，则式（2-35）成立，

$$\begin{vmatrix}H_1K_1L_1\\H_2K_2L_2\\H_3K_3L_3\end{vmatrix}=0\tag{2-35}$$

（4）零层倒易面衍射花样

将正点阵进行傅里叶变换，可以得到倒易点阵，倒易点阵在平面照相底片上显影，可以形成晶体的衍射花样。由晶带定律，再结合倒易点阵图形，可以得到：凡是在同一个零层倒易面（即通过倒易点阵原点的倒易面）上的所有倒易点相对应的同指数正点阵面必定属于同一个点阵带（晶带）。点阵带轴（晶带轴）就是此零层倒易面的法线。凡是处于零层倒易面上的所有倒易点的倒易矢量都在此倒易面上，当然它们都与此倒易面法线相垂直，所以与零层倒易面上倒易点相对应的正点阵面必定属于同一个点阵带。点阵带轴（即零层倒易面的法线）的指数可以由任意两个倒易点坐标求得。这里也可简单地说：一个零层倒易面就是一个点阵带。零层倒易面投影成像时产生的衍射花样中亮斑点（一般可以认为是倒易阵点的投影）的排列具有明显的规律性，反映了同一晶带中各晶面的相对方位（图 2-20）。通过对衍射花样的标定，即可推出这一零层倒易面对应的晶带轴指数及各晶面的面指数。

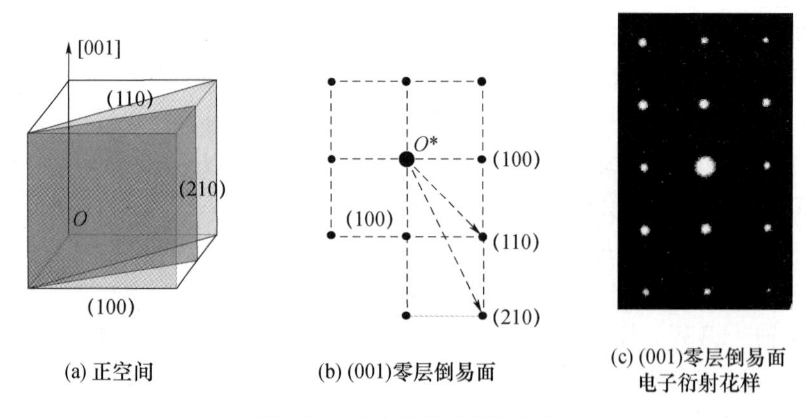

图 2-20　六方晶格的倒易变换

因此，掌握晶体几何学基本原理，特别是晶体结构、晶带和倒易点阵的相关理论，对利用 X 射线衍射、电子衍射及中子衍射等技术研究物相结构具有十分重要的意义。

关于 X 射线衍射花样和电子衍射花样的形成原理及衍射花样的标定，将在第 3 部分和第 4 部分详细阐述。

习题与思考题

1. 什么是倒易点阵？倒易矢量的方向和大小如何确定？

2. 画出立方晶系（100）、（010）、（110）、（120）、（210）、（220）各晶面的倒易矢量，要求在正点阵上画出晶面图，在倒易点阵中画出倒易矢量，并说明依据。

3. 画出六方晶系（100）、（010）、（110）、（120）、（210）、（220）各晶面的倒易矢量，要求在正点阵上画出晶面图，在倒易点阵中画出倒易矢量，并说明依据。

4. Fe_3C 是斜方晶系晶体，其点阵常数为：$a = 0.4518$nm，$b = 0.5069$nm，$c = 0.6736$nm。按比例尺绘出其倒易点阵，并从图上直接测量出（111）晶面的面间距（nm）。

5. 在一个立方晶系晶体内，确定下列哪些衍射面属于［011］晶带：（001）、$(01\bar{1})$、$(\bar{1}\bar{1}1)$、$(2\bar{1}1)$、（021）、$(\bar{1}31)$、$(\bar{1}00)$、$(3\bar{1}\bar{1})$、（221）、（123）、（222）。绘出［011］晶向的零层倒易面，标出上述各晶面的位置。

6. 证明点阵面 $(1\bar{1}0)$、$(1\bar{2}1)$ 和 $(\bar{3}12)$ 属于［111］晶带。

3

X 射线衍射分析

3.1 X 射线的产生与性质

3.1.1 X 射线的发现和历史

1895 年，德国物理学家伦琴在研究阴极射线时发现了 X 射线，并因这一发现于 1901 年成为世界上第一个诺贝尔物理学奖获得者。

1907 年，亨利·布拉格和巴克拉争论 X 射线的波粒二象性。

1912 年，劳厄（劳埃）发现了 X 射线衍射，由此确定了 X 射线的波动性。1914 年，这一发现为劳厄赢得了诺贝尔物理学奖。

劳厄的这一重大发现一举解决了三大问题，开辟了两个重要研究领域。

第一，它证实了 X 射线是一种波长很短的电磁波，可以利用晶体来研究 X 射线的性质，从而建立了 X 射线光谱学；第二，它雄辩地证实了几何晶体学提出的空间点阵假说，使这一假说发展为科学理论；第三，它使人们可利用 X 射线晶体衍射效应来研究晶体的结构，根据衍射方向可确定晶胞的形式和大小，根据衍射强度可确定晶胞的内容（原子、离子、分子的分布位置），这促使了一种在原子-分子水平上研究物质结构的重要实验方法——X 射线结构分析（即 X 射线晶体学）的诞生。这门新科学后来对化学的各分支及材料学、生物学等都产生了深远的影响。

1913 年，劳伦斯·布拉格提出 X 射线衍射公式，亨利·布拉格创建 X 射线分光仪。布拉格父子因在用 X 射线研究晶体结构方面所做出的杰出贡献分享了 1915 年的诺贝尔物理学奖。

1913 年，莫塞莱确定了 X 射线标识谱线的规律性。

1917 年，巴克拉由于发现标识 X 射线获得了诺贝尔物理学奖；康普顿研究 X 射线散射，发现康普顿效应，并于 1927 年与英国物理学家威尔逊同获诺贝尔物理学奖。

1956 年，凯·西格班开始发表 X 射线光电子能谱学的成果。凯·西格班因其在电子能谱学方面的开创性工作，获得了1981年诺贝尔物理学奖的一半。

X射线的发现是19世纪末20世纪初物理学的三大发现（X射线、放射线和电子）之一，这一发现标志着现代物理学的诞生。

X射线的发现为诸多科学领域提供了一种行之有效的研究手段。

X射线的发现和研究，对20世纪以来的物理学乃至整个科学技术的发展产生了巨大而深远的影响。

3.1.2 X射线的产生与性质

从本质上说，X射线和无线电波、可见光、γ射线一样，也是一种电磁波，其波长范围在0.01～100Å，介于紫外线和γ射线之间，但没有明显的界限。X射线具有波粒二象性。解释它的干涉与衍射时，把它看成波，反映了物质运动的连续性；而考虑它与其他物质相互作用时，则将它看成粒子流，这种微粒子通常称为光子，反映了物质运动的分立性。

人的肉眼看不见X射线，但X射线能使气体电离，使照相底片感光，能穿过不透明的物体，还能使荧光物质发出荧光；X射线呈直线传播，在电场和磁场中不发生偏转，当穿过物体时仅部分被散射；X射线对动物有机体（包括人体）能产生巨大的生理上的影响，能杀伤生物细胞。

X射线发现至今，已形成3个完整的分析领域：

① 利用X射线的吸收效应分析物质中异物形态，用在人体透视和工业品探伤中，叫作形貌术；

② 利用X射线的发射特征波长和强度分析物质化学组成，叫作光谱术；

③ 利用X射线在晶体、非晶体和半晶体中的衍射与散射效应，分析结构类型和不完整性，叫作衍射术。

利用X射线通过晶体时会发生衍射效应这一特性来确定结晶物质物相的方法，称为X射线物相分析法。

要获得X射线必须具备以下条件。

第一，产生自由电子的电子源，加热钨丝发射热电子。

第二，设置自由电子撞击的靶子，如阳极靶，用以产生X射线。

第三，施加在阴极和阳极间的高电压，用以加速自由电子朝阳极靶方向加速运动，如高压发生器。

第四，将阴阳极封闭于大于10^{-3}Pa的高真空中，保持两极纯洁，促使加速电子无阻挡地撞击到阳极靶上。

按上述条件要求设计的X射线发生装置如图3-1所示。

除高速运动的电子流在碰撞到靶材被突然减速可以产生X射线之外，其他的高能辐射流，如X射线、γ射线及中子流，在突然被减速时均能产生X射线。

能够提供足够衍射实验使用的X射线，目前都是以阴极射线（即高速度的电子流轰击金属靶）的方式获得的。

在 X 射线发生装置中，X 射线管是产生 X 射线的源泉，其结构如图 3-2 所示。

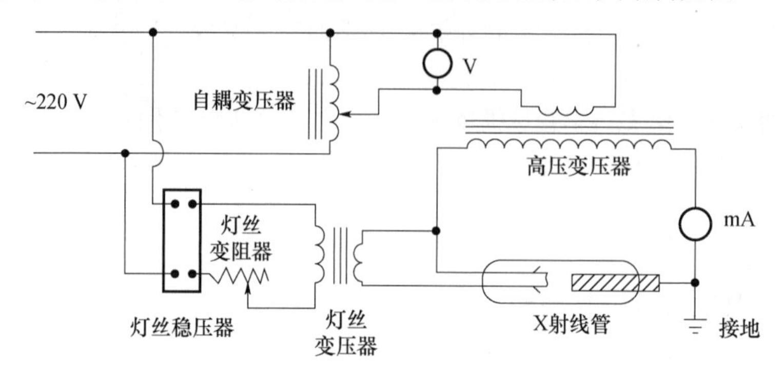

图 3-1　X 射线发生装置示意

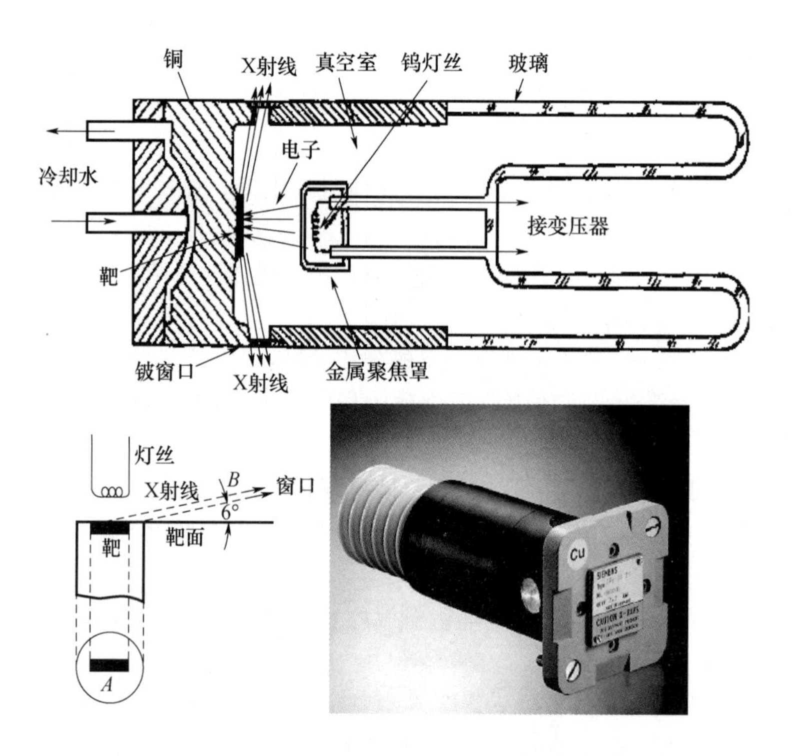

图 3-2　X 射线管示意图（窗口与靶面常成 2°～6°的斜角，以减少靶面对出射 X 射线的阻碍）及实物图

① 阴极：是发射电子的地方。它是由绕成螺线形的钨丝制成。给它通以一定的电流加热到白热，便能放射出热辐射电子。在数万伏高压电场的作用下，这些电子奔向阳极。一般阴极由金属钨灯丝制作而成。

② 阳极：又称靶，是使电子突然减速和发射 X 射线的地方。高速电子转换成 X 射线的效率只有 1%，其余 99%都作为热而散发了，所以靶材料要求导热性能好。阳极靶通常由传热性好、熔点较高的金属材料制成，如黄铜或紫铜、钴、镍、铁、铝等，还需要循环水冷却。因此，X 射线管的功率有限，大功率需要用旋转阳极。

③ 窗口：是 X 射线从阳极靶向外射出的地方。要求既要有足够的强度以保持管内

真空，又要对X射线吸收较小。窗口材料用金属铍或硼酸铍锂构成的林德曼玻璃制成。窗口与靶面常成2°～6°的斜角，以减少靶面对出射X射线的阻碍。

阳极靶表面被电子轰击的地方称为焦点，X射线就是从这里发射出来的。焦点的尺寸和形状是X射线管的重要特性之一。焦点的形状取决于灯丝的形状，螺形灯丝产生长方形焦点（图3-2）。

X射线管有多种不同的类型，目前小功率X射线衍射仪一般使用封闭式电子X射线管，而大功率X射线机则使用旋转阳极靶的X射线管或细聚焦X射线管。旋转阳极靶有两种工作模式，如图3-3所示，一种是电子束轰击在旋转靶材的平面，另一种是电子束轰击在旋转靶材的曲面，因阳极不断旋转（2000～10000r/m），电子束轰击部位不断改变，故提高功率也不会烧熔靶面。目前有100kW的旋转阳极，其功率比普通X射线管（最大3kW）大数十倍。在X射线衍射工作中往往希望实现细焦点和高强度，这是因为细焦点可提高分辨率，高强度则可缩短曝光时间。细焦点可以通过减小灯丝的投影面积实现，但同时会降低电子束强度，因此，为了在减小焦点面积的同时不损失电子束强度，研究人员开发出了细聚焦X射线管，即利用静电透镜或电磁透镜使电子束聚焦，提高电子束比强度，这样焦点尺寸可达几十微米到几微米。小焦点能产生精细的衍射花样，从而可以提高结构分析的精确度和灵敏度。因此，尽管细聚焦X射线管的总功率比普通X射线管低，但是单位面积上的比功率却提高了。例如，普通X射线管的比功率一般为200W/mm^2，而细聚焦X射线管的比功率可高达10kW/mm^{2}以上。

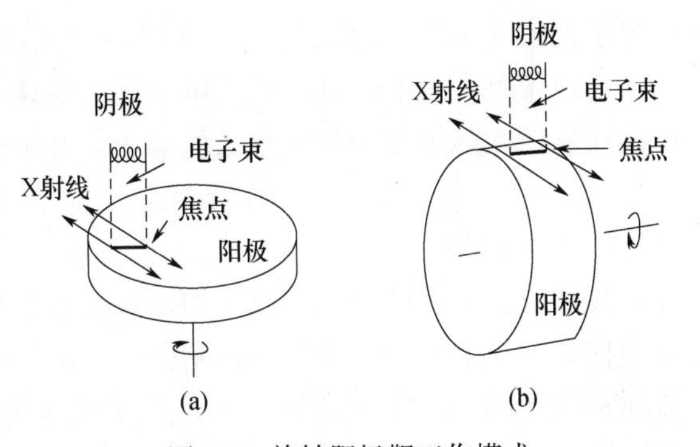

图3-3　旋转阳极靶工作模式

近年来，这种新型的大功率、高亮度、细焦点的X射线衍射仪正在不断地投入使用。

3.1.3　X射线谱

X射线的强度（I）随波长（λ）而变化的曲线称为X射线谱。通常分为两种，对应两种X射线辐射的物理过程。一种是具有连续波长的X射线，构成连续X射线谱（图3-4）；另一种是在连续谱的基础上叠加若干条具有一定波长的谱线，构成标识X射线谱，也称为特征X射线谱（图3-5）。

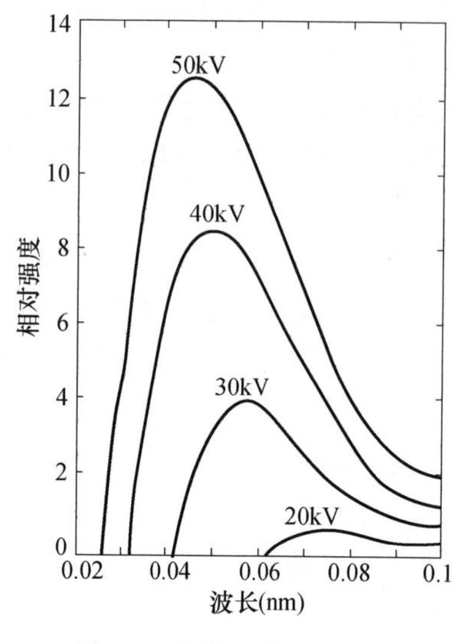

图 3-4 连续 X 射线谱示意

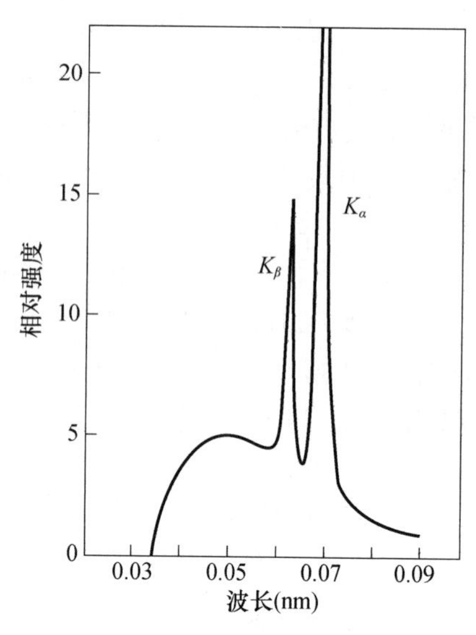

图 3-5 特征（标识）X 射线谱示意

X 射线的强度是指单位时间内通过与 X 射线传播方向垂直的单位面积上的光量子数。

3.1.3.1 连续 X 射线谱

近代量子理论认为，当能量为 eV 的电子与阳极靶的原子碰撞时，电子会失去自己的能量，其中一部分以光子的形式辐射。每碰撞一次产生一个能量为 $h\nu$ 的光子，由于单位时间内到达阳极靶面的电子是大量的，其中有的电子经一次碰撞就耗尽了自己的能量，而多数电子要经历多次碰撞才能逐渐消耗掉自己的能量。每个电子每经历一次碰撞就产生一个光子，多次碰撞就产生多次辐射。由于多次辐射中各个光子的能量各不相同，因此，就产生一个连续 X 射线谱。

随着管电压的升高，各种波长的强度均相应地增加，同时各曲线所对应的强度最大值和短波限均向短波方向移动。当电子由阴极转移到阳极时，由于电场对它做功具有的能量为 eV，具有 eV 能量的电子与阳极靶撞击时，就产生了能量为 $h\nu$ 的光子，这些光子中，能量最大的也不可能大于电子的能量。根据 $hc/\lambda_0=eV$，可知 λ_0 是管压为 V 条件下能产生的 X 射线的最短波长，称为短波限 λ_0，短波限大小只决定于管电压，而与管电流和阳极靶材料无关。因此，如图 3-6 所示，每条曲线都有一个强度最大值，并在短波长方向有一个波长极限 λ_0。

连续 X 射线谱的规律和特点如下。

① 当增加 X 射线管压 V 时，电子动能增加，电子与靶的碰撞次数和辐射出来的 X 射线光量子的能量都增高。因此，各波长射线的相对强度一致增高，最大强度 I_m、波长 λ_m 和短波限 λ_0 变小。如图 3-6（a）所示，有式（3-1）所示规律。

$$V_1>V_2>V_3，I_{m1}>I_{m2}>I_{m3}；\lambda_{m1}<\lambda_{m2}<\lambda_{m3}；\lambda_{01}<\lambda_{02}<\lambda_{03} \tag{3-1}$$

② 当管压 V 保持不变，增加管流 i 时，各种波长的 X 射线相对强度一致增高，但 λ_m 和 λ_0 数值大小不变。如图 3-6（b）所示，有式（3-2）所示规律。

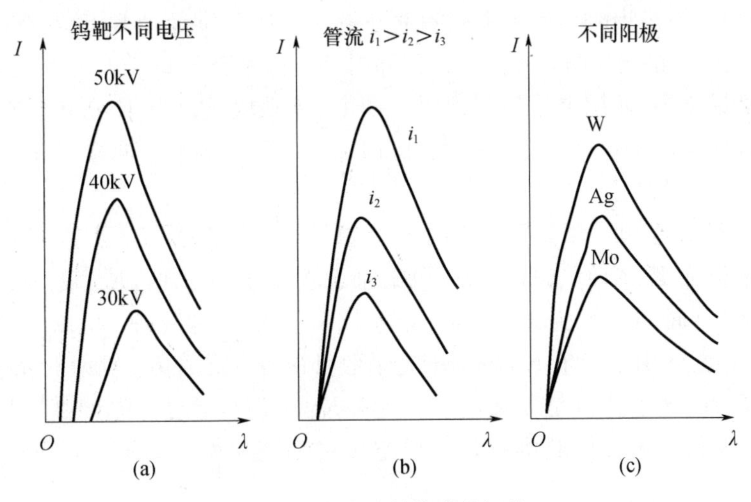

图 3-6 连续X射线谱的规律

$$i_1>i_2>i_3，I_{m1}>I_{m2}>I_{m3}；\lambda_{m1}=\lambda_{m2}=\lambda_{m3}；\lambda_{01}=\lambda_{02}=\lambda_{03} \tag{3-2}$$

③ 当改变阳极靶元素时，各种波长的相对强度随元素原子序数的增加而增加，但 λ_m 和 λ_0 数值大小不变，如图 3-6（c）所示。

连续X射线的总强度是曲线下的面积，实验证明其与管电流 i、管电压 V、阳极靶的原子序数 Z 之间的关系可表达为：$I_{连}=aiZV^b$，其中 a 为常数，为（1.1～1.4）×10^{-9}；$b\approx2$。由此可见，为了得到较强的连续X射线，除加大管电压和管电流外，还应尽量采用原子序数较大的阳极靶材料；另外，X射线管可以允许的最大管压和管流还受X射线仪及X射线管本身绝缘性能和最大使用功率的限制。

3.1.3.2 特征（标识）X射线谱

特征X射线的产生与阳极靶材料的原子结构密切相关，原子系统中的电子遵从泡利不相容原理，不连续分布在 K、L、M、N 等不同能级壳层上，而且按能量最低原理首先填充最靠近原子核的 K 壳层，各壳层的能量由里到外逐渐增加。当管电压达到激发电压时，X射线管阴极所发射的电子所具有的动能，足以将 K 层的一个电子击出成为自由电子（二次电子），这时原子就处于不稳定状态，此时位于较外层较高能量的 L 层电子可以跃迁到 K 层。这个能量差 $\Delta E=E_L-E_K=h\nu$ 将以电磁波的形式辐射出去，其波长为 $\lambda=h/\Delta E$（图 3-7）。对于原子序数为 Z 的物质，各原子能级所具有的能量是固定的，所以 ΔE 为固有值，因此特征X射线波长为定值，仅仅取决于原子外层电子结构，或者说仅仅取决于原子序数。改变管流、管压，这些谱线只改变强度，而波长值固定不变。由于在产生特征X射线的同时，必然会产生由于入射电子与靶材原子外层电子碰撞所产生的连续X射线，因此，特征X射线谱是叠加在连续X射线谱之上的。

特征X射线产生的根本原因是原子内层电子的跃迁，其相对强度是由各能级间的跃迁概率决定的，另外还与跃迁前原来壳层上的电子数多少有关；其绝对强度随X射线管电压、管电流的增大而增大。

当 K 层电子被击出时，原子系统能量升高，由基态升高到 K 激发态，称为 K 系激发；当 L 层电子被击出时，原子系统能量升高，由基态升高到 L 激发态，称为 L 系激发。依此类推，当 M 层电子被击出时，产生 M 系激发。当 K 层电子被击出后，K 层的空位被高能量电子填充，这时产生的辐射称为 K 系辐射。同样以此类推，更高能级辐射分别为 L 系辐射、M 系辐射等。

K 层空位被 L 层电子填充而产生的 K 系辐射称 K_α 辐射，K 层空位被 M 层电子填充而产生的辐射称 K_β 辐射（图 3-7）。根据原子能级分布可知，K_β 辐射的光子能量大于 K_α 辐射的光子能量，因为 M 层电子能量比 L 层电子能量高，所以 K_β 辐射能量高于 K_α 辐射。但是，由于产生 K_β 辐射的光子数目很少，尽管 K_β 辐射的光子能量比 K_α 高，而 K_α 辐射的光子数目是大量的，因此，K_α 强度要比 K_β 强度高，K_α 的强度约为 K_β 强度的 5 倍。同样依此类推，L 层空位被高能级电子填充时，可产生 L_α 和 L_β 等 L 系辐射。

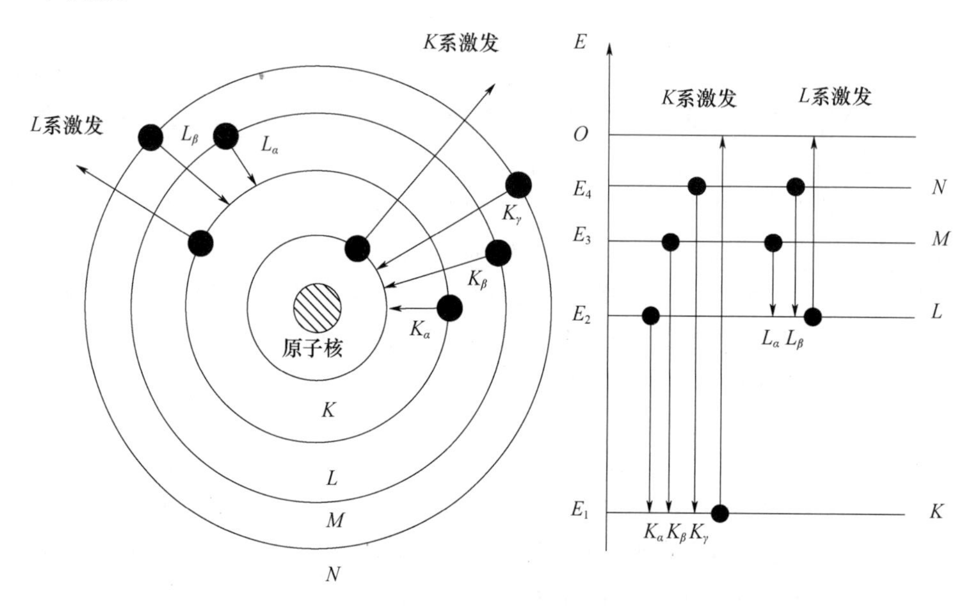

图 3-7　特征 X 射线谱产生原理及原子能级示意

激发特征 X 射线谱必须要有一个激发电压（V_K）。例如，要激发 K 系辐射时，阴极电子的能量 eV 至少要等于或大于击出一个 K 层电子所做的功 W_K。

K 层电子与原子核的结合能最强，因此，击出 K 层电子所做的功也最大，K 系辐射所需激发电压最高，所以，在发生 K 系激发的同时必定伴随有其他各系的激发和辐射过程的发生。

离原子核越远的轨道产生跃迁的概率越小，所以由 K 系到 L 系再到 M 系辐射的强度也将越来越小。

可见，不同原子序数 Z 的靶材，产生不同的特征 X 射线，K_α、K_β 也不同；若管压 V 低于激发电压 V_k，则无 K_α、K_β 产生。如图 3-8 所示，在相同的电压下，Mo 靶和 Cr 靶可以产生特征 X 射线，但是 W 靶就不足以激发出射线。

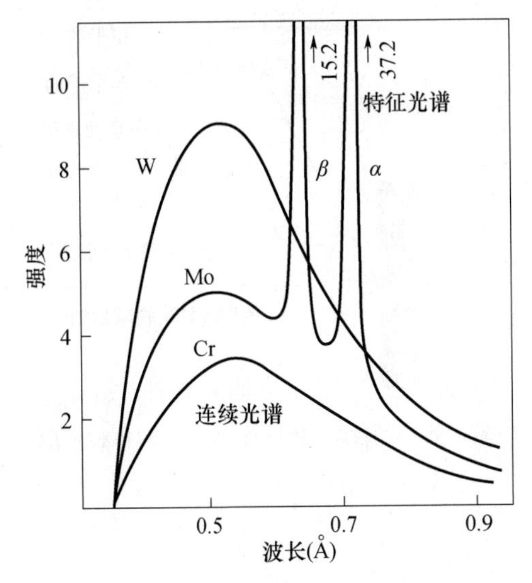

图 3-8 一定管压不同靶材产生的特征 X 射线谱

特征 X 射线的频率或波长只取决于阳极靶物质的原子能级结构，而与其他外界因素无关，莫塞莱在 1974 年总结了这一规律：

$$\left(\frac{1}{\lambda}\right)^{\frac{1}{2}}=K\ (Z-\sigma) \tag{3-3}$$

式中，λ 为波长；K 为与主量子数、电子质量和电子电荷有关的常数；Z 为靶材原子序数；σ 为屏蔽常数。通过适当地变更 K 和σ，该式能示出适用于 L、M 和 N 系的谱线。可见阳极物质原子序数越大，X 射线波长越短。

莫塞莱定律是 X 射线荧光光谱分析和电子探针微区成分分析的重要理论基础，其分析思路是激发未知物质产生特征 X 射线，X 射线经过特定晶体产生衍射，通过衍射方程计算其波长或频率，然后利用标准样品标定 K 和σ，最后通过莫塞莱定律确定未知物质的原子序数，研究试样的元素成分和分布。

在实际 X 射线衍射工作中，总是希望标识谱线强度与连续谱线强度的比越大越好。实验证明，当工作电压为 K 系激发电压的 3～5 倍时，$I_{特}/I_{连}$最大。

3.1.4 X 射线与物质的相互作用

X 射线与物质会产生物理、化学和生化作用，引起各种效应，如使一些物质发出可见的荧光；使离子固体发出黄褐色或紫色的光；破坏物质的化学键，使新键形成，促进物质的合成；引起生物效应，导致新陈代谢发生变化等。

X 射线与物质之间的物理作用，可分为 X 射线散射和吸收。

一束 X 射线通过物质时，它的能量可分为 3 个部分：一部分被散射；一部分被吸收；一部分透过物质继续沿原来的方向传播。透过物质后的 X 射线，由于散射和吸收的影响强度被衰减（图 3-9）。

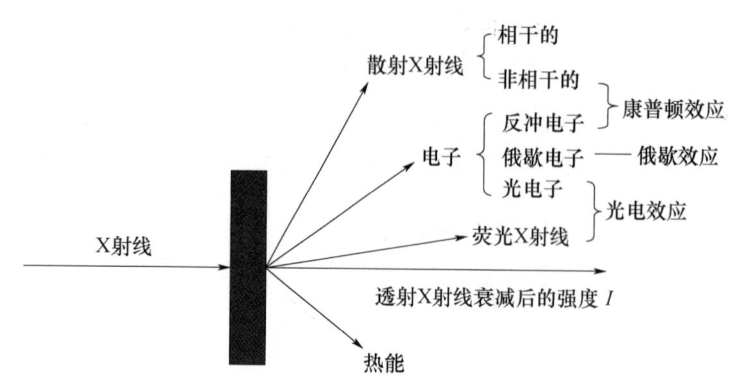

图 3-9　X 射线与物质作用产生的各种效应

3.1.4.1　散射

物质对 X 射线的散射主要是物质核外电子与 X 射线相互作用的结果。物质中的核外电子可分为两大类：外层原子核弱束缚的电子和内层原子核强束缚的电子。X 射线照射到物质后对于这两类电子会产生两种散射效应，即相干散射和非相干散射。

（1）相干散射（弹性散射或汤姆逊散射）

X 射线与原子束缚较强的内层电子碰撞，光子将能量全部传递给电子，电子受 X 射线电磁波的影响将在其平衡位置附近产生受迫振动，而且振动频率与入射 X 射线相同。根据经典电磁理论，一个加速的带电粒子可作为一个新波源向四周辐射电磁波，所以上述受迫振动的电子本身已经成为一个新的电磁波源，向各方向辐射的电磁波称为 X 射线散射波。虽然入射 X 射线波是单向的，但 X 射线散射波却射向四面八方，这些散射波之间符合振动方向相同、频率相同、位相差恒定的光干涉加强条件，即发生相互干涉，故称为相干散射。相干散射波虽然只占入射能量的极小部分，但由于它的相干特性而成为 X 射线衍射分析的基础。实际上，相干散射并不损失 X 射线的能量，而只是改变了它的传播方向。

（2）非相干散射（康普顿-吴有训效应）

当 X 射线光子与受原子核弱束缚的外层电子、价电子或金属晶体中的自由电子相碰撞时，这些电子将被撞离原运行方向，同时携带光子的一部分能量而成为反冲电子（图 3-10）。根据动量和能量守恒，入射的 X 射线光量子也因碰撞而损失部分能量，使波长增加并与原方向偏离 2θ 角，这种散射效应是由康普顿和我国物理学家吴有训首先发现的，故称为康-吴效应，其定量关系遵守量子理论规律，故也称为量子散射。因为散布在空间各个方向的量子散射波与入射波的波长不相同，位相也不存在确定的关系，因此不能产生干涉效应，所以也称为非相干散射。非相干散射不能参与晶体对 X 射线的衍射，只会在衍射图上形成强度随 $\sin\theta/\lambda$ 增加而增加的背底，给衍射精度带来不利影响。

3.1.4.2　吸收

除了被散射和透射掉一部分外，X 射线能量主要将被物质吸收，这种能量转换包括

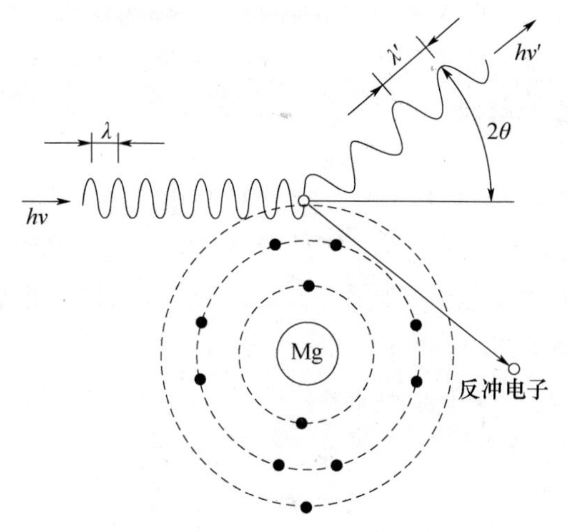

图 3-10 非相干散射示意

光电效应和俄歇效应。

（1）光电效应

光电效应是入射 X 射线的光量子与物质原子中电子相互碰撞时产生的物理效应。当入射 X 射线光量子的能量足够大时，可以将原子内层（如 K 层）电子击出，同时外层高能态电子将向内层的 K 空位跃迁，辐射出波长严格一定的特征 X 射线。为区别于电子击靶时产生的特征 X 射线，由 X 射线与物质作用激发出的特征 X 射线称为二次特征 X 射线，也称为荧光 X 射线（荧光辐射）。这种以光子激发原子所发生的激发和辐射过程称为光电效应，被击出的电子称为光电子（图 3-11）。光电子的能量为入射 X 射线能量 $E_{h\nu}$ 与击出 K 层电子所需能量 Φ_K 之差，即 $E_{pe}=E_{h\nu}-\Phi_K$，因此，光电子带有物质壳层的特征能量，可用来进行成分分析，这也是 X 射线光电子能谱（XPS）分析的理论基础；与特征 X 射线相同，荧光 X 射线的能量 E_{XRF} 为物质原子两个能级之差，即 $E_{XRF}=\Phi_K-\Phi_L$，也带有物质壳层的特征能量，可用来进行成分分析，是 X 射线荧光光谱分析（XFS）的理论基础。

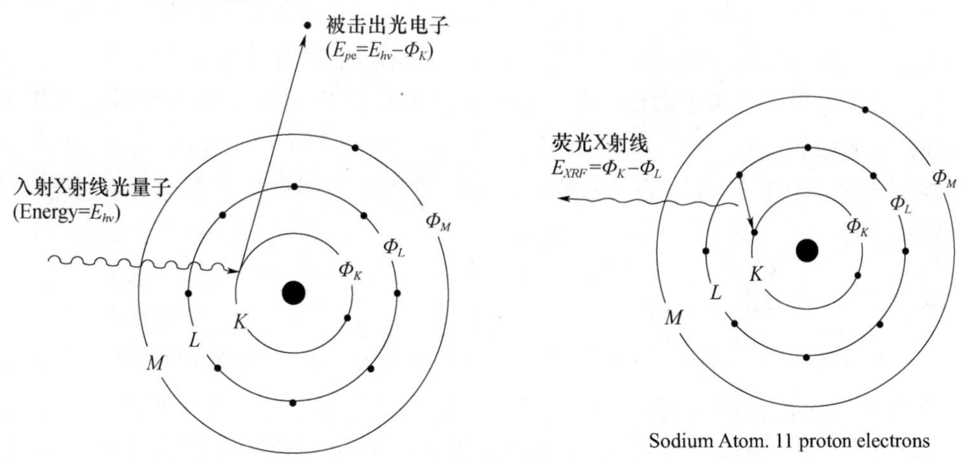

图 3-11 光电效应产生示意

在一般衍射工作中，荧光X射线会增加衍射花样的背影，是有害因素，因此不希望它产生。而在X射线荧光光谱分析中，则要利用荧光X射线进行分析工作，因此希望得到尽可能强的荧光X射线。

（2）俄歇效应

高能量X射线光量子与物质作用时，原子 K 层电子被击出形成光量子，L 层电子向 K 层跃迁，其能量差可能不是以产生一个 K 系X射线光量子的形式释放，而是被包括空位层在内的邻近电子或较外层电子（如另一个 L 电子）所吸收，使这个电子受激发而逸出原子成为自由电子，这就是俄歇（Auger）效应，这个自由电子称为俄歇电子（图3-12）。

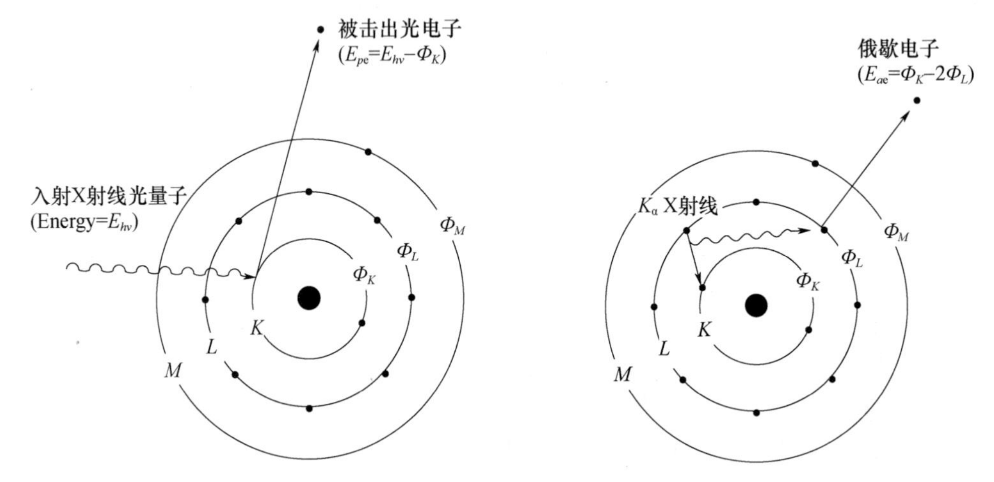

图3-12　俄歇效应产生示意

按上述举例，俄歇电子的能量值也是特定的，带有物质壳层的特征能量，与入射X射线波长无关，仅与产生俄歇效应的物质的元素种类有关。

实验结果表明，轻元素俄歇电子发射概率比荧光X射线发射概率大，所以轻元素的俄歇效应比重元素强烈。俄歇电子能量低，一般只有几百电子伏特，因此，只有表面几层原子所产生的俄歇电子才能逸出物质表面被探测到，所以俄歇电子可带来物质表层元素成分信息，按此原理研制的俄歇电子显微镜是表面物理研究的重要工具之一。

此外，X射线穿透物质时还产生热效应，其一部分能量将转变为热能。

把由于光电效应、俄歇效应和热效应而消耗的那部分入射X射线能量称为物质对X射线的真吸收。

综上所述，由于X射线透过物质时，与物质相互作用产生了散射和真吸收过程，强度将被衰减。

3.1.4.3　衰减

在大多数情况下（除轻元素外），X射线的衰减是由真吸收造成的，散射只占很小一部分，因此在研究衰减规律时可忽略散射部分的影响。除了被散射和透射掉的一部分外，X射线能量主要将被物质吸收，这种能量转换包括光电效应和俄歇效应。

如图3-13所示，设入射X射线强度为I_0，透过厚度为P的物质后强度为I，$I<I_0$，在被照射物质深度为x处取一小厚度元dx，到达此小厚度元上的X射线强度为I_x，透过此厚度元的X射线强度为I_{x+dx}，则强度的改变为：

$$dI_x = I_{x+dx} - I_x \tag{3-4}$$

$$\frac{I_{x+dx} - I_x}{I_x} = \frac{dI_x}{I_x} = -\mu_L \cdot dx \tag{3-5}$$

对上式积分后，可得

$$I = I_0 e^{-\mu_L P} \tag{3-6}$$

式中，μ_L为物质对X射线的线吸收系数（cm^{-1}），表示X射线通过单位厚度物质时被吸收的概率，与入射X射线束的波长及被照射物质的元素组成和状态（密度）有关，负号表示吸收层厚度增加时强度减小；P为线性距离；ρ为被照射物质的密度。

线吸收系数μ_L为单位体积物质对X射线的吸收概率，但单位体积物质量随其密度而异，因而μ_L对确定的物质不是一个常量。为表达物质本质的吸收特性，引入质量吸收系数μ_m（cm^2/g），即$\mu_m=\mu_L/\rho$。质量吸收系数μ_m是单位质量物质（单位截面的1g物质）对X射线的吸收程度，其值的大小与温度、压力等物质状态参数无关，但与X射线波长及被照射物质的原子序数有关。

质量吸收系数μ_m与波长λ和原子序数Z存在关系：$\mu_m \approx K\lambda^3 Z^3$。这表明，当吸收物质一定时，X射线的波长越长越容易被吸收；X射线的波长固定时，吸收体的原子序数越高，X射线越容易被吸收。

吸收系数的变化是不连续的。

如图3-14所示，整个质量吸收系数曲线并非像上式那样随λ的减小而单调下降。当波长λ减小到某几个值时，μ_m会突然增加，于是出现若干个跳跃台阶。μ_m突增的原因是在这几个波长时产生了光电效应，使X射线被大量吸收，波长发生突变，若产生了K系激发的光电效应，则这个波长即是吸收限λ_K。

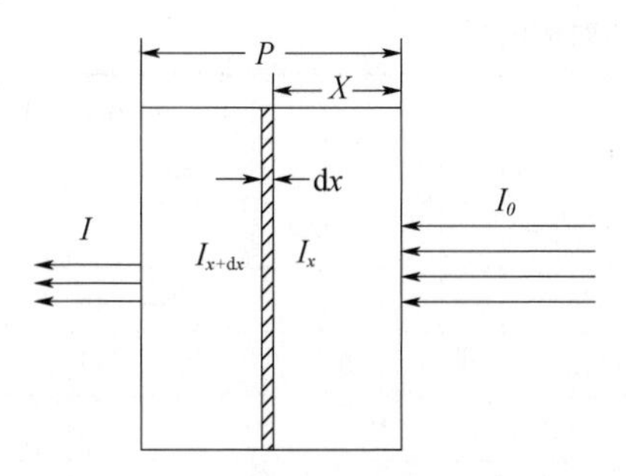

图3-13 X射线穿过物质时的吸收

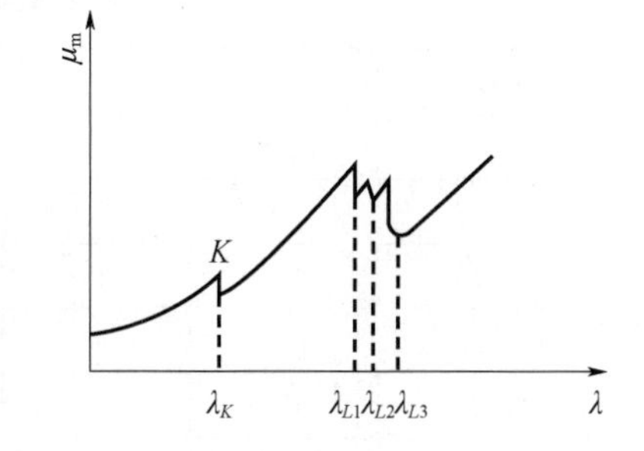

图3-14 质量衰减吸收与波长之间的关系

3.1.4.4 吸收限的应用

（1）X射线滤波片的选择

利用吸收限两边吸收系数相差十分悬殊的特点，可制作滤波片，使K_α和K_β两条特征谱线中去掉一条，实现单色的特征辐射。

如果选用适当的材料，使其 K 吸收限波长 λ_K 正好位于所用的 K_α 和 K_β 线的波长之间，则当将此材料制成薄片放入原 X 射线束中时，它对 K_β 线及连续谱这些不利成分的吸收将很多，从而将它们大部分去掉，而对 K_α 线的吸收却很少，最后得到的基本上就是单色光了（图 3-15）。

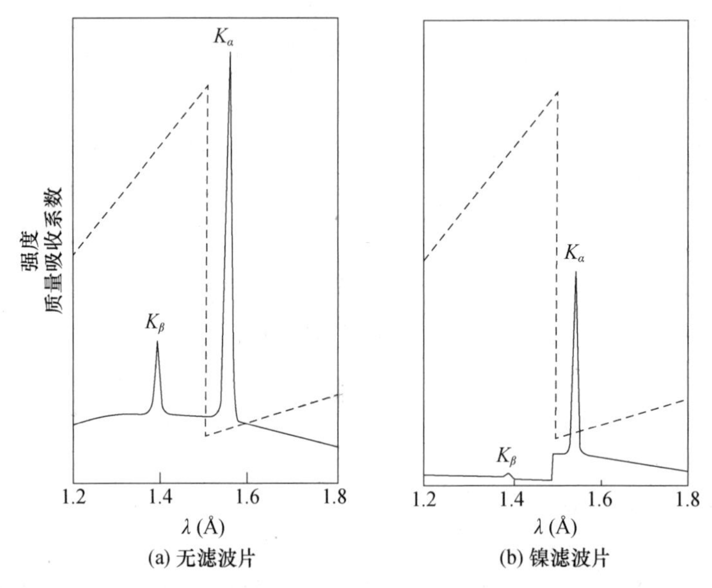

图 3-15　铜辐射通过镍滤波片前后强度比较

（注：虚线所示为镍的质量吸收系数）

滤波片材料是根据阳极靶材料而确定的。由表 3-1 的数据可总结出以下规律：滤波片的原子序数 $Z_{片}$ 比阳极靶的原子序数 $Z_{靶}$ 小 1 或 2，具体规律为：

当 $Z_{靶}<40$ 时，$Z_{滤波片}=Z_{靶}-1$；

当 $Z_{靶}>40$ 时，$Z_{滤波片}=Z_{靶}-2$。

表 3-1　常用滤波片材料和对应的靶材

X 射线管阳极		滤波片				K_α 的透射相对强度（%）
物质	Z	物质	Z	K 吸收限 λ_K（nm）	厚度（mm）	
Cr	24	V	23	0.226910	0.016	50
Fe	26	Mn	25	0.189643	0.016	46
Co	27	Fe	26	0.174346	0.018	44
Ni	28	Co	27	0.160815	0.013	53
Cu	29	Ni	28	0.148807	0.021	40
Mo	42	Zr	40	0.068883	0.108	31
Ag	47	Rh	45	0.053395	0.079	29

（2）阳极靶材料的选择

在 X 射线衍射晶体结构分析中，我们不希望入射的 X 射线激发出样品的大量荧光辐射，因为大量的荧光辐射会增加衍射花样的背底，使图像不清晰。

避免出现大量荧光辐射的原则是选择入射X射线的波长，使其不被样品强烈吸收，也就是选择阳极靶材料，让靶材产生的特征X射线波长偏离样品的吸收限。

根据样品成分选择靶材的原则是：使阳极靶材产生的K_α的波长略大于样品的吸收限$\lambda_{K样}$，或使阳极靶材产生的K_α的波长远小于样品的吸收限$\lambda_{K样}$，即$Z_{靶} \geqslant Z_{样}$，$Z_{靶} \leqslant Z_{样}+1$。这样，可避免λ射X射线被样品大量吸收而产生大量的荧光辐射。其原因是，当入射X射线K_α波长稍大于样品吸收限$\lambda_{K样}$时，不激发荧光辐射，此时样品对X射线K_α辐射处于吸收低谷，最有利于衍射，如图3-16（a）和图3-16（b）所示；当入射X射线K_α波长远小于样品吸收限$\lambda_{K样}$时，此时样品对X射线K_α辐射的吸收很少，如图3-16（c）所示。对于多元素的样品，如金属氧化物，由于O元素原子序数远低于一般的靶材原子序数，因此，在靶材选取上可以含量较多的金属元素中最轻的元素为基准，依据$Z_{靶} \leqslant Z_{样}+1$的原则来选择靶材（表3-2）。

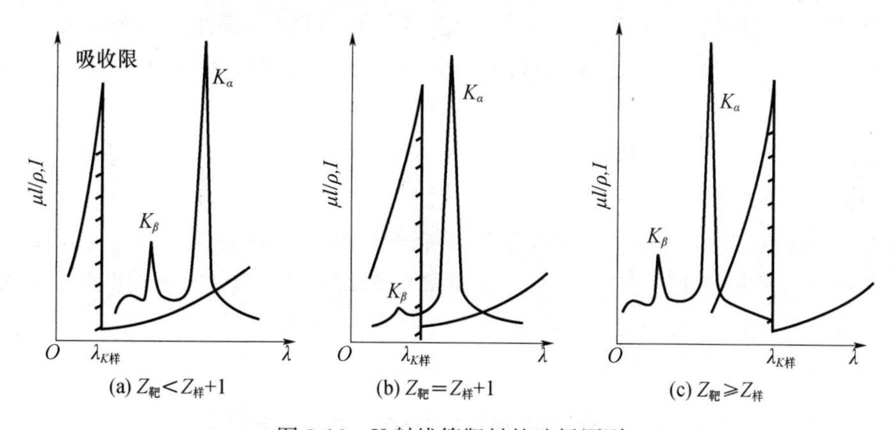

图3-16　X射线管靶材的选择原则

表3-2　一些常用阳极靶材和特征谱参数

阳极靶元素	原子序数 Z	K系列特征谱波长（0.1nm）				K吸收限	U_K（kV）	$U_{适合}$（kV）
		$K_{\sigma1}$	$K_{\sigma2}$	K_α	K_β	λ_K（0.1nm）		
Cr	24	2.28970	2.293606	2.29100	2.08487	2.0702	5.43	20～25
Fe	26	1.936042	1.939980	1.937355	1.75661	1.74346	6.4	25～30
Co	27	1.788965	1.792850	1.790260	1.72079	1.60815	6.93	30
Ni	28	1.657910	1.661747	1.659189	1.500135	1.48807	7.47	30～35
Cu	29	1.540562	1.544390	1.541838	1.392218	1.28059	8.04	35～40
Mo	42	0.70930	0.713590	0.710730	0.632288	0.61978	17.44	50～55

3.1.5　X射线的探测与防护

（1）X射线的探测

荧光屏法：荧光屏是将含有微量镍的硫化锌或硫化锌镉涂于硬纸板上而制成。在X

射线的作用下，这种化合物能发出可见的黄绿色荧光。在X射线衍射实验中，荧光屏法主要用于探测X射线的有无，以及在调整仪器时确定X射线束的位置。

照相法：主要利用X射线与照相底片发生的光化学反应，使得底片感光来探测和记录X射线。照相底片与X射线相遇时，绝大部分能量都透过了，只有很少一部分能量被底片吸收发生光化学反应，所以X射线对底片的感光速度很慢。

辐射探测器法：X射线光量子对气体和某些固态物质的电离作用可以用来检查X射线的存在与否和测量它的强度。按照这种原理制成的探测X射线的仪器有各种辐射探测器。

（2）X射线的防护

X射线设备的操作人员可能遭受电震和辐射损伤两种危险。

电震的危险在高压仪器应用中是经常存在的，X射线的阴极端为危险的源泉。在安装时可以把阴极端装在仪器台面之下或箱子里、屏后等位置加以保证。

辐射损伤是过量的X射线对人体产生有害影响，可使局部组织灼伤，以及人的精神衰颓、头晕、毛发脱落、血液的组成和性能发生改变及影响生育等。探伤用X射线设备因电压高、辐射强，操作时X射线管和控制设备应分别放在相邻的两个房间。衍射工作用的X射线设备电压小于60kV，X射线管本身可以防止X射线透过，机器附近一般采用铅屏或铅玻璃防护罩遮掩，可以有效防止辐射损伤。

虽然X射线对人体有害，但只要工作者能严格遵守安全条例，注意采取安全防护措施，意外事故是可以避免的。例如，配带笔状剂量仪、避免身体直接暴露在X射线下、定期进行身体检查和验血、采用铅屏或铅玻璃防护罩。

3.2 X射线衍射的几何原理

对于可见光的衍射现象，一般认为光栅常数只要与一个点光源发出的光的波长为同一数量级即可产生衍射，衍射花样和光栅常数密切相关，反映了光栅的几何特征。1895年德国物理学家伦琴发现X射线以后，科学家对X射线本质上是波还是粒子展开了一场争论。1912年，德国物理学家劳厄（劳埃）在和索末菲的青年研究生厄瓦尔德（埃瓦尔德）讨论光散射角时得到启发：如果X射线是一种波，应该也可以像可见光一样，通过与其波长相当的光栅时产生衍射现象。在当时，晶体的空间结构假说已被提出，这个假说推断由原子在空间有规律地重复排列形成晶体结构，原子排列的间距为1～10Å，与持X射线波动说所推断的X射线波长一致，由此，劳厄产生了一个对现代物理学和其他相关学科具有重大意义的实验思想：用X射线照射晶体，可以同时验证X射线的波动学说和晶体的空间结构理论（图3-17）。这个实验设计思想尽管得到了一些科学家的怀疑，但是劳厄依然坚持完成了实验。在伦琴两名研究生弗里德里希和克尼平的协助下，采用$CuSO_4 \cdot 5H_2O$晶体为试样，经过两次实验得到了X射线衍射花样照片。根据衍射结果，劳厄推导出了X射线在晶体上衍射的几何规律，提出了著名的劳厄方程。随后，同年，英国物理学家亨利·布拉格和罗伦斯·布拉格父子推导出了比劳厄方程更简捷的衍射公式——布拉格方程；厄瓦尔德又根据倒格子空间的入射线和散射线的几何关系，提出了厄瓦尔德图解法。上述这些科学家们的伟大贡献为衍射几何原理和衍射学理论奠定了坚实的基础，开辟了一条在原子-分子水平上研究物质结构的重要实验方法——X射线结构分析（即X射线晶体衍射学）。

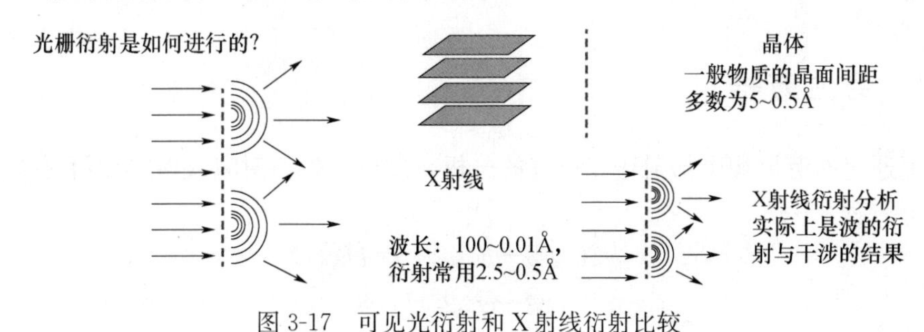

图3-17　可见光衍射和X射线衍射比较

3.2.1　X射线衍射的产生

当一束X射线照射到晶体上时，首先被电子所散射，每个电子都是一个新的辐射波源，向空间辐射出与入射波同频率的电磁波。可以把晶体中每个原子都看作一个新的散射波源，它们各自向空间辐射与入射波同频率的电磁波。由于这些散射波之间的干涉作用，使得空间某些方向上的波始终保持相互叠加，于是在这个方向上可以观测到衍射线，而另一些方向上的波则始终是互相抵消的，于是就没有衍射线产生。如果在垂直于入射线方向放置一照相底片，就可以看到干涉增强的方向在照相底片上感光形成一亮斑点，干涉相消处无斑点产生，部分相消处产生一灰斑点，借此，我们就可以知道干涉增强线（衍射线）的方向和位置（图3-18），而这个方向和位置与晶体内部产生衍射的晶面是对应的。衍射几何学就是建立衍射花样和晶体结构之间关系的一门学科。

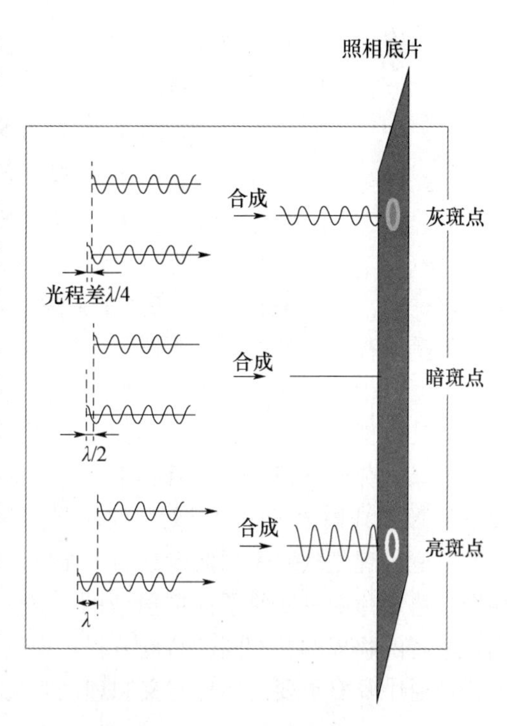

图3-18　X射线衍射花样的产生

X射线在晶体中的衍射现象，实质上是大量的原子散射波互相干涉的结果。晶体所产生的衍射花样都反映出晶体内部的原子分布规律。概括地讲，一个衍射花样的特征，可以认为由两个方面的内容组成：

一是衍射线在空间的分布规律（称为衍射几何）。衍射线的分布规律由晶胞的大小、形状和位向决定。

二是衍射线的强度。衍射线的强度取决于原子的种类和它们在晶胞中的位置。

X射线衍射理论所要解决的中心问题是在衍射现象与晶体结构之间建立起定性和定量的关系。

3.2.2 劳厄方程

劳厄通过对劳厄像上衍射斑点位置的分析，发现发生衍射时入射线和衍射线的方向符合劳厄方程：

$$\left.\begin{aligned} a(\cos\alpha-\cos\alpha_0)&=H\lambda\\ b(\cos\beta-\cos\beta_0)&=K\lambda\\ c(\cos\gamma-\cos\gamma_0)&=L\lambda \end{aligned}\right\} \tag{3-7}$$

式中，a、b、c 分别为晶体的晶格常数；α、β、γ 分别为衍射线与晶体3个基矢的夹角，与劳厄像上斑点的位置有关；α_0、β_0、γ_0 分别为入射线与晶体3个基矢的夹角，与晶体的相对取向有关；H、K、L 为3个任意的整数；λ 为X射线的波长，由于劳厄实验中使用连续波作为X光源，其取值有一定范围。

劳厄方程可以改写成矢量形式：

$$\left.\begin{aligned} \boldsymbol{a}\cdot(\boldsymbol{S}-\boldsymbol{S}_0)&=H\lambda\\ \boldsymbol{b}\cdot(\boldsymbol{S}-\boldsymbol{S}_0)&=K\lambda\\ \boldsymbol{c}\cdot(\boldsymbol{S}-\boldsymbol{S}_0)&=L\lambda \end{aligned}\right\} \tag{3-8}$$

式中，$\boldsymbol{a}$、$\boldsymbol{b}$、$\boldsymbol{c}$ 分别为晶体的3个基矢；$\boldsymbol{S}$ 和 $\boldsymbol{S}_0$ 分别为衍射线和入射线方向的单位矢量；H、K、L 为3个任意的整数；λ 为X射线的波长。矢量形式的劳厄方程可以导出衍射矢量方程，它是厄瓦尔德作图法的基础。

劳厄方程共有3个方程、6个实验参数、3个晶格参数、3个任意整数和不定的波长值，其数据处理很困难。劳厄像上有很多的衍射斑点，几十到100多，数据量也很大。所以，劳厄方程虽能解释衍射现象，但使用不便。1912年，英国物理学家布拉格父子从X射线被原子面“反射”的观点出发，推出了重要且更简捷的布拉格方程。

劳厄方程是从原子列散射波的干涉出发，去求X射线照射晶体时衍射线束的方向，而布拉格定律则是从原子面散射波的干涉出发，去求X射线照射晶体时衍射线束的方向，两者的物理本质相同。劳厄方程从理论上解决了X射线在晶体中衍射的方向，在X射线衍射中具有重要的历史意义和理论意义。

3.2.3 布拉格方程

1912年，劳伦斯·布拉格提出另一确定衍射方向的方法，依照光在镜面的反射规律设计。由于晶体结构的周期性，可将晶体视为由许多相互平行且晶面间距相等的原子面组成，即认为晶体是由晶面指数为（hkl）的晶面堆垛而成，晶面之间距离为 d_{hkl}，设一束严格平行的入射波（波长 λ）以 θ 角照射到（hkl）原子面上，各原子面产生反射。

首先考虑一层原子面上散射X射线的干涉（图3-19）。当X射线以与原子面夹角为

θ 角（掠射角）的方向入射到原子面并以 β 角散射时，相距为 x 的两原子散射的光程差为：$\delta = cb - ad = x(\cos\theta - \cos\beta)$。

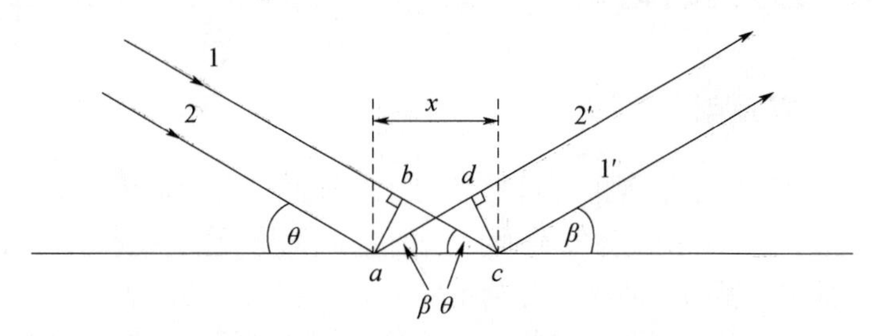

图 3-19　一层原子面对 X 射线的散射

当光程差等于波长的整数倍（$n\lambda$）时，在 β 角方向散射干涉加强。假定原子面上所有原子的散射线均同相位，即光程差 $\delta = 0$，由 $\delta = cb - ad = x(\cos\theta - \cos\beta)$ 可知，此时 $\cos\theta = \cos\beta$。即是说，当入射角与散射角相等时，一层原子面上所有散射波干涉将会加强。这个结果说明，与可见光的反射定律相类似，X 射线的散射线在一层原子面上呈镜面反射的方向，就是散射线干涉加强的方向，因此，常将这种散射称为镜面反射。需要指出的是，原子对 X 射线的散射线分布于空间各个方向，沿其他方向的散射线之间满足干涉加强条件时也可能产生衍射，但是这个方向随不同的晶体结构而发生变化，处理问题比较复杂，而散射方向与原子面夹角为 θ 角时，产生干涉加强的结果不受晶体结构影响，处理问题比较简单。因此，在以后的讨论中，常用“反射”这个术语描述衍射问题，或者将“反射”和“衍射”作为同义词混合使用。

由于 X 射线具有相当强的穿透力，它可以穿透上万个原子面，因此，我们必须讨论各个平行原子面间“反射”波的相互干涉问题。

当 X 射线与原子面夹角为 θ 角（掠射角）的 S_0 方向入射到面网间距为 d_{hkl} 的一组平行面网（hkl）时，与 S_0 满足“光学镜面反射”条件（散射线、入射线与原子面法线共面）的反射线 S_1 方向上的同一层原子面上的散射线将具有相同的位相，干涉结果产生加强（图 3-20）。当相邻平行原子面的“反射线”光程差为入射波长 λ 的整数倍，即 $\delta = DB + BF = n\lambda$ 时，S_1 方向上所有面网的散射线将会干涉加强。亦即：

$$\delta = DB + BF = 2d_{hkl}\sin\theta = n\lambda \tag{3-9}$$

式（3-9）即为著名的布拉格方程。

式中，n 为整数，d_{hkl} 为（hkl）晶面的晶面间距，λ 为入射 X 射线波长，θ 称为布拉格角或掠射角，又称半衍射角，实验中所测得的 2θ 角则称为衍射角。

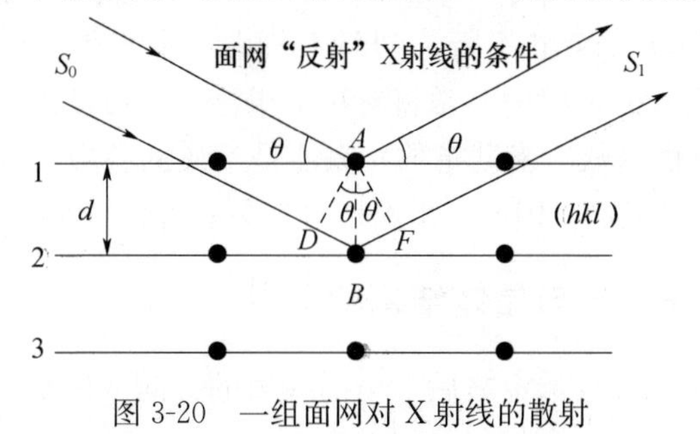

图 3-20　一组面网对 X 射线的散射

3.2.4 布拉格方程的讨论

3.2.4.1 选择反射

布拉格方程所决定的衍射现象与可见光的反射从形式上看是相同的，都是入射角等于反射角，只是衍射时用掠射角表示而已。所以，把 X 射线在晶体上的衍射也称为“布拉格反射”，但是二者的本质又是完全不同的。反射只是物体表面上的光学现象，而衍射则是一定厚度内许多等间距分布的、平行晶面的共同行为。反射时，以任何入射角入射时，都可以得到反射线。而衍射时，只有在符合布拉格方程的 θ 角入射时，才能有“反射”，即获得衍射线。由此，有时又把衍射称为“选择反射”，可产生反射的依据即布拉格方程。此外，反射时，可以得到与入射线强度相同的反射线，而 X 射线衍射线的强度要比入射线弱得多。

入射线、衍射线和衍射面（或晶面）的法线一定位于同一个平面内，此平面与衍射面（或晶面）相垂直。入射线与衍射线分布在衍射面（或晶面）法线的两边。这一点正是布拉格方程比劳厄方程简单的原因。布拉格方程将一个三维空间的衍射现象，简化为一个平面上的问题，因此也就便于实际应用。

3.2.4.2 衍射级数和干涉指数

由布拉格方程 $2d_{hkl}\sin\theta=n\lambda$（$n$ 为整数）可以看出：

$n=1$ 时，相邻两晶面的反射线的光程差为 λ，称为 1 级衍射；

$n=2$ 时，相邻两晶面的反射线的光程差为 2λ，称为 2 级衍射；

$n=3$ 时，相邻两晶面的反射线的光程差为 3λ，称为 3 级衍射；

…

$n=n$ 时，相邻两晶面的反射线的光程差为 $n\lambda$，称为 n 级衍射。

第 n 级衍射的衍射角由下式决定：$\sin\theta_n=n\lambda/2d_{hkl}$。

布拉格方程可以改写为 $2(d_{hkl}/n)\sin\theta_n=\lambda$，根据晶体学原理，进而可推出 $2d_{(nh,nk,nl)}\sin\theta_n=\lambda$。

如令 $d_{HKL}=d_{hkl}/n=d_{(nh,nk,nl)}$，即可以把某一面网的 n 级衍射看成另一假想面（HKL）（其面网间距为 d_{HKL}）的 1 级衍射（图 3-21），这样仅要考虑的是 1 级衍射，处理问题更为简捷，布拉格方程可以改写为 $2d_{HKL}\sin\theta=\lambda$，或者更为简单的一种形式：$2d\sin\theta=\lambda$。

（hkl）面与（HKL）面互相平行。（HKL）面不一定是晶体中的原子面，而是为了简化布拉格公式而引入的反射面，常将它称为干涉面，（HKL）称为干涉指数。干涉指数有公约数 n，而晶面指数（米勒指数）只能是互质的整数。当干涉指数也互为质数时，它就代表一组真实的晶面，因此，干涉指数为晶面指数的推广，是广义的晶面指数。

3.2.4.3 衍射线方向与晶体结构的关系

从 $2d\sin\theta=\lambda$ 看出，波长选定之后，衍射线束的方向（用 θ 表示）是晶面间距 d 的

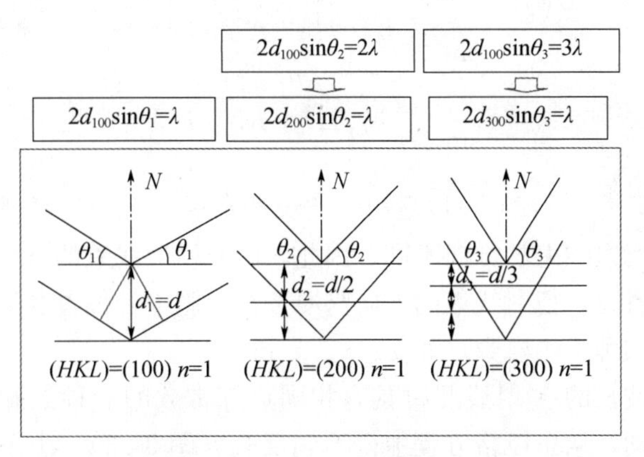

图 3-21　晶面的多级衍射与衍射面的 1 级衍射示意

函数，对于固定的单晶体而言，不同晶面产生的衍射线方向不同。如图 3-22 所示，一束平行的单色 X 射线入射到固定的一个单晶体，如果入射线方向 S_0 与晶面间距为 d_1 的晶面满足布拉格方程时，将在反射线方向 S_1 产生衍射线，投影在照相底片上，会产生明亮的衍射斑点 d_1；如果同时有另一组晶面间距为 d_2 的晶面，也与入射线方向 S_0 满足布拉格方程，将产生另一条衍射线，投影在照相底片上相应地产生另一个亮斑点 d_2。两个亮斑点在照相底片上分布于不同位置，并有亮度的差别。如果我们掌握了衍射斑点位置和晶体中晶面位置之间的关联规律，就可以根据衍射花样推算出衍射晶面的晶面间距和晶面间的几何关系。

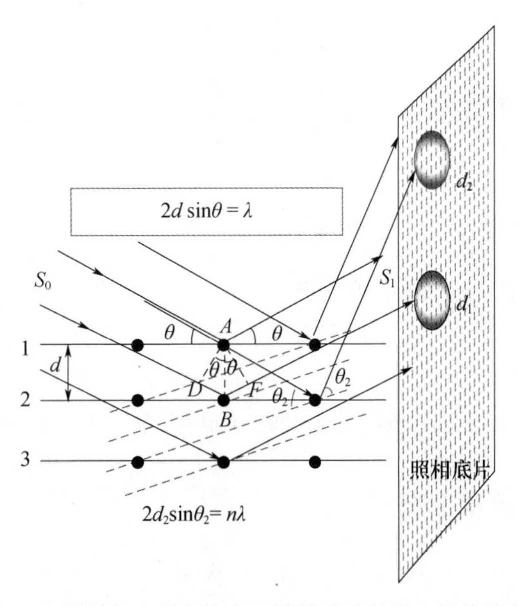

图 3-22　衍射线方向与晶体中不同晶面反射线之间的关系示意

如将立方、正方、斜方晶系的面间距公式代入布拉格公式，并进行平方后得：

立方晶系：
$$\sin^2\theta=\frac{\lambda^2}{4a^2}(H^2+K^2+L^2) \tag{3-10}$$

正方晶系：
$$\sin^2\theta=\frac{\lambda^2}{4}\left(\frac{H^2+K^2}{a^2}+\frac{L^2}{c^2}\right) \tag{3-11}$$

斜方晶系：
$$\sin^2\theta=\frac{\lambda^2}{4}\left(\frac{H^2}{a^2}+\frac{K^2}{b^2}+\frac{L^2}{c^2}\right) \tag{3-12}$$

从式（3-10）至式（3-12）可以看出，波长选定后，不同晶系或同一晶系而晶胞大小不同的晶体，其衍射线束的方向不同。因此，研究衍射线束的方向，可以确定晶胞的形状和大小。还能看出，衍射线束的方向与原子在晶胞中的位置和原子种类无关（式中没有反映原子位置和种类的参数，如 x、y、z 和 Z）。

例如，用一定波长的X射线照射具有相同点阵常数的3种晶胞，简单晶胞和体心晶胞衍射花样的区别，从布拉格方程中得不到反映（图3-23）。由不同原子构成的具有相同点阵常数的面心晶胞衍射花样的区别，从布拉格方程中也得不到反映（图3-24）。

由此看来，在研究晶胞中原子的位置和种类的变化时，除布拉格方程外，还需要其他的判断依据，这将在后续章节有关结构因子和衍射强度理论中进一步讨论。

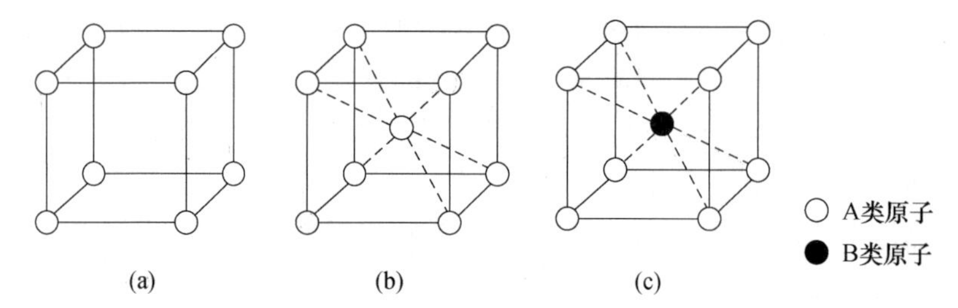

图3-23　点阵常数相同的几个立方晶系晶胞

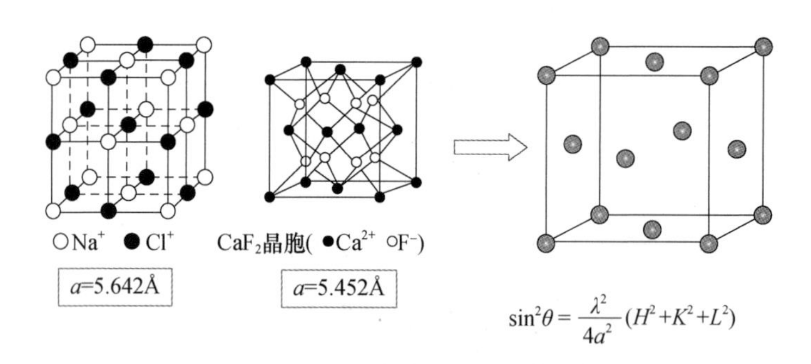

图3-24　点阵常数相同不同原子构成的面心立方晶体点阵

3.2.4.4　衍射的限制条件

由布拉格方程 $2d\sin\theta=n\lambda$ 可知，$\sin\theta=n\lambda/2d$，因 $\sin\theta<1$，故 $n\lambda/2d<1$，即 $d/n>\lambda/2$。为使物理意义更清楚，现考虑 $n=1$（即1级衍射）的情况，此时 $\lambda/2<d$，这就是能产生衍射的限制条件。它说明用波长为 λ 的X射线照射晶体时，晶体中只有面间距 $d>\lambda/2$ 的晶面才能产生衍射。对于一定波长的X射线而言，晶体中能产生衍射的晶面数是有限的。对于一定晶体而言，在不同波长的X射线下，能产生衍射的晶面数是不同的。

显然，当入射波长越小，能产生衍射的晶面数量就越多。但波长过短会导致衍射角过小，使衍射现象难以观察，也不宜使用。

例如，一组晶面间距从大到小的顺序：2.02Å，1.43Å，1.17Å，1.01 Å，0.90 Å，0.83 Å，0.76 Å……当用波长为 $\lambda_{K_\alpha}=1.94$Å 的铁靶产生的 X 射线照射时，因 $\lambda_{K_\alpha}/2=0.97$Å，只有 4 个 d 大于它，故产生衍射的晶面组有 4 个。如用铜靶产生的 X 射线进行照射，因 $\lambda_{K_\alpha}/2=0.77$Å，故前 6 个晶面组都能产生衍射。

3.2.4.5　布拉格方程是产生衍射的必要条件而非充分条件

布拉格方程是 X 射线在晶体产生衍射的必要条件而非充分条件。有些情况下晶体虽然满足布拉格方程，但不一定出现衍射线，即所谓系统消光。

如图 3-25 所示，对于简单点阵来讲，当（001）面相邻晶面反射线光程差为波长的 1 倍时，出现 1 级衍射线束；而对于体心点阵来讲，由于体心原子面的存在，使得相邻两个晶面（底面和体心原子面）反射线光程差为波长的 0.5 倍，将出现相消情况，因此，（001）面的 1 级衍射线消失。当入射角 θ 变大，达到 θ_2 时（图 3-26），这时简单点阵（001）面相邻晶面反射线光程差为波长的 2 倍，出现（001）面 2 级衍射线束，即相当于一组假想晶面（002）面的 1 级衍射线；当入射角 θ 变大，达到 θ_2 时，对体心点阵来讲，相邻两个晶面（底面和体心原子面）反射线光程差为波长的 1 倍，发生干涉加强，出现（002）面的 1 级衍射线。

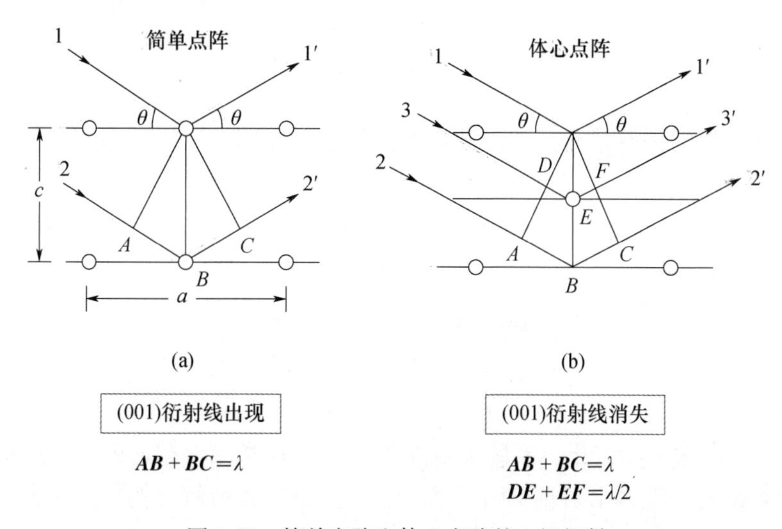

图 3-25　简单点阵和体心点阵的 1 级衍射

因此，对于体心点阵（面心点阵情况类似）来说，尽管（001）面满足布拉格方程，但是由于面心位置存在原子，导致在反射方向 1 级衍射强度为 0。所以，晶体虽然满足布拉格方程，但不一定出现衍射线，布拉格方程只是产生衍射的必要条件而非充分条件。

3.2.4.6　劳厄方程与布拉格方程的一致性

布拉格方程也可以用图 3-27 来说明。图中，α_0 为入射角，α 为散射角，a 为原子间

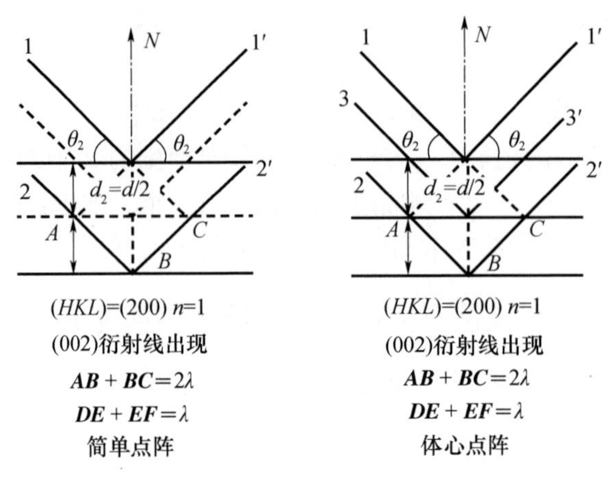

图 3-26　简单点阵和体心点阵的 2 级衍射

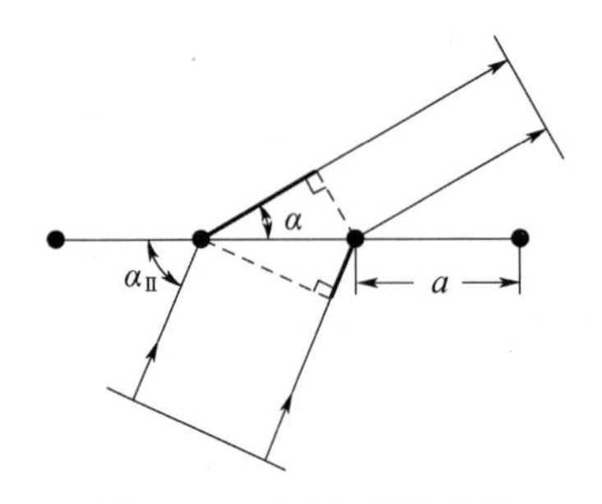

图 3-27　干涉加强的条件

距。产生干涉加强的条件是光程差为波长的整数倍。亦即：

$$a(\cos\alpha_0-\cos\alpha)=h\lambda \tag{3-13}$$

式中，h 为整数，λ 为波长。一般地说，晶体中原子是在三维空间上规则排列的，所以为了产生衍射，必须同时满足式（3-14）中各方程：

$$\begin{cases}a(\cos\alpha_0-\cos\alpha)=h\lambda\\ b(\cos\beta_0-\cos\beta)=k\lambda\\ c(\cos\gamma_0-\cos\gamma)=l\lambda\end{cases} \tag{3-14}$$

式（3-14）即为劳厄方程。实际上，如果把上三式联立求解，就可以推导出布拉格方程。因此，两者在解释衍射现象时是等价的。劳厄方程所解释的衍射现象，在散射中心为连续分布时，或散射中心的原子由于存在点缺陷等原因偏离正常位置时，计算衍射强度都很方便，而且物理模型更为清楚。

为处理问题更为清晰和简洁，在推导布拉格方程时忽略一些次要的和从属性的影响因素，实际上用到了以下几点假设：

① 晶体是理想的、完整的，晶体内部没有任何缺陷或畸变；

② 不考虑温度的影响，晶体中各原子均处于静止状态，没有热振动；

③ 由于 X 射线的折射率近似等于 1，所以 X 射线在晶体内传播时，其光程差就等于程差；

④ 入射线和反射线之间没有相互作用，反射线在晶体中也没有被其他原子再散射，不考虑衍射动力学效应；

⑤ 入射X射线是单色的且是严格平行的射线，不考虑X射线的吸收衰减问题，即所有被照射的原子接受到的入射线强度一致。

同时还可以认为，由于晶体点阵常数都很小，约为零点几个纳米。而在实验时，X射线源、探测衍射线的记录装置与晶体的距离至少也有几个厘米。因此，可以认为：射线源、记录装置与晶体的距离为无穷远，衍射X射线和入射X射线相同，都是平行光线。另外，入射X射线的截面积最小也有平方毫米数量级，它将照射到晶体上千万个原子和晶面上。但从探测装置角度上来看，衍射线又是从一个点发射出来的。

本小节思考题：

① 是 hkl 值大的还是 hkl 值小的面网容易出现衍射？

② 要使某个晶体的衍射数量增加，你选长波的X射线还是短波的X射线？

③ 是否只有在反射线方向才能观察到衍射线？如果其他方向也有衍射线，采用什么措施可以观察到？

3.2.5 布拉格方程应用

布拉格方程把晶体周期性的特点（d）、X射线的本质（θ）与衍射规律（λ）结合了起来。

布拉格方程应用非常广泛。从实验角度可归结为两个方面的应用：

一方面，用已知波长 λ 的X射线去照射晶体，通过衍射角 θ 的测量求得晶体中各晶面的面间距 d，这就是结构分析，即X射线衍射学；

另一方面，用一种已知面间距 d 的晶体来反射从试样发射出来的X射线，通过衍射角 θ 的测量求得X射线的波长 λ，这就是X射线光谱学。该法除可进行光谱结构的研究外，从X射线的波长还可确定试样的组成元素。电子探针就是按照这个原理设计的。

3.2.6 衍射矢量方程和厄瓦尔德图解

一个晶体中有许许多多的晶面（衍射面），在给定的实验条件下，并不是所有衍射面都可以产生衍射，只有那些能够满足布拉格方程的衍射面才能有衍射现象。在描述X射线的衍射几何时，主要解决两个问题：

一是判断哪些晶面能够产生衍射，依据布拉格方程；

二是确定衍射方向，即根据布拉格方程确定的衍射角 2θ。

为了把这两个条件用一个统一的矢量形式来表达，引入了衍射矢量的概念。倒易点阵中衍射矢量的图解法即是厄尔瓦德图解法。

如图3-28所示，当X射线束被晶面 P［晶面指数为（HKL）］反射时，假定 N 为晶面 P 的法线方向，入射线方向用单位矢量 $\boldsymbol{S}_0$ 表示，衍射线方向用单位矢量 $\boldsymbol{S}$ 表示，则 $\boldsymbol{S}-\boldsymbol{S}_0$ 为衍射矢量。则有

$$|\boldsymbol{S}-\boldsymbol{S}_0|=2\sin\theta=\frac{\lambda}{d_{HKL}} \tag{3-15}$$

因此，矢量$\frac{\boldsymbol{S}-\boldsymbol{S}_0}{\lambda}$的长度为$\frac{1}{d_{HKL}}$，方向平行于晶面 P 的法线方向 N。所以，根据倒易点阵的基本性质，可知

$$\frac{\boldsymbol{S}-\boldsymbol{S}_0}{\lambda}=H\boldsymbol{a}^*+K\boldsymbol{b}^*+L\boldsymbol{c}^*=\boldsymbol{r}_{HKL}^* \tag{3-16}$$

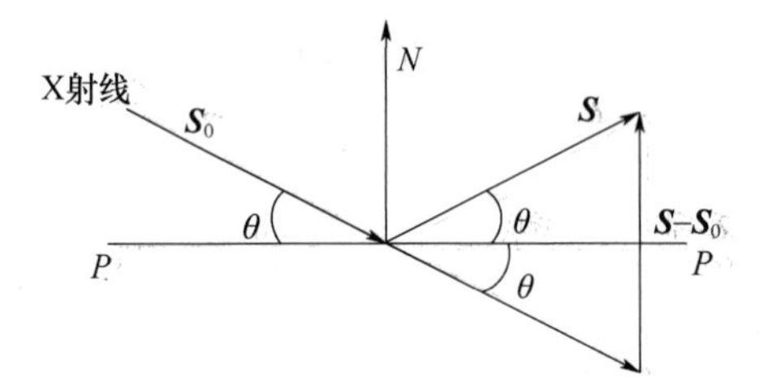

图 3-28　衍射矢量图示

$\frac{\boldsymbol{S}-\boldsymbol{S}_0}{\lambda}=\boldsymbol{r}_{HKL}^*$ 即为衍射矢量方程，可以用一个等腰矢量三角形表达，它表示（HKL）晶面满足布拉格方程产生衍射时，入射线方向矢量 $\boldsymbol{S}_0$、衍射线方向矢量 $\boldsymbol{S}$ 和（HKL）晶面对应的倒易矢量 $\boldsymbol{r}_{HKL}^*$ 之间的几何关系（图 3-29）。这种关系说明，要使（HKL）晶面发生反射，入射线必须沿一定方向入射，以保证反射线方向的矢量$\frac{\boldsymbol{S}}{\lambda}$端点恰好落在倒易矢量$\boldsymbol{r}_{HKL}^*$ 的端点上，即$\frac{\boldsymbol{S}}{\lambda}$的端点应落在（$HKL$）晶面的倒易点上。厄瓦尔德将等腰三角形置于圆中便构成了非常简单的衍射方程图解法（图 3-29）。

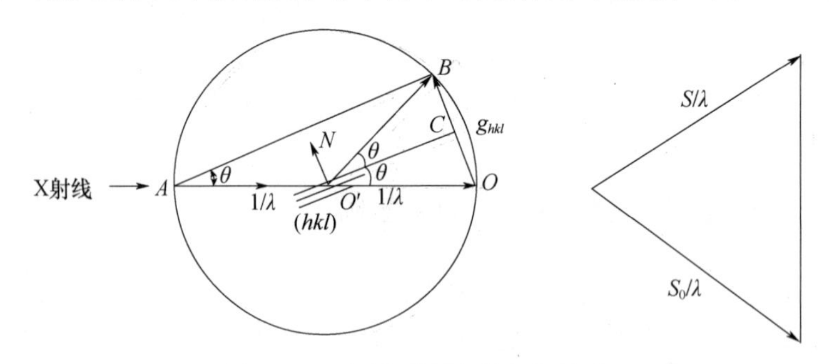

图 3-29　厄瓦尔德图解的几何关系

在实际实验中，可按照下述步骤，采用厄瓦尔德作图法确定衍射面和衍射方向：

① 画单晶体的倒易点阵，原点为 O^*。

② 沿入射线方向反推至 O 点（即 OO^* 为 $\boldsymbol{S}_0$ 方向），OO^* 长度为 $1/\lambda$，以 O 点为圆心，以 $1/\lambda$ 为半径，画反射球（也称厄瓦尔德球或衍射球）。

③ 如果有倒易阵点落在反射球面上，则该倒易阵点所对应的正点阵晶面即满足布拉格方程，就有衍射发生。

④ 衍射线的方向为从 O 指向倒易阵点 P。

⑤ 可能没有交点，也可以同时有多个交点，将同时有 m 个衍射发生。要稳定地获得衍射，就要有相应的措施。

在采用厄瓦尔德作图法时需要注意两种情况：一是当入射单色 X 射线的波长给定时，反射球的半径就是一个固定值。此时，当入射 X 射线与晶体表面的夹角也给定时，由于晶体中不同晶面方位不同，产生的散射线可能沿各个方向有多条，如图 3-30(a) 所示，但是唯有端点落在反射球面的衍射矢量所对应的晶面才满足布拉格方程 $\left(\dfrac{\boldsymbol{S}-\boldsymbol{S}_0}{\lambda}=\boldsymbol{r}^*_{HKL}\right)$，产生衍射。二是由于晶体中不同晶面方位不同，因此在开始画 OO^* 方向时是很难确定某一组具体晶面的入射线方向的，在实际作图中，可以任意选取某一入射方向，确定 O 点，进而根据落在球面的倒易阵点确定可以产生衍射的晶面，根据测量的入射线和反射线之间夹角 2θ，即可确定入射方向 θ。

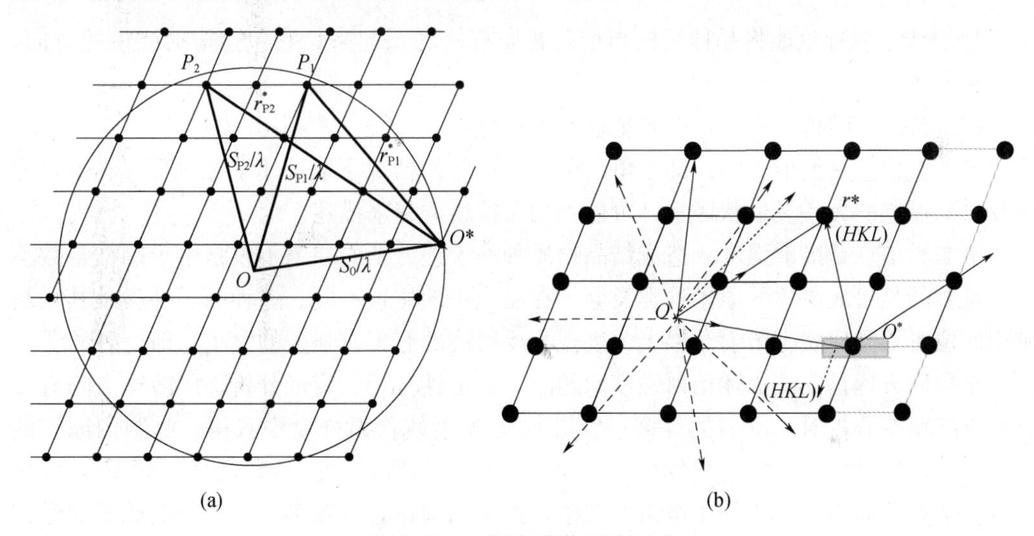

图 3-30　厄瓦尔德作图法图示

厄瓦尔德球图解法的几个概念（图 3-31）：

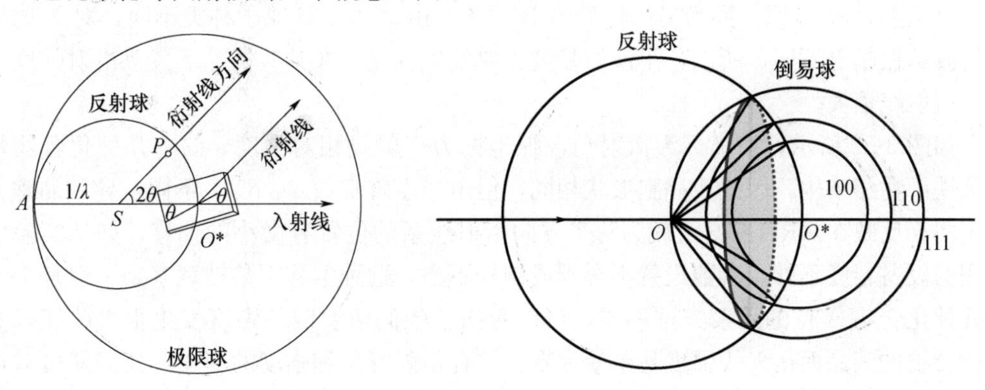

图 3-31　厄瓦尔德球图解法几个概念图示

① 以 O 为圆心，$1/\lambda$ 为半径所做的球称为反射球，这是因为只有在这个球面上的

倒易结点所对应的晶面才能产生衍射。有时也称厄瓦尔德球或衍射球（干涉球）。

② 以 O^* 为圆心、$1/\lambda$ 为半径的球，称为极限球。

③ 围绕 O^* 点转动倒易晶格，使每个倒易点形成的球，称为倒易球。

厄瓦尔德球本身无实际物理意义，仅为数学工具。但由于倒易点阵和反射球的相互关系非常完善地描述了 X 射线和电子在晶体中的衍射，故成为非常有力的手段。如需具体数学计算，仍要使用布拉格方程。

本小节思考题：

采用什么措施，可使衍射面数量增加?

3.3 X 射线束的强度

X 射线衍射理论能将晶体结构与衍射花样有机联系起来，它包括衍射线束的方向、强度和形状。

在进行晶体结构分析时，主要把握两类信息。

第一类信息是衍射方向，即 θ 角，它在 λ 一定的情况下取决于晶面间距 d。衍射方向反映了晶胞的大小及形状因素，可以利用布拉格方程来描述。

第二类信息是衍射强度。造成结晶物质种类千差万别的原因不仅是由于晶格常数不同，重要的是组成晶体的原子种类及原子在晶胞中的位置不同。这种原子种类及其在晶胞中的位置不同反映到衍射结果上，表现为反射线的有无或强度的大小，即衍射强度。

布拉格方程是无法描述衍射强度问题的。在定性分析、定量分析、固溶体点阵有序化及点阵畸变分析时，所需的许多信息必须从 X 射线衍射强度中获得。晶胞内原子的位置不同，X 射线衍射强度将发生变化甚至强度变为零，衍射现象消失，如图 3-25 所示的简单点阵和体心点阵的 1 级衍射现象，由于晶胞体心位置多了一个同类原子导致衍射强度为零，(001) 晶面的 1 级衍射线束消失。这说明布拉格方程是衍射的必要条件，而不是充分条件。

事实上，若 A 原子换为另一种类的 B 原子，由于 A 、B 原子种类不同，对 X 射线散射波的振幅也不同，所以，干涉后强度也要发生变化，在某些情况下甚至衍射强度为零，衍射线消失。

如图 3-32 所示，横坐标为衍射角，纵坐标为衍射线相对强度。图中几种化合物均为钛铁矿物相结构，因此，晶胞形状相同，但由于点阵常数 a、b、c 不同，导致晶胞大小不同，反映在 XRD 图谱上就为每个方向衍射线条的位置有微小的偏移，如果实验中采用的设备精度不够、参数设置不合理或制样不当，这种偏移不易被观察到。但是由于这几种化合物 A 位的元素完全不同，可以看出，他们衍射线的强度发生很大改变，有的化合物的某晶面衍射线强度甚至变为零。综合衍射峰位和强度的变化，我们便可对这些化合物做出鉴别。

又如图 3-33 所示，CgF_2 和 NaCl 晶体同为面心立方晶胞，形状相同，而两者点阵常数接近，导致衍射峰位非常接近，d 值只在小数点后面第 4 位有差别（根据布拉格方程，当 λ 相同时，d 值与 θ 值一一对应，因此，d 值也反映了衍射线的方向 θ 角，并常被用作衍射图谱的横坐标），仅依据衍射峰位很难对两者做出鉴别。但由于 CgF_2 和 NaCl 晶体的原子种类完全不同，可以看出，两种物相的衍射峰强度发生了明显变化。同样，综合衍射峰位和强度的变化，我们便对这两种物相做出准确的鉴别。

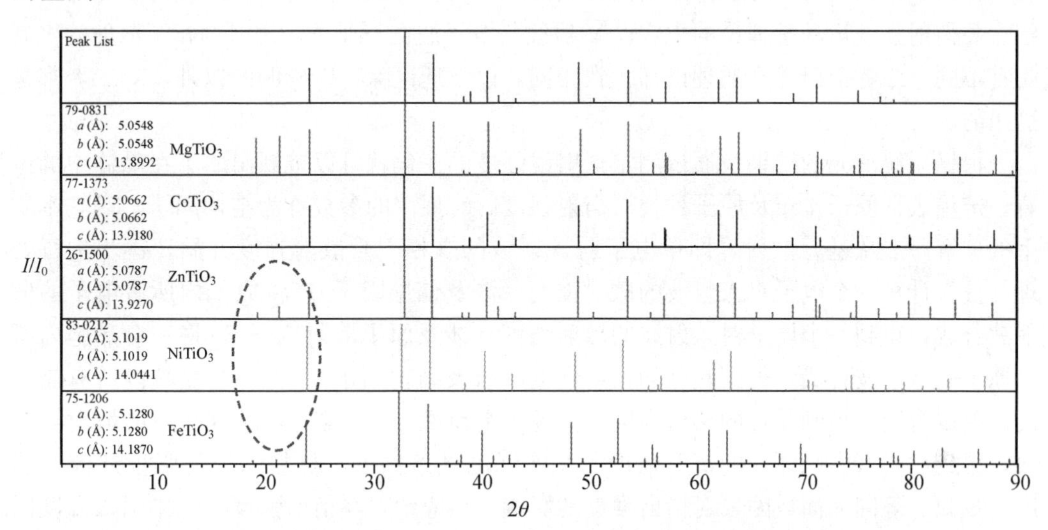

图 3-32　具有钛铁矿结构的几种钛酸盐化合物 XRD 标准图谱比较

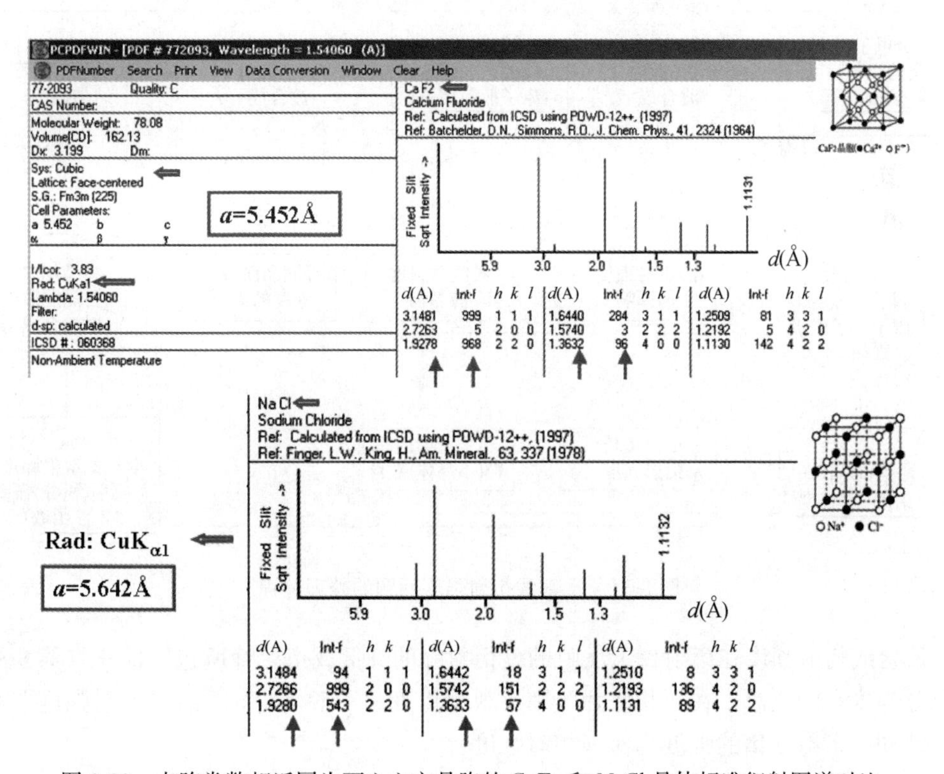

图 3-33　点阵常数相近同为面心立方晶胞的 CgF_2 和 NaCl 晶体标准衍射图谱对比

结合上面3个实例分析的结果，我们把因原子在晶体中位置不同或原子种类不同而引起的某些方向上的衍射线消失的现象称为“系统消光”。

系统消光的本质是衍射线束强度发生了改变，因此，衍射强度理论是衍射学中非常重要的另一个理论分支。本节将介绍散射波的强度理论。衍射强度理论包括运动学理论和动力学理论，前者只考虑入射波的一次散射，后者考虑入射波的多次散射。此处仅介绍有关衍射强度运动学理论的内容。*X* 射线与电子波在与原子作用时的相干散射的机制略有不同，二者衍射强度的理论却大致相同，以下理论除特殊标明的以外，对二者都是适用的。

根据系统消光的结果及通过测定衍射线强度的变化就可以推断出原子在晶体中的位置。定量表征原子排布及原子种类对衍射强度影响规律的参数称为结构因子，对它本质上的理解一般从基元散射，即单电子对入射波的（相干）散射强度开始，逐步进行处理。首先计算一个电子对入射波的散射强度（涉及偏振因子）；将原子内所有电子的散射波合成，得到一个原子对入射波的散射强度（涉及原子散射因子）；将一个晶胞内所有原子的散射波合成，得到晶胞的衍射强度（涉及结构因子）；将一个晶粒内所有晶胞的散射波合成，得到晶粒的衍射强度（涉及干涉函数）；将材料内所有晶粒的散射波合成，得到材料（多晶体）的衍射强度。在实际测试条件下，材料的衍射强度还涉及温度、吸收、等同晶面数因素对衍射强度的影响，相应地，在衍射强度公式中引入温度因子、吸收因子和多重性因子，获得完整的衍射强度公式（图3-34）。

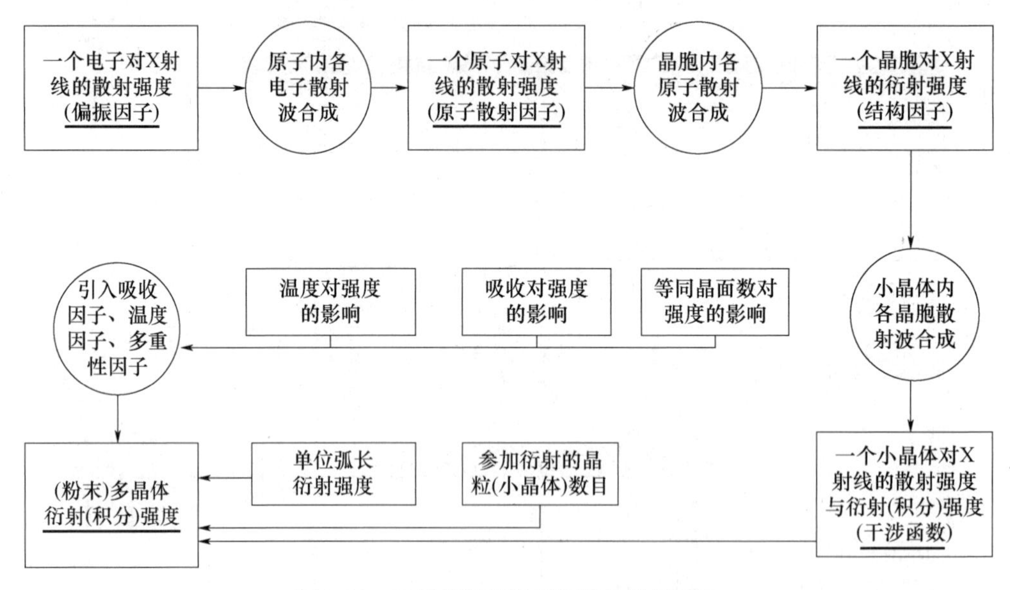

图3-34　*X* 射线衍射强度问题的处理过程

X射线衍射强度在衍射仪上反映的是衍射峰的高低或衍射峰所包围面积（累积强度或积分强度）的大小，在照相底片上则反映为黑度。一般而言，X射线衍射强度取相对值，即同一衍射线谱的强度之比（相对强度）。

下面我们将从一个电子、一个原子、一个晶胞、一个小晶体、粉末多晶体循序渐进地介绍它们对X射线的散射，讨论散射波的合成振幅与强度。

3.3.1　一个电子对X射线的散射

在各种入射波中，只有X射线的衍射是由电子的相干散射引起的，所以本节内容只适用于X射线。

当入射线与原子内受核束缚较紧的电子相遇，光量子能量不足以使原子电离，但电子可在X射线交变电场作用下发生受迫振动，这样电子就成为一个电磁波的发射源，向周围辐射与入射X射线波长相同的辐射，即为相干散射。汤姆逊首先用经典电动力学方法研究相干散射现象，发现强度为 I_0 的偏振X射线（其光矢量 $\boldsymbol{E}_O$ 只沿一个固定方向振动）作用于一个电荷为 e、质量为 m 的自由电子上，那么在与场强 $\boldsymbol{E}_O$ 方向夹角为 φ、与入射线夹角为 2θ、距电子 R 远处的 P 点（位于 XOZ 平面内），散射强度 I_p 为式（3-17）所示：

$$I_p = I_0 \frac{e^4}{m^2 c^4 R^2} \sin^2\varphi \tag{3-17}$$

在材料衍射分析工作中，通常采用非偏振入射光（其光矢量 $\boldsymbol{E}_O$ 在垂直于传播方向的固定平面内指向任意方向）。对此，可将其分解为互相垂直的两束偏振光（光矢量分别为 $\boldsymbol{E}_{OY}$ 和 $\boldsymbol{E}_{OZ}$），如图3-35所示，问题转化为求解两束偏振光与电子相互作用后，在散射方向（OP）上的散射波强度。为简化计算，设 $\boldsymbol{E}_{OZ}$ 与入射光传播方向（OX）及所考察散射线（OP）在同一平面内。光矢量的分解遵从平行四边形法则，即有

$$\boldsymbol{E}_O^2 = \boldsymbol{E}_{OY}^2 + \boldsymbol{E}_{OZ}^2 \tag{3-18}$$

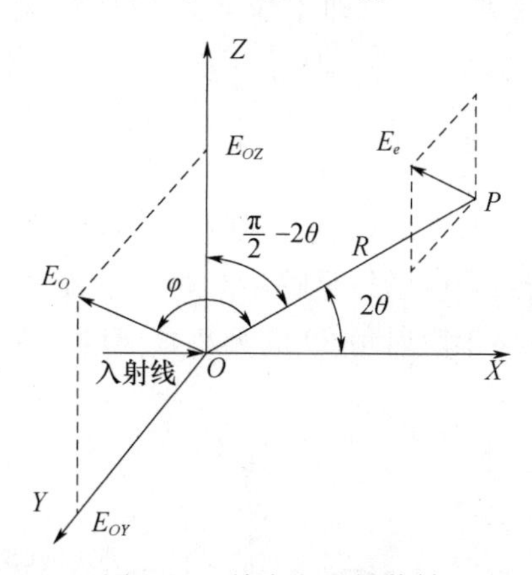

图3-35　单个电子的散射

由于完全非偏振光 $\boldsymbol{E}_O$ 指向各个方向概率相同，故 $\boldsymbol{E}_{OY} = \boldsymbol{E}_{OZ}$，因此，$\boldsymbol{E}_{OY}^2 = \boldsymbol{E}_{OZ}^2 = \frac{1}{2}\boldsymbol{E}_O^2$。强度正比于光矢量振幅的平方。衍射分析中只考虑相对强度，设 $I = \boldsymbol{E}^2$，故有 $I_{OY} = I_{OZ} = \frac{1}{2} I_0$。

因此，由图3-35可知，对于光矢量为 $\boldsymbol{E}_{OZ}$ 的偏振光入射，电子在 P 点散射强度为

$$I_{pZ}=\frac{I_0}{2}\frac{e^4}{m^2c^4R^2}\sin^2\varphi_z \tag{3-19}$$

φ_z 为$\frac{\pi}{2}-2\theta$，代入式（3-19），可得

$$I_{pZ}=\frac{I_0}{2}\frac{e^4}{m^2c^4R^2}\cos^2 2\theta \tag{3-20}$$

对于光矢量为 $\boldsymbol{E}_{OY}$ 的偏振光入射，电子在 P 点散射强度为

$$I_{pY}=\frac{I_0}{2}\frac{e^4}{m^2c^4R^2}\sin^2\varphi_Y \tag{3-21}$$

由图 3-35 可知，$\boldsymbol{E}_{OY}$ 垂直于 OP，故 φ_Y 为 90°，代入式（3-21），可得

$$I_{pY}=\frac{I_0}{2}\frac{e^4}{m^2c^4R^2} \tag{3-22}$$

按光合成的平行四边形法则，

$$I_P=I_{PY}+I_{PZ}=I_0\cdot\frac{e^4}{m^2c^4R^2}\cdot\frac{1+\cos^2 2\theta}{2} \tag{3-23}$$

式（3-23）中表明一束非偏振的入射 X 射线经过电子散射后，散射线被偏振化了，其散射强度在空间各个方向上是不同的，偏振化的程度取决于散射角 2θ 的大小，所以把$\frac{1+\cos^2 2\theta}{2}$项称为偏振因子。由式（3-23）还可以看出：①散射线强度很弱，约为入射强度的几十分之一；②散射强度与观测点距离的平方成反比。

若只考虑电子本身的散射本领，即单位体对应的散射强度，$OP=R=1$，则有公式：

$$I_e=I_0\cdot\frac{e^4}{m^2c^4}\cdot\frac{1+\cos^2 2\theta}{2} \tag{3-24}$$

式（3-24）表示了一个电子对 X 射线散射强度的自然单位，其单位为 J/（m^2 · s），对散射强度的定量处理取相对强度已经足够用。式中除 2θ 之外，其余各参数均为常量，也说明强度偏振化的程度取决于散射角 2θ 的大小，强度分布形状类似于图 3-36 所示的马鞍形分布。

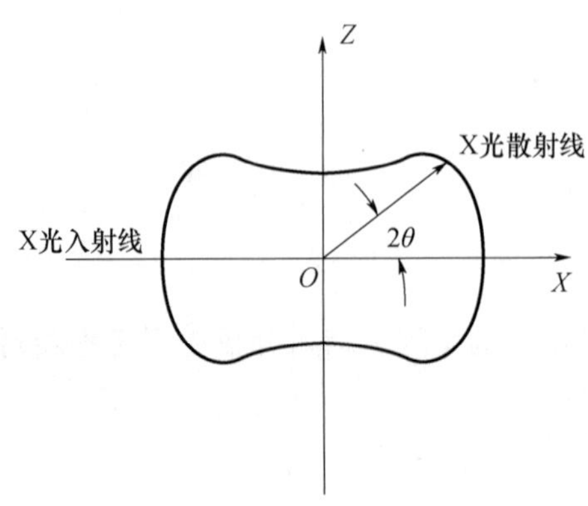

图 3-36　单个电子对 X 射线散射强度在平面上的分布

3.3.2　一个原子对 X 射线的散射

若将汤姆逊公式用于质子或原子核，由于质子的质量是电子的 1840 倍，则散射强度只有电子的 1/（1840)^2，可忽略不计。所以，物质对 X 射线的散射可以认为只是电子的散射。一个原子对入射波的散射是原子中各电子散射波相互干涉合成的结果。在各种入射波中，只有 X 射线的衍射是由电子的相干散射引起的，所以本节内容仍然只适用于 X 射线。相干散射波虽然只占入射能量的极小部分，但由于它的相干特性而成为 X 射线衍射分析的基础。

如果假定原子中所含的 Z 个电子（Z 为原子序数）都集中在一点，则各个电子散射波之间将不存在相位差，可以简单地叠加（如果 X 射线的波长比原子直径大得多，可以做这种假设）。此时，原子核的散射可以忽略不计。原子的总质量为 Z_m，总电量为 Z_e，故一个原子散射 X 射线的强度为（只考虑原子周围单位体的范围）：

$$I_a = I_0 \frac{(Z_e)^4}{(Z_m)^2 c^4} \cdot \left(\frac{1+\cos^2 2\theta}{2}\right) = Z^2 I_e \tag{3-25}$$

然而实际上，一般 X 射线所用的波长与原子直径同为一个数量级，因此，不能认为原子中的电子都集中在一点。而且，原子中的电子是按照电子云状态分布在原子空间的不同位置上，故各个电子散射波之间是存在位相差的，这一位相差使得合成波的强度减弱。据此，考虑一般情况并比照式（3-25），引入原子散射因子 f，将原子散射强度表达为

$$I_a = A_a{}^2 = f^2 \cdot I_e \tag{3-26}$$

式中，$f=\frac{A_a}{A_e}=\frac{\text{一个原子的散射波振幅}}{\text{一个电子的散射波振幅}}$，称为原子散射因子，由于电子波合成时强度有减弱，所以 $f \leqslant Z$。原子散射因子的物理意义为原子散射波振幅与电子散射波振幅之比，其值大小与原子种类、θ 及 λ 有关，相关关系如图 3-37 所示，可以看出，对于不同类别的原子，f 随 $\sin\theta/\lambda$ 值的增大而变小，当 $\sin\theta=0$ 时，$f=Z$。各原子 f 值大小，可通过查表获得。

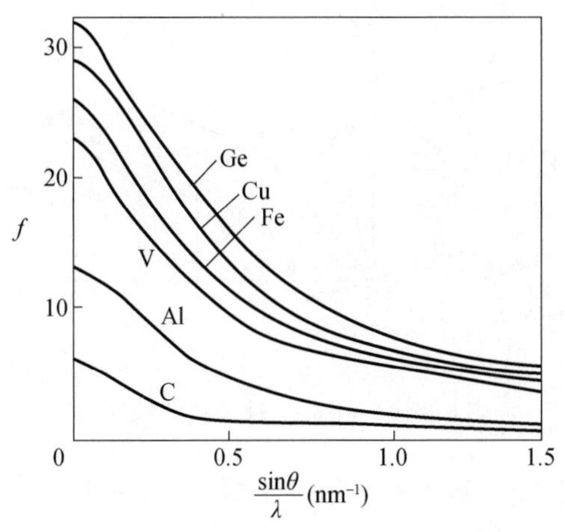

图 3-37　f 与 $\sin\theta/\lambda$ 的关系

3.3.3 一个晶胞对 X 射线的散射

一个晶胞对入射波的散射是晶胞内各原子散射波合成的结果。研究晶胞对入射波的相干散射，应该具体到晶胞内不同晶面的衍射，结构分析的原理也正是通过分析各个晶面的散射波来确定材料的晶体结构。无论晶面的指数和取向如何，每一种晶面都包含了晶胞内所有的原子，因此，晶胞内所有原子对由该晶面决定的衍射都有贡献，只是随晶面取向的不同，各原子散射波的叠加效果不同，有的晶面的合成散射波相干增强，有的晶面的合成散射波相互抵消。

简单点阵晶胞只由一种原子组成，其散射强度相当于一个原子的散射强度。复杂点阵晶胞中含有 n 个相同或不同种类的原子，它们除占据单胞的顶角外，还可能出现在体心、面心或其他位置。

复杂点阵晶胞的散射波振幅应为单胞中各原子的散射振幅的矢量合成。由于散射线的相互干涉，某些方向的强度将会加强，而某些方向的强度将会减弱甚至消失。这种因原子在晶胞中位置不同或原子种类不同而引起的某些方向上的衍射线消失的现象称为“系统消光”。定量表征原子排布及原子种类对衍射强度影响规律的参数称为结构因子 F_{HKL}。

$$F_{HKL}=\frac{\text{一个晶胞散射波振幅}}{\text{一个电子散射波振幅}}=\frac{A_b}{A_e} \tag{3-27}$$

下面运用波的合成原理等知识对 F_{HKL} 进行推导，如图 3-38 所示。图中 O 和 A 分别为一个晶胞（点阵常数为 a，b，c）中位于坐标原点（0，0，0）和任意位置（x_j，y_j，z_j）的两个原子，其原子散射因子分别为 f_{O} 和 f_{A}，这两个原子位于（HKL）晶面之上；$\boldsymbol{S}_0$ 和 $\boldsymbol{S}$ 分别为入射线和散射线方向，且与（HKL）晶面夹角相同，$\boldsymbol{S}_0$ 和 $\boldsymbol{S}$ 矢量方向夹角为 2θ；则 OA 矢量 $\boldsymbol{OA}=\boldsymbol{r}_j=x_j\boldsymbol{a}+y_j\boldsymbol{b}+z_j\boldsymbol{b}$，其中 $\boldsymbol{a}$、$\boldsymbol{b}$、$\boldsymbol{c}$ 为点阵的基本平移矢量。O 原子与 A 原子散射波的光程差为

$$\delta_j=|\boldsymbol{r}_j\cdot\boldsymbol{S}-\boldsymbol{r}_j\cdot\boldsymbol{S}_0|=|\boldsymbol{r}_j\cdot(\boldsymbol{S}-\boldsymbol{S}_0)| \tag{3-28}$$

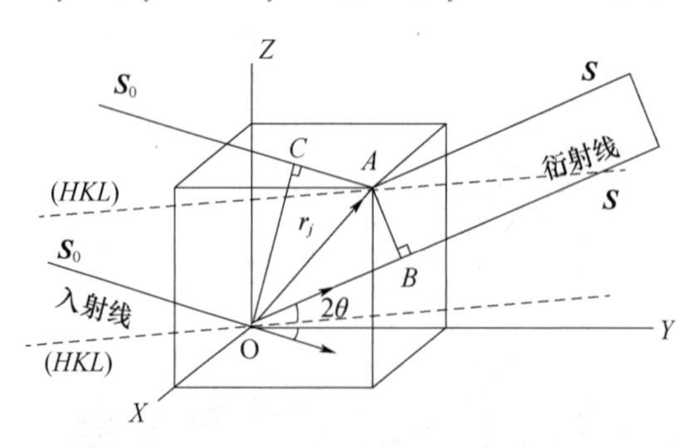

图 3-38 一个晶胞对 X 射线的散射

将光程差转变为位相差，运用厄瓦尔德作图法一节所推导出的衍射适量方程及倒易点阵基本公式进行变换，可得

$$\begin{aligned}\varphi_j &= \frac{2\pi}{\lambda}\delta_j = 2\pi r_j \frac{\boldsymbol{S}-\boldsymbol{S}_0}{\lambda} = 2\pi r_j r_j^* \\ &= 2\pi\ (x_j a + y_j b + z_j c)\ (Ha^* + Kb^* + Lc^*) \\ &= 2\pi\ (Hx_j + Ky_j + Lz_j)\end{aligned} \tag{3-29}$$

若晶胞只含这两个原子，考虑位相差后，其散射线合成波振幅可写为

$$A_b = f_O A_e e^{i\cdot 0} + f_A A_e e^{i\varphi_j} = A_e\ (f_O + f_A e^{i\varphi_j}) \tag{3-30}$$

假设该晶胞由 n 种原子组成，各原子的散射因子为：f_1，f_2，f_3，…，f_n；那么散射振幅为：$f_1 A_e$，$f_2 A_e$，$f_3 A_e$，…，$f_n A_e$；各原子与 O 原子之间散射波的相位差为：φ_1，φ_2，φ_3，…，φ_n。同样运用波的合成原理，可得散射线合成波振幅为

$$A_b = A_e(f_1 e^{i\varphi_1} + f_2 e^{i\varphi_2} + \cdots + f_n e^{i\varphi_n}) = A_e \sum_{j=1}^{n} f_j e^{i\varphi_j} \tag{3-31}$$

$$F_{HKL} = \frac{A_b}{A_e} = \sum_{j=1}^{n} f_j e^{i\varphi_j} \tag{3-32}$$

代入 $\varphi_j = 2\pi\ (Hx_j + Ky_j + Lz_j)$，将式（3-32）可按复数的三角函数形式写为

$$F_{HKL} = \sum_{j=1}^{n} f_j [\cos 2\pi(Hx_j + Ky_j + Lz_j) + i\sin 2\pi(Hx_j + Ky_j + Lz_j)] \tag{3-33}$$

一个晶胞（HKL）晶面的衍射强度为 $I_a = |F_{HKL}|^2 \cdot I_e$，其中，$F_{HKL}$ 的模为：

$$\begin{aligned}|F_{HKL}|^2 = F_{HKL}F_{HKL}^* &= \left[\sum_{j=1}^{n} f_j \cos 2\pi(Hx_j + Ky_j + Lz_j)\right]^2 + \\ &\quad \left[\sum_{j=1}^{n} f_j \sin 2\pi(Hx_j + Ky_j + Lz_j)\right]^2\end{aligned} \tag{3-34}$$

由于 F_{HKL} 而使衍射线消失的现象称为系统消光。系统消光包括点阵消光和结构消光。一个晶面要能产生衍射，不仅要满足布拉格方程这个必要条件，还必须同时满足 $F_{HKL} \neq 0$ 这个充分条件（即不能产生系统消光）。

3.3.3.1 点阵消光

在复杂点阵中，由于面心或体心上有附加阵点而引起的 $F_{HKL} = 0$ 称为点阵消光。通过结构因子计算可以总结出点阵消光规律。

（1）简单点阵

在这种点阵中，每个晶胞中只有一个原子，其坐标为（0，0，0），原子散射因子为 f_a。

$$\begin{aligned}|F_{HKL}|^2 = F_{HKL}F_{HKL}^* &= \left[\sum_{j=1}^{n} f_j \cos 2\pi(Hx_j + Ky_j + Lz_j)\right]^2 + \\ &\quad \left[\sum_{j=1}^{n} f_j \sin 2\pi(Hx_j + Ky_j + Lz_j)\right]^2 \\ &= [f_a \cos 2\pi(0)]^2 + [f_a \sin 2\pi(0)]^2 = f_a\end{aligned} \tag{3-35}$$

可以看出，在简单点阵的情况下，F_{HKL} 不受 HKL 的影响。即 HKL 为任意整数时，都能产生衍射，没有禁止衍射现象，如（100）、（110）、（111）、（200）、（210）…。

如果将简单立方点阵出现的衍射面指数平方和取最简整数，从小到大排列，则有以

下规律（自然数序列，但没有7）：

$$
\begin{aligned}
&(H_1^2+K_1^2+L_1^2):(H_2^2+K_2^2+L_2^2):(H_3^2+K_3^2+L_3^2)\cdots \\
&=1^2:(1^2+1^2):(1^2+1^2+1^2):2^2\cdots \\
&=1:2:3:4:5:6:8\cdots
\end{aligned}
\tag{3-36}
$$

（2）底心点阵

底心点阵中每个晶胞中有两个同类原子，其坐标分别为（0，0，0）和（1/2，1/2，0）。原子散射因子为 f_a。

$$
\begin{aligned}
|F_{HKL}|^2 = F_{HKL}F_{HKL}^* &= \left[\sum_{j=1}^{n} f_j \cos 2\pi(Hx_j+Ky_j+Lz_j)\right]^2 + \\
&\quad \left[\sum_{j=1}^{n} f_j \sin 2\pi(Hx_j+Ky_j+Lz_j)\right]^2 \\
&= [f_a\cos 2\pi(0) + f_a\cos 2\pi(H/2+K/2)]^2 + [f_a\sin 2\pi(0) + \\
&\quad f_a\sin 2\pi(H/2+K/2)]^2 \\
&= f_a^2[1+\cos\pi(H+K)]^2
\end{aligned}
\tag{3-37}
$$

由式（3-37）可以推出：

① 如果 H 和 K 均为偶数或均为奇数，则和为偶数，$F=2f_a$，$|F_{HKL}|^2=4f_a^2$。

② 如果 H 和 K 为一奇一偶，则和为奇数，$F=0$，$|F_{HKL}|^2=0$。

这个结果说明，当晶体具有底心点阵时，只有指数中 H、K 同为奇数或同为偶数的那些衍射面才能产生衍射，其结构因数为 $4f_a^2$，而指数中 H、K 的奇偶性不同的那些衍射面，虽然满足布拉格方程，但其衍射线强度等于零，是禁止衍射的衍射面。不论哪种情况，L 值对 F 均无影响。(111)、(112)、(113) 或 (021)、(022)、(023) 的 F 值均为 $2f_a$。(011)、(012)、(013) 或 (101)、(102)、(103) 的 F 值均为0。

需要指出的是，上述推导和结论的基础是底心原子位于垂直于 Z 轴的底面，如果底心原子位于垂直于 X 轴的侧面，则只有指数中 K、L 同为奇数或同为偶数的那些衍射面才能产生衍射，而指数中 K、L 的奇偶性不同的那些衍射面禁止衍射，H 值对 F 无影响；如果底心原子位于垂直于 Y 轴的侧面，则只有指数中 H、L 同为奇数或同为偶数的那些衍射面才能产生衍射，而指数中 H、L 的奇偶性不同的那些衍射面禁止衍射，K 值对 F 无影响。

（3）体心点阵

晶胞中有两种位置的同类原子，即顶角原子，其坐标为（0，0，0）；体心原子，其坐标为（1/2，1/2，1/2）。原子散射因子为 f_a。

$$
\begin{aligned}
|F_{HKL}|^2 = F_{HKL}F_{HKL}^* &= \left[\sum_{j=1}^{n} f_j \cos 2\pi(Hx_j+Ky_j+Lz_j)\right]^2 + \\
&\quad \left[\sum_{j=1}^{n} f_j \sin 2\pi(Hx_j+Ky_j+Lz_j)\right]^2 \\
&= \left[f_a\cos 2\pi(0) + f_a\cos 2\pi\left(\frac{H}{2}+\frac{K}{2}+\frac{L}{2}\right)\right]^2 + \\
&\quad \left[f_a\sin 2\pi(0) + f_a\sin 2\pi\left(\frac{H}{2}+\frac{K}{2}+\frac{L}{2}\right)\right]^2 \\
&= f_a^2[1+\cos\pi(H+K+L)]^2
\end{aligned}
\tag{3-38}
$$

由式（3-38）可以推出：

① 当 $H+K+L$＝奇数时，$|F_{HKL}|^2=f^2(1-1)=0$，即该晶面的散射强度为零，这些晶面的衍射线不可能出现，如（100）、（111）、（210）、（300）、（311）等。

② 当 $H+K+L$＝偶数时，$|F_{HKL}|^2=f^2(1+1)^2=4f^2$，即体心点阵只有指数之和为偶数的晶面可产生衍射，如（110）、（200）、（211）、（220）、（310）等。

如果将体心立方点阵出现的衍射面指数平方和取最简整数，从小到大排列，则有以下规律：$(1^2+1^2):2^2:(2^2+1^2+1^2):(3^2+1^2)\cdots=2:4:6:8:10\cdots$（消除公约数后有7）。

（4）面心点阵

晶胞中有4种位置的同类原子，它们的坐标分别是（0，0，0）、（0，1/2，1/2）、（1/2，0，1/2）、（1/2，1/2，0）。原子散射因子为 f_a。

$$
\begin{aligned}
|F_{HKL}|^2 &= F_{HKL}F_{HKL}^* = \left[\sum_{j=1}^{n} f_j \cos 2\pi(Hx_j+Ky_j+Lz_j)\right]^2 + \\
&\quad \left[\sum_{j=1}^{n} f_j \sin 2\pi(Hx_j+Ky_j+Lz_j)\right]^2 \\
&= \left[f_a\cos 2\pi(0)+f_a\cos 2\pi\left(\frac{K}{2}+\frac{L}{2}\right)+f_a\cos 2\pi\left(\frac{H}{2}+\frac{K}{2}\right)+\right. \\
&\quad \left.f_a\cos 2\pi\left(\frac{K}{2}+\frac{L}{2}\right)\right]^2+\left[f_a\sin 2\pi(0)+f_a\sin 2\pi\left(\frac{K}{2}+\frac{L}{2}\right)+\right. \\
&\quad \left.f_a\sin 2\pi\left(\frac{H}{2}+\frac{K}{2}\right)+f_a\sin 2\pi\left(\frac{H}{2}+\frac{K}{2}\right)\right]^2 \\
&= f_a{}^2[1+\cos\pi(K+L)+\cos\pi(H+K)+\cos\pi(H+L)]^2
\end{aligned}
\tag{3-39}
$$

由式（3-39）可以推出：

① 当 H、K、L 全为奇数或全为偶数时，$|F_{HKL}|^2=f^2(1+1+1+1)^2=16f^2$。

② 当 H、K、L 为奇偶数混杂时（2个奇数1个偶数或2个偶数1个奇数），$|F_{HKL}|^2=f^2(1-1+1-1)^2=0$。

即只有指数为全奇或全偶的晶面才能产生衍射，如（111）、（200）、（220）、（311）、（222）、（400）等。

如果将面心立方点阵出现的衍射面指数平方和取最简整数，从小到大排列，则有以下规律：3∶4∶8∶11∶12∶16…＝1∶1.33∶2.67∶3.67∶4∶5.33…。

总结以上4种情况可以做出一个表格（表3-3）。表中列出不同类型的点阵可以衍射和禁止衍射的衍射面指数。它不只适用于由单元素组成的晶体，也适用于由多种元素组成的晶体。

表3-3　不同点阵的消光规律

布拉格点阵	出现的反射	消失的反射
简单点阵	全部	无
底心点阵（c 心）	H、K 全为奇数或全为偶数	H、K 奇偶混杂
体心点阵	$H+K+L$ 为偶数	$H+K+L$ 为奇数
面心点阵	H、K、L 全为奇数或全为偶数	H、K、L 奇偶混杂

如果为晶体立方晶系，还具有如表 3-4 所示的衍射面指数规律。

表 3-4　立方晶系衍射面指数规律

衍射线顺序号	简单立方			体心立方			面心立方			金刚石立方		
	HKL	m	m_1/m_1	HKL	m	m_1/m_1	HKL	m	m_1/m_1	HKL	m	m_1/m_1
1	100	1	1	110	2	1	111	3	1	111	3	1
2	110	2	2	200	4	2	200	4	1.33	220	8	2.66
3	111	3	3	211	6	3	220	8	2.66	311	11	3.67
4	200	4	4	220	8	4	311	11	3.67	400	16	5.33
5	210	5	5	310	10	5	222	12	4	331	19	6.33
6	211	6	6	222	12	6	400	16	5.33	422	24	8
7	220	8	8	321	14	7	331	19	6.33	333 511	27	9
8	300 221	9	9	400	16	8	420	20	6.67	440	32	10.67
9	310	10	10	411 330	19	9	422	24	8	531	35	11.67
10	311	11	11	420	20	10	333 511	27	9	620	40	13.33

（5）密排六方结构

这种晶体的晶胞中有两种位置的同类原子，它们的坐标分别是（0，0，0）、（1/3，2/3，1/2）。原子散射因子为 f_a。

$$
\begin{aligned}
|F_{HKL}|^2 = F_{HKL}F_{HKL}^* &= \left[\sum_{j=1}^{n} f_j \cos 2\pi(Hx_j + Ky_j + Lz_j)\right]^2 + \\
&\quad \left[\sum_{j=1}^{n} f_j \sin 2\pi(Hx_j + Ky_j + Lz_j)\right]^2 \\
&= \left[f_a \cos 2\pi(0) + f_a \cos 2\pi\left(\frac{H}{3} + \frac{2K}{3} + \frac{L}{2}\right)\right]^2 + \\
&\quad \left[f_a \sin 2\pi(0) + f_a \sin 2\pi\left(\frac{H}{3} + \frac{3K}{3} + \frac{L}{2}\right)\right]^2 \\
&= 4f_a^2 \cos^2\left[\left(\frac{H}{3} + \frac{2K}{3} + \frac{L}{2}\right)\pi\right]
\end{aligned}
\tag{3-40}
$$

可以看出，当 $H+2K=3n$（n 为任意整数）且 L 为奇数时，$F=0$，$|F_{HKL}|^2=0$；当 H、K、L 为其他组合时，F 不等于零。由这个结论可以得到这种所谓的密排六方晶体结构具有简单点阵胞，但其中（111）、（113）、（221）、（223）等衍射面不会产生衍射（即禁止衍射）。

从结构因子的表达式可以看出，点阵常数并没有参与结构因子的计算公式。这说明结构因子只与原子种类和在晶胞中的位置有关，而不受晶胞形状和大小的影响。例如，对于体心晶胞，不论是立方晶系、正方晶系还是斜方晶系的体心晶胞的系统消光规律都是相同的。凡是属于相同点阵类型的晶体，都具有相同的基本的系统消光规则，而不管它属于哪个晶系。

3.3.3.2　结构消光

在实际晶体中，位于阵点上的结构基元若非由一个原子组成，则结构基元内各原子散射波间相互干涉也可能产生 $|F|^2=0$ 的情况，此种在点阵消光的基础上，因结构基元内原子种类不同而进一步产生的附加消光现象，称为结构消光。

由异类原子组成的物质，如化合物，其结构因子的计算与上述大体相同，但由于组成化合物的元素有别，致使衍射强度也会有较大的差异。

例如，$AuCu_3$ 在 395℃以上是无序固溶体，如图 3-39（a）所示，每个原子位置上发现 Au 和 Cu 的概率分别为 0.25 和 0.75，这个平均原子的原子散射因数 $f_{平均}=0.25f_{Au}+0.75f_{Cu}$。无序态时，$AuCu_3$ 遵循面心点阵消光规律。在 395℃以下，$AuCu_3$ 转变为有序态，此时 Au 原子占据晶胞顶角位置，Cu 原子则占据面心位置，如图 3-39（b）所示。Au 原子坐标为（0，0，0），3 个 Cu 原子坐标分别为（0，1/2，1/2）、（1/2，0，1/2）、（1/2，1/2，0）。将原子坐标和原子散射因子带入结构因子计算公式，可得

$$
\begin{aligned}
|F_{HKL}|^2 = & \left[f_{Au}\cos2\pi(0)+f_{Cu}\cos2\pi\left(\frac{K}{2}+\frac{L}{2}\right)+f_{Cu}\cos2\pi\left(\frac{H}{2}+\frac{K}{2}\right)+\right. \\
& \left.f_{Cu}\cos2\pi\left(\frac{H}{2}+\frac{L}{2}\right)\right]^2+\left[f_{Au}\sin2\pi(0)+f_{Cu}\sin2\pi\left(\frac{K}{2}+\frac{L}{2}\right)+\right. \\
& \left.f_{Cu}\sin2\pi\left(\frac{H}{2}+\frac{K}{2}\right)+f_{Cu}\sin2\pi\left(\frac{H}{2}+\frac{L}{2}\right)\right]^2 \\
= & \{f_{Au}+f_{Cu}[\cos\pi(K+L)+\cos\pi(H+K)+\cos\pi(H+L)]\}^2+ \\
& \{f_{Cu}[\sin\pi(K+L)+\sin\pi(H+K)+\sin\pi(H+L)]\}^2
\end{aligned} \tag{3-41}
$$

由式（3-41）可以推出：

① 当 H、K、L 全奇或全偶时，$|F_{HKL}|^2=(f_{Au}+3f_{Cu})^2$；

② 当 H、K、L 奇偶混杂时，$|F_{HKL}|^2=(f_{Au}-f_{Cu})^2\neq0$。

这说明，结构的有序化使无序固溶体因消光而失去的衍射线重新出现，这些被称为超点阵衍射线。根据超点阵线条的出现及其强度可判断有序化出现与否并测定有序度。

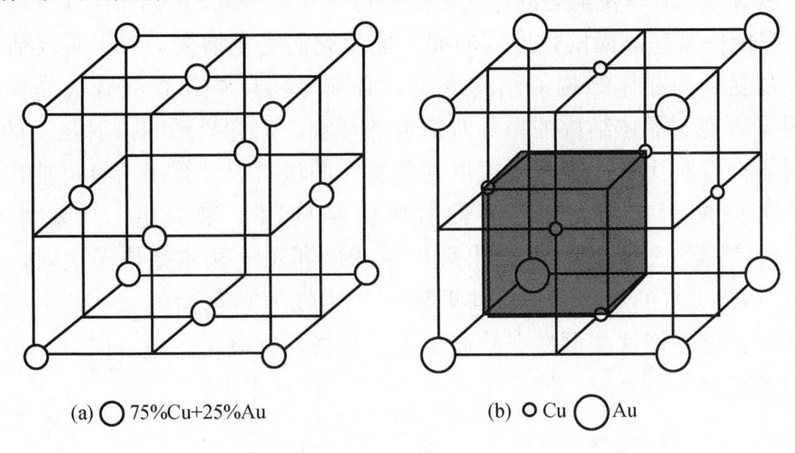

图 3-39　无序态和有序态 $AuCu_3$ 的晶体结构

再如，NaCl晶体中每个晶胞有4个钠原子和4个氯原子，Na原子的坐标分别为(0，0，0)、(1/2，1/2，0)、(1/2，0，1/2)、(0，1/2，1/2)；Cl原子的坐标分别为(1/2，1/2，1/2)、(0，0，1/2)、(0，1/2，0)、(1/2，0，0)，如图3-40所示；原子散射因子分别为f_{Na}和f_{Cl}。将原子坐标和原子散射因子代入结构因子计算公式，可得

$$\begin{aligned} F_{HKL} &= f_{Na}\left[1+e^{\pi i(H+K)}+e^{\pi i(K+L)}+e^{\pi i(L+H)}\right]+f_{Cl}\left[e^{\pi i(H+K+L)}+e^{\pi iL}+e^{\pi iK}+e^{\pi iH}\right] \\ &= f_{Na}\left[1+e^{\pi i(H+K)}+e^{\pi i(K+L)}+e^{\pi i(L+H)}\right]+f_{Cl}e^{\pi i(H+K+L)} \\ &\quad \left[1+e^{\pi i(-H-K)}+e^{\pi i(-K-L)}+e^{\pi i(-L-H)}\right] \\ &= \left[1+e^{\pi i(H+K)}+e^{\pi i(K+L)}+e^{\pi i(L+H)}\right]\left[f_{Na}+f_{Cl}e^{\pi i(H+K+L)}\right] \end{aligned} \tag{3-42}$$

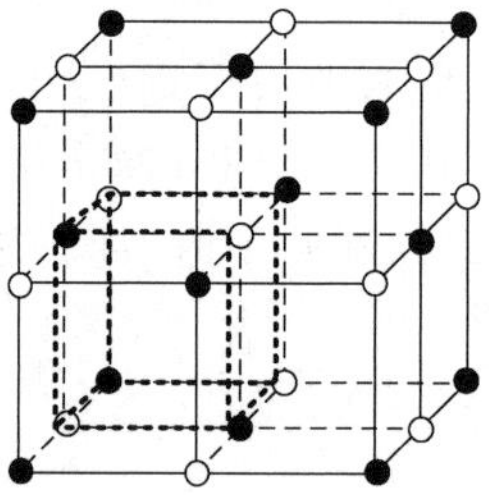

图3-40 NaCl的晶体结构

式（3-42）等号右边的第一因式反映了面心点阵的系统消光，当H、K、L中有奇数也有偶数时，此因式等于零。此时，$F=0$，$|F_{HKL}|^2=0$。

当H、K、L全是奇数或全是偶数时，式（3-42）右边第一因式$\left[1+e^{\pi i(H+K)}+e^{\pi i(K+L)}+e^{\pi i(L+H)}\right]$的值为4。故式（3-42）可写成

$$F_{HKL}=4\left[f_{Na}+f_{Cl}e^{\pi i(H+K+L)}\right] \tag{3-43}$$

$$|F_{HKL}|^2=16\left[f_{Na}+f_{Cl}e^{\pi i(H+K+L)}\right]^2 \tag{3-44}$$

可以得到，当H、K、L均是偶数时，$|F_{HKL}|^2=16(f_{Na}+f_{Cl})^2$；当$H$、$K$、$L$全是奇数时，$|F_{HKL}|^2=16(f_{Na}-f_{Cl})^2$。

由此可以看出，虽单位晶胞的原子数已超过4个，但它仍属于面心点阵，由于存在两类原子，只能使某些晶面的强度减弱而不能使它们完全消失，属于系统结构消光。

对于更加复杂的晶体结构的结构因子，必须专门计算或查阅有关晶体学专用手册。结构因子表现了晶体结构的差异对衍射的影响。但它只影响衍射强度的大小，不会影响衍射方向。利用布拉格方程或厄瓦尔德作图法可以计算出所有可能出现衍射的方向。这个方向能否出现衍射线，最后要由结构因子来决定。只要计算结果是$|F_{HKL}|^2=0$，就表示这个方向不会出现衍射线。利用厄瓦尔德作图法时，可以预先计算出所有（HKL）的结构因子。如果某一（HKL）衍射面的$|F_{HKL}|^2=0$，则在绘制倒易点阵时，就不把这些倒易点绘制出来。这样，在确定衍射方向时，也就不会出现这个方向的衍射了。

3.3.4　一个小晶体对X射线的散射

一个理想的小晶体由无数晶胞组成。当把每个晶胞看成一个散射单元时，常取晶胞的原点为其散射中心。假定小晶体的形状为平行六面体（图3-41），3个棱边为：$N_l a$、$N_2 b$、$N_3 c$，其中，N_l、N_2、N_3分别为晶轴a、b、c方向上的晶胞数。N_l、N_2、N_3的乘积等于晶胞的总数N_0。小晶体完全浸浴在入射线束之中。

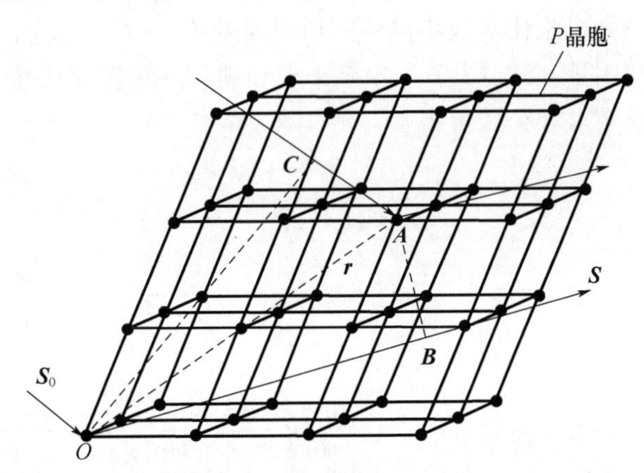

图3-41　一个小晶体对X射线的散射

欲求晶体中各晶胞散射波的合成，必须求任意两晶胞散射波的相位差。如图3-41所示，一束X射线沿$\boldsymbol{S}_0$方向照射在晶体上，则位于坐标原点O的晶胞和离它为$\boldsymbol{r}$的晶胞P（坐标为m，n，p）在$\boldsymbol{S}$方向散射波的光程差为：

$$\delta=|\boldsymbol{OB}-\boldsymbol{AC}|=|\boldsymbol{r}\cdot\boldsymbol{S}-\boldsymbol{r}\cdot\boldsymbol{S}_0|=|\boldsymbol{r}\cdot(\boldsymbol{S}-\boldsymbol{S}_0)| \tag{3-45}$$

式中，$\boldsymbol{r}=m\boldsymbol{a}+n\boldsymbol{b}+p\boldsymbol{c}$，为正空间$P$晶胞的位置矢量，$m$、$n$、$p$为整数。则位相差为

$$\phi=2\pi\frac{\delta}{\lambda}=2\pi\frac{|\boldsymbol{r}\cdot(\boldsymbol{S}-\boldsymbol{S}_0)|}{\lambda} \tag{3-46}$$

与讨论一个晶胞的散射相类似，当$\frac{|\boldsymbol{r}\cdot(\boldsymbol{S}-\boldsymbol{S}_0)|}{\lambda}$为整数时，位相差为$2\pi$的整数倍。即各晶胞散射波位相相同，能观察到因干涉加强而得到的衍射线。根据倒易点阵的性质，$\frac{\boldsymbol{S}-\boldsymbol{S}_0}{\lambda}=H\boldsymbol{a}^*+K\boldsymbol{b}^*+L\boldsymbol{c}^*=\boldsymbol{r}^*_{HKL}$，此即为衍射矢量方程。为使讨论的结果具有普遍意义，现引入一组坐标ξ，η，ζ，它是倒空间的坐标，也包括取H、K、L这样的整数值，此时

$$\boldsymbol{r}^*_{\xi\eta\zeta}=\xi\boldsymbol{a}^*+\eta\boldsymbol{b}^*+\zeta\boldsymbol{c}^* \tag{3-47}$$

由倒易矢量的基本性质，可知

$$\boldsymbol{r}^*_{\xi\eta\zeta}\cdot\boldsymbol{r}=(\xi\boldsymbol{a}^*+\eta\boldsymbol{b}^*+\zeta\boldsymbol{c}^*)\cdot(m\boldsymbol{a}+n\boldsymbol{b}+p\boldsymbol{c})=m\xi+n\eta+p\zeta \tag{3-48}$$

则有

$$\phi_{mnp}=2\pi\frac{|\boldsymbol{r}\cdot(\boldsymbol{S}-\boldsymbol{S}_0)|}{\lambda}=|2\pi\boldsymbol{r}^*_{\xi\eta\zeta}\cdot\boldsymbol{r}|=2\pi(m\xi+n\eta+p\zeta) \tag{3-49}$$

对于简单点阵，一个晶胞的相干散射振幅等于一个原子的相干散射振幅 $A_e f_a$。对于复杂阵胞，一个晶胞的相干散射振幅应为 $A_e F_{HKL}$。所以，一个小晶体的相干散射波的振幅为：

$$A_M = A_e F_{HKL} \sum_{mnp} e^{i\phi_{mnp}} = A_e F_{HKL} \sum_{m=0}^{N_1-1} e^{2\pi i m\xi} \sum_{n=0}^{N_2-1} e^{2\pi i n\eta} \sum_{p=0}^{N_3-1} e^{2\pi i p\zeta} = A_e F_{HKL} G \quad (3\text{-}50)$$

$$G = \sum_{m=0}^{N_1-1} e^{2\pi i m\xi} \sum_{n=0}^{N_2-1} e^{2\pi i n\eta} \sum_{p=0}^{N_3-1} e^{2\pi i p\zeta} = G_1 G_2 G_3 \quad (3\text{-}51)$$

强度与振幅的平方成正比，故小晶体的衍射强度 $I_M = I_e |F_{HKL}|^2 |G|^2$。其中$|G|^2$称为干涉函数或形状因子。式（3-51）中 3 个求和项每一项都是一个几何级数，以第一项为例，运用等比级数求和公式可得

$$G_1 = \sum_{m=0}^{N_1-1} e^{2\pi i m\xi} = \frac{1-e^{2\pi i(N_1-1)\xi} e^{2\pi i\xi}}{1-e^{2\pi i\xi}} = \frac{1-e^{2\pi i N_1\xi}}{1-e^{2\pi i\xi}} \quad (3\text{-}52)$$

$$|G_1|^2 = G_1 \cdot G_1^* = \frac{(1-e^{2\pi i N_1\xi})}{(1-e^{2\pi i\xi})} \frac{(1-e^{-2\pi i N_1\xi})}{(1-e^{-2\pi i\xi})} = \frac{\sin^2 \pi N_1 \xi}{\sin^2 \pi\xi} \quad (3\text{-}53)$$

依此类推，则

$$|G|^2 = |G_1|^2 |G_2|^2 |G_3|^2 = \frac{\sin^2 \pi N_1 \xi}{\sin^2 \pi\xi} \cdot \frac{\sin^2 \pi N_2 \eta}{\sin^2 \pi\eta} \cdot \frac{\sin^2 \pi N_3 \zeta}{\sin^2 \pi\zeta} \quad (3\text{-}54)$$

当 ξ、η、ζ 为整数时，上 3 项均为$\frac{0}{0}$型，根据罗彼塔法则求其极值，取其中一项进行，其余类推。

$$\lim_{\xi \to H} \frac{\sin^2 \pi N_1 \xi}{\sin^2 \pi\xi} = N_1^2 \quad (3\text{-}55)$$

所以，$|G|^2$ 的极大值为$|G|^2 = N_1{}^2 \times N_2{}^2 \times N_3{}^2 = N_0^2$，其中 N_0 为晶体点阵中总的晶胞数。式（3-55）表示在倒易点阵的各个结点（H、K、L）处干涉函数达到极大值，此值与晶体中总晶胞数的平方（$N_0{}^2$）成正比。

当 ξ 取整数 H 时，$|G_1|^2 = N_1^2$，对应主峰极大值；而当 $\xi = \pm 1/N_1$ 时，$|G_1|^2 = 0$，即主峰在 $H \pm 1/N_1$ 范围内均不为零，主峰底宽为 $2/N_1$。参与衍射的晶胞数越多，主峰越高而底宽越窄。以图 3-42 为例，可以看出，整个函数由主峰和副峰组成，两个主峰之间有 N_1 个副峰，副峰的强度比主峰弱得多。随着 N_1 增大，主峰强度越高，主峰底宽越窄，可以推断，当 $N_1 > 100$ 时，几乎全部强度都集中在主峰，副峰的强度可忽略不计。

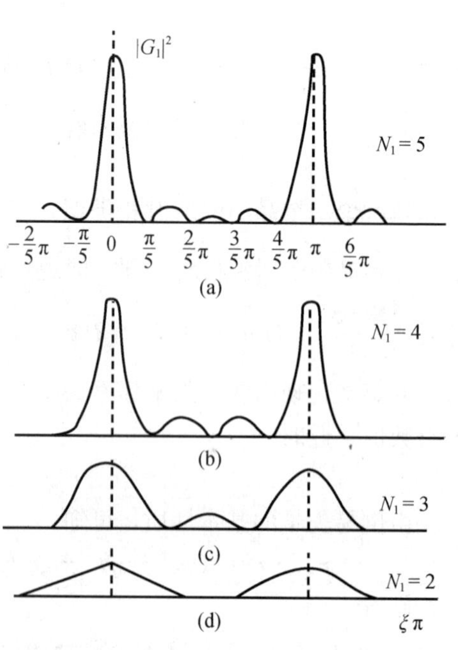

图 3-42　N_1 为不同值时 $|G_1|^2$ 的函数曲线

因此，干涉函数实际是描述了晶粒尺寸的大小对散射波强度的影响，因此，也被称为形状因子，其分项的 3 个因子分别描述在空间 3 个不同方向上衍射强度的变化，它们的作用是类似的。以上结果表明，小晶体产生衍射，其每一衍射花斑均是以倒易阵点为中心的一个选择反射区（图 3-43），即一个亮斑区域，而不是一个几何点；参与衍射的晶胞越多，主峰越高，峰底越窄；晶体沿某一方向（如 a 轴方向）越薄，衍射极大值的峰宽越大。在透射电镜中，衍射点拉长就是这个道理。

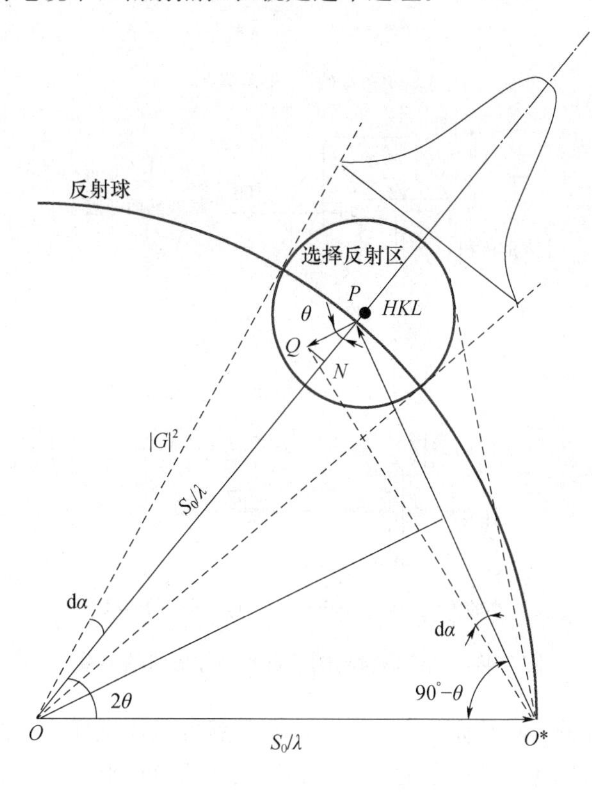

图 3-43 选择反射区示意

选择反射区的存在，说明即使入射方向稍许偏离了布拉格条件 dα 角，如图 3-43 所示，只要衍射线落在以倒易阵点为中心的选择反射区内，仍能得到具有一定强度的衍射线。此时，衍射线不是一根几何学中的线，而是有一定宽度的射线，偏离矢量的大小决定了衍射线束的宽度。当晶体尺寸越小，则此方向上的晶胞数目也越少，选择反射区就变大，因而其衍射线也就越宽。根据这一结果，可以用 X 射线衍射的方法，测量多晶体试样的粒度。

倒易点的尺寸大小、形状与晶体试样的大小尺寸和形状有关。晶体在不同方向上尺寸不同，晶胞数量不同，产生的选择反射区的形状也就不同。例如，晶体试样是一个球形，其直径为 Na（试样属于立方晶系，a 为点阵常数，N 为晶胞数目），则其倒易点就是一个以 $S=2/N_1$ 为直径的实心球。此倒易实心球的中心，即是只有几何意义的倒易点。此倒易实心球与衍射球相交，其交面应是一个曲面，此曲面的大小决定了衍射线宽度。

各种不同形状的试样，其倒易点实心球的形状是不同的。图 3-44 给出几种典型晶体试样的外形与倒易点实心球的形状关系示意图。由于倒易点具有一定的形状和大小，则将会出现另一种偏离布拉格条件：倒易点（只有几何意义的倒易点）不与衍射球相交，但倒易点实心球与衍射球相交。这种情况就是衍射角不等于 θ，而是 $\theta \pm d\alpha$。由于倒易点实心球与反射球相交，所以必定有衍射线。此时强度最大的衍射线将位于试样中心与倒易点中心的连线，但此强度要比符合布拉格条件所产生的衍射线的最大强度弱得多。

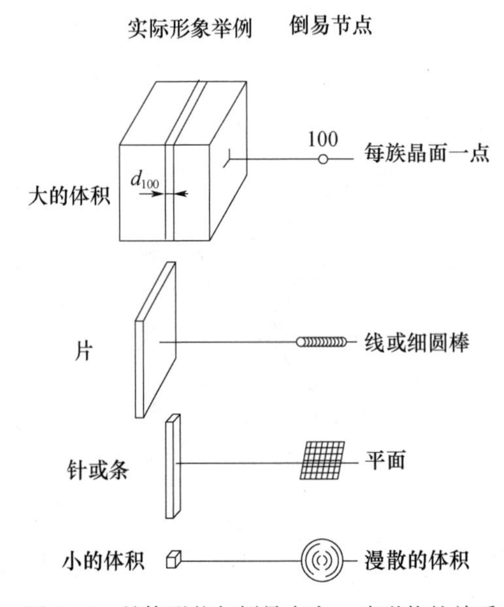

图 3-44　晶体形状与倒易点实心球形状的关系

本节所讨论的有关实际晶体（有一定大小和形状的晶体试样）在偏离布拉格条件下的衍射现象，它不只是具有理论上的意义，还适用于所有衍射现象，而且实际应用上也是一个不能忽略的问题。例如，由于实际应用的入射 X 射线并非严格单色，也不严格平行，使得晶体中稍有相位差的各个亚晶块有机会满足衍射条件，在 $\theta \pm \Delta\theta$ 范围内发生衍射，这样晶体的衍射线强度并不集中于布拉格角处，而是有一定的角分布，导致实际中的衍射线总是有一定宽度的衍射峰（图 3-45）。

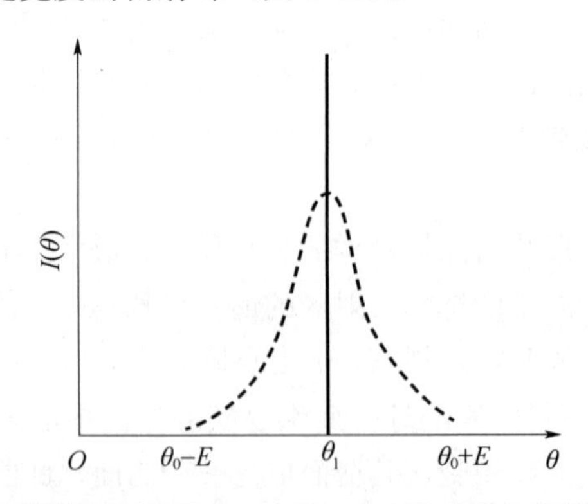

图 3-45　实际晶体衍射线强度（虚线）和理想晶体衍射线强度（实线）

3.3.5 多晶体的衍射强度

由前面讨论已知，一个小晶体衍射线振幅如式（3-50）所示：$A_M = A_e F_{HKL} \sum_{mnp} e^{i\phi_{mnp}} = A_e F_{HKL} G$

则衍射强度为：

$$I = A_M^2 = A_e^2 F_{HKL}^2 G^2 = I_0 \cdot \frac{e^4}{m^2 c^4 R^2} \cdot \frac{1+\cos^2 2\theta}{2} \cdot F_{HKL}^2 G^2 \quad (3\text{-}56)$$

多晶体衍射强度是多个晶粒（小晶体）的某衍射面共同衍射的结果。并且在众多晶粒中，有的衍射面正好处于布拉格角位置，有的偏移这个位置。这样一来，这些衍射峰又有了衍射“数量”的累积效应。因此，在衍射学中为了衡量这种累积效应，引入一个新概念——累积强度（也称为积分强度）。累积强度不是真正意义上的强度，而只是衡量比较衍射线强弱的一种指标而已。在实验过程中不能直接测定累积强度的绝对值，只能测定相对值。通常的方法是以衍射峰下所包围的面积作为累积强度的值。由于测定这块面积的方法不同，所以得出的结果数据单位也不同。例如，用积分仪求此面积，其结果将是多少平方毫米等面积单位，如果用计数器测定，其结果又成了多少个计数单位。因此，通常总是以相对值作为测定结果。

形状因子 G^2 描述了一个小晶体晶胞数量（即晶体大小和形状）对衍射强度的影响，对于粉末多晶材料来讲，需要考虑无数个这样的小晶体（晶粒）的尺寸对衍射强度的影响，因此，在多晶材料累积强度的计算公式中，形状因子 G^2 将被反映晶粒大小和晶粒数目对衍射强度贡献的其他分项所取代。

多晶样品中参与衍射的晶粒大小、晶粒数目和衍射线位置 3 个因素对衍射强度的影响可用洛伦兹因子来表征。此外，影响衍射线积累强度的其他因素还有多重性因子、温度因子和吸收因子等。

3.3.5.1 洛伦兹因子及角因子

（1）晶粒大小对累积强度的影响

讨论布拉格方程时，假设晶体无限大，但实际并非如此。当晶体很薄时，衍射情况会有一些变化。

如图 3-46 所示，假设晶粒有（$m+1$）层反射面，m 足够大，入射线 A、D、M 严格沿 θ_B 角入射。

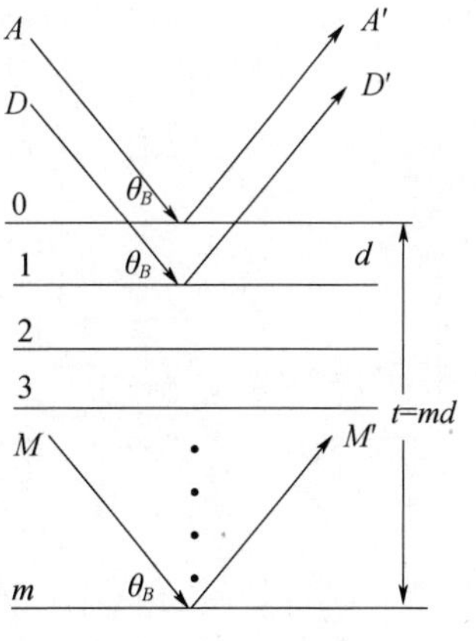

图 3-46 晶粒大小对衍射强度的影响

若 0、1 层晶面的光程差为 $\lambda/4$，此时光程差 $\neq n\lambda$（n 为整数），则 0 层和 1 层衍射线（A、D 的反射线）合成结果不是相消，而仅仅是减小；0、2 层晶面光程差为 $\lambda/2$，则 0、2 层产生相消干涉。同理，1、3 层的反射相消，2、4 层的反射相消……可以推断，只要晶面层数大于 4，最后所有反射线相消，不产生衍射。

若 0、1 层晶面的光程差为 $\lambda/8$，此时光程差 $\neq n\lambda$（n 为整数），则 0 层和 1 层衍射线（A、D 的反射线）合成结果也不是相消，而仅仅是减小；而 0、4 层反射线产生相消干涉。同理，1、5 层的反射相消，2、6 层的反射相消……可以推断，只要晶面层数大于 8，最后所有反射线相消，不产生衍射。

按照上述规律，可以推出：当相邻层光程差为 $\lambda//m$，如果晶体有（$m+1$）层反射面，则必有第 $m/2$ 层与第 0 层光程差为 $\lambda//2$，即可产生以下结果：

第 0、$m/2$ 层反射相消；

第 1、$m/2+1$ 层反射相消；

……

第（$m/2$）-1、$m-1$ 层反射相消；

最终，晶体中所有反射线相消，衍射强度为 0。

因此，可得出这样的结论：当晶体生长比较完整，晶胞数量足够多时（足够厚），若相邻晶面的光程差 $\neq n\lambda$（n 为整数），也就是不严格满足布拉格方程时，则该组晶面的衍射强度为 0，无衍射线。

当晶体生长比较完整，如果入射线稍稍偏离布拉格角 θ_B 角，如图 3-47 所示，若入射角偏离到 $\theta_1=\theta_B+\Delta\theta$，则 B'、D' 出现微小光程差 $\delta\neq 0$，偏离量 $\Delta\theta$ 越大，δ 越大。

假设当偏离到 θ_1 角时，第 0 层和第 m 层散射线 B' 和 M' 光程差为 λ，则晶体正中间必有一晶面，其反射线与 B' 相差 λ /2，即第 0 层与中间层 $m/2$ 的散射线干涉相消。

同理，第 1 层与 $m/2+1$ 层相消，第 2 层与 $m/2+2$ 层相消……第 $m/2$ 层与 m 层相消。结果，晶体上半部与下半部反射线相消，即 θ_1 方向的反射线强度为 0。

因此，可得出这样的结论：当晶体生长比较完整，晶胞数量足够多时（足够厚），任一个非布拉格角的入射线，也即入射线与某晶面夹角不严格满足布拉格方程时，该晶面不会产生衍射线。

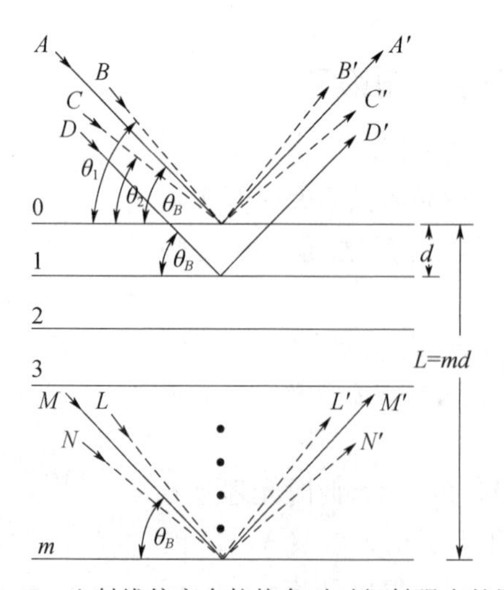

图 3-47 入射线偏离布拉格角时对衍射强度的影响

但是，当晶体很小，生长不完整，晶胞数量很少时，上述关于衍射强度的结论会有不同。

当晶体很小（薄），某一方向晶胞数量很少时，则沿这一方向晶面的层数太少，不足以使所有晶面的反射线完全相消，就会出现本来不应该出现的衍射线，衍射峰（衍射花斑）表现为宽化。

例如，相邻晶面光程差为$\lambda/100$，则至少100层，才能使衍射线强度为0，如果晶体只长到50层，则第1～49层的散射线不能被完全干涉相消，衍射强度不为0，将出现衍射线。只有当晶体中晶胞数量多到一定程度，则晶面层数多到一定程度时，或入射线角度与布拉格角的偏差大到一定程度，如对于$m+1$层晶体，只有当$\Delta\theta$大到使相邻层的光程差$\geqslant\lambda/m$（或第0层、m层反射线光程差为λ）时，对像C或B这样偏离布拉格角的入射线，各晶面反射才产生完全干涉相消（图3-47）。

如果晶体沿着入射线和反射线的中分线方向很薄（假设为c晶轴方向），如图3-47所示，对于入射线A，满足布拉格方程$2d\sin\theta_B=n\lambda$（n为整数）；对于入射线B，则类似于布拉格方程有$2d\sin\theta_1=\lambda/m$。

考虑到入射角的偏差$\Delta\theta$很小，则$\cos\Delta\theta\approx1$，$\sin\Delta\theta\approx\Delta\theta$，光程差$\delta$可写为：

$$\begin{aligned}\delta=2d\sin\theta_1=2d\sin(\theta_B+\Delta\theta)&=2d(\sin\theta_B\cos\Delta\theta+\cos\theta_B\sin\Delta\theta)\\&=2d\sin\theta_B+2d\Delta\theta\cos\theta_B\\&=n\lambda++2d\Delta\theta\cos\theta_B\end{aligned}\tag{3-57}$$

对$2d\sin\theta_1=\lambda/m$的左边取相位差：

$$\phi=\frac{2\pi}{\lambda}\delta=\frac{2\pi}{\lambda}n\lambda+\frac{4\pi d\Delta\theta\cos\theta_B}{\lambda}=\frac{4\pi d\Delta\theta\cos\theta_B}{\lambda}\tag{3-58}$$

对$2d\sin\theta_1=\lambda/m$的右边取相位差：

$$\phi=\frac{2\pi}{\lambda}\delta=\frac{2\pi}{\lambda}\cdot\frac{\lambda}{m}=\frac{2\pi}{m}\tag{3-59}$$

以上两式联立，可得：

$$2\Delta\theta=\frac{\lambda}{md\cos\theta_B}\tag{3-60}$$

考虑到入射线两边同时存在微小偏差，令$B=\Delta\theta$，$t=md$，则式（3-60）可转变为

$$B=\frac{\lambda}{t\cos\theta_B}\tag{3-61}$$

以上讨论中用的是衍射峰峰脚宽度为峰宽，实际应用中更多的是衍射峰半高宽或积分宽度为峰宽，需要给峰脚宽度乘上一个系数，于是式（3-61）变为

$$\beta=\frac{k\lambda}{t\cos\theta_B}\tag{3-62}$$

式中，β为衍射峰半高宽或积分宽度，k为谢乐（Scherrer）常数，t为沿入射线和反射线的中分线方向晶体的厚度，这即是著名的谢乐公式，为用X射线衍射技术测定晶粒大小的基本公式，其应用后面章节会详述。

当晶体不仅厚度很薄，而且在a、b晶轴的二维方向尺度也很小时，强度也会发生变化。当晶体沿b轴转过一个很小角度（$\theta_B+\Delta\theta$）时，根据反射球的扩展，可知产生的衍射峰沿a方向的宽化为$\Delta\theta$（图3-48）。

$$\tan\Delta\theta = PR/O^*P = (1/N_a)/(1/d) = d/N_a = \lambda/(2N_a\sin\theta_B) \tag{3-63}$$

由于 $\Delta\theta$ 很小，所以

$$\tan\Delta\theta \approx \Delta\theta = \lambda/(2N_a\sin\theta_B) \tag{3-64}$$

同理，当晶体沿 a 轴转过一个很小角度（$\theta_B+\Delta\theta$）时，根据反射球的扩展，可知产生的衍射峰沿 b 轴方向的宽化为 $\Delta\theta$。

$$\Delta\theta = \lambda/(2N_b\sin\theta_B) \tag{3-65}$$

那么，小晶体在三维方向的累积强度即为上述 3 个不同方向衍射强度的累积贡献，可写为：

$$I \propto \frac{\lambda}{t\cos\theta_B} \times \frac{\lambda^2}{N_a N_b \sin\theta_B} \tag{3-66}$$

式中，t 为晶体沿 c 轴矢方向的厚度，因此，$t \times N_a \times N_b = V_c$（晶体体积），所以

$$I \propto \frac{\lambda^3}{V_c \sin 2\theta_B} = \frac{\lambda^3}{V_c} \cdot \frac{1}{\sin 2\theta_B} \tag{3-67}$$

式中，$2\theta_B$ 为衍射角，一般写为 2θ，$\frac{1}{\sin 2\theta}$ 称为第一几何因子，反映了晶粒大小对衍射强度的影响。

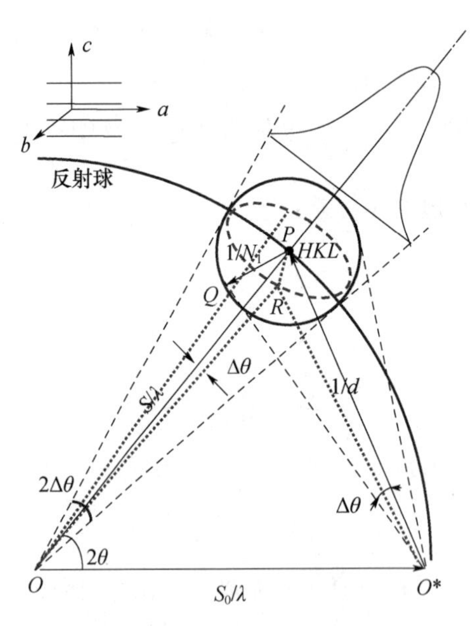

图 3-48　选择反射区在不同方向的扩展

（2）晶粒数目对累积强度的影响

多晶体样品由数目极多的晶粒组成。通常情况下，各晶粒的取向是任意分布的，因此，理想的粉末多晶衍射花样形成如图 3-49 所示的衍射圆环，其中每一个圆上的衍射斑点代表某一个小晶粒中符合布拉格方程（hkl）晶面的衍射线方向；晶粒数目足够多时，各晶粒同类衍射面衍射斑点形成一个连续的衍射圆（图 3-49）。

粉末多晶样中，无数多晶粒中（hkl）晶面的法线，在反射球面上有无数个交点，且均匀地分布着。如果小晶粒尺寸足够小，衍射花斑将会宽化，由前面可知，仅与入射

线呈（$\theta_B+\Delta\theta$）角的那一小部分晶粒（hkl）晶面的法线与球面相交成宽为 $r\Delta\theta$ 的环带（r 为反射球半径，如图 3-50 所示）。

设环带面积为 ΔS，球表面积为 S，则 $\Delta S/S$ 即为参加衍射的晶粒百分数，为：

$$\frac{\Delta S}{S}=\frac{r\Delta\theta\cdot 2\pi r\sin(90°-\theta_B)}{4\pi r^2}=\frac{\Delta\theta\cos\theta_B}{2} \tag{3-68}$$

式中，$\frac{\Delta\theta\cos\theta}{2}$ 称为第二几何因子，在晶粒完全随机分布的情况下，与参与衍射的晶粒数目成正比，而这一数目又与衍射角有关，即有

$$I\propto\cos\theta \tag{3-69}$$

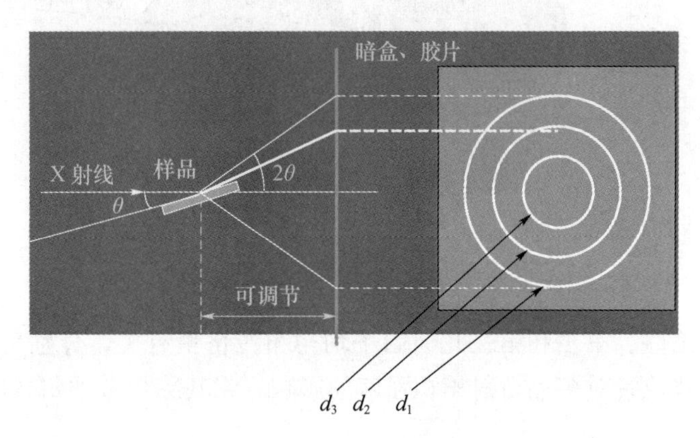

图 3-49　多晶体的衍射圆环

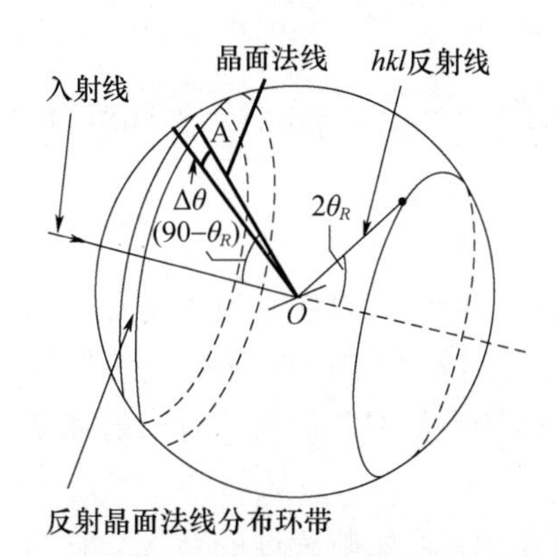

图 3-50　多晶体的衍射环带的厄瓦尔德图示

（3）衍射线位置对强度测量的影响（单位弧长的衍射强度）

德拜-谢乐法中，粉末多晶试样衍射强度均匀分布在圆锥面（环）上，每一个锥顶夹角不同的圆锥面由来自不同晶粒中同一晶面的衍射线形成，每一个圆锥面与照相底片相交形成一对弧线（图 3-51），通过测量照相底片上弧线对之间的间距即可计算得 2θ 值，测量弧线对的黑度，即可获得对应晶面的衍射线相对强度。从图 3-51 可以看出，θ 越大，圆锥面面积越大，单位弧长上能量密度就越小，当 $2\theta=90°$，能量密度最小；衍射弧线对所属的衍射圆环半径为 $R\sin2\theta$（R 为相机半径，即照相底片所形成的圆的半径），衍射圆环周长为 $2\pi R\sin2\theta$。可以推知，衍射圆环单位弧长上的衍射强度与

$1/\sin 2\theta$ 成正比，即

$$I \propto \frac{1}{\sin 2\theta} \tag{3-70}$$

$\frac{1}{\sin 2\theta}$称为第三几何因子，反映了因衍射线所处位置不同对衍射强度的影响。

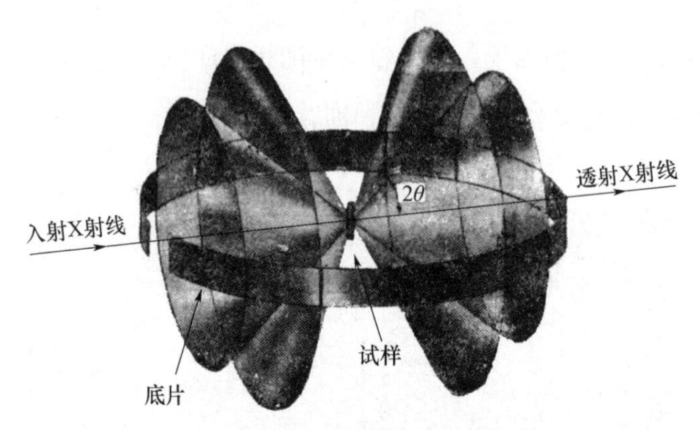

图 3-51　德拜-谢乐照相法衍射强度在圆锥面上的分布

上述讨论的第一、第二和第三几何因子均与布拉格角有关，分别反映了晶粒大小、晶粒数目及衍射线位置对多晶衍射累积强度的影响，将其综合考虑归并后，得到洛伦兹因子：

$$\frac{1}{\sin 2\theta} \cdot \cos\theta \cdot \frac{1}{\sin 2\theta} = \frac{1}{4\sin^2\theta\cos\theta} \tag{3-71}$$

将洛伦兹因子和偏振因子$\left(\frac{1+\cos^2 2\theta}{2}\right)$组合，形成角因子：

$$\phi(\theta) = \frac{1+\cos^2 2\theta}{\sin^2\theta\cos\theta} \tag{3-72}$$

可以看出，角因子是表征衍射强度直接与衍射角有关的部分，它既包括散射强度在空间各个方向的分布（偏振因子）对衍射强度的影响，也包括由衍射几何特征对衍射强度的影响（洛伦兹因子）。

角因子是衡量衍射角对累积强度影响程度的系数。它与布拉格角 θ 的关系如图 3-52 所示，可以看出，这种因子的作用将使 θ 在 45°左右时谱线的强度显著减弱，其详细数值可以从其表达式中计算出来，或是查阅相关表格。

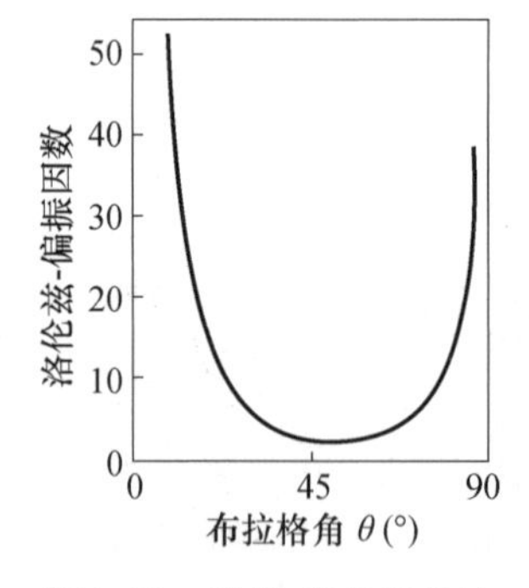

图 3-52　德拜-谢乐照相法衍射强度在圆锥面上的分布

3.3.5.2　多重性因子 P_{hkl}

晶体中面间距相等、原子排列规律相同的一族晶面称为等同晶面。根据布拉格方程，这些晶面的衍射角 2θ 都相同，因此，所有等同晶面族的反射线都重叠在一个衍射位置上。这一影响在强度公式中以多重性因子的形式出现。多重性因子 P_{hkl} 越大，这种晶面获得衍射的概率就越大，对应的衍射线就越强。多重性因子 P_{hkl} 的数值随晶系

及晶面指数而变化。例如，研究一个立方晶系的粉末多晶试样的衍射，试样中的一些粉末晶粒的（100）衍射面正好处于平行试样表面位置，而且也处于满足布拉格条件的衍射位置，即其与入射线形成布拉格角。所以它将产生衍射，衍射角为 2θ。另外，一些粉末的（010）或（001）衍射面也正好处于平行试样表面位置。因其与入射线也形成布拉格角，同样也将产生衍射线。后者的衍射线是与前者（100）衍射线完全重叠在一起的。这也就说明，在｛100｝衍射面族中共有 6 种衍射面，即（100）、（010）、（001）、（100）、（010）、（001），它们的衍射线是重叠在一起的。而此立方晶系的｛111｝衍射面族共有 8 种衍射面，它们的面间距相同，其衍射线也应当是重叠在一起的。如果不考虑其他条件，则（111）衍射线的累积强度与（100）衍射线的累积强度的相对比值将是 8∶6。

表 3-5 给出了各种晶系中，各类衍射面的多重性因子 P_{hkl}。

在使用表 3-5 时，应当注意不同晶系的轴比关系。例如，在立方晶系中，$a=b=c$，则（$H00$）、（$0K0$）、（$00L$）是等效的，它们的 $P_{hkl}=6$。而在四方晶系中，（$H00$）、（$0K0$）等效，但（$00L$）与它们不等效，故前者的 $P_{hkl}=4$，后者的 $P_{hkl}=2$。此外，在选择衍射面类型时也应注意这个关系。又如，在四方晶系中，（111）衍射面不属于（HHH）类型，而属于（HHL）类型，其 $P_{hkl}=8$。同样，在正交晶系中，（110）属于（$HK0$）类型，$P_{hkl}=4$，而不属于（$HH0$）类型。

表 3-5　粉末多晶试样的多重性因子 P_{hkl}

<table>
<tr><th rowspan="2">晶系名称</th><th colspan="10">衍射面指数</th></tr>
<tr><th>$H00$</th><th>$0K0$</th><th>$00L$</th><th>HHH</th><th>$HH0$</th><th>$HK0$</th><th>$0KL$</th><th>$H0L$</th><th>HHL</th><th>HKL</th></tr>
<tr><td>立方</td><td colspan="3">6</td><td>8</td><td>12</td><td colspan="3">24*</td><td>24</td><td>48*</td></tr>
<tr><td>六方，菱形</td><td colspan="2">6</td><td>2</td><td>—</td><td>6</td><td>12*</td><td colspan="2">12*</td><td>12*</td><td>24*</td></tr>
<tr><td>四方</td><td colspan="2">4</td><td>2</td><td>—</td><td>4</td><td>8*</td><td colspan="2">8</td><td>8</td><td>16*</td></tr>
<tr><td>正交</td><td>2</td><td>2</td><td>2</td><td>—</td><td>—</td><td>4</td><td>4</td><td>4</td><td>—</td><td>8</td></tr>
<tr><td>单斜</td><td>2</td><td>2</td><td>2</td><td>—</td><td>—</td><td>4</td><td>4</td><td>2</td><td>—</td><td>4</td></tr>
<tr><td>三斜</td><td>2</td><td>2</td><td>2</td><td>—</td><td>—</td><td>2</td><td>2</td><td>2</td><td>—</td><td>2</td></tr>
</table>

* 在某些晶体中，具有此指数的两族衍射面，其面间距相同，但结构因数不同。在计算时，应将表中数据平均分配。

另外，在晶体中也可能有衍射面不同，而晶面间距相同的情况。例如，立方晶系中的（511）和（333）衍射面，由于衍射面间距相同，它们的衍射线也相重合。所以，它们的多重性因数应分别计算，然后再相加在一起。

3.3.5.3　吸收因子 A（θ）

试样对入射 X 射线及衍射线的吸收会对衍射线强度产生影响，与样品的形状、组成、尺寸及衍射角有关。但对于衍射仪法而言，若用的是平板状试样，而且试样足够厚，则吸收因子是一个与衍射角无关的常数：

$$A(\theta)=\frac{1}{2\mu} \tag{3-73}$$

式中，μ 是指试样中各元素的线吸收系数，即单位厚度的试样对 X 射线的吸收。与入射

X射线束的波长及被照射物质的元素组成和状态（密度）有关。

圆柱状试样（德拜-谢乐法）对吸收因子的影响如图3-53所示。当样品半径r和线吸收系数μ越大，则对X射线吸收越多，$A(\theta)$越小；当r和μ都很大时，入射线进入样品一定深度后就被全部吸收，实际上只有样品表层发生衍射；当(μr)一定时，θ越小，衍射线穿过路径越长，吸收越多，$A(\theta)$越小，即透射线吸收较大、强度衰减严重，背反射吸收较小；$\theta=90°$时，$A(\theta)=1$。因此，吸收因子$A(\theta)$是(μr)和θ的函数，如图3-54所示。

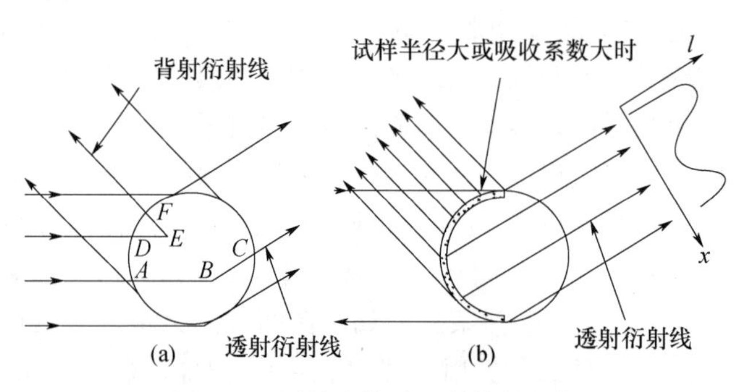

图3-53　圆柱试样对X射线的吸收

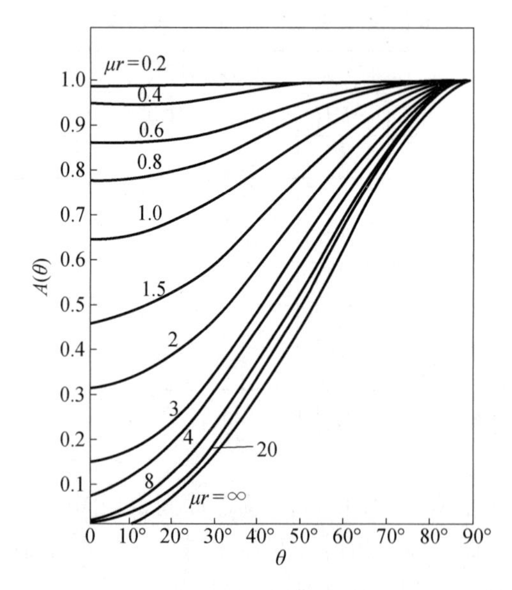

图3-54　圆柱试样吸收因子与(μr)和θ的关系

3.3.5.4　温度因子e^{-2M}

在前边的讨论中都没有考虑温度对衍射的影响，并假设晶体中各个原子是固定不动的。衍射面则是一个理想的平面，而且面间距也是固定的。但实际上，原子热振动使点阵中原子面瞬间偏离平衡位置，衍射面也就成为一种界限不清的“厚板”。面间距也成为一种不固定的值，原子排列的周期性受到部分破坏，在衍射线方向产生附加位相差，从而使衍射线强度减弱。当然，在室温条件下，进行普通衍射实验，一般可以不必考虑温度的影响。只有在进行高温衍射实验或是实验对象是低熔点金属材料时，温度的影响才是不能忽略的。但是，热振动不会改变布拉格角，不会使衍射线条变宽。温度影响的系数称为温度因子 e^{-2M}，又称德拜-瓦洛因子，可查表得到。可以看出，温度因子 e^{-2M} 总是小于1。温度因子 e^{-2M} 指数项中的 M 与原子偏离其平衡位置的均方位移 $\bar{u}^2$ 有关：

$$M=\pi^2\bar{u}^2\frac{\sin^2\theta}{\lambda^2} \tag{3-74}$$

原子偏离其平衡位置的均方位移 $\bar{u}^2$ 与温度相关，温度升高会引起晶胞膨胀，导致 d 值发生变化（Δd 与弹性模量相关），因此，利用此原理可测定晶体的热膨胀系数。

温度对高 θ 角衍射线影响大，因为高角衍射线，其晶面间距 d 值小。

当 θ 角一定，温度越高，M 越大，温度因子 e^{-2M} 越小，衍射线强度随之减小；温度一定，θ 角越大，M 越大，温度因子 e^{-2M} 越小，衍射线强度亦随之减小。

对于圆柱试样，当 θ 角变化时，温度因子和吸收因子的变化趋向相反，两者影响可看作抵消。

3.3.5.5 粉末多晶体累积强度公式

综合上述多晶体衍射强度的影响因素，若以波长为 λ、强度为 I_0 的X射线，照射到单胞体积为 V_0 的多晶试样，被照射体积为 V，在与入射线成 2θ 方向，产生指数为（HKL）晶面的衍射，则在距试样 R 处，衍射线的累积强度 I 为：

$$I_{HKL}=I_0\frac{\lambda^3}{32\pi R}\left(\frac{e^2}{mc^2}\right)^2\frac{V}{V_0^{\ 2}}P_{HKL}|F_{HKL}|^2\varphi(\theta)A(\theta)e^{-2M} \tag{3-75}$$

式中，P_{HKL} 为多重性因子；$|F_{HKL}|^2$ 为结构因子；$\varphi(\theta)$ 为角因子；$A(\theta)$ 为吸收因子；e^{-2M} 为温度因子。式（3-75）是以如射线强度 I_0 的多少分之一的形式给出的，所以是绝对累积强度。实际工作中无须测量 I_0 的值，一般只需要强度的相对值，即相对累积强度，也就是用同一衍射花样的同一物相的各衍射线相互比较。

在实验条件一定时，所获得同一衍射花样中，λ、R、e、m、c 、V、V_0 均为常数，因此，衍射线的相对强度表达式可改写为：

$$I=P|F|^2\varphi(\theta)A(\theta)e^{-2M} \tag{3-76}$$

不同衍射方法粉末多晶体的相对强度有所不同。

对于德拜-谢乐法，吸收因子与温度因子对强度的影响规律相反，常将 $A(\theta)$ 和 e^{-2M} 两项忽略，则衍射相对强度公式可简化为：

$$I=P|F|^2\varphi(\theta) \tag{3-77}$$

对于衍射仪法，一般采用平板状试样，吸收因子 $A(\theta)=\frac{1}{2\mu}$，若不考虑温度因子 e^{-2M}，则衍射相对强度公式可简化为：

$$I=P|F|^2\frac{1+\cos^2 2\theta}{\sin^2\theta\cos\theta}\frac{1}{\mu} \tag{3-78}$$

3.3.5.6 衍射强度公式的适用条件

存在以下两种情况，则前述累积强度计算公式失效。

① 织构组织。洛伦兹因子的 $\cos\theta$ 部分决定了试样内部的晶粒必须是随机取向分布，此时累积强度公式有效。织构的存在是造成计算强度与实测强度不符的重要原因之一。完全无规则取向的试样可以用粉碎的粉末或者锉刀搓成的粉末。

② 衰减作用。通常晶体不是完整的，或多或少存在亚结构，或称为镶嵌结构。各镶嵌块尺寸依不同的晶体差别很大，大约在100nm，相互存在1°左右位相差。累积强度计算公式推导的条件是晶体具有理想的不完整结晶，即亚结构很小（10^{-4}～10^{-5}cm）、随机分布、相互间不平行，因为这种晶体具有最大的反射能力。相反，结晶完整时亚结构很大，其中有的镶嵌块相互平行，这种晶体的反射能力很低。我们把晶体越是接近完整随之反射线累积强度减小的现象叫作衰减。理想的不完整晶体是没有衰减的，存在衰减时，累积强度计算公式将失效。为避免这种衰减效果的发生，粉末试样应尽可能细地粉碎，但也要注意，过细虽然晶粒细化了，但同时也向镶嵌块中引入了不均匀变形，这又会引起实验误差。通常，在细晶粒的块状试样中可以忽略衰减效果。

3.4 X射线衍射的实验方法

根据布拉格方程，我们知道，并不是在任何情况下晶体都能产生衍射，产生衍射的必要条件是入射X射线的波长和它的反射面的布拉格方程的要求。

当采用一定波长的单色X射线来照射固定的单晶体时，则 λ、θ 和 d 值都定下来了。一般来说，它们的数值未必能满足布拉格方程，也即不能产生衍射现象，因此要观察到衍射现象，必须设法连续改变 λ 或 θ，以便有满足布拉格反射条件的机会，据此可有几种不同的衍射方法。最基本的衍射方法如表3-6所示。

表3-6　粉末多晶试样的多重性因子 P_{hkl}

衍射方法	λ	θ	实验条件
劳厄法	变	不变	连续X射线照射固定的单晶体
转动晶体法	不变	部分变化	单色X射线照射转动的单晶体
粉晶法照相法	不变	变	单色X射线照射粉晶或多晶试样
衍射仪法	不变	变	单色X射线照射多晶体或转动的多晶体

3.4.1 劳厄法

劳厄法常用于单晶体的衍射实验研究，是用连续X射线投射到不动的单晶体试样上产生衍射的一种实验方法。一般以垂直于入射X射线束的平板照相底片来记录衍射花样，衍射花样由很多斑点构成，这些斑点称为劳厄斑点或劳厄相。单晶体的特点是每种（hkl）晶面只有一组，单晶体固定在台架上之后，任何晶面相对于入射X射线的方位固定，即入射角一定。虽然入射角一定，但由于入射线束中包含着从短波限开始的各种不同波长的X射线，相当于反射球的半径连续变化，使倒易阵点有机会与其中某个反射球相交，形成衍射斑点，如图 3-55 所示。所以每一族晶面仍可以选择性地反射其中满足布拉格方程的特殊波长的 X 射线，这样不同的晶面族都以不同方向反射不同波长的 X 射线，从而在空间形成很多衍射线，它们在照相底片上感光，就形成了许多劳厄斑点。

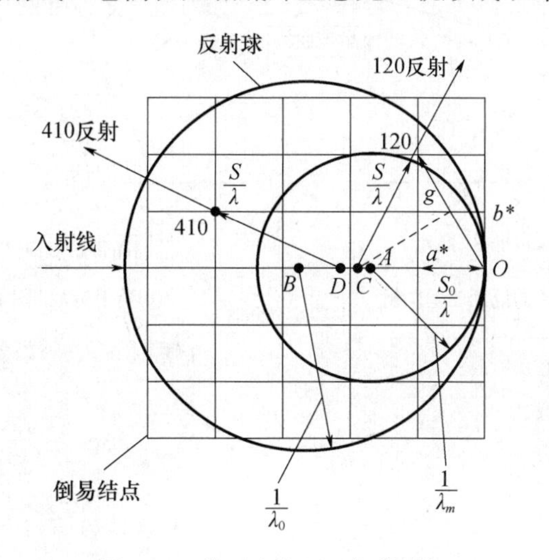

图 3-55　劳厄法的厄瓦尔德图解

劳厄法是应用最早的衍射方法，其实验装置比较简单，通常包括光阑、试样架和平板照相底片匣。按照底片安装位置不同，劳厄法实验装置可分为透射法和背射法两种，如图 3-56 所示。

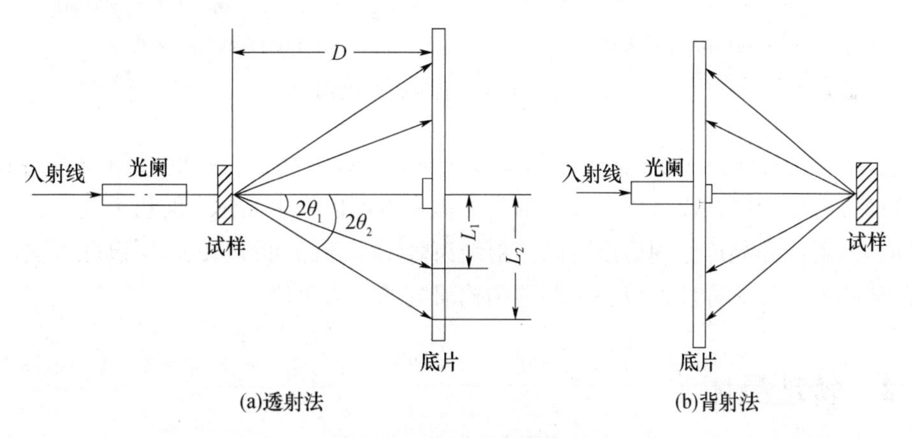

图 3-56　劳厄法实验装置

劳厄斑点分布是有规律的，透射法劳厄相中劳厄斑点分布在过底片中心的椭圆上，每个椭圆上的斑点都属于一个晶带；背射法劳厄相中劳厄斑点分布在一些双曲线上，每个双曲线上的斑点都属于同一个晶带（图 3-57）。劳厄相的形成可用图 3-57 的厄瓦尔德图解法进行解释。以透射法劳厄相形成为例，反射球与通过倒易点阵原点的某一倒易阵点面相交（通过倒易点阵原点的阵点面所对应的各晶面属于同一晶带）形成一个圆，落在这个圆上的倒易阵点对应的晶面均满足布拉格方程，可以产生衍射，衍射线方向是反射球球心与倒易阵点连线所形成的射线方向，这些射线投影在垂直于入射线方向的照相底片上感光，形成椭圆，椭圆上每一个点都是来自通过倒易点阵原点的某一倒易阵点面上的阵点所对应的晶面反射线而形成，因此，椭圆上的斑点都属于同一个晶带的晶面。

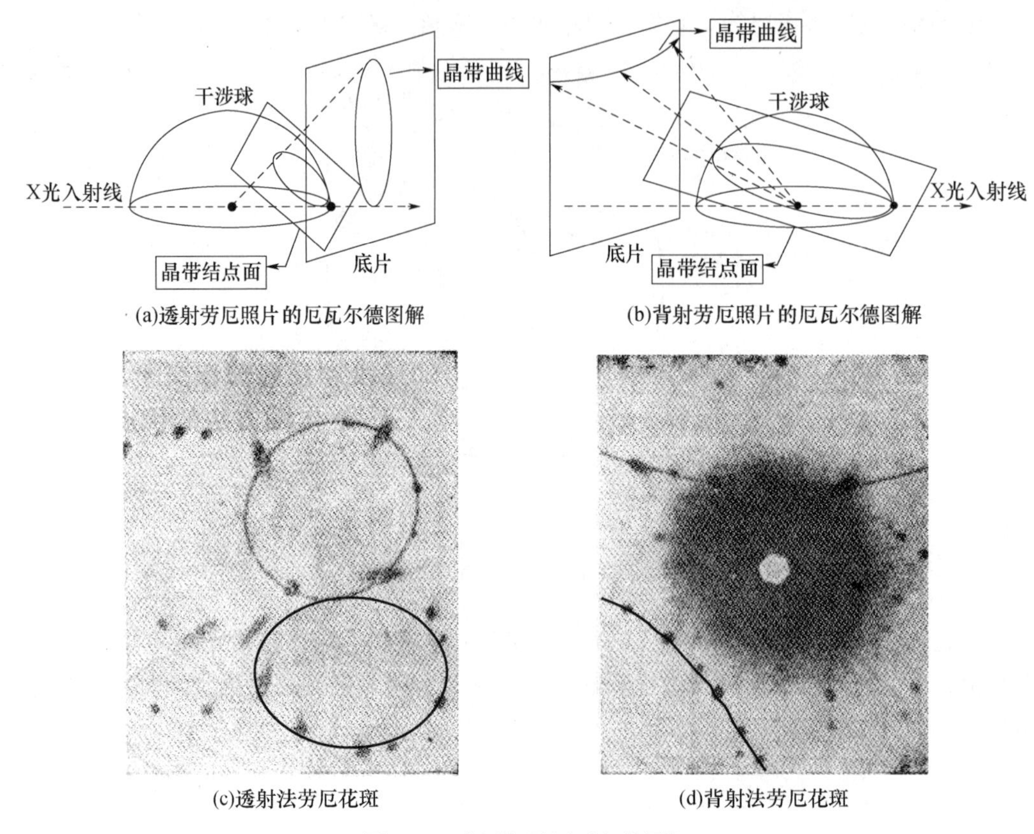

图 3-57　劳厄相及厄瓦尔德图解

实验所用的连续 X 射线应当具有较高的强度，以便能在较短的时间内得到清晰的衍射花样。所使用的试样可以是独立的单晶体，也可以是多晶体中的粗大晶粒。由于晶体不动，入射线和晶体作用后产生的衍射线束表示了各晶面的方位，所以此方法能够反映出晶体的取向和对称性，成为单晶体结构研究的有力手段。

3.4.2　转动晶体法

转动晶体法是用单色 X 射线照射转动的单晶体的衍射方法。转晶法的特点是入射线的波长 λ 不变，而依靠旋转单晶体以连续改变各个晶面与入射线的 θ 角来满足布拉格方程的条件。

在单晶体不断旋转的过程中，某组晶面会于某个瞬间和入射线的夹角恰好满足布拉格方程，于是在此瞬间便产生一根衍射线束，在底片上感光出一个感光点。如果单晶样品的转动轴相对于晶体是任意方向，则摄得的衍射相上斑点的分布将显得无规律性；当转动轴与晶体点阵的一个晶向平行时，衍射斑点将显示有规律的分布，即这些衍射斑点将分布在一系列平行的直线上，这些平行线称为层线，通过入射斑点的层线称为零层线，从零层线向上或向下，分别有正负第一、第二……层线，它们对于零层线而言是对称分布的。用厄瓦尔德图解（图 3-58）很容易说明转晶图的特征：由正、倒点阵的性质可知，对于正点阵取指数为（uvw）的晶向作为转动轴，则和它对应的倒易点阵平面族（uvw）* 就垂直于这个轴，因此当晶体试样绕此轴旋转时，则与之对应的一组倒易结点平面也跟着转动，它们与干涉球相截得到一些纬度圆，这些圆相互平行，且各相邻圆之间的距离等于这个倒易点阵平面族面间距 d。也就是说，晶体转动时，倒易结点与反射球相遇的地方必定都在这些圆上，这样衍射线的方向必定在反射球球心与这些圆相连的一些圆锥的母线上，它们与圆筒形底片相交得到许多斑点，将底片摊平，这些斑点就处在平行的层线上。

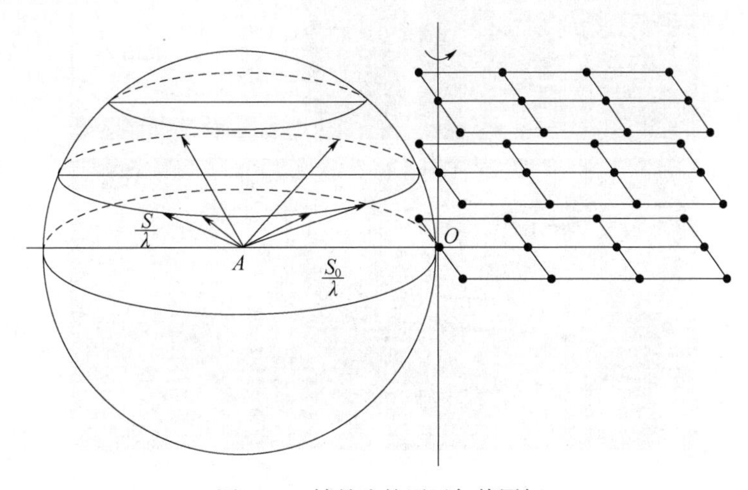

图 3-58 转晶法的厄瓦尔德图解

3.4.3 德拜（德拜-谢乐）照相法

目前使用最多的方法是粉末多晶法，主要包括照相法和衍射仪法两大类。粉末多晶法的特点是方便、快捷、准确。它是利用单色 X 射线照射粉末多晶试样产生的衍射花样进行物相结构的研究，这类研究方法对样品有以下基本要求：①粉末试样要求由大量微小的晶粒组成，粒度约 1μm；②从宏观角度看，粉末试样中微晶的数量需足够多，以满足随机分布统计成立，一般要求每 10mm^3 的样品中不少于 10^{10} 个晶粒；③从微观角度看，每个微晶长度方向需有几千晶胞，以保证沿各方向晶体的周期性完整。

衍射仪法是目前比较普及的多晶粉末衍射方法；照相法主要的实验设备为各种照相机，是早期研究多晶体的主要方法，目前已不常见，但是对德拜相进行标定所采用的基本原理仍然适用。在本小节中主要介绍德拜照相法及德拜相的标定原理，衍射仪法将于 3.5 节中详细介绍。

3.4.3.1 德拜相形成原理

在一个多晶体（或粉末）试样中，每一个小晶粒均是一个小的单晶体。当一束单色 X 射线照射到样品上时，总有某些小晶粒的晶面或其等同晶面能够恰好满足布拉格方程而产生衍射。由于试样中晶粒数巨大，所以满足布拉格方程的（hkl）晶面族数量也较多，与入射线的方位角都是θ，因而可看作由一个（hkl）晶面以入射线为轴旋转得到。

小晶粒晶面（hkl）的反射线分布在一个以入射线为轴，以衍射角2θ为半顶角的圆锥面上，不同的晶面族衍射角不同，衍射线所在的圆锥半顶角不同，从而不同晶面族的衍射就会共同构成一系列以入射线为轴的同顶点圆锥（图 3-59）。

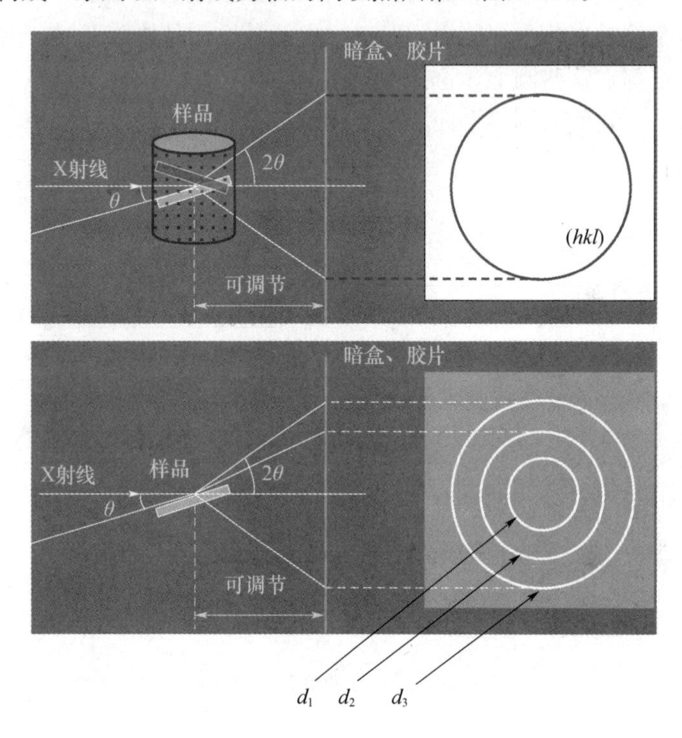

图 3-59　粉末照相法中衍射线的分布

如何记录下这些衍射花样呢？一种方法是用平板底片被 X 射线衍射线照射感光，从而记录底片与反射圆锥的交线。如果将底片与入射线束垂直放置，那么在底片上将得到一个个同心圆环，这就是针孔照相法。

但是受底片大小的限制，一张底片不能记录下所有的衍射花样。如何解决这个问题？德拜和谢乐等设计了一种新方法。将一个长条形底片圈成一个圆，以试样为圆心，以 X 射线入射方向为直径放置圈成的圆圈底片。这样圆圈底片和所有反射圆锥相交形成一个个弧形线对，从而可以记录下所有衍射花样（图 3-60），这种方法就是德拜-谢乐照相法。

记录下衍射花样的圆圈底片，展平后可以测量弧形线对的距离$2L$，进一步可求出L对应的反射圆锥的半顶角2θ，从而可以标定衍射花样。

3.4.3.2　德拜相机的结构

德拜相机结构简单，主要由相机圆筒、光阑、承光管和位于圆筒中心的试样架构成。相机圆筒上下有结合紧密的底盖密封，与圆筒内壁周长相等的底片，圈成圆圈紧贴

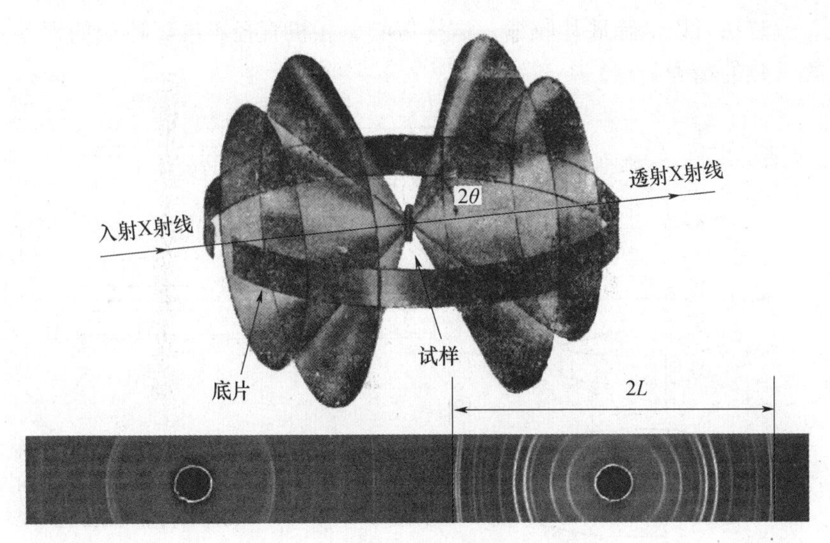

图 3-60 德拜法及德拜相形成图示

圆筒内壁安装，并有卡环保证底片紧贴圆筒（图 3-61）。

在这样的装置中，光阑的作用是限制照射到样品光束的大小和发散度；承光管包括让 X 射线通过的小铜管及在底部安放的黑纸、荧光纸和铅玻璃。黑纸可以挡住可见光到相机的去路；荧光纸可显示 X 射线的有无和位置；铅玻璃则可以防护 X 射线对人体的有害影响。

承光管有两个作用：其一可以检查 X 射线对样品的照准情况；其二可以将透过试样后入射线在管内产生的衍射和散射吸收，避免这些射线混入样品的衍射花样给分析带来困难。

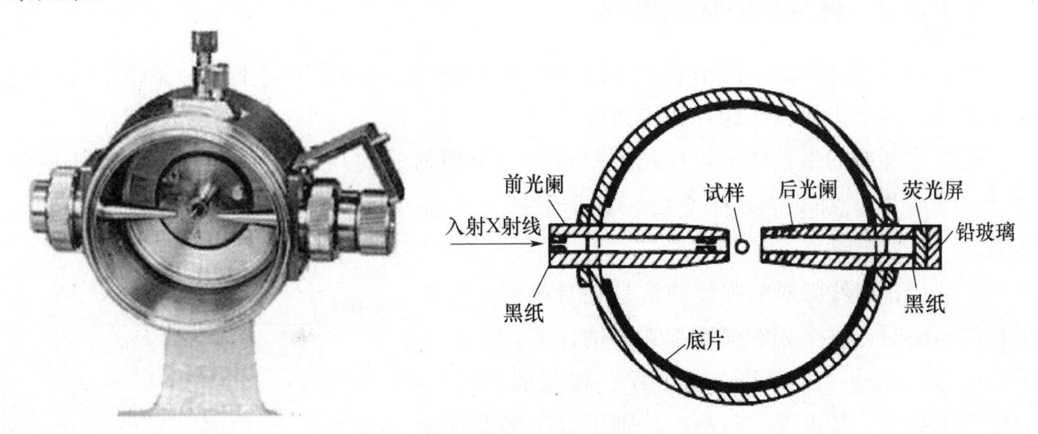

图 3-61 德拜相机及装置示意

德拜相机底片安装方法有 3 种：①正装法：如图 3-62（a）所示，底片中心开一圆孔，底片两端中心开半圆孔。底片安装时光阑穿过两个半圆孔合成的圆孔，承光管穿过中心圆孔。②反装法：如图 3-62（b）所示，底片开孔位置同上，但底片安装时光阑穿过中心孔。③偏装法：如图 3-62（c）所示：底片上开两个圆孔，间距仍然是 R。当底片围成圆时，接头位于射线束的垂线上。底片安装时光阑穿过一个圆孔，承光管穿过另一个圆孔。偏装法可以消除底片收缩、试样偏心、相机直径不准等造成的误差。这种装法用于点阵常数的精确测定。

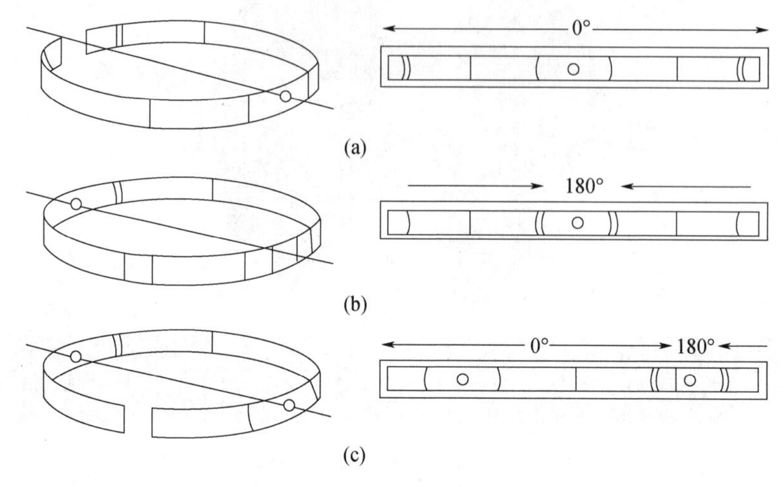

图 3-62　德拜相机底片安装方法示意

相机圆筒常常设计为内圆周长为 180mm 和 360mm，对应的圆直径为 57.3mm 和 114.6mm。这样的设计目的是使底片在长度方向上每毫米对应圆心角 2°和 1°，为将底片上测量的弧形线对距离 $2L$ 折算成 2θ 角提供方便。

为获得理想的德拜相，除了精密的实验装置要求之外，还需对样品做出以下要求：一是细度，要求颗粒粒径为 10^{-3}～10^{-5}cm（过 250～300 目筛）；二是将粉末制成直径为 0.3～0.6mm 长度为 1cm 的细圆柱状样品。

3.4.3.3　德拜相的标定原理

在获得一张德拜法多晶衍射花样的照片后，我们必须确定照片上每一条衍射线条的晶面指数，这个工作就是德拜相的指标化。

进行德拜相的指数标定，首先需测量每一条衍射线的几何位置（2θ 角）及其相对强度，然后根据测量结果标定每一条衍射线的晶面指数。

德拜相衍射线弧对的强度通常是相对强度，当要求精度不高时，这个相对强度常常是估计值，按很强（VS）、强（S）、中（M）、弱（W）和很弱（VW）分成 5 个级别。精度要求较高时，则可以用黑度仪测量出每条衍射线弧对的黑度值，再求出其相对强度 I/I_{VS}。精度要求更高时，强度的测量需要依靠 X 射线衍射仪来完成。

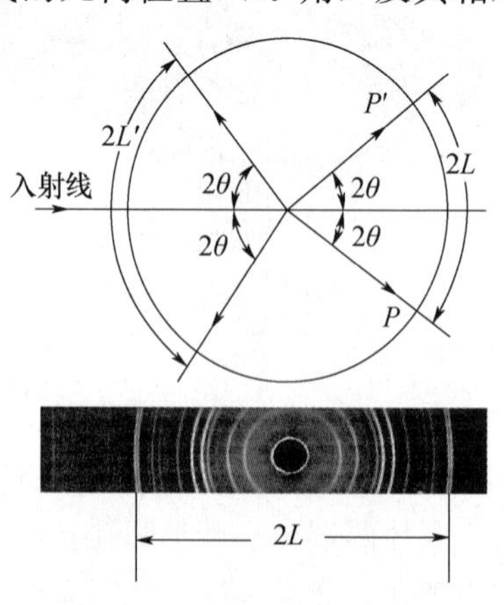

图 3-63　德拜相衍射弧线对测定和 2θ 的计算

晶面指数的确定，首先需根据测量的衍射线条几何位置计算出 2θ 角（图 3-63）。

衍射线条几何位置测量可以在专用的底片测量尺

上进行，用带游标的量片尺可以测得弧线对之间的距离 $2L$，且精度可达 0.02～0.1mm。用比长仪测量，精度可以更高。实际上由于底片伸缩、试样偏心、相机尺寸不准等因素的影响，真实相机尺寸应该加以修正。根据测得的 $2L$ 值，以及公式 $\theta=\frac{2L}{4R}\times\frac{180}{\pi}=L\times\frac{180}{2\pi R}$ 即可计算得 2θ 角，单位为°。

完成上述测量后，我们可以获得衍射花样中每对弧线对对应的 2θ 角，根据布拉格方程可以求出产生衍射的晶面间距 d。

如果样品晶体结构是已知的，根据晶面间距计算公式则可以标定每个线对的晶面指数。

如果晶体结构是未知的，则需要参考试样的化学成分、加工工艺过程等进行尝试标定。

在七大晶系中，立方晶体的衍射花样指标化相对简单，其他晶系指标化都较复杂。本节仅介绍立方晶系指标化的方法。

3.4.3.4　多晶衍射花样的标定方法

照相法是以照相底片感光的原理记录粉末多晶试样衍射线条的方位和强度，形成一套衍射圆环照片，而衍射仪法是以测角仪来记录衍射线条的位置，以光子探测器来记录X射线光量子强度，形成以 2θ 角（或晶面间距 d）为横坐标，以强度为纵坐标的衍射图谱。两种方法衍射结果的表示形式虽不相同，但其反映的晶体结构信息是相同的，对衍射圆环和衍射图谱的标定原理也是相同的。下面将根据晶系不同，说明多晶粉末衍射结果的指数标定原理，不做特别说明时，所描述的原理、方法、步骤对照相法和衍射仪法的测试结果的标定是完全相同的。

（1）立方晶系多晶衍射花样的标定方法

立方晶体的晶面间距计算公式为 $d=\frac{a}{\sqrt{(h^2+k^2+l^2)}}$，将其代入布拉格方程有 $\sin^2\theta=\frac{\lambda^2}{4a^2}(h^2+k^2+l^2)$。$\lambda^2/4a^2$ 对于同一物相的同一衍射花样中的各条衍射线是相同的，是一个常数。由此可见，衍射花样中的各弧线对的晶面指数平方和（$h^2+k^2+l^2$）与 $\sin^2\theta$ 成正比，且一一对应。H、K、L 均是整数，它们的平方和必定为正整数。这也就是说，$\sin^2\theta$ 的比值数列必定要符合正整数比值数列的要求。令 $m=h^2+k^2+l^2$，则有：

$$\sin^2\theta_1:\sin^2\theta_2:\sin^2\theta_3:\cdots:\sin^2\theta_n=$$
$$(h_1^2+k_1^2+l_1^2):(h_2^2+k_2^2+l_2^2):(h_3^2+k_3^2+l_3^2):\cdots:(h_n^2+k_n^2+l_n^2)。\tag{3-79}$$

根据立方晶系的消光规律（表3-3），不同的点阵消光规律不同，因而 m 值的序列规律就不一样。

我们可以根据测得的 θ 值，计算出：

$\sin^2\theta_1/\sin^2\theta_1$，$\sin^2\theta_2/\sin^2\theta_1$，$\sin^2\theta_3/\sin^2\theta_1\cdots$得到一个序列，然后与点阵消光规律

对比，就可以确定衍射物质是哪种立方点阵结构。

体心立方点阵与简单立方点阵的比值数列的区别在于是否有 7 、15 等数值。因此，为了区别这两种点阵结构，衍射谱上衍射峰的数目不能少于 8 个。表 3-4 中给出的是立方晶系衍射时可产生衍射的衍射面指数。在分析时，它们不一定全部出现。例如，一个衍射谱中经过分析，得到 $\sin^2\theta$ 的比值数列为 3：8：11：16：19。可以看出，试样不属于简单立方点阵是显而易见的，也不属于体心立方点阵，因数列中有奇有偶。试样具有面心立方点阵。但其中缺少数值 4（200）、12（222），这可能是因为这些衍射面结构因子等于零或因为强度太弱，没有测量出来。

标出各衍射面的指数之后，就可以根据布拉格方程计算出晶体的点阵常数 a 值。

某次实验的测量结果、标定过程、中间数据均列于表 3-7 中。金刚石结构属于两个面心立方结构嵌套而成，其消光规律如表 3-3 所示，其衍射谱标定如表 3-8 所示。

表 3-7　某未知立方晶系衍射谱的标定（λ_{CuKa}=0.154184nm）

衍射峰编号	目测积累强度	θ（°）	$\sin\theta$	$\sin^2\theta$	$\sin^2\theta_i/\sin^2\theta_1$		HKL	d（nm）	a（nm）
					计算值	取整			
1	最强	19.10	0.3272	0.1071	1.0000	3	111	0.23561	0.40809
2	强	22.19	0.3777	0.1426	1.3324	4	200	0.20411	0.40822
3	中	32.29	0.5342	0.2854	2.6646	8	220	0.14431	0.40817
4	中	38.77	0.6262	0.3921	3.6613	11	311	0.12311	0.40831
5	弱	40.86	0.6542	0.4280	3.9962	12	222	0.11784	0.40821
6	很弱	49.06	0.7554	0.5706	5.3279	16	400	0.10205	0.40820
7	弱	55.40	0.8231	0.6776	6.3264	19	331	0.09366	0.40825
8	弱	57.63	0.8446	0.7134	6.6607	20	420	0.09128	0.40822
9	弱	67.70	0.9252	0.8560	7.9926	24	422	0.8332	0.40818

表 3-8　金刚石物相衍射图谱的标定（λ_{CuKa}=0.154184nm）

$\sin^2\theta$	$m=\sin^2\theta_i/\sin^2\theta_1$	$3\times m$	hkl	a
0.06034	1	3	111	5.4308
0.16094	2.67	8	220	5.4309
0.22139	3.67	11	311	5.4310
0.32171	5.33	16	400	5.4308
0.38214	6.33	19	331	5.4308
0.48239	8	24	422	5.4310
0.54329	9	27	333　511	5.4310
0.64376	10.67	32	440	5.4311

续表

$\sin^2\theta$	$m=\sin^2\theta_i/\sin^2\theta_1$	$3\times m$	hkl	a
0.70416	11.67	35	531	5.4309
0.80479	13.34	40	620	5.4309
0.86495	14.34	43	533	5.4309
0.96572	16	48	444	5.4310
金刚石型　$a=5.4309$Å				

(2) 四方、六方、菱形晶系多晶衍射花样的标定方法

如果证明一张衍射谱不属于立方晶系，即其 $\sin^2\theta$ 比值数列不能化成简单整数比值数列，则假设试样属于四方晶系或六方晶系或菱形晶系。

在四方晶系和六方晶系中，衍射面间距不只与 a 有关，还与 c 值有关，四方晶系晶面间距为：

$$d=1\Big/\sqrt{\frac{H^2+K^2}{a^2}+\frac{L^2}{c^2}} \tag{3-80}$$

六方晶系晶面间距为：

$$d=1\Big/\sqrt{\frac{4}{3}\frac{H^2+HK+K^2}{a^2}+\frac{L^2}{c^2}} \tag{3-81}$$

带入布拉格公式，消去常数系数，可得四方晶系 $\sin^2\theta$ 比值数列：

$$\sin^2\theta_1:\sin^2\theta_2:\cdots=\left(\frac{H_1^2+K_1^2}{a^2}+\frac{L_1^2}{c^2}\right):\left(\frac{H_2^2+K_2^2}{a^2}+\frac{L_2^2}{c^2}\right):\cdots$$

六方晶系 $\sin^2\theta$ 比值数列：

$$\sin^2\theta_1:\sin^2\theta_2:\cdots=$$

$$[A(H_1^2+H_1K_1+K_1^2)+CL_1^2]:[A(H_2^2+H_2K_2+K_2^2)+CL_2^2]:\cdots$$

式中，$A=\lambda^2/(3a^2)$，$C=\lambda^2/(4c^2)$。

从以上两个表达式可以看出，$\sin^2\theta$ 比值数列不可能得到全部为整数比值数列。但是，在所有衍射面中，必然有一些衍射面指数中的 $L=0$。例如：(100)，(110)，(200)，(210)等，它们的面间距与 c 值无关。单独写出它们的 $\sin^2\theta$ 比值数列，必然可以化简为正整数的比值数列。

从实验全部数据中筛选出部分数据，写出它们的 $\sin^2\theta$ 比值数列，并将其化简为正整数比值数列。如果此正整数的比值数列为：$\sin^2\theta_1:\sin^2\theta_2:\sin^2\theta_3:\cdots=1:2:4:5:8:9:10:13\cdots$，即可判断试样属于四方晶系。在此数列中，2、4、5 等是最关键的比值数。如果此正整数的比值数列为 $\sin^2\theta_1:\sin^2\theta_2:\sin^2\theta_3:\cdots=1:3:4:7:9\cdots$，就可以判断试样属于六方晶系。在此数列中，3、7 等是最关键的比值数。

正确判定试样晶系之后，继续判断点阵胞类型和衍射面指数。对于六方晶系来讲，只有一种点阵胞——简单阵胞，可以根据 $\sin^2\theta$ 比值数列写出其衍射面指数。相应的指数应为 (100)，(110)，(200)，(210)，(300) …。

在四方晶系中有两种点阵胞：简单点阵胞和体心点阵胞。但是其 $\sin^2\theta$ 比值数列只有一种。如果假定试样点阵胞为简单阵胞，则其相应的衍射面指数依次是（100），（110），（200），（210），（220），（300）…；如果试样点阵胞为体心阵胞，则其衍射面指数应为（110），（200），（220），（310），（400），（330）…。表 3-9 给出某次实验数据分析的结果。从表 3-9 第 7 栏的数据可以看出，此试样应为四方晶系试样，可能的衍射面指数如表 3-9 第 8、第 9 栏所示。

表 3-9　四方晶系衍射谱的标定（λ_{CoKa}=0.179285nm）

衍射线编号	相对强度（%）	衍射角 2θ（°）	$\sin\theta$	$\sin^2\theta$	$\sin^2\theta_i/\sin^2\theta_1$		可能的衍射面指数	
					计算值	取整	简单点阵	体心点阵
1	60	24.36	0.2110	0.0445	1.0000	1	100	110
2	30	34.68	0.2980	0.0888	1.9961	2	110	200
3	100	44.74	0.3806	0.1448	3.2550	—	—	—
4	20	49.72	0.4204	0.1707	3.9716	4	200	220
5	30	50.38	0.4256	0.1812	4.0709	—	—	—
6	60	56.00	0.4695	0.2204	4.9529	5	210	310
7	50	56.56	0.4738	0.2245	5.0442	—	—	—
8	30	67.88	0.5583	0.3117	7.0050	—	—	—
9	30	73.18	0.5961	0.3553	7.9846	8	220	400

菱形晶系也是需要计算两个参数 a 和 c，所以其标定方法与四方、六方晶系相类似。判断试样是否属于菱形晶系，应在否定试样是四方、六方晶系之后。判断的依据是其部分测量数据 $\sin^2\theta$ 的比值数列中有 $\sin^2\theta_1 : \sin^2\theta_2 : \sin^2\theta_3 : \cdots = 1 : 4 : 9 : 16\cdots$ 的整数关系。判定之后，可以直接按菱形晶系来标定，其相应的衍射面指数为（001），（002），（003）…。以后的计算较为复杂。亦可以按照六方晶系来标定，其相应的衍射面指数为（010），（020），（030）…。标定完成后，再换算成菱形晶系参数。

目前衍射仪上都会带有标定衍射谱的软件程序，可以自动给出标定结果。这些硬、软件程序的编制设计原则就是本节所讨论的基本方法。

3.5　衍射仪法

X 射线衍射仪是采用测角仪和衍射光子探测器来记录衍射线位置、强度、线形等信息的分析仪器，是目前广泛使用的 X 射线衍射装置。1913 年布拉格父子设计的 X 射线衍射装置是衍射仪的早期雏形；1943 年弗里德曼（H. Fridman）设计出近代 X 射线衍射仪。20 世纪 50 年代 X 射线衍射仪得到了普及应用。随着科学技术的发展，衍射仪向高稳定、高分辨、多功能、全自动的联合组机方向发展。

X 射线衍射仪的主要组成部分有 X 射线发生装置、测角仪、辐射探测器和测量系统，除主要组成部分外，还有计算机、打印机等（图 3-64）。其中，X 射线发生装置，即X射线管产生X光；测角仪主要用于控制光路和样品的转动，记录入射、衍射线方向；X光探测器用于记录X光的强度。

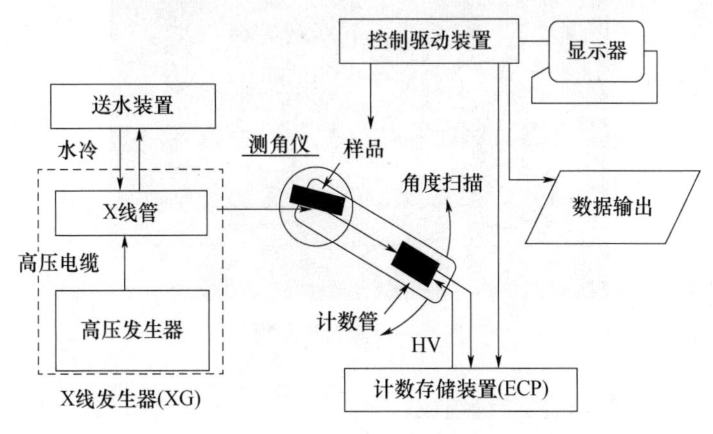

图 3-64 衍射仪结构示意

3.5.1 测角仪

测角仪是衍射仪的关键部件，它的调整与使用正确与否，将直接影响探测到的衍射花样的质量。也就是说，测角仪调整准确和使用得当，所探测到的衍射花样即衍射线的峰位、线形和强度是真实的，否则将引起失真。测角仪包含以下主要组成部分（图 3-65 和图 3-66）。

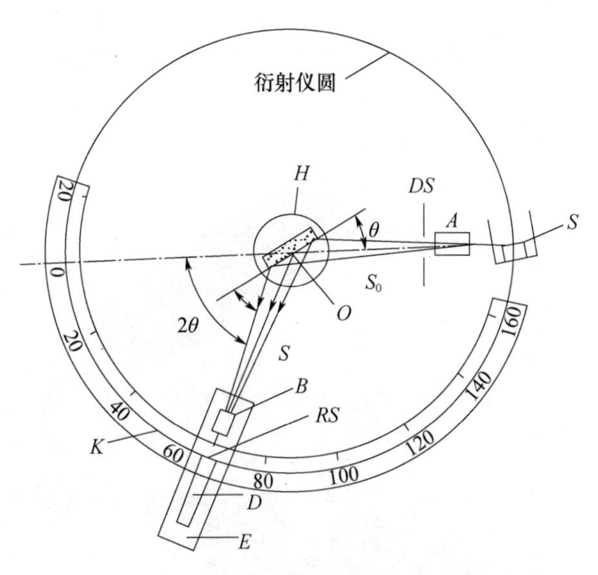

图 3-65 测角仪结构示意

样品台：用于放置样品，可以旋转，称为 θ 扫描。前后左右可以平移，用以调整位置。

探测器臂：放置探测器，可以转动，称为 2θ 扫描。

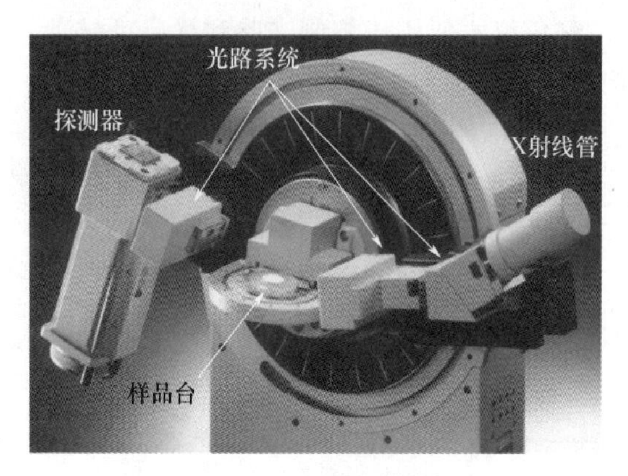

图 3-66　测角仪实物

光路系统：由狭缝和梭拉狭缝组成。

在探测器由低 θ 角到高 θ 角转动的过程中，将逐一探测和记录各条衍射线的位置（2θ 角度）和强度。探测器的扫描范围控制在 $-20°\sim165°$，可保证接收到所有衍射线。

工作时，入射线从 X 射线管焦点 S 发出，经入射光阑系统 A、DS 投射到试样表面产生衍射，衍射线经接收光阑系统 B、RS 进入探测器 D。过程中，探测器与试样同时转动，绝大多数衍射仪两者转动的角速度为 2∶1 的比例关系。设计 2∶1 的角速度比，目的是确保探测的衍射线与入射线始终保持 2θ 的关系，即入射线与衍射线以试样表面法线为对称轴，在两侧对称分布，这样辐射探测器接收到的衍射是那些与试样表面平行的晶面产生的衍射。

平板状粉末多晶样品安放在样品台 H 上，并保证试样被照射的表面与 O 轴线严格重合。当然，同样的晶面若不平行于试样表面，尽管也产生衍射，但衍射线进不了探测器，不能被接收（图 3-67）。

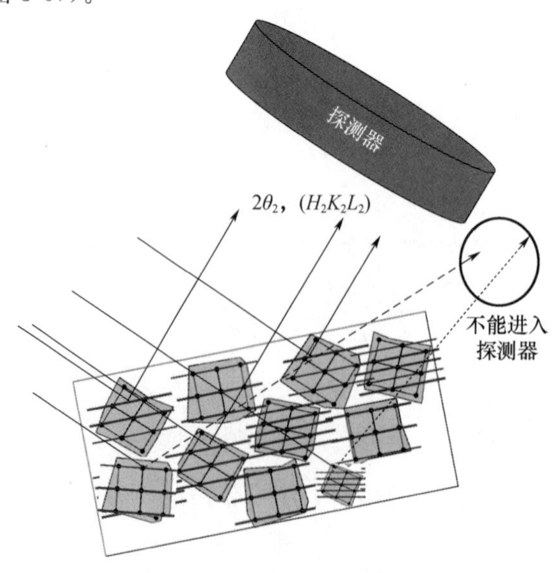

图 3-67　测角仪结构示意

X 射线源由 X 射线发生器产生，衍射仪通常使用线焦 X 射线（0.1mm×10mm），可以提高分辨率，其线状焦点位于测角仪周围位置上固定不动。在线状焦点 S 到试样 O 和试样产生的衍射线到探测器的光路上还安装有多个光阑以限制 X 射线的发散。线焦应与测角仪转动轴平行，而且线焦到衍射仪转动轴 O 的距离与轴到接收狭缝 RS 的距离相等，平板试样的表面必须经过测角仪的轴线。

按照这样的几何布置，当试样的转动角速度为探测器（接收狭缝）角速度的 1/2 时，无论在何角度，线焦点、试样和接收狭缝都在一个圆上，而且试样被照射面总与该圆相切，此圆则称为聚焦圆（图 3-68）。

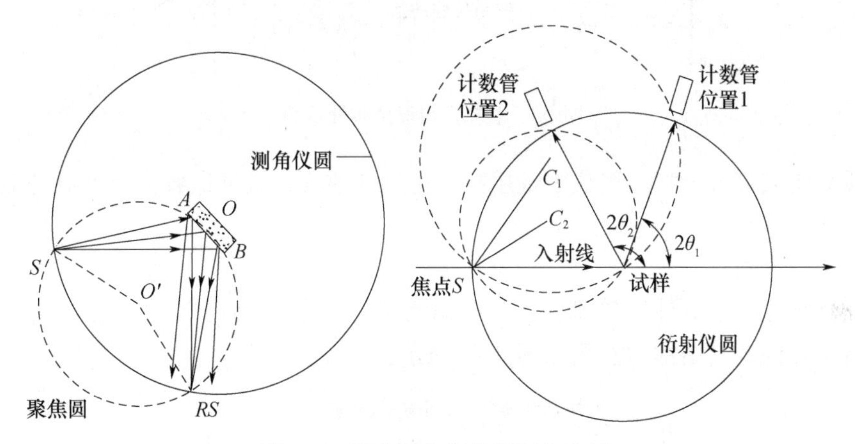

图 3-68　聚焦圆和测角仪聚焦几何

测角仪圆的半径 R 是固定不变的，聚焦圆半径 r 则是随 θ 的改变而变化的。当 $\theta\to 0°$，$r\to\infty$；$\theta\to 90°$，$r\to r_{\min}=R/2$。这说明衍射仪在工作过程中，聚焦圆半径 r 是随 θ 的增加而逐渐减小到 $R/2$，是时刻在变化的。

因为 S（线焦点）、RS（接收狭缝）是固定在测角仪圆同一圆周上的，若要 S、RS 同时又满足落在聚焦圆的圆周上，那么只有试样的曲率半径随 θ 角的变化而变化。这在实验中是难以做到的。

采用平面试样“半聚焦”方法衍射线不完全聚焦，出现宽化，特别是入射光束水平发散增大时，更为明显（仪器宽化）。入射线和衍射线还存在着垂直发散。在光路系统中，设置各种狭缝，以减少因辐射宽化和发散造成的测试误差。

狭缝由两个金属条之间的空隙构成，用于探测光在水平方向的光路，根据位置的不同，分别称为发散狭缝（样品台前）、防散射狭缝（探测器后）和接收狭缝（探测器前），主要参数为狭缝宽度，为 0.05～2.00mm（图 3-69）。索拉狭缝用于限制垂直方向的发散度，由一组平行的金属板组成（图 3-69）。其长度 L 和板间距离 d 决定发散角 α 的大小：$\alpha=d/L$。

3.5.2　辐射探测器

探测器是将 X 射线转换成电信号的部件，用于记录 X 光的光子数目（强度），是衍

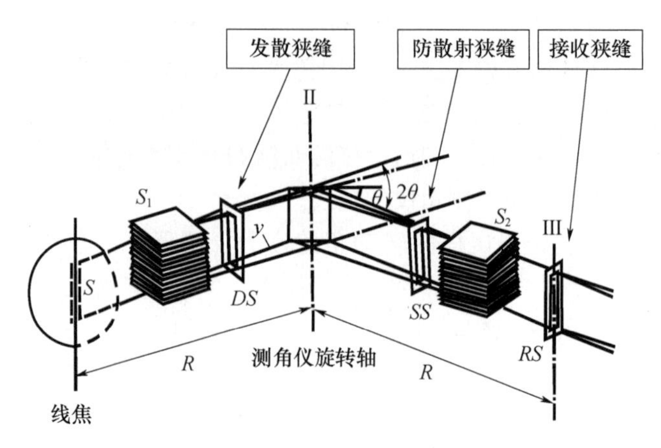

图 3-69　狭缝和索拉狭缝示意

射仪的重要组成部分。在衍射仪中常用的有正比计数管、盖革计数管、闪烁计数管和半导体硅（锂）探测器。

（1）充气计数管

正比计数管和盖革计数管都属于充气计数管，它们是利用 X 射线能使气体电离的特性进行工作的。其结构示意图如图 3-70 所示。

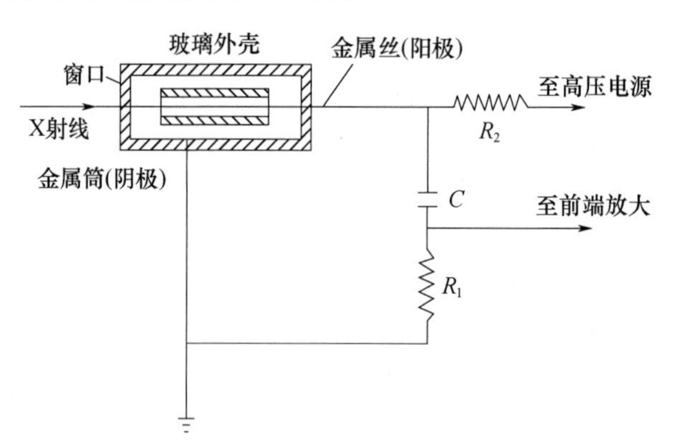

图 3-70　充气计数管结构示意

计数管是由金属圆筒（阴极）与位于圆筒轴线的金属丝（阳极，钨丝）组成。金属圆筒外用玻璃壳封装，内抽真空后再充稀薄的惰性气体——氩气（90%）和甲烷（10%），一端由对 X 射线高度透明的材料如铍或云母等做窗口接收 X 射线。

当阴阳极间加上稳定的 600～900V 直流高压，没有 X 射线进入窗口时，输出端没有电压；若有 X 射线从窗口进入，X 射线使惰性气体电离。气体离子向金属圆筒运动，电子则向阳极丝运动。由于阴阳极间的电压在 600～900V，圆筒中将产生“雪崩”现象，大量的电子涌向阳极，这时输出端就有电流输出，计数管可以检测到电压脉冲。

充气计数管能反映出 X 射线光子的能量大小，对 X 射线有鉴别作用，起到单色化作用。对荧光和其他无用的辐射起滤波作用，这是正比计数器的显著优点。

正比计数管反应极快，对两个连续到的光子（或两个连续的脉冲）的分辨时间为 10^{-6}s，其性能稳定，分辨率高，无计数损失。

（2）闪烁计数管

闪烁计数管是目前常用的一种计数管，是利用X射线作用在某些物质（如磷光晶体）上产生可见荧光，并通过光电倍增管来接收探测的辐射探测器。

由于可见的荧光量与X射线强度成正比，而输出电流（计数管输出电压）又与荧光量成正比，故而可用来测量X射线强度。

如图3-71所示，当X射线照射到用少量铊（含量0.5%）活化的碘化钠（NaI）晶体后，产生蓝色可见荧光。蓝色可见荧光透过玻璃照射到光敏阴极上产生光致电子。由于蓝色可见荧光很微弱，在光敏阴极上产生的电子数很少，只有6～7个。但是在光敏阴极后面设置了多个联极（可多达10个），每个联极递增100V正电压，光敏阴极发出的每个电子都可以在下一个联极产生同样多的电子增益，这样到最后联极出来的电子就可多达10^6～10^7个，从而产生足够高的电压脉冲。

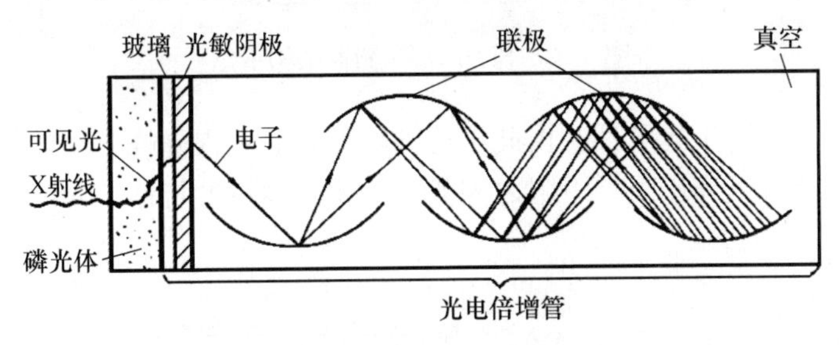

图3-71 闪烁计数管结构示意

（3）固体探测器

固体探测器的工作原理是：当X光子进入探测器时，由电离作用产生许多电子空穴对，所产生的电子空穴对的数目和光子的数量成正比。当在探测器上加500～900V电压时，它们分别被探测器的一对正负极所吸收，由此输出一个电信号，这个过程只需几分之一微秒的时间，所以，其计数速率相当高。

常用的固体探测器是Si（Li）探测器（锂漂移硅半导体探测器，如图3-72所示），当它与强的辐射源联用时，只需几十秒就可记录到一张可供识别的能谱曲线，所以，这个方法很适用于某些样品的动态研究，因而大大降低了对仪器稳定性的要求。为了减少热噪声，整个探测器和前置放大器应在液氮温度下工作。

3.5.3 计数测量电路

计数测量电路是保证辐射探测器能有最佳状态的输出电信号，并将其转变为能够直观读取或记录数值的电子学电路，由计数管、脉冲高度分析器、定标器和计数率计组成，如图3-73所示。由计数器出来的脉冲，首先经前置放大器做一级放大，倍率为10左右，输出信号为20～200mV，通过电缆线进入线性放大器，这是主放大器，可将输入脉冲放大到5～100V。

主放大器输出的齿形脉冲经过脉冲整形器变成1μm的矩形脉冲，输入脉冲高度分析器。脉冲高度分析器是利用计数器产生的脉冲高度与X射线光子能量成正比的原理

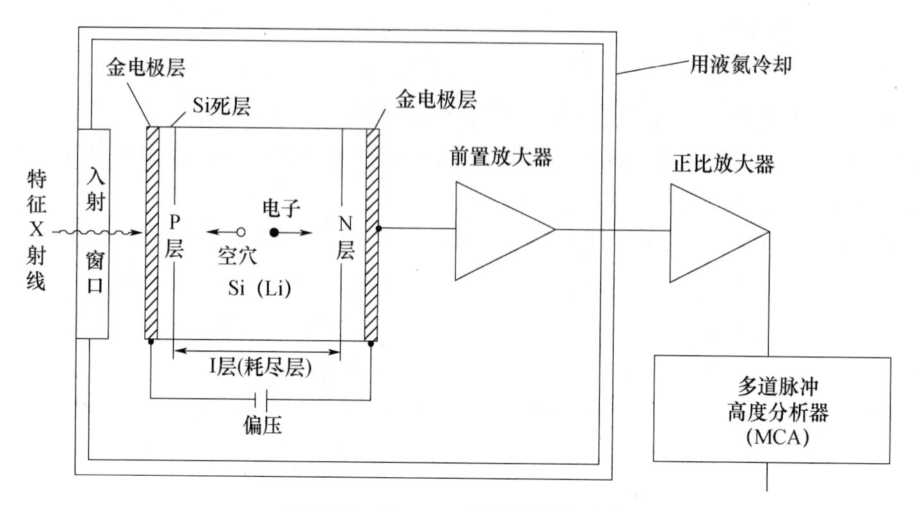

图 3-72 Si（Li）探测器结构示意

来辨别脉冲高度，剔除干扰脉冲，由此可达到降低背底和提高峰背比的作用。利用脉冲高度分析器只允许幅度介于上、下限之间的脉冲才能通过的特性，剔除干扰，进行脉冲选择。

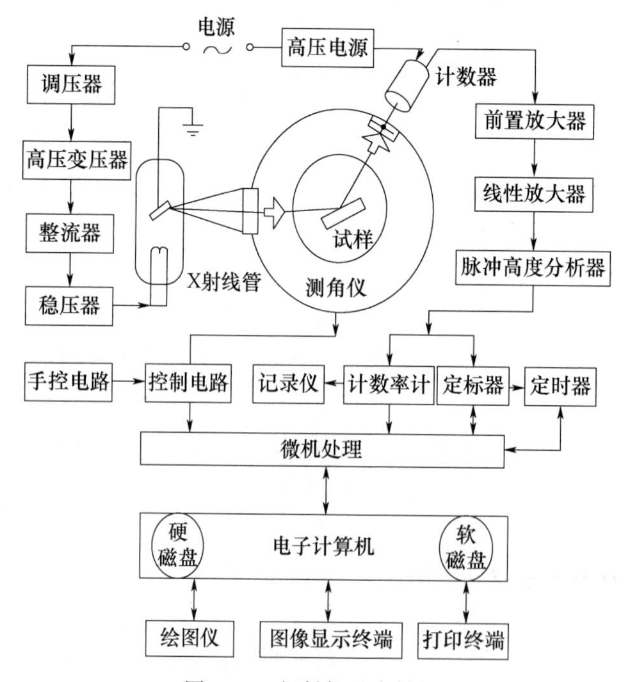

图 3-73 衍射仪基本结构

在一般 X 射线分析中，由脉冲高度分析器输出的脉冲直接输进计数率计。计数率计是一种能够连续测量平均脉冲计数速率的装置，它把一定时间间隔内输送来的脉冲累计起来并按时间平均，求得计数率（每秒脉冲数，它与衍射强度成正比），将单位时间内输入的平均脉冲数对 2θ 作图，得到 I（计数率）-2θ 衍射强度曲线（图 3-74），根据布拉格方程，横坐标也可以用 d 值表示。

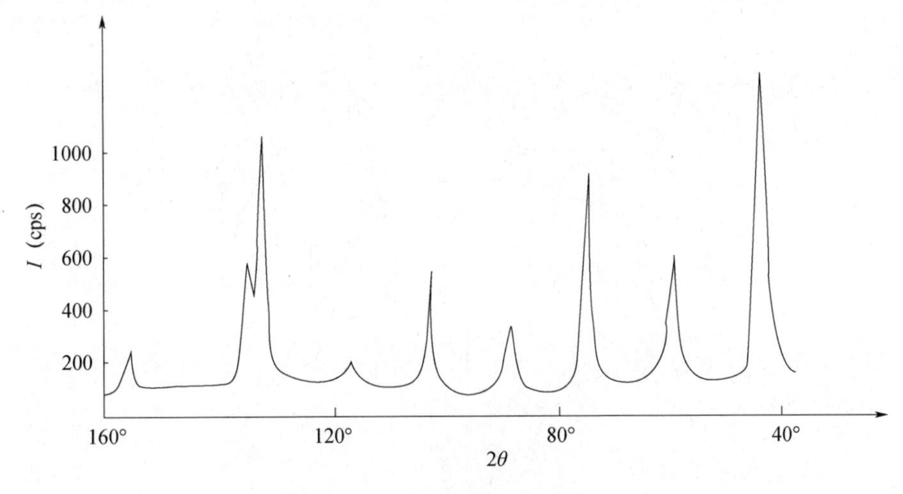

图 3-74 X射线衍射图谱

由脉冲高度分析器选出的脉冲也可输进定标器。定标器是对输入脉冲进行累计计数的电路，记录给定时间间隔内的脉冲数，并且用数码管显示，将衍射强度量化。

3.5.4 X射线单色器

在某些研究工作中，需要使用严格的单色射线。因此，需要把由X射线管产生的X射线谱中的连续射线和不需要的标识射线除掉，这样就需要采用单色器。滤波片虽然可以有效地减弱 K_β 射线的强度和波长较短的连续射线的强度，基本上能获得单色X射线——K_α 射线，但不是严格的单色射线。

一种经常采用的滤波装置是晶体单色器。

选一种已知晶体结构的单晶体，如水晶（SiO_2）、单晶硅（Si）等，切割成一个长方形板状，并要求晶体中的某一强衍射面［如水晶的（110）、硅的（111）等］平行于板的平面。然后将晶体弹性弯曲成圆弧状，曲率半径为 $2R$。再把晶体的内表面磨研成曲率半径为 R 的圆弧面（图 3-75）。以后称此晶体为分光晶体。将此晶体与X射线源 S 同放在一个圆周上（圆周半径为 R）。适当调整 S 点在圆周上的位置，使选定的衍射面产生衍射，衍射线必然聚焦在 S' 点上。此时的衍射线将是严格的单色射线。

这种聚焦式晶体单色器的优点是：入射X射线中某一波长的单色谱线（如 K_α）可以得到充分的利用；所获得的衍射线波长单一；同时来自分光晶体表面很大面积的衍射线全部聚焦在 S' 点上，其强度较大。利用这种单色器的聚焦点 S' 作为虚射线源，可以与衍射仪、德拜照相机、聚焦照相机联用。在衍射仪上使用晶体单色器一般将它放置在入射线光路上。

3.5.5 实验参数的选择

实验参数调整的目的是获得最大的衍射强度、最佳的分辨本领和正确的角读数。

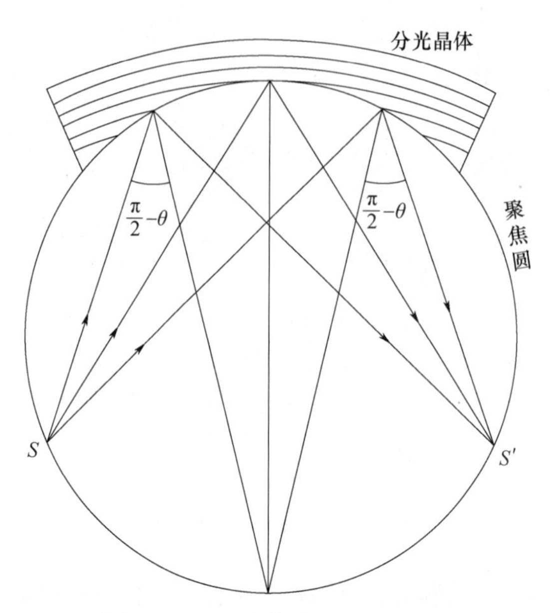

图 3-75　聚焦晶体单色器原理示意

（1）狭缝宽度

发散狭缝（Divergence Slit，DS）、接收狭缝（Receiving Slit，RS）和防散射狭缝（Scatter Slit，SS）的光阑宽度可以进行设置和调整。

发散狭缝光阑的选择：选择宽的狭缝可以获得高的 X 射线衍射强度，但分辨率会降低；若希望提高分辨率则应选择小的狭缝宽度。以入射线的投射面积不超出试样的工作表面为原则，以测量范围内 2θ 角最小的衍射峰为依据，物相分析一般为 1°或 0.5°。防散射狭缝选择与发散狭缝相同的光阑宽度。

接收狭缝光阑在衍射强度足够时，尽可能地选用较小的接收狭缝（0.2mm 或 0.4mm）。

（2）扫描模式（Scan Mode）

衍射仪扫描模式分为连续扫描和步进（阶梯）扫描两种。

连续扫描实验方法是使探测器以一定的角速度和试样以 2∶1 的关系在选定的角度范围内进行自动扫描，并将探测器的输出与计数率计连接，获得 I-2θ 衍射图谱，如图 3-76 所示，纵坐标通常表示每秒的脉冲数。从图谱中可以很方便地看出衍射线的峰位、线形和强度。连续扫描实验方法速度快、工作效率高，一般用于对样品的全扫描测量，对强度测量的精度要求不高，对峰位置的准确度和角分辨率要求也不太高，可选择较大的发散狭缝和接收狭缝，使计数器扫描速度较快，以节约实验时间。

步进扫描用于需要准确测量衍射线的峰形、峰位置和累积强度时，适于定量分析。工作时，把计数器固定在某角度处，以足够的时间测量脉冲数。脉冲数除以计数时间即为某角度的衍射角度，然后把计数器向衍射线移动很小的角度，重复上述操作，也就是探测器以一定的角度间隔（步长）逐步移动，对衍射峰强度进行逐点测量，获得如图 3-76 所示的衍射图谱。步进扫描法可以采用定时计数法或定数计数法。

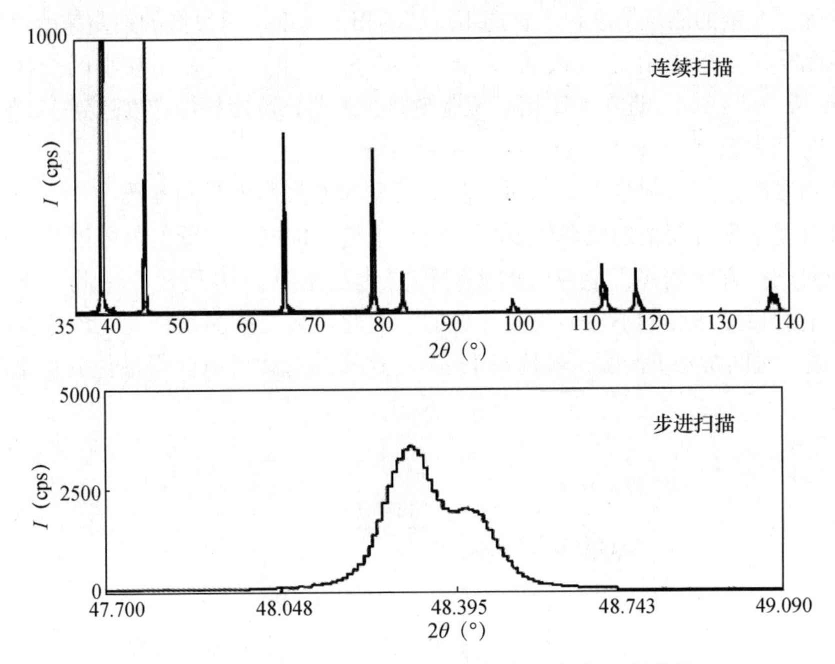

图 3-76　连续扫描和步进扫描获得的 X 射线衍射图谱

（3）扫描速度（Scan Speed）

扫描速度是指连续扫描时，探测器在测角仪圆周上均匀转动的角速度，以（°）/min 表示。采用连续扫描测量时，扫描速度对测量精度有较大的影响。随扫描速度的加快，会导致滞后效应的加剧，由此引起衍射峰高下降、线形向扫描方向拉宽，使峰形不对称、峰位向扫描方向偏移，分辨率下降，一些弱峰会被掩盖而丢失，如图 3-77 所示。

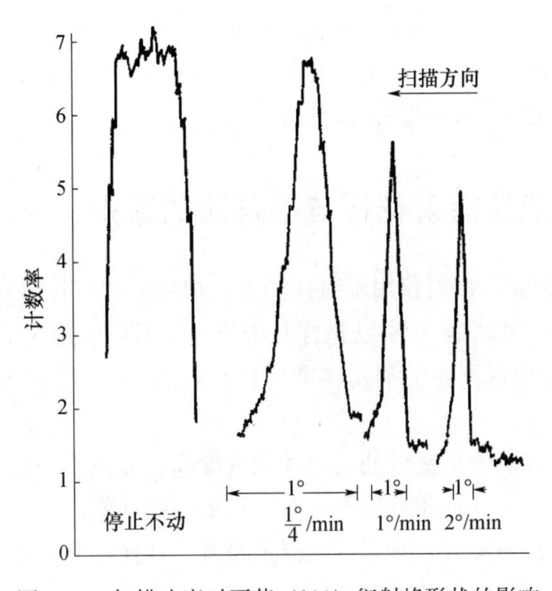

图 3-77　扫描速度对石英（100）衍射峰形状的影响

为了保证一定的测量精度，不宜选用过高的扫描速度，但过低的扫描速度也是不实际的。通常在物相分析中用 1°/min 或 2°/min；定量分析时，应采用较小的扫描速度，如 0.25°/min 或 0.5°/min。近年来采用了位置敏感探测器，可使扫描速度达到 120°/min。

(4) 时间常数（Time Constant，Preset Time）

连续扫描时，对衍射强度记录时间间隔长短的参数称为时间常数。

增大时间常数可使衍射峰轮廓及背底变得平滑，但同时降低衍射强度及分辨率，并使衍射峰向扫描方向偏移，造成峰的不对称宽化，如图 3-78 所示。由此看出，增大时间常数和增大扫描速度的不良后果是相似的。因此，要提高测量精度应该选择小的时间常数 R_C 值。时间常数 R_C 值一般选择 1～4s。这样的选择可以获得最佳分辨率的衍射线峰形。

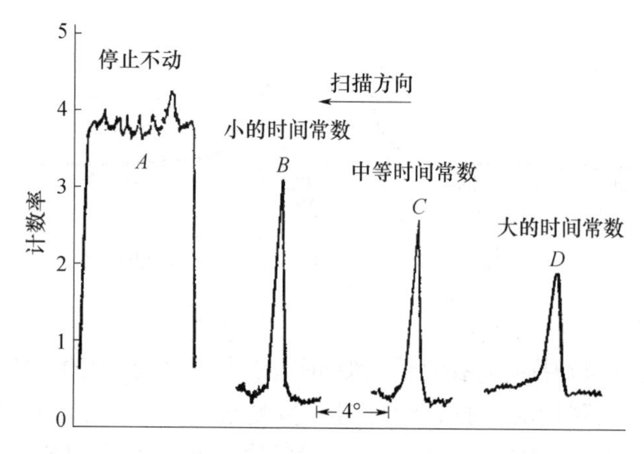

图 3-78　扫描速度对石英（112）衍射峰形状的影响

(5) 其他参数

步宽（Sampling Pitch）：扫描中计数器每步扫描的角度。

预置时间（Preset Time）：步进扫描中表示定标器一步之内的计数时间，起着与时间常数类似的作用，也有多种可供选择的方式。

3.5.6　衍射仪记录衍射花样与德拜法的区别

① 接收 X 射线方面，衍射仪用辐射探测器，德拜法用底片感光。

② 衍射仪试样是平板状，德拜法试样是细丝。衍射强度公式中的吸收项 μ 不同。

③ 衍射仪法中辐射探测器沿测角仪圆周转动，逐一接收衍射；德拜法中底片是同时接收衍射。

相比之下，衍射仪法使用更方便，自动化程度高，尤其是与计算机结合，使得衍射仪在强度测量、花样标定和物相分析等方面具有更好的性能。

在衍射仪上进行衍射实验，只有将仪器正确调节和使用时，才能发挥其优越性。以下几个条件是正确调整测角仪的必要条件。

① X 射线管的线焦表面、试样表面和接收狭缝表面（或它们轴）互相平行。

② 试样表面与测角仪轴相重合（相切）。在初始位置时，线焦斑的长方向、试样表面和接收狭缝的长方向应在一条直线上。

③ X射线的线焦点（或发射狭缝）的长轴与接收狭缝皆位于测角仪圆上。

当然，调节的方法对不同仪器来讲是不完全相同的，实际中要按仪器说明书要求进行。

3.6 X射线衍射技术的应用

3.6.1 物相分析

分析材料或物质的组成包括两个部分：一是确定材料的组成元素及其含量；二是确定这些元素的存在状态，即是什么物相。材料由哪些元素组成的分析工作可以通过化学分析、光谱分析、X射线荧光分析等方法来实现，这些工作称为成分分析。材料由哪些物相构成可以通过X射线衍射分析加以确定，这些工作称为物相分析或结构分析。

例如，对于钢铁材料（Fe-C合金），成分分析可以知道其中C的含量、合金元素的含量、杂质元素含量等。但这些元素的存在状态可以不同，如碳以石墨的物相形式存在形成的是灰口铸铁，若以元素形式存在于固溶体或化合物中则形成铁素体或渗碳体。Fe-C合金中究竟存在哪些物相则需要通过物相分析来确定。用X射线衍射分析可以帮助我们确定这些物相，进一步可以确定这些物相的相对含量。前者称为X射线物相定性分析，后者称为X射线物相定量分析。

3.6.1.1 物相的定性分析

（1）定性分析原理

X射线物相分析是以晶体结构为基础，通过比较晶体衍射花样来进行分析的。

对于晶体物质来说，各种物质都有自己特定的结构参数（点阵类型、晶胞大小、晶胞中原子或分子的数目、位置等），结构参数不同则X射线衍射花样也就各不相同，所以通过比较X射线衍射花样可区分出不同的物质。所以，X射线衍射图谱，就如同人的指纹一样，是每一种晶体物质的特征，是鉴别晶体物质的标志。

当多种物质同时衍射时，其衍射花样也是各种物质自身衍射花样的机械叠加。它们互不干扰，相互独立，逐一比较就可以在重叠的衍射花样中剥离出各自的衍射花样，分析标定后即可鉴别出各自物相。

目前已知的晶体物质有成千上万种。事先在一定的规范条件下对所有已知的晶体物质进行X射线衍射，获得一套所有晶体物质的标准X射线衍射花样图谱建立数据库。当对某种材料进行物相分析时，只要将实验结果与数据库中的标准衍射花样图谱进行比对，就可以确定材料的物相。这样，X射线衍射物相分析工作就变成了简单的图谱对照工作。

为了消除因采用不同入射线、波长对衍射线位置（2θ）的影响，可以将各衍射线的位置换算成衍射面面间距 $d=\lambda/(2\sin\theta)$。因此，实际中常用 d（晶面间距表征衍射线位置）和 I（衍射线相对强度）的数据代表衍射花样。用 d-I 数据作为定性相分析的基本判据。这样，物相的定性分析工作就成为比较待测试样与标准试样的 d 值和衍射线积累强度的工作了。定性相分析方法是将由试样测得的 d-I 数据组与已知结构物质的标准 d-I 数据组（PDF 卡片）进行对比，以鉴定出试样中存在的物相。

（2）PDF 卡片

1938 年，Hanawalt 提出并公布了上千种物质的 X 射线衍射花样，并将其分类，给出每种物质 3 条最强线的面间距索引（称为 Hanawalt 索引）。

1941 年，美国材料实验协会（The American Society for Testing Materials，ASTM）提出推广，将每种物质的面间距 d 和相对强度 I/I_1 及其他一些数据以卡片形式出版（称 ASTM 卡），公布了 1300 种物质的衍射数据。以后，ASTM 卡片逐年增添。

1969 年起，由 ASTM 和英、法、加拿大等国家的有关协会组成的国际机构——“粉末衍射标准联合委员会”，负责卡片的搜集、校订和编辑工作，所以，以后的卡片称为粉末衍射卡（the Powder Diffraction File），简称 PDF 卡，或称 JCPDS 卡（the Joint Committee on Powder Diffraction Standarda），专门用于晶体的物相分析。物相分析就是与这些卡片相比较，定性地确定待测试样的相组成。

图 3-79 所示为一般的纸质版 PDF 卡片，卡片中各栏的内容及各种缩写符号的意义说明如下。

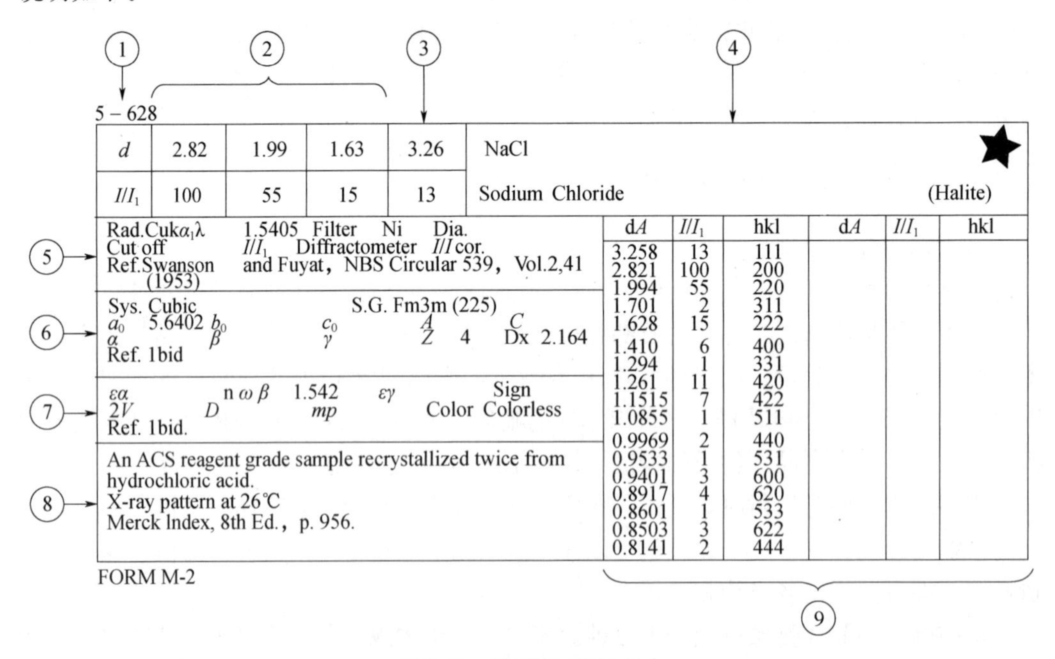

dA	I/I1	hkl	dA	I/I1	hkl
3.258	13	111			
2.821	100	200			
1.994	55	220			
1.701	2	311			
1.628	15	222			
1.410	6	400			
1.294	1	331			
1.261	11	420			
1.1515	7	422			
1.0855	1	511			
0.9969	2	440			
0.9533	1	531			
0.9401	3	600			
0.8917	4	620			
0.8601	1	533			
0.8503	3	622			
0.8141	2	444			

图 3-79 纸质版 PDF 卡片

① 栏：卡片序号。通常分为两个部分，中间加一连字符。前一部分为 1～2 位数字，表示卡片的组别；后一部分由 1～4 位数字组成，为卡片在本组内的编号。

② 栏：上面一行从左向右依次是最强、次强、再次强三强线的面间距。下面一行从左向右依次分别列出上述各线条以最强线强度（I_1）为100时的相对强度 I/I_1。

③ 栏：上栏是试样的最大面间距，下栏是面间距最大的晶面的衍射线条相对强度 I/I_1。

④ 栏：物质的化学式及英文名称，有机物则为结构式。右上角的符号标记表示：★—数据高度可靠；i—已指标化和估计强度，但可靠性不如前者；O—可靠性较差；C—衍射数据来自理论计算。在化学式后常有数字及大写字母，其数字表示晶胞中的基点原子数目；英文字母（并在其下给一横线）表示布拉维点阵类型，各字母代表的点阵类型是如下。

C—简单立方；B—体心立方；F—面心立方；T—简单四方；U—体心四方；H—简单六方；O—简单正交；P—体心正交；Q—底心正交；S—面心正交；R—简单菱形；M—简单单斜；N—底心单斜；Z—简单三斜。

⑤ 栏：摄照时的实验条件。Rad.—辐射种类（如Cu Kα）；λ—波长；Filter—滤波片；Dia.—相机直径；Cut off—相机或测角仪能测得的最大面间距；Coll—光阑尺寸；I/I_1—衍射强度的测量方法；dcorr. abs.—所测值是否经过吸收校正；Ref—参考资料。

⑥ 栏：物质的晶体学数据。Sys.—晶系；S. G—空间群；a_0、b_0、c_0，α、β、γ—晶胞参数；$A=a_0/b_0$，$C=c_0/b_0$；Z—晶胞中原子或分子的数目；Ref—参考资料。

⑦ 栏：光学性质数据。$\alpha\varepsilon$、$n\beta\omega$、$\gamma\varepsilon$—折射率；Sign—光性正负；$2V$—光轴夹角；D—密度；mp—熔点；Color—颜色；Ref—参考资料。

⑧ 栏：试样来源、制备方式、摄照温度等数据。

⑨ 栏：面间距、相对强度及密勒指数。

每一已测过的晶体物质都有一张卡片，但由于测定条件所限，每一张卡片并不一定包含上述所介绍的所有信息。现已出版的卡片约16.4万张（包括纸质版、光盘版及电子卡片）。

现在，采用比较多的是电子卡片形式。与纸质版和光盘版卡片相比，电子卡片内容上有所变化，增加了物相的理想化衍射图谱，删除了光学和其他物理性质，补充了品质因数等参数，如图3-80所示。下面对变化部分的内容进行介绍。

CAS Number：代表化学文摘服务社对此卡片的编号。

Dx和Dm：分别代表利用X射线法测量的密度和常规方法测量的密度。

SS/FOM：品质因数，表明所测晶面间距的完善性和精密度。

I/I_{cor}：粗略的量化计算时用到的标准物与标样（cor，指刚玉corundum）的强度比值，即为该物相的 K 值，在一些软件中写为RIR。不是所有的物相都会出现此项。

d-sp：测定面间距所用方法或仪器，如X射线衍射仪或纪尼叶相机。

（3）卡片索引

在实际的X射线物相分析工作中，通过比对方法从浩瀚的物质海洋中鉴别出实验物质的物相绝非易事。为了从几万张卡片中快速找到所需卡片，必须使用索引书。目前所使用的索引有以下两种编排方式。

1）数字索引

Hanawalt数字索引是将已经测定的所有物质的3条最强线的 d_1 值按从大到小的顺序分组排列，共分45组。

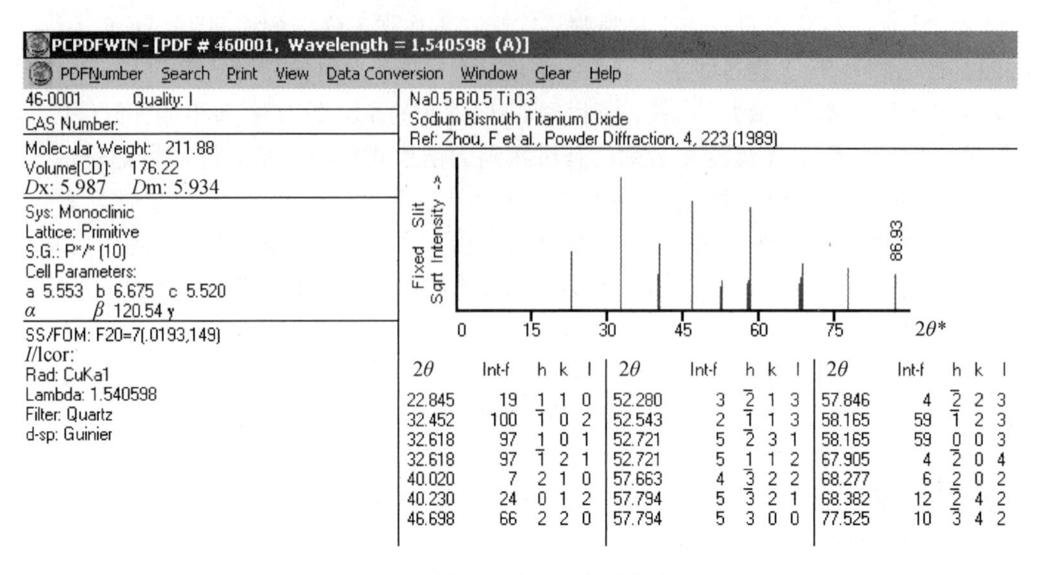

图 3-80　PDF 电子卡片

在每组内则按次强线的面间距 d_2 减小的顺序排列。考虑到影响强度的因素比较复杂，为了减少因强度测量的差异而带来的查找困难，索引中将每种物质列出 3 次，一次将三强线以 $d_1\ d_2\ d_3$ 的顺序列出，然后又在索引书的其他地方以 $d_2\ d_3\ d_1$ 和 $d_3\ d_1\ d_2$ 的顺序再次列出。

每条索引包括衍射花样中 8 条强线的面间距和相对强度，按相对强度递减顺序列在前面，随后依次排列化学式、卡片编号。相对强度是用下标的形式给出的，以最强线的强度为 10 记为 x，其他则四舍五入为整数。

当被测物质的化学成分和名称完全未知时，可利用此索引。

2）字母索引

在知道被测物的化学成分或被测物中可能出现的相的情况下，利用字母索引能迅速地检索出各可能相的卡片，使分析工作大为简化。

字母索引是按物质的英文名称的首字母的顺序编排的。在索引中每一物质的名称占一行，其顺序是：名称、化学式、三强线晶面间距、卡片顺序号和显微检索顺序号（1972 年的索引中才有显微检索顺序号）。

字母索引由化学名称索引和矿物名称索引两个部分组成。无论按物质的化学名称或矿物名称，均可查出卡片编号。

（4）物相定性分析的方法

如待分析试样为单相，在物相未知的情况下可用 Hanawalt 数字索引进行分析。用数字索引进行物相鉴定的步骤如下：

① 根据待测相的衍射数据，得出三强线的晶面间距值 d_1、d_2 和 d_3（并估计它们的误差）。

② 根据最强线的晶面间距 d_1，在数字索引中找到所属的组，再根据 d_2 和 d_3 找到其中的一行。

③ 比较此行中的3条线，看其相对强度是否与被测物质的三强线基本一致（误差范围内）。如 d 和 I/I_1 都基本一致，则可初步断定未知物质中含有卡片所载的这种物质。

④ 根据索引中查找的卡片号，从卡片盒中找到所需的卡片。

⑤ 将卡片上全部 d 和 I/I_1 与未知物质的 d 和 I/I_1 对比，如果完全吻合，则卡片上记载的物质就是要鉴定的未知物质。

当待分析样为多相混合物时，根据混合物的衍射花样为各相衍射花样的叠加，也可对物相逐一进行鉴定，但程序比较复杂。具体过程为：用尝试的办法进行物相鉴定：先取三强线尝试，吻合则可定；不吻合则从谱中换一根（或两根）线再尝试，直至吻合；对照卡片去掉已吻合的线条（即标定一相），剩余线条归一化后再尝试鉴定。直至所有线条都标定完毕。

（5）物相定性分析举例

1）单相物质的分析

利用PDF卡片分析单相物质是很方便的。例如，有一个试样，根据其衍射谱计算出的有关数据如表3-10左侧所示。从中选出3条最强线，并接强度递减顺序排列，其面间距将是：线条1，$d_1=2.09\text{Å}$，$I_1/I_1=100$；线条2，$d_2=1.80\text{Å}$，$I_2/I_1=50$；线条3，$d_3=1.28\text{Å}$，$I_3/I_1=20$（或线条4，$d_3=1.08\text{Å}$，$I_3/I_1=20$）。根据 d_1 值查对PDF卡片索引中的 $d=2.09-2.05\text{Å}$ 那一组，并在此组中查找 d_2、d_3 所在的行。最后可以查得，与以上数据最为接近的卡片编号是4-0836。找出此卡片，与实验数据一一比较，所得结果极为接近，如表3-10右侧数据，所以确认待测物质为纯铜。

表3-10 单相物质测试数据及对应卡片

线条	待测试样		卡片4-0836Cu	
	d（Å）	I（I_1）	d（Å）	I（I_1）
1	2.09	100	2.088	100
2	1.80	50	1.808	46
3	1.28	20	1.278	20
4	1.08	20	1.0900	17
5	1.04	5	1.0436	5
6	0.94	5	0.9038	3
7	0.85	10	0.8293	9
8	0.81	10	0.8083	8

2）多相物质的分析

利用PDF卡片分析多相物质相对要困难一些。如果能有其他实验结果作为旁证材料，将大大减少分析的难度。

某次实验从衍射谱上计算出来的结果如表3-11左侧所示。从表中数据可看出，应当选择 $d_1=2.03\text{Å}$（线号3），$d_2=2.40\text{Å}$（线号1），$d_3=2.09\text{Å}$（线号2）。根据 d_l 值，查找索引中2.04－2.00Å组。但在此组中查不到 d_2、d_3 的数据。这就说明，选择以上 3 条线作为查找依据是不充分的，试样可能是多相物质。根据这一分析，仔细在 2.04-2.00Å 组中查找，查得一组数据，$d_1=2.034$Å、$d_2=1.76$Å、$d_3=1.246$Å 与实验数据中的线号 3、线号 4、线号 7 很符合。找出此卡片（4-0850）。比较卡片上的第⑨栏数据（表 3-11 中间的数据）与实验数据，可以得到实验数据中线号 3、4、7、9、10、13、14 的数据与卡片上的完全符合，只有一个数据（$d=0.8810$Å，$I/I_1=4$）在实验数据中没有。这可能是因其强度较低，在实验中未被记录下来。根据以上分析，即可以确认试样为多相材料，其中一个相就是卡片 4-0850 所标明的材料——纯镍（Ni）。

显然，从实验数据中把属于 Ni 相的数据除掉后的剩余数据应当属于另外一些相，应当按上面的方法继续查找。去除 Ni 相后的衍射线的相对强度最高只有 50。为了查对方便，需对剩余线条进行强度归一化处理，即将所剩余数据的强度值均乘以 2，使其中最强线的相对积累强度仍以 100 表示。再以 3 条最强线的 d 值 $d_1=2.40$Å、$d_2=2.09$Å（这两条线可以互换）、$d_3=1.47$Å，查找 PDF 卡片索引，得到卡片 4-0835（NiO）上的数据（表 3-11 右侧数据）与实验数据相符合，只是其中几条强度较低的衍射线在实验中未能记录下来（因在试样中 NiO 的含量较低）。

表 3-11　多相物质测试数据及对应卡片

线号	实验数据		卡片 4-0850Ni		片卡 4-0835NiO	
	d（Å）	I（I_1）	d（Å）	I（I_1）	d（Å）	I（I_1）
1	2.40	50	—	—	2.410	91
2	2.09	50	—	—	2.088	100
3	2.03	100	2.034	100	—	—
4	1.75	40	1.762	42	—	—
5	1.47	30	—	—	1.476	57
6	1.26	10	—	—	1.259	16
7	1.25	20	1.246	21	—	—
8	1.20	10	—	—	1.206	13
9	1.06	20	1.0624	20	—	—
10	1.02	10	1.0172	7	1.0441	8
11	0.92	10	0.8810	4	0.9582 0.9338	7 21
12	0.85	10	—	—	0.8527	17
13	0.81	20	0.8084	14	—	—
14	0.79	20	0.7880	15	0.8040	7

从以上查对结果可以确认，试样为两相材料，由 Ni 和 NiO 组成。

（6）定性分析的注意事项

从经验上看，d 值的数据比相对强度的数据重要。待测物相的衍射数据与卡片上的衍射数据进行比较时，至少 d 值须相当符合，一般只能在小数点后第 2 位有分歧（以埃米为单位时）。

低角度的衍射数据比高角度区域的数据重要。因为在低角度区域，衍射所对应 d 值较大的晶面，不同晶体差别较大，衍射线相互重叠机会较小。

利用 PDF 卡片进行相分析是很方便的，不需要烦琐的计算。理论上讲，只要 PDF 卡片足够全，任何未知物质都可以标定。但是实际上会出现很多困难。主要是试样衍射花样的误差和卡片的误差，例如，晶体存在择优取向时会使某根线条的强度异常强或弱，强度异常还会来自表面氧化物、硫化物的影响等。

PDF 卡片是总结、编辑、出版的前人工作，因此对于探索性的、新的未知相的分析是无能为力的，也是根本不可能的。

了解试样的来源，化学成分和物理特性对于做出正确的结论有帮助。尽量将 X 射线物相分析法与其他相分析法结合，利用偏光、电子显微镜等手段进行配合；要确定试样中含量较少的相时，可用物理方法或化学方法进行富集浓缩。

对于成分不固定的材料，如固溶体型化合物，是没有卡片的。因成分不同，点阵结构、晶体结构都有变化，不能用一张卡片来表示这种材料。

分析多相试样时，经常会遇到不同相的衍射线相重合的情况，这就给选择线条及分析结果造成了很大困难。多相混合物的衍射线条有可能有重叠现象，倘若一种相的某根衍射线条与另一相的某根衍射线重叠，而且重叠的线条又为衍射花样中的三强线之一，则分析工作就更为复杂。当混合物中某相的含量很少时，或某相各晶面反射能力很弱时，它的衍射线条可能难以显现，在这种情况下，必须要有充分的旁证材料，才能获得满意的结果。在物相为 3 相以上时，人工检索并非易事，此时利用计算机是行之有效的。

因此，X 射线衍射分析只能肯定某相的存在，而不能确定某相的不存在。

卡片本身是实测的结果，它本身就含有一定的误差。而对待测试样的实验工作也含有一定的误差，并且，在实测中的条件不可能与制造卡片时的实测条件完全相同。因此，在比较这两组数据时，可能会有较大的差别而得不到正确的判断结果。

在核对卡片时，衍射线条一般应当不少于 8 条。否则，可供比较的数据太少，难以得到正确的结果。比较数据 d 时，应当控制得严格一些，二者的误差最好不要超过 2%；而比较衍射线强度时，就可以放宽要求。

粉末衍射卡片确实是一部很完备的衍射数据资料，可以作为物相鉴定的依据，但由于资料来源不一，而且并不是所有资料都经过核对，因此存在不少错误。美国标准局（NBS）对卡片陆续进行校正，发行了更正的新卡片。所以，不同字头的同一物质卡片应以发行较晚的大字头卡片为准。

3.6.1.2 物相的定量分析

X 射线物相定量分析，就是用 X 射线衍射方法测定混合物各相的质量百分含量。

（1）定量分析原理

其原理是：在多相材料中，某一相的衍射谱中各衍射线的累积强度的值取决于该相在混合物中的体积浓度。也就是混合物中每一种物相的百分含量与其衍射强度成正比，各物相的衍射线强度随着该相含量增加而增高。衍射线的累积强度与浓度的关系，一般来说不是线性关系。因为衍射强度显著地取决于混合物的吸收特性，而吸收特性又与混合物中各相的浓度有关，但由于各物相的吸收系数 μ 不同，因此对 X 射线的吸收强度也不同，所以衍射线强度并不严格地正比于物相含量。因而无论哪种 X 射线定量相分析方法，都需要加以修正。

德拜法中由于吸收因子与 2θ 角有关，而衍射仪法的吸收因子与 2θ 角无关，所以 X 射线物相定量分析常常是用衍射仪法进行。

在第 3.3 节中推导出了衍射线累积强度的式（3-82）：

$$I_{HKL}=I_0\frac{\lambda^3}{32\pi R}\left(\frac{e^2}{mc^2}\right)^2\frac{V}{V_0^{\ 2}}P_{HKL}|F_{HKL}|^2\varphi(\theta)A(\theta)e^{-2M} \tag{3-82}$$

对于衍射仪法，一般采用平板状试样，吸收因子 $A(\theta)=\frac{1}{2\mu}$（μ 为线吸收系数），带入上面的公式，累计强度计算公式可以写为：

$$I_{HKL}=I_0\frac{\lambda^3}{32\pi R}\left(\frac{e^2}{mc^2}\right)^2\frac{V}{V_0^{\ 2}}P_{HKL}|F_{HKL}|^2\varphi(\theta)e^{-2M}\frac{1}{2\mu} \tag{3-83}$$

若多相混合试样中含有 n 个物相，第 j 个物相的体积分数为 v_j，其线吸收系数为 μ_j，则有：

$$v_1+v_2+\cdots+v_j\cdots+v_n=1$$
$$\mu=\mu_1+\mu_2+\cdots+\mu_j\cdots+\mu_n$$

累积强度计算公式可以写为：

$$I=I_0\frac{\lambda^3}{32\pi R}\left(\frac{e^2}{mc^2}\right)^2\frac{(v_1+v_2+\cdots+v_n)V}{V_0^{\ 2}}P_{HKL}|F_{HKL}|^2$$
$$\varphi(\theta)e^{-2M}\frac{1}{2(\mu_1v_1+\mu_2v_2+\cdots+\mu_nv_n)} \tag{3-84}$$

则第 j 相的（HKL）衍射面累积强度为：

$$I_{HKL}=I_0\frac{\lambda^3}{32\pi R}\left(\frac{e^2}{mc^2}\right)^2\frac{v_jV}{V_0^{\ 2}}P_{HKL}|F_{HKL}|^2\varphi(\theta)e^{-2M}\frac{1}{2(\mu_1v_1+\mu_2v_2+\cdots+\mu_nv_n)} \tag{3-85}$$

若令 $C=I_0\frac{e^4}{m^2c^4}\frac{\lambda^3}{32\pi R}V$，$K_j=\frac{F_j^{\ 2}P_j}{V_0^{\ 2}}\frac{1+\cos^2 2\theta}{\sin^2\theta\cos\theta}\frac{e^{-2M}}{2}$ $\left[角因子\ \varphi(\theta)=\frac{1+\cos^2 2\theta}{\sin^2\theta\cos\theta}\right]$则第 j 相累积强度可写为：

$$I_j=Iv_j=CK_j\frac{v_j}{\mu} \tag{3-86}$$

上面推导中，C 是一个只与入射光束强度 I_0、入射线波长 λ、衍射仪圆半径 R 及受照射的试样体积 V 等仪器实验条件有关的常数。

K_j 只与第 j 相的结构及实验参数有关，当该相的结构及实验参数条件已知后，它为常数，并可计算出来（强度因子）。

在实际中，经常需要计算的是第 j 相的质量百分含量（质量分数），可用质量百分数代替体积百分数，得到定量分析的基本公式：

$$v_j=\frac{V_j}{V}=\frac{1}{V}\frac{W_j}{\rho_j}=\frac{W\omega_j}{V\rho_j}=\rho\frac{\omega_j}{\rho_j} \tag{3-87}$$

$$\mu = \mu_m \rho = \rho \sum_{j=1}^{n} (\mu_m)_j \omega_j \tag{3-88}$$

$$I_j = CK_j \frac{v_j}{\mu} = CK_j \frac{\dfrac{\omega_j}{\rho_j}}{\sum\limits_{j=1}^{n} (\mu_m)_j \omega_j} = CK_j \frac{\dfrac{\omega_j}{\rho_j}}{\mu_m} \tag{3-89}$$

式（3-89）直接将第 j 相某衍射面衍射线强度和该相质量分数联系起来，是定量分析的基本公式。上面推导中，各参数意义如下。

混合物试样：密度 ρ、质量吸收系数 μ_m、混合物的质量 W 和体积 V。

混合物试样中第 j 相：密度 ρ_j、质量吸收系数（μ_m）$_j$、第 j 相的质量 W_j 和体积 V_j。

v_j：第 j 相的体积百分数。

ω_i：第 i 相的质量百分数。

定量分析基本公式中含有混合物质量吸收系数 μ_m，这是引起基体效应，造成衍射线强度不严格地正比于物相含量的主要因素，因此，需要采取一些方法消除基体效应（μ_m），才能获得比较准确的定量分析结果。常用的方法有内标法、K 值法、绝热法等。

（2）内标法

当试样中所含物相数 $n>2$，而且各相的质量吸收系数又不相同时，常需往试样中加入某种标准物质（称为内标物质）来帮助分析，这种方法统称为内标法。这种方法是在被测的粉末试样中加入一种含量恒定的标准物质制成复合试样，然后通过测量复合试样中待测相的某一条衍射线强度与内标物质某一条衍射线强度之比，来测定待测相的含量。

若多相混合试样中含有 n 个物相，第 j 个物相的质量为 W_j，则混合物的质量 $W = \sum\limits_{j=1}^{n} W_j$ 。现外加一质量为 W_s 的内标物质，形成复合试样，则

$$\omega_j' = \frac{W_j}{W+W_s} = \frac{W_j}{W}\left(1-\frac{W_s}{W+W_s}\right) = \omega_j\ (1-\omega_s) \tag{3-90}$$

式中，ω_j 表示待测的第 j 相在原试样中的质量百分数；ω_j' 表示待测的第 j 相在混入内标物质 S 后形成的复合试样中的质量百分数；ω_s 表示标准物质在它混入后的试样中的质量百分数。

对复合试样进行 X 射线衍射实验，分别测得第 j 相和内标物质 S 相的衍射线强度为：

$$I_j' = CK_j \frac{\omega_j'/\rho_j}{[\mu_m \omega' + \omega_s (\mu_m)_s]} \tag{3-91}$$

$$I_s = CK_s \frac{\omega_s/\rho_s}{[\mu_m \omega' + \omega_s (\mu_m)_s]} \tag{3-92}$$

$$\frac{I_j'}{I_s} = \frac{K_j}{K_s} \cdot \frac{\omega_j' \rho_s}{\omega_s \rho_j} = \frac{K_j}{K_s} \cdot \frac{(1-\omega_s)\ \rho_s}{\omega_s \rho_j} \omega_j \tag{3-93}$$

式中，I_j' 为第 j 相复合试样中的衍射线强度，$\omega' =$（$1-\omega_s$）。强度比值的式中不含 μ_m

项，说明通过内标物质的加入，可以消除基体效应的影响。

令 $k=\dfrac{K_j}{K_s}\cdot\dfrac{\rho_s}{\rho_j}\cdot\dfrac{(1-\omega_s)}{\omega_s}$，则有：

$$\frac{I_j'}{I_s}=k\omega_j \tag{3-94}$$

式（3-94）为内标法的基本公式。

在实验测试过程中，由于常数 k 难以用计算方法获得，因此，实际操作过程中采用定标曲线，再进行分析。通常采用配制一系列的标样，即包含不同质量分数的 j 相与恒定质量分数的内标相 S 的试样，用 X 射线衍射仪测定，做出 ω_j 的 I_j/I_s 关系曲线（定标曲线）。在分析未知样品中的第 j 相含量时，只要对试样加入相同百分比的内标物质，然后测量出相同线条的强度比 I_j/I_s，查对定标曲线即可确定未知样品中第 j 相的质量。必须注意，在制作定标曲线与分析未知样品时，内标物质的质量百分数 ω_s 应保持恒定，通常取 ω_s 为 0.2 左右。而测量强度所选用的衍射线，应选取内标物质及第 j 相中衍射角相近、衍射强度也比较接近的衍射线，并且这两条衍射线应该不受其他衍射线的干扰，否则情况将变得更加复杂化，影响分析精度的提高。对于一定的分析对象，我们在选取何种物质作为内标物质时，必须考虑到这些问题。除此之外，内标物质必须化学性能稳定、不氧化、不吸水、不受研磨影响、衍射线数目适中且分布均匀。

内标法定量分析举例如图 3-81 所示。要测定某混合物中 j 相含量，内标物质选用 S，设定 S 的质量分数为 20%，现需做定标曲线。

	j	C	S	I_j''/I_s	k	ω_j''
百分含量(%)	8	72	20	测定		8,已知
	16	64	20	测定		16,已知
	24	56	20	测定		24,已知
	32	48	20	测定		32,已知
	40	40	20	测定		40,已知
	48	32	20	测定		48,已知
	56	24	20	测定		56,已知
	64	16	20	测定		64,已知
	72	8	20	测定		72,已知
	80	0	20	测定		80,已知

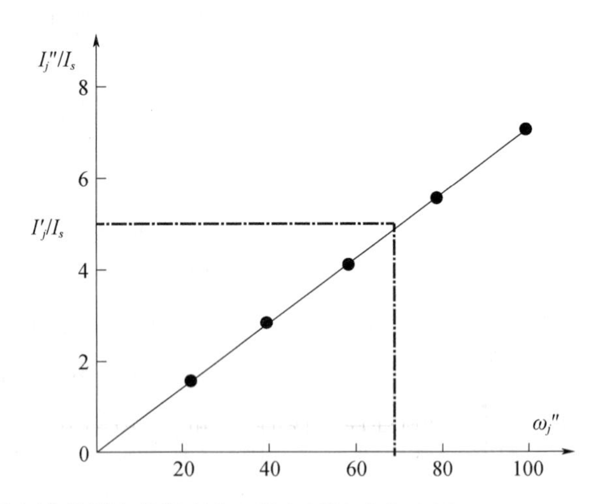

图 3-81　内标法定量分析举例（做定标曲线测定的强度和含量上标用“″”表示）

步骤如下：

① 以纯 j 相和 C 相配制混合物 80g，A 相含量分别为 10%，20%，30%，40%，…，90%。

② 给上述各混合物中加入 20g S 相，即 S 相在上述各混合物中质量分数固定，为 20%。

③ 对上述各混合物做 XRD，求出不同 j 相含量 ω_j 的混合物中 I''_j/I_s，做曲线，求出斜率 k。

k 值求出后，带入 $\frac{I'_j}{I_s}=k\omega_j$ 中，根据混入内标物质后形成的复合试样的第 j 相和 S 相衍射线的强度比 $\frac{I'_j}{I_s}$，即可计算出待测混合试样中第 j 相的质量分数 ω_j。

（3）K 值法

内标法的缺点是常数 k 与标准物质的掺入量 ω_s 有关，钟（F. H. Chung）对内标法做了改进，消除了这一缺点，K 值法中，由于计算和测量的是待测相与内标物质的某衍射线的强度，使得基体所产生的影响在求强度比的过程中被抵消了，或者说是被冲洗掉了，反映在公式中与基体因素元关，因此，内标物质又称冲洗剂，K 值法又称基体冲洗法，现在多称为 K 值法。K 值法实际上也是内标法的一种，它与传统的内标法相比，不用绘制定标曲线，而是通过内标方法直接求出 K 值，内标物质的加入量可以任意选取，因而免去了许多繁重的实验，已逐渐取代了内标法。K 值具有常数意义，只要待测相、内标物质、实验条件相同，无论待测相的含量如何变化，都可以使用一个精确测定的 K 值。

K 值法的基本公式由内标法基本公式推导而来。若多相混合试样中含有 n 个物相，现外加一质量为 W_S 的内标物质，形成复合试样，则复合试样中第 j 相和 S 相衍射线的强度比为：

$$\frac{I'_j}{I_s}=\frac{K_j}{K_s}\cdot\frac{(1-\omega_s)\ \rho_s}{\omega_s\rho_j}\omega_j=\frac{K_j}{K_s}\cdot\frac{\rho_s}{\rho_j}\cdot\frac{(1-\omega_s)}{\omega_s}\omega_j \tag{3-95}$$

令 $K_s^j=\frac{K_j}{K_s}\cdot\frac{\rho_s}{\rho_j}$

则有：

$$\frac{I'_j}{I_s}=K_s^j\cdot\frac{(1-\omega_s)}{\omega_s}\omega_j \tag{3-96}$$

可以看出，此时 K_s^j 与 ω_s 无关，只与第 j 相和 S 相的结构和密度有关，是一个特征常数。但要计算出 ω_j，首先仍需获得 K_s^j。

K_s^j 值的测定方法如下：选取纯的 j 相和 S 相物质，将它们按一定比例，如 1∶1（质量比）配制试样，这时 ω'_j 和 ω_s 均为 0.5，$\omega'_j/\omega_s=1$，则 $K_s^j=I'_j/I_s$。为了使测得的 K_s^j 值有较高的准确度，选择各物相的被测衍射线时，在保证没有相互干扰的条件下，尽量选择最强的衍射线。当应用 K 值法对某种具体样品进行相分析时，所需的 K_s^j 值除用实验测定外，在某些情况下，还可从 PDF 卡片中查出来（电子卡片和分析软件中一般表示为 I/I_{cor} 或 RIR，内标物质为刚玉）；如果卡片没有直接给出 K_s^j 值，还可以根据实验条件相近的卡片数据计算出 K_s^j 值，在 PDF 卡片中，待测相的最强线与内标相最强线的强度比即是 K_s^j 值（因为混合样的 X 射线衍射性质与单个样是一样的）。

获取 K_s^j 值，采用下面的步骤，即可计算出待测混合物中第 j 相的含量 ω_j：

① 选取已知量的内标物质 S 与待分析试样配制成复合试样（一般 ω_s 控制在 0.2 左右），并充分研磨拌匀并使粒度达到 1～5μm；

② 测定复合试样的 I_j'、I_s 值；

③ 根据基本公式计算 ω_j' 和 ω_j，$\omega_j=\omega_j'/(1-\omega_s)$。

K 值法定量分析举例。

例 1：在由 ZnO、KCl、LiF 组成的三相混合物中，加入一定量的刚玉粉（Al_2O_3）作为标准物，所得实验数据和计算结果如表 3-12 和表 3-13 所示。

表 3-12　K_s^j 的确定

试样	衍射强度（CPS）	K_s^j 计算值	K_s^j 卡片值
$ZnO:Al_2O_3=1:1$	8178：1881＝4.35	4.35	4.5
$KCl:Al_2O_3=1:1$	4740：1223＝3.88	3.88	3.9
$LiF:Al_2O_3=1:1$	3283：2487＝1.32	1.32	1.3

表 3-13　各物相实际含量与测得含量对比

物相	质量（g）	实际含量（%）	衍射强度（CPS）	加标复合样中各物相含量 ω_j'（%）		原样 ω_j（%）	
ZnO	待测试样 3.7377	82.04	5969	41.14	合计 81.53	50.15	合计 99.38
KCl			2846	21.99		26.80	
LiF			810	18.40		22.43	
Al_2O_3	0.8181	17.96	599	—		—	

例 2：在由 ZnO、TiO_2、$BaSO_4$ 和非晶相 SiO_2 组成的四相混合物中，加入一定量的刚玉粉作为标准物，所得实验数据和计算结果如表 3-14 所示。

表 3-14　各物相实际含量与测得含量对比

物相	质量（g）	实际含量（%）	衍射面（HKL）	衍射强度（CPS）	K_s^j 卡片值	加标复合样中各物相含量 ω_j'（%）		原样 ω_j（%）	
ZnO	待测试样 1.2886	80.10	002	1034	2.15	28.91	合计 80.10	36.09	合计 100
TiO_2			110	617	2.97	12.49		15.59	
$BaSO_4$			211	860	2.07	24.98		31.19	
SiO_2			—	0	—	13.72		17.13	
Al_2O_3	0.3202	19.90	104	331	1.00	—		—	

（4）绝热法

绝热法，就是在定量相分析时不与系统以外发生关系。用试样中的某一个相作为标准物质。具有以下特点：

① 不需要向试样中掺入内标物质，减少实测工作麻烦；

② 既适用于粉末试样，也适用于整体试样；

③ 不能测定含未知相和非晶相的多相混合试样。

基本公式如下。

$$I_i = CK_i \omega_i / \rho_i / \mu_m \tag{3-97}$$

$$I_j = CK_j \omega_j / \rho_j / \mu_m \tag{3-98}$$

$$\frac{I_i}{I_j} = \frac{K_i}{K_j} \cdot \frac{\rho_j}{\rho_i} \cdot \frac{\omega_i}{\omega_j} = K_j^i \frac{\omega_i}{\omega_j} \tag{3-99}$$

式中 $K_j^i = K_{cor}^i / K_{cor}^j$，可通过查找 PDF 卡片得到 K_{cor}^i 和 K_{cor}^j，进而计算得到 K_j^i。

对于多相混合物（j 为混合试样任一相或标样相），可求解得

$$\omega_i = \frac{I_i}{K_j^i \sum_{i=1}^{n} (I_i / K_j^i)} \tag{3-100}$$

绝热法应用于两相系统，特别简单，这时若知道第 1 相对第 2 相的 K_2^1，又测定了两相的强度比 I_1/I_2，则用不着外加内标物质，即可求出各相的质量百分比，因为这时有

$$\omega_1 + \omega_2 = 1 \tag{3-101}$$

$$\frac{I_1}{I_2} = K_2^1 \cdot \omega_1 / \omega_2 \tag{3-102}$$

求解，可得

$$\omega_1 = \frac{I_1}{I_1 + K_2^1 I_2},\quad \omega_2 = \frac{I_2}{I_2 + \frac{I_1}{K_2^1}} \tag{3-103}$$

绝热法定量分析举例：对由 ZnO、KCl、LiF 组成的三相混合物，用绝热法计算各项含量，所得实验数据和计算结果如表 3-15 所示，用绝热法计算各项含量。

表 3-15　各物相实际含量与测得含量对比

物相	衍射强度（*CPS*）	K_{cor}^i 卡片值	K_{LiF}^i 卡片值	含量（%）
ZnO	5968	4.35	3.29	50.46
KCl	2845	3.88	2.94	26.97
LiF	810	1.32	1.00	22.57

（5）直接对比法

这种方法要求试样中所含的相均为已知相。优点是不需要制备标样，也不需要加入标准物质，只需求待测相或待测试样的结构因子和多重性因子（可查表获得）。由于需要计算 K 值，仅适用于结构比较简单的定量分析。

基本公式推导如下。

$$I_1=CK_1\frac{v_1}{\mu}$$

$$I_2=CK_2\frac{v_2}{\mu}$$

$$I_3=CK_3\frac{v_3}{\mu}$$

$$\cdots$$

$$I_n=CK_n\frac{v_n}{\mu}$$

$$v_1+v_2+v_3+\cdots+v_n=1 \tag{3-104}$$

式（3-104）中，v_n 代表第 n 相体积分数。

对于两相系统，可推导出基本公式为

$$I_1=CK_1\frac{v_1}{\mu} \tag{3-105}$$

$$I_2=CK_2\frac{v_2}{\mu} \tag{3-106}$$

$$v_1+v_2=1 \tag{3-107}$$

$$v_1=\frac{I_1K_2}{I_1K_2+I_2K_1},\ v_2=\frac{I_2K_1}{I_2K_1+I_1K_2} \tag{3-108}$$

（6）影响 X 射线定量相分析的因素

影响 X 射线定量相分析的因素很多，概括起来主要有 3 个方面。

① 样品造成的误差，主要包括择优取向、显微吸收、颗粒效应、消光效应、结晶度与混合度等。

② 峰背比的影响。衍射峰的净强度与背景强度比值低，会给 X 射线定量分析带来较大的误差。实践证明，要想得到 1%的精度，衍射峰的净累积计数达到 10000 以上，因为强度计数的统计精确度是由强度计数的累积数值决定的，要想得到满意精度必须提高峰背比。因此，应注意以下几个方面：a. 选择大功率 X 射线发生器；b. X 射线扫描速度适当减慢；c. 工作电压、电流、量程及计数管的选择相当重要；d. 使用石墨单色器。

③ 仪器带来的误差：测角仪的误差；计数器的误差；仪器的稳定度。

3.6.2 点阵常数的精确测定

点阵常数是晶体结构中的基本参数之一，它与原子间的结合能有直接关系，反映晶体内部成分、受力状态等的变化。X 射线衍射是测定点阵常数的最主要方法之一。当外界条件发生某些变化（如压力、温度、化学成分等）时都会引起点阵常数的相应变化，所以应用点阵常数的精确测定可鉴别固溶体类型、测量固溶度、求测膨胀系数及物质的真实密度等。

但点阵常数的这种变化是很微小的，通常只有 10^{-5}nm 的数量级，使用精密 X 射线衍射方法是可以测量这些变化的。用一般的实验方法，选用大角度衍射线测定晶体点阵常数，精确度大约可以达到0.5%。如果采用精确的测量技术，测量精确度就可以提高到0.005%～0.05%。

X射线测定点阵常数是一种间接方法，它直接测量的是某一衍射线条对应的 2θ 角，然后通过晶面间距公式、布拉格公式计算出点阵常数。以立方晶体为例，其晶面间距公式为：$a=d\sqrt{(H^2+K^2+L^2)}$。根据布拉格方程 $2d\sin\theta=\lambda$，则有

$$a=\frac{\lambda\sqrt{(H^2+K^2+L^2)}}{\sin\theta} \tag{3-109}$$

式中，λ 是入射特征X射线的波长，是经过精确测定的，有效数字可达7位数，对于一般分析测定工作精度已经足够了。晶面指数是整数无所谓误差。所以影响点阵常数精度的关键因素是 $\sin\theta$。

由图3-82可见，当 θ 角位于低角度时，若存在一 $\Delta\theta$ 的测量误差，对应的 $\Delta\sin\theta$ 的误差范围很大；当 θ 角位于高角度时，若存在同样 $\Delta\theta$ 的测量误差，对应的 $\Delta\sin\theta$ 的误差范围变小；当 θ 角趋近于90°时，尽管存在同样大小的 $\Delta\theta$ 的测量误差，对应的 $\Delta\sin\theta$ 的误差却趋近于零。选取的 θ 角越大，点阵常数的误差越小，说明在点阵常数精确测定时应选用高角度线条。

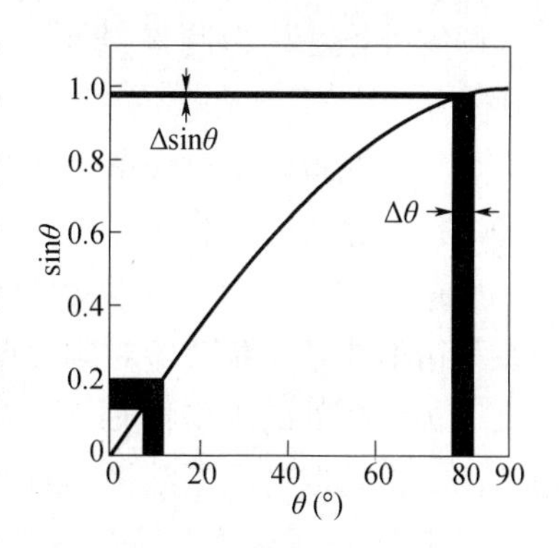

图3-82 θ-sinθ关系曲线

因此，在实际工作中应选择合理的辐射，使得衍射图像中 $\theta>60°$ 的高角度衍射线条尽可能多一些，尤其是最高角度衍射线的 θ 应尽可能接近90°。只有这样，所求得的点阵常数值才较准确。为了增加衍射线条数量，可采用不滤波的辐射源，同时 K_α 和 K_β 利用衍射线计算点阵常数。

尽管 θ 值趋近90°时的点阵常数的测量精度较高，但是在实验中存在误差是必然的，须设法消除。误差可分为系统误差和偶然误差两类。系统误差是由实验条件所决定的，随某一函数有规则地变化；偶然误差是由于测量者的主观判断错误及测量仪表的偶然波动或干扰引起的，它既可以是正，也可以是负，没有固定的变化规律。偶然误差永远不能完全排除，但是可以通过多次重复测量使它降至最小。

若要获得精确的点阵常数，首先是获得精确的X射线衍射线条的 θ 角。不同的衍射方法，θ 角的系统误差来源不同，消除误差的方法也不同。

德拜照相法的系统误差来源主要有：相机半径误差、底片伸缩误差、试样偏心误差、试样吸收误差等。为了消除试样吸收的影响，粉末试样的直径做成<0.2mm；为了消除试样偏心的误差，采用精密加工的相机，并在低倍显微镜下精确调整位置；为了使衍射线条更加锋锐，精确控制试样粉末的粒度和处于无应力状态；为了消除相机半径不准和底片伸缩，采用偏装法安装底片；为了消除温度的影响，将试样温度控制在±0.1℃。

用衍射仪法精确测定点阵常数，衍射线的 θ 角系统误差来源有：①未能精确调整仪器；②计数器转动与试样转动比（2∶1）驱动失调；③θ 角0°位置误差；④试样放置误差，试样表面与衍射仪轴不重合；⑤平板试样误差，因为平面不能替代聚焦圆曲面；

⑥透射误差；⑦入射 X 射线轴向发散度误差；⑧仪器刻度误差等。

此外，试样制备中晶粒大小、应力状态、样品厚度、表面形状等必须满足要求。

为了达到精确测定的目的，在系统误差来源分析的基础上，还应采取一定的措施，进一步消除和减少系统误差和偶然误差。常用的方法包括标准物质的使用（内标法）、精密的实验技术、实验结果的数学处理方法。实验证明，标准物质使用和精密实验技术的采用，可将最佳测试精度提高至 1/200000。如果对实验数据再采用合适的数学处理方法，还可有效减少数据分析中的偶然误差，进一步提高测试精度。常用的数学处理方法有图解外推法（也称直线外推法或外推法）、最小二乘方法和线对法，以下主要介绍图解外推法和最小二乘方法。

3.6.2.1 图解外推法

图解外推法认为测量结果（一般是指点阵常数）的相对误差与一个外推函数成正比。

如果所测得的衍射线条 θ 角趋近 90°，那么点阵常数误差趋近于 0。但是，要获得 $\theta=90°$的衍射线条是不可能的。于是人们考虑采用“外推法”来解决问题。

所谓外推法是以 θ 角为横坐标，以点阵常数 a（以立方晶系为例）为纵坐标，求出一系列衍射线条 θ 角及所对应的点阵常数 a，在所有点阵常数 a 的坐标点之间做一条直线交于 $\theta=90°$处的纵坐标轴上，从而获得 $\theta=90°$时的点阵常数，这就是精确的点阵常数。因此，选取与测量结果相对误差成正比外推函数是数学处理方法的关键。

对于德拜-谢乐法，综合各项系统误差，得到晶面间距的相对误差表达式：

$$\frac{\Delta d}{d}=\frac{\cos\theta}{\sin\theta}\left(\frac{\Delta S}{S}-\frac{\Delta R}{R}+\frac{\Delta X}{R}\right)\sin\theta\cos\theta=K\cos^2\theta \tag{3-110}$$

式（3-110）中 K 项是由相机半径误差、底片伸缩误差、试样偏心误差、试样吸收误差等实验条件所引起的，精密调整仪器和实验条件，可将其减小到最小，认为是一常量。因此，d 值相对误差与 $\cos^2\theta$ 成正比，可以 $\cos^2\theta$ 为横坐标，用图解外推法来消除系统误差。

但是在此相对误差公式推导过程中使用了较多的近似条件，当选用 $\theta>60°$衍射线条进行外推时可以得到较为准确的结果，否则误差很大。在满足以下条件时，采用 $\cos^2\theta$ 外推函数可得到比较精确的结果。

① 在 $\theta=60°\sim90°$有数目多、分布均匀的衍射线；

② 至少有一条很可靠的衍射线 θ 角在 80°以上。

在满足这些条件下，θ 值测量精度又为 0.01°时，外推线的位置是确定的，测量的最佳精度可达 1/20000。如果衍射线数目不多，或者分布不均匀，可以采用 K_β 线，甚至用合金靶，以提高精度。

对于衍射仪法，综合各项系统误差，得到晶面间距的相对误差表达式：

$$\frac{\Delta d}{d}=\cos^2\theta\left(\frac{A}{\sin^2\theta}+\frac{B}{\sin\theta}+C\right)+D\cot\theta+E \tag{3-111}$$

对于同一衍射图而言，式（3-101）中 A、B、C、D 和 E 都是一些只与仪器及试样情况有关，而与 θ 无关的常数。

可见，衍射仪法中，不同于德拜法有单一的外推函数可用，而必须针对具体实验，考虑以哪一项误差为主。但一般认为 $\cos^2\theta$ 仍是主要的项，亦可采用同德拜法相同的外推函数进行计算。

A. Taylor 和 H. Sinclair 对各种误差原因进行了分析，从实验和理论上均证明了，当系统误差主要来源是试样的吸收和入射线束水平发散时，外推函数应为

$$\frac{\Delta d}{d}=K\left(\frac{\cos^2\theta}{\sin\theta}+\frac{\cos^2\theta}{\theta}\right) \tag{3-112}$$

此函数对 θ 角相当小（$\theta>30°$）的线条仍有相当好的准确度，测量的最佳精度可达 1/50000（图 3-83）。

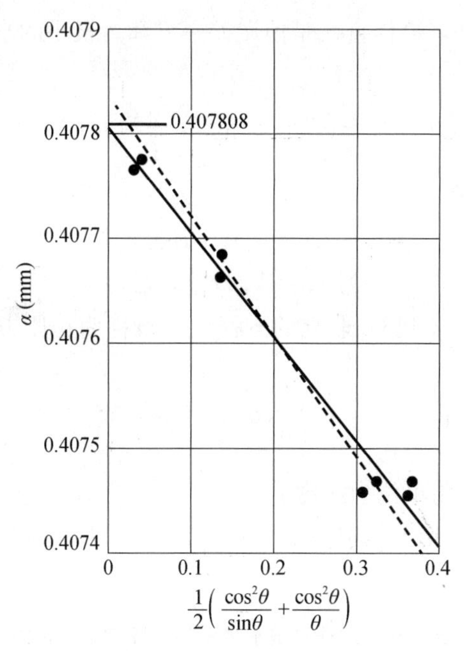

图 3-83　$a-\frac{1}{2}\left(\frac{\cos^2\theta}{\sin\theta}+\frac{\cos^2\theta}{\theta}\right)$ 的直线外推图解

3.6.2.2　最小二乘法

利用图解法外推时，解决了一个重要问题，即通过选择适当的外推函数消除了系统误差，但仍存在问题。如在各个坐标点之间画一条最合理的直线同样存在主观因素，如图 3-83 所示，既可以在坐标点之间绘出实直线，也可绘出虚直线，两条直线与纵坐标交点不同。但哪一条是可以将偶然误差降到最低的最佳直线呢？最佳直线可以有效降低测量值存在的无规则的偶然误差。

一般采用最小二乘法确定最佳直线的画法。按最小二乘法原理，对于直线来说，误差平方和最小的直线是最佳直线。这种实验数据处理的数学方法是由柯亨（M. U. Cohen）最先引入点阵常数精确测定中的，所以也常常称为柯亨法。

$$(\Delta y_1)^2+(\Delta y_2)^2+\cdots+(\Delta y_n)^2=\text{最小。} \tag{3-113}$$

式（3-113）是最小二乘法的基本公式，利用它可以准确地确定直线的位置或待测量的真值。

若已知两个物理量 x 和 y 呈直线关系，即

$$y=a+bx \tag{3-114}$$

假定由实验测出的各个物理量对应数值为：x_1y_1，x_2y_2，…，x_ny_n 等，运用最小二乘法可以从繁多的测量数据中求得最佳直线的截距 A 和斜率 B。

由式（3-114）可知，与 x_1 值相对应的真实 y 值为 $A+Bx_1$，可是实验测量值为 y_1，因此第一个实验点的误差为 $\Delta y_1=(A+Bx_1)-y_1$。其他各点的误差可以用类似的方程式表示，然后写出这些误差的平方和表达式为

$$\sum\Delta y^2=(A+Bx_1-y_1)^2+(A+Bx_2-y_2)^2+\cdots \tag{3-115}$$

依据最小二乘法原理，最佳直线是使误差平方和为最小的直线。使 $\sum\Delta y^2$ 为最小值的条件是

$$\frac{\partial\sum\Delta y^2}{\partial A}=0 \text{ 和 } \frac{\partial\sum\Delta y^2}{\partial B}=0 \tag{3-116}$$

整理式（3-116）得到

$$\sum y=\sum A+B\sum x \tag{3-117}$$

$$\sum xy=A\sum x+B\sum x^2 \tag{3-118}$$

将式（3-117）和式（3-118）联立的方程组一般称为正则方程，应用于外推法中最佳直线的选取，则

$$x=\frac{1}{2}\left(\frac{\cos^2\theta}{\sin\theta}+\frac{\cos^2\theta}{\theta}\right) \tag{3-119}$$

式中，$y=a$，$A=a_0$，θ 角单位为弧度。

例题：表 3-16 为金属铝的衍射数据及用最小二乘法得到其点阵常数精确值的过程数据。

表 3-16　用柯亨法求得铝的点阵常数精确值

HKL	辐射	θ (°)	α (nm)	$\frac{1}{2}\left(\frac{\cos^2\theta}{\sin\theta}+\frac{\cos^2\theta}{\theta}\right)$
331	$K_{\alpha 1}$	55.486	0.407463	0.36057
	$K_{\alpha 2}$	55.695	0.407459	0.35565
420	$K_{\alpha 1}$	57.714	0.407463	0.313037
	$K_{\alpha 2}$	57.942	0.407458	0.30550
422	$K_{\alpha 1}$	67.763	0.407663	0.13791
	$K_{\alpha 2}$	68.102	0.407686	0.13340
333	$K_{\alpha 1}$	78.963	0.407776	0.03197
511	$K_{\alpha 1}$	79.721	0.407776	0.02762

将表 3-16 相关数据代入式（3-108）和式（3-109）联立的正则方程组，可得

$3.260744=8A+1.66299B$

$0.67768 = 1.66299A + 0.48476B$

解方程，得 $a_0 = A = 0.407808\text{nm}$。

3.6.2.3 衍射峰定峰方法

θ 角精确测定的基础是X射线衍射峰峰位的精确标定。精确测定峰位的方法一般有以下4种。

① 峰顶法：以衍射线上强度最大值处的角度 2θ 作为峰位的定峰位法。

② 切线法：对于峰形较对称、宽度较窄的衍射线可采用切线法定峰位，从衍射线两侧各做切线，切线交点处的角度 2θ 就是峰所在的角度。

③ 抛物线法：在衍射线峰顶处附近，衍射强度不低于最大强度的85%处选3个点。其中，一个点选在峰顶处（$2\theta_2$，$I_大$），另外两个点（在衍射线上）选在峰顶的左右两边，坐标是（$2\theta_1$，$85\%I_大$）和（$2\theta_3$，$85\%I_大$）。用此三点模拟一根抛物线，其方程为 $I=A(2\theta)^2+B(2\theta)+C$，将所选的3个坐标代入，即可求得系数 A、B、C，因而确定顶峰的位置为 $2\theta=-B/(2A)$。抛物线法的另一种定峰方法如图3-84所示：从峰顶做垂直于 X 轴的垂线交于 $2\theta_2$，在其两侧取等距两点 $2\theta_1$ 和 $2\theta_3$，过此两点做垂线与峰相交，按关系式 $2\theta_m=2\theta_1+\dfrac{\Delta 2\theta}{2}\left(\dfrac{3a+b}{a+b}\right)$ 计算得到的 θ_m 即为峰位。

④ 半高宽法或1/8高宽法：用衍射强度的一半处衍射线宽度（即半高宽）的中心作为 2θ 衍射角。具体做法：在衍射线强度1/2处绘一条平行于背底的直线，以直线中点处角度 2θ 作为峰位的方法称为半高法，如图3-84所示。这种方法适用于 $K_{\alpha1}$ 和 $K_{\alpha2}$ 衍射线完全重合或是 $K_{\alpha1}$ 和 $K_{\alpha2}$ 完全分开的衍射线。如果 $K_{\alpha1}$ 和 $K_{\alpha2}$ 衍射线部分重叠，不能使用半高宽法时，则采用1/8高宽法，即以衍射强度等于最大强度7/8处（即 $I=87.5\%I_0$ 处）的衍射线宽度的中心作为 2θ 衍射角。当衍射线轮廓分明时，这种方法可以得到准确的结果。它是最常采用的方法。

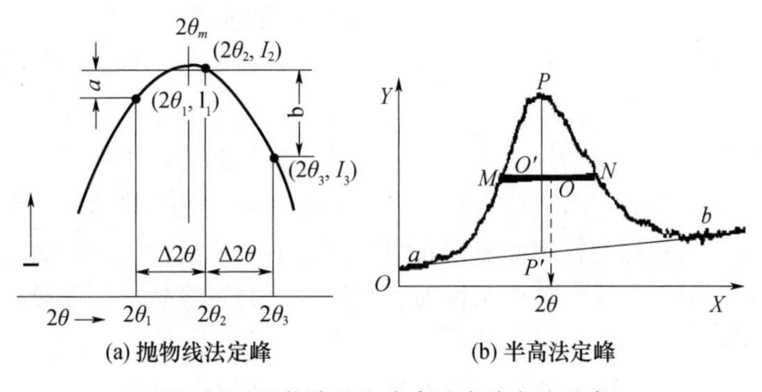

图3-84 抛物线法和半高法定峰方法示意

3.6.3 晶格畸变及微晶尺寸的计算

对于加工和处理过程引起晶格畸变，具有特定性能的新型超细材料可采用电子显微镜直接观察，常规的方法还可采用X射线衍射方法，可定量给出统计的变化规律。

根据结晶学的定义，一个材料结晶的好坏程度（即结晶度）应该是晶体结构中结点上原子或离子规则排列的延续状况的描述，不仅包括晶体内部是否存在空缺、位错、扭曲，而且还包括在三维空间的延续距离的大小。

一个晶体可以是原子或离子完全规则排列，没有空缺、错断、扭曲的完整晶体，但其在三维空间的延续非常有限，因而其结晶程度不能称好，其衍射效应也不好（衍射现象不清楚，或衍射峰宽缓）。

同样，一个大晶体，如其内部原子、离子的排列偏离规则，充满空缺、错断、扭曲，其结晶程度亦不能称好，其衍射效应必然也不好。

只有内部完整，同时又具有相当的三维空间延续的晶体，才称得上是结晶度好的晶体，其X射线衍射效应才好（衍射现象清楚，衍射峰狭窄）。

基于这一结晶学的基本原理，结晶度的研究就应该包括晶体完整程度的研究和这种完整程度在三维空间上的延续性的研究。在此，可简称为晶体的完整性与大小。对其表征，则应从衍射现象的清晰度或衍射峰的宽缓与尖锐程度（通称形态）着手。只有能够反映这种晶体的完整性和大小的参数才能够被用于描述晶体的结晶程度。

任何一个衍射峰都是由5个基本要素组成的，即衍射峰的位置、最大衍射强度、半高宽、形态及对称性。

这5个基本要素都具有其自身的物理学意义。

衍射峰的位置是衍射面网间距的反映（即Bragg定理）。

最大衍射强度是物相自身衍射能力强弱的衡量指标及在混合物当中百分含量的函数。

半高宽及形态是晶体完整、大小与应变的函数。

衍射峰的对称性是光源发散性、样品吸收性、仪器机械装置等因素及其他衍射峰或物相存在的函数。

因此，除了半高宽和形态外，其他衍射参数都不能反映结晶度的好坏。也即只有衍射峰（hkl）的半高宽（β）、积分宽度（IW）或垂直该衍射方向的平均厚度（L）和应变大小（A_n^{Strain}），或消除应变效应后的垂直该衍射方向平均厚度（A_n^{Size}）才可描述结晶度的好坏。其他衍射参数或指标都不可以用于描述结晶度的好坏程度。

X射线衍射理论指出，晶格畸变和晶块细化均使倒易空间的选择反射区增大，从而导致衍射线加宽，通常称为物理加宽；实测中它并不是单独存在，伴随有仪器宽化。核心问题是如何从实测衍射峰中分离出物理加宽效应，进而将晶格畸变和晶块细化两种加宽效应分开。

峰形（结晶度）研究的主要理论基础是Scherrer理论（谢乐，1918年）和Warren-Averbach理论（瓦伦-艾弗巴赫，1950年）。Scherrer理论主要描述了完整晶体衍射峰的宽化与晶体平均大小的关系。Warren-Averbach理论是现代粉末衍射理论与衍射峰形态学理论，描述了晶体完整性和晶体大小与衍射峰形态的总体关系学。

目前，描述结晶尺寸最常用的公式为谢乐公式。以下主要介绍谢乐公式在计算微晶尺寸中的应用。

在第3.3节中已经推导出了谢乐公式：

$$\beta=\frac{k\lambda}{t\cos\theta_B} \tag{3-120}$$

式中，β为衍射峰半高宽或积分宽度（IW），单位为弧度；k为谢乐（Scherrer）常数，也叫形态常数，当β为峰半高宽时，k为0.89；当β为峰积分宽度时，k为0.94；在一般情况下，对等轴晶粒来讲，k为1；t为沿入射线和反射线的中分线方向晶体的厚度，即为需要求解的微晶垂直于某一衍射面方向的尺寸；θ_B为布拉格角；λ为X射线波长。

衍射峰的半高宽β是晶体大小t的函数，随着晶体大小t的增大，衍射峰的半高宽β变小，反之则变大。据此，衍射峰半高宽是一衡量样品晶体大小的参数。

谢乐公式只能用于平均晶粒尺寸<100nm的计算中（否则误差极大），而且得到的是统计意义上的平均粒径。一般用于相同测试条件下、不同制备实验下相同试样的平均粒度的对比分析中。

计算中需注意要剥离$K_{\alpha 2}$，并进行峰的拟合。要得到较为精确的平均晶粒尺寸，可采用内标法，消除仪器宽化的影响。

从实验中测定出的衍射峰的半高宽β_1并不是谢乐公式中的β，而是包括了仪器宽化和物理宽化。因此，为了求得β，必须从实测值β_1中除去仪器宽化β_0。

根据实测宽度β_1求出真实宽度β的方法有几种，但首先必须知道β_0。采用与待测试样相同材料的试样，处理成具有$10^{-2}\sim10^{-3}$mm范围内的晶粒度，测量出其衍射峰（图3-85）。求出其半高宽，即是β_0。将待测试样亦用相同规范进行衍射，测出其衍射峰，测得其实测宽度β_1。从图3-85中两根曲线的图形特点可以看出，它们都是钟形对称曲线，可以用相类似的数学公式来表示，例如，$y=\exp(-K^2x^2)$，$y=1/(1+K^2x^2)$，$y=\sin^2Kx/K^2x^2$等（式中y相当于I，x相当于θ，K是一个系数）。因此，也就可以用数学分析的方法，将实测的衍射峰分解为晶粒度为$10^{-3}\sim10^{-2}$mm的未展宽曲线和因晶粒细化而展宽的曲线，也就可以求得真实宽度β。数学解析的方法可以采用富氏变换等处理方法。这里只给出最后的计算结果。

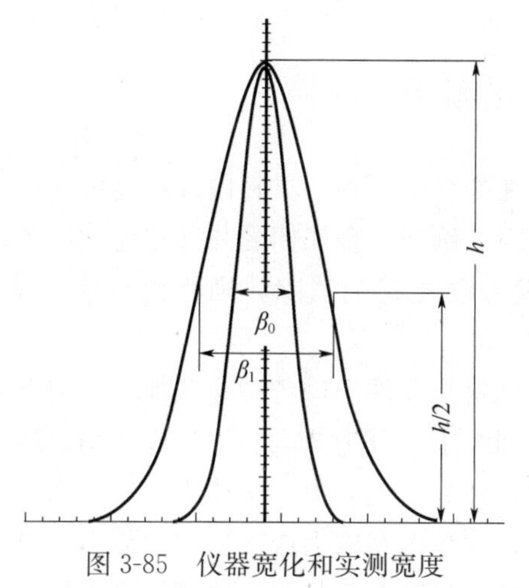

图3-85 仪器宽化和实测宽度

假设实测曲线可以用 $y=1/(1+K^2x^2)$ 来模拟，则可以得到 $\beta=\beta_1-\beta_0$。在一般情况下，当晶粒具有较为规则的多面体形状、粒度均匀时，可以采用此式。

假设实测曲线可以用 $y=\exp(-K^2x^2)$ 或 $y=\sin^2 Kx/K^2x^2$ 来模拟，则可以得到 $\beta=\sqrt{\beta_1^2-\beta_0^2}$。当晶粒尺寸不够均匀，但强度曲线具有比较尖锐的峰和较宽的底的形状时，可以采用此式。

测定晶粒度是根据衍射线宽化的程度来计算的，但是衍射线宽化并不一定是由晶粒细化所引起的。判断衍射线宽化是否是因晶粒细化所造成的，可以从谢乐公式中得到说明。如果衍射线宽化确实是因晶粒细化，其一衍射线宽化与入射波长成正比，其二衍射线宽化与衍射角的余弦成反比。衍射角 2θ 不同，宽化程度也不同。利用衍射线宽度和 $\sec\theta_B$ 作图，可以得到一个直线关系。

对于非球形颗粒，通过不同方向（不同衍射面）的衍射线半高宽计算的 t 值，可以提供晶粒形貌方面的信息，如图 3-86 和表 3-17 所示。

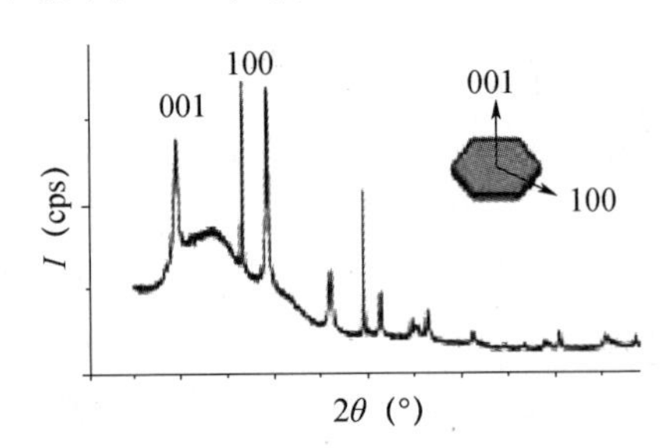

图 3-86　非球形颗粒的 X 射线衍射图谱

表 3-17　根据图 3-86 利用谢乐公式计算的晶粒不同方向的尺寸

HKL	2θ (°)	β (°)	修正的 β (°)	t (nm)
001	19.25	1.140	1.020	8
100	33.06	0.199	0.090	96

3.6.4　晶体内应力的测定

当材料受到外力时，在弹性范围内，材料内部将会出现应力。若外力去除之后应力消失，则称此应力为内应力。例如，金属棒受弹性拉伸就属于此种情况。若外力撤除之后，由于种种原因，内应力没能完全消除，则称此种应力为残余应力，仍简称为内应力。

内应力也可能是由于材料或零件经过各种冷热加工、内部相变等原因所造成的。

内应力按其存在的范围大小可分为 3 类。当内应力均匀地分布在较大区域或整个工件上（即宏观区域上）时，称为宏观应力，又称为第一类内应力。当内应力只是均匀地分布在每一个晶粒范围内，称为微观应力或第二类内应力。当内应力在一个晶粒的内部分布也是不均匀的，即内应力只存在于晶界、位错等更为细小的微观区域时，称为超显微应力或第三类内应力。利用 X 射线衍射方法，这三类内应力均可以进行测量。

利用 X 射线衍射方法测定内应力有着一系列的优点。

这种测试方法是一种非破坏性的测试方法，这一点优于其他方法（如机械法、电阻法及光弹性法等）。这种测试方法可以测定表层（一般在 40μm 以内）的内应力。这种测试方法可以测定局部小区域的应力。这主要取决于 X 射线束的大小。当然也可以测定沿深度变化的应力梯度（要采用剥层法）。

X 射线衍射法可以测量三类内应力。用得最多的是测量宏观应力，其次是测量第二类内应力——微观应力。X 射线衍射法测定应力的缺点是精度稍低（为 10～30m），并且受晶粒度、试样形状及对测试仪器操作使用水平的影响较大。

专门用 X 射线衍射方法测定宏观应力的仪器称为 X 射线应力分析仪。在本节中主要介绍有关测定宏观应力和微观应力的简要原理和方法。

宏观应力引起衍射线的移动。当应力为拉应力时，与应力平行的衍射面面间距减小，衍射线向大角度方向移动，$\theta_1>\theta$；当应力为压应力时，衍射面面间距加大，衍射线向小角度方向移动，$\theta_1<\theta$。图 3-87 表示出宏观应力对衍射线位置的影响。

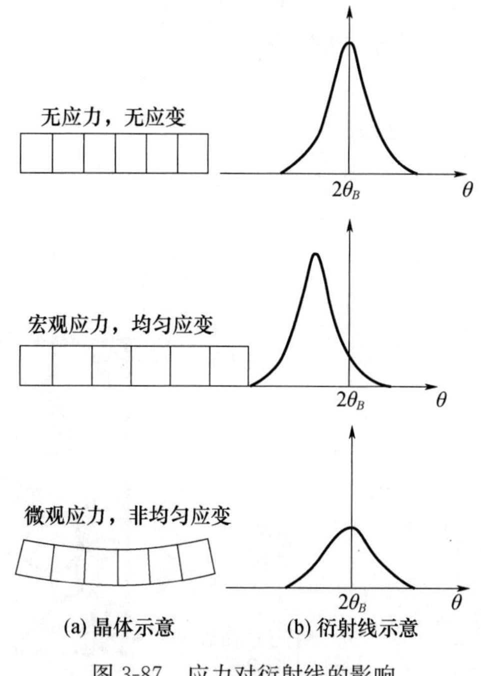

图 3-87　应力对衍射线的影响

如果试样中有第二类微观应力，则试样中各个晶粒的应力状况不同，有的受拉应力，有的受压应力，因而各个晶粒的应变是不均匀的，其衍射线的位移也是不相同的，有的向大角度移动，有的向小角度移动。所以，在所有被入射 X 射线照射到的晶粒共同作用下，衍射角不产生变化，但衍射线将变宽（图 3-87），衍射线最大强度将降低而累积强度变化不大。

第三类内应力（超显微应力）将使衍射线变宽，最大强度减小，而且会使累积强度减弱。产生这种现象的原因是，不只是各晶粒中的（HKL）衍射面面间距不同，就是在同一晶粒内部的（HKL）衍射面面间距也不同，所以第三类内应力使衍射线漫散。

测量这类内应力需要专门的技术和较为复杂的计算，本课程中不再讨论。

3.6.4.1　应力测量的基本原理

从最简单情况开始讨论。设有一试棒，长度为 L_0，截面面积为正方形，边长为 D_0。经受单轴方向的拉伸，如图 3-88 所示。如果在弹性范围内，根据力学知识，可以写出材料的内应力为

$$\sigma_z = E\varepsilon_z = E\frac{L_1 - L_0}{L_0} \tag{3-121}$$

式中，E 为弹性模量；L_1 为试样受力变形后的长度；ε_z 为试样沿 Z 方向的应变。

测得 L_1、ε_z，即可以计算出 Z 方向的应力 σ_z。

当然可以换另一种方式进行。求出试样受力后 D 值的改变，而求得沿 Y（或 X）方向的应变 ε_y，也可以求出

$$\sigma_z = -E\frac{\varepsilon_y}{\nu} = -\frac{E}{\nu}\frac{D_1 - D_0}{D_0} \tag{3-122}$$

式中，D_1 为试样沿 Y 轴方向应变后的长度；ν 为泊松比；负号表示当 ε_z 为拉伸时；ε_y 为压缩。

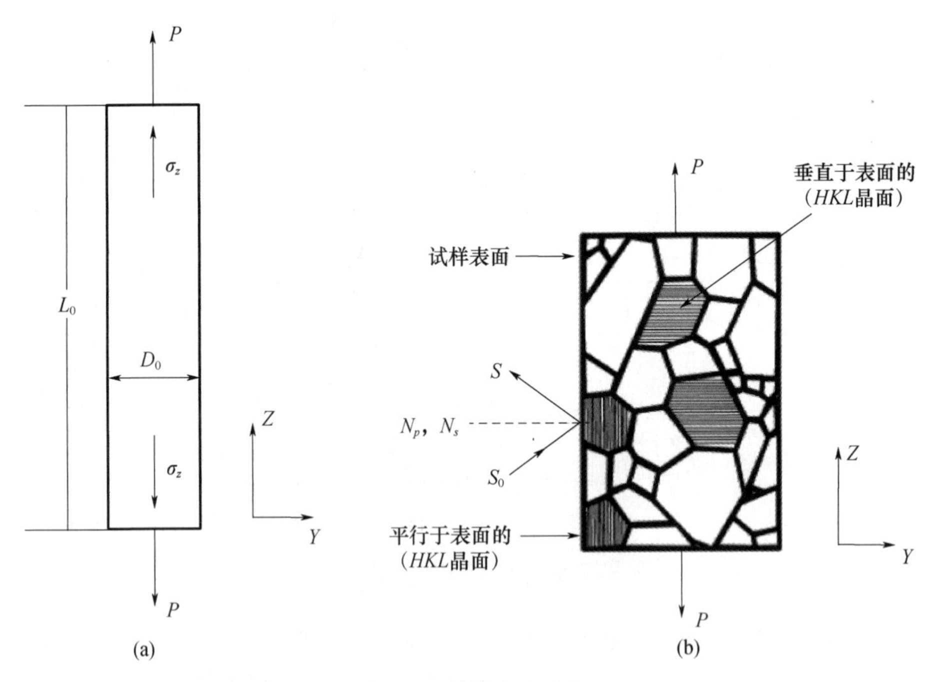

图 3-88　单轴应力示意

设试样中某些晶粒中的一衍射面（HKL）基本与 Z 方向平行，如图 3-88（b）所示，面间距为 d_0，于是可以得

$$\varepsilon_y = \frac{d_1 - d_0}{d_0} \tag{3-123}$$

将 ε_y 代入式（3-123），可得

$$\sigma_z = -\frac{E}{\nu}\frac{d_1 - d_0}{d_0} \tag{3-124}$$

式中，d_1 为应变后面间距的值。

利用 X 射线衍射方法可以测出 d_0、d_1，所以可以按式（3-124）计算出 σ_z。这种方法也就是通过测量应变换算成应力。

当试样中有宏观应力时，则试样内产生大范围的均匀应变。为了求得 d_0、d_1，通常是采用平板背射法或用衍射仪测定某一具有最大衍射角的衍射面的衍射线，如图 3-88（b）所示，S_0 和 S 分别为 X 射线入射线和反射线方向，N_p 和 N_s 分别为试样表面法线和（HKL）晶面法线方向。入射线垂直照射到试样表面上，根据衍射线的位置可算出 θ_0、θ_1，即可通过布拉格方程计算出 d_0、d_1。当然必须有两个试样：一个无应力试样，以求出 d_0；另一个待测的有应力试样，以测出 d_1。此外，测定时拍摄条件（或衍射仪的工作条件）应完全相同。

3.6.4.2 微观应力测定

由于存在微观应力，试件中不同晶粒的应力状态不同。以某一衍射面来讲，在一个晶粒内，因有应力，其面间距加大，因而衍射角减小；而在另一个晶粒内，面间距减小，衍射角增大。对于有微观应力的试件，其衍射线将是一系列相互发生位移的各晶粒衍射线的叠加结果，从而得到宽化的衍射线（图 3-89）。

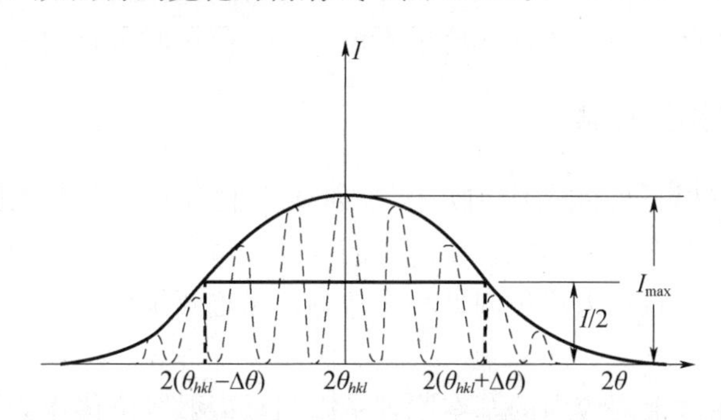

图 3-89 微观应力与衍射峰的宽化示意

固定波长 λ 对布拉格方程进行微分，可得

$$2\Delta d\sin\theta + 2d\cos\theta\Delta\theta = 0 \tag{3-125}$$

$$\frac{\Delta d}{d} = -\cot\theta\Delta\theta \tag{3-126}$$

式（3-126）中，$\Delta d/d$ 是微观应力引起的微畸变，定义为平均微应变。一般以衍射峰半高宽 β 对微观应力引起的微畸变进行表征。

如图 3-89 所示，半高宽 β 可以表示为 $\beta=2(\theta_{hkl}+\Delta\theta)-2(\theta_{hkl}-\Delta\theta)=4\Delta\theta$，将 $\Delta\theta$ 代入平均微应变方程式（3-126）中，可得

$$|\Delta d/d| = \cot\theta\beta/4 \tag{3-127}$$

为使式（3-127）具有普遍性，可写为

$$\left|\frac{\Delta d}{d}\right|=\frac{\beta}{4}\cot\theta=\frac{\beta}{K}\cot\theta \tag{3-128}$$

一般情况下，当应力为高斯分布时，K 取 4；当应力为均匀分布时，K 取 8。这就是利用 X 射线法求微观应变（应力）的公式。由于晶体具有各向异性，即沿不同方向变形的难易程度不同，所以对式（3-128）中 θ 应当标明其衍射面指数。这个是不很严格的，因此其计算结果也不够准确。这是因为讨论这个公式时，没有考虑晶粒的形状、尺寸及分布规律，此外，还有变形引起的原子排列的变化及晶粒之间的位向关系等细致的因素。但作为定性及半定量的分析是可以采用的。

衍射线宽化可能是因为试件内有微观应力，也可能是由晶粒细化所造成的。如何区别这两种现象，要从谢乐公式和平均微应变公式来考虑。微观应力所引起的衍射线宽化与 $\tan\theta$ 成正比（即与 $\cot\theta$ 的倒数成正比），与入射波长无关；而晶粒细化所引起的宽化与 $\cos\theta$ 的倒数（即 $\sec\theta$）成正比，与入射 X 射线波长成正比。这是区别这两种现象的重要标志。

当多晶材料中晶粒细化和畸变共同存在时，两者形成卷积，导致衍射峰因两种因素引起的宽化的叠加。可以通过数学上卷积的办法将两种宽化效应分开，通过测量衍射峰的宽化，并采用近似函数法或傅立叶变换方法来求得微观应力的大小。

不管是哪种原因引起的宽化，在计算相应的晶粒尺寸和微观应力时，都需将仪器宽化除去，才能得到相对较精确的结果。其方法原理与从实测宽度中计算出真实宽度的方法原理基本相同，但运算更为烦琐，这里不做讨论。需用时可查阅专门资料。

3.6.4.3 宏观应力测定

宏观残余应力（以下称残余应力）在 X 射线衍射谱上的表现是使峰位漂移。当存在压应力时，晶面间距变小，因此，衍射峰向高角度偏移；反之，当存在拉应力时，晶面间的距离被拉大，导致衍射峰位向低角度位移。通过测量样品衍射峰的位移情况，可以求得残余应力。

X 射线衍射测量残余内应力的基本原理是以测量衍射线位移作为原始数据，所测得的结果实际上是残余应变，而残余应力是通过胡克定律由残余应变计算得到的。

在一般情况下，材料内的宏观应力状态并不像上述的那样简单。材料的应力状态多是三向应力状态，即在材料内部某一个单元体积上通常受到 3 个正应力 σ_x、σ_y、σ_z 和 6 个切应力的作用。不过这种应力状态是不能用 X 射线衍射法测得的，因为 X 射线不能深入材料的内部。但是在材料的表面，只能有 2 个正应力（垂直试样表面的正应力为 0）和 4 个切应力。如果适当地选择单元体的位置，可以使此体积元只有正应力的作用，而无切应力的作用（图 3-90），这时把正应力称为主应力 σ_1、σ_2、σ_3。

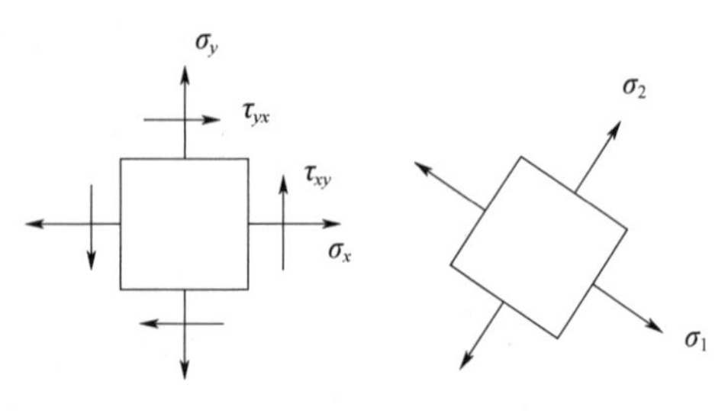

图 3-90　平面应力示意

虽然垂直于试样表面的主应力 $\sigma_3=0$，但在此方向上的应变 ε_3 不等于 0，而是由另外两个主应力所决定的：

$$\varepsilon_3=-\frac{\nu}{E}(\sigma_1+\sigma_2) \tag{3-129}$$

式中，E 为弹性模量，ν 为泊松比。

利用X射线衍射可以测得平行于试样表面的衍射面的面间距的变化，即可以测出 ε_3，所以能够测出（$\sigma_1+\sigma_2$）。

$$\sigma_1+\sigma_2=-\frac{E}{\nu}\varepsilon_3=-\frac{E}{\nu}\frac{d_3-d_0}{d_0} \tag{3-130}$$

在实际工作中，测出（$\sigma_1+\sigma_2$）是不够的。首先是不知道此合应力的方向，并且此方向也不一定是需要测定的应力方向；其次是不能计算出 σ_1 和 σ_2 各为多少。

假设在一个试样上需要测量表面应力 σ_ϕ（图3-91），过 σ_ϕ 方向做一个垂直于试样表面的平面，则 σ_3 的方向也应当位于此平面内。在此平面上任选一个方向 OA，并设此方向上的应力、应变分别是 σ_ψ 和 ε_ψ。根据弹性力学知识可以写出

$$\varepsilon_\psi=a_1^2\varepsilon_1+a_2^2\varepsilon_2+a_3^2\varepsilon_3 \tag{3-131}$$

式中，a_1、a_2、a_3 分别是 $a_1=\sin\psi\cos\phi$，$a_2=\sin\psi\sin\phi$，$a_3=\cos\psi$。式中的所有角度均如图3-91所示。将 a_1、a_2、a_3 代入式（3-131），可得

$$\varepsilon_\psi=(\sin\psi\cos\phi)^2\varepsilon_1+(\sin\psi\sin\phi)^2\varepsilon_2+(1-\sin^2\psi)\varepsilon_3 \tag{3-132}$$

经整理可得

$$\varepsilon_\psi-\varepsilon_3=\sin^2\psi(\cos^2\phi\cdot\varepsilon_1+\sin^2\phi\cdot\varepsilon_2-\varepsilon_3) \tag{3-133}$$

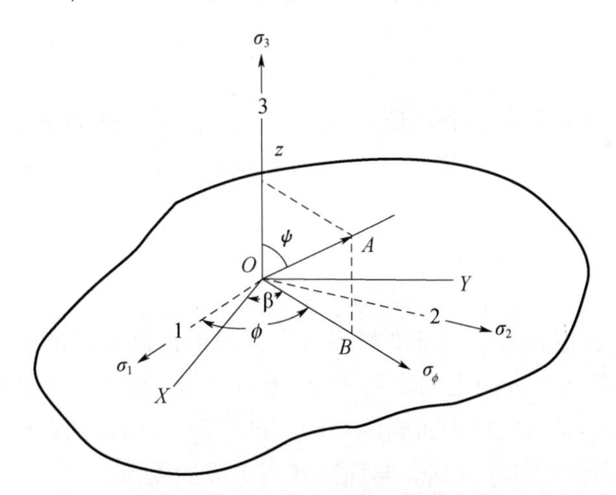

图3-91 平面应力和平面应变示意

当材料处于三向应力状态时，应力和应变之间的关系应当是

$$\varepsilon_1=\frac{1}{E}[\sigma_1-\nu(\sigma_2+\sigma_3)] \tag{3-134}$$

$$\varepsilon_2=\frac{1}{E}[\sigma_2-\nu(\sigma_1+\sigma_3)] \tag{3-135}$$

$$\varepsilon_3=\frac{1}{E}[\sigma_3-\nu(\sigma_1+\sigma_2)] \tag{3-136}$$

考虑到在平面应力状态 $\sigma_3=0$，并将 ε_1、ε_2、ε_3 代入式（3-133）中，经过整理得

$$\varepsilon_\psi-\varepsilon_3=\frac{1+\nu}{E}\sin^2\psi(\cos^2\phi\cdot\sigma_1+\sin^2\phi\cdot\sigma_2) \tag{3-137}$$

同样，根据弹性力学知识，σ_ψ 与 σ_1、σ_2、σ_3 的关系也可写为

$$\sigma_\psi=a_1^2\sigma_1+a_2^2\sigma_2+a_3^2\sigma_3 \tag{3-138}$$

因为 $a_3=0$，式（3-138）简化为

$$\sigma_\psi=a_1^2\sigma_1+a_2^2\sigma_2=\sin^2\psi\ (\cos^2\phi\cdot\sigma_1+\sin^2\phi\cdot\sigma_2) \tag{3-139}$$

如果选定 $\psi=90°$，σ_ψ 即是 σ_ϕ，式（3-139）变为

$$\sigma_\phi=\cos^2\phi\cdot\sigma_1+\sin^2\phi\cdot\sigma_2 \tag{3-140}$$

式（3-140）就是所要测定的表面应力表达式。将式（3-140）代入式（3-137）中，并经整理后可得

$$\sigma_\phi=\frac{E}{(1+\nu)\sin^2\psi}\ (\varepsilon_\psi-\varepsilon_3) \tag{3-141}$$

式（3-141）中的应变 ε_ψ 和 ε_3 是可以用 X 射线衍射法测量的，即

$$\varepsilon_3=\frac{d_3-d_0}{d_0} \tag{3-142}$$

$$\varepsilon_\psi=\frac{d_\psi-d_0}{d_0} \tag{3-143}$$

可推出

$$\sigma_\phi=\frac{E}{(1+\nu)\sin^2\psi}\cdot\frac{d_\psi-d_3}{d_0} \tag{3-144}$$

式（3-144）中需要测定 3 个 d 值，d_0、d_ψ、d_3。为了测定 d_0，需要制备无应力标准试样。但是可以简化，用 d_3 代替 d_0（尤其是选用大衍射角的衍射面时，d_3 与 d_0 更为接近)，则式（3-144）改为

$$\sigma_\phi=\frac{E}{(1+\nu)\sin^2\psi}\cdot\frac{d_\psi-d_3}{d_3} \tag{3-145}$$

从式（3-145）可以看出，当需要测定试件表面上任意指定的一个方向上的平面应力向时，则需要测定两个方向上的面间距 d_ψ 和 d_3。d_3 是平行于试件表面的（HKL）衍射面的面间距；d_ψ 是与试件表面成 ψ 角的（HKL）衍射面的面间距。ψ 角是位于由 σ_ψ 和试件表面法线所组成的平面内，与面法线所组成的夹角。

在实际测量试样时，多使用 X 射线应力分析仪。其原理和衍射仪完全相同。ψ 角如选用 $\psi=0°$和 $\psi=45°$（也可选用其他角度），称为 0-45° 法。$\psi=0°$时，测出 d_3；$\psi=45°$时，测出 d_ψ。也可以选用多种 ψ 角测量。例如，四点法，即选择 $\psi=0°$，15°，30°，45°；六点法，$\psi=0°$，0°，15°，30°，45°，45°等。也可以根据应力仪及试件的不同，选用其他的方法。

以 0-45°法为例说明测试过程，如图 3-92 所示。

① 首先测定与表面平行的（HKL）衍射面的应变 ε_3（ε_3 的方向垂直于表面，图中 N_s、N_p 分别代表试样表面法线和反射晶面法线方向）。ε_3 是由与表面相平行的

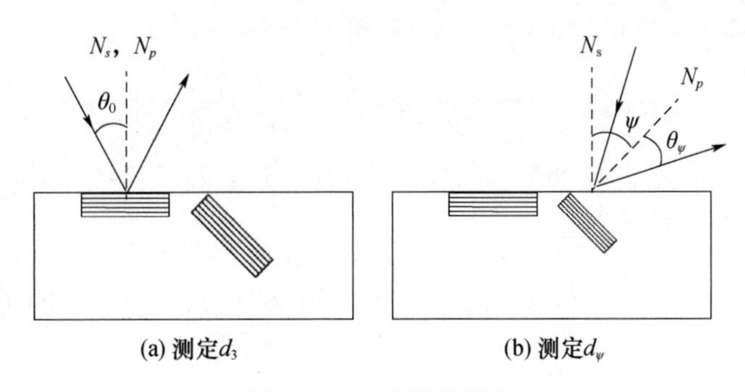

图 3-92 应变测定示意

（HKL）衍射面的面间距的变化求出的，即由 $\varepsilon_3=\dfrac{d_3-d_0}{d_0}$ 求出，d_0 是无应力时（HKL）衍射面的面间距，d_3 是有应力时（HKL）衍射面的面间距。

② 测定与表面呈任意 ψ 角（0-45° 法中，取 $\psi=45°$）上的（HKL）衍射面的应变 ε_ψ。应变 ε_ψ 方向即 N_p 方向，与 N_s 方向成 ψ 角。需要注意的是，ε_ψ 必须位于如图 3-91 所示的 OA 方向上，要使 OA 与 ε_ψ、N_s 共面。也就是说，应变 ε_ψ 是由垂直于 OA 方向，即法线与 OA 平行的那些（HKL）衍射面面间距的变化求出的，即由 $\varepsilon_\psi=\dfrac{d_\psi-d_0}{d_0}$ 求出，d_0 是无应力时（HKL）衍射面的面间距，d_ψ 是有应力时与表面呈任意 ψ 角的（HKL）衍射面的面间距。

可以看到，每选定一个 ψ 角进行一次测量，都要计算一个 d 值。如果将式变成直接使用衍射角 2θ，就可以减少计算 d 的过程。下面推导以 2θ 为基础的计算公式。

由 $\sigma_\phi=\dfrac{E}{(1+\nu)\sin^2\psi}(\varepsilon_\psi-\varepsilon_3)$，可以推出

$$\sin^2\psi=\frac{E}{(1+\nu)\sigma_\phi}(\varepsilon_\psi-\varepsilon_3) \tag{3-146}$$

以 $\sin^2\psi$ 及 ε_ψ 为变量，对式（3-146）求微分。以∂代替常用的微分符号 d，以免与面间距 d 相混。可得

$$\partial(\sin^2\psi)=\frac{E}{(1+\nu)\sigma_\phi}\partial(\varepsilon_\psi) \tag{3-147}$$

$$\partial(\varepsilon_\psi)=\partial\left(\frac{d_\psi-d_0}{d_0}\right)=\frac{\partial d_\psi}{d_0} \tag{3-148}$$

从布拉格方程可以得到

$$\frac{\partial d}{d}=-\cot\theta\,\partial\theta=-\frac{1}{2}\cot\theta\,\partial(2\theta) \tag{3-149}$$

所以得到近似关系为

$$\partial(\varepsilon_\psi)=-\frac{1}{2}\cot\theta_\psi\,\partial(2\theta_\psi)\approx-\frac{1}{2}\cot\theta_0\,\partial(2\theta_\psi) \tag{3-150}$$

代入 $\partial(\sin^2\psi)$式中，整理得

$$\sigma_\phi=-\frac{E}{2(1+\nu)}\cot\theta_0\left[\frac{\partial(2\theta_\psi)}{\partial(\sin^2\psi)}\right] \tag{3-151}$$

为将 θ 角转换为弧度单位，式（3-151）可变换为

$$\sigma_{\phi}=-\frac{E}{2(1+\nu)}\cot\theta_{0}\ \frac{180}{\pi}\left[\frac{\partial\ (2\theta_{\psi})}{\partial\ (\sin^{2}\psi)}\right] \tag{3-152}$$

式（3-152）就是通过 2θ 角表示的测定平面应力 σ_{ϕ} 的公式，式中 θ_0 是所选定的衍射面（HKL）的布拉格角。

令 $-\frac{E}{2(1+\nu)}\cot\theta_{0}\ \frac{180}{\pi}=K_1$，$\frac{\partial\ (2\theta_{\psi})}{\partial\ (\sin^{2}\psi)}=M$，则式（3-152）可表示为

$$\sigma_{\phi}=K_1\cdot M \tag{3-153}$$

可以看出，当 $M>0$ 时，$K_1<0$，则 $\sigma_{\phi}<0$，材料表面为压应力；当 $M<0$ 时，$K_1<0$，则 $\sigma_{\phi}>0$，材料表面为拉应力。

在实测时，试样所选定的（HKL）衍射面、入射线波长均是固定的，K_1 是只与材料本质、选定的衍射面指数 HKL 有关的常数，称为应力系数，属于晶体学特征参数，可以通过查表获得弹性模量 E 和泊松比 ν，进而计算得到；当应力测量精度不高时，也可采用工程数据。

M 是 $2\theta_{\psi}$-$\sin^2\psi$ 直线的斜率，对同一衍射面（HKL），选择一组 ψ 值（如 0°、15°、30°、45°，或用 0-45° 法、六点法），测量相应的 $2\theta_{\psi}$，以 $2\theta_{\psi}$ 为纵坐标，以 $\sin^2\psi$ 为横坐标作图，做一直线，从直线的斜率即可求得斜率 M，进而就可计算出应力 σ_{ϕ}（ϕ 是试样平面内选定主应力方向后，测得的应力与主应力方向的夹角）。

因此，残余应力的测定关键是获得 M 值，即获得 $2\theta_{\psi}$-$\sin^2\psi$ 直线的斜率。下面以低碳钢为例，仅介绍采用 X 射线衍射仪测试残余应力的原理和方法。

（1）$\psi=0°$时的应变测定

一般钢铁材料用 $Cr_{K\alpha}$ 测（211）线。由布拉格方程可算出 $2\theta=156.4°$，$\theta=78.2°$。当 $\psi=0$ 时，即（211）晶面平行于试样表面时，只要令入射线与试样表面成 $\theta_0=78.2°$ 即可。这正是衍射仪所具备的衍射几何（图 3-93）。这时所测得的（211）是处于与平面平行的部分，计数管在 78.2°附近，如+5°扫描，得到确切的 $2\theta_0$（154.92°）。

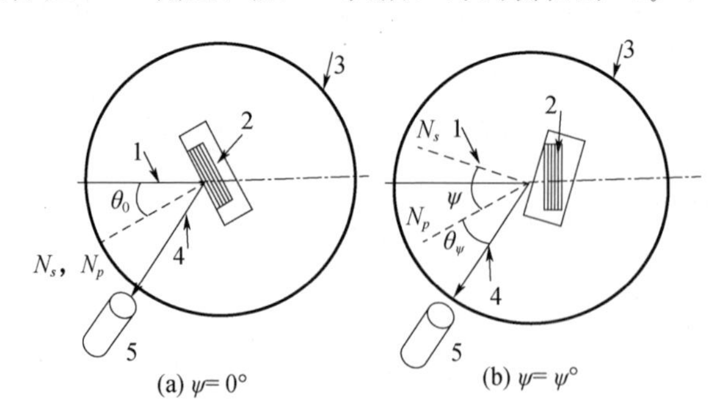

1—入射线，2—反射晶面，3—测角仪圆，4—反射线，5—计数器；N_s、N_p 分别为试样表面和反射晶面法线

图 3-93　衍射仪法残余应力测试时的测量几何关系（同倾法）

（2）ψ 为任意角度时的应变测定

画 $2\theta_{\psi}$-$\sin^2\psi$ 直线，大多采用四点法进行测试，即选择 $\psi=0°$，15°，30°，45°。如测 45°时，让试样绕测角仪圆轴线方向顺时针旋转 45°，而计数器位置不动，始终保持在

2θ=156.4°附近。仍记录在这个空间位置上的（211）晶面反射，得到 $2\theta_{45}$=155.96°，而 $\sin^2 45°$=0.72。再测 ψ=15°、ψ=30°的数据，得到下面的结果。

ψ	0°	15°	30°	45°
$2\theta_\psi$	154.92	155.35	155.91	155.96
$\sin^2\psi$	0	0.067	0.25	0.707

做 $2\theta_\psi$-$\sin^2\psi$ 直线，用最小二乘法求得斜率 M=1.965，查表得 K_1=－318.1MPa/（°）。所以，$\sigma_\phi=K_1M$=－625.1MPa/（°）。

上面的方法中，为测试 ψ=45°的应变，采用了计数器位置不变，而只让试样沿着测角仪圆的轴线顺时针旋转 45°，这种方法称为同倾法。其特点是第一次测试时（ψ=0°），入射线与反射线相对样品表面法线呈对称分布，这是一种满足布拉格方程的理想聚焦情况；第二次入射时（如 ψ=45°），入射线与反射线分布于样品表面法线一侧，衍射几何偏离衍射仪聚焦条件（图 3-94），会导致衍射线宽化和不对称，影响衍射角的测试精度。可以采用一些矫正方法来将这种影响降到最低，如采用小的发散狭缝，调节索拉狭缝采用平行光束。

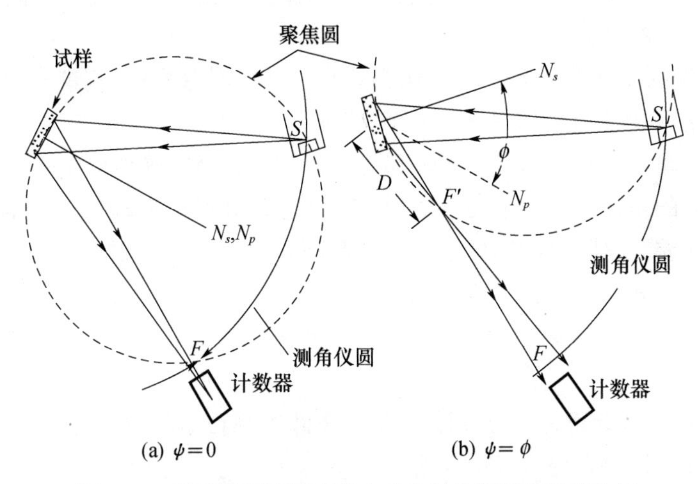

图 3-94　采用同倾法测定残余应力时的衍射仪聚焦几何

为保证满足布拉格方程的衍射仪聚焦条件，可采用侧倾法进行残余应力的测试，测量时的衍射几何关系如图 3-95 所示。当测量 ψ=0°时，方法和同倾法相同；当 ψ=45°时，试样台不是绕着测角仪圆的轴线（垂直于入射线、反射线和试样表面法线方向所处的平面）旋转，而是绕着测角仪圆的水平轴方向（位于入射线、反射线和试样表面法线方向所构成的平面）旋转 45°，此时，N_s 和 N_p 夹角也为 45°，计数器的位置保持不变。这样，可以确保入射线与反射线位于样品表面法线两侧并对称分布，满足布拉格方程的衍射仪聚焦条件。侧倾法需要给衍射仪装配可以侧倾旋转的特殊试样台，适用于复杂表面的测试工作，由于可以保证聚焦条件，线性的精度较高，而且 ψ 角变化的范围理论上可以接近 90°。

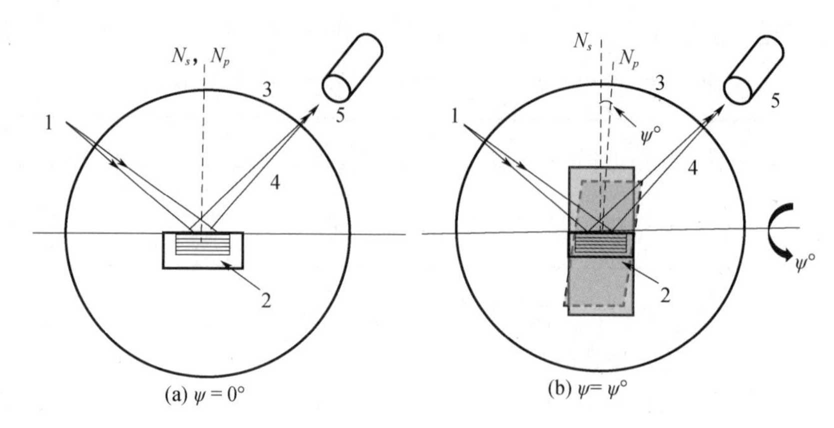

(a) $\psi=0°$　　(b) $\psi=\psi°$

1—入射线，2—反射晶面，3—测角仪圆，4—反射线，5—计数器；

N_s、N_p 分别为试样表面和反射晶面法线

图 3-95　采用侧倾法测定残余应力时的测量几何关系

利用 Jade 软件可以对测试结果方便地进行计算，下面给出 Jade6.0 软件计算残余应力的基本步骤。

① 先对样品做 70°～120°范围内的扫描，选择强度较高、不漫散、面指数较高的衍射峰作为研究对象峰。

② 设置不同的 ψ（0°、15°、30°、45°）角，以慢速扫描方式测量不同 ψ 角下的单峰衍射谱。每个 ψ 角的测量数据保存为一个文件。

值得注意的是，通常高角度衍射峰都是很漫散的，对精确地确定峰位有困难，但是如果所选衍射峰的角度太低，在 $\psi=45°$时，可能不出现衍射峰或者峰强极低而漫散，同样带来计算误差。这时只能选择 ψ 较小的数据，如 $\psi=0°$，10°，20°，30°，40°，并且尽量多选择几个 ψ 角来测量，使实验数据更加密集，减小实验误差。

选择 ψ 角时，尽量使 $\sin^2\psi$ 取点均匀而不是选择 ψ 的取值均匀，因为 ψ-$\sin^2\psi$ 不呈线性关系。

③ 确定峰位，拟合衍射峰位，读取拟合文件的峰位数据（也可借助其他分峰软件打开软件应力计算板块，输入峰位数据）。

④ 根据测量使用的 ψ 角，重新计算窗口中的 $\sin^2\psi$。

⑤ 绘图计算 M、标注：按窗口中的按钮排列顺序，先绘图，然后计算直线斜率 M，如果需要，也可以标注数据。

⑥ 计算应力：先根据材料不同，查阅文献，获得所测物相的弹性模量和泊松比并输入窗口中相应的文本框中。单击“计算应力”，应力常数 K 值、应力值就显示在窗口中的文本框中。

⑦ 保存：单击“保存结果”——保存结果为文本文件，单击“保存图像”——保存结果为图片文件。

习题与思考题

一、简答题

1. X 射线学有几个分支？每个分支的研究对象是什么？

2. 分析下列荧光辐射产生的可能性，为什么？

（1）用 $Cu_{K\alpha}$ X 射线激发 $Cu_{K\alpha}$ 荧光辐射；

（2）用 $Cu_{K\beta}$ X 射线激发 $Cu_{K\alpha}$ 荧光辐射；

（3）用 $Cu_{K\alpha}$ X 射线激发 $Cu_{L\alpha}$ 荧光辐射。

3. 什么叫“相干散射”“非相干散射”“荧光辐射”“吸收限”“俄歇效应”？

4. X 射线的本质是什么？有什么性质？产生 X 射线需具备什么条件？

5. X 射线具有波粒二象性，其微粒性和波动性分别表现在哪些现象中？

6. 特征 X 射线与荧光 X 射线的产生机制有何异同？某物质的 K 系荧光 X 射线波长是否等于它的 K 系特征 X 射线波长？

7. 连续谱是怎样产生的？其短波限 $\lambda_0=\frac{hc}{eV}=\frac{1.24\times10^2}{V}$ 与某物质的吸收限 $\lambda_k=\frac{hc}{eV_k}=\frac{1.24\times10^2}{V_k}$ 有何不同（V 和 V_k 以 kV 为单位）？

8. 为什么会出现吸收限？K 吸收限为什么只有一个而 L 吸收限有 3 个？当激发 K 系荧光 X 射线时，能否伴生 L 系？当 L 系激发时能否伴生 K 系？

9. 在连续 X 射线谱中为什么会存在短波限？

10. 标识 X 射线与荧光 X 射线的产生机制有何异同？某物质的 K 系荧光 X 射线波长是否等于它的 K 系标识 X 射线波长？

11. 某元素 $K_{\alpha2}$ 的标识谱线的波长为 0.019nm，另一元素 $K_{\alpha2}$ 的标识谱线的波长为 0.0196nm，分析两种元素中哪一个元素原子序数大？

12. 是否只有在反射线方向才能收集到衍射线？如果其他方向也有，采用什么措施可以收集到衍射线？

13. 试简要总结由分析简单点阵到复杂点阵衍射强度的整个思路和要点。

14. 试述原子散射因数 f 和结构因子 $|f_{HKL}|^2$ 的物理意义。结构因子与哪些因素有关系？

15. 计算结构因子时，基点的选择原则是什么？如计算面心立方点阵，选择（0，0，0）、（1，1，0）、（0，1，0）与（1，0，0）4 个原子是否可以，为什么？

16. 当体心立方点阵的体心原子和顶点原子种类不相同时，关于 $H+K+L=$偶数时衍射存在、$H+K+L=$奇数时衍射相消的结论是否仍成立？

17. 同一粉末相上背射区线条与透射区线条比较起来其 θ 较高还是较低？相

应的 d 较大还是较小？既然多晶粉末的晶体取向是混乱的，为何有此必然的规律？

18. 测角仪在采集衍射图时，如果试样表面转到与入射线呈 30°角，则计数管与入射线所成角度为多少？能产生衍射的晶面，与试样的自由表面呈何种几何关系？

19. 试从入射光束、样品形状、成相原理（厄瓦尔德图解）、衍射线记录、衍射花样、样品吸收与衍射强度（公式）、衍射装备及应用等方面比较衍射仪法与德拜法的异同点。试用厄瓦尔德图解来说明德拜衍射花样的形成。

20. 物相定性分析的原理是什么？对食盐进行化学分析与物相定性分析，所得信息有何不同？

21. 物相定量分析的原理是什么？试述用 K 值法进行物相定量分析的过程。

二、计算题

1. 计算当管电压为 50 kV 时，电子在与靶碰撞时的速度与动能及所发射连续谱的短波限和光子的最大动能。

2. 计算 0.071nm（$Mo_{K\alpha}$）和 0.154 nm（$Cu_{K\alpha}$）的 X 射线的振动频率和能量。

3. 已知钼的 $\lambda_{K\alpha}=0.71\text{Å}$、铁的 $\lambda_{K\alpha}=1.93\text{Å}$ 及钴的 $\lambda_{K\alpha}=1.79\text{Å}$，试求光子的频率和能量。试计算钼的 K 激发电压，已知钼的 $\lambda_K=0.619\text{Å}$。已知钴的 K 激发电压 $V_K=7.71\text{kV}$，试求其 λ_K。

4. 厚度为 1mm 的铝片能把某单色 X 射线束的强度降低为原来的 23.9%，试求这种 X 射线的波长。试计算含 $Wc=0.8\%$、$Wcr=4\%$、$Ww=18\%$的高速钢对 $Mo_{K\alpha}$ 辐射的质量吸收系数。

5. 欲使钼靶 X 射线管发射的 X 射线能激发放置在光束中的铜样品发射 K 系荧光辐射，问需加的最低的管压值是多少？所发射的荧光辐射波长是多少？

6. 如果 Co 的 K_α、K_β 辐射强度比为 5∶1，当通过涂有 15mg/cm^2 的 Fe_2O_3 滤波片后，强度比是多少？已知 Fe_2O_3 的 $\rho=5.24\text{g/cm}^3$，铁对 $Co_{K\beta}$ 的 $\mu_m=371\text{g/cm}^2$，氧对 $Co_{K\beta}$ 的 $\mu_m=15\text{cm}^2/\text{g}$。

7. 计算空气对 $Cr_{K\alpha}$ 的质量吸收系数和线吸收系数（假设空气中只有质量分数 80%的氮和质量分数 20%的氧，空气的密度为 $1.29\times10^{-3}\text{g/cm}^3$）。

8. 为使 $Cu_{K\alpha}$线的强度衰减 1/2，需要多厚的 Ni 滤波片？（Ni 的密度为 8.90g/cm^3）。$Cu_{K\alpha1}$ 和 $Cu_{K\alpha2}$ 的强度比在入射时为 2∶1，利用算得的 Ni 滤波片之后其比值会有什么变化？

9. $Cu_{K\alpha}$ 辐射（$\lambda=0.154$ nm）照射 Ag（f.c.c）样品，测得第一衍射峰位置 $2\theta=38°$，试求 Ag 的点阵常数。

10. 铝为面心立方点阵，$a=0.409\text{nm}$。今用 $Cr_{K\alpha}$（$\lambda=0.209\text{nm}$）摄照周转晶体相，X 射线垂直于 [001]。试用厄瓦尔德图解法原理判断下列晶面有无可能参与衍射：(111)，(200)，(220)，(311)，(331)，(420)。

11. 某一正方晶系晶体的晶胞内有 4 个同名原子，其坐标分别为 0 0.5 0.5，0.5 0

0.25，0.5 0 0.75，0 0.5 1.25。(1) 总结出禁止衍射的衍射面指数规律；(2) 分别算出(110) (002) 衍射面的 F^2 值。

12. 已知某试样（体心立方）的点阵常数为0.316nm，假设用 $Cu_{K\alpha}$ X射线照射该试样。试写出头4条衍射线的干涉指数，并计算相应各衍射线的 2θ 值。结合衍射限制条件及系统消光规律，对下列由同名原子组成的单晶体试样进行衍射实验，入射线的波长为0.18nm，试求出至少3个可能会出现的衍射面。

(1) 具有简单立方阵胞 $a=0.4$nm，

(2) 具有体心立方阵胞 $a=0.4$nm。

13. 用 $Cu_{K\alpha1}$ 特征X射线照射（$\lambda=0.15406$nm）某一立方晶系｛立方晶系晶面间距公式为 $d=a/[(H^2+K^2+L^2)^{1/2}]$｝物相，所得衍射谱上共有9条衍射峰，其相应的 $\sin^2\theta$ 之值分别为：0.1085、0.1448、0.2897、0.3980、0.4341、0.5788、0.6876、0.7236、0.8683。确定布拉格点阵类型；标定衍射峰指数；计算点阵常数。

14. 用 $Cu_{K\alpha}$ X射线摄得的 Ni_3Al 德拜相上共有9条线对，其 θ 角为：21.89°，25.55°，37.59°，45.66°，48.37°，59.46°，69.64°，74.05°，74.61°。已知 Ni_3Al 为立方晶系，试标定指数，并求点阵常数。

15. 用 $Cu_{K\alpha}$ 特征X射线照射（$\lambda=0.15406$nm）某一立方晶系物相，所得德拜相上共有9条衍射峰，其相应的 $\sin^2\theta$ 之值分别为：0.1085、0.1448、0.2897、0.3980、0.4341、0.5788、0.6876、0.7236、0.8683。确定布拉格点阵类型，标定衍射面指数，并计算点阵常数。

16. 已知某物相为立方晶系｛立方晶系晶面间距公式为 $d=a/[(H^2+K^2+L^2)^{1/2}]$｝，用 $Cu_{K\alpha}$ 特征X射线照射（$\lambda=0.15406$nm），在以下 θ 角处出现衍射峰：21.89，25.55，37.59，45.66，48.37，59.46，69.64，69.99，74.05，74.61。试标定衍射峰指数，确定布拉格点阵类型，并计算点阵常数。

17. 用 $Cu_{K\alpha}$ 特征X射线照射（$\lambda=0.15406$nm）某一立方晶系｛立方晶系晶面间距公式为 $d=a/[(H^2+K^2+L^2)^{1/2}]$｝物相，所得衍射谱上共有9条衍射峰，其相应的 $\sin^2\theta$ 之值分别为：0.1085、0.1448、0.2897、0.3980、0.4341、0.5788、0.6876、0.7236、0.8683。确定布拉格点阵类型，标定衍射峰指数，并计算点阵常数。

18. 已知某由同名原子构成的试样（面心立方）的点阵常数 $a=0.40495$nm，假设用 $Cu_{K\alpha1}$ X射线（$\lambda=0.15406$nm）照射该试样，在不考虑其他任何影响因素情况下：

(1) 求出可以出现的衍射面都有哪些？

(2) 求出 (220) 晶面所对应的衍射线的 2θ 值。

(3) 以 2θ 为横坐标，以 $|F_{HKL}|^2$（假设 $f_a=3$）为纵坐标，画出其衍射图谱（只画出相对强度即可）。

(4) 如果试样为NaCl晶体，按 (3) 要求，画出图谱。

19. 今有一张用 $Cu_{K\alpha}$ 辐射摄得的钨（体心立方）的粉末图样，试计算出头4根线条的相对累积强度［不计 e^{-2M} 和 $A(\theta)$］。若以最强的一根强度归一化为100，其他线强度各为多少？这些线条的 θ 值如下，按下表计算。

线条	θ（°）	HKL	P	$\sin\theta/\lambda$（nm^{-1}）	f	$\lvert F_{HKL}\rvert^2$	φ（θ）	强度归一化
1	20.3							
2	29.2							
3	36.4							
4	43.6							

20. A-TiO_2（锐铁矿）与 R-TiO_2（金红石）混合物衍射花样中两相最强线强度比 $I_{A\text{-}TiO_2}/I_{R\text{-}TO_2}=1.5$。试用参比强度法计算两相各自的质量分数。

21. 某立方晶系晶体高角度衍射线条数据如下表所列，试用“a-$\cos^2\theta$”的图解外推法求其点阵常数（准确到 4 位有效数字）。已知 $\lambda=0.154056$nm。

$H^2+K^2+L^2$	$\sin^2\theta$
38	0.9114
40	0.9563
41	0.9761
42	0.9980

22. 在 α-Fe_2O_3 及 Fe_3O_4 混合物的衍射图样中，两根最强线的强度比 $I_{\alpha\text{-}Fe_2O_3}/I_{Fe_3O_4}=1.3$，试借助于 PDF 卡片上的 I/I_{cor}（参比强度，即 K 值）计算 α-Fe_2O_3 的相对含量。

23. 要测定轧制 7-3 黄铜试样的应力，用 $Co_{K\alpha}$ 照射（400），当 $\psi=0°$时测得 $2\theta=150.1°$，当 $\psi=45°$时 $2\theta=150.99°$，问试样表面的宏观应力为若干？（已知 $a=3.695$Å，$E=8.83\times10^{10}N/m^2$，$\nu=0.35$）。

4

透射电子显微分析

众所周知，人眼能分辨的最小距离在0.2mm左右，要观察和分析更小的距离，就必须使用显微镜。光学显微镜使得人们认识世界从毫米尺度跨度到微米尺度。但由于光学显微镜是采用可见光（波长为390～770nm）作为信息载体，通过玻璃或者树脂透镜折射聚焦成型，其极限分辨率（成像物体上能分辨出来的两个物点间的最小距离）受可见光波长的限制，约为波长的一半，即0.2μm左右。因此，光学显微镜只能从微观尺度观察和分析物质的内部世界。

透射电子显微镜（Transmission Electron Microscope）成功实现了电磁线圈对电子的聚焦。1924年，德国科学家德布罗意（Brogliel. De）提出了微观粒子具有二象性的假设，并得到了实验验证。1932年，德国的克诺尔（Knoll）和鲁斯卡（Ruska）制造出了第一台透射电镜，放大率只有12倍，分辨率与光学显微镜差不多。1939年，德国的西门子公司生产出分辨率优于10nm的透射电镜。1947年，来·保尔发展了TEM的选区衍射模式，把电子显微镜和电子衍射结合起来。1956年，赫什（Hirsh）用衍射动力学法说明衍射衬度。到20世纪70年代，又发展了高分辨电子显微术，直接观察二维晶格条纹像和结构像。现代的透射电镜点分辨率优于0.3nm，晶格分辨率达到0.1～0.2nm，自动化程度高，具备多方面的综合分析功能。

4.1 电子显微分析基础

4.1.1 电子波与电磁透镜

4.1.1.1 光学显微镜的分辨率极限

显微镜的用途是将物体放大，使物体上的细微部分清晰地显示出来，以便于人们观察用肉眼直接看不见的东西。由于光波的波动性，使得由透镜各部分折射到像平面上的像点及其周围区域的光波发生相互干涉作用，产生衍射效应。一个理想的物点，经过透镜成像时，由于衍射效应，在像平面上形成的不再是一个像点，而是一个具有一定尺寸的中央亮斑和周围明暗相间的圆环所构成的埃利（Airy）斑，如图 4-1 所示。

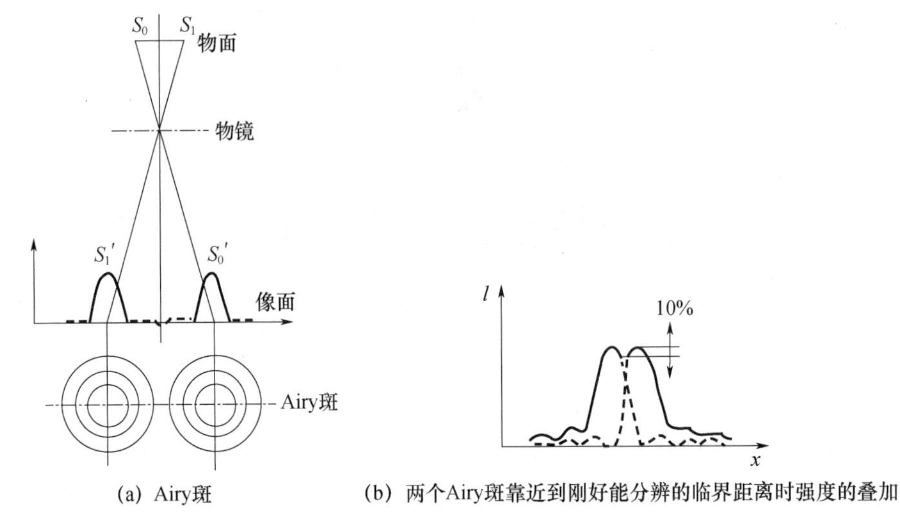

(a) Airy斑　　(b) 两个Airy斑靠近到刚好能分辨的临界距离时强度的叠加

图 4-1　两个光源成像时形成的 Airy 斑

一个样品可看成是由许多物点组成的，这些物点相邻但不互相重叠，当用波长 λ 的光波照射物体时，假如物体上两个相隔一定距离的点，经过透镜成像后，在像平面上形成各自的埃利斑像。如果两物点相距较大，相应的埃利斑也彼此分开。当物点彼此接近时，相应的埃利斑也彼此接近，直至部分重叠。通常把两个埃利斑中心间距等于第一暗环半径 R_0 时，样品上相应的两个物点间距离称为显微镜的分辨率。一个物体上的两个相邻点能被显微镜分辨清晰，主要依靠显微镜的物镜。假如在物镜形成的像中，这两点未被分开的话，则无论用多大倍数的投影镜或目镜，也不能再将它们分开。根据光学原理，两个发光的点的分辨距离为

$$\Delta r_0 = \frac{0.61\lambda}{n\sin\alpha} \tag{4-1}$$

式中，Δr_0 为两物点的间距；λ 为光波长；n 为透射周围介质的折射率；$n\sin\alpha$ 为物镜的数值孔径。

对于光学透镜，当 $n\sin\alpha$（物镜的数值孔径）做到最大时，$n\approx 1.5$，$\alpha\approx 70^\circ\sim 75^\circ$，带入式（4-1），可化简为

$$\Delta r_0 \approx \frac{\lambda}{2} \tag{4-2}$$

这说明显微镜的分辨率取决于可见光的波长，而可见光的波长范围为 390～770nm，故光学显微镜的分辨率不可能高于 200nm。因此，要提高显微镜的分辨本领，关键要有波长短又能聚焦成像的照明光源。顺着电磁波谱（图 4-2）往短波方向看，紫外线波长比可见光短，但绝大部分样品都强烈吸收短波长紫外线，因而不能作为照明光源；X 射线波长虽然很短，在 0.05～10nm 范围内，但是至今还不知道有什么物质能使之有效地改变方向，折射和聚焦成像；由于电子波长很短，具有波粒二象性，且电场和磁场均能使其发生折射和聚焦，从而实现成像，是一种理想的光源。

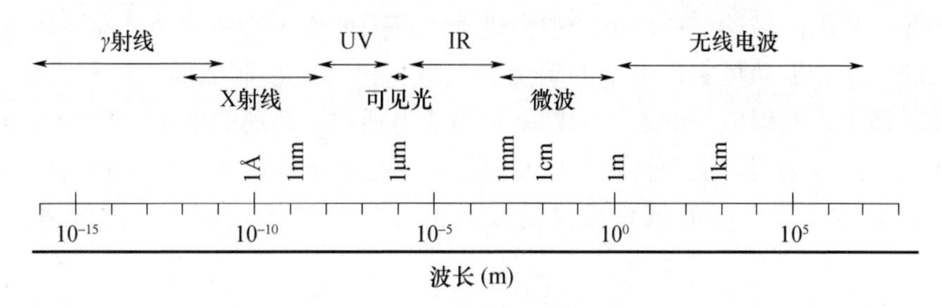

图 4-2 电磁波谱

4.1.1.2 电子波的波长

根据德布罗意（Brogliel. De）的观点，运动的电子除了具有粒子性外，还具有波动性。电子波的波长取决于电子运动的速度和质量，即

$$\lambda = \frac{h}{mv} \tag{4-3}$$

式中，h 为普郎克常数：$h = 6.626 \times 10^{-34}\text{J} \cdot \text{s}$；$m$ 为电子质量；v 为电子运动速度，其大小与加速电压 U 有关，即

$$\frac{1}{2}mv^2 = eU \tag{4-4}$$

式中，e 为电子的电荷，其值为 $1.6 \times 10^{-19}\text{C}$。

所以有

$$\lambda = \frac{h}{\sqrt{2emU}} \tag{4-5}$$

显然，提高加速电压，可显著降低电子波的波长，如表 4-1 所示。

表 4-1 不同加速电压下电子波的波长

加速电压 U（kV）	电子波波长 λ（nm）	加速电压 U（kV）	电子波波长 λ（nm）
20	0.00859	120	0.00334
40	0.00601	160	0.00285
60	0.00487	200	0.00251
80	0.00418	500	0.00142
100	0.00371	1000	0.00087

光学显微镜采用可见光为信息载体，其极限分辨率约为 200nm；而透射电镜的信息载体为电子，且电子波的波长可随加速电压的增加而显著减小。透射电子显微镜中常用的加速电压为 100～20kV，电子波的波长仅为可见光的 10^{-5}，因而，透射电镜的分辨率要比光学显微镜高出 5 个数量级。

4.1.1.3 电磁透镜

无论是光学透镜还是电磁透镜，只要它们能够将光波（无论是可见光还是电子波）会聚或者发散，就可以做成透镜。而且，无论是何种透镜，它们的几何光学成像原理都是相同的，所以对于透射电子显微成像的光路，可以像分析可见光一样来处理。

电子是带负电的粒子，在静电场中会受到电场力的作用，使运动方向发生偏转，设计静电场的大小和形状可实现电子的聚焦和发散。由静电场制成的透镜称为静电透镜，在电子显微镜中，发射电子的电子枪就是利用静电透镜。运动的电子在磁场中也会受磁场力的作用而产生偏折，从而达到会聚和发散，由磁场制成的透镜称为磁透镜。用通电线圈产生的磁场来使电子波聚焦成像的装置叫作电磁透镜，目前应用较多的是电磁透镜。

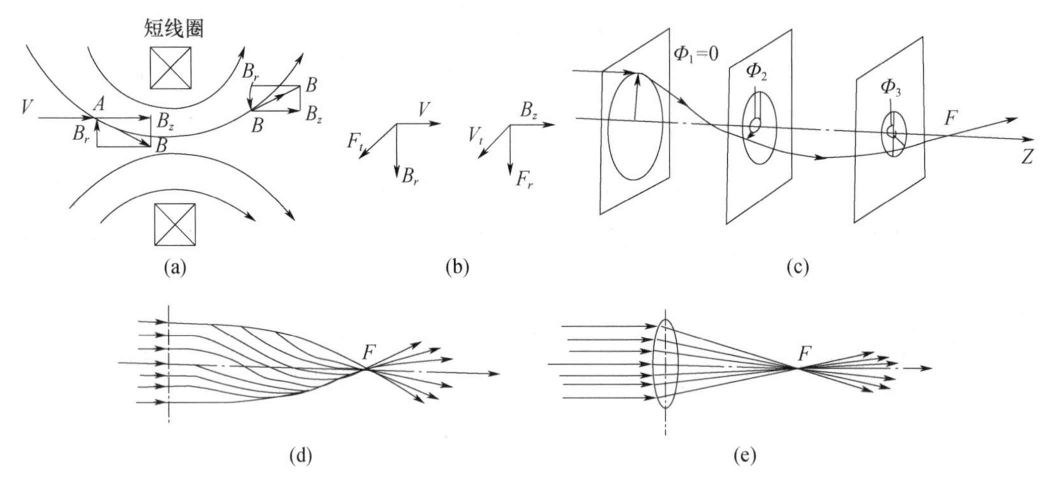

图 4-3　电磁透镜聚焦原理

通电的短线圈就构成了一个简单的电磁透镜，简称磁透镜。图 4-3 为磁透镜的聚焦原理图。短线圈通电后，在线圈内形成图 4-3（a）所示的磁场，由于线圈较短，故中心轴上各点的磁场方向均在变化，但磁场为旋转对称磁场。当入射电子束沿平行于电磁透镜的中心轴以速度 V 入射至透镜时，A 点的磁场强度 B 分解为沿电子束的运动方向的分量 B_z 和径向分量 B_r，电子束在 B_r 的作用下受到垂直于 B_r 和 V 所在的平面的洛伦磁力 F_t 的作用，如图 4-3（b）所示，使电子束沿受力方向运动，获得运动速度 V_t，F_t 的作用使电子束围绕中心轴做圆周运动。又因为 V_t 方向垂直于轴向磁场 B_z，使电子束受到垂直于 V_t 和 B_z 所在平面的洛伦磁力 F_r 的作用，如图 4-3（b）所示，使电子束向中心轴靠拢。综合 F_t 和 F_r 的共同作用及入射时的初速度，电子束将沿中心方向做螺旋会聚，如图 4-3（c）所示。电子束在电磁透镜中的运动轨迹不同于静电透镜，是一种螺旋圆锥会聚曲线，这样电磁透镜的成像与样品之间会产生一定角度的旋转。

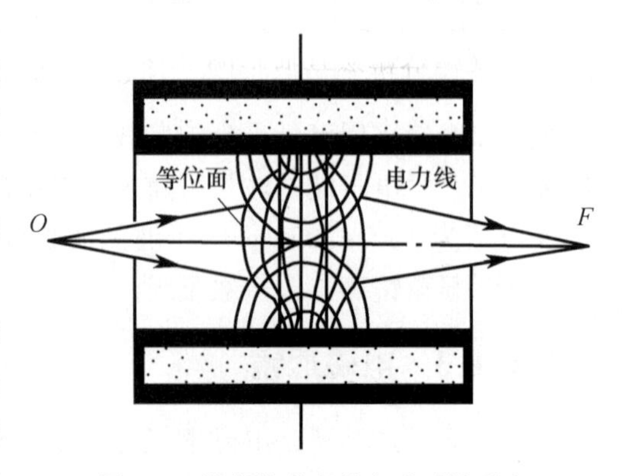

图 4-4　带有软磁壳的电磁透镜示意

实际磁透镜是将线圈置于内环带有缝隙的软磁铁壳体中的。软磁铁可显著增强短线圈中的磁感应强度，缝隙可使磁场在该处更加集中，且缝隙越小，集中程度越高，该处的磁场强度就越强（图 4-4）。

为了使线圈内的磁场强度进一步增加，还在线圈内加上一对极靴。极靴采用磁性材料制成，呈锥形，至于缝隙处。极靴可使电磁透镜的实际磁场强度将更有效地集中到缝隙四周仅几毫米的范围内（图 4-5）。

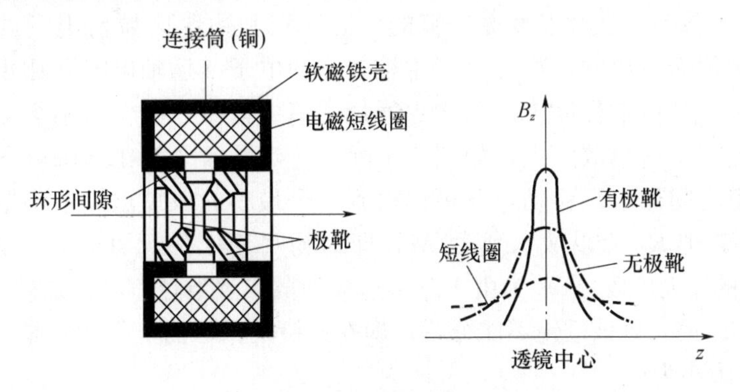

图 4-5　带有极靴的磁透镜及场强分布

与光学透镜的成像原理相似，电磁透镜的物距（L_1）、像距（L_2）和焦距（f）三者之间也满足以下关系式：

$$\frac{1}{f}=\frac{1}{L_1}+\frac{1}{L_2} \tag{4-6}$$

光学透镜的焦距无法改变，因此，要满足成像条件，必须同时改变物距和像距。

电磁透镜的焦距与多种因素有关，可用式（4-7）近似计算：

$$f \approx K\frac{U_r}{(IN)^2} \tag{4-7}$$

式中，K 为常数；U_r 为经相对论修正过的加速电压；IN 为电磁透镜激磁安匝数。

由此可见，无论激磁方向如何，电磁透镜的焦距总是正的，不存在负值，意味着电磁透镜没有凹透镜，全是凸透镜，即会聚透镜；可以通过改变励磁电流来改变焦距以满足成像条件；焦距与加速电压成正比，即与电子速度有关，电子速度越高焦距越长，因此，为了减少焦距波动以降低色差，需稳定加速电压。

4.1.1.4　电磁透镜的像差

光学透镜分辨率是波长的一半，而电磁透镜目前还远远没有达到分辨率是波长的一半。以日立 H-800 透射电镜为例，其加速电压达到 200kV，若分辨率是波长的一半，那么它的分辨率应该是 0.0125nm，实际上，H-800 透射电镜的点分辨率是 0.45nm，与理论分辨率相差约 360 倍。即使忽略电子的衍射效应对成像的影响，电磁透镜也不能把一个理想的物点聚焦为一个理想的像点。这是因为它与光学玻璃透镜一样具有各种像差，而且有些像差甚至理论上也不可能加以补偿或矫正。例如，球差，光学玻璃透镜可能可以用会聚镜和发散透镜的组合或设计特殊的抛物型界面等措施来补偿校正，而对于电磁透镜来说，这样的校正是不可能的。

电磁透镜的像差分为两类，即几何像差和色差。几何像差是由透镜磁场几何形状上的缺陷造成的，主要指球差和像散。色差是由于电子波的波长或能量发生一定幅度的改变而造成的。下面将分别讨论球差、像散和色差形成的原因，并指出减少这些像差的途径。

（1）球差

球差即球面像差，是由于电磁透镜的中心区域和边缘区域对电子的折射能力不符合预定的规律而造成的。离开透镜主轴较远的电子（远轴电子）比主轴附近的电子（近轴电子）被折射程度大。当物点通过透镜成像时，电子就不会会聚到同一焦点上，从而形成了一个散焦点，如图 4-6 所示。如果像平面在远轴电子的焦点和近轴电子的焦点之间做水平移动，就可以得到一个最小的散焦点。最小散焦点的半径用 R_S 表示，若把 R_S 除以放大倍数 M，即为物平面上的尺寸 r_s，其大小为 R_S/M（M 为磁透镜的放大倍数）。r_s 为由于球差造成的散焦点半径，也就是说，物平面上两点距离小于 2 r_s 时，则该透镜不能分辨，即在透镜的像平面上得到的是一个点。用 r_s 代表球差，其大小为

$$r_s=\frac{1}{4}C_s\alpha^3 \tag{4-8}$$

式中，C_s 为球差系数，一般为磁透镜的焦距，1～3mm；α 为孔径半角。

从式（4-8）可以看出，减小球差可以通过减小 C_s 值和缩小孔径角来实现，因为球差和孔径半角成三次方关系，所以用小孔径角成像时，可使球差明显减小。

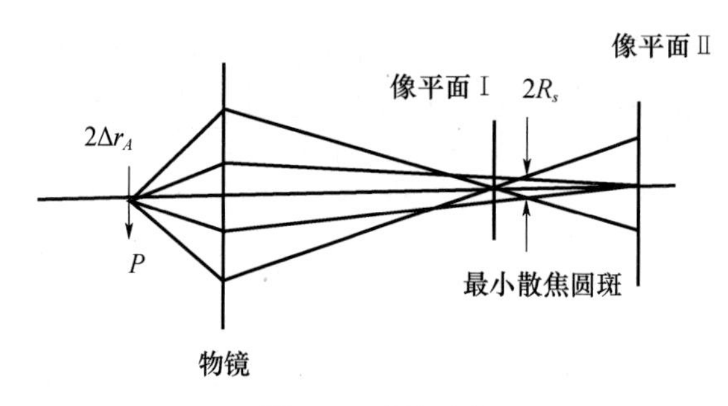

图 4-6　球差示意

（2）像散

像散是由透镜磁场的非旋转对称引起的。极靴内孔不圆、上下极靴的轴线错位、制作极靴的材料材质不均匀及极靴孔周围局部污染等原因，都会使电磁透镜的磁场产生椭圆度。透镜磁场的这种非旋转性对称，会使它在不同方向上的聚焦能力出现差别，结果使成像物点通过透镜后不能在像平面上聚焦成一点，如图 4-7 所示。在聚焦最好的情况下，能得到一个最小的散焦斑，把最小散焦斑的半径 R_A 折算到物点的位置上去，就形成了一个半径为 r_A 的原斑，即 $r_A=R_A/M$（M 为磁透镜的放大倍数）。用 r_A 表示像散，其大小为

$$r_A=f_A\alpha \tag{4-9}$$

式中，f_A 为电磁透镜出现椭圆度时造成的焦距差；α 为孔径半角。

如果电磁透镜在制造过程中已存在固有的像散，则可以通过引入一个强度和方位都可以调节的矫正磁场来进行补偿，这个产生矫正磁场的装置就是消像散器。

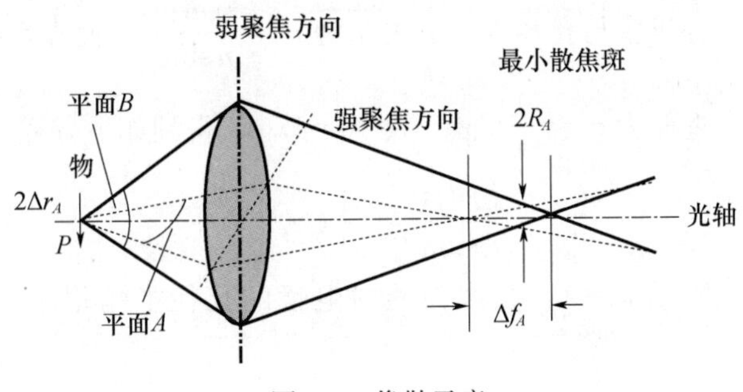

图 4-7 像散示意

(3) 色差

色差是由于入射电子波长（或能量）的非单一性所造成的，图 4-8 为形成色差原因的示意图。若入射电子的能量出现一定的差别，能量大的电子在距透镜光心比较远的地方聚焦，而能量较低的电子在距光心较近的地点聚焦，由此造成了一个焦距差。使像平面在长焦点和短焦点之间移动时，也可以得到一个最小的散焦斑，其半径为 R_c。把 R_c 除以透镜的放大倍数 M 即可把散焦斑的半径折算到物点的位置上去，这个半径大小等于 r_c，即 $r_c = R_c/M$。用 r_c 表示色散，其值可以通过式（4-10）计算。

$$r_c = C_c \left| \frac{\Delta E}{E} \right| \tag{4-10}$$

式中，C_c 为色差系数；α 为孔径半角；$\frac{\Delta E}{E}$ 为电子束的能量变化率。

当 C_c 和孔径半角 α 一定时，$\left| \frac{\Delta E}{E} \right|$ 的数值取决于加速电压的稳定性和电子穿过样品时发生非弹性散射的程度。如果样品很薄，则可把后者的影响略去，因此采取稳定加速电压的方法可以有效地减小色差。色差系数 C_c 和球差系数 C_s 均随透镜激磁电流的增加而减小。

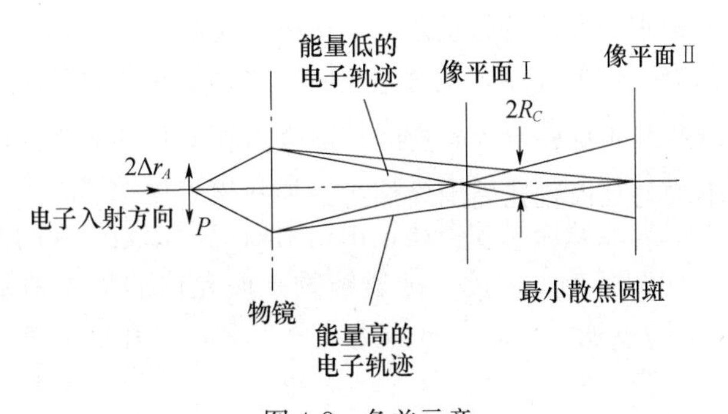

图 4-8 色差示意

因为电磁透镜总是会聚的透镜，球差是限制电磁透镜分辨率的主要因素。提高透镜分辨率唯一可行的方法是采用尽可能小的孔径角成像。随着孔径角的减小，球差散焦斑半径显著地减小了，但衍射效应埃利斑半径却增大了。由此可见，孔径半角 α 对衍射效应的分辨率和球差造成的分辨率的影响是相反的。如何找到最佳的孔径半角 α 呢?

在衍射效应中，分辨率与孔径半角的关系为 $r_0 = \dfrac{0.61\lambda}{n\sin\alpha}$，而在像差中，球差为控制因素，分辨率的大小近似为 $r_s = \dfrac{1}{4}C_s\alpha^3$，令 $r_0 = r_s$，得到如下方程：

$$\frac{0.61\lambda}{n\sin\alpha} = \frac{1}{4}C_s\alpha^3 \tag{4-11}$$

因为在真空中，所以 $n=1$，又因为透射电镜的孔径半角很小，故 $\sin\alpha \approx \alpha$，整理得：

$$\alpha^4 = 2.44\left(\frac{\lambda}{C_s}\right) \tag{4-12}$$

所以

$$\alpha = \sqrt[4]{2.44}\left(\frac{\lambda}{C_s}\right)^{\frac{1}{4}} = 1.25\left(\frac{\lambda}{C_s}\right)^{\frac{1}{4}} \tag{4-13}$$

此 α 即为透镜的最佳孔径半角，用 α_0 表示。

此时透镜的分辨率为

$$r_0 = \frac{1}{4}C_s\alpha^3 = 0.49C_s^{\frac{1}{4}}\lambda^{\frac{3}{4}} \tag{4-14}$$

一般情况下，综合各种影响因素，电磁透镜的分辨率可统一表示为

$$r_0 = AC_s^{\frac{1}{4}}\lambda^{\frac{3}{4}} \tag{4-15}$$

式中，A 为常数，一般为 0.4～0.55，实际操作中，最佳孔径半角是通过选用不同孔径的光阑获得的。目前最高的电镜分辨率已达 0.1nm 左右。

4.1.1.5 电磁透镜的景深和焦长

电磁透镜分辨率大，景深大，焦长长。

（1）景深

景深是指在保持像清晰的前提下，试样在物平面上下沿镜轴可移动的距离，或者说观察屏或照相底版沿镜轴所允许的移动距离。电磁透镜景深大、焦长长是小孔径角成像的结果。任何样品都有一定的厚度，从理论上讲，当透镜焦距、像距一定时，只有一层样品平台与透镜的理想物平面相重合，能在透镜像平面获得该层平面的理想图像。而偏离理想物平面的物点都存在一定程度的失焦，它们在透镜像平面上将产生一个具有一定尺寸的失焦圆点。如果失焦圆斑尺寸不超过由衍射效应和像差引起的散焦点，那么对透镜像分辨率并不产生什么影响。因此，把透镜物平面允许的轴向偏差定义为透镜的景深，用 D_f 表示，如图 4-9 所示。它与电磁透镜分辨率 r_0、孔径半角 α 之间的关系为

$$D_f = \frac{2r_0}{\tan\alpha} \approx \frac{2r_0}{\alpha} \tag{4-16}$$

式中，r_0 为透镜像分辨率；α 为孔径半角。

这表明电磁透镜孔径半角越小，景深越大。一般的电磁透镜 $\alpha = 10^{-2} \sim 10^{-3}$rad，如果$r_0$=1nm，$D_f$=200～2000nm，对于加速电压为 100kV 的电子显微镜来说，样品厚度一般控制在 200nm 左右，在透镜景深范围内，因此样品各部位的细节都能得到清晰的像。

电磁透镜景深大，对于图像的聚焦操作，尤其是在高放大倍数的情况下，是非常有利的。

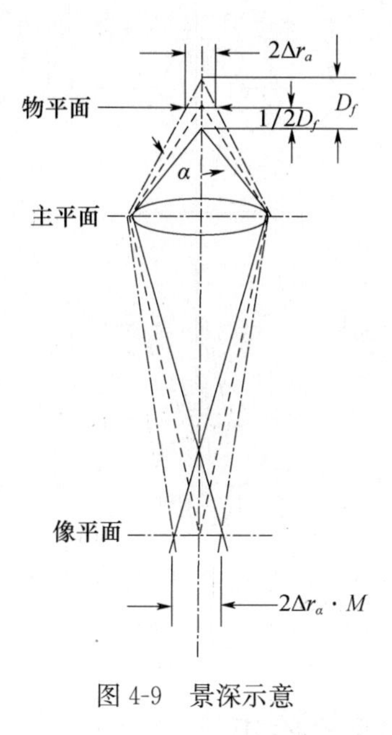

图 4-9 景深示意

（2）焦长

当透镜焦距和物距一定时，像平面在一定的轴向距离内移动，也会引起失焦。如果失焦引起的失焦尺寸不超过透镜因衍射和像差引起的散焦斑大小，那么像平面在一定的轴向距离内移动。对透镜像的分辨率没有影响。把透镜像平面允许的轴向偏差定义为透镜的焦长，用 D_L 表示。

从图 4-10 上可以看出透镜焦长 D_L 与透镜像分辨率 r_0、透镜放大倍数像点所张的孔半角 β 之间的关系为

$$D_L = \frac{2r_0M}{\tan\beta} \approx \frac{2r_0M}{\beta} \tag{4-17}$$

式中，r_0 为透镜像分辨率；M 为透镜的放大倍数。

因为，$\beta = \frac{\alpha}{M}$，所以

$$D_L = \frac{2r_0M^2}{\alpha} \tag{4-18}$$

当电磁透镜放大倍数和分辨本领一定时，透镜焦长随孔径半角减小而增大。如一电磁透镜分辨本领 $r_0 = 1\text{nm}$，孔径半角 $\alpha = 10^{-2}\text{rad}$，放大倍数 $M = 200$ 倍，计算得焦长 $D_L = 8\times10^6\text{nm} = 8\text{mm}$。这表明该透镜实际像平面在理想平面上或下各 4mm 范围内移动时无须改变透镜聚焦状态，图像仍保持清晰。

由多极电磁透镜组成的电子透镜显微镜，其放大倍数等于各级透镜放大倍数之积，因此焦长就更长了，一般来说超过 10～20cm 是不成问题的。电磁透镜的这一特点给电子显微镜图像的照相记录带来了极大的方便，只要在荧光屏上图像是聚焦清晰的，那么

在荧光屏上或下十几厘米放照相底片所拍摄的图片也是清晰的。

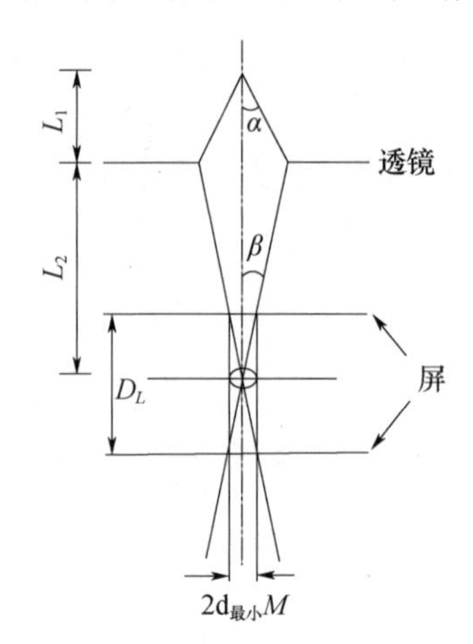

图 4-10　焦长示意

从以上分析可知，电磁透镜的景深和焦长都反比于孔径半角 α，因此，减小孔径半角如插入小孔光阑，就可以使电磁透镜的景深和焦长显著增大。

4.1.2　电子与固体物质的作用

随着扫描电镜、透射电镜、电子探针、俄歇电子能谱仪、X 射线光电子能谱仪等现代分析仪器的发展，促进了电子、X 光子等辐射粒子与物质相互作用的研究。本节就电子与物质相互作用的基本物理过程，电子与物质相互作用产生的各种信号，这些信号的特点及其在电子显微分析中的应用做一些概要介绍。

4.1.2.1　电子散射

当一束聚焦电子束沿一定方向射入试样内，在原子库仑电场作用下，入射电子方向改变，称为散射。原子对电子的散射可分为弹性散射和非弹性散射。在弹性散射中，电子只改变方向，基本无能量的变化。在非弹性散射中，电子不但改变方向，能量也有不同程度的减小，转变为热、光、X 射线和二次电子等。

为了定量地分析和研究电子的散射作用，需要引入散射截面的概念。一个电子被一个试样原子散射后偏转角等于或大于 α 角的概率可用原子散射截面 $\sigma(\alpha)$ 来度量，它可定义为电子被散射到等于或大于 α 角的概率除以垂直入射电子方向上单位面积的原子数。量纲为面积。可以将弹性散射和非弹性散射看成相互独立的随机过程，原子散射截面是弹性散射截面与非弹性散射截面之和，即

$$\sigma(\alpha) = \sigma_e(\alpha) + \sigma_i(\alpha) \tag{4-19}$$

式中，$\sigma(\alpha)$ 为原子散射截面；$\sigma_e(\alpha)$ 为原子的弹性散射截面；$\sigma_i(\alpha)$ 为原子的非弹性散射截面。

原子对电子的散射又可分为原子核对电子的弹性散射、原子核对电子的非弹性散射和核外电子对电子的非弹性散射。

(1) 弹性散射

入射电子与试样中的原子核发生碰撞时，可以用经典力学方法近似处理。当一个电子从距离为 r_n 处通过原子序数为 Z 的原子核库仑电场时，将受到散射。由于核的质量远大于电子的质量，电子散射后只改变方向而不损失能量，因此，电子受到的散射是弹性散射，根据卢瑟福的经典散射模型，散射角 α 是：

$$\alpha = \frac{Ze^2}{E_0 r_n} \tag{4-20}$$

式中，E_0 为入射电子的能量（eV）。

由式（4-20）可知，试样原子序数越大，入射电子的能量越小，距原子核的距离越近，散射角 α 越大。显然，这是一个相当简化的模型，实际上除了要考虑原子核对电子的散射作用外，还应考虑核外电子负电荷的屏蔽作用。

由图 4-11（a）可知，在垂直于电子入射方向，以原子核为中心、r_n 为半径的圆面积 $\pi r_n{}^2$ 内通过的入射电子，其散射角均大于或等于 α，$\pi r_n{}^2$ 相当于一个核外电子对入射电子的非弹性散射截面。

弹性散射电子由于其能量等于或接近于入射电子能量 E_0，因此是透射电镜中成像和衍射的基础。

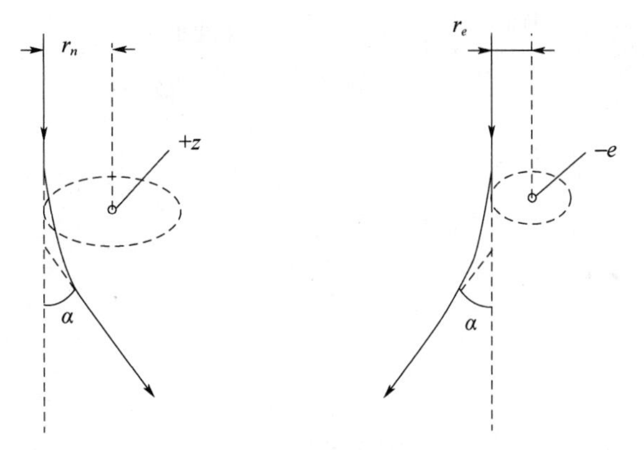

(a) 原子核对入射电子的弹性散射　　(b) 核外电子对入射电子的非弹性散射

图 4-11　电子散射示意图

(2) 非弹性散射

入射电子运动到原子核附近，除受核的库仑电场的作用发生大角度弹性散射外，入射电子也可以被库仑电势制动而减速，成为一种非弹性散射，入射电子损失的能量 ΔE 转变为 X 射线，它们之间的关系是：

$$\Delta E = h\nu = \frac{hc}{\lambda} \tag{4-21}$$

式中，h 为普朗克常数；c 为光速；ν、λ 为 X 射线的频率与波长。

由于能量的损失不是固定的，这种 X 射线无特征波长值，能量损失越大，X 射线波长越短，波长连续可变，一般称为连续辐射或韧致辐射。它本身不能用来进行成分分析，反而会在 X 射线谱上产生连续衬底，影响分析的灵敏度和准确度。

入射电子与原子核外电子的碰撞为非弹性碰撞。此时入射电子运动方向改变，能量受到损失，而原子则受到激发。

（3）电子吸收

电子吸收是指入射电子与物质作用后，能量逐渐减小的现象。电子吸收是非弹性散射引起的，由于库仑场的作用，电子被吸收的速度远高于 X 射线。不同的物质对电子吸收也不同，入射电子能量越高，其在物质中沿入射方向所能传播的距离就越大。电子吸收决定了入射电子在物质中的传播路程，即限制了电子与物质发生作用的范围。

4.1.2.2 电子与固体作用时激发的信息

入射电子束与物质作用后，产生弹性散射和非弹性散射。弹性散射仅改变电子运动方向，不改变其能量；而非弹性散射，不仅改变电子运动方向，还使电子的能量减小，发生电子吸收现象。电子束中的所有电子与物质发生散射后，有的因物质吸收而消失，有的改变方向溢出表面，有的则因非弹性散射将能量传递给核外电子，引发多种电子激发现象，产生一系列物理信息，如二次电子、俄歇电子、特征 X 射线等（图 4-12、图 4-13）。

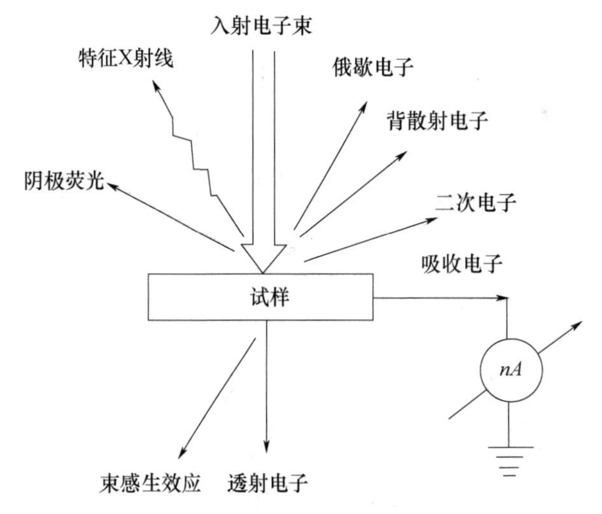

图 4-12 电子与固体试样作用产生的信号

（1）二次电子

入射电子和原子的核外电子碰撞，将核外电子激发到空能级或脱离原子核成为自由电子，称为二次电子。

入射电子在试样内产生二次电子是一个级联过程，也就是说入射电子产生的二次电子还有足够的能量继续产生二次电子，如此继续下去，直到最后二次电子的能量很低，不足以维持此过程为止。一个能量为 20keV 的入射电子，在硅中可以产生约 3000 个二次电子。但并不是所有产生的二次电子都能逸出试样表面成为信号，由于二次电子的能量较低（小于 50eV），多为 2～5 eV，仅在试样表面（5～10nm）层内产生且能克服几个电子伏逸出功的电子才有可能逸出。二次电子的主要特点是：对试样表面状态非常敏

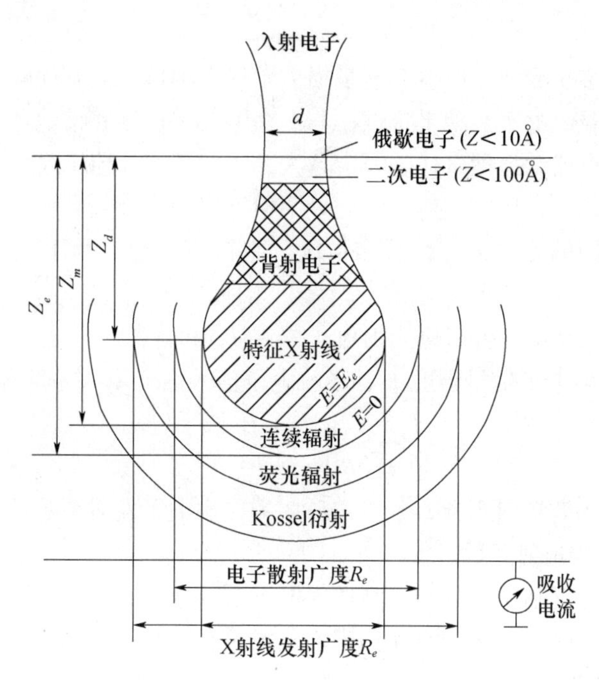

Z_d—电子达到完全扩散的深度；Z_e—电子穿透深度；Z_m—特征 X 射线产生的深度

图 4-13 入射电子产生的各种信号的深度和广度范围

感，显示表面微区的形貌结构非常有效。二次电子像的分辨率较高（3～6nm），是扫描电镜中的主要成像手段。

（2）背散射电子

电子射入试样后，受到原子的弹性和非弹性散射，有一部分电子的总散射角大于90°，重新从试样表面逸出，称为背散射电子。按入射电子受到的散射次数和散射性质，背散射电子又可进一步分为弹性背散射电子、单次非弹性散射电子和多次非弹性散射电子。如果在试样上方安放一个接收电子的探测器，可探测出不同能量的电子数目。由于探测器只能分别探测不同能量的电子，而并不能把能量相近的二次电子和背散射电子区分开来。因此，习惯上把能量低于 50eV 的电子当成“真正的”二次电子，大于 50eV 的电子归入背散射电子。

在扫描电镜和电子探针仪中应用背散射电子成像，称为背散射电子像。背散射电子能量较高，其产额随原子序数增大而增大。因此，背散射电子的衬度与成分密切相关，可以从背散射电子像的衬度得出一些元素的定性分布情况。背散射电子像的分辨率较低，空间分辨率一般只有 50～200nm。

（3）透射电子

当试样厚度小于入射电子的穿透深度时，入射电子将穿透试样，从另一表面射出，称为透射电子。透射电子显微镜是应用透射电子来成像，如果试样很薄，只有 10～20nm 的厚度，透射电子的主要组成部分是弹性散射电子，成像比较清晰，电子衍射斑点也比较明锐。如果试样较厚，则透射电子中有相当一部分是非弹性散射电子，能量低于入射电子的能量，并且是一变量，经磁透镜成像后，由于色差，影响成像清晰度。

（4）吸收电子

入射电子经过多次非弹性散射后能量损失殆尽，不再产生其他效应，一般被试样吸收，这种电子称为吸收电子。如果将试样与一个纳安表连接并接地，就可以显示出吸收电子所产生的吸收电流。显然试样的厚度越大、密度越大、原子序数越大，吸收电子就越多，吸收电流就越大，反之亦然。因此，不但可以利用吸收电流这个信号成像，还可以得出原子序数不同的元素的定性分布情况。它被广泛地应用于扫描电镜和电子探针仪中。

如果试样接地保持电中性，则入射电子强度 I_p 和背散射电子信号强度 I_b、二次电子信号强度 I_s、透射电子信号强度 I_t、吸收电子信号强度 I_a 之间存在以下关系：

$$I_p = I_b + I_s + I_t + I_a \tag{4-22}$$

$$\eta + \delta + \alpha + T = 1 \tag{4-23}$$

式中，$\eta = I_b / I_p$，为背散射系数；$\delta = I_s / I_p$，为二次电子发射系数；$\alpha = I_a / I_p$，为吸收系数；$T = I_t / I_p$，为透射系数。

试样的密度与厚度和乘积越小，则透射电子系数越大；反之，则吸收电子系数和背散射电子系数越大。吸收电子的空间分辨率一般只有100～1000nm。

（5）特征X射线

特征X射线是样品中原子的内层电子受入射电子的激发而电离，留出空位，原子处于激发状态，外层高能级的电子回跃填补空位，并以X射线的形式辐射多余的能量。X射线能量是高能电子回跃前后的能级差，由莫塞莱定律可知，该能级差仅与原子序数有关，即X射线能量与产生该辐射的元素相对应，故称X射线为特征X射线。从样品上方检测出特征X射线的波长或能量，即可知道样品中所含的元素种类。

特征X射线可用于微区成分分析，电子探针就是利用样品上方收集到的特征X射线进行分析的。

（6）俄歇电子

俄歇电子的产生过程类似于X射线，同样是在入射电子将样品电子的内层电子激发形成空位后，外层高能电子回迁。但此时多余的能量不是以特征X射线的形式辐射，而是转移给了同层上的另一高能电子，该电子获得能量后，发生电离，逸出样品表面形成二次电子，这种形式的二次电子称为俄歇电子。

俄歇电子具有以下特点：特征能量，俄歇电子的能量决定于原子壳层的能级，因而具有特征值；能量低，一般为50～1500eV；产生深度浅，只有表层的2～3个原子层，即表层1nm以内范围，超出该范围时所产生的电子因非弹性散射，逸出表面后不再具有特征能量；产额随原子序数的增加而减少。

因此，它特别适合于轻元素样品的表面成分分析，俄歇能谱仪就是靠俄歇电子这一信号进行分析的。

（7）阴极荧光

阴极荧光是指半导体（本征或掺杂型）、磷光体和一些绝缘体在高能电子束照射下发射出的可见光（或红外光、紫外光）。物质显示发光的能力通常与有“刺激剂”存在有关，这些“刺激剂”可以是主体物质中浓度较低的杂质原子，也可以是由于物质中元素的非化学计量而产生的某种元素过剩或晶格空位等晶体缺陷。

在定性分析时，电子束在试样表面扫描或使其照射到试样较大面积上，用仪器备有的光学显微镜直接观察阴极荧光的颜色进行分析。在定量分析中，可通过单色仪等将阴极荧光强度随波长变化的曲线绘制出来，得到阴极荧光光谱。

（8）等离子激发

晶体是处于点阵固定位置的正离子和弥漫在整个空间的价电子云组成的电中性体，因此，可以把晶体看成等离子体。入射电子会引起价电子的集体振荡。当入射电子经过晶体时，在其路径近旁使价电子受斥而做径向发散运动，从而在入射电子路径的附近产生带正电的区域及较远处的带负电区域，瞬时地破坏那里的电中性。该区域的静电作用又使负电区域多余的价电子向正电区域运动，当运动超过平衡位置后，负电区变成正电区。如此往复不已。这种纵波式的往复振荡是许多原子的价电子参加的长程作用，称为价电子的集体振荡。等离子体振荡的能量是量子化的，因而入射电子激发等离子后的损失能量具有一定的特征值，随样品成分不同而变化。

在透射电子显微镜中，可以用能量分析器把具有不同能量的透射电子分开，得到电子能量损失谱。由于试样的厚度大于等离子激发平均自由程，电子在透射试样时有数次激发等离子的机会，因此，可以利用电子能量损失谱进行成分分析，称为能量分析电子显微术；也可选择有特征能量的电子成像，称为能量选择电子显微术。两种技术均已在透射电子显微镜中得到应用。

除了上述各种信号外，电子束与固体作用还会产生电子感生电导、电声效应等信号。电子感生电导是电子束作用半导体后产生电子—空穴对后，在外电场的作用下产生附加电导的现象。电子感生电导主要是测量半导体中少数载流子的扩散长度和寿命。电声效应是指当入射电子为脉冲电子时，作用样品后将产生周期性衰减声波的现象，电声效应可用于成像分析。

电子与固体物质作用后产生一系列物理信号，由此产生了多种不同的电子显微分析方法，常见的如表 4-2 所示。

表 4-2 物理信息与对应的电子显微分析方法

物理信息	分析方法	
二次电子	扫描电子显微镜	SEM
弹性散射电子	低能电子衍射	LEED
	反射式高能电子衍射	RHEED
	透射电子衍射	TEM
非弹性散射电子	电子能量损失谱	EELS
俄歇电子	俄歇电子能谱	AES
特征 X 射线	波谱	WDS
	能谱	EDS
X 射线的吸收	X 射线荧光	XRF
	阴极荧光	CL
离子、原子	电子受激解吸	ESD

4.2 透射电子显微镜

透射电子显微镜（透射电镜，TEM）是一种高分辨率、高放大倍数显微镜，是观察和分析材料的形貌、组织和结构的工具。用聚焦电子束作为照明源，使用对电子束透明的薄膜试样（几十到几百纳米），以透射电子为成像信号（图 4-14）。其工作原理如下：电子枪产生的电子束经 1～2 级聚光镜会聚后均匀照射到试样上的某一待观察微小区域上，入射电子与试样物质相互作用，由于试样很薄，绝大部分电子穿透试样，其强度分布与所观察区的形貌、组织、结构一一对应。透射出试样的电子经物镜、中间镜、投影镜的三级磁透镜放大投射在观察图形的荧光屏上，荧光屏把电子强度分布转变为人眼可见的光强分布，于是在荧光屏上显示出试样形貌、组织、结构相对应的图像。

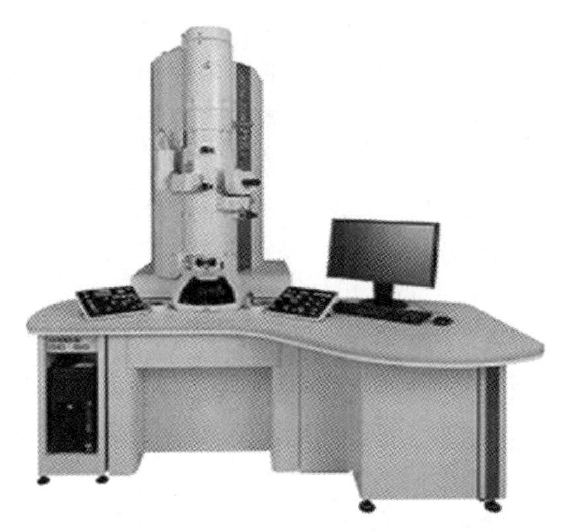

图 4-14　JEM-2100Plus 透射电子显微镜

4.2.1 透射电镜的结构

透射电镜一般由电子光学系统、真空系统、电源与控制系统三大部分组成。

4.2.1.1 电子光学系统

电子光学系统通常称为镜筒，是透射电子显微镜的核心，它又可以分为照明系统、成像系统和观察记录系统，如图 4-15 所示。电镜中的电子光学系统主要包括电子枪、聚光镜、试样台、物镜、物镜光阑、选区光阑、中间镜、投影镜和观察记录系统等几部分。

（1）照明系统

电子显微镜的照明系统由电子枪、聚光镜和相应的平移对中、倾斜调节装置组成。电子枪是发射电子的照明光源，聚光镜是把电子枪发射出来的电子会聚而成的交叉点进一步会聚后照射到样品上，其作用是提供一束高亮度、照明孔径角小、平行度好、束流稳定的照明源（图 4-16）。为满足明场和暗场成像的需要，照明束可在 2°～3°范围内倾斜。

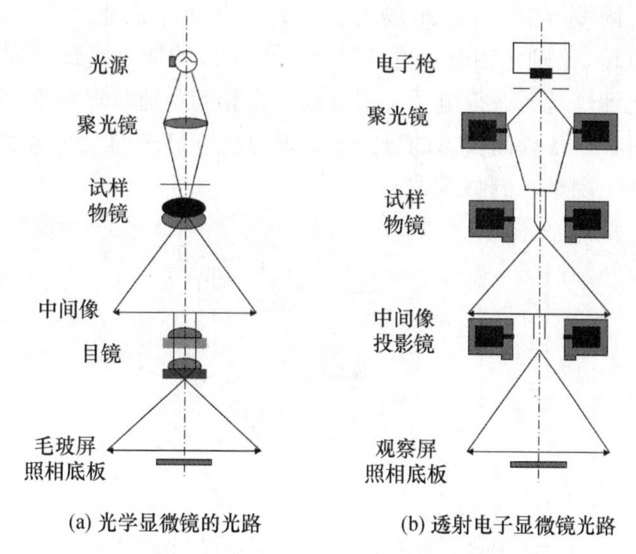

(a) 光学显微镜的光路　(b) 透射电子显微镜光路

图 4-15　透射电子显微镜成像原理示意

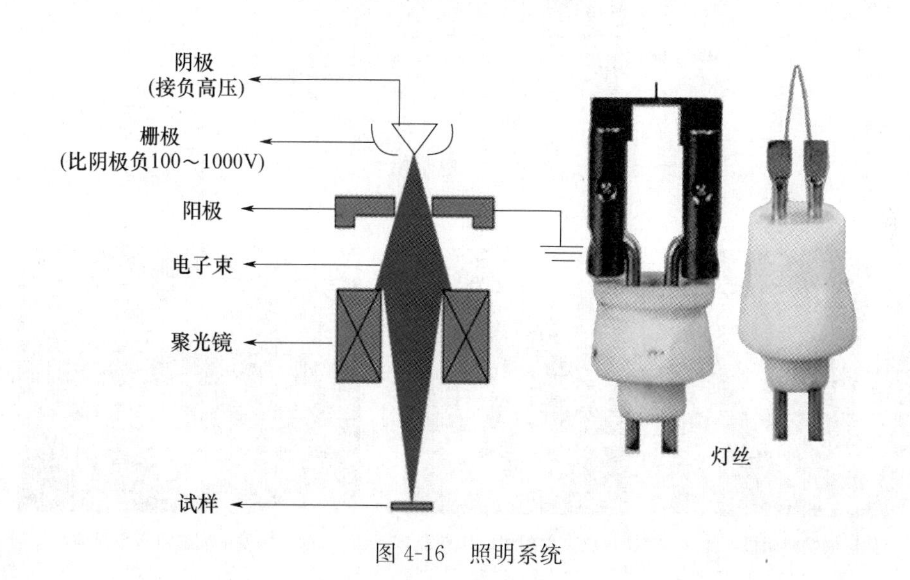

图 4-16　照明系统

1）电子枪

电子枪是产生稳定的电子束流的装置。根据产生电子束的原理不同，可分为热发射电子枪和场发射电子枪。热发射电子枪的材料主要有钨（W）丝和硼化镧（LaB_6）。场发射电子枪又可以分为热场发射电子枪和冷场发射电子枪。场发射电子枪的材料必须是高强度材料，一般采用的是单晶钨，也采用硼化镧（LaB_6）。

热发射电子枪：

阴极是由钨（W）丝或硼化镧（LaB_6）单晶体制成的灯丝，在外加高压的作用下，升至一定温度时发射电子，热发射的电子束为白色。电子枪主要由阴极（灯丝）、栅极、阳极构成（图 4-17）。其中，灯丝在通电后将电能转换为热能并对阴极进行加热；阴极在受热后完成电子束的发射；栅极顶端开有小孔，通过其与阴极的相对位置可以控制电子束通过的多少；阳极产生一个强电场用于对电子束进行加速。图 4-18（a）是钨灯丝电子枪，图 4-18（b）是硼化镧电子枪。钨灯丝电子枪的特点是价格便宜，对真空系统的要求不高；硼化镧灯丝所获得电子束密度高，在相同束流时可获得比钨丝更细更亮的电子束斑光源，可进一步提高仪器的分辨率，但硼化镧灯丝的工作温度相对较低，对真空要求度高，且加工困难，制备成本高。

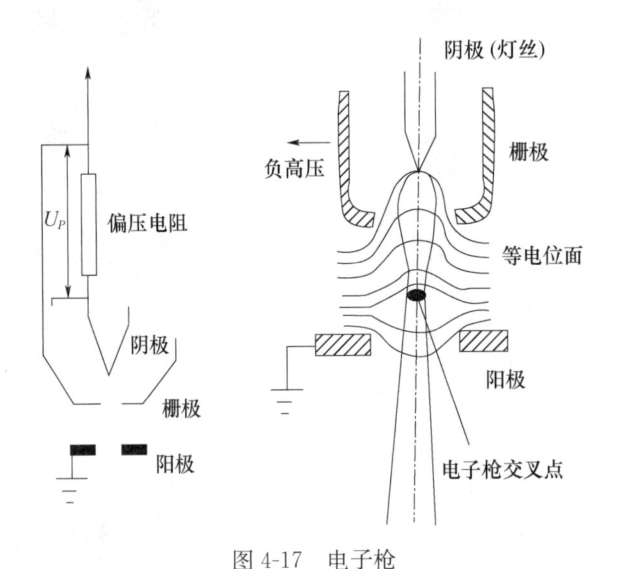

图 4-17　电子枪

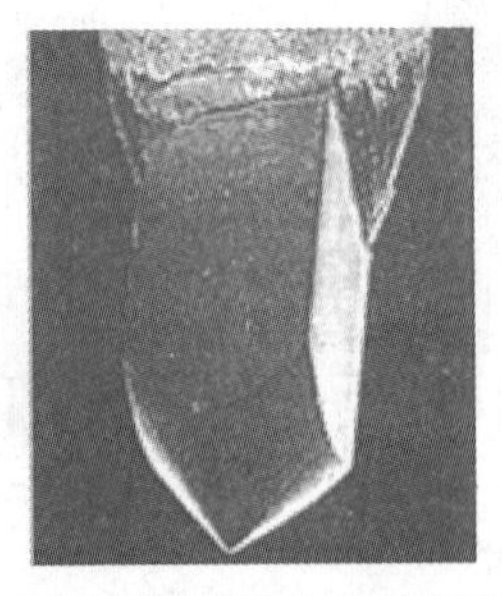

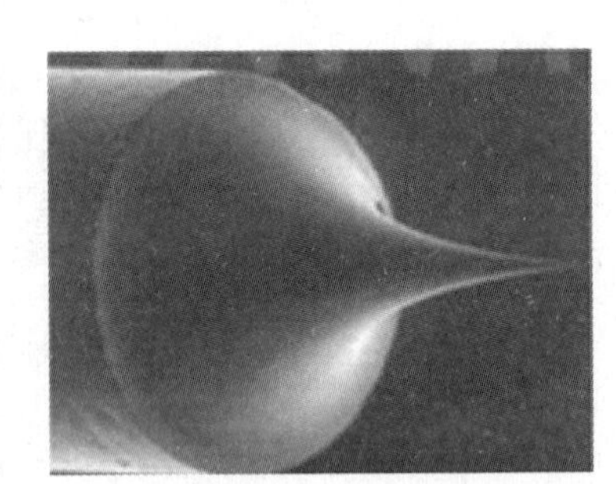

(a) 热发射阴极W丝　(b) 热发射阴极LaB_6单晶体　(c) 场发射阴极（W单晶体）

图 4-18　电子枪阴极

场发射电子枪：

场发射电子枪的原理是高电场下产生肖特基效应。阴极一般采用钨（W）针尖，如图 4-18（c）所示，在强电场作用下，由于隧道效应，数量可观的内部电子穿过势垒从针尖表面发射出来，得到极细而又具有高电流密度的电子束，其亮度可达阴极电子枪的数百倍甚至数千倍。

场发射又可以分为热场发射和冷场发射，一般电镜多用冷场发射。场发射电子枪没有栅极，由阴极和两个阳极构成。阴极由定向生长的钨单晶组成，第一个阳极与阴极之间的电压为3～5kV，主要使阴极发射电子。第二个阳极与阴极之间的电压为数十千伏甚至数万千伏，阴极发射的电子经第二阳极后被加速、聚焦成直径为10nm左右的斑束。相同条件下，场发射产生的电子束斑直径更细，亮度更高。

2）聚光镜

聚光镜用来会聚电子枪射出的电子束，以最小的损失照明样品，调节照明强度、孔径半角和束斑大小。一般采用双聚光镜系统。第一聚光镜是短焦距、强激磁透镜，作用是将电子枪得到的光斑尽量缩小，焦距 f 很短，束斑缩小率为10～50倍，形成1～5μm的电子束斑。第二聚光镜是长焦距弱激磁透镜，将第一聚光镜得到的光源会聚到试样上，其放大倍数一般为2倍左右。这样通过二级聚光后，就形成了1～5μm的电子束斑（图4-19）。

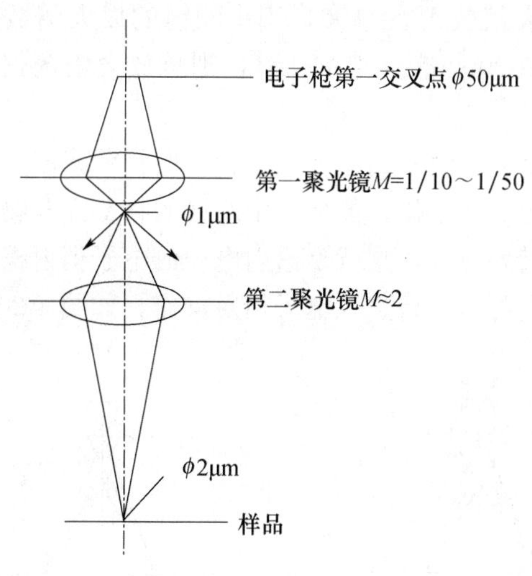

图4-19　双聚光镜原理

采用双聚光镜的优点在于：在较大范围内调节电子束斑的大小；当第一聚光镜的后焦点和第二聚光镜的前焦点重合时，电子束通过二级聚光后应是平行光束，大大减小了电子束的发散度，便于获得高质量的衍射花样；第二聚光镜与物镜之间的距离大，有利于安装样品台、聚光镜光阑和束偏转线圈等附件，通过安装聚光镜光阑，可使电子束的孔径半角进一步减小，便于获得近轴光线，减小球差，提高成像质量。

（2）成像系统

成像系统主要由物镜、中间镜和投影镜组成。

1）物镜

物镜是透射电镜最关键的部分，是用来形成第一幅高分辨率电子显微图像或电子衍射花样的透镜。物镜是强励磁、短焦距的透镜（f=1～3mm），它的放大倍数较高，一般为100～300倍。目前，高质量的物镜其分辨率可达0.1nm左右。

透射电子显微镜分辨率的高低主要取决于物镜，物镜未能分辨的结构细节，中间镜和投影镜同样不能分辨，它们只是将物镜的成像进一步放大而已。因此，提高物镜分辨率是提高整个系统成像质量的关键。

物镜的分辨率主要取决于极靴的形状和加工精度。一般来说，极靴的内孔和上下极靴之间的距离越小，物镜的分辨率越高；为了减小物镜的球差，往往在物镜的后焦面上安装一个物镜光阑，物镜光阑不仅具有减小球差、像散和色差的作用，而且可以提高图像的衬度。物镜光阑位于后焦面的位置上时，可以方便地进行暗场及衬度成像的操作。

在实际操作时，物距一般固定（一般可通过调节样品高度来微调），所以在成像时，主要改变焦距和像距来满足成像条件。

2）中间镜

中间镜是弱励磁的长焦距变倍透镜，可在 0～20 倍范围调节。当放大倍数大于 1 时，用来进一步放大物镜像；当放大倍数小于 1 时，用来缩小物镜像。在电镜操作中，主要是通过中间镜的可变倍率来控制电镜的总放大倍数。如果物镜的放大倍数 $M_0=100$，投影镜的放大倍数 $M_p=100$，当中间镜的放大倍数 $M_i=20$ 时，总放大倍数 $M=100\times20\times100=200000$ 倍。若 $M_i=1$，则总放大倍数仅为 $M=100\times1\times100=10000$ 倍。

如果把中间镜的物平面和物镜的像平面重合，则在荧光屏上得到一幅放大的电子图像，这就是电子显微镜的成像操作；如果把中间镜的物平面和物镜的背焦面重合，则在荧光屏上得到一幅电子衍射花样，这就是透射电镜的电子衍射操作。在物镜的像平面上有一个选区光阑，通过它可以进行选区电子衍射操作，如图 4-20 所示。

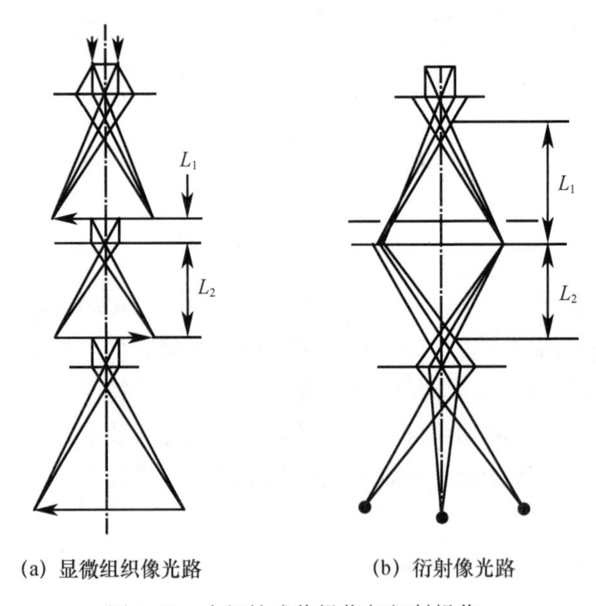

(a) 显微组织像光路　　(b) 衍射像光路

图 4-20　中间镜成像操作与衍射操作

3）投影镜

投影镜的作用是把经中间镜放大（或缩小）的像（或电子衍射花样）进一步放大，并投影到荧光屏上，它和物镜一样，也是一个短焦距的强磁透镜。投影镜的激磁电流是固定的，因为成像电子束进入投影镜时孔径角很小，因此它的景深和焦长都非常大。即使改变中间镜的放大倍数使显微镜的总放大倍数有很大的变化，也不会影响图像的清晰度。投影镜有较大的景深，即使中间镜的像发生移动，也不会影响在荧光屏上得到清晰的图像。

目前，高性能透射电子显微镜大都采用4～5级透镜放大，除了物镜外，有两个可变放大倍数的中间镜和1～2投影镜，成像时，可按不同模式（光路）来获得所需的最大放大倍数。一般第一中间镜用于低倍放大，第二中间镜用于高倍放大。在最高放大倍数情况下，第一、第二中间镜同时使用或只使用第二中间镜，成像放大倍数可以在100～80万倍范围内调节。此外，由于有两个中间镜，在进行电子衍射时，用第一中间镜以物镜后焦面的电子衍射谱作为物进行成像（此时放大倍数就固定了），再用第二中间镜改变终像电子衍射谱的放大倍数，可以得到各种放大倍数的电子衍射谱。因此，第一中间镜又称为衍射镜，而把第二中间镜称为中间镜。

（3）观察与记录系统

观察和记录装置包括荧光屏和照相机构。荧光屏是在铝板上均匀喷涂荧光粉而制得的。荧光屏能向上斜倾和翻起。荧光屏下面是装有照相底板的照相盒，当用机械或电气方式将荧光屏向上翻起时，电子束便直接照射在下面的照相底板上，并使之感光，记录下电子图像。望远镜一般放大5～10倍，用来观察电子图像中的更小细节和进行精确聚焦。

（4）样品台

透射电镜观察的是按一定方法制备后置于电镜铜网上的样品。透射电子显微镜样品既小又薄，通常需用一种有许多网孔、外径3mm的铜网（图4-21）来支持。

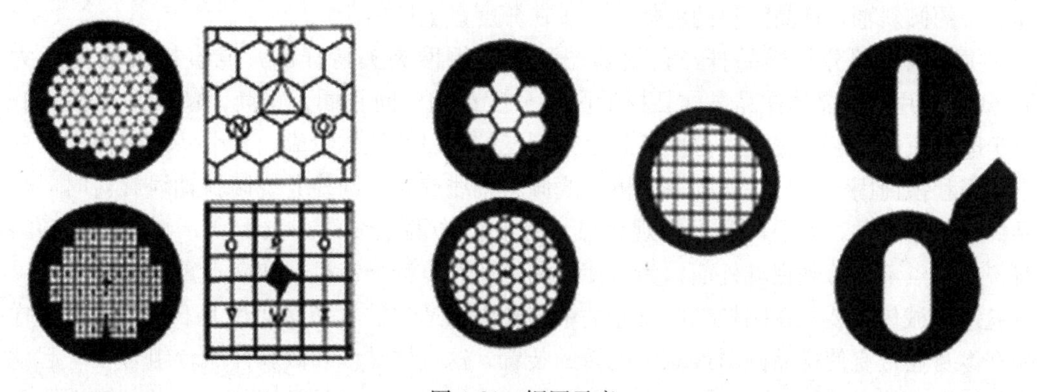

图4-21　铜网示意

样品台的作用是承载样品，并使样品能在物镜极靴孔内平移、倾斜、旋转，以选择感兴趣的样品区域或位向来进行观察分析。对样品台的要求是非常严格的。首先，必须使样品铜网牢固地夹持在样品座中，并保持良好的热电接触，减少因电子照射引起的热或电荷积累而产生样品的损伤或图像漂移。

平移是样品台最基本的动作，通常在两个相互垂直的方向上，样品平移最大值为±1mm，以确保样品铜网上大部分区域都能观察到；样品移动机构要有足够的精度，无效行程应尽可能小。总而言之，在照相曝光期间，样品图像的漂移量应小于相应情况下显微镜像的分辨率。

在透射电镜下分析薄晶样品的组织结构时，应对它进行三维立体的观察，即不仅要求样品能平移以选择视野，而且必须使样品能相对于电子束照射方向做有目的的倾斜，以便从不同方位获得各种形貌和晶体学的信息。现在的电子显微镜常配备精度很高的样品倾斜装置——侧插式倾斜装置（图 4-22）。

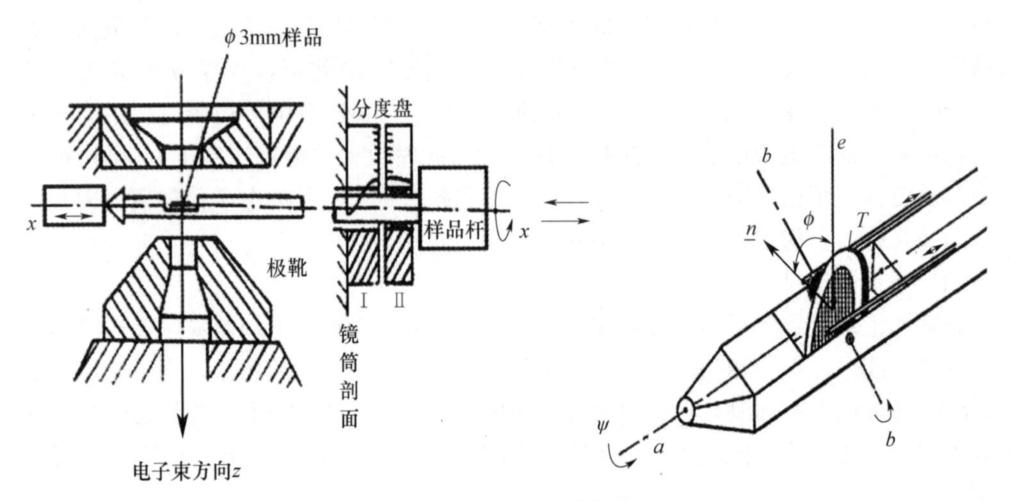

图 4-22 侧插式倾斜装置示意

所谓侧插式倾斜装置就是样品杆从侧面进入物镜极靴中去。侧插装置由两个部分组成，主体部分是一个圆柱分度盘，它的水平轴线和镜筒的中心线垂直相交，水平轴就是样品台的倾斜轴，样品倾斜的度数可直接在分度盘上读出。

主体以外部分是样品杆，它的前端可装载铜网夹夹持样品，或直接装载直径为 3mm 的圆片状薄晶体样品。样品杆沿圆柱分度盘的中间孔插入镜筒，使圆片样品正好位于电子束的照射位置上。分度盘是由带刻度的两段圆柱体组成，其中一段圆柱Ⅰ的一个端面和镜筒固定，另一段圆柱Ⅱ可以绕倾斜轴线旋转。圆柱Ⅱ绕倾斜轴线旋转时，样品杆也跟着转动，如果样品上的观察点正好和图中两轴线的交点重合，则在样品倾斜时，观察点不会移到视域外面。为了使样品上所有点都能有机会和交点重合，样品杆可以通过机械传动装置在圆柱刻度盘Ⅱ的中间孔内做适当的水平移动和上下调整。有的样品杆本身还带有使样品倾斜或原位旋转的装置，这些样品杆和倾斜样品台组合在一起就是侧插式双倾样品台和单倾旋转样品台。目前双倾样品台是最常用的，它可以使样品 X 轴和 Y 轴倾斜±60°。

（5）电子束倾转与平移装置

电子束的倾转和平移是通过安装在聚光镜下方的电磁偏转器来实现的。图 4-23（a）所示的是平移的示意图，它是通过上下偏转线圈联动实现的，当上偏转线圈顺时针偏转 θ 角时，下偏转线圈会同时逆时针偏转 θ 角，从而使光路在总的效果上只产生平移，而不产生偏转；图 4-23（b）所示是倾转的示意图，当上偏转线圈顺时针转动 θ 角时，下偏转线圈会逆时针转动 β 角，使得光路总的效果产生了 β 角倾转，而对样品来说其入射点的位置不变，这可实现中心暗场操作。

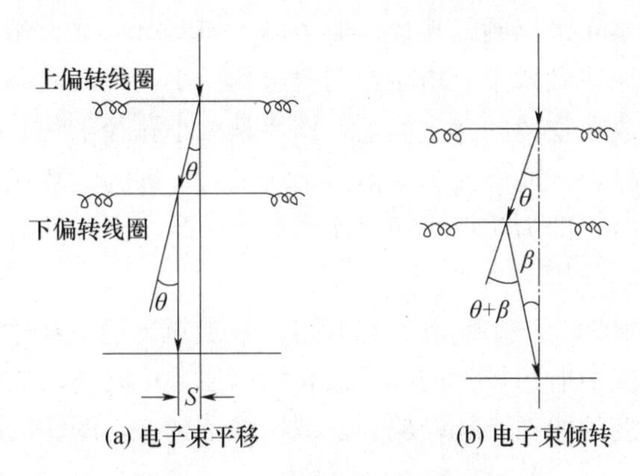

图 4-23 电磁偏转器的工作原理

（6）消像散器

像散是由电磁透镜的磁场非旋转对称导致的，直接影响透镜的分辨率，为此，在透镜的上下极靴之间安装消像散器就可基本消除像散。消像散器可以是机械的，也可以是电磁式的。机械式的是在电磁透镜的磁场周围放置几块位置可以调节的导磁体，用它们来吸引一部分磁场，把固有的椭圆形磁场校正成接近旋转对称的磁场。电磁式的是通过电磁极间的吸引和排斥来校正椭圆形磁场的。图 4-24 是电磁式消像散器的示意图，它是由两组 4 对电磁体排列在透镜磁场的外围，每对电磁体均采用同极相对的安置方式。通过改变这两组电磁体的激磁强度和磁场的方向，就可以把固有的椭圆形磁场校正成旋转对称的磁场，起到消除像散的作用。在透射电镜中，聚光镜、物镜、中间镜下都安装有消像散器，其中聚光镜的像散比较好消除，而物镜的消像散最重要，也相对来讲比较复杂，尤其是在做高分辨时，物镜像散的消除往往非常关键。中间镜像散一般情况下不需要调节，一般只在衍射模式下需要调节衍射斑的像散。

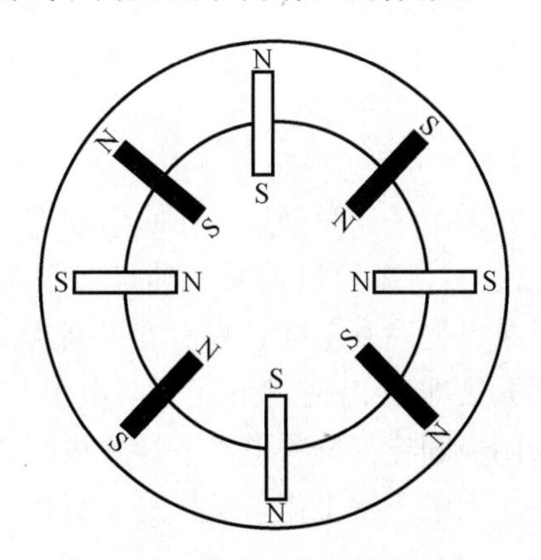

图 4-24 电磁式消像散器示意

（7）光阑

透射电子显微镜有 3 种主要光阑：聚光镜光阑、物镜光阑、中间镜光阑。光阑是为了挡掉发射发散电子、保证电子束的相干性和电子束照射所选区域而设计的带孔小片。

聚光镜光阑的作用是限制电子束的照明孔径半角。在双聚光镜系统中，常位于第二聚光镜的背焦面上。聚光镜光阑的孔径一般为20～400μm，做一般分析时，可选用孔径相对大一些的光阑，而在做微束分析时，则要选孔径小一些的光阑。

物镜光阑通常安放在物镜的背焦面上，作用是减小孔径半角，提高成像质量。还可以进行明场和暗场操作，当光阑孔套住衍射束成像时，即为暗场成像操作；反之，当光阑孔套住透射束成像时，即为明场成像操作。利用明暗场图像的对比分析，可以很方便地进行物相鉴定和缺陷分析。

物镜光阑孔径一般为20～120μm。由于电子束通过薄膜试样后，会产生衍射、透射和散射，其中散射角或衍射角较大的电子被光阑挡住，不能进入成像系统，从而在像平面上形成具有一定衬度的图像，孔径越小，被挡电子越多，图像的衬度就越大，故物镜光阑又称衬度光阑。

中间镜光阑又称选区光阑，一般位于中间镜的物平面或物镜的像平面上。让电子束通过光阑孔限定的区域，对所选区域进行衍射分析，故又称选区光阑。

光阑一般由金属材料（Pt或Mo等）制成，可以根据需要制成4个或6个一组的系列光阑片，将光阑片安置在支架上，分档推入镜筒，以便选择不同孔径的光阑。

衍射操作与成像操作是通过改变中间镜励磁电流的大小来实现的。调节励磁电流及改变中间镜的焦距，从而改变中间镜物平面与物镜背焦面之间的相对位置，当中间镜的物平面与物镜的像平面重合时，投影屏上将出现微区组织的形貌，这样的操作称为成像操作；当中间镜的物平面与物镜的背焦面重合时，投影屏上将出现所选区域的衍射花样，这样的操作称为衍射操作。

明场操作与暗场操作是通过平移物镜光阑，分别让透射束或衍射束通过所进行的操作，仅让透射束通过的操作称为明场操作，所成的像为明场像；反之，仅让衍射束通过的操作称为暗场操作，所成的像为暗场像。

选区操作是通过平移在物镜像平面上的选区光阑，让电子束通过所选区域进行成像或衍射的操作。

4.2.1.2 真空系统

为保证电镜正常工作，要求电子光学系统处于真空状态下。电镜的真空度一般应保持在10^{-5}托（1托=133.322Pa），需要机械泵和油扩散泵两级串联才能得到保证。目前的透射电镜增加一个离子泵以提高真空度，真空度可高达133.322×10^{-8}Pa或更高。

如果电镜的真空度达不到要求会出现以下问题：电子与空气分子碰撞改变运动轨迹，影响成像质量；栅极与阳极间空气分子电离，导致极间放电；阴极炽热的灯丝迅速氧化烧损，缩短使用寿命甚至无法正常工作；试样易于氧化污染，产生假象。

4.2.1.3 电源与控制系统

电气系统主要包括三部分：灯丝电源和高压电源，使电子枪产生稳定的高能照明电子束；各磁透镜的稳压稳流电源，使各磁透镜具有高的稳定度；电气控制电路，用来控制真空系统、电气合轴、自动聚焦、自动照相等。

4.2.2 透射电镜的主要性能指标

4.2.2.1 分辨率

分辨率是透射电镜的最主要性能指标，它表征了电镜显示亚显微组织、结构细节的能力。透射电镜的分辨率以两种指标表示：

一种是点分辨率，表示电镜所能分辨的两点之间的最小距离。点分辨率的测定：将铂、铂-铱或铂-钯等金属或合金用真空蒸发的方法可以得到粒度为 0.5～1nm、间距为 0.2～1nm 的颗粒，将其均匀地分布在火棉胶或碳支撑膜上。在高放大倍数（已知）下拍摄这些颗粒的相。为了保证测定的可靠性，至少在同样条件下拍摄两张底片，然后经光学放大 5～10 倍，从照片上找出颗粒间最小间距，除以总放大倍数，即为电子显微镜的点分辨率。

另一种是线分辨率，表示电镜所能分辨的两条线之间的最小距离，通常通过拍摄已知晶体的晶格像来测定，又称晶格分辨率。晶格分辨率的测定是利用外延生长法制得的定向薄膜作为标样拍摄。让电子束作用于标准样品后形成的透射束和衍射束同时进入透镜的成像系统，因为透射束和衍射束存在相位差，会造成干涉，在像平面上形成反映晶面间距大小和晶面方向的干涉条纹。在保证条纹清晰的前提条件下，最小晶面间距即为电镜的晶格分辨率，图像上的实测面间距和理论面间距的比值即为电镜的放大倍数。

这种方法的优点是不需要知道仪器的放大倍数，因为事先可精确地知道样品晶面间距。依据仪器分辨率的高低，选择晶面间距不同的样品作标样。测定透射电子显微镜晶格分辨率常用的晶体如表 4-3 所示。

表 4-3 测定晶格分辨率常用标准样

<table>
<tr><th>晶体</th><th>衍射晶面</th><th>晶面间距（Å）</th><th>晶体</th><th>衍射晶面</th><th>晶面间距（Å）</th></tr>
<tr><td>铜酞青</td><td>(001)</td><td>12.6</td><td rowspan="2">金</td><td>(200)</td><td>2.04</td></tr>
<tr><td>铂酞青</td><td>(001)</td><td>11.94</td><td>(220)</td><td>1.44</td></tr>
<tr><td rowspan="3">亚氯铂酸钾</td><td>(001)</td><td>4.13</td><td rowspan="3">钯</td><td>(111)</td><td>2.24</td></tr>
<tr><td rowspan="2">(100)</td><td rowspan="2">6.99</td><td>(200)</td><td>1.94</td></tr>
<tr><td>(400)</td><td>0.97</td></tr>
</table>

4.2.2.2 放大倍数

透射电镜的放大倍数是指电子图像对于所观察试样区的线性放大率。目前高性能透射电镜的放大倍数变化范围为 100 倍～80 万倍。将仪器的最小可分辨距离放大到人眼可分辨距离所需的放大倍数称为有效放大倍数。一般仪器的最大放大倍数应稍大于有效放大倍数。

测定放大倍数最常用的方法是用衍射光栅复型作为标样，在一定条件（加速电压、透镜电流等）下，拍摄试样的放大像。然后在底片上测量光栅条纹像的平均间距，与实际光栅间距之比即为仪器相应条件下的放大倍数（图 4-25）。这样进行标定的精度随底片上条纹数的减少而降低。

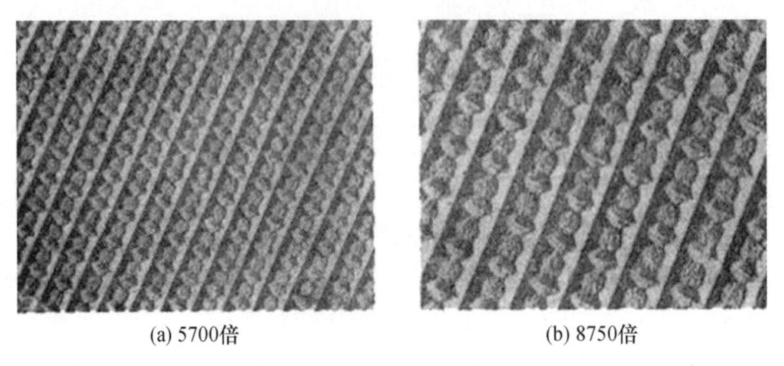

(a) 5700倍　　(b) 8750倍

图 4-25　1152（条/mm）衍射光栅复型放大像

4.2.2.3　加速电压

电镜的加速电压是指电子枪的阳极相对于阴极的电压，它决定了电子枪发射的电子的波长和能量。加速电压高，电子束对样品的穿透能力强，可以观察较厚的试样，同时有利于电镜的分辨率和减小电子束对试样的辐射损伤。目前普通透射电镜的最高加速电压一般为 50kV 和 200kV，通常所说的加速电压是指可达到的最高加速电压。在透射电镜中，所接受的是透过的电子信号，因此要求电子的加速电压很高，采用的试样很薄。

4.3　电子衍射

电子衍射是指当入射电子与晶体发生作用后，发生弹性散射的电子，由于其波动性发生了相互干涉作用，在某些方向上得到加强，产生电子衍射束，而在某些方向上则被削弱的现象。

随着电子显微镜的发展，把成像和衍射有机联系起来，为物相分析和结晶体结构分析研究开拓了新的途径。许多材料的晶粒只有几十微米大小，有的甚至小到几百纳米，不能用 X 射线进行单个晶体的衍射。但可以用电子显微镜在放大几万倍的情况下，用选区电子衍射和微束电子衍射来确定其物相或研究这些微晶的晶体结构。另外，薄膜器件和薄晶体透射电子显微术的发展显著地扩大了电子衍射的研究范围，并促进了衍射理论的进一步发展。

4.3.1　电子衍射原理

电子衍射的原理与 X 射线的衍射原理基本相同，根据电子束作用单元的尺寸不同，可分为原子对电子束的散射、单胞对电子束的散射和单晶体对电子束的散射 3 种。原子对电子的散射又包括原子核和核外电子两部分的散射，这不同于原子对 X 射线的散射，因为原子中仅核外电子对 X 射线产生散射，而原子核对 X 射线的散射反比于自身质量的平方，相比于电子散射就可以忽略不计了，同时也表明了原子对电子散射的强度远高于原子对 X 射线散射的强度；单胞对电子的散射也可以看成若干个原子对电子散射的合成，有一个重要的参数结构因子 F_{HKL}^2 ，$F_{HKL}^2=0$ 时出现消光现象，遵循与 X 射线衍射相同的消光规律。单晶体对电子束的散射也可看成三维方向规则排列的单胞对电子散射的合成，通过类似于 X 射线散射过程的推导，获得重要参数——干涉函数 G^2，并通过干涉函数的讨论，倒易阵点也发生类似于 X 射线衍射中发生的点阵扩展，干涉函数形态和大小取决于被观测试样的形状尺寸。

由于电子波有其自身的特性，电子衍射与 X 射线衍射原理的主要区别在于：

① 电子波的波长短，受物质的散射强（原子对电子的散射能力比对 X 射线的散射能力高 1 万倍）。

② 电子波的长短决定了电子衍射的几何特点，它使单晶的电子衍射谱和晶体倒易点阵的二维截面极为相似，从而使晶体几何关系的研究变得简单多了。

③ 散射强，决定了电子衍射的光学特点：第一，衍射束强度有时几乎与透射束相当，因此就有必要考虑它们之间的相互作用，使电子衍射花样分析，特别是强度分析变得复杂，不能像 X 射线那样从测量强度来广泛地测定晶体结构；第二，由于散射强度高，导致电子穿透能力有限，因而比较适用于研究微晶表面和薄膜晶体。

④ 电子衍射不仅可以进行微区结构分析，还可进行形貌观察，而衍射却无法进行形貌分析。

4.3.1.1 布拉格定律

与 X 射线的衍射一样，电子衍射也有衍射的方向和强度。但由于电子衍射束的强度一般较强，衍射的目的是进行微区的结构分析，需要的是衍射斑点或衍射线的位置，而不是强度。因此，电子衍射中主要分析的是其方向问题。电子衍射方向同 X 射线的衍射一样，决定于布拉格方程：

$$2d\sin\theta=\lambda \tag{4-24}$$

因为

$$\sin\theta=\frac{\lambda}{2d}\leqslant 1$$

所以

$$\lambda\leqslant 2d \tag{4-25}$$

对于给定的晶体样品，只有当入射波长足够短时才能产生衍射。布拉格定律规定了一个晶体产生衍射的几何条件，是分析电子衍射几何关系的基础。对于电镜的照明光源——高能电子束来说，很容易满足此条件。通常透射电镜的加速电压为 100～200kV，即电子波的波长为 10^{-2}～10^{-3}nm 数量级，而常见晶体的晶面结构为 10^0～10^1nm 数量级。因此，电子束在晶体中产生衍射是不成问题的，而且其衍射半角 θ 总是非常小，一般在 10^{-3}～10^{-2}rad。

4.3.1.2 电子衍射的厄瓦尔德图解

厄瓦尔德图解可以将布拉格定律用几何图形直观地表达出来，即厄瓦尔德图解法是布拉格定律的几何表达形式（图 4-26）。

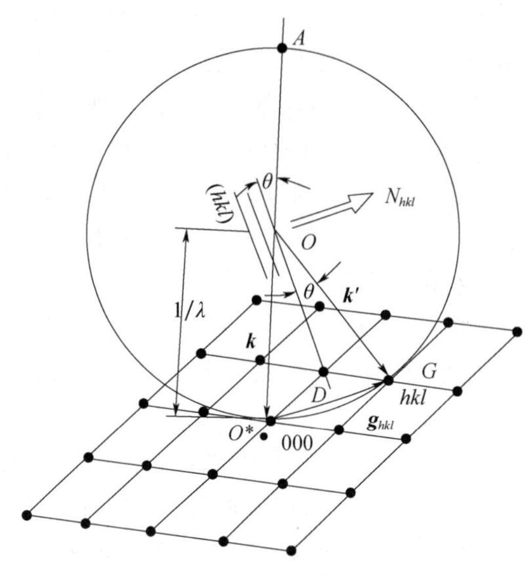

图 4-26 厄瓦尔德球作图法

在倒易空间中画出衍射晶体的倒易点阵，以一倒易原点 O^* 为端点做入射波的波矢量 $\boldsymbol{k}$（即图中的矢量 OO^*），该矢量平行于入射束方向，长度等于波长的倒数，即

$$\boldsymbol{k}=\frac{1}{\lambda} \tag{4-26}$$

以 O 为中心、$\frac{1}{\lambda}$ 为半径做球，这就是厄瓦尔德球或称为反射球。

此时若有倒易阵点 G（指数为 hkl）正好落在厄瓦尔德球的球面上，则相应的晶面组（hkl）与入射束的方向必满足布拉格方程，而衍射束的方向就是 OG，或者写成衍射波的波矢量 $\boldsymbol{k}'$，其长度也等于反射球的半径 $\frac{1}{\lambda}$。

根据倒易矢量的定义，$O^*G=\boldsymbol{g}$，于是得到

$$\boldsymbol{k}'-\boldsymbol{k}=\boldsymbol{g} \tag{4-27}$$

由图 4-26 的简单分析即可证明，式（4-27）与布拉格定律是完全等价的。由 O 向 O^*C 作垂线，垂足为 D，因 $\boldsymbol{g}$ 平行于 hkl 晶面的法向 N_{hkl}，所以 OD 就是正空间中（hkl）H 晶面的方位，若它与入射束方向的夹角为 θ，则有

$$O^*D=OO^*\sin\theta \tag{4-28}$$

即
$$\frac{\boldsymbol{g}}{2}=k\sin\theta$$

由于
$$\boldsymbol{g}=\frac{1}{d}\text{，}\boldsymbol{k}=\frac{1}{\lambda}$$

故有
$$2d\sin\theta=\lambda$$

由图 4-26 可知，衍射束与透射束的夹角等于 2θ，这与布拉格定律的结果也是一致的。也就是说，凡是倒易阵点在球面上的晶面，必然满足布拉格方程。反过来，凡是满

足布拉格方程的阵点必然落在厄瓦尔德球上。厄瓦尔德球又称衍射球或反射球，一方面可以用几何解释电子衍射的基本原理；另一方面也可用做衍射的判据。将厄瓦尔德球置于晶体的倒易点阵中，凡被球面截到的阵点，其对应的晶面均满足布拉格衍射条件。由 O^* 与各被截阵点相连，即为各衍射晶面的倒易矢量，通过坐标变换就可推测出各衍射晶面在正空间中的相对方位，从而了解晶体结构，这就是电子衍射要解决的主要问题。

4.3.1.3 电子衍射花样的形成原理

图 4-27 为电子衍射花样的形成原理图，电子衍射花样即为电子衍射的斑点在正空间中的投影，其本质是零层倒易阵面上的正点经过空间交换后在正空间记录下来的图像。图 4-27 所测试样位于反射球的中心 O 处，电子束从上至下入射作用于晶体的某晶面（hkl）上，若该晶面恰好满足布拉格条件，则电子束将沿 OG 方向发生衍射，并与反射球相交于 G。设入射矢量为 $\boldsymbol{k}$，衍射矢量为 $\boldsymbol{k}'$，倒易原点为 O^*，由几何关系可知 $\boldsymbol{g}_{hkl}$ 的大小为（hkl）晶面间距的倒数，方向与晶面（hkl）垂直，$\boldsymbol{g}_{hkl}$ 即为晶面（hkl）的倒易矢量，G 为（hkl）衍射晶面的倒易阵点。假设在试样下方 L 处放置一张底片，就可以让透射束和衍射束同时在底片上感光成像，结果在底片上形成两个像点 O' 和 P'，实际上 O' 和 P' 也可以看成倒易阵点 O^* 和 G 在以球心 O 为发光源的照射下，在底片上的投影。

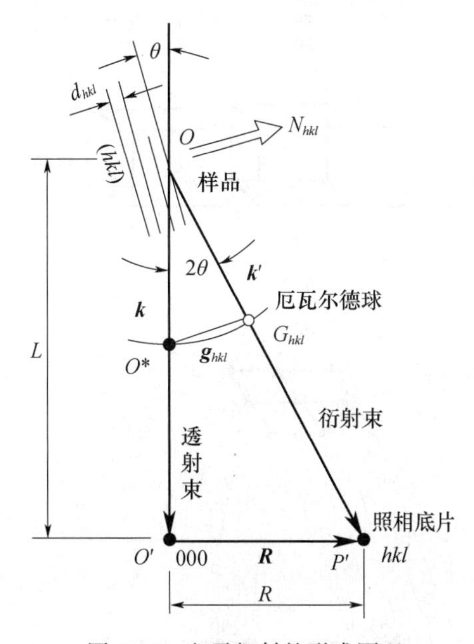

图 4-27 电子衍射的形成原理

设底片上的斑点 P' 距中心点 O' 的距离为 R，底片距样品的距离为 L，由于衍射角很小，可以认为 $\boldsymbol{g}_{hkl} \perp \boldsymbol{k}$，这样$\triangle OO^*G$ 相似于$\triangle OO'P'$，因而存在以下关系：

$$\frac{R}{L} = \frac{\boldsymbol{g}_{hkl}}{\boldsymbol{k}} \tag{4-29}$$

因为

$$\boldsymbol{g}_{hkl} = \frac{1}{d_{hkl}}, \boldsymbol{k} = \frac{1}{\lambda},$$

故 $$R=\lambda L\frac{1}{d}=\lambda L\boldsymbol{g} \tag{4-30}$$

因为 $$R//\boldsymbol{g}_{hkl}$$

令 $K=L\lambda$，所以 $$R=\lambda L\boldsymbol{g}=K\boldsymbol{g} \tag{4-31}$$

式（4-31）即为电子衍射的基本公式，其中 $K=L\lambda$ 称为相机常数，L 为相机长度。这样正空间和倒易空间就通过相机常数联系在一起了。即晶体中的微观结构可通过测定电子衍射花样（正空间），经过相机常数 K 的转换，获得倒易空间的相应参数，再由倒易点阵的定义就可推测出各衍射晶面之间的相对位向关系了。

当晶体中有多个晶面同时满足衍射条件，即球面上有多个倒易阵点时，光源从 O 点出发在底片上分别成像，从而形成以为 O' 中心、多个像点（斑点）分布四周的图谱，这就是该晶体的衍射花样谱。

4.3.1.4 零层倒易截面

电子衍射斑点为反射球上的倒易阵点在投影面上的投影，由于反射球的半径非常大，电子衍射角非常小，在衍射角范围内可视为平面，这样衍射斑点也可认为是过倒易原点的二维倒易面在底片上的投影（图 4-28）。

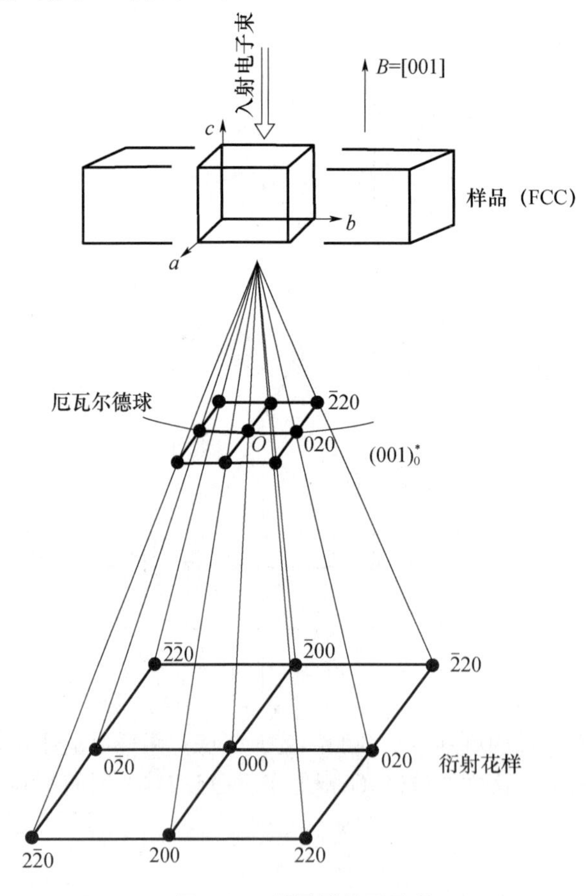

图 4-28 零层倒易面示意

在阵点中，同时平行于某一晶向［uvw］的一组晶面构成一个晶带，而这一晶向称为这一晶带的晶带轴。

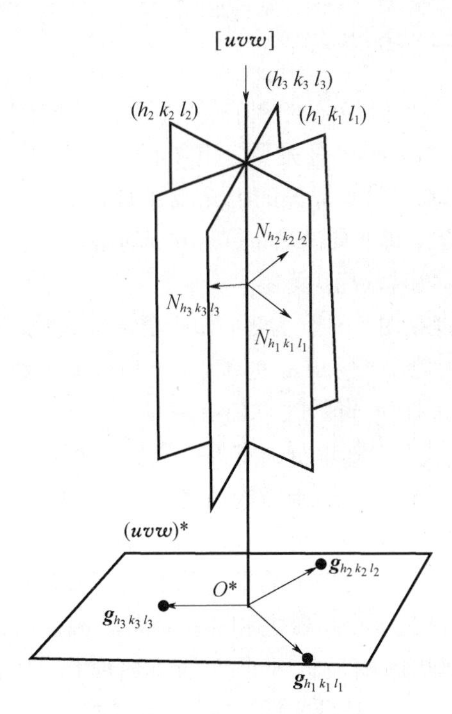

图 4-29　晶带和它的倒易面

图 4-29 为正空间中晶体的［uvw］晶带及其相应的零层倒易截面（通过倒易原点）。图中晶面（$h_1k_1l_1$）、（$h_2k_2l_2$）、（$h_3k_3l_3$）的法向 N_1、N_2、N_3 和倒易矢量 $\boldsymbol{g}_1$、$\boldsymbol{g}_2$、$\boldsymbol{g}_3$ 的方向相同，且各晶面面间距 d_1、d_2、d_3 的倒数分别和 $\boldsymbol{g}_1$、$\boldsymbol{g}_2$、$\boldsymbol{g}_3$ 的长度相等。倒易面上坐标原点 O^* 就是厄瓦尔德球上入射电子束和球面的交点。由于晶体的倒易点阵是三维点阵，如果电子束沿晶带轴［uvw］的反向入射时，通过原点 O^* 的倒易平面只有一个，我们把这个二维平面称为零层倒易面，表示为 $(uvw)_0^*$。显然，零层倒易面上的各倒易矢量均与晶带轴矢量 $\boldsymbol{r}$ 垂直，且：

$$\boldsymbol{g}_{hkl} \cdot \boldsymbol{r} = 0 \tag{4-32}$$

即

$$hu + kv + lw = 0 \tag{4-33}$$

这就是零层晶带定理。根据晶带定理，我们只要通过电子衍射实验，测得零层倒易面上任意两个 $\boldsymbol{g}_{hkl}$ 矢量，即可求出正空间内晶带轴指数。

非零层倒易阵面如第 N 层，表示为（uvw）$_{N^*}$，设（hkl）为该层上的一个阵点，相应的倒易矢量为 $\boldsymbol{g}_{hkl}$，则

$$\boldsymbol{g}_{hkl} \cdot \boldsymbol{r} = N \tag{4-34}$$

式（4-34）为广义晶带定律，N 为整数，当其为正整数时，倒易层在零层倒易面的上方；当其为负整数时，倒易层在零层倒易面的下方。需要指出的是，晶体的倒易点阵是三维点阵，过倒易原点的二维阵面有无数个，只有垂直于电子束入射方向并通过倒易原点的那个二维阵面，才是零层倒易面。电子衍射分析时，主要以零层倒易面上的阵点

为分析对象，衍射花样实际上是零层倒易面上的阵点在底片上的成像。也就是说，一张衍射花样图谱反映了入射方向同向的晶带轴上各晶带面之间的相对关系。

4.3.1.5 标准电子衍射花样

标准电子衍射花样是零层倒易面上的阵点在底片上的成像，一张衍射花样图谱反映了同一晶带轴上各晶带面之间的相对关系。电子衍射和 X 射线衍射相同，一样存在结构因子 F_{hkl} 为零的消光现象。常见晶体的消光规律如下。

简单立方：无消光现象，即只要满足布拉格方程的晶面均能发生衍射，产生衍射斑点。

底心点阵：$h+k$＝奇数时，F_{hkl} 为零。

面心点阵：hkl 奇偶混杂时，F_{hkl} 为零；hkl 全奇全偶时，F_{hkl} 不为零。

体心点阵：$h+k+l$＝奇数时，F_{hkl} 为零；$h+k+l$＝偶数时，F_{hkl} 不为零。

密排六方：$h+2k=3n$，l＝奇数时，F_{hkl} 为零。

前 4 种结构中的消光是由点阵本身决定的，属于点阵消光，而密排六方点阵的消光是由两个简单点阵套构所导致的，属于结构消光。

图 4-30 为体心立方晶体［001］和［011］晶带的标准零层倒易截面图。对［001］晶带的标准零层倒易截面来说，要满足晶带定律的晶面指数必定是｛$hk0$｝型，同时考虑体心立方晶体的消光条件是 3 个指数之和应是奇数，因此必须使 h、k 两个指数之和是偶数，此时在中心点 000 周围最近 8 个点的指数应是 110、$\bar{1}\bar{1}0$、$1\bar{1}0$、$\bar{1}10$、200、$\bar{2}00$、020、$0\bar{2}0$。再来看［011］晶带的标准零层倒易截面图，满足晶带定理的条件是衍射晶面的 k 和 l 两个指数必须相等和符号相反；如果同时考虑结构消光条件，则指数 h 必须是偶数，因此在中心点 000 周围最近 8 个点的指数应是 $01\bar{1}$、$0\bar{1}1$、200、$\bar{2}00$、$21\bar{1}$、$\bar{2}\bar{1}1$、$2\bar{1}1$、$\bar{2}1\bar{1}$。

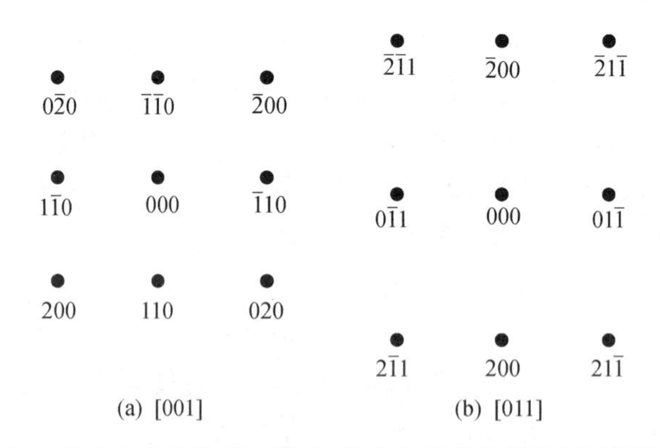

图 4-30　体心立方晶体［001］和［011］晶带的标准零层倒易截面

如果晶体是面心立方结构，面心立方晶体的指数必须是全奇或全偶时才不消光，［001］晶带的零层倒易截面中只有 h 和 k 两个指数都是偶数时倒易阵点才能存在，因此在中心点 000 周围最近 8 个点的指数应是 200、$\bar{2}00$、020、$0\bar{2}0$、220、$\bar{2}\bar{2}0$、$\bar{2}20$、$2\bar{2}0$。

同理，［011］晶带的零层倒易截面中，在中心点 000 周围最近 8 个点的指数应是 $11\bar{1}$、$\bar{1}\bar{1}1$、$\bar{1}1\bar{1}$、$\bar{1}\bar{1}1$、200、$\bar{2}00$、$02\bar{2}$、$0\bar{2}2$。

根据上面的原理可以画出任意晶带的标准零层倒易平面。在进行已知晶体的验证时，便可直接标定各衍射晶面的指数。对于立方晶体（简单立方、体心立方、面心立方等），晶带轴相同时，标准电子衍射花样有某些相似之处，但因消光条件不同，衍射晶面的指数是不一样的。

4.3.1.6 偏移矢量

从几何意义来看，电子束方向与晶带轴重合，使零层倒易截面上除原点以外的各倒易阵点不可能与厄瓦尔德球相交，因此各晶面都不会产生衍射。如果要使晶带中某一晶面或几个晶面产生衍射，必须把晶体倾斜 θ 角，使晶带轴稍微偏离电子束的轴线方向，此时零层倒易截面上倒易阵点就有可能和厄瓦尔德球的球面相交，即产生衍射（图 4-31）。

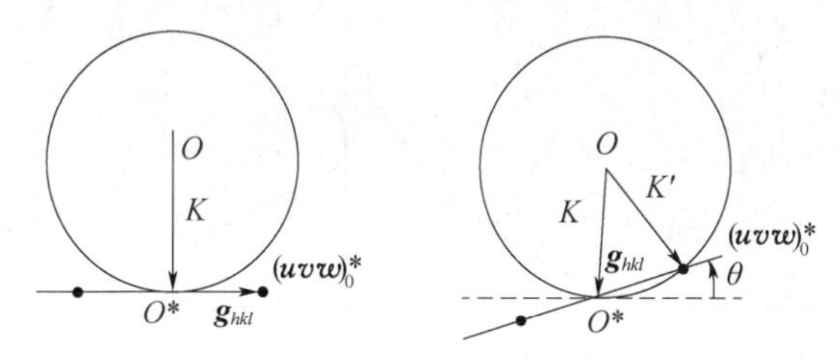

图 4-31 理论上获得零层倒易阵面的条件

但是在电子衍射操作时，即使晶带轴和电子束的轴线严格保持重合，即对称入射时仍可使矢量端点不在厄瓦尔德球球面上的晶面产生衍射。即入射束与晶面的夹角和精确的布拉格角存在差异时，衍射强度变弱，但不一定为零。此时衍射方向的变化并不明显，衍射晶面角为精确布拉格条件的允许偏差（以仍能得到衍射强度为极限），和样品晶体的尺寸和形状有关，这可以用倒易阵点的扩展来表示。

由于实际的样品晶体都有确定的形状和有限的尺寸，因而它们的倒易阵点不是一个几何意义上的"点"，而是沿着尺寸较小的方向发生扩展，扩展量为该方向上实际尺寸倒数的两倍。对于电子显微镜中经常碰到的样品，薄片晶体的倒易阵点拉长为"倒易杆"，棒状晶体为"倒易盘"，细小晶粒则为"倒易球"，如图 4-32 所示。

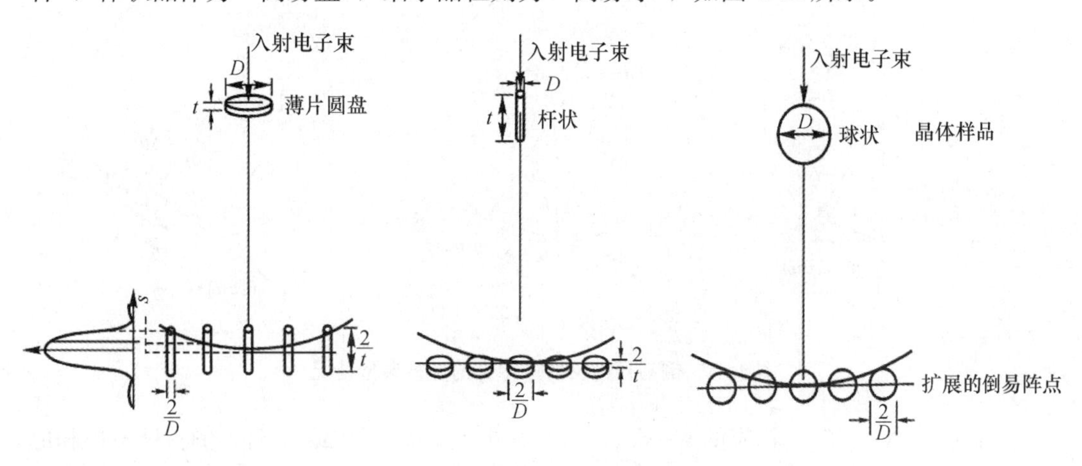

图 4-32 倒易点阵的扩展规律

图 4-33 给出了倒易杆与反射球相交的情况。倒易杆的总长为 $\frac{2}{t}$ ，在偏离布拉格角 $\pm\Delta\theta_{max}$ 范围内倒易杆都能和球面相接触而产生衍射。倒易杆中心至厄瓦尔德球面交节点的距离，可用偏移矢量 **s** 表示，**s** 就是偏移矢量。当 $\Delta\theta$ 为正时，矢量 **s** 为正，反之为负。精确符合布拉格条件时 $\Delta\theta$ 等于 0，**s** 也就等于 0。

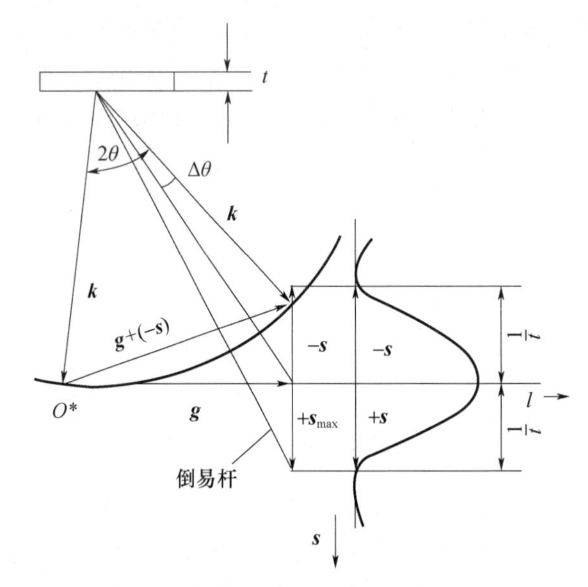

图 4-33　倒易杆及其强度分布

图 4-34 给出了偏移矢量小于 0、等于 0 和大于 0 的 3 种情况。如电子束不是对称入射，则斑点中心、斑点两侧的各衍射斑点的强度将出现不对称分布，偏离布拉格条件时产生衍射条件可用下式表示：

$$\boldsymbol{k}'-\boldsymbol{k}=\boldsymbol{g}+\boldsymbol{s} \tag{4-35}$$

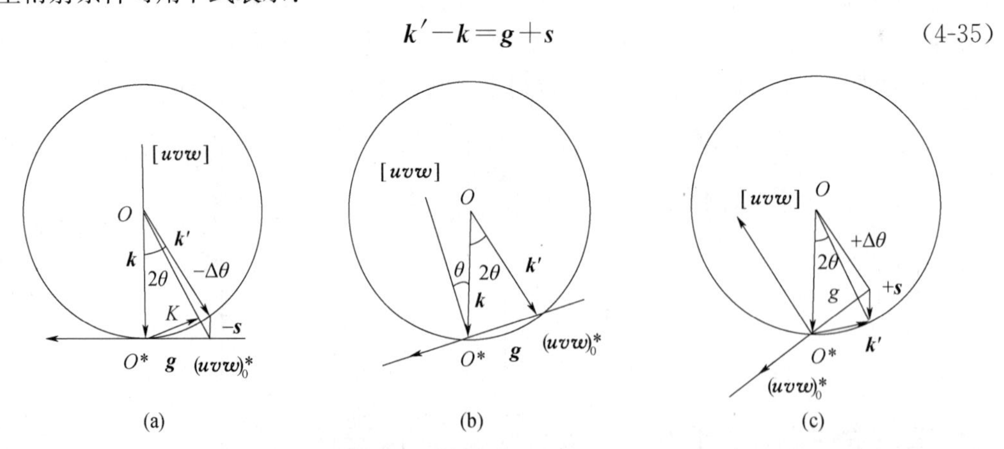

图 4-34　倒易杆与反射球相交的 3 种典型情况

当 $\Delta\theta=\Delta\theta_{max}$ 时，相应的 $\boldsymbol{s}=\boldsymbol{s}_{max}$，大小为 $1/t$。当 $\Delta\theta>\Delta\theta_{max}$ 时，倒易杆不再和厄瓦尔德球相交，此时无衍射产生。

零层倒易面的法线（即［uvw］）偏离电子束入射方向时，如果偏移范围在

$\pm\Delta\theta_{max}$ 范围之内，衍射花样中各斑点的位置基本上保持不变（实际上斑点是有少量位移的，但位移量比测量误差小，忽略不计），但各斑点的强度变化很大。

薄晶电子衍射时，倒易阵点延伸成杆状是获得零层倒易截面比例图像（即电子衍射花样）的主要原因。即尽管在对称入射情况下，倒易点阵原点附近扩展的倒易阵点（杆）也能与厄瓦尔德球相交，得到中心斑点强而周围斑点弱的若干衍射斑点。其他一些因素也可以促进电子衍射花样的形成。例如，电子束的波长越短，反射球的半径越大，电子衍射角范围内反射球越接近于平面；加速电压波动使厄瓦尔德球面有一定厚度；电子束本身有一定的发散度等。

4.3.2 透射电镜中的电子衍射

4.3.2.1 有效相机长度

由电子衍射的基本原理可知，凡在反射球上的倒易阵点均满足衍射的必要条件——布拉格方程，该阵点所表示的正空间中的晶面将参与衍射。透射电镜中的衍射花样即为反射球上的倒易阵点在底片上的投影，由于实际透射电镜中除了物镜外，还有中间镜、投影镜等，其成像原理如图 4-35 所示。

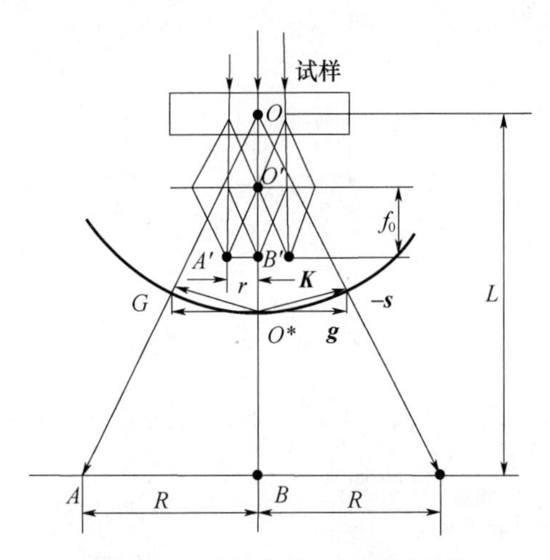

图 4-35 透射电镜电子衍射原理

根据三角形相似原理，$\triangle OAB \backsim \triangle OA'B'$，因此，前面介绍的一般衍射操作时长度 L 和 R 在电镜中与物镜的焦距 f_0 和 r（物镜的副焦点 A' 到主焦点 B' 的距离），电镜中进行衍射操作时，焦距 f_0 起到了相机长度的作用，由于 f_0 将进一步被中间镜和投影镜放大，故最终的相机长度应是 $f_0 M_1 M_p$（M_1 和 M_p 分别为中间镜和投影镜的放大倍数），于是有

$$L' = f_0 M_l M_p \text{，} R' = r \cdot M_l \cdot M_p \text{，}$$

令 $K' = L'\lambda$，得

$$R' = \lambda L' \boldsymbol{g} = K' \boldsymbol{g} \tag{4-36}$$

其中 $K'=L'\lambda$ 称为有效相机常数。

由此可见，透射电子显微镜中得到的电子衍射花样仍然满足衍射的基本公式，但是式中 L' 并不直接对应样品至照相底板的实际距离。只要记住这一点，我们在习惯上可以不加区分地使用 L' 和 L 这两个符号，并用 K 取代 K'。由于 f_0、M_1 和 M_p 分别取决于物镜、中间镜和投影镜的激磁电流，因而有效相机常数 $K'=L'\lambda$ 也将随之变化。因此，我们必须在 3 个透镜的电流都固定的条件下标定其相机常数，使 R 和 $\boldsymbol{g}$ 之间保持确定的比例关系。目前的电子显微镜由于引入了控制系统，因此，电镜相机常数及放大倍数都随透镜励磁电流的变化自动显示出来，并直接显示在底片边缘。

4.3.2.2 选区电子衍射

选区电子衍射就是对样品中感兴趣的微区进行电子衍射，以获得该微区电子衍射图的方法，又称微区衍射。它是通过移动安置在中间镜上的选区光阑来实现的。

图 4-36 即为选区电子衍射原理图。如果在物镜的像平面处加入一个选区光阑，那么只有 $A'B'$ 范围的成像电子能够通过选区光阑，并最终在荧光屏上形成衍射花样。这一部分的衍射花样实际上是由样品的 AB 范围提供的，因此，利用选区光阑可以非常容易地分析样品上微区的结构细节。选区光缆的直径在 20～300μm，若物镜放大倍数为 50 倍，则选用直径为 50μm 的选区光阑就可以套取样品上任何直径等于 1μm 的结构细节。

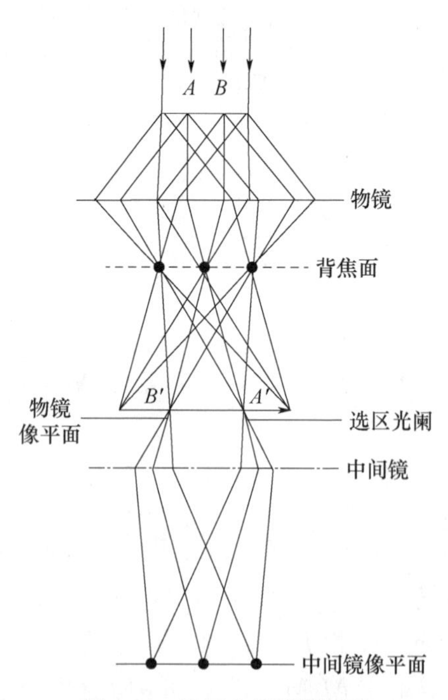

图 4-36　选区电子衍射原理

如何获得感兴趣区域的电子衍射花样呢？即通过选区光阑（又称中间镜光阑）套住感兴趣的区域，分别进行成像操作或衍射操作，获得该区域的像或衍射花样，实现对所选区域的形貌分析和结构分析。具体的选区衍射操作步骤如下。

① 由成像操作使物镜精确聚焦，获得清晰形貌像。

② 插入尺寸合适的选区光阑，套住被选视场，调整物镜电流，使光缆孔内的像清晰，保证物镜的像平面与选区光阑面重合。

③ 调整中间镜的励磁电流，使光阑边缘像清晰，从而使中间镜的物平面与选区光阑的平面重合，这也使选区光阑面、物镜的像平面和中间镜的物平面三者重合，进一步保证了选区的精度。

④ 移去物镜光阑（否则会影响衍射斑点的形成和完整性），调整中间镜的励磁电流，使中间镜的物平面与物镜的背焦面共面，由成像操作转变为衍射操作。电子束经中间镜和投影镜放大后，在荧光屏上将产生所选区域的电子衍射图谱。对于高档的现代电镜，也可以操作“衍射”按钮自动完成。

⑤ 需要照相时，可适当减小第二聚光镜的励磁电流，减小入射电子束的孔径角，缩小束斑尺寸，提高斑点清晰度。微区的形貌和衍射花样可成在同一张底片上。

图 4-37 是一个选区电子衍射的实例，其中图 4-37（a）是一个简单的明场像，图 4-37（b）、图 4-37（c）和图 4-37（d）是对图 4-37（a）中的不同区域进行选区电子衍射操作以后得到的结果。

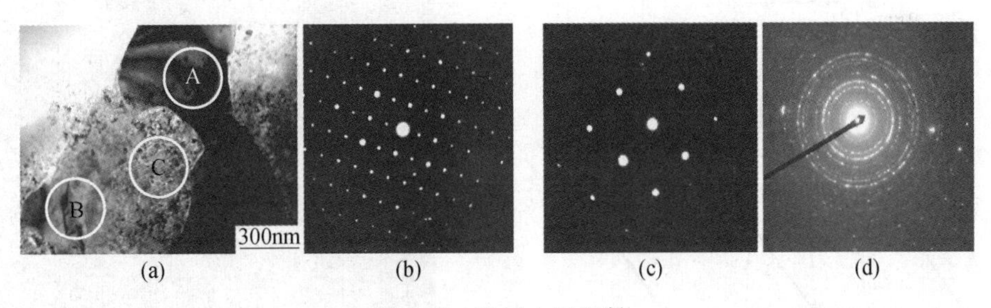

图 4-37 选区电子衍射

4.3.3 常见的电子衍射花样

在透射电镜的衍射花样中，对于不同的试样，采用不同的衍射方式时，可以观察到多种形式的衍射结果，如单晶电子衍射花样、多晶电子衍射花样、非晶电子衍射花样等（图 4-38）。

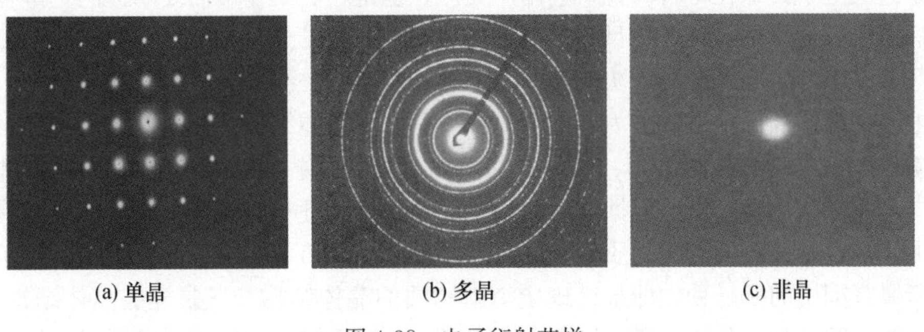

图 4-38 电子衍射花样

4.3.3.1 单晶体电子衍射花样

单晶体的电子衍射图由规则排列的衍射斑点构成，实际上是垂直于电子束入射方向的零层倒易阵面上的阵点在荧光屏上的投影（图 4-39）。

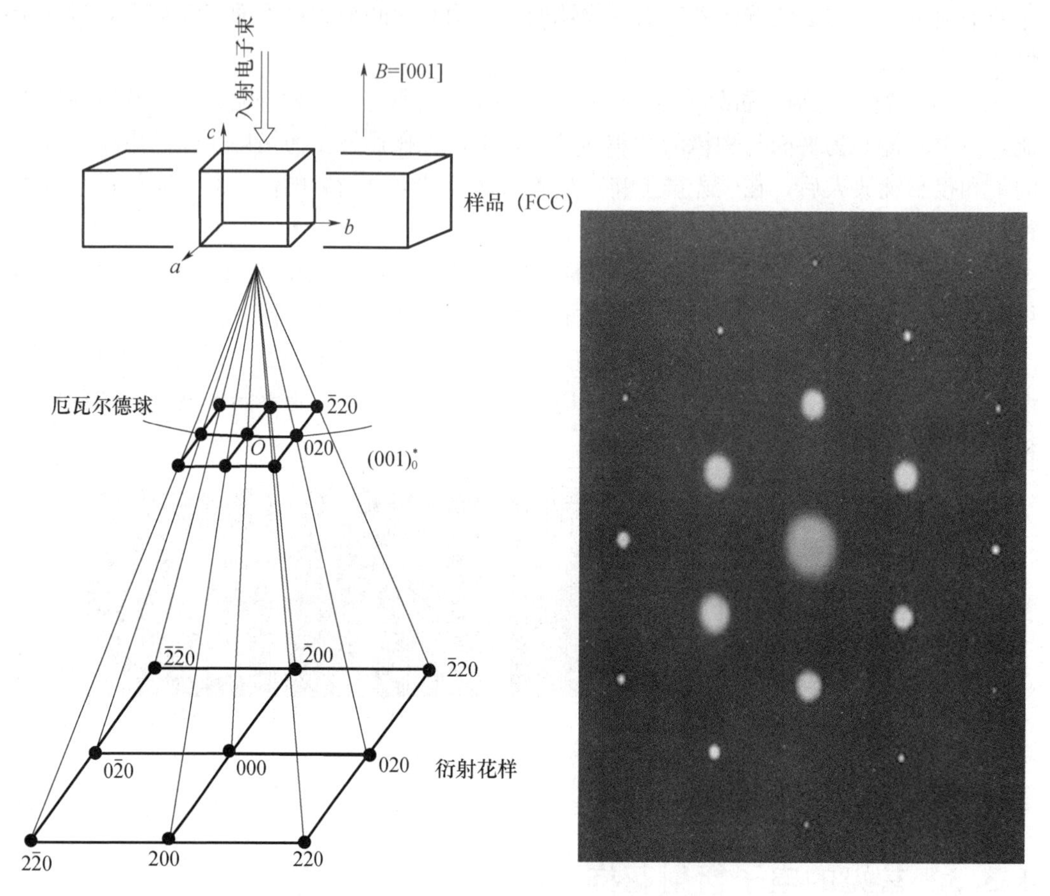

图 4-39 单晶电子衍射花样原理

电子衍射图可以给出样品晶体结构与经济学性质有关的诸多信息。电子衍射图的分析与标定是电子衍射电镜分析中经常遇到的一项工作，能够对电子衍射图进行正确的标定，是透射电子技术在材料研究中应用的关键，也是材料工作者需要掌握的基本技能。

标定单晶电子衍射花样的目的是确定零层倒易截面上各 $\boldsymbol{g}_{hkl}$ 矢量端点（倒易阵点）的指数，定出零层倒易截面的法向（即晶带轴），并确定样品的点阵类型、物相及位相。对于电子衍射图的标定通常分为 3 种情况：一是已知晶体结构。标定此类衍射图的目的在于确认该物质及其晶体结构、确定样品取向，为衍射衬度分析提供有关的晶体学信息。二是晶体结构未知，但根据样品的化学成分、热处理状态及微区成分分析等有关资料，大体知道待分析的衍射物质所属的范围。标定此类衍射图的主要目的是确定该物质是其所属范围中的哪一种，即最终确定衍射物质的晶体结构。三是样品晶体结构未知，也不了解有关样品的其他信息。标定这类衍射图比较困难，因为一张电子衍射图只能给出晶体的二维信息，不可能唯一由此确定晶体的三维结构，因此，通常需要倾转样品获得两个或更多晶带的电子衍射图，或者利用双晶带衍射图中出现的高阶劳厄斑点，获得晶体的三维信息，最终准确地鉴定物质衍射的晶体结构。前两种情况在衍射分析工作中比较常见。

（1）晶体结构已知的单晶电子衍射花样的标定

① 测量靠近中心斑点（透射斑）的几个衍射斑点至中心斑点的距离，并按距离由小到大依次排列：R_1，R_2，R_3，R_4…。同时，各斑点之间的夹角为 φ_1、φ_1、φ_1、φ_1…，各斑点对应的倒易矢量分别为 $\boldsymbol{g}_1$，$\boldsymbol{g}_2$，$\boldsymbol{g}_3$，$\boldsymbol{g}_4$…。

② 由相机常数 K 和电子衍射的基本公式 $R=K/d$，计算得相应的晶面间距 d_1、d_2、d_3、d_4…。

③ 因为晶体结构是已知的，每一个 d 值即为该晶体某一晶面族的晶面间距，由晶面间距公式，结合 PDF 卡片，定出相应的晶面族指数 $\{hkl\}$，即由 d_1 查出 $\{h_1k_1l_1\}$，由 d_2 查出 $\{h_2k_2l_2\}$，依此类推。

④ 确定离中心斑点最近的衍射斑点（第 1 个斑点）的指数。若 R_1 最小，则相应斑点的指数为 $\{h_1k_1l_1\}$ 晶面族中的一个，即从晶面族中任取一个（$h_1k_1l_1$）作为 R_1 所对应的斑点指数。

⑤ 确定第 2 个斑点的指数。第 2 个斑点的指数不能任选，因为它和第 2 个斑点的夹角必须符合夹角公式。例如，对于立方晶体来说，两者的夹角公式可用公式求得：

$$\cos\theta=\frac{H_1H_2+K_1K_2+L_1L_2}{\sqrt{H_1^2+K_1^2+L_1^2}\cdot\sqrt{H_2^2+K_2^2+L_2^2}} \tag{4-37}$$

在决定第 2 个斑点指数时，应进行尝试校对，即只有（$h_2k_2l_2$）代入夹角公式后求出的角和实测的一致时，指数才是正确的，否则必须重新尝试。应该指出的是，$\{h_2k_2l_2\}$ 晶面族可供选择的特定的（$h_2k_2l_2$）往往不止一个，因此第 2 个斑点指数也带有了一定的任意性。

⑥ 一旦确定了两个斑点（$h_1k_1l_1$）和（$h_2k_2l_2$），那么其他斑点可根据矢量运算求得：$\boldsymbol{g}_1+\boldsymbol{g}_2=\boldsymbol{g}_3$，算出其他各斑点的指数。

⑦ 根据晶带定理求零层倒易截面法线的方向，即晶带轴的指数：$[uvw]=\boldsymbol{g}_1\times\boldsymbol{g}_2$。

⑧ 计算出晶格常数。

（2）晶体结构未知的单晶电子衍射花样的标定

当晶体的点阵结构未知时，首先分析斑点的特点，确定其所属的点阵结构，然后由前面介绍的步骤标定其衍射花样。如何确定其点阵结构呢？主要从斑点的对称特点或 $1/d^2$ 的递增规律来确定点阵的结构类型。斑点分布的对称性越高，其对应晶系的对称性也越高。

电子衍射图的标定比较复杂，可先利用衍射图上的信息（斑点距离、分布及强度等）帮助判断待测晶体可能所属晶系、晶带轴指数。例如，斑点呈正方形，可能是立方晶系、四方晶系；正六边形的斑点，则属于立方晶系、六方晶系（表 4-4）。熟练掌握晶体学和衍射学理论知识，收集有关材料化学成分、处理工艺及其他分析手段提供的资料，可帮助解决衍射花样标定的问题（图 4-40）。

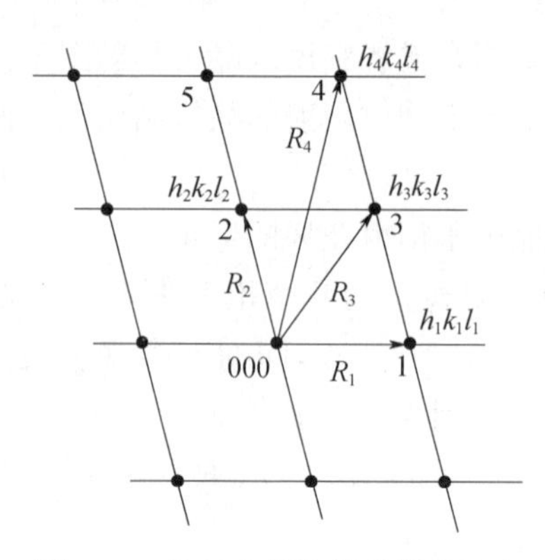

图 4-40　单晶电子衍射花样的标定

表 4-4　衍射斑点的对称性及可能所属晶系

斑点花样的几何图形	可能所属点阵
平行四边形	$R_1 \neq R_2$，$\phi \neq 90°$ 三斜、单斜、正交、四方、六角、三角、立方
矩形	$R_1 \neq R_2$，$\phi = 90°$ 单斜、正交、四方、六角、三角、立方
有心矩形	$R_1 \neq R_2$，$\phi = 90°$ 单斜、正交、四方、六角、三角、立方
正方形	$R_1 = R_2$，$\phi = 90°$ 四方、立方
正六角形	$R_1 = R_2$，$\phi = 60°$ 六角、三角、立方

4.3.3.2　多晶体电子衍射花样

多晶电子衍射的几何特征与 X 射线粉末法所得花样的几何特征非常相似，由一系列不同半径的同心圆环组成。这种环形花样的产生是由于受到入射束辐射的样品区域内存在大量取向杂乱的细小晶体颗粒，d 值相同的同一晶面族内符合衍射条件的晶面族所产生的衍射束，构成以入射束为轴、以 2θ 为斑顶角的圆锥面，它与照相底板的交线即为半径 $R = \lambda L / d$ 的圆环。因此，多晶衍射谱的环形花样实际上是许多取向不同的小单晶的衍射的叠加。d 值不同的 $\{hkl\}$ 晶面族将产生不同的圆环，从而形成由不同半径同心圆环构成的多晶电子衍射谱（图 4-41）。

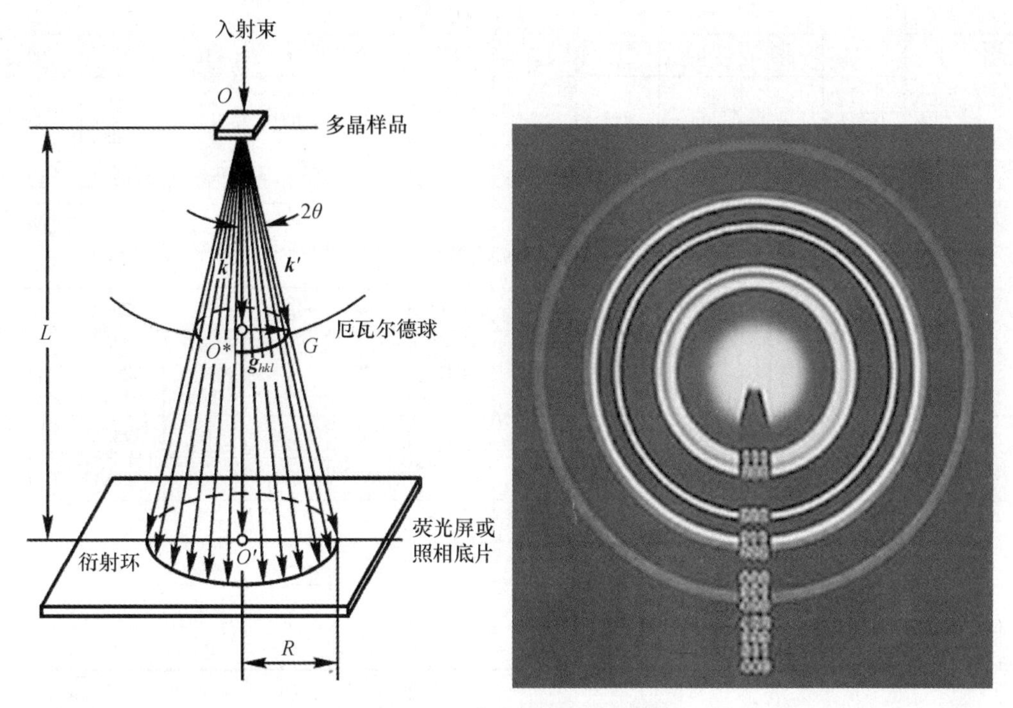

图 4-41 多晶电子衍射花样

所谓多晶电子衍射花样的指数化，就是确定这些衍射环的晶面族指数 $\{hkl\}$。其花样标定相对简单，同样可以分为以下两种情况。

（1）已知晶体结构时

① 测定各同心圆直径 D_i，算得各半径 R_i；

② 由 R_i/K 算得 $1/d_i$；

③ 对照已知晶体 PDF 卡片上的 d_i 值，直接确定各环的晶面族指数 $\{hkl\}$。

（2）未知晶体结构时

① 测定各同心圆直径 D_i，计算得各系列圆半径 R_i；

② 由 R_i/K 算得 $1/d_i$；

③ 由 $1/d_i{}^2$ 由小到大的连比规律，推断晶体的点阵结构；

④ 计算各环的晶面族指数 $\{hkl\}$。

$1/d_i^2$ 的连比规律及其对应的晶面指数如表 4-5 所示。

表 4-5 $1/d_i^2$ 的连比规律及其对应的晶面指数

点阵结构	$1/d^2$ 的连比规律									
简单立方	N	1	2	3	4	5	6	8	9	10	11
	$\{hkl\}$	100	110	111	200	210	211	220	221 300	310	311

续表

点阵结构	$1/d^2$ 的连比规律									
体心立方	N	2	4	6	8	10	12	14	16	18	20
	$\{hkl\}$	110	200	211	220	310	222	321	400	411 330	420
面向方立	N	3	4	8	11	12	16	19	20	24	27
	$\{hkl\}$	111	200	220	311	222	400	331	420	422	333 511
金刚石	N	3	8	11	16	19	24	27	32	35	40
	$\{hkl\}$	111	220	311	400	331	422	333 511	440	531	620
六方	N	1	3	4	7	9	12	13	16	19	21
	$\{hkl\}$	100	110	200	210	300	220	310	400	320	410
简单四方	N	1	2	4	5	8	9	10	13	16	18
	$\{hkl\}$	100	110	200	210	220	300	310	320	400	330
体心四方	N	2	4	8	10	16	18	20	32	36	40
	$\{hkl\}$	110	200	220	310	400	330	420	440	600	620

4.3.3.3 复杂的电子衍射花样

（1）超点阵斑点

原子有序分布的固溶体或类似的化合物称为超点阵。超点阵内各类原子将分别占据固定位置，此时的结构因子计算与所对应的无序结构时就不同。

例如，$AuCu_3$ 合金是面心立方固溶体，在高于 395℃时为无序固溶体，此时的点阵结构如图 4-42（a）所示。面型立方晶胞中有 4 个原子、1 个 Au 原子和 3 个 Cu 原子，分别位于（000）、（0，1/2，1/2）、（1/2，0，1/2）、（1/2，1/2，0）。在无序情况下，Au 原子和 Cu 原子在各阵点上出现的概率分别为 0.25 和 0.75，这样 $f_{平均}=0.25f_{Au}+0.75f_{Cu}$，则：

$$|F_{HKL}|^2=f^2\{1+[\cos\pi(K+L)+\cos\pi(H+K)+\cos\pi(H+L)]\}^2 \quad (4\text{-}38)$$

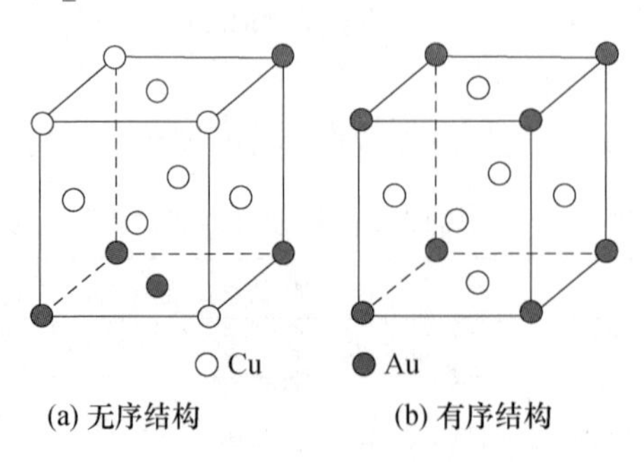

图 4-42 $AuCu_3$ 合金无序和有序时的结构

当 H、K、L 全奇或全偶时，$|F_{HKL}|^2=16f^2$，系统无消光现象。当 H、K、L 奇偶混杂时，$|F_{HKL}|^2=0$，出现消光现象。如图 4-43（a）所示。

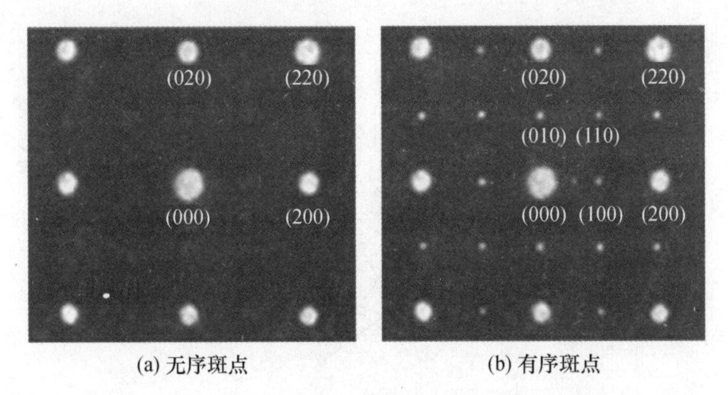

(a) 无序斑点　(b) 有序斑点

图 4-43　$AuCu_3$ 合金无序和有序时的衍射斑点

在一定条件下有序化后，点阵结构如图 4-42（b）所示。Au 原子位于顶点，坐标为（000），3 个 Cu 原子位于面心，坐标分别为（0，1/2，1/2）、（1/2，0，1/2）、（1/2，1/2，0），则

$$|F_{HKL}|^2=\{f_{Au}+f_{Cu}[\cos\pi(K+L)+\cos\pi(H+K)+\cos\pi(H+L)]\}^2+\{f_{Cu}[\sin\pi(K+L)+\sin\pi(H+K)+\sin\pi(H+L)]\}^2 \tag{4-39}$$

当 H、K、L 全奇或全偶时，$|F_{HKL}|^2=(f_{Au}+3f_{Cu})^2$；当 H、K、L 奇偶混杂时，$|F_{HKL}|^2=(f_{Au}-f_{Cu})^2\neq 0$。即 $AuCu_3$ 合金有序化后，H、K、L 奇偶混杂时的结构因子并不等于 0，出现了衍射，但结构因子值相对较小，衍射斑点相对较暗，如图 4-43（b）所示。无序固溶体中因消光不出现的斑点，通过有序化后出现了，这种斑点称为超点阵斑点，它们的强度较弱。

（2）孪晶斑点

材料在凝固、相变和变形过程中，晶体内的一部分相对于基体按一定的对称关系生成，即形成孪晶。

图 4-44 为面心立方晶体基体（$1\bar{1}0$）晶面上的原子排列，孪晶面为（111）晶面，孪晶方向为［$11\bar{2}$］。孪晶点阵与基体点阵镜面对称于（111）晶面，同样孪晶点阵也可看成（111）晶面下的基体点阵绕［111］晶向旋转而成。既然在正空间中孪晶和基体存在对称关系，则在倒易空间中孪晶和基体也存在这种对称关系，只是在正空间中的面与面的对称关系应转变成倒易空间中的倒易阵点间的关系，故其衍射花样为基体和孪晶两套单晶斑点花样的叠加。而这两套斑点的相对位向势必反映基体和孪晶之间存在着的对称取向关系。最简单的情况是，电子束 B 平行于孪晶面，如 $B=[111]_M$，所得到的花样如图 4-45 所示，两套斑点呈明显对称性，并与实际点阵的对称关系完全一致。

如果入射束和孪晶面不平行，得到的衍射花样就不能直观地反映出孪晶和基体间取向的对称性，此时可先标定出基体的衍射花样（图 4-46），然后根据矩阵代数导出结果，求出孪晶斑点的指数。

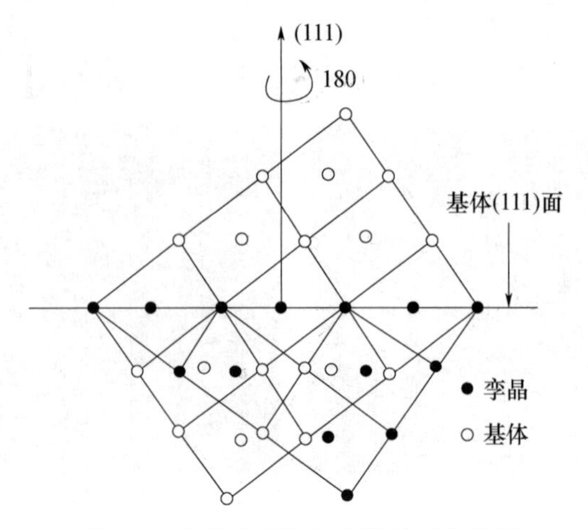

图 4-44　晶体中基体和孪晶的对称关系

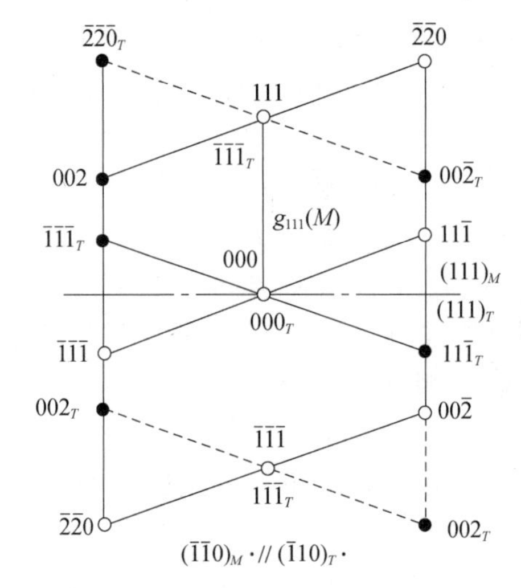

图 4-45　面心立方晶体（111）孪晶的衍射花样

（注：$B=$［111］$_M$，按（111）面反映方式指数化）

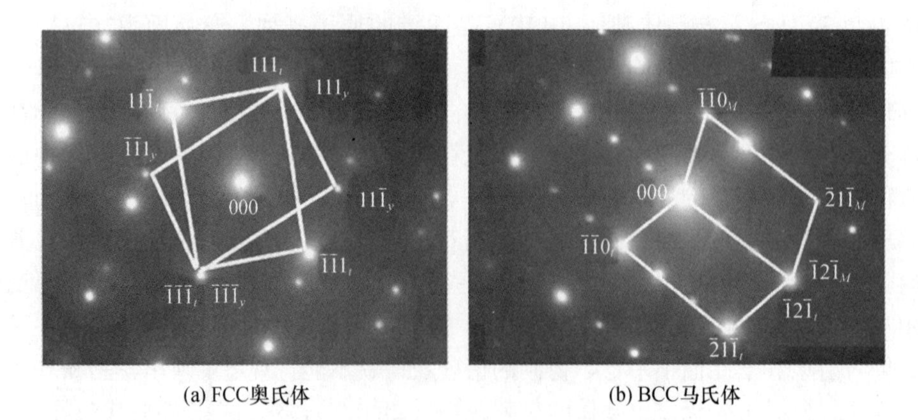

图 4-46　两种常见晶体的孪晶衍射花样

对体心立方晶体可采用下列公式计算：

$$\left.\begin{aligned} h^t &= -h + \frac{1}{3}p(ph+qk+rl) \\ k^t &= -k + \frac{1}{3}q(ph+qk+rl) \\ l^t &= -l + \frac{1}{3}r(ph+qk+rl) \end{aligned}\right\} \tag{4-40}$$

其中，(pqr) 为孪晶面，体心立方结构的孪晶面是 (112)，共 12 个；(hkl) 为基体中将产生孪晶的晶面，($h^tk^tl^t$) 为 (hkl) 晶面产生孪晶后形成的孪晶晶面。例如，孪晶面 (pqr) = ($\bar{1}12$)，将产生孪晶的晶面 (hkl) = ($2\bar{2}2$)，代入式 (4-40) 得 ($h^tk^tl^t$) = ($\bar{2}\bar{2}2$)，即 (hkl) 发生孪晶转变后，其位置和基体的 (222) 重合。

对面心立方晶体可采用下列公式计算：

$$\left.\begin{aligned} h^t &= -h + \frac{2}{3}p(ph+qk+rl) \\ k^t &= -k + \frac{2}{3}q(ph+qk+rl) \\ l^t &= -l + \frac{2}{3}r(ph+qk+rl) \end{aligned}\right\} \tag{4-41}$$

面心立方结构的孪晶面是 {111}，共 4 个。例如，孪晶面是 (111) 时，当 (hkl) = ($\bar{2}22$)，计算 ($h^tk^tl^t$) 为 (600)，即 ($\bar{2}22$) 产生孪晶后其位置和基体的 (600) 重合。

(3) 高阶劳厄斑点

以入射束与反射球的交点作为原点，构造出与晶体对应的倒易点阵。则对于正空间中的任一晶带轴，与之垂直而且过倒易空间的原点的倒易面，称为该晶带的零层倒易面，该倒易面上的所有晶面与晶带轴之间满足晶带轴定律，通常我们得到的某晶带轴的电子衍射花样就是该晶带轴的零层倒易面。对于任一晶带轴而言，除了零层倒易面之外，所有与零层倒易面平行的倒易平面都与之垂直，但这些倒易面与晶带轴之间不满足晶带轴定律，它们之间的关系满足广义晶带轴定律 ($hu+kv+lw=N$)，所有与零层倒易面平行的倒易平面统称为高层倒易面。高层倒易面中的倒易阵点由于某些原因也有可能与倒易球相交而形成附加的电子衍射斑点，这就是高阶劳厄斑。

高阶劳厄斑产生的原因：

① 由于薄膜试样的形状效应，使倒易阵点变长，这种伸长的倒易杆增加了高层倒易面上倒易点与反射球相交的机会；

② 晶格常数很大的晶体，其倒易阵点排列更密，倒易面间距更小，使得上下两层倒易面与零层倒易面同时与反射球相交的机会增加；

③ 当电子衍射花样不正，使得零层倒易面倾斜时，增加了高层倒易阵点与反射球的相交机会；

④ 电子波的波长越长，则反射球的半径会越小，这样也会增加高层倒易面上的倒易点与反射球相交后仍然能在底片处成像的机会。

高阶劳厄斑点的常见形式有对称劳厄带、不对称劳厄带和重叠劳厄带（图 4-47）。

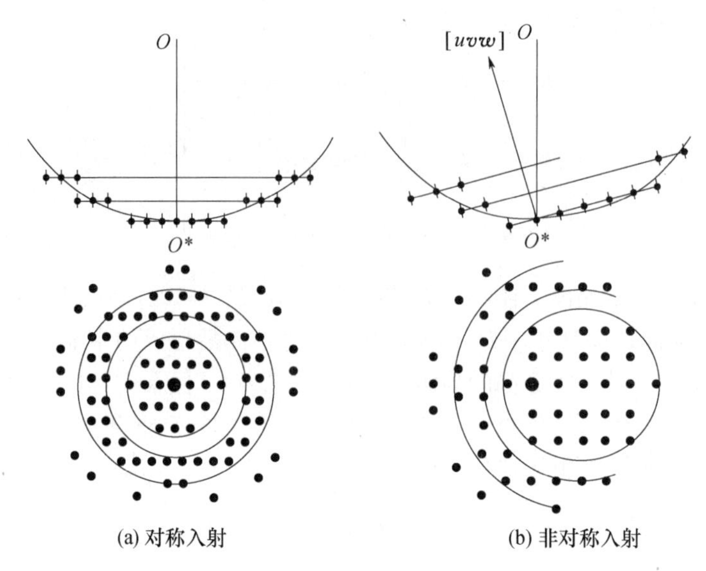

图 4-47　劳厄带形成示意

由零层劳厄带的存在范围 R_0 和相机长度 L，可估算晶体在入射方向上的厚度 t：

$$t = \frac{2\lambda L^2}{R_0^2} \tag{4-42}$$

由高阶劳厄带的半径 R、相机长度 L 及晶带轴的 N，可估算晶体点阵常数 c（图 4-48）：

$$c = \frac{2N\lambda}{R_1^2} L^2 \tag{4-43}$$

其中，R_0 为零层劳厄带的存在范围；L 为相机长度；R_1 为第一层劳厄带的半径；N 表示第 N 层。

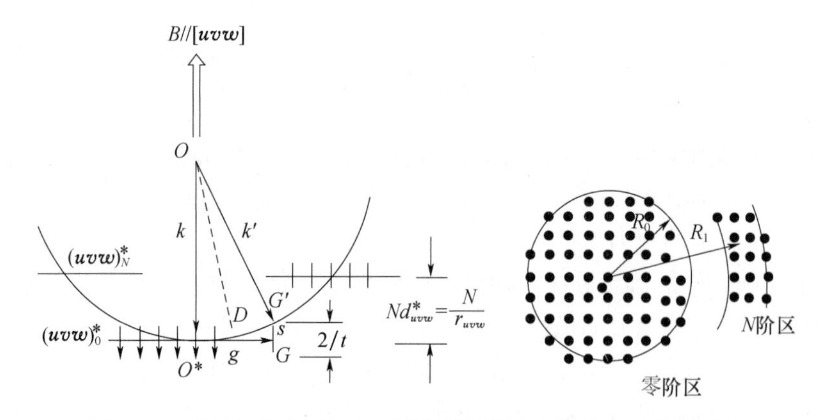

图 4-48　利用高阶劳厄斑点区测定样品厚度和晶体点阵常数原理

（4）二次衍射

在电子束穿行晶体的过程中，会产生较强的衍射束，它又可以作为入射束，在晶体中产生再次衍射，称为二次衍射。二次衍射形成的新的附加斑点称作二次衍射斑。二次衍射很强时，还可以再行衍射，产生多次衍射。这样会使晶体中原本相对于入射束不参与衍射的晶面，在相对于衍射束时，却满足了衍射条件产生衍射，此时的电子衍射花样将是一次衍射、二次衍射甚至多次衍射所产生的斑点的叠加。当二次衍射的斑点与一次衍射的斑点重合时，增加了其强度，并使衍射斑点的分布规律出现异常；当两次衍射的斑点不重合时，则在一次衍射的基础上出现附加斑点，甚至出现相对于一次斑点本应消光的斑点，为衍射分析增加困难，因此，在花样标定前应先将二次衍射花样区分出来。

产生二次衍射的条件：晶体足够厚；衍射束要有足够的强度。

如图 4-49 所示，晶面组（$h_1k_1l_1$）的衍射束 D_1 可以作为新的入射束使另一晶面组（$h_2k_2l_2$）发生衍射，这就是二次衍射现象；二次衍射很强时，还可以作为入射束再发生衍射，这就是所谓的多次衍射；如果（$h_1k_1l_1$）和（$h_2k_2l_2$）之间发生二次衍射，则在花样中除了透射斑点 T（000）和这两组晶面的一次衍射斑点 D_1（$h_1k_1l_1$）和 D_2（$h_2k_2l_2$）以外，还有二次衍射斑点 D'。且 $\boldsymbol{g}'=\boldsymbol{g}_1+\boldsymbol{g}_2$。

二次衍射可使密排六方、金刚石立方晶体中的消光点出现，却并不能使面心、体心消光点出现，但可使斑点强度发生变化。

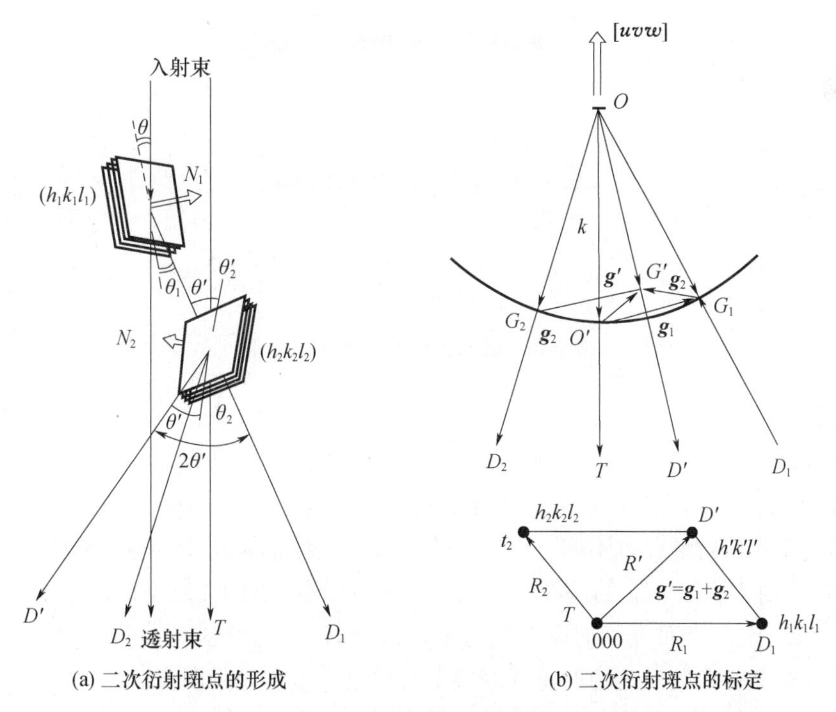

(a) 二次衍射斑点的形成　　(b) 二次衍射斑点的标定

图 4-49　二次衍射示意

4.4 透射电镜图像衬度

4.4.1 透射电镜的图像衬度理论

在透射电镜中，电子的加速电压很高，采用的试样很薄，所接受的是透过的电子信号，而人的眼睛不能直接感受电子信号，需要将其转变成眼睛敏感的图像。图像上明暗的差异称为图像的衬度，差异越大，衬度就越高，图像就越清晰。在不同的情况下，电子图像上衬度形成的原理不同，所能说明的问题也就不同。透射电镜的图像衬度主要有散射（质量-厚度）衬度、衍射衬度和相位差衬度。

4.4.1.1 散射衬度

入射电子进入试样后，与试样中的原子发生相互作用，使入射电子发生散射。由于试样上各部位散射能力不同所形成的衬度称为散射衬度，其形成原理如图 4-50 所示。

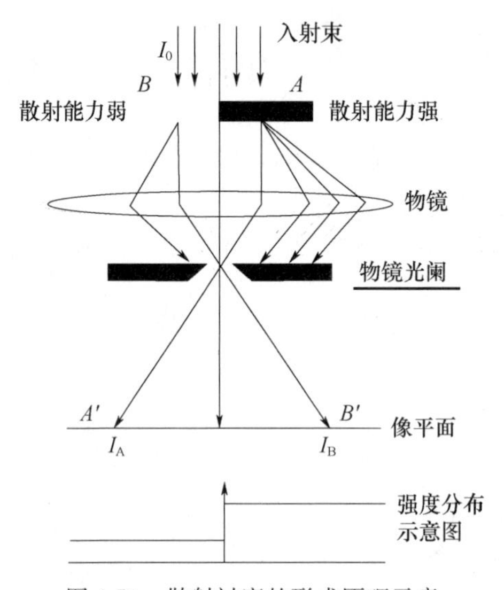

图 4-50　散射衬度的形成原理示意

物镜光阑放在物镜的背焦面上，挡住了散射角度大的电子，只有未散射及散射角很小的那部分电子可以通过光阑被物镜聚焦于物镜像平面上。例如，入射电子束的强度为 I_0，照射在试样上的 A 点和 B 点，由于试样各点对电子的散射能力不同，电子束穿过试样上不同点后散射情况也不同。设穿过点 A 及 B 点后能通过物镜光阑的电子束强度为 I_A 和 I_B。由于 I_A 和 I_B 的差异，形成了 A'与 B'两像点的亮度不同。

假设 A 点比 B 点对电子的散射能力强，$I_A < I_B$，在荧光屏上可以看到 A'点比 B'暗。这样试样上各点散射能力的差异变成了有明暗反差的电子图像。

那么，如何将电子图像与试样的微观结构联系起来呢?

设一束强度为 I_0 的入射电子束照射在试样上，试样的厚度为 t，原子量为 A，密度为 ρ，对电子的散射界面为 σ_α，则参与成像的电子束强度 I 为：

$$I = I_0 \exp\left(-\frac{k\sigma_\alpha}{A} \cdot \rho t\right) \tag{4-44}$$

式中，k 为阿佛加德罗常数。

图像上相邻的反差决定成像电子束的强度差：

$$G = \frac{I_2 - I_1}{I_2} \tag{4-45}$$

将式（4-44）代入（4-45）得：

$$G=1-\exp\left[-k\left(\frac{\sigma_{a1}\cdot\rho_1 t_1}{A_1}-\frac{\sigma_{a2}\cdot\rho_2 t_2}{A_1}\right)\right] \tag{4-46}$$

由于透射电镜中所用的试样很薄，式（4-46）可简化为：

$$G=k\left(\frac{\sigma_1}{Z_1}\rho_1 t_1-\frac{\sigma_2}{Z_2}\rho_2 t_2\right) \tag{4-47}$$

可用式（4-47）来分析图像上的衬度和试样微观结构的关系。

（1）图像衬度与试样原子序数及密度的关系

设试样上相邻两点的厚度相同，则

$$G=kt\left(\frac{\sigma_1}{Z_1}\rho_1-\frac{\sigma_2}{Z_2}\rho_2\right) \tag{4-48}$$

由式（4-48）可知图像衬度与原子序数及密度有关。试样中不同的物质，其原子序数及密度不同，可形成图像明暗反差。例如，相邻部位的原子序数相差越大，电子图像上的反差也越大。

（2）图像衬度与试样厚度的关系

设试样上相邻两点的物质种类和结构完全相同，则

$$G=k\,\frac{\sigma}{Z}\rho(t_1-t_2) \tag{4-49}$$

在这种情况下，图像的衬度反映了试样上各部位的厚度差异。荧光屏上暗的部位对应的是试样厚，亮的部位对应的是试样薄，试样上相邻部位的厚度相差越大，得到的电子图像反差越大。

由上述分析可知，散射程度主要反映了试样的质量和厚度的差异，故也将散射衬度称为质量-厚度衬度。

4.4.1.2 相位衬度

当试样很薄时，除透射束外，还同时让一束或多束的衍射束同时通过物镜光阑参与成像。由于试样中各处对入射电子作用不同，致使它们在穿出试样时相位不一，再经相互干涉后便形成了反映晶格点阵和晶格结构的干涉条纹像，如图 4-51 所示。用来成像的衍射束（透射束可视为零级衍射束）越多，得到的晶体结构细节越丰富，并可测定物质在原子尺度上的精确结构。这种主要由相位差所引起的强度差异称为相位衬度。

4.4.1.3 衍射衬度

衍射衬度是由于薄晶的不同部位满足布拉格衍射条件的程度有差异而引起的衬度。

图 4-52 为衍射衬度形成原理示意图。假设试样仅由 A、B 两个晶粒组成，其中晶粒 A 完全不满足布拉格方程的衍射条件，晶粒 B 中为简化起见也仅有一组晶面（hkl）满足布拉格衍射条件，其他晶面均不满足布拉格条件。入射电子束作用后将在晶粒 B 中产生衍射束 I_{hkl}，形成衍射斑点 hkl。晶粒 A 因不满足衍射条件，无衍射束产生，只有透射束 I_0。此时移动物镜光阑挡住衍射束，仅让透射束通过，如图 4-52（a）所示，晶粒 A 和 B 在像平面上成像，其电子束强度分别为 $I_A=I_0$，$I_B=I_0-I_{hkl}$，故晶粒 A

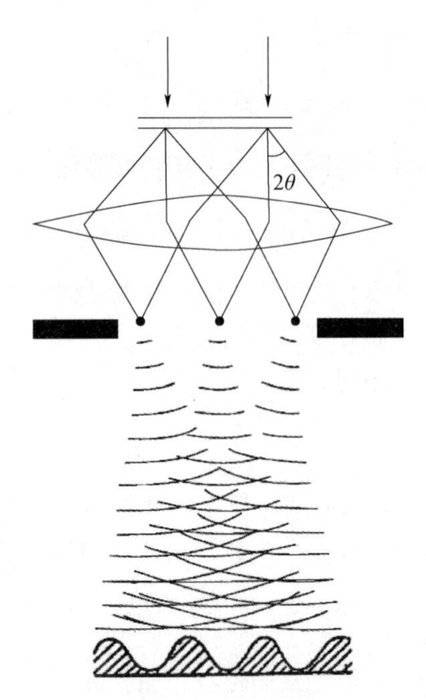

图 4-51　相位衬度原理示意

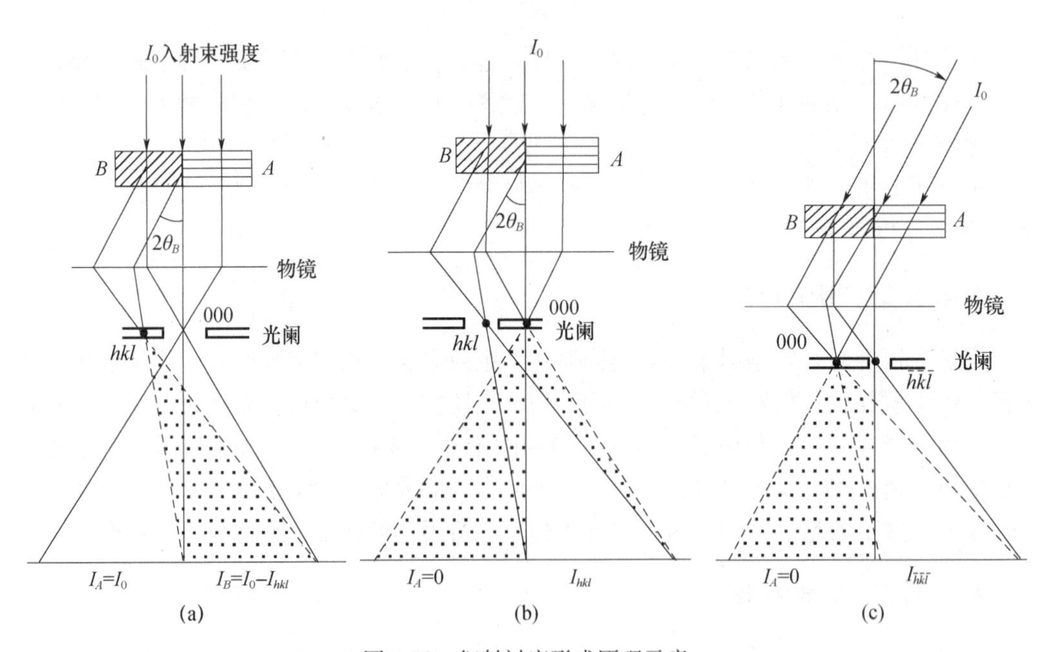

图 4-52　衍射衬度形成原理示意

的亮度高于晶粒 B。这种由满足布拉格衍射条件的程度不同造成的衬度称为衍射衬度。如果以未发生衍射的 A 晶粒像亮度 I_A 作为背景强度，则 B 晶粒的像衬度为：

$$\left(\frac{\Delta I}{\overline{I}}\right)=\frac{I_A-I_B}{I_A}=\frac{I_0-(I_0-I_{hkl})}{I_0}=\frac{I_{hkl}}{I_0} \tag{4-50}$$

把这种挡住衍射束，让透射束成像的操作称为明场操作，所成的像称为明场像。反之，仅让衍射束通过物镜光阑参与成像得到的衍衬像称为暗场像。如图 4-52（b）所示，此时 A、B 两晶粒成像的电子束强度分别为 $I_A=0$，$I_B=I_{hkl}$。像平面上晶粒 A 基本不显亮度，晶粒 B 因为有衍射束，成像亮度高。但此时由于衍射束偏离了中心光轴，其孔径半角相对于平行于中心光轴的电子束要大，因而磁透镜的球差较大，图像的清晰度不高，成像质量差。

为了消除物镜球差的影响，借助于偏转线圈倾转入射束，使衍射束与光轴平行，然后用物镜光阑套住位于中心的衍射斑所成的暗场像称为中心暗场像；如图 4-52（c）所示，中心暗场像能够得到较好衬度的同时，还能保证图像的分辨率不会因为球差而变差。

由以上分析可知，通过物镜光阑和电子束的偏置线圈，可实现明场、暗场和中心暗场 3 种成像操作。其中暗场像的衍射衬度高于明场像的衍射衬度，中心暗场的成像质量又因孔径角的减小比暗场高。因此，在实际操作中，通常采用暗场或中心暗场进行成像分析（图 4-53）。以上操作均是通过移动物镜光阑来实现的，因此物镜光阑又称衬度光阑。

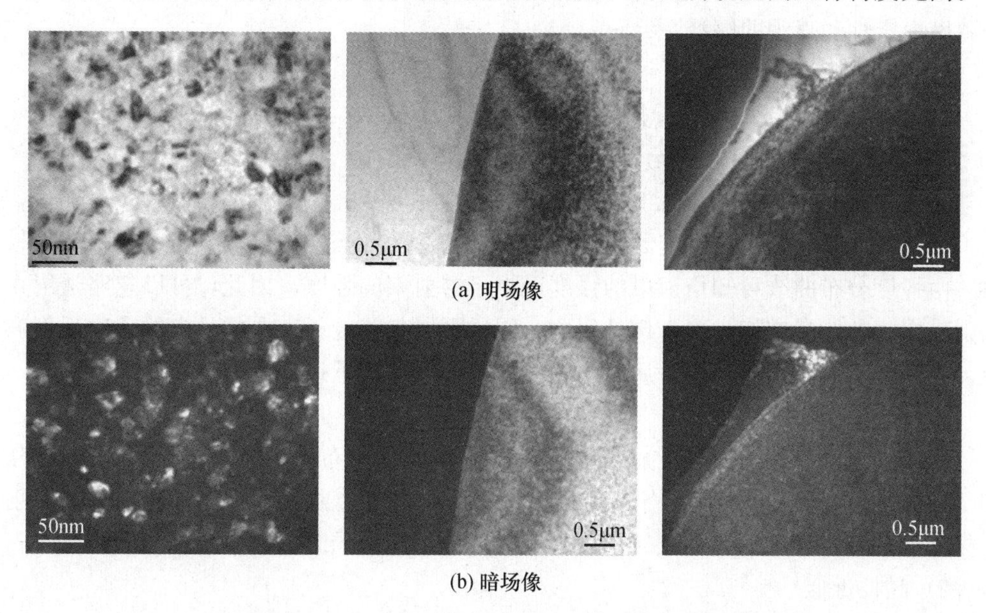

图 4-53　钢中的第二相和晶界处的明场像和暗场像

衍射像反映试样内部的结晶学特性，不能将衍射像与实物简单地等同起来，更不能用一般金相显微像的概念来理解薄晶试样的衍射图像。薄晶试样的电子显微分析必须与电子衍射分析结合起来，才能正确理解图像的衬度。

4.4.2 衍射衬度运动学及动力学理论

衍射衬度理论简称衍衬理论，所讨论的是电子束穿出样品后透射束和衍射束的强度分布，从而获得各像点的衬度分布。衍衬理论可以分析和解释衍射成像的原理，也可以由该理论预示晶体中一些特定结构的衬度特征。

当晶体中存在缺陷或者第二相时，衍射衬度像中会出现和它们对应的衬度，即使是在完整晶体中，也会出现等厚条纹和等倾条纹；晶体中缺陷和衍射衬度之间在尺度和位置上具有怎样的对应性，完整晶体中的衬度又是怎样来的呢？要回答这些问题，必须从理论上予以解释。要解释清楚 TEM 下观察到的电子显微像，最理想也最直接的方法就是直接算出样品下表面处的电子波分布函数，得出每一点的强度，但是电子束与样品相互作用后的电子波函数的计算过程非常复杂，必须对问题进行简化。衍射衬度的运动学和动力学理论就是基于这样的思想提出的。

根据简化程度的不同，衍衬理论可分为运动学理论和动力学理论两种。当考虑衍射的动力学效应，即透射束和衍射束之间的相互作用和多重散射引起的吸收效应时，衍衬理论称为动力学理论；当不考虑动力学效应时，衍衬理论称为运动学理论。

4.4.2.1 衍射衬度的运动学理论及应用

衍射衬度的运动学理论尽管做了较大程度的简化，但在一定条件下可以对一些衍衬现象做出定性和直观的解释。

(1) 基本假设

衍衬运动学理论的两个基本假设：

① 衍射束和透射束之间无相互作用，无能量交换；

② 不考虑电子束通过样品时引起的多次反射和吸收。

以上两个基本假设在一定的条件下是可以满足的，当样品试样较薄、偏移矢量较大时，由强度分布曲线可知衍射束的强度远小于透射束的强度，因此，可以忽略透射束和衍射束之间的能量交换。由于样品很薄，同样可以忽略电子束在样品中的多次反射和吸收。在满足上述两个基本假设后，运动学理论还做了以下近似。

1) 双光束近似

只考虑透射束和一支强衍射束，其他衍射束均远离布拉格条件，即衍射强度为 0。即 $I_0=I_g+I_T$，I_0、I_g、I_T 分别为入射束、衍射束和透射束的强度，透射束和衍射束保持互补关系，即透射束增强时衍射束减弱、透射束减弱时衍射束增强。

2) 晶柱近似

假设晶体在理论上可以分割成平行于电子波传播方向的一个个小柱体，这些小柱体在衍射过程中相互独立，电子波在小柱体内传播时，不受周围晶柱的影响，即入射到小晶柱内的电子波不会被散射到相邻的晶柱上去，相邻晶柱内的电子波也不会散射到所考虑的晶柱上来，柱体出射面处衍射强度只与所考虑的柱体内的结构和衍射强度有关，一个像点对应一个小晶柱下表面。如图 4-54 所示，透射束和衍射束相应距离为：

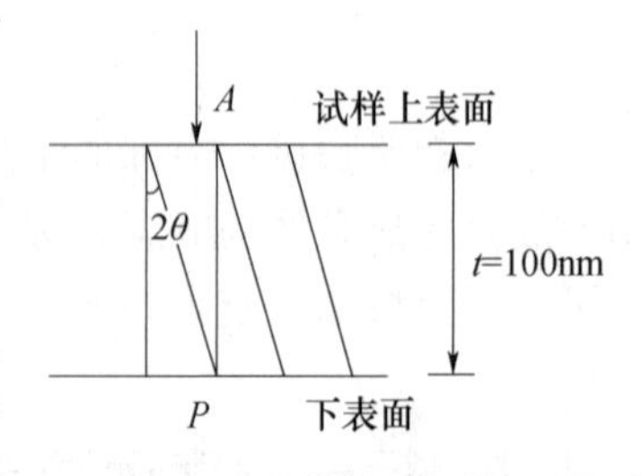

图 4-54 晶柱近似模型

$$t\cdot 2\theta=100\times 2\times 10^{-2}\ \mathrm{nm}\approx 2\mathrm{nm}$$

因此，可以把晶体看成由许多平行的小柱体组成，小柱体间的散射互不影响，只需考虑一个小柱体内的原子（或晶胞）对电子的散射。

通过双光束近似和晶柱近似后，就可计算出晶体下表面各物点的衍射强度 I_g，从而解释暗场像的衬度，也可由 $I_0=I_g+I_T$ 获得各物点的透射强度 I_T，解释明场像衬度。

理想晶体中没有任何缺陷，晶柱为垂直于晶体表面的直晶柱；而实际晶体由于存在缺陷，晶柱发生弯曲。因此，其衍射强度计算有别，下面分别讨论并解释一些常见的衍射现象。

（2）理想晶体的衍射束强度

理想晶体是指不存在缺陷（如位错、层错等）的晶体。为了简化衍衬理论的推导，引入两个“近似”处理，即“双光束”近似和“晶柱”近似。将柱体平行于试样表面分成许多小晶体，如图 4-55（a）所示，由柱体内离开上表面 r 处平行于上表面的一层原子面，每单位面积产生的衍射方向 k' 上的散射振幅推导如下：

$$AB=r_n\cos\theta=\boldsymbol{r}_n\cdot\boldsymbol{\sigma}$$
$$OC=\boldsymbol{r}_n\cdot\boldsymbol{\sigma}' \tag{4-51}$$

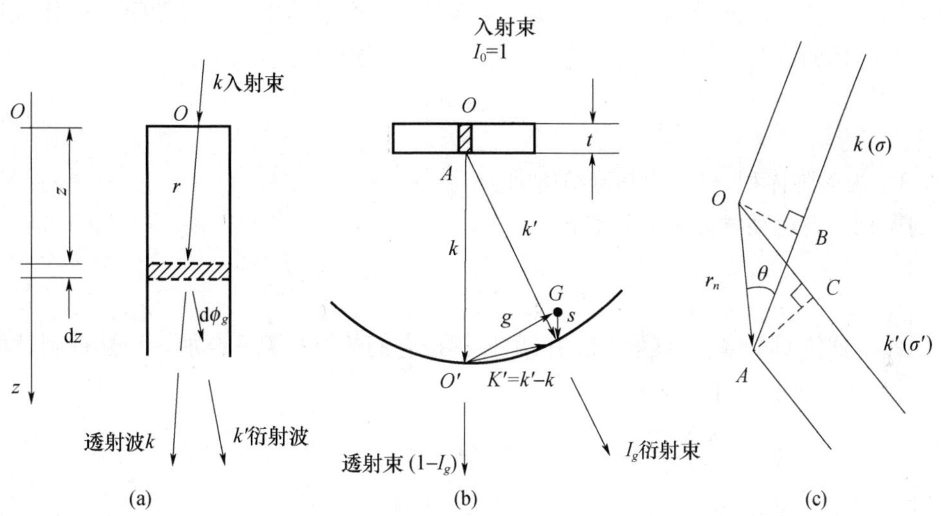

图 4-55 理想晶体晶柱的衍射束强度

光程差为：

$$\begin{aligned}\Delta&=AB-OC=\boldsymbol{r}_n\cdot\boldsymbol{\sigma}-\boldsymbol{r}_n\cdot\boldsymbol{\sigma}'=\boldsymbol{r}_n\cdot(\boldsymbol{\sigma}-\boldsymbol{\sigma}')\\&=\lambda(\boldsymbol{k}-\boldsymbol{k}')\boldsymbol{r}_n=-\lambda\mathbf{K}'\cdot\boldsymbol{r}_n\end{aligned} \tag{4-52}$$

式中，$\boldsymbol{\sigma}=\lambda\boldsymbol{k}$，$\boldsymbol{\sigma}'=\lambda\boldsymbol{k}'$，$\mathbf{K}'=\boldsymbol{k}'-\boldsymbol{k}$，$\boldsymbol{r}_n$ 为第 n 层原子与上表层原子面之间的距离，可写成

$$\boldsymbol{r}_n=u\boldsymbol{a}+v\boldsymbol{b}+w\boldsymbol{c} \tag{4-53}$$

则相位差：

$$\varphi(z)=\frac{2\pi}{\lambda}\Delta=-2\pi\mathbf{K}'\cdot\boldsymbol{r}_n \tag{4-54}$$

柱体内 A 原子层（位于 $\boldsymbol{r}_n$ 处）在 P 点的散射合成振幅就等于表面原子层在 P 点的散射合成振幅乘上一个相位因子。考虑到在偏离布拉格条件时，如图 4-55（b）所示，

衍射矢量 $\boldsymbol{k}'$ 为 $\exp(-2\pi i\boldsymbol{K}'\cdot\boldsymbol{r}_n)$，

$$\boldsymbol{K}'=\boldsymbol{k}'-\boldsymbol{k}=\boldsymbol{g}+\boldsymbol{s} \tag{4-55}$$

则式（4-55）中的相位因子：

$$\exp(-2\pi i\boldsymbol{K}'\cdot\boldsymbol{r}_n)=\exp[-2\pi i(\boldsymbol{g}+\boldsymbol{s})\cdot\boldsymbol{r}_n]=\exp(-2\pi i\boldsymbol{sz}) \tag{4-56}$$

式中，$\boldsymbol{g}\cdot\boldsymbol{r}$=整数，$\boldsymbol{s}//\boldsymbol{r}//\boldsymbol{z}$，且 $\boldsymbol{r}=\boldsymbol{z}$。如果该原子面的间距为 d，则在厚度元 $\mathrm{d}z$ 范围内。即 $\mathrm{d}z/d$ 层数内原子面的散射振幅为

$$\mathrm{d}\varphi_g=\frac{in\lambda F_g}{\cos\theta}\exp(-2\pi isz)\,\mathrm{d}z/d \tag{4-57}$$

引入消光距离参数 ξ_g，这一物理参量实际上已经属于动力学衍射理论范畴了。它是指由于透射束与衍射束之间不可避免地存在动力学交互作用，透射振幅及透射束强度并不是不变的。衍射束和透射束的强度是互相影响的，当衍射束的强度达到最大时，透射束的强度最小。而且动力学理论认为，当电子束达到晶体的某个深度位置时，衍射束的强度会达到最大，此时透射束的强度为 0，衍射束的强度为 1。所谓消光距离，是指衍射束的强度从 0 逐渐增加到最大，接着又变为 0 时在晶体中所经过的距离。具有长度量纲，与晶体的成分、结构、加速电压等有关。这个距离可表示为：

$$\xi_g=\frac{\pi V_c\cos\theta}{\lambda F_g} \tag{4-58}$$

式中，V_c 为晶胞体积，F_g 为晶胞结构因子。

则得到衍射运动学理论的基本方程：

$$\mathrm{d}\varphi_g=\frac{i\pi}{\xi_g}\exp(-2\pi isz)\,\mathrm{d}z \tag{4-59}$$

因此，柱体 OA 内所有厚度元的散射振幅按它们的位相关系叠加，于是得到试样下表面 A 点处衍射波的合成振幅：

$$\varphi_g=\sum_{\text{柱体}}\frac{i\pi}{\xi_g}\exp(-2\pi i\boldsymbol{sz})\,\mathrm{d}z=\frac{i\pi}{\xi_g}\int_0^t\exp(-2\pi i\boldsymbol{sz})\,\mathrm{d}z \tag{4-60}$$

其中的积分部分：

$$\int_0^t\exp(-2\pi i\boldsymbol{sz})\,\mathrm{d}z=\frac{1}{2\pi is}[\exp(-2\pi ist)+1]=\frac{1}{\pi s}\cdot\sin(\pi st)\cdot\exp(-\pi ist) \tag{4-61}$$

故得到：

$$\varphi_g=\frac{i\pi}{\xi_g}\frac{\sin(\pi st)}{\pi s}\exp(-\pi ist) \tag{4-62}$$

则衍射强度为：

$$I_g=\varphi_g\cdot\varphi_g^*=\frac{\pi^2}{\xi_g^2}\frac{\sin^2(\pi st)}{(\pi s)^2} \tag{4-63}$$

式（4-63）是在理想晶柱和运动学假设的基础上推导而来的，即为理想晶体衍射束强度的运动学方程。该式表明理想晶体的衍射束强度 I_g 主要取决于晶体的厚度 t 及偏移矢量 $\boldsymbol{s}$ 的大小。运动学理论认为衍射束强度和透射束强度是互补的，所以由 $I_0=I_g+I_T$ 可以得到理想晶体透射束的运动学方程。

(3) 衍射束强度运动学方程的应用

衍射束强度运动学方程可以用来解释晶体中常见的两种衍衬像：等厚条纹和等倾条纹。

1) 等厚条纹（I_g 随 t 的变化）

如果试样保持确定的晶体位向，则衍射晶面的偏离参量 s 保持恒定，此时式（4-63）可表示为：

$$I_g=\frac{1}{(s\xi_g)^2}\sin^2(\pi st) \tag{4-64}$$

把 I_g 随 t 的变化画成曲线，如图 4-56 所示。显然，当 s＝常数，I_g 随 t 发生周期性的振荡，振荡的周期为 $1/s$。当 $t=n/s$（n 为整数）时，$I_g=0$；而当 $t=\left(n+\frac{1}{2}\right)\Big/s$ 时，衍射强度为最大：

$$I_{g_{\max}}=\frac{1}{(s\xi_g)^2} \tag{4-65}$$

如图 4-57 所示薄膜样品边缘是楔形状的，其厚度由边缘向中心逐渐增厚。这种厚度的变化使衍射强度随之周期性振荡，产生明、暗相间的条纹，称为厚度消光条纹。由于样品的吸收，使这种强度衰减至消失，因此，在衍衬像中通常仅能看到几条厚度消光条纹。

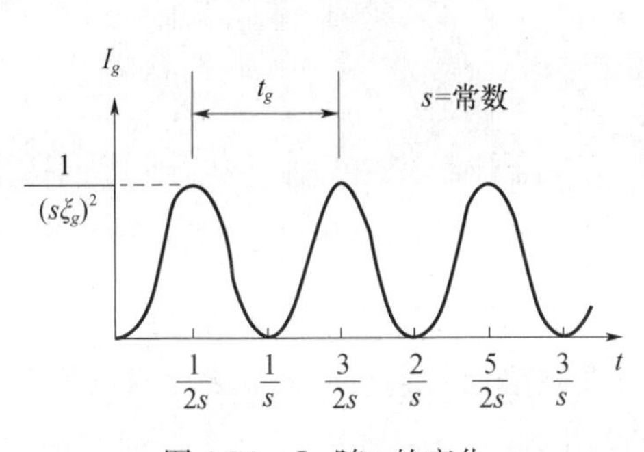

图 4-56　I_g 随 t 的变化

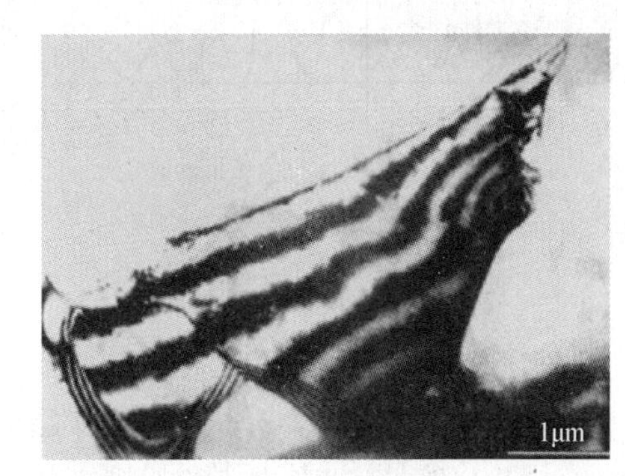

图 4-57　薄膜样品楔形边缘等厚条纹像

2) 等倾条纹（I_g 随 s 的变化）

当样品的厚度 t 一定时，衍射强度随偏移矢量 $\boldsymbol{s}$ 呈周期性变化，此时的衍射强度与 $\boldsymbol{s}$ 的关系可表示为：

$$I_g=\frac{\pi^2t^2}{\xi_g^2}\cdot\frac{\sin^2(\pi st)}{(\pi t\boldsymbol{s})^2} \tag{4-66}$$

当 t 为常数时，I_g 随 $\boldsymbol{s}$ 变化的曲线如图 4-58 所示，由此可见，I_g 随 $\boldsymbol{s}$ 绝对值的增大也发生周期性振荡，振荡周期为 $\frac{1}{t}$。

在 $\boldsymbol{s}=\pm\frac{1}{t}$，$\pm\frac{2}{t}$，$\pm\frac{3}{t}$ 等时，衍射强度 I_g 为 0；在 $\boldsymbol{s}=0$，$\pm\frac{3}{2t}$，$\pm\frac{5}{2t}$ 等时，衍射强度取得极值，其中 $\boldsymbol{s}=0$ 时取得最大值。而且衍射强度相对集中于 $-\frac{1}{t}\sim\frac{1}{t}$ 的一次衍

射峰区，二次衍射强度已经很弱，因此$-\frac{1}{t}\sim\frac{1}{t}$为产生衍射的范围，当偏移矢量 $\boldsymbol{s}$ 超出该范围时，衍射强度近似为 0。

当样品在电子束作用时，受热膨胀或受某种外力作用而发生弯曲时，其衍衬像上可出现平行条纹像，每个条纹上的偏移矢量 $\boldsymbol{s}$ 相同，故称等倾条纹。如图 4-59 所示，等倾条纹呈现两条平行的弯曲条纹，这是由于衍射强度集中分布于$-\frac{1}{t}\sim+\frac{1}{t}$的一次衍射峰区，其他区域近似为 0，且在 $\boldsymbol{s}=\pm\frac{1}{t}$时，衍射强度为 0，故暗场时，在 $\boldsymbol{s}=\pm\frac{1}{t}$处分别形成暗纹，组成弯曲平行条纹像。显然，每一条纹上的偏移矢量 $\boldsymbol{s}$ 相同，即样品的弯曲程度相同。其他区域因无衍射强度而不显衍衬像。

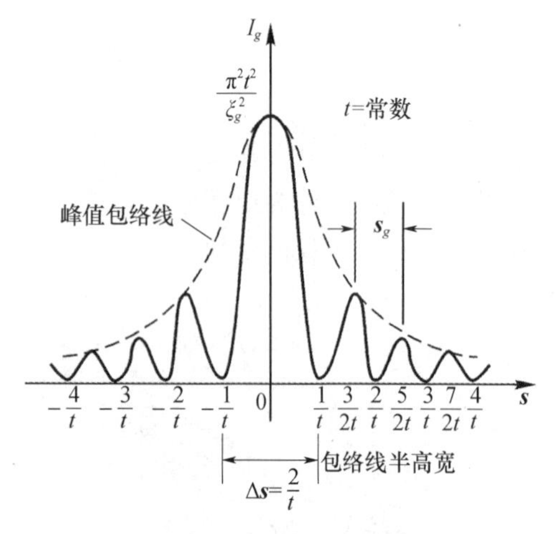

图 4-58 I_g 随 $\boldsymbol{s}$ 的变化

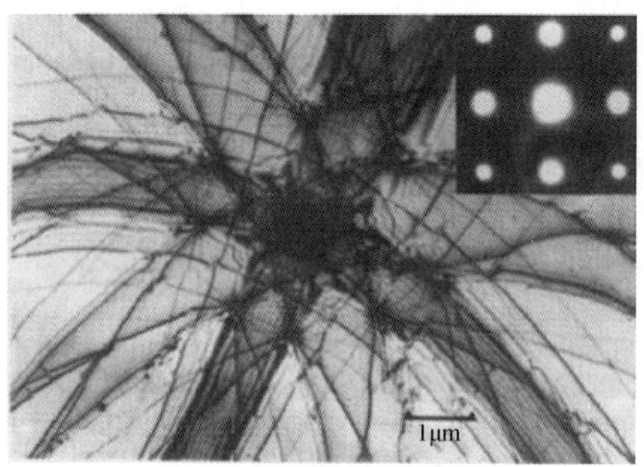

图 4-59 冷轧不锈钢中弯曲等倾条纹

(4) 非理想晶体的衍射衬度

与理想晶体相比，非理想晶体由于晶格中存在缺陷会引起附近某个区域内点阵发生畸变，则相应的晶柱也发生某种畸变，如图 4-60 所示。

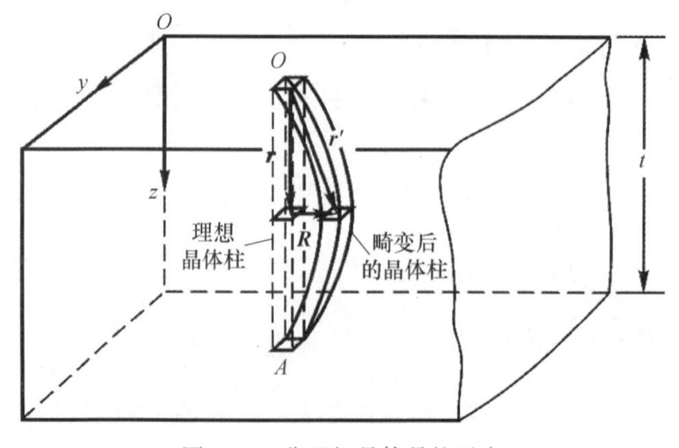

图 4-60 非理想晶体晶柱示意

此时，柱体内深度 z 处厚度元 dz 因受缺陷的影响发生位移 $\boldsymbol{R}$，其坐标矢量由理想位置的 $\boldsymbol{r}$ 变为 $\boldsymbol{r}'$：

$$\boldsymbol{r}'=\boldsymbol{r}+\boldsymbol{R} \tag{4-67}$$

晶体发生畸变后，位于 $\boldsymbol{r}'$ 处的厚度元 dz 的散射振幅为

$$\mathrm{d}\varphi_g=\frac{i\pi}{\xi_g}\exp\left(-2\pi i\boldsymbol{K}'\cdot\boldsymbol{r}'\right)\mathrm{d}z \tag{4-68}$$

其中相位因子

$$\begin{aligned}\exp(-2\pi i\boldsymbol{K}'\cdot\boldsymbol{r}')&=\exp[-2\pi i(\boldsymbol{k}'-\boldsymbol{k})\cdot\boldsymbol{r}']\\&=\exp[-2\pi i(\boldsymbol{g}\cdot\boldsymbol{r}+\boldsymbol{s}\cdot\boldsymbol{r}+\boldsymbol{g}\cdot\boldsymbol{R}+\boldsymbol{s}\cdot\boldsymbol{R})]\end{aligned} \tag{4-69}$$

因为 $\boldsymbol{g}\cdot\boldsymbol{r}$=常数，$\boldsymbol{s}\cdot\boldsymbol{R}$ 很小，可以忽略，$\boldsymbol{s}\cdot\boldsymbol{r}=sz$，则得

$$\exp(-2\pi i\boldsymbol{K}'\cdot\boldsymbol{r}')=\exp\left(-2\pi isz\right)\exp\left(-2\pi i\boldsymbol{g}\cdot\boldsymbol{R}\right) \tag{4-70}$$

代入式（4-68）得

$$\mathrm{d}\varphi_g=\frac{i\pi}{\xi_g}\exp\left(-2\pi isz\right)\exp\left(-2\pi i\boldsymbol{g}\cdot\boldsymbol{R}\right)\mathrm{d}z \tag{4-71}$$

对于厚度为 t 的试样，畸变晶体柱下表面的衍射波振幅为

$$\varphi_g=\frac{i\pi}{\xi_g}\int_0^t\exp(-2\pi isz)\exp(-2\pi i\boldsymbol{g}\cdot\boldsymbol{R})\mathrm{d}z \tag{4-72}$$

令

$$\alpha=2\pi\boldsymbol{g}\cdot\boldsymbol{R}$$

则有：

$$\varphi_g=\frac{i\pi}{\xi_g}\int_0^t\exp(-2\pi isz)\exp(-i\alpha)\mathrm{d}z \tag{4-73}$$

式中，α 为非理想晶体存在缺陷而引入的附加相位角，这样晶柱底部的衍射振幅会因缺陷矢量的不同而不同，从而产生衍衬像。但缺陷能否显现，还取决于 $\boldsymbol{g}\cdot\boldsymbol{R}$ 的值。对于给定的缺陷，$\boldsymbol{R}$ 是确定的，$\boldsymbol{g}$ 是用以获得衍衬图像的某一发生强衍射的晶面的倒易矢量，即操作反射。通过样品台的倾转获得不同 $\boldsymbol{g}$ 成像，同一缺陷的强度出现不同的衬度特征，尤其是当选择的操作反射满足 $\boldsymbol{g}\cdot\boldsymbol{R}=n$（$n$ 为整数时）、$\alpha=2n\pi$、$\exp(-i\alpha)=1$ 时，晶柱底部的衍射振幅与理想晶体相同，缺陷无衬度，不显缺陷像。

（5）非理想晶体的缺陷成像分析

1）层错

层错是最简单的平面型缺陷，一般发生在密排面上，层错两侧的晶体均为理想晶体，且保持相同位向，两者间只是发生了一个不等于点阵平移矢量的位移 $\boldsymbol{R}$。

例如，在面心立方晶体中，层错面为密排面（111），层错时的位移有两种：一种沿垂直于（111）面方向上的移动，缺陷矢量 $\boldsymbol{R}=\pm\frac{1}{3}\langle 111\rangle$，表示下方晶体沿 $\langle 111\rangle$ 方向向上或向下移动，相当于插入或抽出一层（111）面，可形成内禀层错或外禀层错。另一种在（111）面内移动，缺陷矢量 $\boldsymbol{R}=\pm\frac{1}{6}\langle 112\rangle$，表示下方晶体沿 $\langle 112\rangle$ 方向向上或向下切向位移，也可形成内禀层错或外禀层错。

两种不同类型引起的相位角变化是不同的，但在同一种内禀层错类型中，不同位移

矢量引起的相位角的变化是相同的。例如，对于（hkl）操作反射：

设层错的缺陷矢量为$\boldsymbol{R}=\pm\frac{1}{3}\langle 111\rangle$，则

$$\alpha_1=2\pi\boldsymbol{g}\cdot\boldsymbol{R}=2\pi(h\boldsymbol{a}^*+k\boldsymbol{b}^*+l\boldsymbol{c}^*)\times\left[-\frac{1}{3}(\boldsymbol{a}+\boldsymbol{b}+\boldsymbol{c})\right]=-\frac{2\pi}{3}(h+k+l) \tag{4-74}$$

设层错的缺陷矢量为$\boldsymbol{R}=\pm\frac{1}{6}\langle 112\rangle$，则

$$\alpha_2=\frac{\pi}{3}(h+k-2l) \tag{4-75}$$

两者位相差为：$\alpha_2-\alpha_1=\pi(h+k)=2n\pi$。

因为面心立方晶体产生衍射的条件为h、k、l为全奇或全偶，所以两者相位差是π的偶数倍，对层错衬度无影响。

根据层错存在的形式可分为平行于样品表面、倾斜于样品表面、垂直于样品表面和层错重叠4种形式，其中层错垂直于样品表面时层错不显衬度。

① 平行于薄膜表面的层错

设在厚度为t的薄膜内存在平行于表面的层错CD，它与上、下表面的距离分别为t_1和t_2，如图4-61所示。

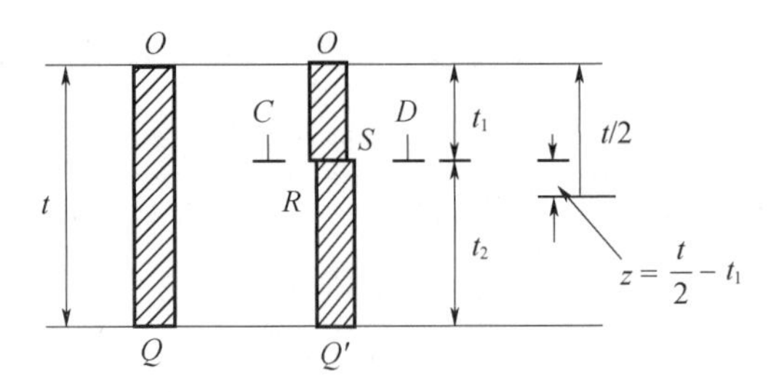

图4-61　平行于表面的层错示意

对于无层错区域（OQ），衍射振幅为

$$\varphi_g\propto A(t)=\int_0^t\exp(-2\pi isz)\mathrm{d}z=\frac{\sin(\pi ts)}{\pi s} \tag{4-76}$$

而在存在层错区域（OQ'），衍射振幅则为

$$\varphi'_g\propto A'(t)=\int_0^{t_1}\exp(-2\pi isz)\mathrm{d}z+\int_{t_1}^{t_2}\exp(-2\pi isz)\cdot\exp(-i\alpha)\mathrm{d}z \tag{4-77}$$

显然，在一般情况下$\varphi'_g\neq\varphi_g$，衍射图像存在层错的区域将与无层错区域出现不同的亮度，即构成了衬度，层错区显示为均匀的亮区或暗区（图4-62）。

当层错平行于样品表面，且$\alpha=2n\pi$（n为整数）时，层错不显衬度；当$\alpha\neq2n\pi$时，层错显衬度，表现为均匀的亮区或暗区。

② 倾斜于薄膜表面的层错

当薄膜内存在倾斜于表面的层错时，如图4-63所示，层错与上、下表面的交线分别为T和B，其衬度讨论类似于层错平行于样品表面的讨论。但在该区域内的不同位

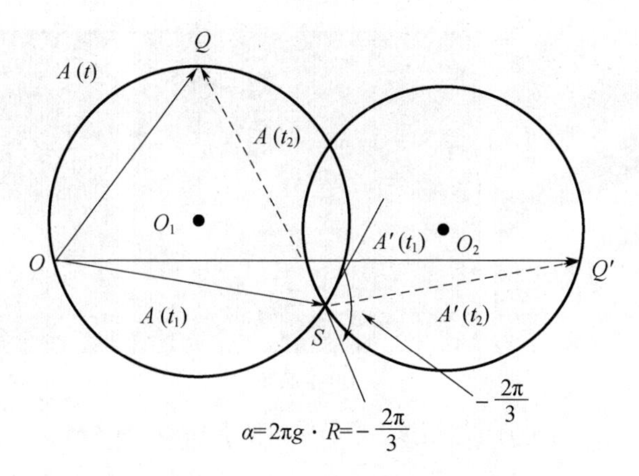

图 4-62 层错振幅—相位图

置，晶体柱上、下两部分的厚度 t_1 和 $t_2=t-t_1$ 是逐点变化的，I_g 将随 t_1 厚度的变化产生周期性的振荡，同时层错面在试样中同一深度 z 处，I_g 相同。因此，层错衍衬像表现为平行于层错面迹线的明暗相间的条纹。

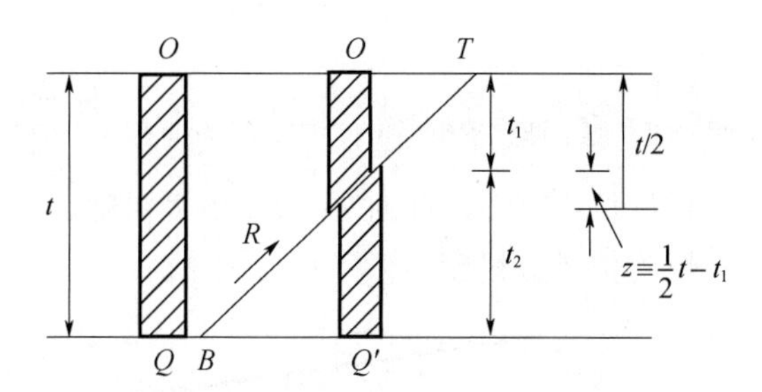

图 4-63 倾斜于薄膜表面的层错示意

倾斜层错与孪晶界和等厚条纹相似，深度周期均为 $1/s$ 。层错条纹和等厚条纹存在以下区别：层错条纹出现在晶粒内部，一般为直线状态，而等厚条纹发生在晶界，一般为顺着晶界变化的弯曲条纹；层错条纹的数目取决于层错倾斜的程度，倾斜程度越小，层错导致厚度连续变化的晶柱深度越小，条纹数目越少，在不倾斜（即平行于表面时），条纹仅为一条等宽的亮带或暗带；层错的亮暗带均匀，且条带亮度基本一致，而等厚条纹的亮度渐变，由晶界向晶内逐渐变弱。层错条纹也不同于孪晶像，孪晶像是明暗相间、宽度不等的平行条带，同一衬度的条带处在同一位向，而另一衬度条带为相对称的位向；层错一般为等间距的条纹像，位于晶粒内，在层错平行于样品表面时，条纹表现为一条等宽的亮带或暗带（图 4-64）。

层错衬度是由附加相位角提供，选择适当的操作反射，使 $\alpha=2\pi\boldsymbol{g}\cdot\boldsymbol{R}=0$，层错条纹可消失，而倾斜晶界、孪晶的等厚条纹不可能通过改变 $\boldsymbol{g}$ 使之消失。

2）位错

位错会使晶格发生一定程度的畸变，由非理想晶体的运动学方程可知，缺陷矢量将产生附加相位角，产生衬度。

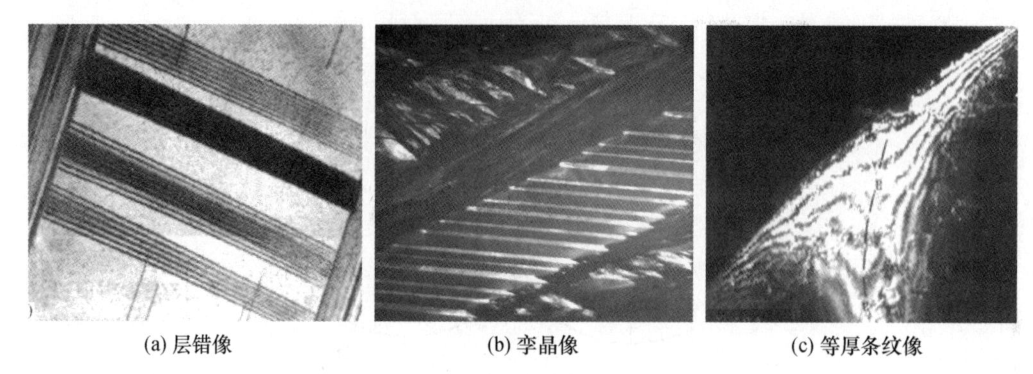
(a) 层错像　　(b) 孪晶像　　(c) 等厚条纹像

图 4-64　层错像、孪晶像和等厚条纹像的区别

① 螺旋位错

图 4-65 中的一螺旋位错 AB 平行薄膜表面，它使近旁的理想柱体 PQ 畸变为 $P'Q'$，相应的位移矢量为

$$\boldsymbol{R}=\boldsymbol{b}\frac{\phi}{2\pi}=\frac{\boldsymbol{b}}{2\pi}\arctan\frac{z-y}{x} \tag{4-78}$$

式中，$\boldsymbol{b}$ 为柏氏矢量，

$$\alpha=2\pi\boldsymbol{g}\cdot\boldsymbol{R}=\boldsymbol{g}\cdot\boldsymbol{b}\arctan\frac{z-y}{x}=n\arctan\frac{z-y}{x} \tag{4-79}$$

当 $n=0$ 时，$\alpha=0$，螺旋位错存在，此时 $\boldsymbol{g}\perp\boldsymbol{b}$，不显衬度。

当 $n\neq0$ 时，$\alpha\neq0$，螺旋位错显衬度。

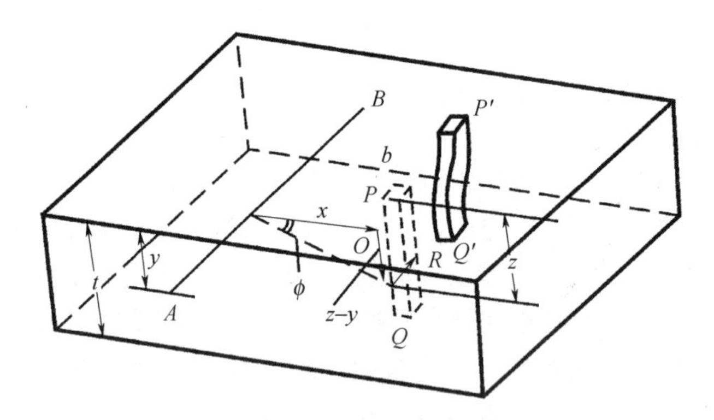

图 4-65　平行于膜表面的螺旋位错

由以上分析可知，$\boldsymbol{g}\cdot\boldsymbol{b}=0$ 是位错能否显现的判据，可利用该判据测定位错的柏氏矢量。具体步骤如下：

调好电镜的电流中心和电压，使倾动台良好对中；明场下观察到位错，拍下相应选区的衍射花样；衍射环模式下缓缓倾动试样，观察衍射谱强斑点的变化，得到一个新的强斑点时，停下来回到成像模式，检查所分析位错是否消失，如果消失，此斑点即 $\boldsymbol{g}_1$；反向倾动试样，重复上述步骤，得到使同一位错再次消失的另一强斑点 $\boldsymbol{g}_2$；列方程组：

$$\begin{cases}\boldsymbol{g}_1\cdot\boldsymbol{b}=0\\ \boldsymbol{g}_2\cdot\boldsymbol{b}=0\end{cases} \tag{4-80}$$

求得位错的柏氏矢量 $\boldsymbol{b}$：

$$\boldsymbol{b}=\begin{bmatrix}\boldsymbol{a} & \boldsymbol{b} & \boldsymbol{c}\\ h_1 & k_1 & l_1\\ h_2 & k_2 & l_2\end{bmatrix} \tag{4-81}$$

面心立方晶系中的滑移面、衍射操作矢量和位错像的柏氏矢量三者之间的关系如表 4-6 所示。

表 4-6 面心立方全位错的全部类型及不可见判据中的操作 g

$\boldsymbol{g}$ \ $\boldsymbol{b}$	$\frac{1}{2}[110]$	$\frac{1}{2}[101]$	$\frac{1}{2}[011]$	$\frac{1}{2}[10\bar{1}]$	$\frac{1}{2}[\bar{1}10]$	$\frac{1}{2}[0\bar{1}1]$
020	√	0	√	0	√	√
200	√	√	0	√	√	0
$11\bar{1}$	√	0	0	√	0	√
$\bar{2}20$	0	√	√	√	√	√

注："√"表示可见，"0"表示不可见。

② 刃型位错

在晶体滑移过程中，由于某种原因，晶体的一部分相对于另一部分出现一个多余的半原子面。这个多余的半原子面犹如切入晶体的刀片，刀片的刃口线即为位错线。这种线缺陷称为刃型位错。刃型位错导致其四周晶格发生畸变，引起衍射条件发生变化，导致刃型位错产生衍衬像。

图 4-66 为刃型位错的衍衬形成原理图。(hkl) 是由于位错线 D 而引起的发生局部畸变的一组晶面，并以它作为操作反射用于成像。若该晶面与布拉格条件的偏离参量为 s_0，并假定 $s_0>0$，则在远离位错 D 的区域（如 A 和 C 位错，相当于理想晶体）衍射波强度为 I（即暗场像中的背景强度）。位错引起它附近晶面的局部转动，意味着在此应变场范围内，(hkl) 晶面存在着额外的附加偏差 s'，离位错越远，$|s'|$ 越小。在位错线的右侧，$s'>0$，在其左侧 $s'<0$。于是，在右侧区域内（如 B 位置），晶面的总偏差 $s_0+s'>s_0$，使衍射强度 $I_B<I_A$；而在左侧，由于 s' 与 s_0 符号相反，总偏差 $s_0+s'<s_0$，而且在某位置（如 D）恰好使 $s_0+s'=s_0$，衍射强度 $I'_0=I_{\max}>I_A$。这样，在偏差离位错线实际位错的左侧，将产生位错线的像（暗场像中为亮线，明场像中为暗线）。对应同一位错和同一 $\boldsymbol{g}$ 操作成像，则位错像在实际位错的哪一侧，仅取决于原始 s_0 的正负号。当某一位错穿过弯曲消光条纹时，由于弯曲消光条纹两侧的 s_0 符号相反，使位错线像处于实际位错的两侧而使它产生转折，以致相互错开某距离。图 4-67 为 Ni 基高温合金高温蠕变后的位错组态。

3）体缺陷——第二相粒子

第二相粒子从基体中析出，使基体晶格发生畸变，显示衬度像。由于第二相粒子的存在而引入的衬度主要有以下几种：基体周围应变场引起的衬度；第二相与基体由于位向差引起的衬度；结构因子差别而形成的衬度；特定情况下形成的波纹图；第二相和基体存在的相界面引起的衬度。在上面的内容中，波纹图在电子衍射部分已经介绍过，结

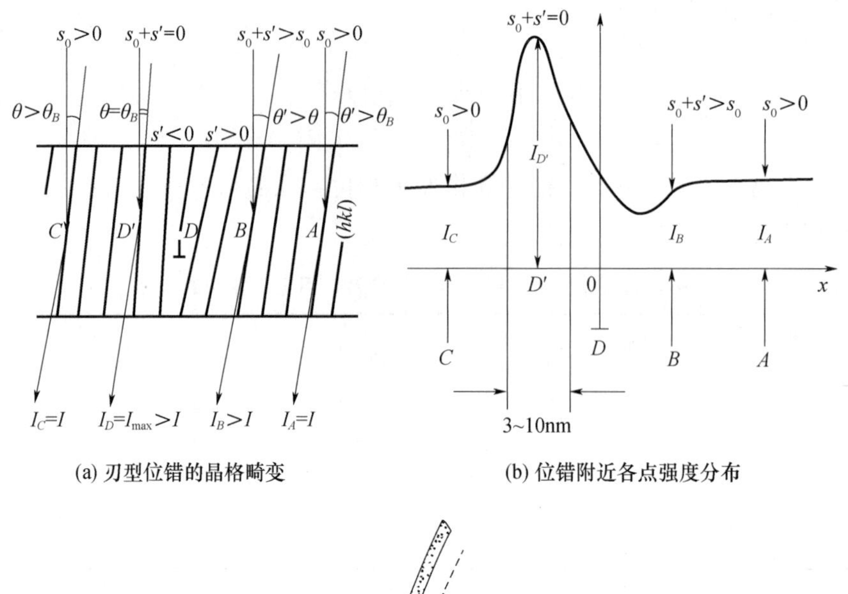

(a) 刃型位错的晶格畸变　　(b) 位错附近各点强度分布

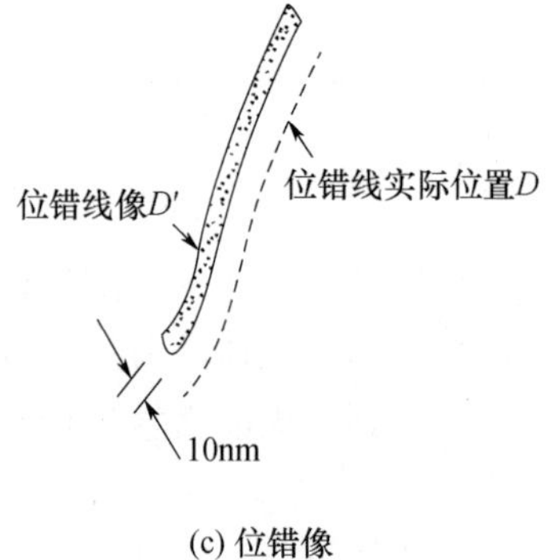

(c) 位错像

图 4-66　刃型位错的衍衬形成原理

图 4-67　Ni 基高温合金高温蠕变后的位错组态

构因子差别而形成的衬度可以当成等厚条纹的问题来处理，相界面引起的衬度其实与层错类似（层错就是其中的一种），但要复杂得多。在这里主要讨论球形第二相粒子导致的应变场衬度。

图 4-68 为第二相粒子衬度产生的原理图。设第二相粒子为球形颗粒，四周基体晶格由于粒子的存在发生畸变产生缺陷矢量 $\boldsymbol{R}$。运用运动学方程可以计算理想晶柱和弯曲晶柱底部的衍射振幅的差异，从而显示衬度。很显然，在粒子和基体的界面处，基体晶格的畸变程度最大，随着离中心距离的增加，基体晶格畸变的程度逐渐减小甚至消失。因此，各晶柱底面的衍射强度分布反映的是应变场的存在范围，而非粒子的真实大小。粒子越大，应变场就越大，其像的形貌尺寸也就越大。该衬度是基体畸变造成的，间接反映了粒子像的衬度，又称间接衬度或基体衬度。基体中通过粒子中心的垂直晶面未发生任何畸变，电子束平行于该晶面入射时，即以该晶面为操作矢量 $\boldsymbol{g}$，这样在明场像中，将形成过应变场中心并与操作矢量 $\boldsymbol{g}$ 垂直的线状亮区，该亮线将像分成两半，如图 4-69 所示。

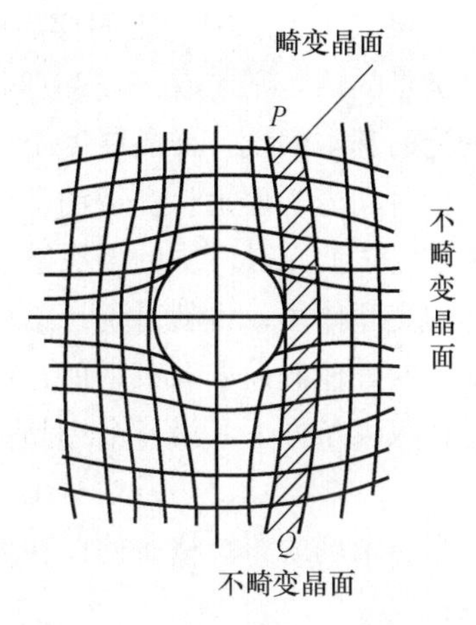

图 4-68 应变场衬度产生原理图

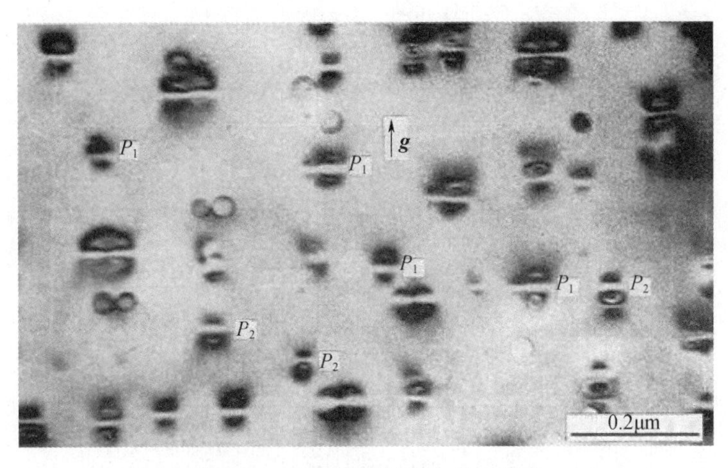

图 4-69 奥氏体不锈钢中的沉淀相

4.4.2.2 衍射衬度的动力学理论

运动学理论中假设衍射波的振幅很小，因此，不考虑衍射波被原子的再散射，运动学理论中的这一缺点当偏离参量 s 很小就凸现出来。例如，在完整晶体情况下，若入射波振幅 $\varphi_0=1$，而衍射波的强度为

$$|\phi_g|^2=\frac{\pi^2}{\xi_g^{\ 2}}\cdot\frac{\sin^2\pi ts}{(\pi s)^2} \tag{4-82}$$

当 $s=0$ 时，

$$I_{g,\max}=\frac{\pi^2 t^2}{\xi_g^{\ 2}} \tag{4-83}$$

如果 $t>\xi_g/\pi$，则 $I_{g,\max}>1$，即衍射强度将超过入射强度，显然不可能。所以运动学理论要求 $I_{g,\max}\leqslant 1$，表明样品的厚度应当满足 $t\leqslant\xi_g/\pi$，如果认为 $I_{g,\max}$ 对运动学理论是满足的话，则应有 $t\leqslant\xi_g/3\pi$。一般金属的 $\xi_g\approx 30\sim 100\text{nm}$，因此，为了满足运动学理论的基本假设，样品厚度至少在 10nm 以下。显然这是一个难以满足的苛刻要求。

衍衬动力学理论是在运动学理论的基础上发展起来的，它的主要特点是在散射过程中考虑电子波在晶体中的多次散射问题，即考虑透射束与衍射束之间及衍射束与衍射束之间的交互作用；也就是说，运动学中的运动学近似已不再成立，但除此之外，运动学理论中的其他假设如双束近似、柱体近似等仍然成立。

在双束条件下，沿一个小晶柱传播的电子波函数可写成：

$$\psi(r)=\phi_0(z)\exp[2\pi i\chi\cdot\boldsymbol{r}]+\phi_g(z)\exp[2\pi i\chi'\cdot\boldsymbol{r}] \tag{4-84}$$

当与精确的布拉格条件存在偏差时（$s\neq 0$），就像运动学理论一样，两者满足下列关系：

$$\chi'=\chi+\boldsymbol{g}+\boldsymbol{s} \tag{4-85}$$

运动学理论中认为透射波振幅 ϕ_0 是常数，与之相反，动力学理论中考虑多次重复散射，ϕ_0 和 ϕ_g 都不是常数，而是随距离 z 周期性变化的，如图 4-70 所示。

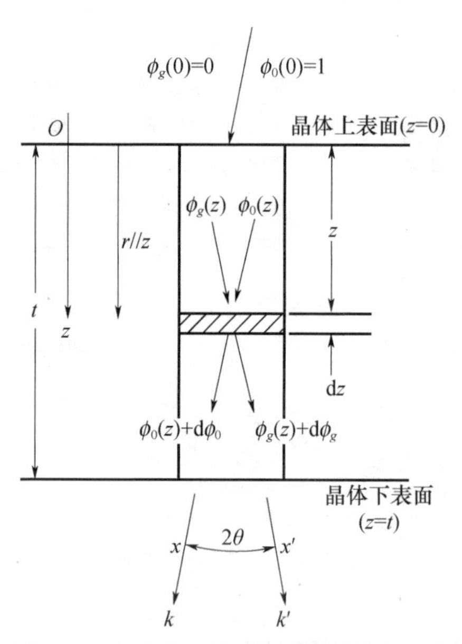

图 4-70 双光束条件下的动力学柱体近似

在晶柱体内离上表面深度 z 处，透射波和衍射波的振幅分别为 $\phi_0(z)$ 和 $\phi_g(z)$，不考虑吸收时的完整晶体动力学基本方程：

$$\begin{cases}\dfrac{d\phi_0}{dz}=\dfrac{i\pi}{\xi_0}\phi_0+\dfrac{i\pi}{\xi_g}\phi_g\exp(2\pi isz)\\[2ex]\dfrac{d\phi_g}{dz}=\dfrac{i\pi}{\xi_0}\phi_g+\dfrac{i\pi}{\xi_g}\phi_0\exp(-2\pi isz)\end{cases} \tag{4-86}$$

上述方程组与定态薛定谔方程相比，虽然简单，但要直接求解依然不可能，为此，引入下列两个中间函数：

$$\phi_0'(z)=\phi_0(z)\exp(-\pi iz/\xi_0) \tag{4-87}$$

$$\phi_g'(z)=\phi_g(z)\exp[2\pi isz-(\pi iz/\xi_0)] \tag{4-88}$$

对式（4-87）、式（4-88）分别求导，得到动力学方程：

$$I_g(t)=\left(\frac{\pi}{\xi_g}\right)^2\cdot\frac{\sin^2(\pi t\boldsymbol{s}_{eff})}{(\pi\boldsymbol{s}_{eff})^2} \tag{4-89}$$

式中，$\boldsymbol{s}_{eff}$ 为有效偏移矢量，

$$\boldsymbol{s}_{eff}=\Delta K=\frac{\sqrt{1+\omega^2}}{\xi_g}=\sqrt{s^2+\xi_g^{-2}} \tag{4-90}$$

可见，与运动学理论结果比较能得出类似的结论：完整晶体的衍射强度随晶体厚度 t 的变化发生周期性振荡，其深度周期是

$$\xi_g^{\omega}=\frac{1}{\boldsymbol{s}_{eff}}=\frac{1}{\Delta K}=\frac{1}{\sqrt{s^2+\xi_g^{-2}}}=\frac{\xi_g}{\sqrt{1+\omega^2}} \tag{4-91}$$

当 $s=0$，$\xi_g^{\omega}=\xi_g$，这就是说厚度消光条纹的深度周期恰巧等于消光距离 $\xi_{g'}$，此时条纹间的间距最大，此时图像中厚度条纹的数目可以用来估计样品厚度。

由以上分析可知：衍衬成像是单束、无干涉成像，得到的并不是样品的真实像。但是衍射衬度像上衬度分布反映了样品出射面各点处成像束的强度分布，它是入射电子波与样品的物质波交互作用后的结果，携带了晶体散射体内部的结构信息，特别是由缺陷引起的衬度。

运动学理论是在运动学近似、双束近似及柱体近似等近似的前提下通过计算形成的理论，运动学理论对于一般衍衬像的解释是合理的，但是在某些特殊情况下理论与实际有较大差距。

动力学理论是在运动学理论的基础上发展起来的，它进一步考虑了入射束与衍射束之间的交互作用及多次衍射对衍射衬度的影响，对衍射衬度像的解释更加合理。

4.5 透射电镜的样品制备

透射电子显微镜是利用电子束穿过样品后的透射束和衍射束进行工作的。为了让电子束顺利透过样品，就应使样品的厚度足够薄。虽然可以通过提高电子束的电压来提高电子束的穿透能力，增加样品厚度，以减轻制样难度，但这样会导致电子束携带样品不同深度的信息太多，彼此干扰，且电子的非弹性散射增加，成像质量下降，给分析带来麻烦；样品厚度也不能过薄，会增加制备难度，并使表面效应更加突出，成像时产生很多假象，为电镜分析带来困难。因此，样品的厚度应当适中，一般在 50～200nm 为宜。样品必须满足以下要求：

① 试样最大尺寸，直径不超过 3mm；

② 样品厚度足够薄，使电子束可以通过，一般厚度为 50～200nm，便于图像和结构分析；

③ 样品不含水、易挥发性物质及酸碱等腐蚀性物质；

④ 样品具有足够的强度和稳定性。在分析过程中，电子束的作用会使样品发热变形，增加分析困难；

⑤ 清洁无污染。

4.5.1 粉末样品制备

用超声波分散器将需要观察的粉末在溶液（不与粉末发生作用的）中分散成悬浮液。用滴管滴几滴在覆盖有碳加强火棉胶支持膜的电镜铜网上。待其干燥（或用滤纸吸干）后，再蒸镀一层碳膜，即成为电镜观察用的粉末样品。

粉末样品制备的关键是如何将超细粉颗粒分散开来，使其各自独立而不团聚。

需透射电镜分析的粉末颗粒一般都小于铜网小孔，因此要先制备对电子束透明的支持膜。常用的支持膜有火棉胶膜和碳膜，将支持膜放在电镜铜网上，再把粉末放在膜上送入电镜分析。

4.5.2 薄膜样品制备

块状材料是通过减薄的方法制备成对电子束透明的薄膜样品。可直接观察试样内的精细结构；动态观察时还可直接观察到相变及其成核长大过程、晶体中的缺陷随外界条件变化而变化的过程等；结合电子衍射分析，还可同时对试样的微区形貌和结构进行同步分析。形成薄膜的方法有：

① 真空蒸发法：在真空蒸发设备中，将被研究材料蒸发并形成薄膜。被研究材料可以是金属或有机物。

② 溶液凝固（结晶）法：用适当浓度的溶液滴在某种光滑表面上，待溶液挥发后，溶液凝固成膜。

③ 离子轰击减薄法：用离子束将试样逐层剥离，使其减薄，直到适于透射电镜观察。此法适用于金属和非金属试样。

④ 超薄切片法：试样经预处理后，用环氧树脂或有机玻璃包埋，然后将包埋块放在超薄切片机上用金刚石刀切成 50～60nm 厚的薄片，再用铜网捞起，供电镜观察用。研究高分子材料及催化剂等试样时，经常采用超薄切片方法。

⑤ 金属薄片制备法：从大块材料上切割厚度为 0.5mm 的薄片，然后用机械研磨或化学抛光法将薄片减薄至 0.1mm，再用电解抛光减薄法或离子减薄法制成厚度小于 500nm 的薄膜，这时薄膜厚度是不均匀的，从电镜中选择对电子束透明的区域进行形貌和结构分析。

大块陶瓷材料上制备薄膜样品大致分为 3 个步骤：

第一步是从大块试样上切割厚度为 0.3～0.5mm 的薄片。对于陶瓷等不导电样品可用金刚石刃内圆切割机切片。

第二步是样品的预先减薄。预先减薄的方法有两种，即机械法和化学法。

机械减薄法是通过手工研磨来完成的。如果材料较硬，可减薄至 70μm 左右；若材料较软，则减薄的最终厚度不能小于 100μm。

化学减薄法是把切割好的薄片放入配好的试剂中使它表面受腐蚀而继续减薄。化学减薄的最大优点是表面没有机械硬化层，薄化后样品的厚度可以控制在 20～50μm。但是，化学减薄时必须先把薄片表面充分清洗，去除油污或其他不洁物，否则将得不到满意的结果。

第三步骤是最终减薄。最终减薄方法有两种，即双喷减薄法（图 4-71）和离子减薄法（图 4-72）。

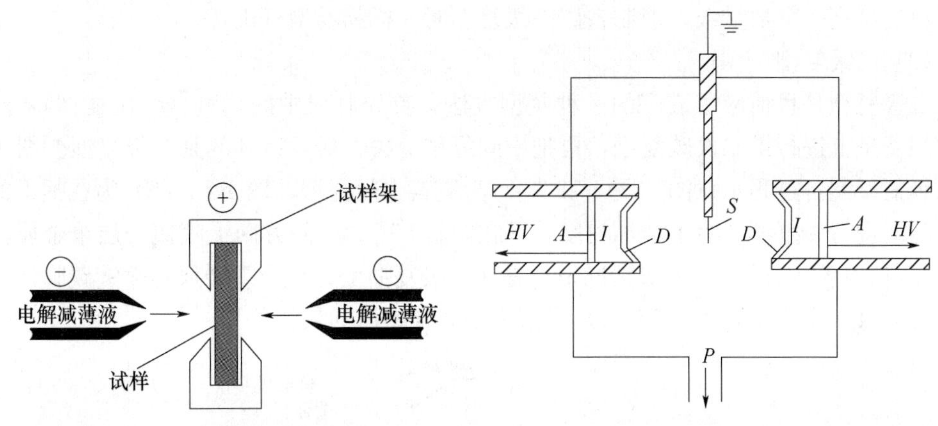

图 4-71 双喷电解减薄方法示意　　图 4-72 离子减薄方法示意

用这样的方法制成的薄膜样品，中心附近有一个相当大的薄区，可以被电子束穿透，直径 3mm 圆片周边好似一个厚度较大的刚性支架，透射电子显微镜样品座的直径也是 3mm，因此，用双喷抛光装置制备好的样品可以直接装入电镜，进行分析观察。

4.5.3 复型技术

复型制样方法是把对电子束透明的薄膜材料表面或断口的形貌复制下来，常称为复型。其原理与侦破案件时用石膏复制罪犯鞋底花纹相似。复型方法中用得较普遍的是一级复型、塑料-碳二级复型和萃取复型。对于已经充分暴露其组织结构和形貌的试样表面或断口，除在必要时进行清洁外，无须做任何处理即可进行复型。当需观察被基体包埋的第二相时，则需要选用适当侵蚀剂和侵蚀条件侵蚀试块表面，使第二相粒子凸出，形成浮雕，然后再进行复型。

采用复型技术制作表面显微组织浮雕的复型膜，然后放在电镜中观察。此法只能研究表面形貌，不能研究试样内部结构（如晶体缺陷、界面等）及成分分布。

（1）塑料（火棉胶）膜一级复型

在已制备好的金相样品或断口样品上滴上几滴体积浓度为 1%的火棉胶醋酸戊酯溶液或醋酸纤维素丙酮溶液，溶液在样品表面展平，多余的溶液用滤纸吸掉，待溶剂蒸发后样品表面即留下一层 100nm 左右的塑料薄膜。把这层塑料薄膜小心地从样品表面揭下来就是塑料一级复型样品。

但是，塑料一级复型因其塑料分子较大，分辨率较低；塑料一级复型在电子束照射下易发生分解和破裂。

（2）碳一级复型

直接把表面清洁的金相样品放入真空镀膜装置中，在垂直方向上向样品表面蒸镀一层厚度为10～30nm的碳膜。把喷有碳膜的样品用小刀划成对角线小于3mm的小方块，然后慢慢浸入对试样有轻度腐蚀作用的溶液中，使碳膜逐渐与试样分离，漂浮于液面。碳膜经蒸馏水漂洗后用电镜铜网将其小心地捞于网上，晾干后即为碳一级复型样品。

碳一级复型的特点是在电子束照射下不易发生分解和破裂，分辨率达3～5nm，可比塑料复型高一个数量级，但制备碳一级复型时，样品易遭到破坏。

（3）二级复型

二级复型是目前应用最广的一种复型方法。首先制成中间复型（一次复型），然后在中间复型上进行第二次碳复型，再把中间复型溶去，最后得到的是二级复型。图4-73为二级复型制备过程示意图。图4-73（a）为塑料中间复型，图4-73（b）为在揭下的中间复型上进行碳复型。为了增加衬度，可在倾斜15°～45°的方向上喷镀一层重金属，如Cr、Au等（称为投影）。一般情况下，是在一级复型上先投影重金属再喷镀碳膜，但有时也可喷投次序相反，图4-73（c）是溶去中间复型后的最终复型。

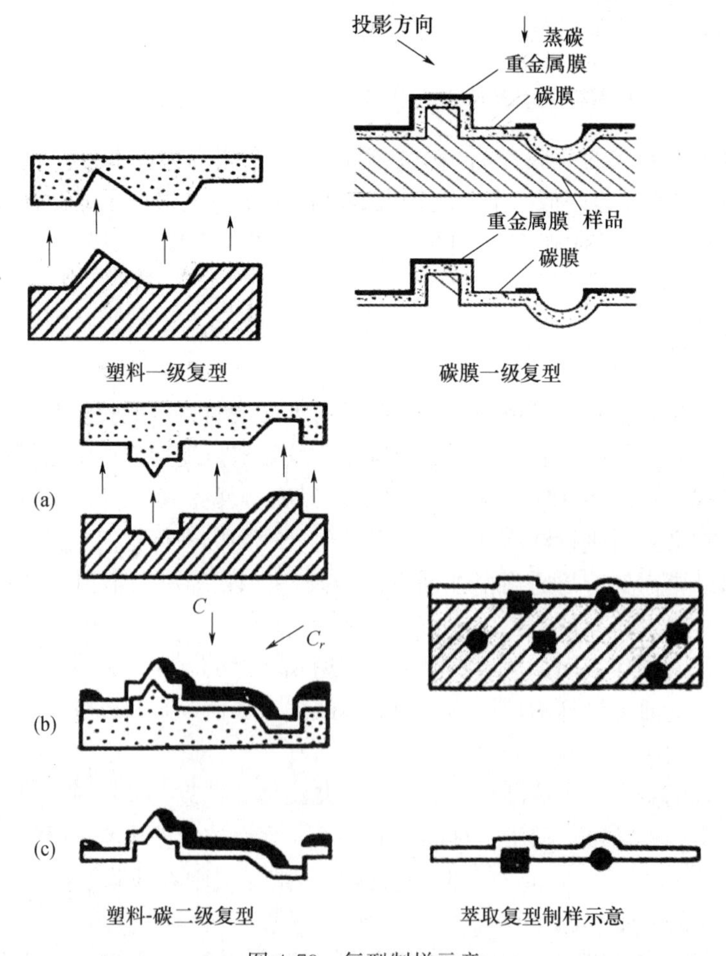

图4-73　复型制样示意

塑料-碳二级复型可以将两种一级复型的优点结合，克服各自的缺点。

制备复型时不破坏样品的原始表面；最终复型是带有重金属投影的碳膜，其稳定性和导电导热性都很好，在电子束照射下不易发生分解和破裂；但分辨率和塑料一级复型相当。

（4）萃取复型

在需要对第二相粒子形状、大小和分布进行分析的同时对第二相粒子进行物相及晶体结构分析时，常采用萃取复型的方法。这种复型的方法和碳一级复型类似，只是金相样品在腐蚀时应进行深腐蚀，使第二相粒子容易从基体上剥离。此外，进行喷镀碳膜时，厚度应稍厚，以便把第二相粒子包络起来。

习题与思考题

1. 透射电子显微镜和光学显微镜的区别与联系。

2. 电子与固体物质作用产生的物理信号有哪些？各自的特点和用途是什么？

3. 什么是电磁透镜的分辨率？物镜和中间镜的作用分别是什么？

4. 电子衍射花样的本质是什么？

5. 推导电子衍射的基本公式，并简述其作用。

6. 电子束对称入射时，理论上仅有倒易点阵的原点在反射球上，除了中心斑点外，为何还能得到其他一系列斑点？

7. 什么是衬度？分为哪几类？各自的应用范围是什么？

8. 说明衍射成像的原理，解释什么是明场像、暗场像和中心暗场像？

9. 衍射衬度运动学的基本假设是什么？两假设的基本前提是什么？如何满足这两个基本假设？

10. 解释等厚条纹像和等倾条纹像。

11. 从原理及应用方面分析电子衍射与 X 衍射在材料结构分析中的异、同点。

12. 如何实现透射电镜的成像操作和衍射操作？

13. 说明多晶、单晶及厚单晶衍射花样的特征及形成原理。

14. 图 4-74 为某立方晶系晶体的电子衍射花样，标定每一衍射点的晶面指数。已知：$Rd = L\lambda$，$OA = 7.1\text{mm}$，$OB = 10.0\text{mm}$，$OC = 12.3\text{mm}$，$\angle AOB \approx 90°$，$\angle AOC \approx 55°$，$L\lambda = 14.1\text{mm Å}$。

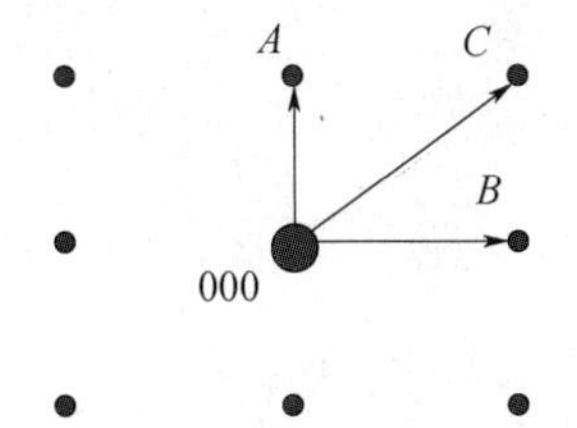

图 4-74 立方晶系晶体的电子衍射花样

15. 有一多晶电子衍射花样为六道同心圆环，其半径分别是：8.42mm，11.88mm，14.52mm，16.84mm，18.88mm，20.49mm；相机常数 $L\lambda=17.00\text{mm}\mathring{\text{A}}$。请标定衍射花样并求晶格常数。

16. 图 4-75（a）为某一纳米晶材料的 TEM 照片，图 4-75（b）为白色圆圈微区的电子衍射花样。

① 对照片的形貌、晶体类型及结晶情况进行定性描述。

② 如何对图 4-75（b）电子衍射花样进行标定？说明步骤。

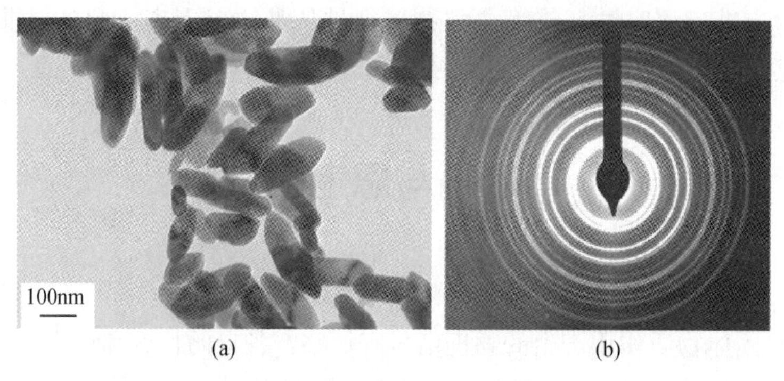

图 4-75　纳米晶材料的 TEM 照片

17. 图 4-76（a）为某一纳米晶材料的 TEM 照片，图 4-76（b）为黑色圆圈微区的电子衍射花样。

① 对照片的形貌、晶体类型及结晶情况进行定性描述。

② 如何对图 4-76（b）电子衍射花样进行标定？说明步骤。

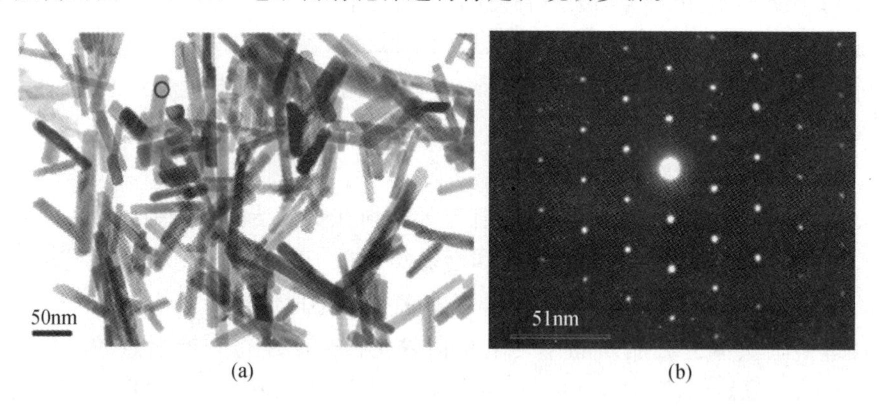

图 4-76　纳米晶材料的 TEM 照片

5

扫描电子显微镜与电子探针

5.1 概　　述

扫描电子显微镜（Scanning Electron Microscope，SEM）是继透射电镜（TEM）之后发展起来的一种电子显微镜，扫描电子显微镜是观察材料显微结构的最重要的工具之一，可以了解材料的各种显微结构，如材料的形貌、元素组成及分布、分子结构等，分析材料的宏观性能与微观结构之间的内在联系和基本规律。

在光电子理论发展基础上，扫描电子显微镜（简称“扫描电镜”）和透射电子显微镜的构想于20世纪30年代被提出，并在1935年出现了其概念模型。1938年德国的阿登纳在透射电镜上加了个扫描线圈做出了扫描透射显微镜（STEM），但由于图像分辨率太差，一直得不到大规模发展，只能作为电子探针仪辅助成像装置。第一台能观察厚样品的扫描电镜是由Zworykin制作的，它的分辨率为50nm左右。英国剑桥大学的Oatley和他的学生McMullan也制作了他们的第一台扫描电镜，到1952年他们的扫描电镜的分辨率达到了50nm。到1955年扫描电镜的研究才取得较显著的突破，成像质量有明显提高，并在1959年制成了第一台分辨率为10nm的扫描电镜。第一台商用扫描电镜于1965年由英国Cambridge（剑桥）科学仪器公司推出，其二次电子图像分辨率达到25nm，扫描电镜进入实用阶段。随后很多仪器公司纷纷投入人力物力进行研制和生产扫描电镜，经不断改进、创新和提高，扫描电镜迅速普及开来。现在世界上使用的电镜已达数万种，其中大部分是扫描电镜。1968年美国芝加哥大学Knoll团队成功研制了场发射电子枪，并将它应用于扫描电镜，使其二次电子图像分辨率获得大幅提高，各种性能包括低电压成像质量进一步优化；1970年他又采用扫描透射电镜拍摄到铀和钍单原子像，这使扫描电镜进展到一个新的领域。1982年德国物理学家GerdBinnig与瑞士物理学家HeinrichRohrer在瑞士苏黎世研究所工作时发明了扫描隧道显微镜(STM)，并因此共同获得了当年的诺贝尔物理学奖。从此，扫描电镜的种类和应用领域不断获得拓展。我国电镜研制起步较晚，1958年中国科学院光学精密机械研究所生产了第一台中型电镜，1975年在中国科学院北京科学仪器厂成功试制了第一台DX-3型扫描电镜，分辨率为10nm，填补了我国扫描电镜的空白。

5.1.1 扫描电镜的分类和特点

用于分析表征的扫描电镜种类很多，典型的扫描电镜主要有钨丝/六硼化镧扫描电镜、冷/热场发射扫描电镜（FESEM）、扫描透射电镜（STEM）、冷冻扫描电镜（Cryo-SEM）、低真空扫描电镜（LVSEM）、环境扫描电镜（ESEM）、扫描隧道显微镜（STM）、扫描探针显微镜（SPM）等，并且在扫描电镜平台上可以配置很多的功能附件，用于材料性能的分析，主要包括X射线能谱仪、X射线波谱仪、阴极荧光谱仪、电子背散射衍射仪、二次离子质谱仪和电子能量损失谱仪等，不仅可以做超微结构研究，也能做微区物相分析。

5.1.1.1 扫描隧道显微镜（STM）

扫描隧道显微镜（STM）的问世及迅速发展缘于微电子业的快速发展，该仪器是利用隧道效应及隧道电流原理而工作的。金属体内存在大量的能量分布集中于费米能级附近的“自由”电子，而在金属边界上则存在一个比费米能级高的能垒，从经典物理学分析，金属内部的这些“自由”电子中，只有能量高于边界能垒的才有可能从金属内部逸出到环境中。然而，根据量子力学原理，自由电子具有类似光波的波动性，在向金属边界传播而遇到表面能垒时会有一部分透射，即部分能量低于表面能垒的电子仍然能够穿透金属表面能垒，形成金属表面上的“电子云”。这种效应称为隧道效应。所以，当金属间距只有几纳米时，两种金属的电子云将互相渗透。当加上适当的电压时，即使两种金属并未真正接触，也会有电流由一种金属流向另一种金属，这种电流称为隧道电流。STM就是利用电子隧道原理，尖锐的探针作为一个电极，样品为另外一个电极，把探针移近样品并加上高电压，当探针和样品表面相距只有几纳米时，由于隧道效应，在探针与样品表面之间就会产生隧道电流并保持不变；若表面有微小起伏，哪怕只有原子大小的起伏，也将使穿透电流发生成千上万倍的变化。这种携带原子结构的信息输入电子计算机，经过处理即可在荧光屏上显示出一幅物体的三维图像，其分辨率可达到0.01nm，放大倍数可达3亿倍。STM提供了一种具有极高分辨率的检测技术，可以观察单个原子在物质表面的排列状态及与表面电子行为有关的物理、化学性质，在表面科学、材料科学、生命科学、药学、电化学、纳米技术等研究领域有广阔的应用前景。但STM要求样品表面与针尖具有导电性，这也是STM在应用方面最大的局限所在。

5.1.1.2 双束扫描电镜（FIB）

双束扫描电镜（FIB）是一款配备电子束和离子束两种射线源的仪器。高能离子束被电磁透镜聚焦后用来切割样品指定区域，电子束则如常规扫描电镜一样激发二次电子等信号用来观察样品表面形貌。

离子源是双束扫描电镜的心脏，离子束为液相金属离子源，其材质一般为镓，因为镓元素具有低熔点、低蒸汽压及良好的抗氧化能力。在离子柱顶端外加电场下可使液态镓形成细小尖端，再加上负电场牵引尖端的金属或合金而导出高能镓离子束，在一般工作电压下，尖端电流密度为 8～10A/cm^2，经过电磁透镜聚焦并经过一系列不同孔径光阑后形成所需尺寸的离子束，而后用 E×B 质量分析器筛选出所需要的离子种类，最后通过八极偏转装置及物镜将离子束聚焦在样品上并扫描，利用物理轰击达到切割或研磨的目的。利用场发射电子枪所激发的高能电子束扫描样品表面，产生的二次电子用来观察切割区域的形态，分析是否满足切割要求。同时，该仪器一般还配备纳米机械手，能像人的手一样灵巧移动被切割的薄片，并将其转移至铜网上。

双束扫描电镜的基本功能包含 4 类：①定点切割，利用高能镓离子与样品的物理碰撞来达到切割目的，广泛应用于集成电路的加工和分析；②选择性地材料蒸镀，以离子束的能量分解有机金属蒸汽或气相绝缘材料，在局部区域做导体或非导体的沉积，可提供金属和氧化层的沉积，常见的金属沉积有铂和钨两种；③强化性蚀刻或选择性蚀刻，辅以腐蚀性气体，提高切割的效率或做选择性的材料去除；④常规场发射扫描电镜的形貌观察和各种分析功能，如元素成分分析、背散射电子衍射分析等。该仪器主要用在半导体工业、材料加工方面，可用于球差矫正透射电镜的配套制样设备。

5.1.1.3 环境扫描电镜（ESEM）

环境扫描电镜（ESEM）是一款多氛围扫描电镜，既可以在高真空环境中工作，也能够在低真空状态下工作，主要应用于生物材料观测领域。在采用高真空模式工作时与普通扫描电镜无异，对于非导电材料和湿润试样，必须经过固定、脱水、干燥、镀膜等一系列处理后方可观察。利用低真空模式，样品可以省略上述预处理环节，直接观察试样，不存在化学固定所产生的各种问题，甚至可以观察活体生物样品，如农作物、昆虫、病原菌、动物、寄生虫等。但是，ESEM 的样品室即使处于低真空状态，与生物生存的环境还是相差甚远，未经固定的生物样品在这种环境中能保持不变的时间很短，经受不起长时间电子束的轰击，只能做较短时间的观察。因此，只适用于含水量较低的生物样品，对于含水量高的样品的观察还存在一些技术上的困难。

5.1.1.4 冷冻扫描电镜（Cryo-SEM）

冷冻扫描电镜（Cryo-SEM）又称低温扫描电镜，它是集样品冷冻制备技术与电镜观测技术于一体的一种新型扫描电镜。冷冻扫描电镜特别适用于含水样品的观察，因此在生物学领域的应用日益增多。冷冻扫描电镜主要观察经快速冷冻后固定的样品。生物样品采用冷冻固定既能避免化学固定的缺点，保持样品的活体状态，又能适应扫描电镜的各种真空环境。冷冻扫描电镜还具有冷冻断裂和通过控制样品升华来有选择性地去除表面水（冰）分的功能，从而能观察样品的内部结构。

冷冻扫描电镜安装有一个冷台，将新鲜样品冷冻固定后放置于冷台上，在低加速电压下做短时间观察。这种冷台适用于观察那些不适合常规处理（如化学固定、脱水、干燥、导电等处理）的生物样品。其过程为先将生物样品经冷冻保护剂（甘油、二甲基亚胺等）作用后，在液氮中快速冷冻，然后将冷冻样品转移到扫描电镜的冷台上，在观察过程中，用液氮保持冷台始终处于低温状态。在某些情况下，可稍微提高样品的温度，使样品表面的冰在高真空中升华，暴露样品表面的微细结构，冷冻样品水相中的盐分使样品具有一定的导电性。

最新的冷冻扫描电镜的样品室装有冷台和防污染装置。与电镜样品室相连还有一个样品制备室，里面有整套可进行样品操作、冷冻断裂、刻蚀和镀膜的装备，样品制备室与电镜样品之间有阀门相隔，样品制备好以后将阀门打开，把样品转移到扫描电镜冷台上进行观察。

为了减少生物样品表面的电荷积累，一般采用 1～5kV 低加速电压，在低倍下观察，冷冻扫描电镜在 30kV 高加速电压下分辨率为 3.5nm，1kV 加速电压下分辨率为 25nm，配置 X 射线能谱仪的能量分辨率为 129eV。

冷冻扫描电镜已广泛应用于生命科学，包括植物学、动物学、真菌学、生物技术、生物医学和农业科学研究，也成为药物学、化妆品和保健品的重要研究工具。同时，冷冻扫描电镜技术是食品工业的标准检测方法，如用于冰激凌、糖果蜜饯和乳制品等产品的检测。

5.1.1.5 扫描透射电镜（STEM）

扫描透射电镜（STEM）于 20 世纪 70 年代初问世，是一种成像方式与透射电镜和扫描电镜都相似并且兼具二者优点的新型电子显微镜，分为高分辨型和附件型两种。高分辨型是专用的扫描透射电镜，分辨率可高达 0.3nm，能够直接观察单个重金属原子像，已经接近透射电镜的水平。附件型是指在透射电镜上加装扫描附件和扫描透射电子检测器后组成的扫描透射电镜装置。这种扫描透射电镜的图像分辨率较低，一般为 1.5～3.0nm，但它增加了透射电镜的功能，为人们提供了一个新的研究视角。

扫描透射电镜中，场发射电子源发射出的高能电子束被聚光镜系统及光阑汇聚成极细的针状电子束（称为电子探针），在试样表面选定区域进行扫描，然后由探测器接收信号进行成像。扫描透射电子检测器装在荧光板下面，当电镜以扫描透射方式工作时，荧光板被移出光路，使检测器暴露在光路里。因为样品各处质量、厚度和晶体学特性不尽相同，所以检测器的输出信号也在不断变化，于是在显像管上就得到一幅扫描透射电子像。

透射电子根据散射角度不同，有大角度散射和小角度散射之分，更换检测器上方不同型号的光阑，可以使检测器单独接收小角度散射电子（透射束）形成扫描透射明场像，或单独接收大角度散射电子（衍射束）形成扫描透射暗场像，两种图像的转换十分方便。有些电镜装有两个单独的透射电子检测器，分别用来检测小角度散射电子和大角度散射电子，明场像和暗场像的转换只要按动一个开关即可完成，还可以同时对比观察明场像和暗场像，这在透射电镜里是无法实现的。

5.1.2 电子与物质的相互作用

5.1.2.1 电子散射

当一束聚焦电子束沿一定方向射入试样时，在原子库仑电场作用下，入射电子方向改变，称为散射。原子对电子的散射可分为弹性散射和非弹性散射。当高速运动的电子与物质的原子碰撞以后，由于原子核的质量远大于电子的质量，因而除了电子的动量发生改变以外，其能量几乎不变，即发生弹性散射。但是，入射电子与物质中的电子碰撞之后，除了运动方向发生变化外，其能量也将有所损失，称非弹性散射。在非弹性散射过程中，电子不但改变方向，能量也有不同程度的减少，转变为热、光、X 射线和二次电子发射。原子对电子的散射可分为：①原子核对电子的弹性散射；②原子核对电子的非弹性散射；③核外电子对入射电子的非弹性散射。在电子与电子的碰撞过程中，入射电子的能量一部分转化为热能，一部分转化为其他的辐射或者激发出其他的光电子或者俄歇电子等（图 5-1）。

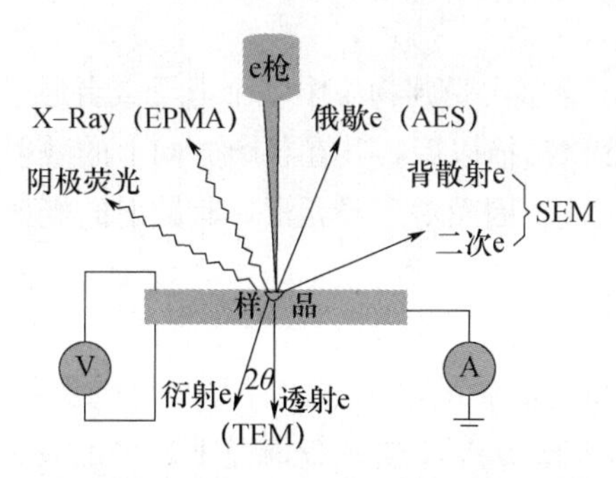

图 5-1　电子与物质的相互作用

（1）弹性散射

弹性散射描述的是入射电子同原子核电荷静电场的相互作用过程。由于原子核的质量是电子的几千倍，因此，弹性碰撞中的能量转移很小，一般被忽略。根据卢瑟福散射理论可知，散射截面与原子序数的平方成正比，这说明对于原子序数大的原子发生弹性散射的概率大于原子序数低的原子（图 5-2）。

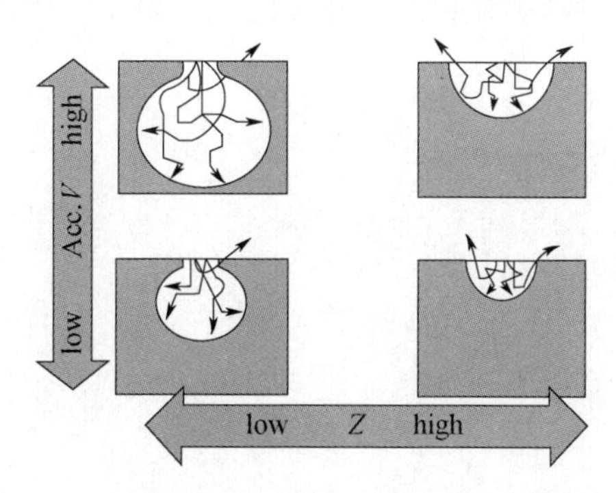

图 5-2　散射截面与原子序数的相互关系（Acc. V：加速电压；Z：原子序数）

（2）非弹性散射

高速运动的电子与原子中的电子碰撞发生非弹性散射，其能量的损失比较复杂，其散射角要远小于弹性散射的散射角。电子的非弹性散射现象在电子能量损失谱、俄歇电子能谱和光电子能谱的分析中都占有很重要的地位，所以在理论和实验方面都进行了深入的研究。电子在材料内部运动时，非弹性散射主要表现为同价电子和内壳层电子的相互作用，这两个作用对应于电子能量损失的不同区域。当入射电子能量在 $10\sim10^4$eV 时，它与固体发生的非弹性散射主要来自两个部分：电离（单电子激发）和体等离子体激元激发（集体振荡）。其中，电离又包括内壳层电子激发和价电子激发：价电子的激发概率要远大于内层电子的，但是在此激发过程中入射电子损失能量较小，发生大角度散射的概率也很小，因此，价电子激发很难使入射电子的方向发生明显改变；在内壳层电子激发过程中，因为结合能较大，其激发截面随能量的增加而迅速减小，因而内壳层电子激发使电子发生大角度散射的概率也不大。然而，俄歇电子或光电子是在内壳层电子激发后的弛豫过程中产生的，且电离时入射电子的能量损失很大，电离截面有十分重要的地位。

（3）多次散射

入射电子射向物质时，会多次受到物质中多个电子或者原子核的散射（即多次散射），从而使得入射电子在遭到多次碰撞以后，其在各个方向上的散射概率趋于一致。由于散射截面与原子序数的平方成正比，因而对于轻元素，其散射的概率要小于重元素。

5.1.2.2 二次电子

二次电子是入射电子将样品中的电子轰出样品之外的那部分电子，其中大部分都属于价电子激发，能量一般小于 50eV，在一般情况下，样品发射的能量低于 50eV 的电子构成二次电子。在样品表面，二次电子的产生区域只占电子与样品相互作用的很小一部分。二次电子发射系数可用式（5-1）表示：

$$\delta_0=\frac{n_s}{n_1} \tag{5-1}$$

式中，n_s 为二次电子数量，n_1 为入射电子数量。

二次电子发射系数与入射电子和样品表面发射夹角 α 的关系可用 $\delta_\alpha=\delta_0/\cos\alpha$ 表示，可见，样品的棱角、尖峰等处会产生较多的二次电子。因此，二次电子可以提供样品的表面形貌特征，如图 5-3 所示。

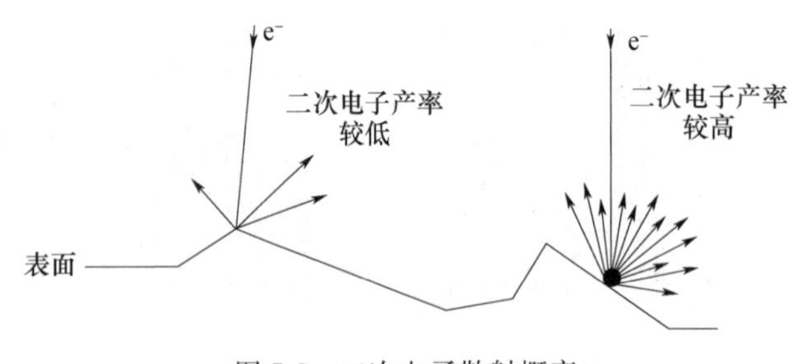

图 5-3　二次电子散射概率

二次电子在通常情况下是价电子激发，由于要克服外层电子的结合能，因此其能量较小。其逃逸深度很浅，发射面积与入射电子束的轰击面积相差无几，电子束的入射角度对二次电子的产额有较大的影响，二次电子的产率与原子序数的关系不是十分密切，如图 5-4、图 5-5 所示。

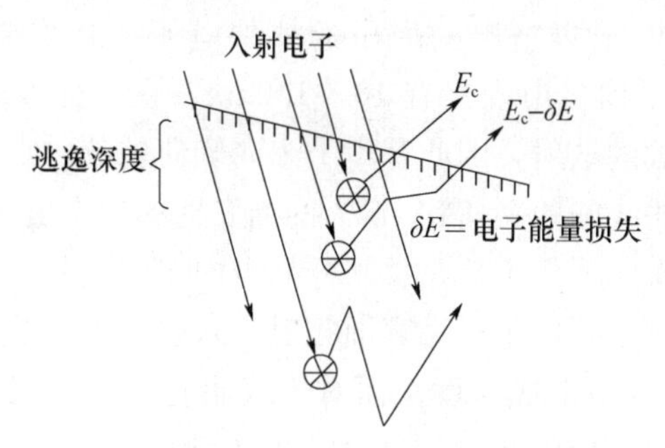

图 5-4 二次电子的逃逸

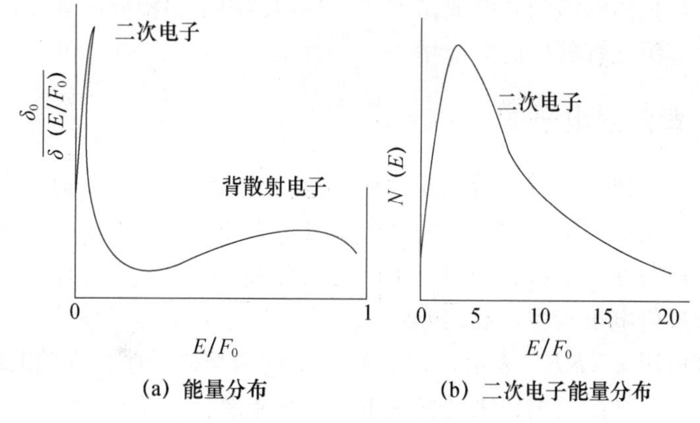

图 5-5 散射电子的能量分布

由图 5-6、图 5-7 可以看出，二次电子的产率要小于散射电子，且和原子序数的密切关系要低于背散射电子。

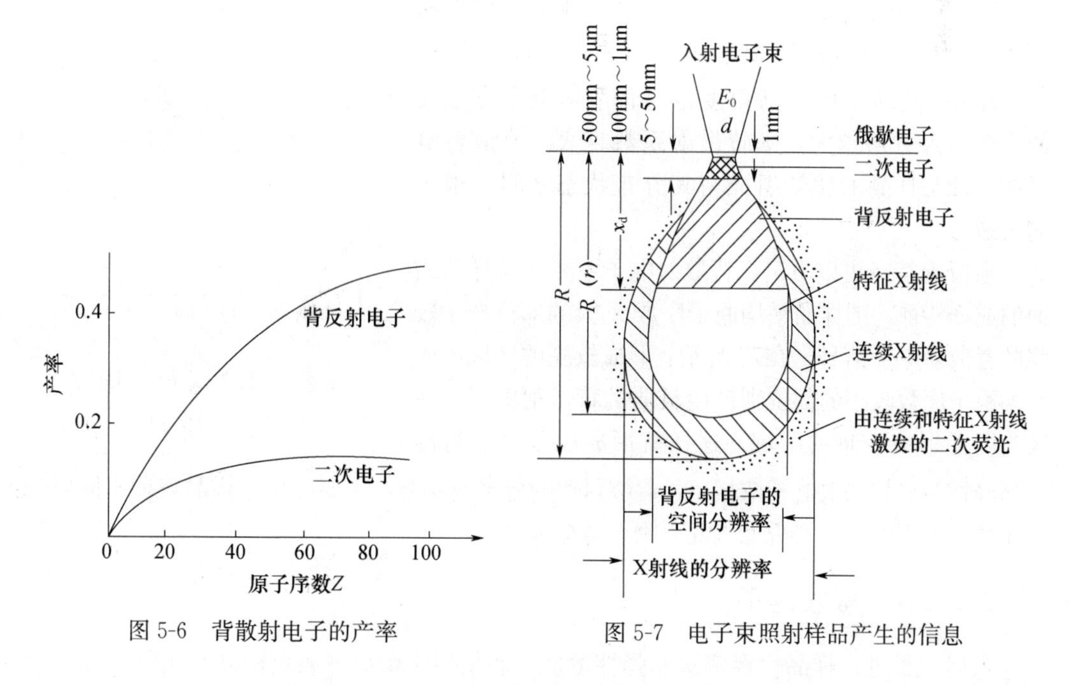

图 5-6 背散射电子的产率

图 5-7 电子束照射样品产生的信息

二次电子是被入射电子轰击出的原子的核外电子，其主要特点是：①能量小于50eV，在固体样品中的平均自由程只有10～100nm，在这样浅的表层里，入射电子与样品原子只发出有限次数的散射，因此基本上未向侧向扩散；②二次电子的产额强烈依赖于入射束与试样表面法线间的夹角α，α大的面发射的二次电子多，反之则少。

根据上述特点，二次电子像主要是反映样品表面10nm左右的形貌特征，像的衬度是形貌衬度，衬度的形成主要取于样品表面相对于入射电子束的倾角。如果样品表面光滑平整（无形貌特征），则不形成衬度；而对于表面有一定形貌的样品，其形貌可看成由许多不同倾斜程度的面构成的凸尖、台阶、凹坑等细节组成，这些细节的不同部位发射的二次电子数不同，从而产生衬度。二次电子像分辨率高、无明显阴影效应、场深大、立体感强，是扫描电镜的主要成像方式，特别适用于粗糙样品表面的形貌观察，在材料及生命科学等领域有着广泛的应用。

5.1.2.3 背散射电子

入射电子经过试样表面散射后改变运动方向后又从试样表面反射回来的电子称为背散射电子，又称背反射电子。大部分的背散射电子为弹性散射电子，它多数是由多次散射引起的，其能量与原子序数、初射电子的能量有关。一般来说，原子序数大的元素以发射高能量的背反射电子为主，反之亦然。

背反射系数可用$\eta=KE^m$表示，式中K、m均为与原子序数有关的常数。

背散射电子是由样品反射出来的初次电子，其主要特点是：

① 能量高，从50eV到接近入射电子的能量，穿透能力比二次电子强得多，可从样品中较深的区域逸出（微米级），在这样的深度范围，入射电子已有相当宽的侧向扩展，因此在样品中产生的范围大。

② 背散射电子发射系数η随原子序数Z的增大而增加，如图5-8所示。

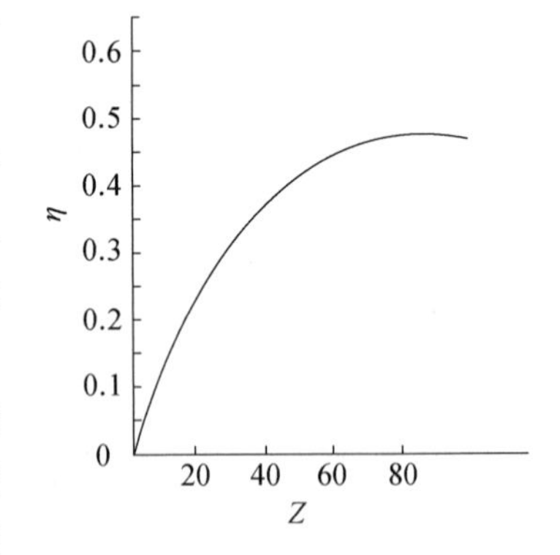

图5-8 背散射电子发射系数与原子序数的关系

此外，电子束的入射角度也对背散射电子有重要的影响，入射角越大，则背散射系数越大。背散射电子的特征与样品的化学组成与其分布状态之间有很大的关系。

由以上特点可以看出，背散射电子主要反映样品表面的成分特征，即样品平均原子序数Z大的部位产生较强的背散射电子信号，在荧光屏上形成较亮的区域；而平均原子序数较小的部位则产生较弱的背散射电子，在荧光屏上形成较暗的区域，这样就形成原子序数衬度（成分衬度）。与二次电子像相比，背散射像的分辨率要低，主要应用于样品表面不同成分分布情况的观察，如有机无机混合物、合金等。

5.1.2.4 吸收电子

入射电子进入样品后经多次非弹性散射，能量损失殆尽（假定样品有足够厚度，没有透射电子产生)，最后被样品吸收。若在样品和地之间接入一个高灵敏度的电流表，就可以测得样品对地的信号，这个信号是由吸收电子提供的。入射电子束与样品发生作用，若逸出表面的背散射电子或二次电子数量任一项增加，都会引起吸收电子相应减少，若把吸收电子信号作为调制图像的信号，则其衬度与二次电子像和背散射电子像的反差是互补的。

入射电子束射入一个含有多元素的样品时，由于二次电子产额不受原子序数影响，则产生背散射电子较多的部位其吸收电子的数量就较少。因此，吸收电流像可以反映原子序数衬度，同样也可以用来进行定性的微区成分分析。

5.1.2.5　透射电子

如果样品厚度小于入射电子的有效穿透深度，那么就会有相当数量的入射电子能够穿过薄样品而成为透射电子。一般金属薄膜样品的厚度为 200～500nm，在入射电子穿透样品的过程中将与原子核或核外电子发生有限次数的弹性或非弹性散射。因此，样品下方检测到的透射电子信号中，除了有能量与入射电子相当的弹性散射电子外，还有各种不同能量损失的非弹性散射电子。其中有些特征能量损失 ΔE 的非弹性散射电子和分析区域的成分有关，因此，可以用特征能量损失电子配合电子能量分析器来进行微区成分分析。

5.1.2.6　特征 X 射线

特征 X 射线是原子的内层电子受到激发以后，在能级跃迁过程中直接释放的具有特征能量和波长的一种电磁波辐射。

入射电子与核外电子作用，产生非弹性散射，外层电子脱离原子变成二次电子，使原子处于能量较高的激发状态，它是一种不稳定态。较外层的电子会迅速填补内层电子空位，使原子降低能量，趋于较稳定的状态，如图 5-9 所示。具体说来，如在高能入射电子作用下使 K 层电子逸出，原子就处于 K 激发态，具有能量 E_K。当一个 L_2 层电子填补 K 层空位后，原子体系由 K 激发态变成 L_2 激发态，能量从 E_K 降为 E_{L_2}，这时就有 $\Delta E=(E_K-E_{L_2})$ 的能量释放出来。若这一能量以 X 射线形式放出。这就是该元素的 K_α 辐射，此时 X 射线的波长为

$$\lambda_{K_\alpha}=\frac{hc}{E_K-E_{L_2}} \tag{5-2}$$

式中，h 为普朗克常数；c 为光速。

对于每一元素，E_K、E_{L_2} 都有确定的特征值，所以发射的 X 射线波长也有特征值，这种 X 射线称为特征 X 射线。

X 射线的波长和原子序数之间服从莫塞莱定律：

$$\lambda=\frac{K}{(Z-\sigma)^2} \tag{5-3}$$

式中，Z 为原子序数；K、σ 为常数。

可以看出，原子序数和特征能量之间是有对应关系的，利用这一对应关系可以进行

成分分析。如果用X射线探测器测到样品微区中存在某一特征波长，就可以判定该微区中存在的相应元素。由于特征X射线能量非常高，即使样品内部深处产生的信号也能发射至表面，从而被X射线能谱仪探测到，因此，其产生范围包括整个入射电子与样品的相互左右区，对于中等原子序数以上元素（Ca以后）所组成的样品，如金属或陶瓷，该范围尺寸一般为2～5μm。

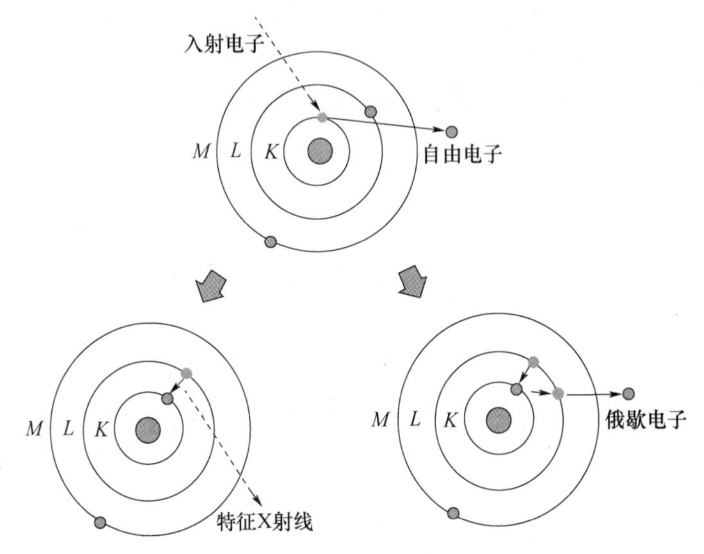

图5-9 特征X射线与俄歇电子产生示意

5.1.2.7 俄歇电子

如果原子内层电子能级跃迁过程中释放出来的能量ΔE不以X射线的形式释放，而是用该能量将核外另一电子打出，脱离原子变为二次电子，这种二次电子称为俄歇电子，如图5-9所示。该电子的能量等于原来特征X射线能量减去被发射电子的结合能。因每一种原子都有自己特定的壳层能量，所以它们的俄歇电子能量也各有特征值，一般在50～1500eV范围之内。例如，从L层产生的俄歇电子KLL能量为：

$$E_{KLL}=E_K-E_L-E_L-E_W \tag{5-4}$$

式中，E_W为俄歇电子逸出表面所要消耗的能量，即为材料的逸出功。

俄歇电子是由试样表面极有限的几个原子层中发出的，这说明俄歇电子信号适用于表层化学成分分析。

内层电子受激后的弛豫过程中将同时产生特征X射线和俄歇电子，但由于二者的存在形态完全不同，出射过程中与样品原子发生散射作用的概率存在很大差异，因此，二者的有效激发区域也有很大不同。特征X射线在出射过程中，除了部分被样品光电吸收外，发生非弹性散射的概率很低，因此，离开样品时没有能量损失，所以特征X射线是整个相互作用区内的一个平均量。而俄歇电子发生非弹性散射的机会多，能量损失大。对于能量在50～2000eV范围的俄歇电子，非弹性散射的平均自由程为0.1～2.0nm，因此，仅有距表面约1nm薄层的俄歇电子可以逸出。通常俄歇电子能量随原子序数和跃迁类型而异，例如，碳的俄歇电子KLL能量为267eV，俄歇电子主要来自样品表面的 2～3 个原子层，为 0.5～2.0nm 的深度范围，是材料表面化学分析的主要信号。

显然，一个原子中至少要有 3 个电子才能产生俄歇效应，铍是产生俄歇效应的最轻元素。

5.1.2.8　阴极荧光

某些材料，如硫化锌晶体、半导体、磷光体和荧光粉等，受到高能电子轰击后，会在紫外和可见光谱区发射长波光子，这个现象称为阴极荧光，通过采集、检测阴极荧光进行成像，可研究该物质的成分和发光信息。

除了上述几种信号外，固体样品中还会产生如电子束感生效应和电动势等信号，这些信号经过调制后也可以用于专门的分析。表 5-1 总结了电子束与固体样品作用时产生的各种信号的比较。

表 5-1　电子束与固体样品作用时产生的各种信号的比较

<table>
<tr><th colspan="2">信号</th><th>分辨率
（nm）</th><th>能量范围
（eV）</th><th>来源</th><th>可否做
成分分析</th><th>应用</th></tr>
<tr><td rowspan="2">背散
射电子</td><td>弹性背
散射电子</td><td rowspan="2">50～200</td><td>数千～数万</td><td rowspan="2">样品表层
几百纳米</td><td rowspan="2">可以</td><td rowspan="2">成像、成分分析</td></tr>
<tr><td>非弹性背
散射电子</td><td>数十～数千</td></tr>
<tr><td colspan="2">二次电子</td><td>5～10</td><td><50eV，
多数几个 eV</td><td>表层 5～10nm</td><td>不能</td><td>成像</td></tr>
<tr><td colspan="2">吸收电子</td><td>100～1000</td><td>—</td><td>—</td><td>可以</td><td>成像、成分分析</td></tr>
<tr><td colspan="2">透射电子</td><td>—</td><td>—</td><td>—</td><td>可以</td><td>成像、成分分析</td></tr>
<tr><td colspan="2">特征 X 射线</td><td>100～1000</td><td>—</td><td>—</td><td>可以</td><td>成分分析</td></tr>
<tr><td colspan="2">俄歇电子</td><td>5～10</td><td>50～1500</td><td>表层 1nm</td><td>可以</td><td>表面层成分分析</td></tr>
</table>

5.2　扫描电子显微镜结构和成像原理

5.2.1　扫描电镜的工作原理

由三极电子枪发射出来的电子束，在加速电压作用下，经过聚光镜、光阑、物镜三级聚焦后，会聚成一束极细（0.3～3.0nm）的电子探针入射到样品表面，在样品表面按顺序逐行进行扫描，与样品原子发生弹性散射和非弹性散射的相互作用，激发样品产生各种物理信号如二次电子、背散射电子、吸收电子、X 射线、俄歇电子等。这些物理信号的强度随样品表面特征而变。它们分别被相应的收集器接收，经放大器按顺序、成比例地放大后，送到显像管的栅极上，用来同步调制显像管的电子束强度，即显像管荧光屏上的亮度。采集这些信号电子并转化成电信号进行成像，就可以清楚地分析出样品在入射点的特征性质，如微区形貌或成分组成等。然而，样品表面的一个入射点特征不具有代表性，需要采集更多入射点的特征即一个区域特征，因此，必须利用扫描线圈驱动入射电子束在试样表面选定区域内从左至右、从上至下做光栅式扫描，从而对整个光栅区域内每个分析点进行采样，以此完成成像。扫描区域一般是正方形的，X 方向有 1024 个点，Y 方向有 1024 行，因此产生一幅图像，来自样品 10^6 个点的信息，足以获得显微结构的细节，形成逼真图像。

在采样和成像过程中，扫描发生器同时控制高能电子束和荧光屏中的电流电子“同步扫描”，如图 5-10 所示。

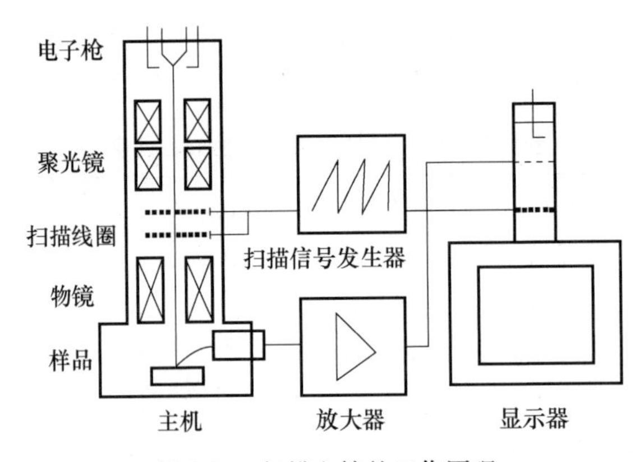

图 5-10　扫描电镜的工作原理

当电子束在样品表面上进行从左到右、从上至下光栅式扫描时，在荧光屏上也可以用相同的方式同步扫描，并且样品表面的采样点和荧光屏上的荧光粉颗粒数量也相同，因此“样品空间”上的一系列点就与“显示空间”各点建立了严格的对应关系，确保了荧光屏上图像可以客观真实地反映样品对应位置特征。样品表面被高能电子束扫描，激发出各种信号电子，其信号强度与样品的表面特征有密切的关系，这些信号通过探测器按顺序、成比例地转换为视频信号，经过放大，用来调制荧光屏对应点的电子束强度，即荧光粉的亮度，这就形成了扫描电镜的图像，而图像上强度的变化反映出样品的特征变化。扫描电镜成像不像光镜和透射电镜那样直接由物体发出的光线或电子束成像，而是将信号探测器作为摄像机，对样品表面逐点拍摄，把各点产生的信号转换到荧光屏上成像。

扫描电镜的特点如下。

① 景深大、图像富有立体感。扫描电镜的景深较光学显微镜大几百倍，比透射电镜大几十倍。由于扫描电镜是利用电子束轰击样品后所释放的二次电子成像，它的有效景深不受样品大小与厚度的影响；而透射电镜是利用穿透电子成像，它的有效景深直接受样品厚度的限制。

② 图像的放大范围大，分辨率也比较高。光学显微镜的有效放大倍数为 1000 倍左右，透射电镜的放大倍数为几百倍到 100 万倍，扫描电镜可放大十几倍到几十万倍，它

基本上包括了从放大镜、光学显微镜直到透射电镜的放大范围。扫描电镜的分辨率介于光学显微镜（2000Å）与透射电镜（2～3Å）之间，可达60Å（有的可达30Å），而且，一旦聚焦好了之后，可以任意改变放大倍数而无须重新聚焦。可以通过电子学方法有效地控制和改善图像的质量，如通过γ调制可改善图像反差的宽容度，使图像各部分亮暗适中。采用双放大倍数装置或图像选择器，可在荧光屏上同时观察不同放大倍数的图像或不同形式的图像。

③ 样品制备过程简单，不需进行超薄切片，有的甚至不需要进行任何处理就可以直接观察。

④ 观察样品的尺寸可大至120mm×80mm×50mm，而透射电镜的样品只能装在直径2mm或3mm的铜网上。

⑤ 样品可以在样品室中做三度空间的平移和旋转，因此，可以从各种角度对样品进行观察，有的甚至可以在观察过程中对样品进行显微解剖。

⑥ 电子束对样品的损伤与污染程度很少。扫描电镜中打在样品上的电子束流很小，电子束的直径为50Å至几百Å，束的能量较小（加速电压可小至2kV），电子束不是固定照射在样品的某一区域而是以点的形式在样品表面做光栅状扫描，因此，由电子书照射所引起的样品的损失与污染也较小。

⑦ 安装X射线能谱仪（EDS、WDS）到扫描电镜上面可以同时快速、有效地获取同一区域上的形貌、晶型和组成信息。配有光学显微镜和单色仪等附件时，可观察阴极荧光图像和进行阴极荧光光谱分析。装上半导体样品座附件，可利用电子束电导和电子产生伏特信号观察晶体管或集成电路中的PN结及缺陷。

⑧ 可使用加热、冷却和拉伸等样品台进行动态试验，观察各种环境条件下的相变及形态变化等。

5.2.2 扫描电镜的结构

扫描电镜主要由电子光学系统（镜筒）、扫描系统、信号检测放大系统、图像显示记录系统、真空系统和电源系统等部分组成，如图5-11所示。

5.2.2.1 电子光学系统

扫描电镜的电子光学系统由电子枪、聚光镜、物镜、物镜光阑、扫描偏转线圈、高位探测器和样品室等部件组成。在扫描电镜中，为了提高分辨率，要求入射至样品表面的电子束斑尺寸尽可能小，但图像的高信噪比又要求电子束流尽量大，此二者之间的矛盾就要求扫描电镜的电子光学系统要保证在可能小的束斑尺寸下可以获得最大的束流，而且束流要非常稳定。

（1）电子枪

电子枪是提供高能电子束的硬件组成，其性能直接决定着电镜的图像质量、仪器的分辨率等。商业生产扫描电镜的分辨率可以说是受到了电子枪亮度所限制。

根据郎姆尔方程，如果电子枪所发射电子束流的强度为I_0，则它有以下关系存在：

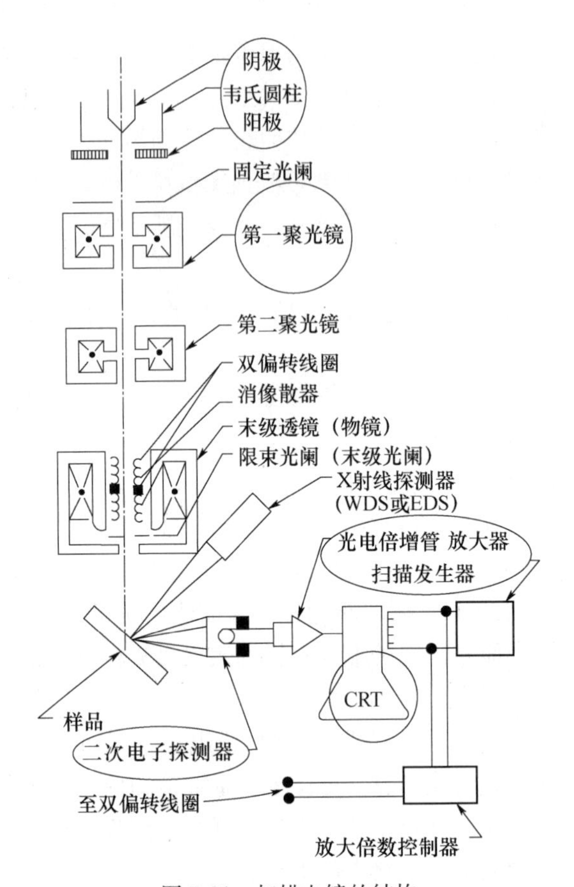

图 5-11 扫描电镜的结构

$$I_0 = \beta_0 \pi^2 G_0^2 \alpha^2 / 4 \tag{5-5}$$

式中，α 为电子束的半开角；G_0 为虚光源的尺寸；β_0 为电子枪的亮度。

根据统计力学的理论可以证明，电子枪的亮度 β_0 是由式（5-6）来确定：

$$\beta_0 = J_k (eV_0 / \pi k T) \tag{5-6}$$

式中，J_k 为阴极发射电流密度；V_0 为电子枪的加速电压；k 为玻尔兹曼常数；T 为阴极发射的绝对温度；e 为电子电荷。

在热电子发射时，阴极发射电流密度 J_k 可以用式（5-7）来表示：

$$J_k = A_0 T \exp(-e\varphi / kT) \tag{5-7}$$

式中，A_0 为发射常数；φ 为阴极材料的逸出功。

从式（5-5）和式（5-6）可以看出，阴极发射的温度越高，阴极材料的电子逸出功越小，所形成电子枪的亮度也越高。

电子枪一般有钨丝电子枪、六硼化镧电子枪和场发射电子枪 3 种。电子枪的必要特性是亮度要高、电子能量散布要小。不同的灯丝在电子源大小、电流量、电流稳定度及电子源寿命等方面均有差异。热游离方式电子枪有钨灯丝及六硼化镧灯丝两种，它是利用高温使电子具有足够的能量去克服电子枪材料的功函数能障而逃离。使用这两种电子枪的扫描电镜的最佳分辨率都大于 3nm。对发射电流密度有重大影响的变量是温度和功函数，但因操作电子枪时均希望能以最低的温度来操作，以减少材料的挥发，所以在操作温度不提高的状况下，就需采用低功函数的材料来提高发射电流密度。价钱最便宜、使用最普遍的是钨灯丝。钨丝电子枪由钨阴极（也称钨灯丝阴极）、栅极和阳极构成，以热游离式来发射电子，电子能量散布为 2eV。钨的功函数约为 4.5eV，钨灯丝直径约 200μm，弯曲成“V”形的细线，其“V”形尖端的曲率半径约为 100μm，当电流流经灯丝时，阴极被直接加热到 2700K 左右，电流密度为 1.75A/cm^2，钨灯丝中的电子受热激发，在加速电场的作用下，电子定向发射。在电子枪阴极和栅极之间串接偏压电阻，构成自偏压回路，以此限制束流达到平衡状态，从而提供稳定的束流。栅极正下方有阳极，对地最高 30kV 的高压形成加速电场区域，提供电子束能量。栅极等位面对电子束有会聚作用，在栅极下方形成一个直径为 20～50μm 的交叉斑 D_0，也称为电子枪的有效光源或虚光源，如图 5-12 所示。电子枪的发射特性是随着灯丝加热电流由小变大，束流逐渐增大，图像衬度逐渐增加，但在此过程中电子枪发射还会出现一个假峰，此时束流会出现小峰值后回落视场，图像则会先变亮随后变暗，称为第一饱和点；当灯丝电流进一步增加后，束流才稳步提高，达到饱和点。一般工作时灯丝电流并不调整至饱和点，而是减小少许，使之处于曲线膝部，灯丝发射稳定，图像最亮。由于偏压或加速电压改变，灯丝的饱和点不同，需要重新调节灯丝加热电流。现在电镜均有电子枪参数自动调整功能，操作时选择自动调整即可。钨阴极灯丝热发射效率低，灯丝亮度不够，需要尖端有很大的发射面积才能得到足够的束流强度。在使用中灯丝的直径随着钨丝的蒸发变小，使用寿命为 40～80h，但其价格便宜，束流稳定，至今仍在大量使用。

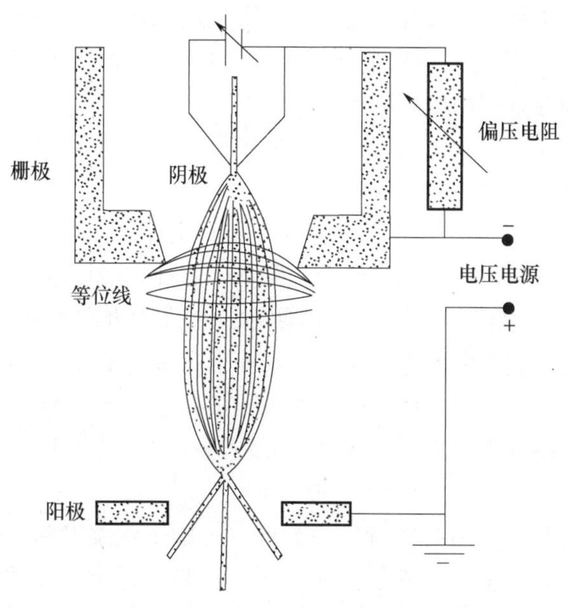

图 5-12　电子枪的结构示意

六硼化镧电子枪属于稀土金属硼化物，是良好的电子发射体。与钨灯丝阴极相比，发射功函数低而发射率高，有效发射截面小（约为 20μm），在亮度和电子源直径等性能上都比钨阴极好，1500K 时六硼化镧的亮度是 3000K 时钨灯丝阴极亮度的两倍，而且其总亮度和单位电流密度也都高出一个数量级；由于工作时温度较低，六硼化镧阴极蒸发率下降，因此其工作寿命约为钨阴极的 10 倍。但六硼化镧阴极的化学活性强，在加热状态下容易与其他化学元素形成化合物，发射性能下降，因此电子枪室的真空度必须在 10^{-5}Pa 时才能正常稳定地发射，比钨灯丝电子枪的要求高；另外，六硼化镧阴极的加热电流没有像钨阴极那样有一个明显可定的饱和点。若六硼化镧尖端存在一个高电场，在调好偏压后，发射特性曲线将会上升至一个小的凸出部位，为了能达到饱和状态，必须避免阴极过热。同时，也应该注意六硼化镧发射体在初次点燃或一旦暴露在空气中后又重新点燃时，需要几分钟的时间进行自我激活，通过慢慢加热升温，挥发表面吸附的气体或污染物，待气体挥发完之后，电子的发射输出才能慢慢达到正常、稳定的输出值。若未经这个慢激活的过程就急于达到正常的输出值，则会造成阴极过热而烧毁。六硼化镧必须在较好的真空环境下操作，因此仪器的购置费用较高。

场发射式电子枪比钨灯丝和六硼化镧灯丝的亮度高出 10～100 倍，同时电子能量散布仅为 0.2～0.3eV，所以目前市售的高分辨率扫描式电子显微镜都采用场发射式电子枪，其分辨率可高达 1nm 以下。场发射电子枪的阴极发射源的尖端采用钨单晶制备，从而使得电子发射功函数大幅降低，电子能够直接离开阴极发射出来，并且获得很高的电流密度，比发夹形钨阴极高出几个数量级，所有采用场发射电子枪的仪器（扫描电镜、透射电镜等）都具有很高的分辨率。场发射电子枪的阴极又分为冷场发射和热场发射两种。

冷场发射阴极采用单晶钨（<111>或<310>晶面）的尖端作为电子枪阴极的发射源。在阴极的下方除了加速阳极外，还有一个激发电极施加负电位，当阴极尖端的电场强度大于 10^{10}V/m 时，其电子逸出能垒会大幅下降，从而使得阴极电子能够在常温下直接依靠隧道效应而穿过能垒离开阴极，无须对阴极进行加热。发射电子仅产生于钨尖端上几个纳米的范围，发射立体角度小，但电子枪亮度高达 10^{7}A/（cm^{2} · sr），束流密度可达 10^{3}～10^{6}A/cm^{2}，比六硼化镧和钨阴极分别高 2 和 3 个数量级。但这种阴极表面必须非常清洁，该针尖表面不干净或者吸附其他小分子团都会使该处电子的功函数增加，从而导致电子束发射效率和稳定性大幅降低，因此，冷场电子枪的真空度必须维持在 10^{-9}～10^{-8}Pa 范围才能正常工作。但即使在这样高的真空条件下，枪室内的残留气体分子也有可能飘附到阴极的发射针尖上，从而引起发射不稳定，因此，需要经常对钨尖端进行“闪清”操作，即在几秒钟内将阴极尖端加热至约 2000℃，让表面黏附的空气分子等杂质在瞬间高温下挥发掉。通常每天加热一次。但几千次“闪清”处理后钨尖会变钝。

热场发射阴极的钨尖端始终保持较高温度（一般工作温度为 1800K），即使不发射电子束也需维持高温，从而保持钨尖端的清洁。Schottky 场发射阴极是比较常用的一种，阴极尖端为钨单晶（<100>晶面），其表面涂覆一薄层金属氧化物，通常是氧化锆，使得钨尖端的电子功函数从约 4.5eV 下降到 2.5eV，使之发射更容易，电子枪亮度也高达 10^{8}A/（cm^{2} · sr），更兼有热能激发，再辅以强电场力的驱动，致使该阴极尖端的发射束流比冷场发射模式增加很多，热场发射最大的总束流比冷场发射约高 10 倍，有利于分析类的附件如 X 射线能谱仪（EDS）、电子背散射衍射（EBSD）的信号激发。由于钨尖端不易被污染，热场阴极枪室对真空度的要求也比冷场发射阴极约低一个数量级，即只要真空度≤3×10^{-7}Pa就能够正常工作。由于钨尖端常年被加热，氧化锆涂层会逐渐消耗，通常2～3年要更换新钨尖。表5-2列出了几种类型电子枪的性能。

表5-2 几种类型电子枪的性能

参数	钨丝	六硼化镧	冷场发射	热场发射
亮度［A/（cm^2·sr）］	10^5	10^6	10^8	10^8
有效光源尺寸（μm）	20～40	10～20	0.01～0.02	0.02～0.03
能量扩展（eV）	2～3	2～3	0.2～0.5	0.3～0.5
阴极尖端工作温度（K）	约2700	约1500	约300	约1800
束流的波动性（%/h）	≤0.5	≤0.5	≥5	≤0.2
真空度要求（Pa）	约10^{-3}	10^{-3}～10^{-4}	10^{-7}	10^{-7}
最大束流（nA）	1000	1000	20	200
灯丝寿命（h）	80～100	约1000	约10000	约10000

（2）聚光镜和物镜

由阴极发射的电子束初束尺寸普遍很大，高分辨场发射电镜为10～30nm，普通电镜则为10～40pm，以此尺寸电子束直接扫描样品，图像分辨率将非常低，因此，必须将电子束初束束径大幅缩小，形成直径为0.1～3.0nm的针状束斑，入射样品才能获取较高的分辨率。聚焦透镜是实现这一功能的主要部件，它分为聚光镜和物镜，其中，物镜是末级聚焦透镜，决定了电子束在样品入射点处的最终束斑尺寸。它们都是通过电场转化为磁场，使得运动的电子产生偏转，改变其运动轨迹，从而使得电子束产生会聚。通常，用静电场构成的透镜称为静电透镜，由通电线圈产生的磁场所构成的透镜称为电磁透镜。电子光学系统中的电磁透镜主要是用来控制电子束射在样品上的斑点尺寸、电子束的发射角和电子束的电流。钨丝电镜和六硼化镧电镜都采用电磁透镜。场发射电镜的第一聚光镜采用静电透镜，第二聚光镜和物镜采用电磁透镜。

（3）扫描偏转线圈

扫描偏转线圈是提供入射电子束在样品表面上和荧光屏上的同步扫描信号。图5-13展示了电子束在样品表面进行扫描的两种方式。进行形貌分析时都采用光栅扫描方式，如图5-13（a）所示。当电子束进入上偏转线圈时，方向发生转折，随后又由下偏转线圈使它的方向发生第二次转折。发生二次偏转的电子束通过末级透镜的光心射到样品表面。在电子束偏转的同时还带有一个逐行扫描动作，电子束在上、下偏转线圈的作用下，在样品表面扫描出方形区域，相应地在样品上也画出一帧比例图像。样品上各点受到电子束轰击时发出的信号可由信号探测器接收，并通过显示系统在显像管荧光屏上按强度描绘出来。如果电子束经上偏转线圈转折后未经下偏转线圈改变方向，而直接由末级透镜折射到入射点位置，这种扫描方式称为角光栅扫描或摇摆扫描，如图5-13（b）所示。入射束被上偏转线圈转折的角度越大，电子束在入射点上摆动的角度也越大。在进行电子通道花样分析时，我们将采用这种操作方式。

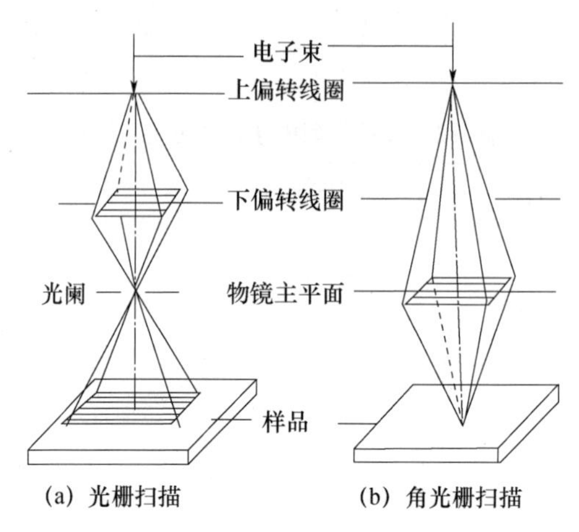

图 5-13　电子束在样品表面进行的扫描方式

（4）光阑

每一级电磁透镜上均装有光阑，第一级、第二级电磁透镜上的光阑为固定光阑，作用是挡掉大部分的无用电子，使电子光学系统免受污染。第三级透镜（物镜）上的光阑为可动光阑，又称物镜光阑或末级光阑，它位于透镜的上、下极靴之间，可在水平面内移动以选择不同孔径（100μm、200μm、300μm、400μm）的光阑。末级光阑除了具有固定光阑的作用外，还能使电子束入射到样品上的张角减小到 10^{-3}rad 左右，从而进一步减小电磁透镜的像差，增加景深，提高成像质量。

（5）样品室

由于对真空的要求较高，有些仪器在电子枪及电磁透镜部分配备了 3 组离子泵，在样品室中配置了 2 组扩散泵，在机体外以 1 组机械泵负责粗抽，所以有 6 组大小不同的真空泵来达成超高真空的要求，另外还有以液态氮冷却的冷阱协助样品室保持高真空度。在扫描电镜中，一个理想的样品室在设计上要求如下：①为了试样能进行立体扫描，样品室空间应足够大，以便放进试样后还能进行 360°旋转，倾斜 0～90°和沿三度空间做平移动作，并且能动范围越大越好；②在试样台中试样能进行拉伸、压缩、弯曲、加热或深冷等，以便研究一些动力学过程；③试样室四壁应有数个备用窗口，除安装电子检测器外，还能同时安装其他检测器和谱仪，以便进行综合性研究；④备有与外界接线的接线座，以便研究有关电场和磁场所引起的衬度效应。

近代的大型扫描电镜均备有各种高温、拉伸、弯曲等试样台，试样最大直径可达 100mm，沿 X 轴和 Y 轴可各自平移 100mm，沿 Z 轴可升降 50mm。此外，样品室的各窗口还能同时联接 X 射线波谱仪、X 射线能谱仪、二次离子质谱仪和图像分析仪等。

5.2.2.2　信号检测放大系统

信号检测放大系统用来检测样品在入射电子作用下产生的物理信号，然后经视频放大作为显像系统的调制信号。

二次电子和背散射电子探测器由收集器、闪烁器、光电倍增管和前置放大器组成（图 5-14），这是扫描电镜中最主要的信号检测。检测过程是电子进入收集器中，然后经过加速器的加速，电子射到闪烁器转变成光信号，经过光电倍增管转化为电信号，最后经过前置放大器放大，并将其输出送至显像管的栅极，调制显像管的亮度，因而在荧光屏幕上便呈现出一幅亮暗程度不同的反映试样表面形貌的二次电子像。一幅扫描图像由多达 100 万个分别与被分析物表面物点一一对应的图像点构成。

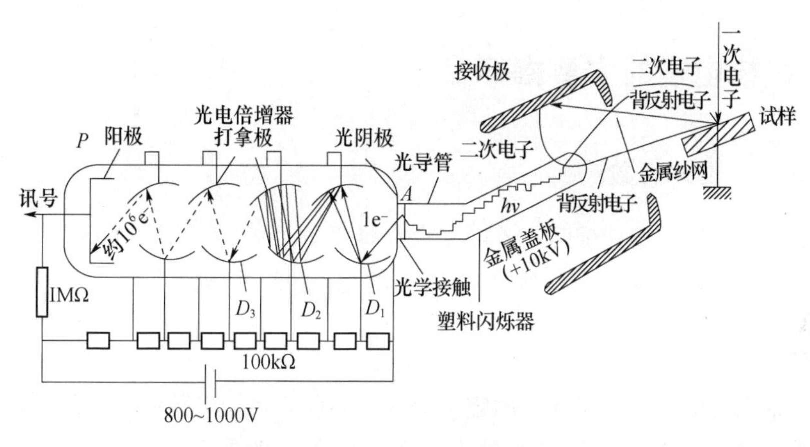

图 5-14　扫描电镜电子信号收集器

5.2.2.3　真空系统和电源系统

真空系统和电源系统作用是为保证电子光学系统正常工作，防止样品污染，提供高的真空度。真空系统由机械泵、扩散泵、真空管道和阀门组成，且均采用自动化操作。真空系统可以提高灯丝的使用寿命，防止极间放电和样品在观察中受污染，镜筒内的真空度要求一般在 1.33×10^{-3}～1.33×10^{-2}Pa 即可。

电源系统由高压电源、透镜电流、电子枪电源和真空系统电源组成，其作用是提供扫描电镜各部分所需稳定电源。

5.2.2.4　扫描系统

扫描线圈安装在第二聚光镜和物镜之间，它是扫描电镜一个十分重要的部件。扫描线圈使电子做光栅扫描，与显示系统的 CRT 扫描线圈由同一锯齿波发生器控制，以保证镜筒中的电子束与显示系统 CRT 中的电子束偏转严格同步。扫描系统由扫描信号发生器、放大控制器及相应的电子线路组成。它的作用是产生扫描信号，用以控制电子束在样品上的扫描幅度，并使其与显示系统（CRT）中的电子束在荧光屏上同步扫描。通过控制电子束在样品表面的扫描幅度来改变扫描电镜的放大倍数。扫描电镜的样品室要比透射电镜复杂，它能容纳大的试样，并在三维空间进行移动、倾斜和旋转。

5.2.2.5 显示系统

显示装置一般有两个显示通道：一个用来观察；另一个供记录用（照相）。在观察时为了便于调焦，采用尽可能快的扫描速度，而拍照时为了得到分辨率高的图像，要尽可能采用慢的扫描速度（多用 50～100s）。

扫描式显微镜有一个重要特色是具有超大的景深，约为光学显微镜的 300 倍，使得扫描式显微镜比光学显微镜更适合观察表面起伏程度较大的样品。

5.2.3 扫描电镜的主要指标

5.2.3.1 放大倍数

当入射电子束做光栅扫描时，若电子束在样品表面扫描的幅度为 A_S，在荧光屏上阴极射线同步扫描的幅度为 A_C，则扫描电子显微镜的放大倍数为：

$$M=\frac{A_C}{A_S} \tag{5-8}$$

由于扫描电镜的荧光屏尺寸是固定不变的，因此，放大倍数的变化是通过改变电子束在样品表面的扫描幅度 A_S 来实现的。如果荧光屏的宽度 $A_C=100\text{mm}$，当 $A_S=5\text{mm}$ 时，放大倍数为 20 倍；如果减少扫描线圈的电流，电子束在试样上的扫描幅度将减小，放大倍数将增大，例如 $A_S=0.05\ \text{mm}$，放大倍数增大至 2000 倍。改变扫描电镜的放大倍数十分方便，目前商品化的扫描电镜放大倍数可以从 20 倍连续调节到 20 万倍左右。表 5-3 是不同放大倍率在样品上的扫描面积。

表 5-3 不同放大倍率在样品上的扫描面积

放大倍率	样品上面积
20	9.8mm×8.0mm
100	1.96mm×1.60mm
1000	19.6μm×16.0μm
10000	19.6μm×16.0μm
100000	1.96μm×1.60μm

5.2.3.2 分辨率

分辨率是扫描电镜的主要性能指标。对微区成分分析而言，它是指能分析的最小区域；对成像而言，它是指能分辨两点之间的最小距离。这两者主要取决于入射电子束直径，电子束直径越小，分辨率越高。但分辨率并不直接等于电子束直径，因为入射电子束与试样相互作用会使入射电子束在试样内的有效激发范围大大超过入射束的直径。在高能入射电子作用下，试样表面激发产生各种物理信号，用来调制荧光屏亮度的信号不同，则分辨率就不同。俄歇电子和二次电子因其本身能量较低及平均自由程很短，只能从样品的浅层表面内逸出。入射电子束进入浅层表面时，尚未向横向扩展开来，可以认为在样品上方检测到的俄歇电子和二次电子主要来自直径与扫描束斑相当的圆柱体内。因为束斑直径就是一个成像检测单元的大小，所以这两种电子的分辨率就相当于束斑的直径。扫描电子显微镜的分辨率通常就是指二次电子像的分辨率，为 5～10nm。入射电子进入样品较深部位时，已经有了相当宽度的横向扩展，从这个范围中激发出来的背散射电子能量较高，它们可以从样品的较深部位处弹射出表面，横向扩展后的作用体积大小就是背散射电子的成像单元，所以，背散射电子像分辨率要比二次电子像低，一般为 50～200nm。

X 射线也可以用来调制成像，但其深度和广度都远较背散射电子的发射范围大，如图 5-7 所示。例如，钢在能量为 30keV、直径为 1μm 的电子束照射下，背散射电子的广度约 2μm，特征 X 射线的广度为 3μm。所以，X 射线图像的分辨率低于二次电子像和背散射电子像。

扫描电镜的分辨率除受电子束直径和调制信号的类型影响外，还受样品原子序数、信噪比、杂散磁场、机械振动等因素影响。样品原子序数越大，电子束进入样品表面的横向扩展越大，分辨率越低。噪声干扰造成图像模糊；磁场的存在改变了二次电子运动轨迹，降低图像质量；机械振动引起电子束斑漂移。这些因素的影响都降低了图像分辨率。

扫描电镜的分辨率可以通过测定图像中两颗粒（或区域）间的最小距离来确定。测定方法是在已知放大倍数的条件下，把在图像上测到的最小间距除以放大倍数就是分辨率。目前商品化扫描电镜二次电子分辨率已达到 1nm。表 5-4 是几种信号的分辨率。

表 5-4　几种信号的分辨率

信号名称	深度（nm）	分辨率
二次电子	5～10	5～10nm
背反射电子	表面较深处	50～200nm
吸收电子	不逸出	0.1～1.0μm
X 射线	500～5000	
俄歇电子	1	

5.2.3.3　景深

景深是指透镜对高低不平的试样各部位能同时聚焦成像的一个能力范围，这个范围用一段距离来表示。如图 5-15 所示，扫描电镜中电子束最小截面圆（点 P）经过透镜聚焦后成像于 A 处，试样就放在点 A 所在的像平面内。景深则是指试样沿透镜轴在点 A 前后移动而仍可达到聚焦的一段最大距离。设点 1 和点 2 是在保持图像清晰的前提下，试样表面移动的两个极限位置，则其之间的距离 D_S 就是景深。实际上电子束在点 1 和点 2 处得到的不是像点，而是一个以 ΔR_0 为半径的漫散圆斑。这一圆斑的半径就是电镜的分辨率。也就是说，样品表面上两间距为 ΔR_0 的点能为扫描电子显微镜鉴别。由此可见，如果样品表面高低不平（如断口试样）时，只要高低范围值小于 D_S，则在

荧光屏上就能清晰地反映出样品表面的凹凸特征。由图 5-15 可得到

$$D_S=\frac{2\Delta R_0}{\tan\beta}\approx\frac{2\Delta R_0}{\beta} \tag{5-9}$$

式中，β 为电子束孔径角。

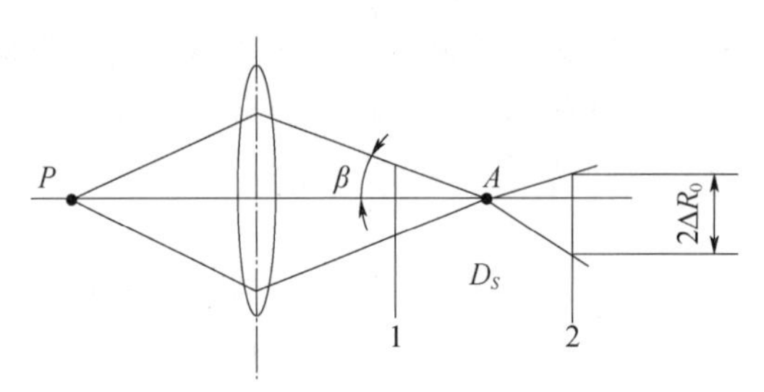

图 5-15　扫描电镜的景深示意

可见，电子束孔径角是控制扫描电子显微镜景深的主要因素，它取决于末级透镜的光阑直径和工作距离。由式（5-9）可知，如果电子束的孔径角 β 越小，在维持分辨率 ΔR_0 不变的条件下，D_S 将变大。一般情况下 ，扫描电镜末级透镜焦距较长，β 角很小（约 10^{-3} rad），所以它的景深很大。它比一般光学显微镜景深大 100～500 倍，比透射电镜的景深大 10 倍。由于景深大，扫描电镜图像的立体感强，形态逼真。对于表面粗糙的断口、磨面试样来说，光学显微镜因景深小而无能为力，透射电镜对样品要求苛刻，即使用复型样面也难免存在假象，且其景深也较扫描电镜为小，而对于扫描电镜来说，如果放大 500 倍时，D_S 可达数十微米，相当于一个晶粒直径的大小，这个距离对于显微断口分析来说已经足够了。因此，用扫描电镜观察分析断口试样具有其他分析仪器无法比拟的优点。

5.2.4　二次电子成像衬度

扫描电镜图像的衬度是信号衬度，可以定义为：

$$C=\frac{i_2-i_1}{i_2} \tag{5-10}$$

式中，C 为信号衬度，i_1 和 i_2 代表电子束在试样上扫描时从任何两点探测到的信号强度。根据形成的依据，扫描电镜像的衬度可以分为形貌衬度、原子序数衬度（成分衬度）和电位衬度。

5.2.4.1　形貌衬度

形貌衬度是由于试样表面形貌差别而形成的衬度。如图 5-16 所示，当入射电子方向一定时，样品表面的凸凹形貌就决定了电子束的不同倾斜角。入射角 θ（即样品表面法线与电子束的夹角）分别为 0°、45°和 60°，当固定入射电子束能量和束流时，通过探测器检测出这 3 个不同角度下的二次电子产率 δ，其大小关系是 $\delta_3>\delta_2>\delta_1$，$\delta$ 随 θ 的增大而上升。这是因为 θ 增大后，电子束在表层内穿过的距离延长（$L<\sqrt{2}\,L<2L$），

与更多的原子发生相互作用，从而激发出更多的二次电子；另外，随着θ增大，入射电子束在样品中的散射区域更加靠近表面，二次电子的等效发射体积增大，即增大了样品表层以下10nm范围内所包含的作用区体积，从而增大了二次电子的发射数量。如果样品表面由如图5-17所示的A、B、C、D几个小平面区域组成，B面与D面相比，其倾斜角度较小，则二次电子产率较小，检测到的二次电子强度较弱，故亮度较低。而D面倾斜角度最大，故亮度也最大。

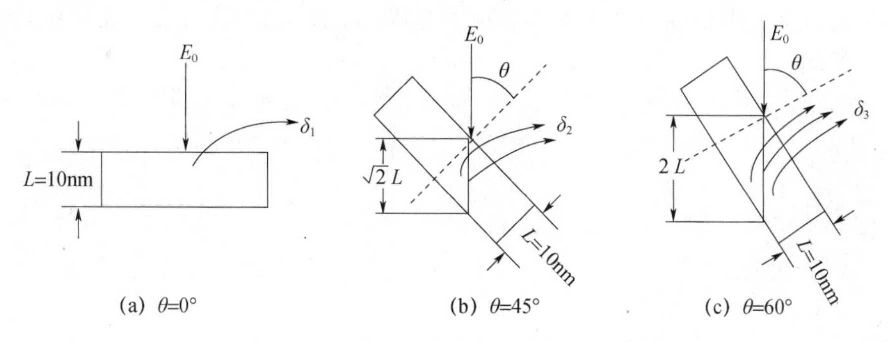

图5-16　二次电子产率与形貌倾角的关系

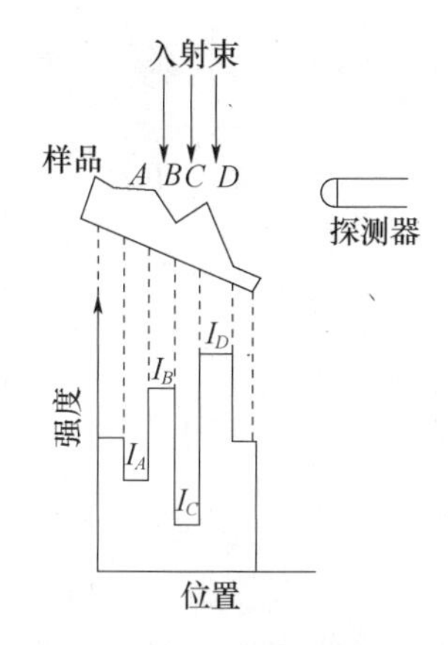

图5-17　二次电子像的形貌衬度原理

对于表面光滑的样品，当入射电子束大于1kV时，二次电子产率δ与样品倾角θ成余弦关系：

$$\delta=\delta_0\frac{1}{\cos\theta}=\delta_0\sec\theta \tag{5-11}$$

式中，δ_0为水平样品的二次电子产率。

由二次电子产率δ与样品倾角θ的函数关系式（5-11）可知，样品表面倾角大的区域比倾角小的区域产生的二次电子多，这种信号强度的差异是扫描电镜表征形貌时图像衬度的主要来源。如图5-18所示，假设样品表面区域由a、b、c、d几个倾角不同的小面构成，则每个小面的二次电子产率δ不同，从而导致在荧光屏上出现图像衬度，其中，倾角最大的b面最亮，c面和d面次之，水平的a面最暗。

然而，实际样品的表面形貌要复杂得多，可能由不同倾角的小面、边缘、曲面、尖角、孔洞和沟槽组成，表面时常还覆盖着小颗粒，如图 5-19 所示。这些部位的二次电子产率相对较多，俗称为尖端（a）、平面（b）、边缘（c）、孔洞（d）和颗粒（e）效应。因此，凸出的尖棱、小粒子及比较陡的斜面处二次电子产率较多，在荧光屏上这些部位的亮度较大；平面上二次电子的产率较小，亮度较低；在深的凹槽底部虽然也能产生较多的二次电子，但这些二次电子不易被检测器收集到，因此槽底的衬度也较暗。样品中凡有这些特征的部位，二次电子信号强，这些微观细节在图像中呈现亮区，清晰可辨。从上述衬度成因很容易理解样品形貌像的特征。图 5-20 是二氧化硅和钛酸钡的二次电子形貌图。

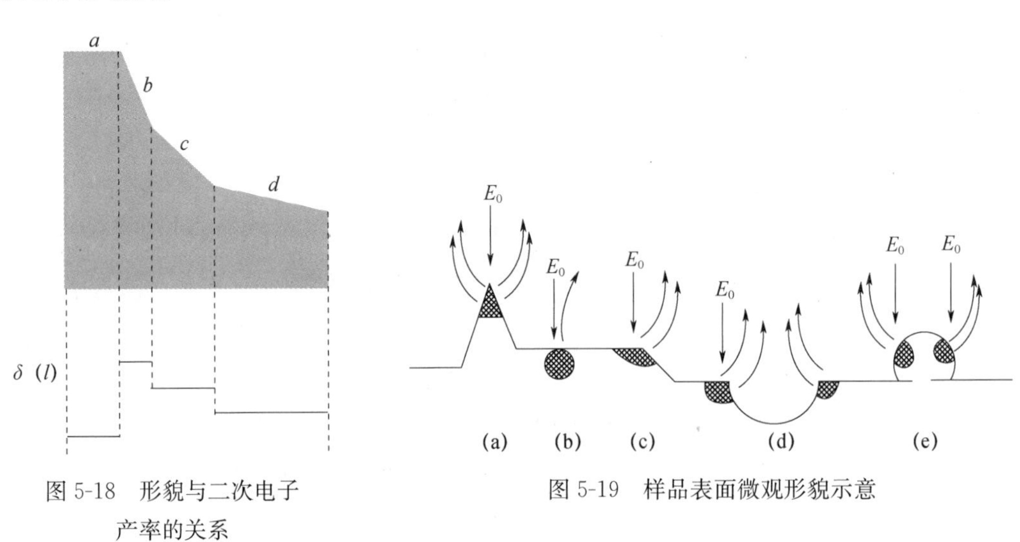

图 5-18　形貌与二次电子产率的关系

图 5-19　样品表面微观形貌示意

5.2.4.2　原子序数衬度（成分衬度）

原子序数衬度是由于试样表面物质原子序数（或化学成分）差别而形成的衬度。在试样中发生的二次电子有两类：一类是直接由入射电子产生，主要显示试样表面形貌；另一类是背反射电子激发出来的，形成像的背底。二次电子的产率与原子序数不敏感，在原子序数大于 20 时，二次电子的产率基本不随原子序数而变化，但背散射电子对原子序数敏感，随着原子序数的增加，背散射电子率增加。在背散射电子穿过样品表层（＜10nm）时，将激发产生部分二次电子，此外，二次电子检测器也将接受能量较低（＜50eV）的部分背散射电子，这样二次电子的信号强弱在一定程度上也就反映了样品中原子序数的变化情况，因而也可形成成分衬度。但由于二次电子的成分衬度非常弱，远不如背散射电子形成的成分衬度，故一般不用二次电子信号来研究样品中的成分分布，且在成像衬度分析时予以忽略。

5.2.4.3　电位衬度

电位衬度是由于试样表面电位差别而形成的衬度。如果试样表面不同微区的电位不同，则电位低的地方的二次电子容易跑到相邻电位高的地方，使电位低的地方在图像上显得黑，电位高的地方在图像上就显得亮，这就形成了电位衬度。有些样品表面可能处

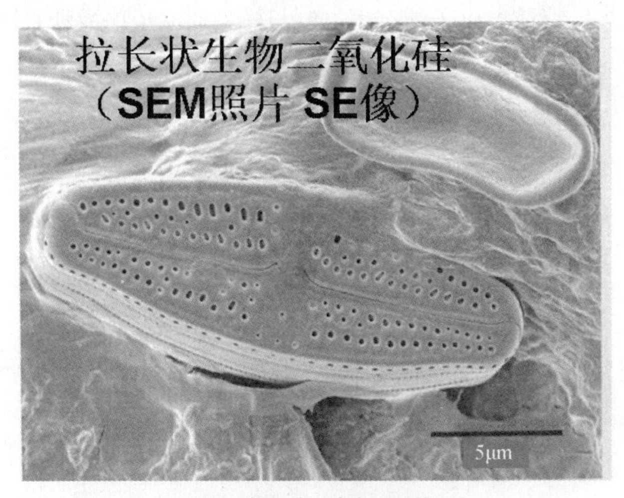

(a) 二氧化碳二次电子形貌

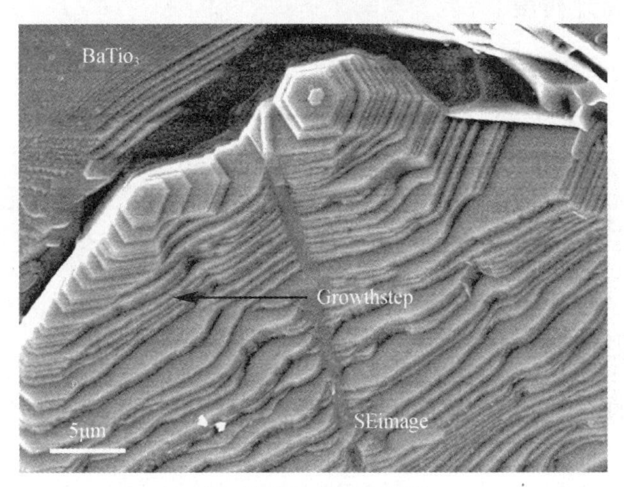

(b) 钛酸钡二次电子形貌

图 5-20　二次电子形貌

于不同的电位，如半导体的 p-n 结、加偏压的集成电路等，这些局部电位将影响二次电子的轨迹和强度，造成样品正偏压处的二次电子好像被拉住不易逸出，图像较暗，而负偏压处的二次电子易被推出，故图像较亮。可用来研究材料和器件的工艺等。

5.2.5　背散射电子成像的衬度

背散射电子是指被固体样品中原子核反弹回来的一部分入射电子，包括弹性散射电子和非弹性散射电子两种。弹性背散射电子是指被原子核反弹回来，基本没有能量损失的入射电子，散射角（散射方向与入射方向间的夹角）大于 90°，能量高达数千至数万 eV，而非弹性背散射电子由于能量损失，甚至经多次散射后才反弹出样品表面，故非弹性背散射电子的能量范围较宽，从数十至数千 eV。图 5-21 是背散射电子产生示意图。由于背散射电子来自样品表层数百纳米深的范围，其中弹性背散射电子的数量远比非弹性背散射电子多。背散射电子的产率主要与样品的原子序数和表面形貌有关，其中原子序数最为显著。背散射电子可以用来调制成多种衬度，主要有成分衬度、形貌衬度等。

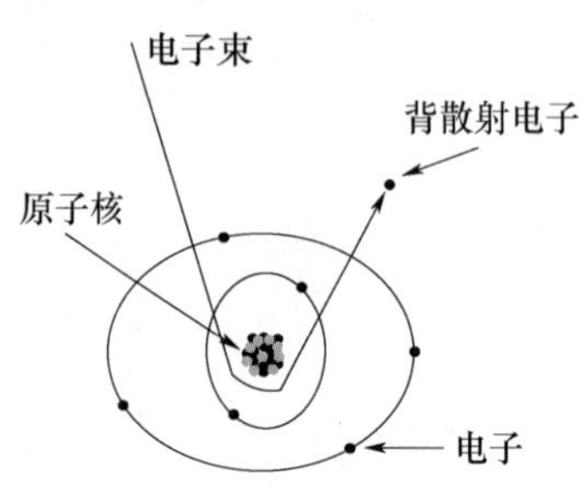

图 5-21　背散射电子产生示意

5.2.5.1　成分衬度

背散射电子的产率对原子序数十分敏感，其产率随着原子序数的增加而增加，特别是在原子序数 $Z<40$ 时，这种关系更为明显。因而在样品表面原子序数越高的区域，产生的背散射电子信号越强，图像上对应部位的亮度就越亮，反之较暗，这就形成了背散射电子的成分衬度。由于背散射电子信号强度随原子序数的变化比二次电子大得多，所以背散射电子有较好的成分衬度。复杂样品中，元素原子序数相差较大的可提供高衬度信号。

5.2.5.2　形貌衬度

背散射电子的产率与样品表面的形貌状态有关，当样品表面的倾斜程度、微区的相对高度变化时，其背散射电子的产率也随之变化，因而可形成反映表面状态的形貌衬度。当样品为粗糙表面时，背散射电子像中的成分衬度往往被形貌衬度掩盖，其实两者同时存在，均对像衬度有贡献。对一些样品既要进行形貌分析又要进行成分分析时，可采用两个对称分布的检测器同时收集样品上同一点处的背散射电子，然后输入计算机进行处理，分别获得放大的形貌信号和成分信号，并避免了形貌衬度与成分衬度之间的干扰。图 5-22 为这种背散射电子的检测示意图。A 和 B 为一对半导体 Si 检测器，对称分布于入射电子束的两侧，分别从两个对称方向收集样品上同一点的背散射电子。当样品表面平整（无形貌衬度）但成分不均时，对其进行成分分析，A、B 两个检测器收集到的信号强度相同，如图 5-22（a）所示，两者相加（A+B）时，信号强度放大一倍，形成反映样品成分的电子图像；两者相减（A−B）时强度为一水平线，表示样品表面平整。当样品表面粗糙不平但成分一致时，对其进行形貌分析，如图 5-22（b）所示，如图中位置 P 时，倾斜面正对检测器 A，背向检测器 B，则 A 检测器收集到的电子信号就强，B 检测器中收集到的信号就弱。两者相加（A+B）时，信号强度为一水平线，产生样品成分像；两者相减（A−B）时，信号放大产生形貌像。如果样品既成分不均又表面粗糙时，仍然是两者相加（A+B）为成分像，两者相减为形貌像。

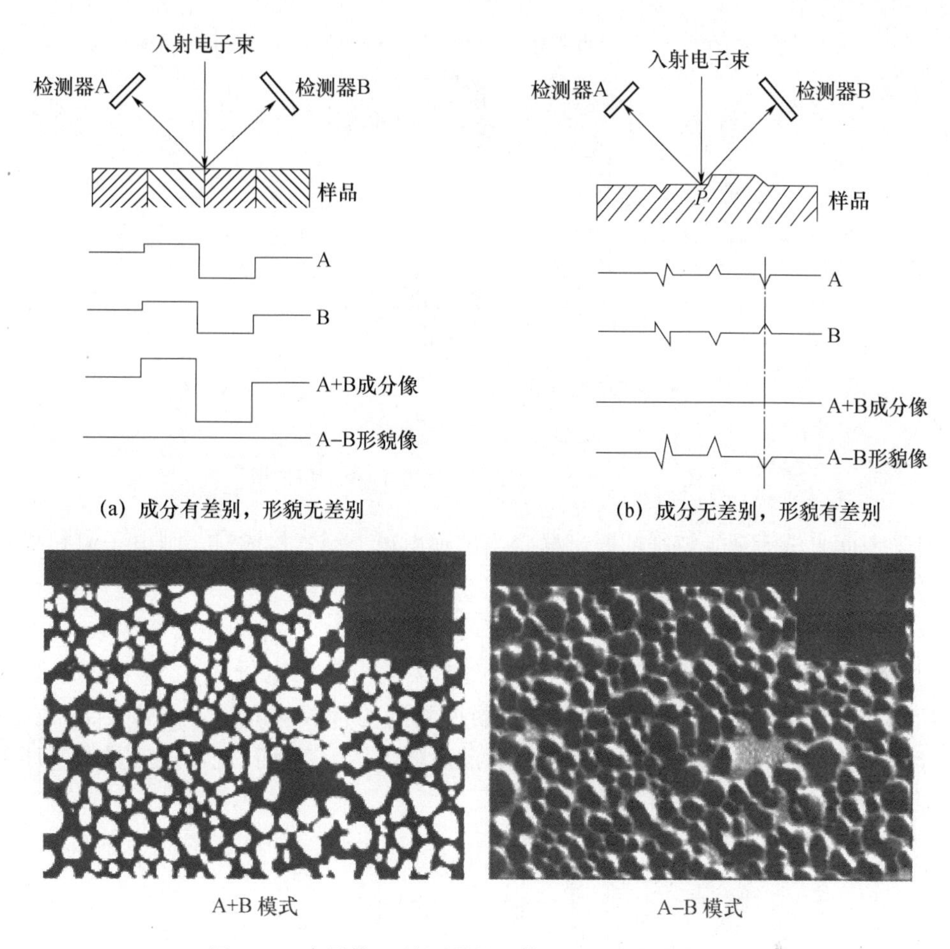

图 5-22　半导体 Si 检测器的工作原理和实物检测照片

需要指出的是，二次电子和背散射电子成像时，形貌衬度和原子序数衬度两者都存在，均对图像衬度有贡献，只是两者贡献的大小不同而已。二次电子成像时，像衬度主要取决于形貌衬度，而成分衬度微乎其微；背散射电子成像时，两者均可有重要贡献，并可分别形成形貌像和成分像。背散射电子用来显示样品的表面形貌，但它对表面形貌变化的敏感度不如二次电子，这是因为背散射电子的能量较高，离开样品表面后沿直线轨迹运动（图 5-23），检测器只能检测到直接射向检测器的背散射电子，有效收集的立体角小，信号强度较低，那些背向检测器区域所产生的背散射电子就无法到达检测器，结果在图像上造成阴影，掩盖了部分细节。

5.2.5.3　原子序数衬度

原子序数衬度是由于试样表面物质原子序数（或化学成分）差别而形成的衬度。利用对试样表面原子序数（或化学成分）变化敏感的物理信号作为显像管的调制信号，可以得到原子序数衬度图像。背散射电子像、吸收电子像的衬度，都包含原子序数衬度，而特征 X 射线像的衬度是原子序数衬度。

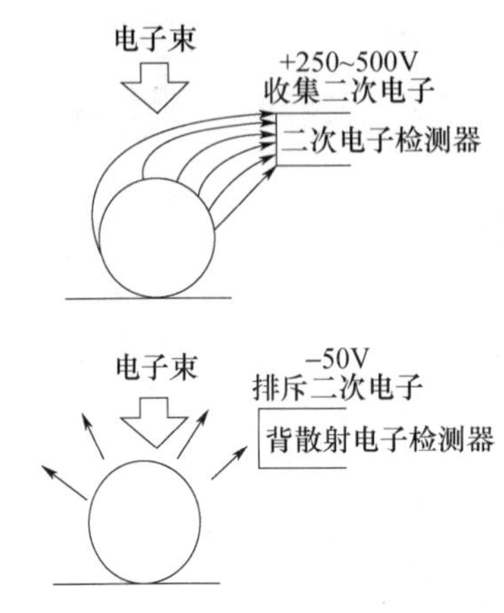

图 5-23　背散射电子和二次电子的运动曲线

对于表面光滑无形貌特征的厚试样，当试样由单一元素构成时，则电子束扫描到试样上各点所产生的信号强度是一致的，如图 5-24（a）所示，根据式（5-10），得到的像中不存在衬度。当试样由原子序数分别为 Z_1、Z_2（$Z_2 > Z_1$）的纯元素区域 1、区域 2 构成时，则电子束扫描到区域 1 和区域 2 时产生的背散射电子数 n_B 不同，如图 5-24（b）所示，且 $(n_B)_2 > (n_B)_1$，因此探测器探测到的背散射电子信号强度 i_B 也不同，且 $(i_B)_2 > (i_B)_1$，按式（5-10），得到的背散射电子像中存在衬度，这就是原子序数衬度。原子序数衬度像如图 5-25 所示。

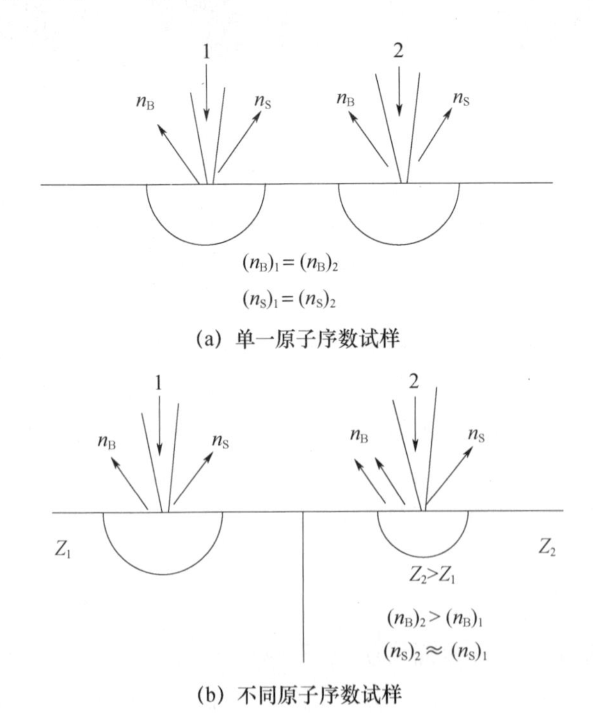

图 5-24　试样原子序数对背散射电子和二次电压衬度电子发射的影响

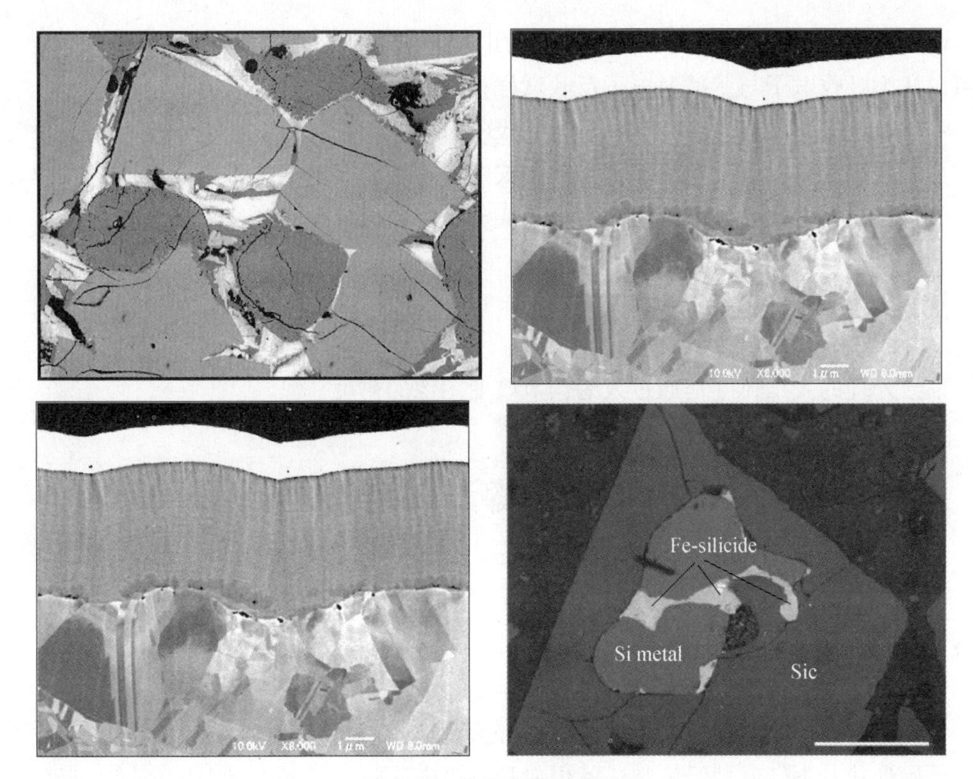

图 5-25 原子序数衬度像

5.2.6 吸收电子像的衬度

当电子束照射在试样上时，如果不存在试样表面电位分布说明图的电荷积累，则进入试样的电流应等于离开试样的电流。进入试样的电流为入射电子电流 I_0，离开试样的电流为背散射电子电流 I_B，二次电子电流 I_S，透射电子电流 I_T 和吸收电子电流（吸收电流或称试样电流）I_A，它们之间的关系如下：

$$I_0=I_B+I_S+I_T+I_A \tag{5-12}$$

$$\eta+\delta+\tau+\alpha=1 \tag{5-13}$$

式中，$\eta=I_B/I_0$ 为背散射电子发射系数；$\delta=I_S/I_0$ 为二次电子发射系数；$\tau=I_T/I_0$，为透射电子发射系数；$\alpha=I_A/I_0$，为吸收电子发射系数。

对于厚试样，$I_T=0$，则有：

$$I_0=I_B+I_S+I_A \tag{5-14}$$

在相同条件下，背散射电子发射系数 η 比二次电子发射系数 δ 大得多。例如，对于铜试样，当入射束能量为 20keV 时，$I_B=0.3I_0$，$I_S=0.1I_0$。现假设二次电子电流 $I_S=C$ 为一常数（如试样的表面光滑平整），则吸收电流为：

$$I_A=(I_0-C)-I_B \tag{5-15}$$

或者，在试样上加上 50V 电压，阻止二次电子逸出，则：

$$I_A=I_0-I_B \tag{5-16}$$

由式（5-15）和式（5-16）可知，吸收电流与背散射电子电流存在着互补关系，因而可以认为吸收电子与背散射电子反映试样相同的信息。

用吸收电流调制显像管亮度，可得到吸收电子像。它与背散射电子像一样包含着成分和形貌两种信息。吸收电子像是吸收方式的像，与发射方式的像不同，不存在阴影效应。吸收电子像中成分分布与背散射电子成分像中的成分分布衬度反转。

5.2.7 信号处理的人工衬度

信号处理的人工衬度是通过人为调节改变图像的衬度。

5.3 扫描电镜的试样制备和应用

5.3.1 扫描电镜的试样制备

按照导电性，将用于扫描电镜的试样分为两类：一是导电性良好的试样，一般可以保持原始形状，不经或稍经清洗，就可放到电镜中观察；二是不导电的试样，或在真空中有失水、放气、收缩变形现象的试样，需经适当处理，才能进行观察。

对于导电性不好或不导电的试样，如高分子材料、陶瓷、生物试样等，在入射电子照射下，表面易积累电荷，严重影响图像质量。因此，对不导电的试样，必须进行真空镀膜，以避免荷电现象。最常用的镀膜材料是金、金/钯、铂/钯和碳等。镀膜层厚为10～30mm，表面粗糙的样品，镀膜层的厚度要大一些。对只用于扫描电镜观察的样品，先镀一层碳膜，再镀5mm左右的金膜，效果更好；对除了形貌观察还要进行成分析的样品，则以镀碳膜为宜。为了镀膜均匀，镀膜时试样最好要旋转。

采用真空镀膜技术，除了能防止不导电试样产生荷电外，还可增加试样表面的二次电子发射率，提高图像衬度，并能减少入射电子束对试样的辐射损伤。镀膜的方法有两种：一种是真空镀膜；另一种是离子溅射镀膜。真空镀膜的原理和方法与透射电镜制样方法中介绍的基本相同，只是不论是蒸镀碳或金属，试样均放在蒸发源下方。离子溅射镀膜的原理是：在低气压系统中，气体分子在相隔一定距离的阳极和阴极之间的强电场作用下电离成正离子和电子，正离子飞向阴极，电子飞向阳极，二电极间形成辉光放电。在辉光放电过程中，具有一定动量的正离子撞击阴极，使阴极表面的原子被逐出，称为溅射。如果阴极表面为用来镀膜的材料（靶材），需要镀膜的样品放在作为阳极的样品台上，则被正离子轰击而溅射出来的靶材原子沉积在试样上，形成一定厚度的镀膜层。离子溅射时常用的气体为惰性气体氩，要求不高时也可以用空气。真空镀膜样品如图5-26所示。

离子溅射镀膜与真空镀膜相比，其主要优点是：

① 装置结构简单，使用方便，溅射一次只需几分钟，而真空镀膜则要半个小时以上。

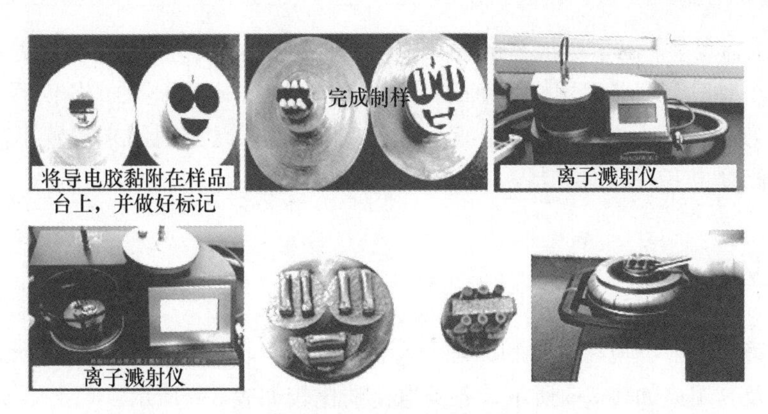

图 5-26 真空镀膜样品

② 消耗贵金属少，每次仅约几毫克。

③ 对同一种镀膜材料，离子溅射镀膜质量好，能形成颗粒更细、更致密、更均匀、附着力更强的膜。

离子溅射镀膜方法的主要缺点是热量辐射比较大，容易使试样受到热损伤，一般样品表面温度可达到 323K 左右，比真空镀膜时要高，所以对一些表面易受热损伤的样品，要适当减小辉光放电电流，以减小热辐射。

按照形态，将用于扫描电镜的试样可分为两类：块状和粉末颗粒。试样要求在真空中能保持稳定，含有水分的试样应先烘干除去水分；表面受到污染的试样，要在不破坏试样表面结构的前提下进行适当清洗，然后烘干；对磁性试样要预先去磁，以免观察时电子束受到磁场的影响。

粉末试样的制备：先将导电胶或双面胶纸黏在样品座上，再均匀地把粉末样撒在上面，用洗耳球吹去未黏住的粉末，再镀上一层导电膜，即可上电镜观察。也可将粉末制成悬浮液，滴在样品底座上，待溶液挥发，粉末附着在样品座上。粉末在样品座上黏结牢固后，需要再镀导电膜，然后进行扫描电镜观察（图 5-27）。

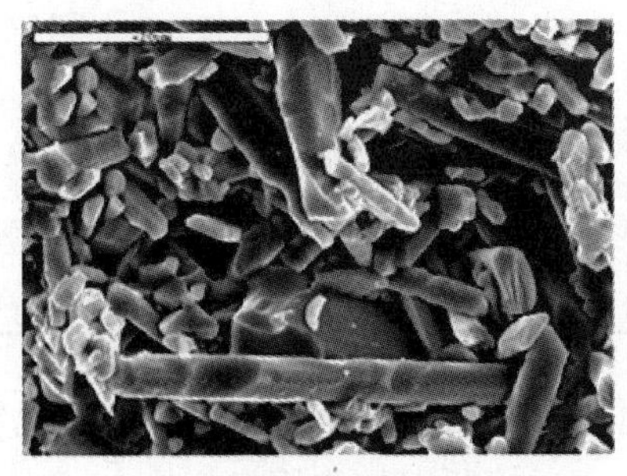

(a) 断面

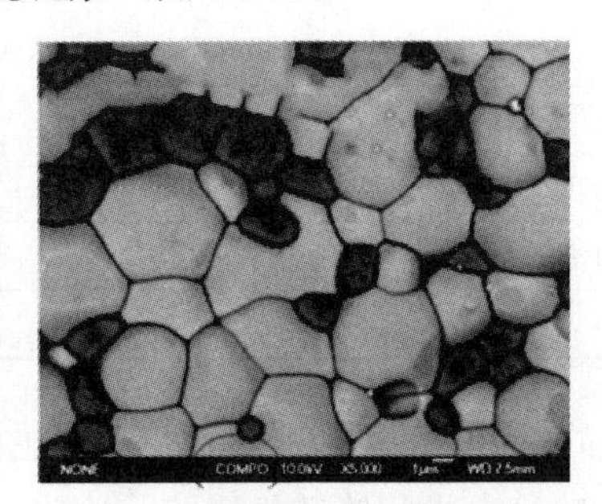

(b) 打磨抛光后经腐蚀的断面

图 5-27 样品的断面 SEM

块体试样的制备：块体试样按观察区域可分为两类：表面和断面。新断开的断口或断面，一般不需要进行处理，以免破坏断口结构状态。有些试样的表面、断口需要进行适当的侵蚀或热腐蚀才能暴露某些结构细节，则在侵蚀后应将表面或断口清洗干净，然后烘干。对于块状导电材料，除了大小尺寸需要符合样品底座的要求外，可直接将试样黏结在样品底座上进行观察。对于块状不导电或导电性差的材料，要进行镀导电膜处理。

试样大小要适合仪器专用样品座的尺寸，不能过大。样品座尺寸各仪器不均，一般小的样品座为 ϕ3～5mm，大的样品座为 ϕ30～50mm，以分别用来放置不同大小的试样，样品的高度也有一定的限制，一般在 5～10mm。

5.3.2 应用

扫描电镜与透射电镜在结构和原理上有很大不同，因而适用范围也有所差别。扫描电镜的信号及其用途如表 5-5 所示，各类电镜的比较如表 5-6 所示。

表 5-5 信号及其用途

用途	信号
形貌观察	二次电子、背散射电子、透射电子
元素分析	特征 X 射线、俄歇电子、背散射电子
结晶分析	背散射电子、二次电子、透射电子、阴极荧光
化学态	俄歇电子、特征 X 射线、阴极荧光
电磁性质	背散射电子、吸收电子、透射电子、二次电子

表 5-6 各类显微镜性能的比较

		OM	SEM	TEM
放大倍数		1～2000	5～200000	100～80000
分辨率	最高	0.1μm	0.8nm	0.2nm
	熟练操作	0.2μm	6nm	1nm
	一般操作	5μm	10～50nm	10nm
焦深		差，如 1μm（×100）	高，如 100μm（×100）	中等，如比 SEM 小 10 倍
视场		中	大	小
操作维修		方便，简便	较方便，简单	较复杂
试样制备		金相表面技术	任何表面均可	薄膜或复膜技术
价格		低	高	高

① 扫描电镜电子光学部分只有起聚焦作用的会聚透镜，而没有透射电镜里起成像放大作用的物镜、中间镜和投影镜。这些电磁透镜所起的作用在扫描电镜中是用信号接收处理显示系统来完成的。

② 扫描电镜的成像过程与透射电镜的成像原理是完全不同的。透射电镜是利用电磁透镜聚焦成像，并一次成像；扫描电镜的成像不需要成像透镜，它类似于电视显像过程，其图像按一定时间空间顺序逐点形成，并在镜体外显像管上显示。

扫描电镜主要用于表面形貌观察、断口形貌观察、磨损表面形貌观察、纳米结构材料形态观察、生物样品的形貌观察、元素分析和晶体结构分析等。在实际工作中，常与其他分析仪器（如原子吸收光谱、质谱、离子探针、光学显微镜等）相配合，以快速、有效、高精度地完成有关的分析任务。

5.4 电子探针的工作原理与结构

电子探针 X 射线显微分析仪（Electron Probe X-ray Micro-Analyzer，电子探针仪，EPA 或 EPMA）是一种显微分析和成分分析相结合的微区分析，它特别适用于分析试样中微小区域的化学成分，因而是研究材料组织结构和元素分布状态的极为有用的分析方法。

电子探针分析的基本原理早在 1913 年就被 Moseley 发现，直到 1949 年卡斯坦（Casaining）在 Guinier 教授的指导下，用电子显微镜和 X 射线光谱仪组合成第一台实用的电子探针 X 射线分析仪（简称"电子探针"），可以对固定点进行微区成分分析，并于 1951 年在他的博士论文中，不仅介绍了他所设计的电子探针细节，而且还提出了 EPMA 定量分析的基本原理。现在电子探针的定量修正方法尽管做了许多修正，但卡斯坦的一些基本原理仍然适用。1955 年，卡斯坦在法国物理学会的一次会议上展出了电子探针的原形机。1956 年由法国 CAMECA 公司制成商品 EPMA。1958 年才把第一台电子探针装进了国际镍公司的研究室中，当时的电子探针是静止型的，电子束没有扫描功能。1956 年英国的邓卡姆（Dumcumb）和柯士莱特（Cosslett）结合扫描电镜技术，发明了电子束扫描方法，并在 1959 年安装到电子探针仪上，使电子探针的电子束不仅能固定在一点进行定性和定量分析，而且可以在一个小区域内扫描，能给出该区域的元素分布和形貌特征，从而扩大了电子探针的应用范围。扫描型电子探针商品于 1960 年问世，而且扫描型电子探针改善分光晶体，使元素探测范围由 Mg^{12} 扩展至 Be^{4}。20 世纪 70 年代开始，电子探针和扫描电镜的功能组合为一体，同时应用电子计算机控制分析过程和进行数据处理，如当时日本电子公司（JEOL）的 JCXA-733 电子探针、法国 CAMECA 公司的 CAMEBAX-MICRO 电子探针、日本岛津公司的 EPM-810Q 型电子探针仪，均属于这种组合仪。计算机控制的电子探针-扫描电镜组合仪的出现，使电子探针显微分析进入了一个新的阶段。

20 世纪 80 年代后期，电子探针又具有了彩色图像处理和图像分析功能，计算机容量扩大，使分析速度和数据处理时间缩短，提高了仪器利用率，增加了新的功能。日本电子公司的 JXA-8600 系列和岛津公司的 EPMA-8705 系列就是这种新一代仪器的代表。90 年代初，电子探针一般与能谱仪组合，电子探针、扫描电镜可以与任何一家厂商的能谱仪组合，有的公司已有标准接口。日本电子公司的 JXA-8621 电子探针为波谱（WDS）和能谱（EDS）组合仪，用一台计算机同时控制 WDS 和 EDS，使用方便。90 年代中期，电子探针的结构，特别是波谱和样品台的移动有新的改进，编码定位，通过鼠标可以准确确定波谱和样品台位置，如日本电子公司的 JXA-8800 系列、日本岛津公司的 EPMA-1600 等，均属于这类仪器。新型号的 EPMA 和 SEM 的控制面板，已经没有眼花缭乱的各种调节旋钮，完全由屏幕显示，用鼠标进行调节和控制。

我国从 20 世纪 60 年代初开始陆续引进了一定数量的电子探针和扫描电镜，与此同时也开始了电子探针和扫描电镜的研制工作，并生产了几台电子探针仪器，但由于种种原因，仪器的稳定性和可靠性及许多其他技术指标，与国外同类仪器相比还有一定的差距，很快就停止了生产，电子探针到现在为止还靠进口。现在世界上生产电子探针的厂家主要有3家，即日本电子公司、日本岛津公司和法国的CAMECA公司。今后电子探针将向更自动化、操作更方便容易、更微区、更微量、功能更多的方向发展。彩色图像处理和图像分析功能会进一步完善，定量分析结果的准确度也会得到提高，特别是对超轻元素（$Z<10$）的定量分析方法将会逐步完善。近年来已经有人对X射线产生的深度分布函数ϕ（ρZ）进行了深入研究，并做了一些修正，在ϕ（ρZ）表达式中引进了新的参数，使ϕ（ρZ）函数更接近于实际的深度分布，这种称为PRZ的定量修正方法已经取得了较好的结果。对超轻元素，已经有人提出了新的修正函数及新的质量吸收系数，可以预料，随着人们对电子与物质相互作用的深入了解，定量修正模型将逐渐完善。

电子探针X射线显微分析仪是利用一束聚焦到1μm以下且被加速到5～30keV的电子束，轰击用显微镜选定的待分析样品上的某个“点”，利用高能电子与固体物质相互作用时所激发出的特征X射线波长来分析区域中的化学成分。根据式（5-17）可见，物质的原子序数越大，X射线波长越短。因此，用电子轰击待测试样辐射出标识X射线，并测定其波长，即通过分析特征X射线的波长（或特征能量）可知道样品中所含元素的种类（定性分析），分析特征X射线的强度，则可知道样品中对应元素含量的多少（定量分析）。

$$\left(\frac{1}{\lambda}\right)^{\frac{1}{2}}=K(Z-\sigma) \tag{5-17}$$

式中，λ为X射线波长；K为与主量子数、电子质量和电子电荷有关的常数；Z为靶材原子序数；σ为屏蔽常数。

电子探针X射线显微分析是一种显微分析和成分分析相结合的微区分析，特别适用于分析试样中微小区域的化学成分，因而是研究材料组织结构和元素分布状态的极为有用的分析方法。

常用的X射线谱仪有两种：一种是利用特征X射线的波长不同来展谱，实现对不同波长X射线分别检测的波长色散谱仪，简称波谱仪（Wavelength Dispersive Spectrometer，WDS）；另一种是利用特征X射线能量不同来展谱的能量色散谱仪，简称能谱仪（Energy Dispersive Spectrometer，EDS）。

电子探针的特点：

① 利用电子探针可以方便地分析从4Be到92U之间的所有元素，与其他分析方法相比，分析手段大为简化，分析时间也大为缩短；

② 利用电子探针进行化学分析，所需样品量很小，而且是一种无损分析方法；

③ 由于分析所用的是特征X射线，而每种元素常见的特征X射线一般不会超过一二十根（光学谱线往往多达几千根，甚至20000根），所以解谱简单且不受元素化合状态的影响。

5.4.1 电子探针的构造和原理

电子探针主要由柱体（包括电子光学系统、真空系统和电源系统）、X射线谱仪和信息记录显示系统组成。电子探针镜筒部分的结构大体上和扫描电镜相同，只是在检测器部分使用的是 X 射线谱仪，专门用来检测 X 射线的特征波长或特征能量，以此来对微区的化学成分进行分析，其结构如图 5-28 所示。电子探针和扫描电镜在电子光学系统的构造基本相同，它们常常组合成单一的仪器。

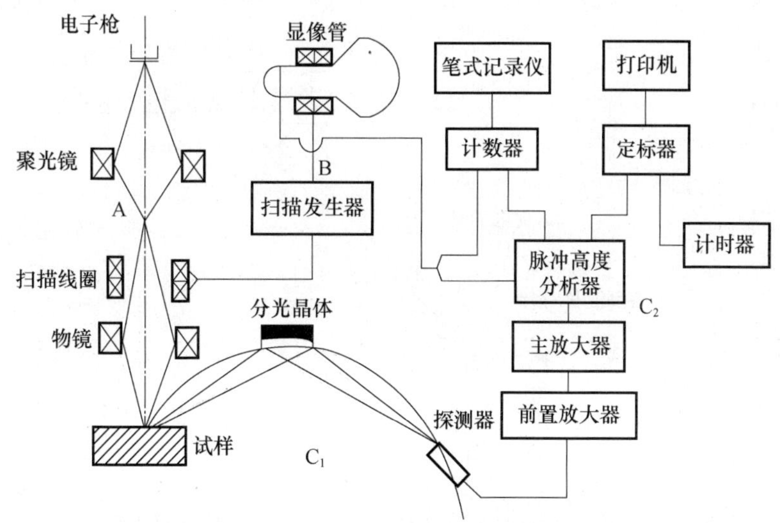

图 5-28　电子探针仪组成示意

5.4.1.1　波谱仪

根据布拉格定律，从试样中发出的特征 X 射线，经过一定晶面间距的晶体分光，这个特征波长的 X 射线就会发生强烈衍射，如图 5-29 所示。波长不同的特征 X 射线将有不同的衍射角。因为在作用体积中发出的 X 射线具有多种特征波长，且它们都以点光源的形式向四周发射，所以对于一个特征波长的 X 射线来说，只有从某些特定的入射方向进入晶体时，才能得到较强的衍射束。通过连续改变 θ，就可以在与 X 射线入射方向呈 2θ 的位置上测到不同波长的特征 X 射线信号。

平面晶体收集单波长 X 射线的效率非常低。为了提高接收 X 射线的强度，分光晶体通常使用弯曲晶体，使得射线源、弯曲晶体表面和检测器窗口位于同一个圆周上，可以聚焦衍射束。整个分光晶体只收集一种波长的 X 射线，使这种单色 X 射线的衍射强度大大提高。这个圆周就称为聚焦圆或罗兰圆（Rowland）。在电子探针中常用的弯晶谱仪有约翰（Johann）型和约翰逊（Johansson）型两种聚焦方式，如图 5-30 所示。

约翰型聚焦法，如图 5-30（a）所示，将平板晶体弯曲但不加磨制，使其中心部分曲率半径恰好等于聚焦圆半径。聚焦圆上从 S 点发出的一束发散的 X 射线，经过弯曲晶体的衍射，聚焦于聚焦圆上的另一点 D，由于弯曲晶体表面只有中心部分位于聚焦圆上，因此不可能得到完美的聚焦，弯曲晶体两端与圆不重合会使聚焦线变宽，出现一定的散焦。所以，约翰型谱仪只是一种近似的聚焦方式。

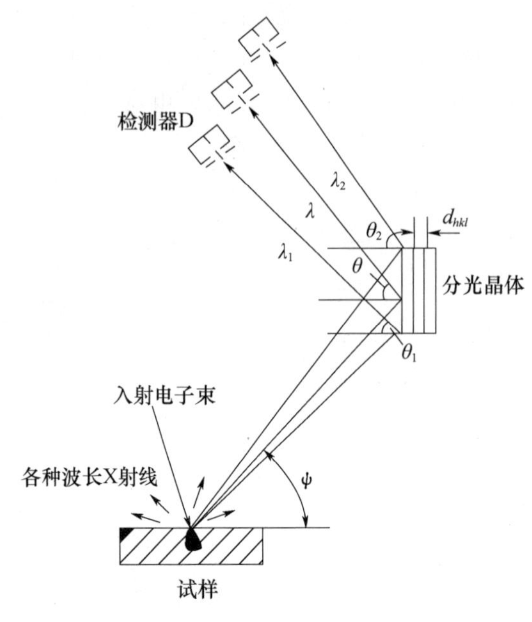

图 5-29　分光晶体

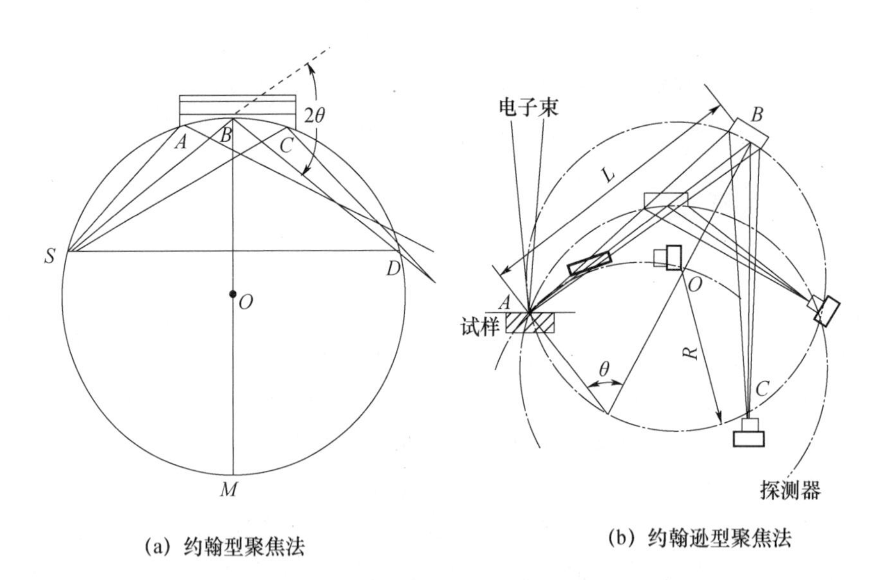

图 5-30　弯曲晶体谱仪的聚焦方式

另一种改进的聚焦方式称为约翰逊型聚焦法，如图 5-29（b）所示，分光晶体的衍射平面弯曲成 $2R$ 的圆弧形，晶体的入射面磨制成曲率半径为 R 的圆弧，R 为聚焦圆（或称罗兰圆）半径。聚焦电子束激发试样产生的 X 射线可以看成由点状辐射源（A 点）出射。X 射线辐射源、分光晶体、X 射线探测器均处于聚焦圆上，并使分光晶体入射面与罗兰圆相切，辐射源（A 点）和探测器（C 点）与分光晶体中心（B 点）间的距离均为 L。从几何关系可知，由辐射源射出的 X 射线及由分光晶体反射的 X 射线与分光晶体衍射面的夹角 $\theta = \arcsin(L/2R)$。当分光晶体的衍射晶面面间距 d、辐射的 X 射线波长 λ、X 射线与分光晶体衍射平面的夹角 θ 满足布拉格条件 $2d\sin\theta = n\lambda$ 时，则波

长为 $\lambda=2d\sin\theta/n=dL/Rn$ 的 X 射线受到分光晶体衍射，且衍射束均重新会聚于探测器（C 点），这种方法称为全聚焦法。在实际检测 X 射线时，点光源发射的 X 射线在垂直于聚焦圆平面的方向上仍有发散性，分光晶体表面不可能处处精确符合布拉格条件，加之有些分光晶体虽然可以进行弯曲，但不能磨制，因此不大可能达到理想的聚焦条件。如果检测器上的接收狭缝有足够的宽度，即使采用不太精确的约翰型聚焦法，也能满足聚焦要求。

对于同一台谱仪，聚焦圆半径 R 是不变的，对于一定的分光晶体，衍射晶面的面间距 d 也是确定不变的。因此，在不同的 L 值处可探测到不同波长的特征 X 射线。例如，当聚焦圆半径 $R=140\text{mm}$ 时，用 LiF 晶体为分光晶体，以面间距为 0.2013nm 的（200）晶面为行射晶面，在 $L=134.7\text{mm}$ 处，可探测 $Fe_{K\alpha}$（0.1937nm）线，在 $L=107.2\text{mm}$ 处，可探测 $Cu_{K\alpha}$（0.1542nm）线。因此，由辐射源出射的多种波长的 X 射线可经分光晶体行射后逐一探测。在实际操作时，分光晶体沿 AB 线直线移动，并且自转，以保持始终与聚焦圆相切。X 射线探测器则按四叶玫瑰线轨迹移动，以使辐射源分光晶体、探测器处于同一聚焦圆上，并保持辐射源至分光晶体的距离 AB 和探测器至分光晶体的距离 CB 相等，这种结构的波谱仪、分光晶体按直线移动，并且由辐射源（A 点）出射到分光晶体不同部位的 X 射线均能会聚于探测器（C 点），因此称为全聚焦直进式波谱仪，如图 5-31 所示。分光晶体做直线运动时，检测器能在几个位置上接收到衍射束，表明试样被激发的体积内存在着相应的几种元素。衍射束的强度大小和元素含量成正比。直进式波谱仪的结构复杂，但 X 射线照射晶体的方向固定，使 X 射线穿出样品表面过程中所走的路线相同，也就是吸收条件相同。

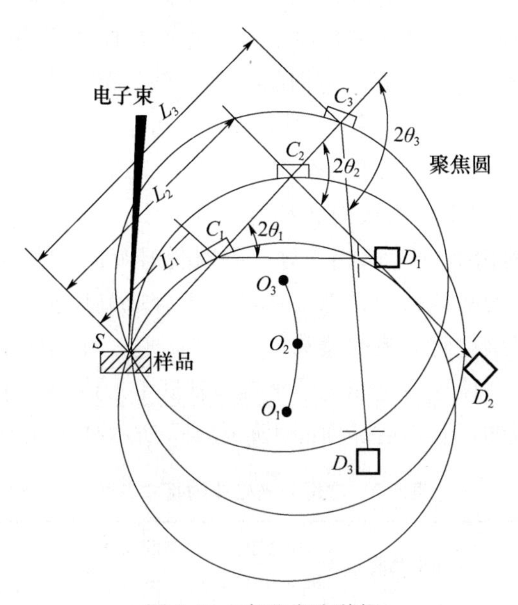

图 5-31 直进式波谱仪

另一种弯曲晶体波谱仪为回旋式波谱仪（图 5-32）。回转式的聚焦圆的圆心不能移动，分光晶体和检测器在聚焦圆的圆周上以 1∶2 的角速度运动，以保证满足布拉格方程。这种波谱仪结构比直进式波谱仪简单，出射方向改变很大，在表面不平度较大的情况下，由于X射线在样品内行进路线不同，往往会因吸收条件变化而造成分析上的误差。回旋式波谱仪的缺点：①出射角 θ 是变化的，若 $\theta_1 < \theta_2$，则出射角为 θ_2 的X射线穿透路程比较长，其强度就低，计算时须增加修正系数，比较麻烦；②X射线出射线出射窗口要设计得很大；③出射角 θ 越大，X射线接收效率越低。

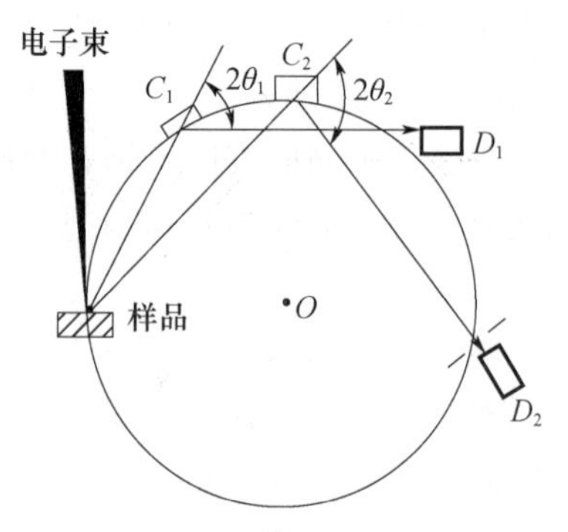

图 5-32　回旋式波谱仪

分光晶体是专门用来对X射线起色散（分光）作用的晶体，它应具有良好的衍射性能，即高的衍射效率（衍射峰值系数）、强的反射能力（积分反射系数）和好的分辨率（峰值半高宽）。在X射线谱仪中使用的分光晶体还必须能弯曲成一定的弧度。各种晶体能够色散的X射线波长范围，决定于衍射晶面间距 d 和布拉格角 θ 的可变范围，波长大于 $2d$ 的X射线则不能进行色散。谱仪的 θ 角有一定变动范围，如15°～65°；每一种晶体的衍射晶面是固定的，因此它只能色散一段范围波长的X射线和适用于一定原子序数范围的元素分析。例如，氟化锂，衍射晶面为（200），晶面间距 d＝0.2013nm，可色散的波长范围为0.089～0.350nm。对 K 系X射线，适用于分析原子序数20的Ca到原子序数为37的Rb；对 L 系X射线，适用于分析原子序数51的Sb到原子序数92的U。为了使分析时尽可能覆盖分析的所有元素，需要使用多种分光晶体。电子探针仪常配有几道谱仪，每道谱仪装有两块可以选择使用的不同晶体，以便能同时测定更多的元素，减少分析时间。

目前电子探针能分析的元素范围是原子序数为4的Be到原子序数为92的U，其中原子序数小于F的元素称为轻元素。它们的X射线波长范围为1.8～11.3nm。

波谱仪常用的分光晶体及其应用范围如表5-7所示。氟化锂是用于短波长X射线（＜0.3nm）的标准晶体，它与PET（季戊四醇）和KAP（邻苯二甲酸氢钾）或RAP（邻苯二甲酸氢铷）配合使用，色散的波长范围为0.1～2.3nm，能覆盖原子序数10～92的元素，并且它们的衍射性能也相当好。要对更轻元素的长波长X射线进行色散，需要晶面间距达数十埃的晶体，但天然晶体和人工合成晶体都没有这么大的晶面间距，因而发展了一种称为多层皂化薄膜的特殊色散元件。它是在像硬脂酸盐一类脂肪酸键的一端附上重金属原子，并使这些金属原子平排在基底上形成单分子层，再把这种分子一层一层重叠起来而制成的，其衍射晶面间距如表5-7所示高达几个纳米。

表 5-7　常用分光晶体的基本参数

晶体名称	衍射晶面	晶面间距 2d（nm）	检测波长范围（nm）	分析元素范围		
				K 系	L 系	M 系
氟化锂（LiF）	200	0.402	0.089～0.350	20～37	51～92	
季戊四醇（PET）	002	0.875	0.189～0.760	14～25	37～65	72～83 90～92
邻苯二甲酸氢钾（KAP）	$10\bar{1}0$	2.66	0.69～2.30	9～14	24～37	47～74

续表

晶体名称	衍射晶面	晶面间距 2d（nm）	检测波长范围（nm）	分析元素范围		
				K 系	L 系	M 系
邻苯二甲酸氢铊（TAP）	$10\bar{1}0$	2.595	0.581～2.330	9～15	24～40	57～78
硬脂酸铅（STE）	皂膜	9.8	2.2～8.5	5～8	20～23	
廿六烷酸铅（CEE）	皂膜	13.7	3.5～11.9	4～7	20～22	

X 射线探测器是检测 X 射线强度的仪器，要求有高的探测灵敏度，与波长的正比性好和响应时间短。波谱仪使用的 X 射线探测器有充气正比计数管和闪烁计数管等。探测器每接收一个 X 光子便输出一个电脉冲信号，脉冲信号输入计数仪，在仪表上显示计数率读数。波谱仪记录的波谱图是一种衍射图谱，由一些强度随 2θ 变化的峰曲线与背景曲线组成，每一个峰都是由分光晶体衍射出来的特征 X 射线；至于样品相干的或非相干的散射波，也会被分光晶体所反射，成为波谱的背景。连续谱波长的散射是造成波谱背景的主要因素。直接使用来自 X 射线管的辐射激发样品，其中强烈的连续辐射被样品散射，引起很高的波谱背景，这对波谱的分析是不利的；用特征辐射照射样品，可克服连续谱激发的缺点。

X 射线计数和记录系统方框如图 5-28C_2 部分所示。探测器输出的电脉冲信号经前置放大器和主放大器放大后进入脉冲高度分析器进行脉冲高度甄别。由脉冲高度分析器输出的标准形式的脉冲信号，需要转换成 X 射线的强度并加以显示。可用多种方式显示 X 射线的强度。脉冲信号输入计数器，在仪表上显示计数率（cps）读数，或供记录绘出计数率随波长变化（波谱）用的输出电压，此电压还可用来调制显像管，绘出电子束在试样上做线扫描时的 X 射线强度（元素浓度）分布曲线。脉冲信号直接输入显像管调制光点的亮度，可得到 X 射线扫描像。脉冲信号输入定标器，可显示或打印出一定时间内的脉冲计数，以做定量分析计算用。配有电子计算机的电子探针仪，X 射线强度的记录数据处理和定量分析计算可由计算机来完成。

图 5-33 为一张用波谱仪分析一个测量点的谱线图，横坐标代表波长，纵坐标代表强度。谱线上有许多强度峰，每个峰在坐标上的位置代表相应元素特征 X 射线的波长，峰的高度代表这种元素的含量。在进行定点分析时，只要把图 5-31 中的距离 L 从最小变到最大，就可以在某些特定位置测到特征波长的信号，经处理后可在荧光屏或 X-Y 记录仪上把谱线描绘出来。

应用波谱仪进行元素分析时，应注意下面几个问题：

① 分析点位置的确定。在波谱仪上总带有一台放大 100～500 倍的光学显微镜。显微镜的物镜是特制的，即镜片中心开有圆孔，以使电子束通过。通过目镜可以观察到电子束照射到样品上的位置，在进行分析时，必须使目的物和电子束重合，其位置正好位于光学显微镜目镜标尺的中心交叉点上。

② 分光晶体固定后，衍射晶面的面间距不变。一个谱仪中经常装有两块晶体可以互换，而一台电子探针仪上往往装有 2～6 个谱仪，有时几个谱仪一起工作，可以同时测定几个元素。

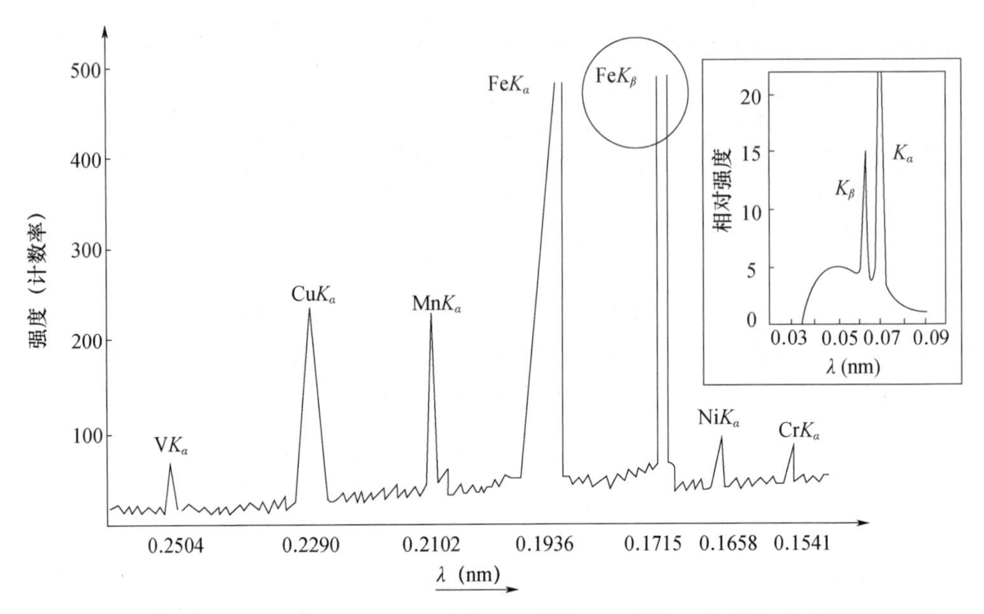

图 5-33　合金钢（0.62Si，1.11Mn，0.96Cr，0.56Ni，0.26V，0.24Cu）定点分析的谱线

直接影响波谱分析的有两个主要问题，即分辨率和灵敏度，表现在波谱图上就是衍射峰的宽度和高度。

① 分辨率　波长分散谱仪的波长分辨率是很高的。

② 灵敏度　波谱仪的灵敏度取决于信号噪声比，即峰高度与背景高度的比值。实际上就是峰能否辨认的问题。高的波谱背景降低信噪比，使仪器的测试灵敏度下降。轻元素的荧光产率较低，信号较弱，是影响其测试灵敏度的因素之一。波长分散谱仪的灵敏度比较高，可能测量的最低浓度对于固体样品达 0.0001%（wt），对于液体样品达 0.1g/mL。

波谱仪的主要缺点是采集效率低，分析速度慢，这是由谱仪本身结构特点决定的。要想有足够的色散率（波长分散率），聚焦圆的半径就要足够大，这时弯晶离 X 射线光源距离较远，使之对 X 射线光源张开的立体角变小。因此，对 X 射线光源发射的 X 射线光子的收集率就会下降，导致 X 射线信号的利用率很低。要保证分析的准确性和精度，采集时间必然要加长。另外，由于分光晶体在一种条件下只能对一种元素的 X 射线进行检测，故 WDS 的检测速度和分析速度都较慢（相对于 EDS）。此外，由于经晶体衍射后，X 射线强度损失很大，其检测效率低，所以，波谱仪难以在低束流和低激发强度下使用，因此，其空间分辨率低且难以与高分辨率的电镜（冷场场发射电镜等）配合使用。

5.4.1.2　能谱仪

能谱仪是依据不同元素的特征 X 射线具有不同的能量这一特点来对检测的 X 射线进行分散展谱，实现对微区成分分析的，其结构如图 5-34 所示，由探针器、前置放大器、脉冲信号处理单元、模数转换器、多道分析器、小型计算机及显示记录系统组成。来自样品的 X 射线信号穿过薄窗（Be 窗或超薄窗）进入 Si（Li）探头，硅原子吸收一

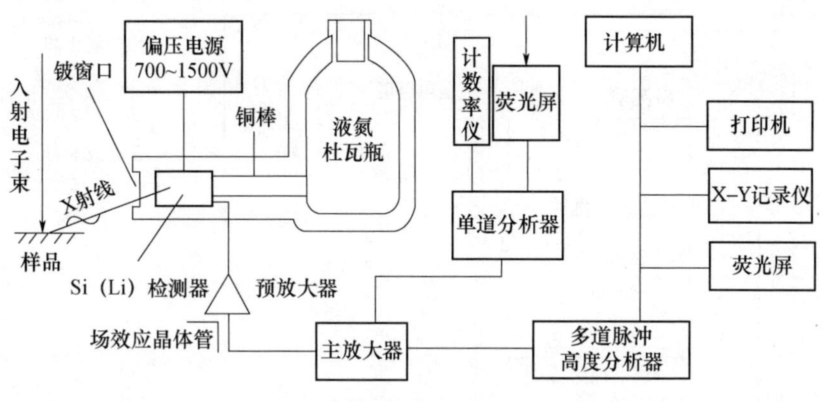

图 5-34　能谱仪的结构

个X射线光子产生一定量的电子—空穴对（该数量正比于X光子的能量），形成一个电荷脉冲，电荷脉冲经前置放大器、主放大器进一步放大并转换成一个正比于X射线光子能量的电压脉冲，而后将其输入多道分析器转换成数字信号，并在此按数字信号的数字量的大小（实际上按能量的大小）对X光子进行分类、计数、存储，经计算机进一步处理后，输出结果（谱图或数据）。

能谱仪一般都是作为SEM或TEM的附件使用的，除与主机共用部分（电子光学系统、真空系统、电源系统）外，X射线探测器、多道脉冲高度分析器是它的主要部件。

X射线探测器由Si（Li）半导体探头、场效应晶体管（FET）和前置放大器组成（图5-35）。Si（Li）半导体探头，即Li漂移Si半导体探头，是能谱仪中的一个关键部件，它决定了能谱仪的分辨率。要保证探头的高性能，Si（Li）半导体探头必须具有本征半导体的特性，即高电阻、低噪声。而实际上最佳的Si晶体中也会由于存在杂质而使其电阻率降低。为了能在Si晶体中建立起一个一定大小的本征区，在制造晶体时，向晶内注入原子半径小（0.06nm）、电离能低、易放出价电子的Li原子，以中和杂质的作用，形成一个本征区，即p型Si在严格的工艺条件下漂移进Li制成的。Si（Li）可分为3层，中间是活性区（I区），由于Li对p型半导体起了补偿作用，是本征型半导体；I区的前面是一层0.1mm的p型半导体（Si失效层），在其外面镀有20nm的金膜。I区后面是一层n型Si导体。实际上，这种探头相当于一个以Li为施主杂质的p-i-n型（p型-本征-n型）二极管，镀金的p型Si接高压负端，n型Si接高压正端并和前置放大器的场效应管相连接。漂移进去的Li原子在室温下很容易扩散，因此探头必须处于真空中，并用薄窗将它与样品室隔开。为了防止探头中的锂原子迁移，探头与场效应晶体管紧贴在一起，并放在由液氮控制的100K的低温恒温器中。低温环境还可降低前置放大器的噪声，有利于提高探测器的峰-背底比。由于窗口材料直接影响EDS所能分析元素的范围，所以Si（Li）探测器前方有一个7～8μm的铍窗，它对超轻元素的X射线吸收极为严重，致使这些元素无法被检测到。因而，带铍窗的Si（Li）探头只能检测Na（Z=11）以上的元素。铍窗使探头密封在低温真空环境中，它还可以阻挡背散射电子以免探头受到损伤。

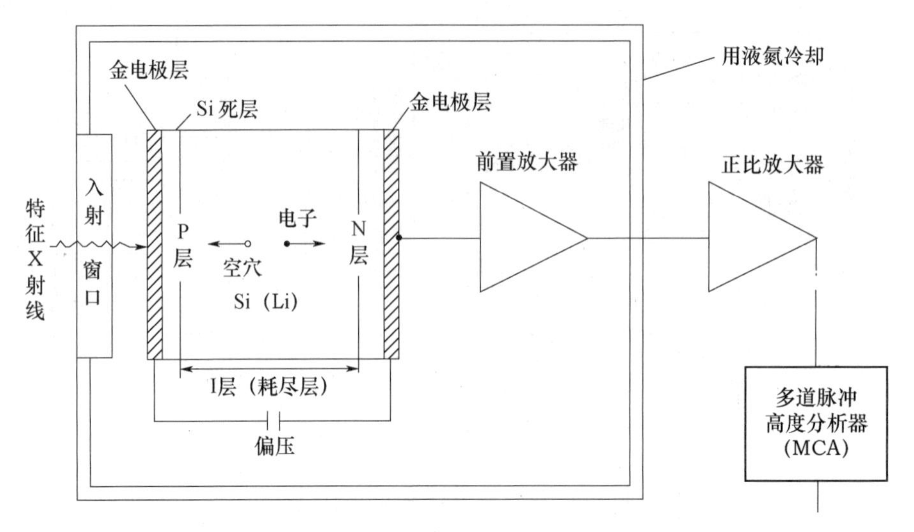

图 5-35 Si（Li）半导体探头

当样品中发射的X射线光子进入Si（Li）探头内，在本征区被Si原子吸收，通过光电效应首先使Si原子发射出光电子，光电子在电离的过程中产生大量的电子-空穴对。发射光电子后的Si原子处于激发态，在其弛豫过程中又放出俄歇电子或Si的X射线，俄歇电子的能量将很快消耗在探头物质内，在I区产生电子-空穴对。每产生一对电子-空穴对，要消耗掉X射线光子3.8eV的能量。因此，每一个能量为E的入射光子产生的电子-空穴对数目$N=E/3.8$。Si的X射线又可通过光电效应将能量转给光电子或俄歇电子。这种过程一直持续下去，直到能量耗完为止。这是一个光电吸收的过程。在这个过程中X射线光子将能量（绝大部分）转化为电子-空穴对。电子-空穴在晶体两端外加偏压作用下移动，形成电荷脉冲。然后转换为电压脉冲，经放大后送到多道脉冲分析器（MCA）按电压大小分类。在检测器接收不同能量（波长）的X射线照射时，将会给出X射线的能量和强度分布。

Si（Li）探头本身无任何增益，1～10keV的X射线产生输出的电荷脉冲仅包含260～2600个电子-空穴对，大约相当于10^{-8}库仑电量。对于这样小的信号，能谱仪一般都采用低噪声、高增益、电荷灵敏的场效应晶体管及前置放大器，对其进行放大并转换成电压脉冲，而后再输入主放大器进一步放大、整形。主放大器输出电压的大小决定于初始电荷脉冲的大小，正比于相应的X射线光子的能量。

20世纪80年代，推向市场的新型有机超薄窗，对X射线能量的吸收极小，使Si（Li）探头可检测$_{4}$Be～$_{92}$U所有元素，结束了有窗能谱仪不能检测轻元素、超轻元素的历史，使EDS的应用更广泛。

多道脉冲高度分析器是用来对检测到的各种元素的X射线信号进行分类、统计、存储并将结果输出的单元。它主要包括：模拟数字转换器（ADC）、存储器及计算机打印机等输出设备。探头接收到的每一个X射线光子经信号转换、放大由主放大器输出一个脉冲电压，这个电压的幅值是模拟量，只有把它变成数字量才能对其进行分类和计数，这一转换工作就是由模数转换器（ADC）来完成的。不同元素的特征X射线的能量不同，故所得到的脉冲电压的大小及经 ADC 转换的数字信号的数字量也各不相同，因此，依据数字量的大小对电压脉冲进行分类，也就是对 X 射线按其能量进行了分类。并在存储器中记下了对应于每种能量值的 X 光子数目。MCA 中的存储器实际上是一组各自独立的设定好地址的通道（也称定标器），各通道之间相差预定的电压增量，用来存储记录不同幅值的电压脉冲的数目（即不同能量的 X 光子的个数）。存储器中每一通道所对应的能量通常可以是 l0eV、20eV 或 40eV，对于常用的拥有 1024 个通道的多道分析器，其检测的 X 光子的能量范围相应为 0～10.24keV、0～20.48keV 或 0～40.96keV，实际上 0～20.48keV 的能量范围已足以检测周期表上所有元素的特征 X 射线。

加在 Si（Li）上的偏压将电子—空穴对收集起来，X 光子能量每入射一个 X 光子，探测器输出一个微小的电荷脉冲，其高度正比于入射的 X 光子能量 E。电荷脉冲经前置放大器、信号处理单元和模数转换器处理后以时钟脉冲形式进入多道分析器。多道分析器有一个由许多存储单元（称为通道）组成的存储器。能量与 X 光子能量成正比的时钟脉冲数按大小分别进入不同存储单元。每进入一个时钟脉冲数，存储单元记一个光子数，因此通道地址和 X 光子能量成正比，而通道的计数为 X 光子数。最终得到以通道（能量）为横坐标、通道计数（强度）为纵坐标的 X 射线能量色散谱（图 5-36）。

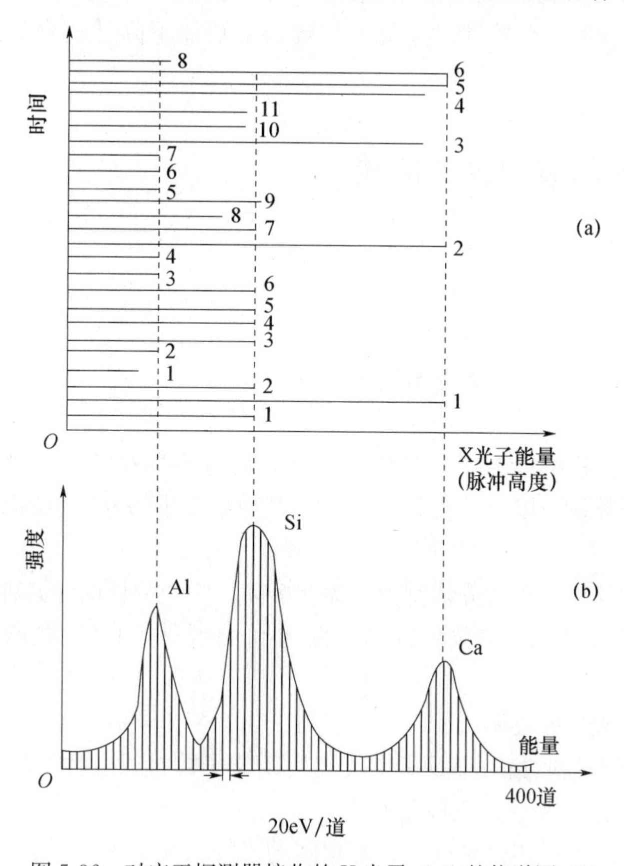

图 5-36　对应于探测器接收的 X 光子（a）的能谱图（b）

能谱仪的主要优点有：①分析速度快。能谱仪可以瞬时接收和检测所有不同能量的X射线光子信号，故可在几分钟内分析和确定样品中含有的所有元素（Be窗：$_{11}$Na～$_{92}$U，超薄窗：$_{4}$Be～$_{92}$U）。②灵敏度高。X射线收集立体角大，由于能谱仪中Si（Li）探头不采用聚焦方式，不受聚焦圆的限制，探头可以靠近试样放置，信号无须经过晶体衍射，其强度几乎没有损失，所以灵敏度高，入射电子束单位强度所产生的X射线计数率可达10^4cps/nA。此外，能谱仪可在低入射电子束流（10^{-11} A）条件下工作，这有利于提高分析的空间分辨率。③谱线重复性好。由于能谱仪没有运动部件，稳定性好，且没有聚焦要求，所以谱线峰值位置的重复性好且不存在失焦问题，适合于比较粗糙表面的分析。

能谱仪的主要缺点有：①能量分辨率低、峰背比低。EDS的能量分辨率在130eV左右，这比WDS的能量分辨率（5eV）低得多，谱线的重叠现象严重，因此，EDS分辨具有相近能量的特征X射线的能力差。由于能谱仪的探头直接对着样品，所以由背散射电子或X射线所激发产生的荧光X射线信号也同时检测到，从而使得Si（Li）检测器检测到的特征谱线在强度提高的同时，背底也相应提高，因而峰背比低，使EDS所能检测的元素的最低浓度是WDS的10倍，最低大约可检测1000 ppm。②工作条件要求严格。Si（Li）探头必须保持在液氮冷却的低温状态，即使是在不工作时也不能中断，否则晶体内的锂原子会扩散、迁移，导致探头功能下降甚至失效。近几年生产的EDS在这方面已有了改进。

5.4.2 能谱仪和波谱仪的比较

（1）分析元素范围

波谱仪分析的元素范围为$_{4}$Be～$_{92}$U。能谱仪分析的元素范围为$_{11}$Na～$_{92}$U。对于某些特殊的能谱仪（如无窗系统或超薄窗系统）可以分析$_{6}$C以上的元素，但对各种条件有严格限制，目前对于很多工作是不适用的。

（2）分辨率

目前能谱仪的分辨率在130～155eV，波谱仪的分辨率在常用的X射线波长范围内要比能谐仪高一个数量级以上，在5eV左右，从而减少了谱峰重叠的可能性。

（3）探测极限

谱仪能测出的元素最小百分浓度称为探测极限，它与分析的元素种类样品的成分所用谱仪及实验条件有关。波谱仪的探测极限为0.01%～0.1%；能谱仪的探测极限为0.1%～0.5%。

（4）X光子几何收集效率

谱仪的X光子几何收集效率是指谱仪接收X光子数与源出射的X光子数的百分比，它与谱仪探测器接收X光子的立体角有关。

波谱仪的分光晶体处于聚焦圆上，聚焦圆的半径一般是150～250mm，照射到分光晶体上的X射线的立体角很小，如0.0001sr，波谱仪的X光子收集效率很低，小于0.2%，并且随分光晶体处于不同位置而变化。由于波谱仪的X光子收集效率很低，由辐射源出射的X射线需要精确聚焦才能使探测器接收的X射线有足够的强度，因此要求试样表面平整光滑。

能谱仪的探测器放在离试样很近的地方（约为几厘米），探测器对源所张的立体角较大，能谱仪有较高的X光子几何收集效率，约小于2%。由于能谱仪的X光子几何收集效率高，X射线无须聚焦，因此对试样表面的要求不像波谱仪那样严格。

（5）量子效率

量子效率是指探测器X光子计数与进入谱仪探测器的X光子数的百分比，能谱仪的量子效率很高，对8μm铍窗、3mm厚的Si（Li）探测器，在X射线光子能量为2.5～15keV范围，探测器的量子效率接近100%，X光子能量大于15keV时，则将穿透Si（Li）晶体，X光子能量小于2.5keV时，将被铍窗、金属膜等吸收，从而降低量子效率。

波谱仪的量子效率较低，通常都低于30%。这是因为X射线经分光晶体衍射后强度受严重损失，以及一部分X射线穿透正比计数管而未能计数。由于波谱仪的几何收集效率和量子效率都比较低，X射线利用率很低，不适用于低束流（$<10^{-9}$A）、X射线弱的情况下使用，这是波谱仪的主要缺点。

（6）瞬时的X射线谱接收范围

瞬时的X射线接收范围是指谱仪在瞬间所能探测到的X射线谱的范围。波谱仪在瞬间只能探测一定波长范围的X射线。能谱仪在瞬间能探测各种能量的X射线。因此，波谱仪是对试样元素逐个进行分析，而能谱仪是同时进行分析。

（7）最小电子束斑

束流与束斑直径的8/3次方成正比。波谱仪的X射线利用率很低，不适于低束流（$<10^{-9}$A）下使用，分析时的最小束斑直径约200nm。能谱仪有较高的几何收集效率和量子效率，在束流低到10^{-11}A时仍能有足够的计数，分析时的最小束斑直径为5nm。但是对于块状试样（厚度大于几个微米），元素分析的空间分辨率（分析的最小区域）主要决定于电子与试样的相互作用体积，而不是束斑大小，因此当束斑小于1μm时并不增加分析的空间分辨率。例如，对Ni-Cr基体中的直径为1μm的半球状TaC颗粒，用加速电压分别为15kV和30kV、直径为0.2μm的探针进行分析，电子在试样中的散射和X射线产生的区域可接近或超过1μm。对于块状试样，电子束射入样品之后会发生散射，也使产生特征X射线的区域远大于束斑直径，大体上为微米数量级。在这种情况下继续减少束斑直径对提高分辨率已无多大意义。要提高分析的空间分辨率，唯有采用尽可能低的入射电子能量E，减小X射线的激发体积。因此，分析厚样品时，电子束斑大小不是影响空间分辨率的主要因素，波谱仪和能谱仪均能适用。但是对于薄膜样品，空间分辨率主要决定于束斑大小，它可等于或小于膜的厚度，在这种情况下，要求探测器有高的几何收集效率和量子效率，所以需要使用能谱仪。

（8）分析速度

能谱仪分析速度快，几分钟内能把全部能谱显示出来，而波谱仪一般需要十几分钟以上。

（9）谱的失真

波谱仪不大存在谱的失真问题。能谱仪在测量过程中，存在使能谱失真的因素主要有3类：一是X射线探测过程中的失真，如硅的X射线逃逸峰、增峰加宽、谱峰畸变、铍窗吸收效应等；二是信号处理过程中的失真，如脉冲堆积等；三是由探测器样品室的周围环境引起的失真，如杂散辐射、电子束散射等。谱的失真使能谱仪的定量可重复性很差。波谱仪的可重复性是能谱仪的8倍。

表5-8列出了能谱仪和波谱仪的比较。

表5-8 能谱仪和波谱仪的比较

操作特性	波谱仪（WDS）	能谱仪（EDS）
分析方式	几块分光晶体，顺序进行分析	用Si（Li）半导体，进行多元素同时分析
分析元素范围	$_{4}$Be～$_{92}$U	$_{11}$Na～$_{92}$U（铍窗）/$_{4}$Be～$_{92}$U
分辨率	与分光晶体有关，～5 eV	与能量有关，145～150eV（5.9keV）
分析精度（浓度>10%，Z>10）	±1%～5%	≤±5%
探测极限	0.01%～0.1%	0.1%～0.5%
谱失真	少	峰重叠、脉冲堆积、电子束散射、铍窗吸收效应等
对表面要求	平整，光滑	较粗糙表面也适用
数据收集时间	>10min	2～3min
几何收集效率	改变，<0.2%	<2%
最小束斑直径	～200nm	～5nm
对试样损伤	大	小

综上所述，波谱仪分析的元素范围广、探测极限小、分辨率高，适用于精确的定量分析；其缺点是要求试样表面平整光滑，分析速度较慢，需要用较大的束流，从而容易引起样品和镜筒的污染。

能谱仪虽然在分析元素范围、探测极限、分辨率等方面不如波谱仪，但其分析速度快，可用较小的束流和微细的电子束，对试样表面要求不像波谱仪那样严格，因此特别适合与扫描电镜配合使用。目前扫描电镜或电子探针仪可同时配用能谱仪和波谱仪，构成扫描电镜—波谱仪—能谱仪系统，使两种谱仪互相补充、发挥长处，是非常有效的材料研究工具。

5.4.3 电子探针仪的分析方法

电子探针分析有4种基本分析方法：定点定性分析、线扫描分析、面扫描分析和定点定量分析。

准确的分析对实验条件有两大方面的要求。

一是对样品有一定的要求：如良好的导电、导热性，表面平整度等。

二是对工作条件有一定的要求：如加速电压、计数率和计数时间、X射线出射角等。

5.4.3.1 定点定性分析

定点定性分析是对试样某一选定点（区域）进行定性成分分析，以确定该点区域内存在的元素。首先用同轴光学显微镜进行观察，将待分析的样品微区移到视野中心，然后使聚焦电子束固定照射到该点上，激发试样元素的特征 X 射线。以波谱仪为例，这时驱动谱仪的晶体和检测器连续地改变 L 值，记录 X 射线信号强度 I 随波长的变化曲线，如图 5-37（b）所示。检查谱线强度峰值位置的波长，即可获得所测微区内含有元素的定性结果。通过测量对应某元素的适当谱线的 X 射线强度就可以得到这种元素的定量结果。图 5-37（a）是用能谱仪得到的定点元素谱线，与图 5-37（b）所示谱线有明显的差别。图 5-38 是 $ZnTiO_3$ 介电陶瓷中液相烧结留下的液相流动形貌和液相的能谱。

定量分析时，不仅要记录下样品发射的特征 X 射线的波长，还要记录下它们的强度<计数)，然后将样品发射的特征谱线强度（每种元素只需选一根谱线，通常选强度最大的）与成分已知的标样（一般为纯元素标样）的同名谱线强度相比较，确定出该元素的含量。

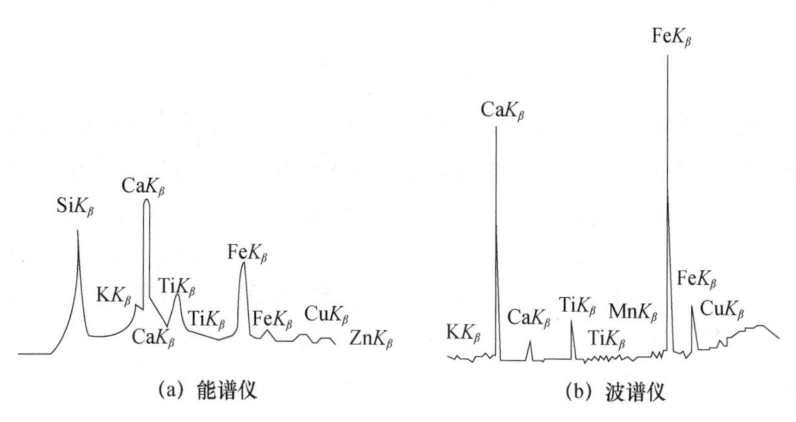

(a) 能谱仪　　(b) 波谱仪

图 5-37　角闪石定点元素全分析 I-λ 记录曲线

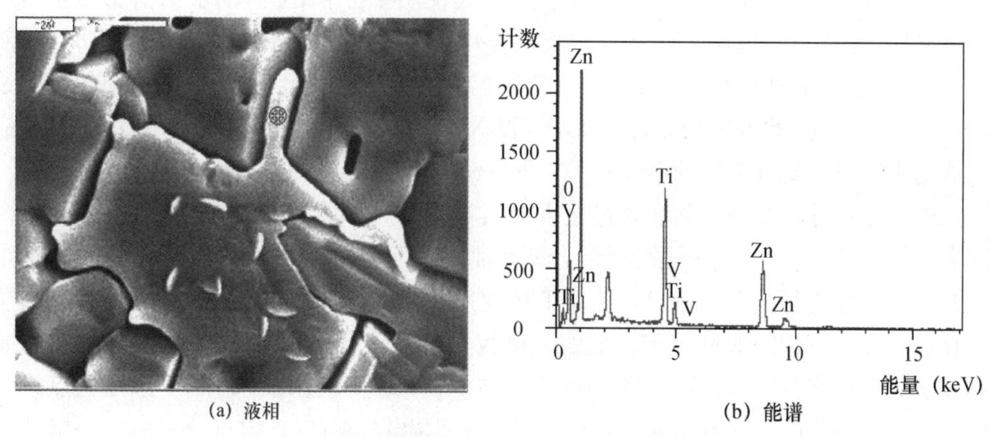

(a) 液相　　(b) 能谱

图 5-38　陶瓷烧结残留液相的 SEM 和能谱点分析

例如，要定量计算样品中 A 元素的含量时，通常采用纯元素 A 或 A 的化合物（已知准确成分比）做标样，在相同的分析条件下（加速电压及束流大小均不变）分别测出纯元素标样和未知样品中 A 元素的 X 射线强度 I_A^0 和 I'_A。相同的检测条件可以完全排除谱仪条件的影响，然后将二者分别扣除背底和计数时间对所测量值的影响。则所测 X 射线强度之比：

$$\frac{I'_A}{I_A^0}=\frac{C_A}{C_A^0}=K_A \tag{5-18}$$

式中，I_A^0 为标样中 A 元素的 X 射线强度；I'_A 为未知样品中 A 元素的 X 射线强度；C_A^0 为标样中 A 元素的浓度；C_A 为未知样品中 A 元素的浓度；K_A 为标样中 A 元素与未知样品中 A 元素的 X 射线强度之比。

纯标样的 $C_A^0=1$，故未知样品内被分析的 A 元素的浓度就直接等于未知样品与标样中 A 元素的特征 X 谱线的强度比 K_A，即

$$C_A=\frac{I'_A}{I_A^0}=K_A \tag{5-19}$$

如果对样品所含的全部元素都测得了强度比 K_j，则它们的浓度值可由归一化求得：

$$C_j=\frac{I'_A}{I_A^0}=\frac{K_j}{\sum\limits_{j=A}^{N}K_j} \tag{5-20}$$

但是，谱线的强度除与各元素的存在量有关以外，还受到样品总的化学成分的影响，即所谓的基体效应，而实际上纯元素标样与未知样品之间基体条件的差别极大，如果未知样品内元素的浓度高于 10% ，则未经基体效应修正时 K 与 C 的相对误差一般为 25%，所以要想进一步提高定量分析的精度就必须进行基体修正。修正方法有多种，如经验校正、ZAF 校正、XPP 修正等。最为常用的是“ZAF”校正法，“Z”为原子序数修正，“A”为吸收修正，“F”为荧光修正，修正以后 $C_A=ZAFK_A$。

一般情况下，对原子序数大于 10、含量大于 10%的元素，修正后的含量误差可限定在 5%左右。

XPP 修正是修正精度较高的一种方法，它是使用蒙特卡洛模拟修正计算方法进行虚拟标样定量分析，其结果比 ZAF 方法修正误差要小 2/3，尤其对轻元素更要好得多。虽然如此，但由于该修正法计算量非常大，一直很难应用于实际。近年来，随着计算机的飞速发展，计算能力和运算速度均显著提高，使得 XPP 方法已开始在定量分析修正中得到应用。英国牛津公司新近推出的 INCA ENERGY 能谱仪的定量分析修正已采用 XPP 法。

另外，定点分析中还必须注意导致重大误差的另一个原因——入射电子束在样品内的深度和侧向扩展（均为 μm 数量级），即产生的相互作用区。当我们从样品表面选定一个粒子或微区进行定点分析时，此粒子在抛光后有可能仅留下很薄的一层或者在表层以下存在着成分不相同的其他相。此时，谱仪实际接收到的 X 射线信号来自电子束轰击点以下一个相当深广的范围（即分析的采样体积），它可能已经超越了选定的点或微区区域，因而所得的结果将是该体积内的某种平均成分。所以，定点分析时，一般选择若干个同类型的区域分别进行同一条件下的分析，以求获得正确的结果。

定点微区成分分析是电子探针仪最主要的工作方式，尤其在合金沉淀相和夹杂物的鉴定等方面有着广泛的应用。由于空间分辨率的限制，被分析的粒子或相区尺寸一般应

大于 1～2μm。对于用一般方法难以鉴别的各种类型的非化学计量式的金属间化合物（如 A_xB_y，其中 x、y 不一定是整数，且分别在一定范围内变化）及元素组成随合金成分及热处理条件不同而变化的合金碳化物、硼化物、碳、氮化物等，可以通过电子探针分析鉴定。

能谱谱线的鉴别可以用以下两种方法：

① 根据经验及谱线所在的能量位置估计某一峰或几个峰是某元素的特征 X 射线峰，让能谱仪在荧光屏上显示该元素特征 X 射线标志线来核对；

② 当无法估计可能是什么元素时，根据谱峰所在位置的能量查找元素各系谱线的能量卡片或能量图来确定是什么元素。

X 射线能谱定性分析与定量分析相比，虽然比较简单、直观，但也必须遵循一定的分析方法，以使分析结果正确可靠。

一般来说，对于试样中主要元素（如含量＞10%）的鉴别是容易做到正确可靠的；但对于试样中次要元素（如含量在 0.5%～10%）或微量元素（如含量＜0.5%）的鉴别则必须注意谱的干扰、失真、谱线的多重性等问题，否则会产生错误。

由于波谱仪的分辨率高，波谱的峰背比至少是能谱的 10 倍，因此对一给定元素，可以在谱中出现更多的谱线。

此外，由于波谱仪的晶体分光特点，对波长为 λ 的 X 射线不仅可以在 $\theta=\theta_B$ 处探测到 $n=1$ 的一级 X 射线，同时可在其他 θ 角处探测到 $n=2$，3，…的高级衍射线。同样，在某一 $\theta=\theta_B$ 处，$n=1$、$\lambda=\lambda_1$ 的 X 射线可以产生衍射；$n=2$、$\lambda=\lambda_2$ 的 X 射线也可以产生衍射，如果波谱仪无法将它们分离，则它们将出现于波谱的同一波长（θ 角）处而不能分辨。例如，S_{K_α}（$n=1$）线存在于 0.5372 nm 处，而 Co_{K_α}（$n=1$）存在于 0.1789 nm 处，但 Co_{K_α}（$n=3$）的三级衍射存在于 3×0.1789 nm$=0.5367$ nm 处，因而，S_{K_α}（$n=1$）线和 Co_{K_α}（$n=3$）线靠得非常近而无法区分。但是，S_{K_α} 和 Co_{K_α} 具有不同的能量，它们将使 X 射线探测器输出不同的电压脉冲幅度。Co_{K_α} 的电压脉冲幅度是 S_{K_α} 的 3 倍，因而可根据 S_{K_α} 电压脉冲信号设置窗口电压，通过脉冲高度分析器排除 Co_{K_α} 的脉冲，从而使谱中 0.5372 nm 处仅存在 S_{K_α} 线。

由此可知，波谱定性分析不像能谱定性分析那么简单、直观，这就要求对波谱进行更合乎逻辑的分析，以免造成错误。

5.4.3.2 线扫描分析

使聚焦电子束在试样观察区内沿一选定直线（穿越粒子或界面）进行慢扫描，X 射线谱仪处于探测某一元素特征 X 射线状态。显像管射线束的横向扫描与电子束在试样上的扫描同步，用谱仪探测到的 X 射线信号强度（计数率）调制显像管射线束的纵向位置就可以得到反映该元素含量变化的特征 X 射线强度沿试样扫描线的分布。

通常将电子束扫描线、特征 X 射线强度分布曲线重叠于二次电子图像之上可以更加直观地表明元素含量分布与形貌、结构之间的关系。图 5-39 是 BaF_2 晶界线扫描分析的例子，图（a）为 BaF_2 晶界的形貌像和线扫描分析的位置，图（b）为 O 和 Ba 元素沿图（a）直线位置上的分布，可见在晶界上有 O 的偏聚。

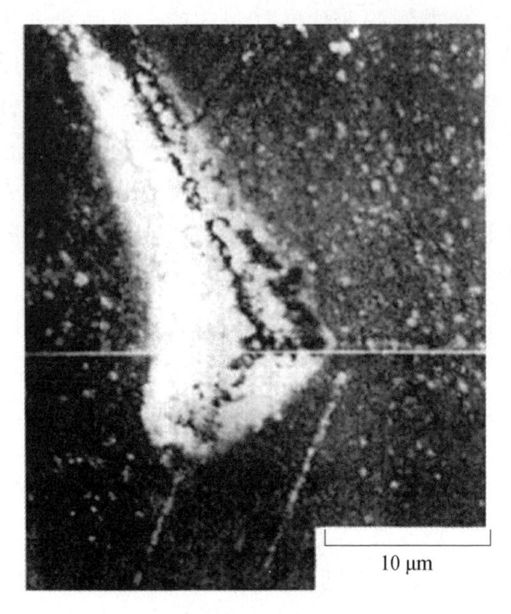

(a) 形貌像及扫描线位置

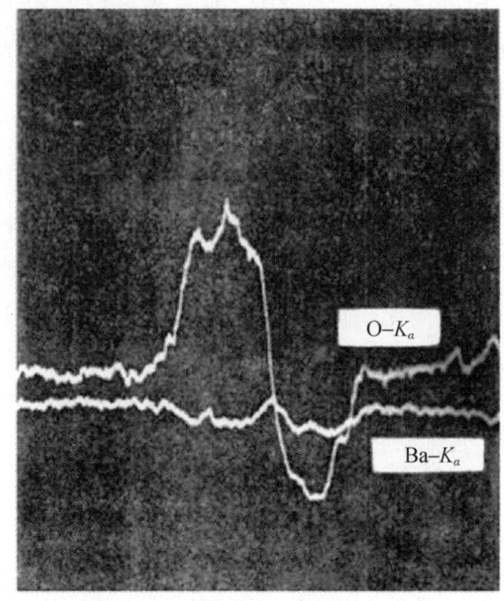

(b) O及Ba元素在扫描线位置上的分布

图 5-39　BaF_2 晶界的线扫描分析

电子束在试样上扫描时，由于样品表面轰击点的变化，波谱仪将无法保持精确的聚焦条件，重复性也不易保证，特别是仍然不能解决粗糙表面分析的困难，线扫描分析最多只能是半定量的。如果使用能谱仪，则不存在 X 射线聚焦的问题。

线扫描分析对于测定元素在材料相界和晶界上的富集与贫化是十分有效的。在有关扩散现象的研究中，电子探针比剥层化学分析、放射性示踪原子等方法更方便。在垂直于扩散界面的方向上进行线扫描，可以很快显示浓度与扩散距离的关系曲线，若以微米级逐点分析，即可相当精确地测定扩散系数和激活能。图 5-40 给出了 NZC 和 ZMT3 共烧体的 SEM 图像和线扫描图，图（a）中 AB 为线扫描分析的位置，图（b）为 Ti、Fe、Ni 和 Zn 元素沿图（a）直线位置上的分布。

5.4.3.3　面扫描分析

聚焦电子束在试样上做二维光栅扫描，X 射线谱仪处于能探测某一元素特征 X 射线状态，用谱仪输出的脉冲信号调制同步扫描的显像管亮度，在荧光屏上得到由许多亮点组成的图像，称为 X 射线扫描像或元素面分布图像。试样每产生一个 X 光子，探测器输出一个脉冲，显像管荧光屏上就产生一个亮点。若试样上某区域该元素含量多，荧光屏图像上相应区域的亮点就密集。根据图像上亮点的疏密和分布，可确定该元素在试样中的分布情况。图 5-41 给出了 ZnO-Bi_2O_3 陶瓷试样烧结自然表面的面分布分析结果，可以看出 Bi 在晶界上有严重偏聚。

在一幅 X 射线扫描像中，亮区代表元素含量高，灰区代表元素含量较低，黑色区域代表元素含量很低或不存在。图 5-42 给出了掺杂镁离子和铝离子的氧化锆陶瓷的背散射电子成分像及镁元素和铝元素的面扫描图。

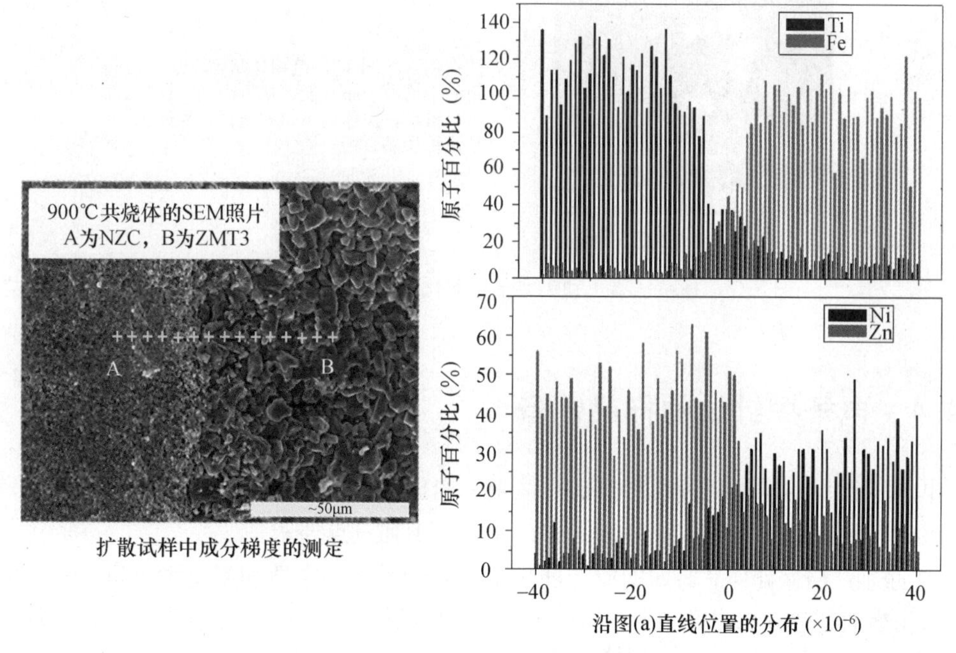

图 5-40 共烧体的 SEM 和线扫描

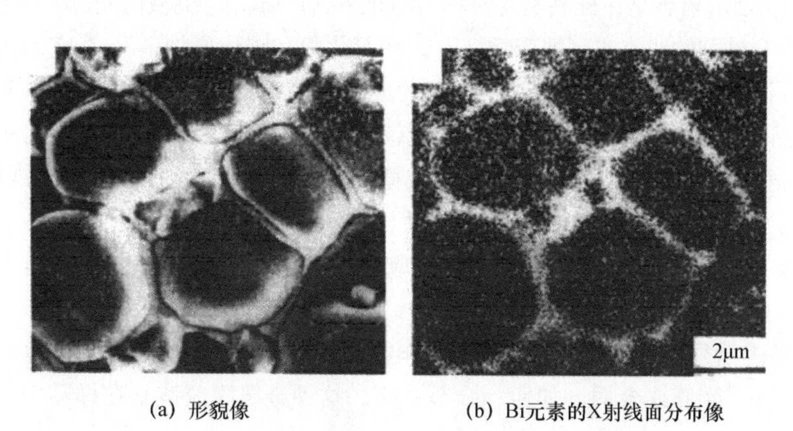

（a）形貌像　　（b）Bi元素的X射线面分布像

图 5-41 $ZnO-Bi_2O_3$ 陶瓷烧结表面的面分布成分分析

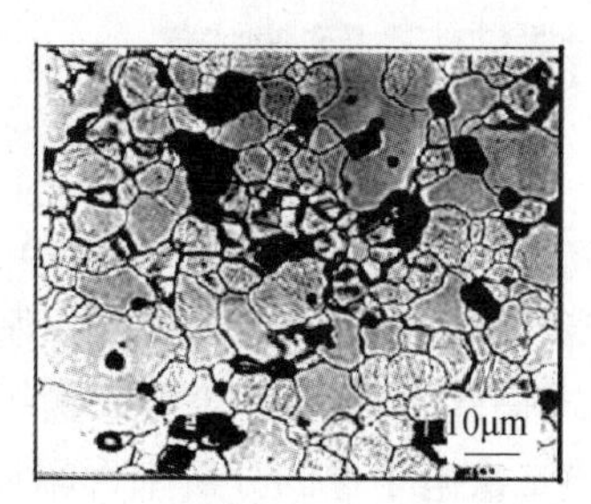

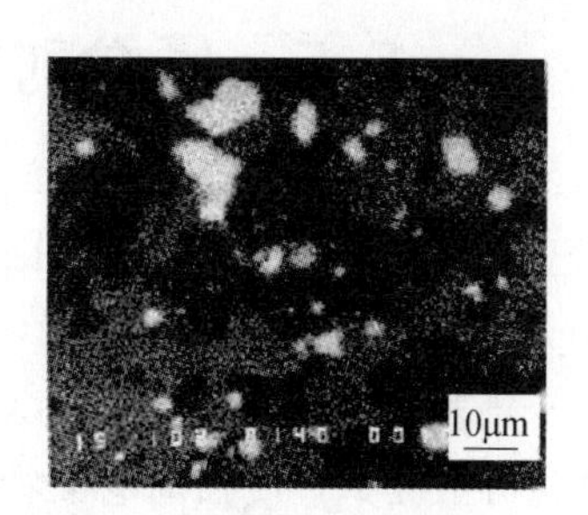

（a）SEM背散射电子成分像1000×　　（b）Mg元素EDS面扫图1000×

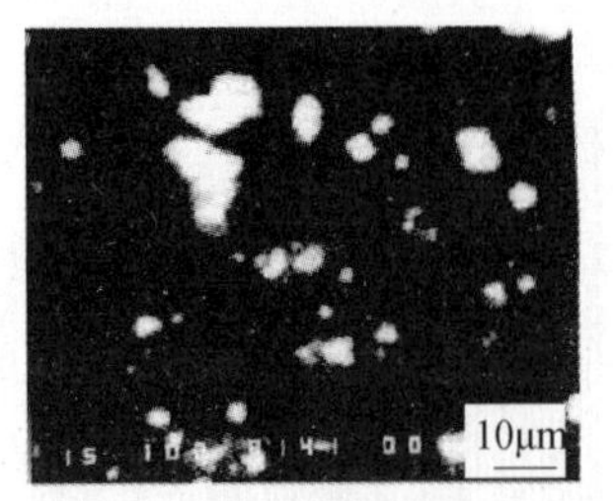

(c) Al元素EDS面扫图1000×

注：图（a）中的黑色相比基体ZrO_2相的平均原子序数低，从（b）和（c）可以看出，黑色相富铝和富镁，实际上是镁铝尖晶石相

图 5-42　掺杂镁离子和铝离子的氧化锆陶瓷的 SEM 和面扫描

5.4.4　电子探针仪的样品制备

电子探针仪的样品制备相对扫描电镜来说稍显麻烦。样品质量的好坏对分析结果影响很大，因此，用于电子探针分析的样品应满足下列三点要求。

① 必须严格保证样品表面的清洁和平整。对于元素的定性和半定量分析，传统的金相或岩相表面制备方法均可使用，但对于定量分析的样品，表面必须仔细抛光，以保证其平整光滑。即使为了便于光学观察而必须进行浸蚀时，也应尽量控制在浅浸蚀的程度。保证样品表面清洁的措施是在样品制备时尽力防止下列污染：a. 机械抛光过程中磨料粒子的嵌入；b. 化学试剂的残迹或腐蚀产物；c. 表面氧化膜和碳化产物；d. 真空室内残存的尘埃或油蒸汽污染；e. 样品制备过程中遗留的或在电子束轰击下发生的动态偏析等。

② 样品尺寸适宜放入电子探针仪样品室。原试样很大的，可直接加工成规定的尺寸大小（各种仪器要求不同）；一般小的或微粒样品均需镶嵌。而镶嵌材料种类很多，但最根本的是其应有良好的黏结性、导电性、热塑冷硬性、可磨性和稳定性，以及对样品的特殊 X 射线不发生或很少产生吸收效应和干扰作用。常用的镶嵌材料有纯铝、导电胶木、塑料和导电胶等。

③ 样品表面须具有良好的导电性。导电不良的样品，需经处理。通常是在真空镀膜仪中蒸镀一层碳膜或金属（如铝、金等）膜。这种金属膜应该是在样品中没有的，且其厚度不应大于 10nm。

5.5　场发射扫描电子显微镜

自 20 世纪 90 年代以来，场发射扫描电子显微镜（Field Emission Scanning Electron Microscope，FESEM）在材料科学等许多学科领域及质量过程控制中得到日益广泛的应用。由于场发射枪的亮度比一般发叉式钨丝阴极约高 3 个数量级，阴极源尺寸小，电子束能量分散度窄，使扫描电子显微镜二次电子像的分辨率大幅提高。随着电子光学设计等的不断改进与完善，操作性能也逐步提高，目前场发射扫描电子显微镜的分辨率已达到 0.6nm（加速电压 30kV）和 2.2nm（加速电压 1kV），利用场发射扫描电镜可以在低加速电压下获取高分辨率的样品表面信息，促使高分辨扫描电子显微术和低能扫描电子显微术得到了很大的发展。

5.5.1 场发射扫描电子显微镜的结构

场发射电子显微镜的基本结构与普通扫描电子显微镜相同。不同的是场发射的电子枪不同。电子枪的作用是形成电子照明源，并且其所形成的电子照明束的亮度（或束流密度）、高斯斑尺寸、相干性和能量分散性等均直接影响图像的分辨率和显微分析（包括晶体学分析和成分分析）的选区尺寸，以及电镜的灵敏度和精确度。在目前已知的各类电子枪中，场发射电子枪所产生的电子照明束具有高的亮度、小的高斯斑尺寸、高的相干性和小的能量分散性，这更能满足近代高分辨电子显微学和分析电子显微学的技术发展要求。

使金属中自由电子克服其表面位垒而逸出表面所做的功，称为电子逸出功，它是材料的一个物理常数。研究表明，当一个强的外电场施加到金属的表面时，其效果是使其表面位垒降低，并促使金属中自由电子逸出表面的概率增加。如果位垒的降低值接近其电子逸出功值（即表面位垒接近为 0），则即使在常温下也会从金属中发射出电子，这种现象称为场致电子发射效应。场发射电子枪就是应用上述原理来产生电子发射的。场发射电子枪如图 5-43 所示。场发射电子枪由阴极、第一阳极（减压电极）和第二阳极（加压电极）组成。第一阳极的作用是使得阴极上的电子脱离阴极表面，第二阳极与第一阳极之间有一个加速电压，阴极电子束在加速电压的作用下，其直径可以缩小到 1nm 以下。场发射电子枪可分为 3 种：冷场发射式（Cold Field Emission，CFE）、热场发射式（Heatfield Emission，HFE）及肖特基发射式（Schottky Emission，SE）。当在真空中的金属表面受到 10^8 V/cm 大小的电子加速电场时，会有可观数量的电子发射出来，此过程称为场发射，其原理是高压电场使电子的电位障碍产生 Shotky 效应，亦即使能障宽度变窄，高度变低，致使电子可直接“穿隧”通过此狭窄能障并离开阴极。场发射电子是从很尖锐的阴极尖端所发射出来的，因此可得到极细而又具有高电流密度的电子束，其亮度可达热游离电子枪的数百倍甚至千倍。要从极细的阴极尖端发射电子，阴极表面必须完全干净，所以要求场发射电子枪必须保持超高真空度，以防阴极表面黏附其他原子。场发射电子枪所选用的阴极材料必须是高强度材料，以能承受高电场所加诸在阴极尖端的高机械应力。

几种场发射电子枪的性能比较，如表 5-9 所示。

① 冷场发射式电子枪必须在 10^{-8} Pa（10^{-10} torr）的真空度下操作，需要定时短暂加热针尖至 2500K，以去除所吸附的气体原子。冷场发射式电子枪的优点是电子束直径最小、亮度最高、持续时间非常长，因此影像分辨率高。由于能量散布小，其缺点是需要很高的真空度、易污染、需要频闪（突然加热）、电流稳定性差，发射的总电流最小，仅冷场发射式电子枪适用于导电性较弱、颗粒较小的样品。

② 热场发射式电子枪类似于冷场发射枪，不同的是热场发射枪是在 1800K 下操作，不需要针尖频闪，不易污染，具有较大的能量扩散，适用于导电导热性能良好的样品，另配有 BSE 探头。

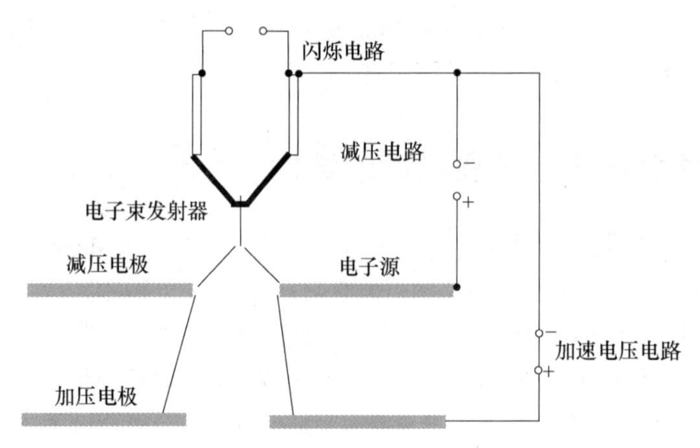

图 5-43　场发射电子枪的结构

表 5-9　几种场发射电子枪的性能

电子枪发射类型	热场		冷场	肖特基场
阴极材料	W（100）	LaB_6	W（310）	ZrO_2/W（100）
电子逸出功（eV）	4.5	2.7	4.5	2.95
工作温度（K）	1800	1900	300	1800
阴极半径（nm）	60000	10000	≤100	≤1000
等效光源半径（nm）	15000	5000	215	15
发射电流密度（$A \cdot cm^{-2}$）	3	30	17000	5300
亮度（$A \cdot cm^{-2} \cdot sr^{-1}$）	10^5	$\sim 10^6$	$10^7 \sim 10^9$	10^8
最大探针电流（nA）	1000	1000	20	200
能量发散度（eV）	1.5～2.5	1.3～2.5	0.3	0.6
稳定性（$\% \cdot h^{-1}$）	0.1	0.2	5	<1
工作真空度（Pa）	10^{-3}	10^{-6}	10^{-10}	10^{-8}
寿命（h）	200	1000	2000	2000
相对使用费用	低	中	较高	高

③ 肖特基发射式电子枪系在钨（100）单晶上镀 ZrO 覆盖层，其操作温度为 1800K，ZrO 的作用是将纯钨的功函数降低（4.5～2.8eV）。由于外加高电场的作用使得电子更容易以热能的方式跳过能障逃出针尖表面，真空度为 $10^{-7} \sim 10^{-6}$Pa（$10^{-9} \sim 10^{-8}$torr）。它具有发射电流大、发射面较大、能量扩散小、电流密度较高、电流稳定性良好、不易污染、寿命长等特点，但影像分辨率较差。

场发射扫描电子显微镜的放大倍率为 25～650000 倍，在使用加速电压 15kV 时，分辨率可达到 1nm；加速电压 1kV 时，分辨率可达到 2.2m。一般钨丝型扫描式电子显微镜仪器上的放大倍率可达到 200000 倍。

5.5.2 场发射扫描电子显微镜的特点

场发射扫描电子显微镜广泛用于生物学、医学、金属材料、高分子材料、化工原料、地质矿物、商品检验、产品生产质量控制、宝石鉴定、考古和文物鉴定及公安刑侦物证分析，可以观察和检测非均相有机材料、无机材料及在上述微米、纳米级样品的表面特征。该仪器的最大特点是具备超高分辨扫描图像观察能力（可达 1.5nm），是传统 SEM 的 3～6 倍，图像质量较好，尤其是采用最新数字化图像处理技术，提供高倍率、高分辨扫描图像，并能即时打印或存盘输出，是纳米材料粒径测试和形貌观察最有效的仪器，也是研究材料结构与性能关系不可缺少的重要工具。几种新型的场发射扫描电子显微镜的主要技术指标如表 5-10 所示。

表 5-10 几种新型的场发射扫描电子显微镜的主要技术指标

技术指标	JEOL JSM 7401	FEI Sirion	Hitachi S-4800
分辨率（nm）	1.0（15kV）/1.5（1kV）	1.0（15kV）/2.0（1kV）	1.0（15kV）/2.0（1kV）
加速电压（kV）	0.1～30	0.2～30	0.5～30
放大倍数	25～10000000	20～600000	20～800000

习题与思考题

1. 扫描电子显微镜有哪些特点？
2. 电子束和固体样品作用时会产生哪些信号？它们各具有什么特点？
3. 扫描电子显微镜的分辨率和信号种类有关，试将各种信号的分辨率高低做比较。
4. 表面形貌衬度和原子序数衬度各有什么特点？
5. 和波谱仪相比，能谱仪在分析微区化学成分时有哪些优缺点？
6. 波谱仪和能谱仪各有什么优缺点？
7. 如何描述 EDS 点、线、面的扫描结果？
8. 图 5-44 为 $ZnTiO_3$ 和 Li_2TiO_3 复相陶瓷的 SEM 背散射电子成分像。

① 对照片的形貌和成分分布进行定性描述；

② 对晶粒 1 和晶粒 2 的物相组成进行推断，并说明判断依据；

③ 如要对上述关于成分分布和物相组成的推断进行验证，需采用什么测试方法？

9. 图 5-45（a）为 WO_3 和 Mg_2TiO_4 复相陶瓷的 SEM 背散射电子成分像，图 5-45（b）和图 5-45（c）为图 5-45（a）视域范围内的 Ti 元素和 Mg 元素的能谱面扫图。

① 对图 5-45（a）形貌和成分分布进行定性描述；

② 结合图 5-45（b）和图 5-45（c），对图 5-45（a）中黑色晶粒和灰色晶粒的物相组成进行判断，并说明判断依据。

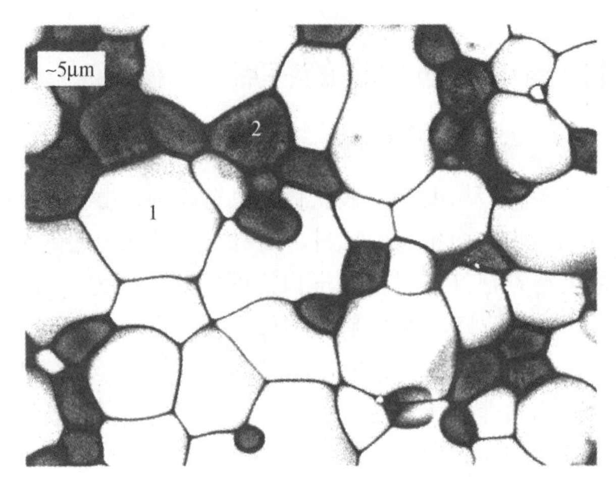

图 5-44　$ZnTiO_3$ 和 Li_2TiO_3 复相陶瓷的 SEM 背散射电子成分像

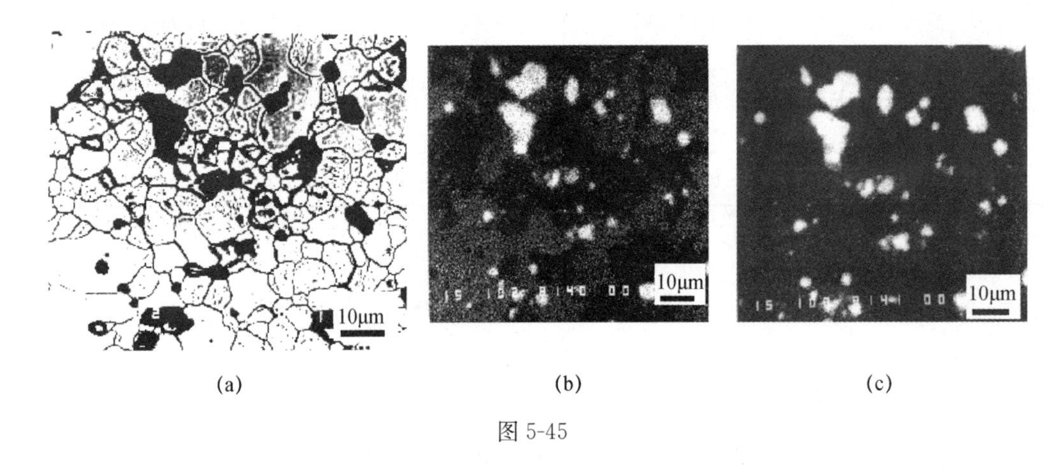

(a)　　(b)　　(c)

图 5-45

10. 以图 5-46 为例，说明对材料扫描电镜形貌照片的描述与评价一般从哪些特征展开？

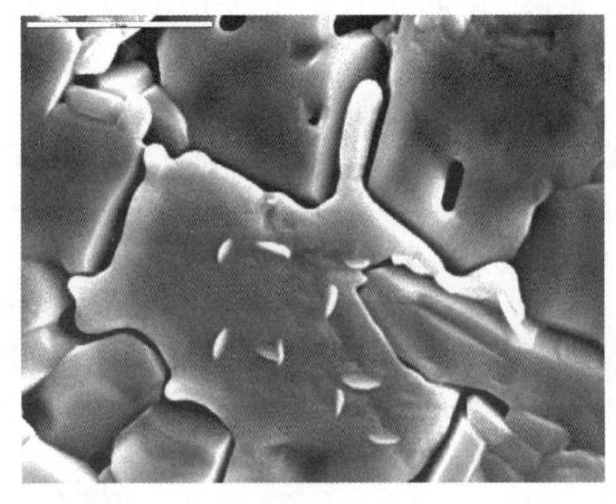

图 5-46

11. 从分析图 5-47 入手，说明波谱仪和能谱仪在分析精度、探测极限、分析速度、制样要求、分析时间等几个方面各有什么优缺点？

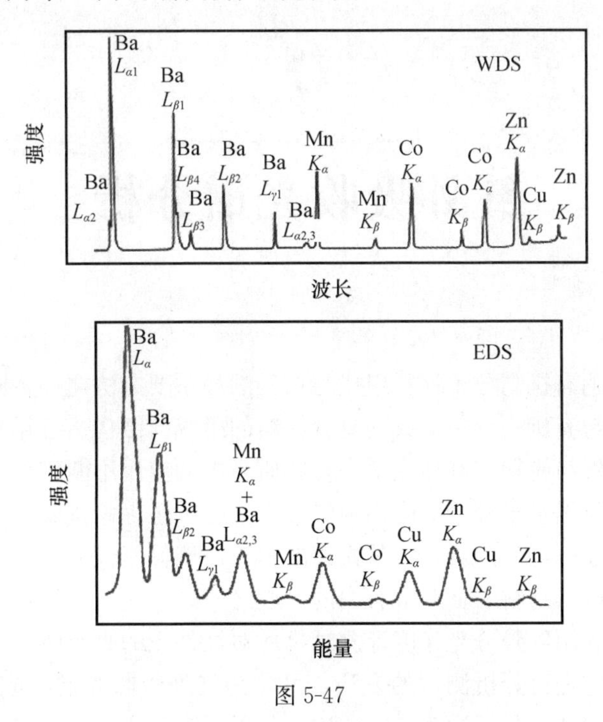

图 5-47

12. 结合你的专业，从你学过的或了解的材料中选择一种材料运用本门课程所学知识，举例说明如何分析某一晶体材料的微观形貌和成分分布。

6

红外吸收光谱分析

红外光谱是检测有机高分子材料组成与结构的最重要方法之一，同时可用来检测无机非金属材料及其与有机高分子形成的复合材料的组成与结构。近年来，随着光学及计算机技术的不断发展与应用，红外光谱在材料研究中的应用不断扩展，已成为研究材料结构的重要手段。虽然量子理论的应用为红外光谱提供了理论基础，但对于复杂分子来说，理论分析仍存在一定的困难，大量光谱的解析还依赖于经验方法。尽管如此，红外光谱与拉曼光谱构成了材料表征非常有力的手段之一。

红外光谱法是利用红外分光光度计测量物质对红外光的吸收所产生的红外吸收光谱对物质的组成和结构进行分析测定的方法，又称为红外吸收光谱法或红外分光光度法。红外光谱的内容研究涉及分子运动，因此称为分子光谱。

6.1 概　　述

英国天文学家 William Herschel 于 1800 年在研究太阳光谱时观察到，红光以外一段有显著的温度升高，发现了红外光。Niepce 和 Daguerre 于 1829 年发明了照相底版，并发现照相底版对红外光敏感。Abeny 和 Festing 于 1881 年用照相法记录了有机液体吸收 1.0～1.2μm 的红外光谱，从而揭示了原子团和氢键的近红外光谱特性。Cobeltz 于 1905 年发表了 128 种有机和无机化合物的红外吸收光谱，从此红外光谱法诞生。1947 年，世界上第一台实用的双光束自动记录红外分光光度计在美国投入使用（棱镜作为色散元件），这可以称为第一代红外分光光度计。20 世纪 60 年代，采用光栅代替棱镜作为色散元件的第二代红外分光光度计投入使用，该仪器提高了仪器的分辨率，扩展了测定的波长范围，降低了测试时对周围环境的要求，使红外光谱法的分析对象由单纯的有机化合物扩展到配合物、高分子化合物和无机化合物。现在最为通用的第三代红外分光光度计，采用了傅里叶变换技术和计算机技术应用，它的分辨率高、样品需要量少、测定速度快，而且仪器中带有数据库，便于对测试样品的图谱与数据库中图谱进行对比。近年来，由于激光技术的飞速发展，可调激光器作为红外光源代替了色散器，第四代激光红外分光光度计研制成功并开始投入使用。当今红外光谱仪的分辨率越来越高，检测范围扩展到 10000～200cm^{-1}，样品量少至微克级。红外光谱提供的信息简捷可靠，检测样品中有无羰基及属于哪一类（酸酐、酯、酮或醛）是其他光谱技术难以替代的。

红外光谱可以研究气态、液态和固态的试样。在用气态和液态试样时，要适当选择容器和透射红外光的材料，即窗材料。一般情况下，在 600cm^{-1} 以上要用 NaCl，350cm^{-1} 以上用 KBr，180cm^{-1} 以上用 CsI，更低频率用高压聚乙烯。在用固态试样时，必须把试样研磨得很细，还要避免光在颗粒表面的反射损失。为此，通常采用两种制样技术：一种是把试样和 KBr 等成片剂混合均匀，在真空下压制成薄片；另一种是用 Nujol 油（一种矿物油）或六氯丁二烯把试样调制成糊状。这两种制样方法都是为了稀释试样，并使试样和介质有大致相近的折射率。

红外光谱根据不同的波数范围分为 3 个区：近红外区 13330～4000cm^{-1}；中红外区 4000～650cm^{-1}；远红外区 650～10cm^{-1}（图 6-1）。近红外区是可见光红色末端的一段，只有 X—H 或多键振动的倍频和合频出现在该区，在研究含氢原子的官能团如 O—H，N—H 和 C—H 的化合物，特别是醇、酚、胺和碳氢化合物，以及研究末端亚甲基、环氧基和顺反双键等时比较重要。在研究化合物的氢键方面也很有效果。另外，用偏振光可鉴定天然界多聚体如蛋白质和多肽等的 α 或 β 型。近来随着计算机技术和化学计量学的发展，近红外光谱技术已发生了革命性的变化，被广泛应用于多个领域的品质控制和分析。

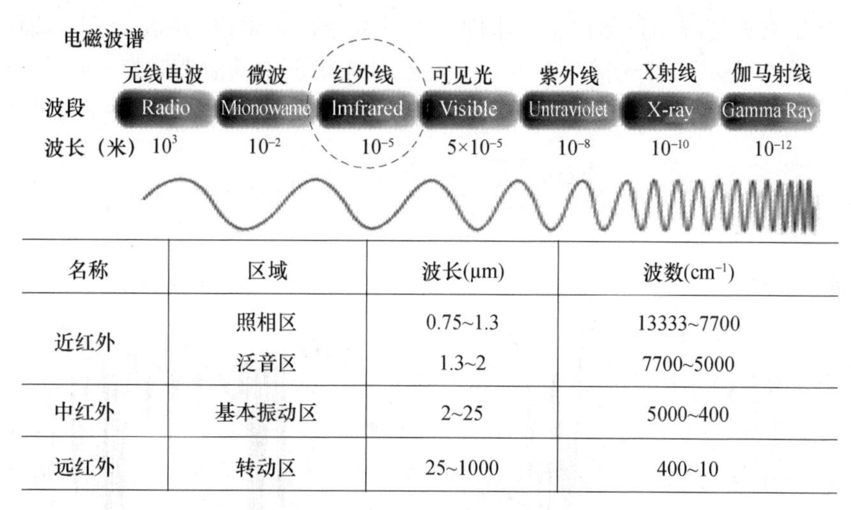

名称	区域	波长(μm)	波数(cm^{-1})
近红外	照相区	0.75~1.3	13333~7700
	泛音区	1.3~2	7700~5000
中红外	基本振动区	2~25	5000~400
远红外	转动区	25~1000	400~10

图 6-1　电磁波谱与红外波谱对应关系

由于绝大多数有机物和无机物的基频吸收带都出现在中红外区，因此中红外区是红外光谱中应用最早和最广的一个区，积累的资料最多，而且仪器设备技术最为成熟。该区吸收峰数据的收集、整理和归纳已经臻于相当完善的地步。由于 4000～1000cm^{-1} 区内的吸收峰为化合物中各个键的伸缩和弯曲振动，故为双原子构成的官能团的特征吸收。1400～650cm^{-1} 区的吸收蜂大多是整个分子中多个原子间键的复杂振动，可以得到官能团周围环境的信息，用于化合物的鉴定，因此中红外区是我们讨论的重点。

远红外区应是 200～10cm^{-1}，由于一般红外仪测绘的中红外范围是 5000～650cm^{-1} 或 5000～400cm^{-1}，因此 650～200cm^{-1} 也包括在远红外区。含有重原子的分子键的振动频率更低，因而所需的能量也更低。而且晶格振动、锥翻转、受阻旋转和分子扭动等过程都涉及的能量更低，即频率更低的红外光就能诱发这些过程。研究这些过程需要用远红外光谱。例如，C—X 键的伸缩振动频率为 $650\sim450cm^{-1}$，弯曲振动频率为 $350\sim250cm^{-1}$，均是强峰。肟分子中 O—H 的扭曲振动也在 $375\sim350cm^{-1}$，为一极强的吸收。有氢键的化合物，X—H…X 的伸缩振动在 $200\sim50cm^{-1}$；弯曲振动在 $50cm^{-1}$ 以下。在这一波长范围内工作的光谱仪（以及通用的高档光谱仪）目前有更多采用干涉仪的趋势。这类光谱仪的工作原理是一束远红外光经过两组片状光栅的反射后变成存在光程差的两束光，这两束光通过试样，产生干涉信号，这种干涉信号由计算机进行 Fourier 变换，输出成为常见形式的光谱图。因此，这类光谱仪常称红外-Fourier 变换光谱仪，即常说的 Ft-IR。在更低频率的远红外工作，就需要重新选择窗材料。聚乙烯在 $30cm^{-1}$ 以上有很好的透明度，更低的频率常需应用金刚石。

6.1.1 红外光谱的表示方法

当用一定频率的红外辐射作用于物质分子时，物质分子将吸收一定频率的红外辐射。当物质分子中某个基团的振动频率和红外光的频率一致时，两者发生共振，分子吸收能量，由原来的振动（转动）能级的基态跃迁到能量较高的振动（转动）能级。将分子吸收红外辐射的情况用仪器记录下来即得红外光谱图，常以 IR 表示。一般用 T-$\bar{\nu}$ 曲线或 T-λ 曲线来表示红外光谱（图 6-2）。在红外光谱图中，横坐标表示吸收峰的位置，常用波长（λ）及波数（$\bar{\nu}$）两种标度，其单位分别为 μm 和 cm^{-1}，它们之间的关系是

$$\bar{\nu}\ (cm^{-1}) = \frac{1}{\lambda\ (cm)} = \frac{10^4}{\lambda\ (\mu m)} \tag{6-1}$$

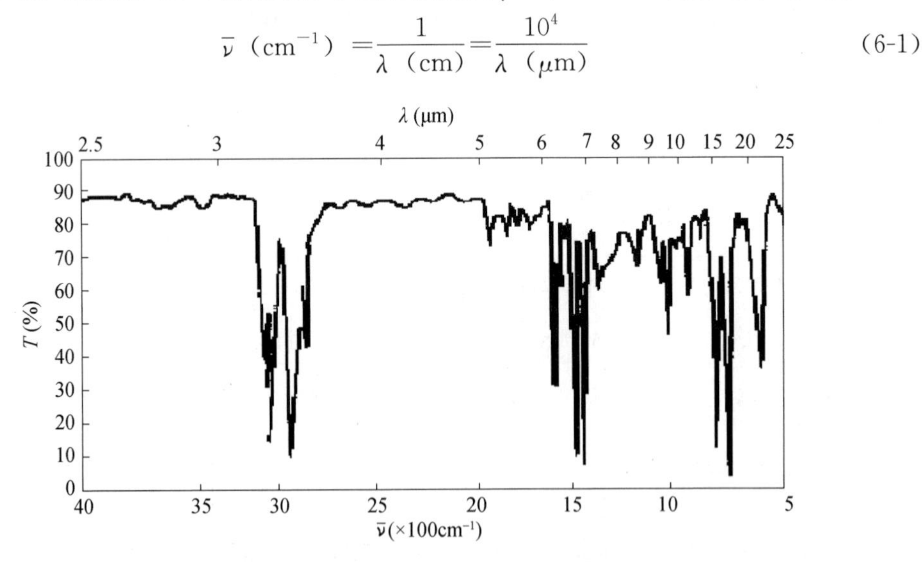

图 6-2　T-$\bar{\nu}$ 曲线和 T-λ 曲线的表示方法（聚乙烯红外光谱）

红外光谱按波长等间隔分度表示的称为线性波长表示法；按照波数等间隔分度表示波长的称为线性波数表示法。必须注意，同一样品常用透光率 T（%）表示：

$$T\ (\%) = \frac{I}{I_0} \tag{6-2}$$

式中：I_0 是入射光强度，I 是透过光强度。T-$\bar{\nu}$ 曲线或 T-λ 曲线上的吸收峰是图谱上的谷。更常见的是透射比（$=100T$）。采用这两种纵坐标时，谱上见到是深浅不一的吸收谷，但也有用吸收率 A（旧称光密度）表示的（图 6-3)，定义为：

$$A=\lg \frac{I}{I_0}=\lg \frac{1}{T} \tag{6-3}$$

这个量和试样浓度 C、光程长度 l 成正比，主要用于定量分析。采用 A 作纵坐标，谱上又呈现为峰。所谓的 Beer 定律实际上就表示 A 和 C、l 的正比关系。

$$A=\varepsilon Cl \tag{6-4}$$

式（6-4）中比例常数 ε 称为吸收常数。如 C 用摩尔浓度 $mol \cdot L^{-1}$ 表示，l 用 cm 表示，ε 的单位为 $L \cdot mol^{-1} \cdot cm^{-1}$，称摩尔吸收系数。电子吸收光谱常用它作纵坐标。实际上，如果不是研究溶液谱，振动光谱的信号强度随制样条件显著变化，采用 A 或 ε 作纵坐标意义不大。由于分子的转动能级和振动能级是重叠在一起的，在振动光谱上经常能观察到转动精细结构。尤其是在双原子分子的光谱上，这类精细结构常常是可分辨的。目前普遍倾向于采用波数为单位，而在图谱上方标以对应的波长值。

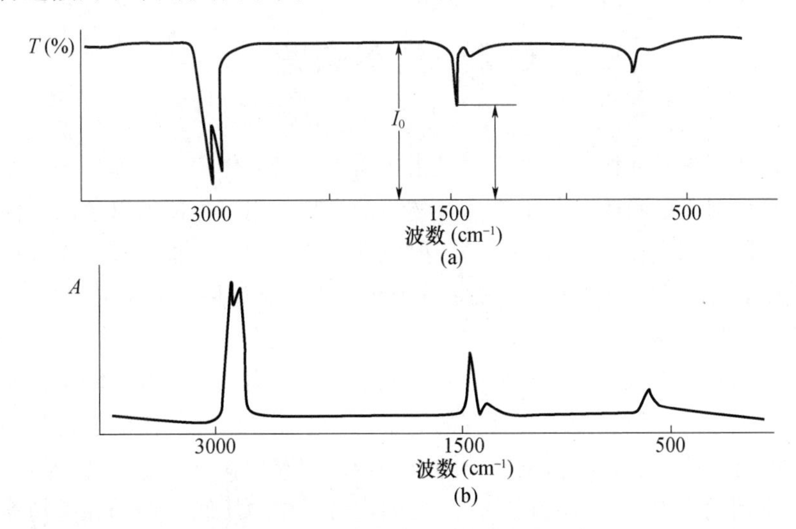

图 6-3　红外光谱纵坐标表示方法

6.1.2　红外光谱的特点和应用

（1）红外光谱的光谱范畴

红外光谱属于分子光谱范畴，是分子在红外区产生的振动-转动光谱，主要研究在振动中伴随有偶极矩变化的化合物。因此，除了单原子分子和同核分子外，几乎所有化合物均可用红外光谱法进行研究，研究对象和适用范围更加广泛。

（2）红外光谱的高度特征性

红外光谱最突出的特点是具有高度的特征性，除光学异构体外，每种化合物都有自己特征的红外光谱。它作为“分子指纹”被广泛用于分子结构的基础研究和化学组成的分析上。红外吸收谱带的波数位置、波峰的数目及强度，反映了分子结构上的特点，可以用来鉴定未知物的分子结构组成或确定其化学基团。谱带的吸收强度与分子组成或其化学基团的含量有关，可用于定量分析或纯度鉴定。

（3）红外光谱法测试的优缺点

红外光谱法对气体、液体、固体样品都可以测定，具有样品用量少、分析速度快、不破坏样品等特点。但是，红外光谱法也有其局限性，主要是灵敏度和精度不够高，含量小于1%就难以测出，目前多数用于鉴别样品，做定性分析。

（4）红外光谱法的发展优势

自20世纪70年代以来，随着计算机的高速发展及傅里叶变换红外光谱仪和各种联用技术的出现，大大拓宽了红外光谱的应用范围。例如，红外与色谱联用可以进行多组分样品的分离和定性；与拉曼光谱的联用可以得到红外光谱弱吸收的信息等。这些新技术为物质结构的研究提供了更多的手段。因此，红外光谱称为现代分析化学和结构化学不可缺少的工具，被广泛应用于有机化学、高分子化学、无机化学、石油化工催化、材料生物医学和环境等领域。

6.2　基本原理

红外光谱属于振动光谱。振动光谱是指物质因受光的作用，引起分子或原子基团的振动，从而产生对光的吸收。如果将透过物质的光辐射用单色器加以色散，使波长按长短依次排列，同时测量在不同波长处的辐射强度，得到的是吸收光谱。如果用的光源是红外光谱范围，即0.78～1000μm，就是红外吸收光谱。如果用的是强单色光，如激光，产生的是激光拉曼光谱。

红外光谱的产生来源于分子对入射光子能量的吸收而产生的振动能级的跃迁。最基本的原理是：当红外区辐射光子所具有的能量与分子振动跃迁所需的能量相当时，分子振动从基态跃迁至高能态，在振动时伴随有偶极矩的改变者就吸收红外光子，形成红外吸收光谱。常用的为中红外区波长范围，反映出分子中原子间的振动和变角振动，分子在振动运动的同时还存在转动运动。在红外光谱区实际所测得的图谱是分子的振动与转动运动的加合表现，因而是一种振转光谱。每一化合物都有其特有的光谱，因此，我们有可能通过红外光谱对化合物做出鉴别。

6.2.1　分子振动的形式

分子的运动可分为移动、转动、振动和分子内电子的运动。每种运动状态都属于一定的能级。因此，分子的总能量可以表示为：$E=E_0+E_t+E_r+E_v+E_e$。式中，E_0是分子内在的能量，不随分子运动而改变，即所谓的零点能；E_t、E_r、E_v和E_e分别表示分子的移动、转动、振动和电子运动的能量。由于分子移动的能量E_t只和温度的变化直接相关，在移动时不会吸收光谱，所以，与光谱有关的能量变化主要是E_r、E_v、E_e三者，每一种能量也都是量子化的。

按照量子学说的观点，一束光照射物质时，物质只能吸收特定能量的光，并且吸收光的波长与两个能级之间的能量差符合下列关系：$\Delta E = E_2 - E_1 = hc/\lambda = hcv$。能量差 ΔE 越大，则所吸收光的波长越短。

电子跃迁能级间隔 $E_e = 1 \sim 20\text{eV}$，分子振动能级间隔 $E_v = 0.05 \sim 1.0\text{eV}$，分子转动能级间隔 $E_r = 0.001 \sim 0.05\text{eV}$。电子跃迁所吸收的辐射是在可见光和紫外光区；分子转动能级跃迁所吸收的辐射是在远红外与微波区；分子的振动能级跃迁所吸收的辐射主要是在中红外区。

通常所说的红外光谱就是指中红外区域形成的光谱，故也叫作振动光谱，它在结构分析和组成分析中非常重要。至于近红外区和远红外区形成的光谱，分别称为近红外光谱与红外光谱。近红外光谱主要用来研究分子的化学键，远红外光谱主要用来研究晶体的晶格振动、金属有机物的金属有机键及分子的纯转动吸收等。

分子中的原子或原子基团相互做连续运动，根据分子的复杂程度，它们做振动运动的方式也不同。下面分别用双原子分子和多原子分子的振动模型做简要介绍。

6.2.1.1 双原子分子振动模型——简谐振动

双原子分子只有一种振动形式——伸缩振动。双原子分子的振动模型可以用简单的弹簧球表示。图 6-4（a）中两圆球分别表示两个原子，假设它们以较小的振幅在其平衡位置做振动运动，这时可以近似地把它们看成是谐振子。

为便于说明，先用一个小球（谐振子）的弹簧振动表示，如图 6-4（b）所示。在经典力学中，谐振子的振动势能 E_P，是弹簧力常数 k 和小球位移距离 d 的函数，即：

$$E_p = \frac{1}{2}kd^2 \tag{6-5}$$

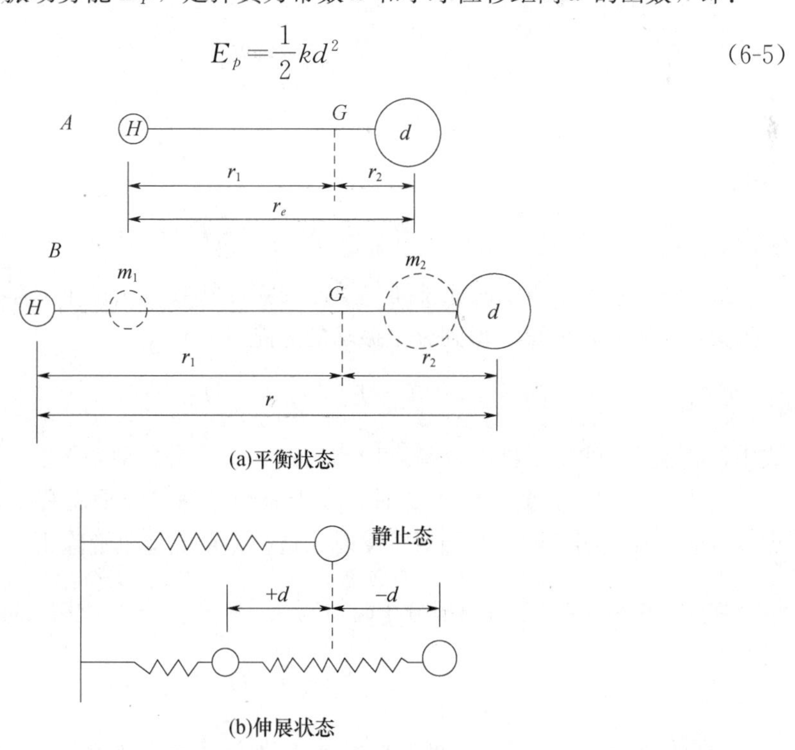

图 6-4 双原子分子振动的两种状态

而体系的动能

$$E_k=\frac{1}{2}mV^2 \tag{6-6}$$

式中，m 为小球的质量；V 为小球运动的速度。

当小球处于静止位置时，因 $d=0$，所以 $E_P=0$，此时 ν 最大。但是当小球运动至 $+d$ 或 $-d$ 位置时，$V=0$，$E_k=0$，E_P 最大。根据胡克定律，谐振子的振动频率 ν 是弹簧力常数 k 及小球质量 m 的函数，并有以下关系：

$$\nu=\frac{1}{2\pi}\sqrt{\frac{k}{m}} \tag{6-7}$$

振动频率 ν 只与小球质量的平方根成反比，与弹簧的力常数平方根成正比，而与系统中小球移动的距离无关。这表明，若增加系统的能量，小球振动的频率将保持不变，只能使振动的振幅增大。

将上述单球弹簧振动模型应用到双原子分子。假设两原子的质量各为 m_1 和 m_2，它们相对地沿平衡核间距 r_0 产生周期性的微小振动，所以也可近似地把它们看成谐振子。两原子至质量中心 G 的距离分别为 r_1 和 r_2。当振动的某一瞬间，两原子距质量中心 G 的距离移至 $r_1{'}$ 和 $r_2{'}$。如果振动的中心不变，则

$$r=r'_1+r'_2 \text{和} m_1r'_1=m_2r'_2 \tag{6-8}$$

从而

$$r'_1=\frac{m_2r}{m_1+m_2}=\frac{\mu r}{m_1} \qquad r'_2=\frac{m_1r}{m_1+m_2}=\frac{\mu r}{m_2} \tag{6-9}$$

其中 μ 称折合质量：

$$\mu=\frac{m_1m_2}{m_1+m_2} \tag{6-10}$$

假设两原子振动时的位移 $R=r-r_e$，那么分子振动时的势能用简谐振动近似地表示：

$$E_p(R)=\frac{1}{2}kR^2=\frac{1}{2}k(r-r_e)^2 \tag{6-11}$$

式（6-11）中 k 表示两原子间化学键的弹力常数。从量子力学出发，若把 $E_P(R)$ 代入薛定谔方程，就可以得到分子振动的总能量：

$$E_\nu=\left(n+\frac{1}{2}\right)hv \tag{6-12}$$

式中，n 是振动的量子数，$n=0$，1，2，3，…；ν 是振动频率。

从式（6-12）可知，当 $n=0$ 时，处于振动基态，分子仍有振动能，并不为零，称为零点能。这表明，即使在绝对零度时，这种振动能量也消除不了，仍然会存在。

将式（6-7）应用于双原子分子时可写成 $\nu=\frac{1}{2\pi}\sqrt{\frac{k}{\mu}}$，或用波数表示：

$$\bar{\nu}=\frac{1}{2\pi}\sqrt{\frac{k}{\mu}} \tag{6-13}$$

这里需要说明的是，所谓化学键的力常数，其含义是两个原子由平衡位置伸长

0.1nm 后的回复力。很多分子键的力常数在几个到几十个 $N\times10^{-5}$。

如果键的力常数 k 以 N/cm 为单位，折合质量 μ 以原子量单位为单位，式（6-13）可写成

$$\bar{\nu}=1307\sqrt{\frac{k}{\mu}} \tag{6-14}$$

μ 的原子质量单位是

$$\mu=\left(\frac{m_1m_2}{m_1+m_2}\right)\frac{1}{N_0} \tag{6-15}$$

式中，N_0 为阿伏加德罗常数 6.023×10^{23}。

已知分子中原子间键的力常数 k，就可以计算出吸收谱带的位置（cm^{-1}）。Badger 和 Gardy 曾经提出过求双原子分子 AB 键力常数的经验公式：

$$k=aN\left(\frac{X_AX_B}{r_0^2}\right)^{\frac{3}{4}}+b \tag{6-16}$$

式中，a、b 是和原子在周期表中位置有关的常数，N 是两原子间的价键数，r_0 是核间距离，X_A 和 X_B 分别代表两原子的电负性。

此外，从红外吸收光谱图上化合物的吸收频率（波数），也可以计算振动的力常数。表 6-1 列举了一些键的伸缩振动的力常数。

表 6-1　一些键的伸缩振动的力常数

键	分子	k（N/cm）	$\bar{\nu}$（cm^{-1}）
H—F	HF	8.8～9.7	3958
H—Cl	HCl	4.5～5.1	2885
H—Br	HBr	3.8～4.1	2559
H—O	H_2O（结构）	7.8	3540
H—O	H_2O（结晶）	7.12	3200～3250
H—N	NH_3	6.5	
H—C(H)(H)—X	CH_3X	4.7～5.0	
H—C	$CH_2=CH_2$	5.1	
H—C	CH≡CH	5.9	
C—C		4.5～5.6	1195
C═C		9.5～9.9	1685
C≡C		15～17	2070

注：由于 H 的原子量与其他原子相比小得多，含 H 化合物的 $\mu=1$，式（6-13）可化为 $\bar{\nu}=1037\sqrt{k}$。

从表 6-1 中可以看出，在同族元素中，随元素的电负性增大，k 增大。对于 H—O 键，OH^- 离子的 k 较大，所以它的吸收谱带波数也较高；相应的结晶水分子中 H—O 的 k 小，所以 $\bar{\nu}$ 较低。对于有机化合物，它们的 C—C 键的力常数与其键数成正比，C≡C 的 k 大于 C═C，C═C 的 k 大于 C—C，并大致为 3∶2∶1，这就对初步鉴别有机物质中含有的 C—C 键的性质提供了较为方便的根据。例如，由 C—C 键的基频 $\bar{\nu}=1192cm^{-1}$ 可

算出 C═C 的 $\bar{\nu}=1195\sqrt{2}\,\text{cm}^{-1}=1685\text{cm}^{-1}$，C≡C 的 $\bar{\nu}=1195\sqrt{3}\,\text{cm}^{-1}=2070\text{cm}^{-1}$。

事实上分子并不是谐振子，正确地分析分子振动频率，就要用非谐振子运动，加入修正项，但由于它们的差别很小，因此在一级计算中可以忽略不计。

6.2.1.2 多原子分子的振动模型

多原子分子的振动要比双原子分子的振动复杂得多，因为振动就是分子内原子核的相对运动，而任意两个核的相对位移也必将同时涉及它们与所有其他核的相对位移，即振动将涉及所有核的相对位移。因此，多原子分子的振动理论极其复杂，除了简单分子外，一般只能近似解释。

要描述多原子分子各种可能的振动方式，必须确定各原子的相对位置。原子核的运动导致分子的平动、转动和振动，这使人们有可能首先弄清楚包含 n 个原子核的分子会有多少个独立的基本的振动。N 个原子核有 $3N$ 个独立的运动坐标。描述分子的平动，可以采用一个空间固定直角坐标系，在这个坐标系内研究分子质心的位移。这需要 3 个运动坐标。研究分子的转动就是要确定分子在空间的相对取向，这可以用环绕 3 根旋转轴的 3 个惯量矩来描述。对于直线型分子，因 $I_A=0$，只有 2 根旋转轴是有效的。这样，对于非直线型分子，平动和转动需要 6 个运动坐标；对于直线型分子，则是 5 个运动坐标。于是可以断定，用于振动的独立坐标数（因而也是独立的振动数），非直线型分子是 $3N-6$ 个，直线型分子是 $3N-5$ 个。这就是著名的 $3N-6$ 或 $3N-5$ 规则。图 6-5 表示水分子的正则振动。如前所述，水分子的 N 数为 3，有 $3N$ 个自由度。图 6-5（a）是 3 个原子同时向一个方向移动。图 6-5（b）是 3 个原子由于在不同方向振动时，造成整个分子围绕某一个轴做转动。但是需要指出的是，为了更好地描述整个分子的振动特征，一般不直接应用 $3N-6$ 个直角坐标，而是某种形式的线性组合得到的正则坐标，并可以得知多原子分子的振动是由许多个简单、独立的振动组合而成的。在每一个独立的振动中，所有原子都是以同相位运动，因此也可以近似地把它们看作谐振子振动，这种振动

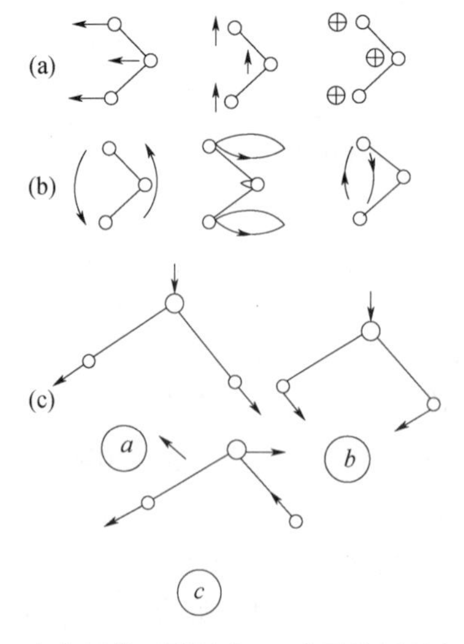

图 6-5　水分子的正则振动，⊕表示从纸面向外运动

又称为正则振动，这时的正则振动坐标都涉及分子中 N 个原子的坐标。每个正则振动代表一种振动方式，有它自己的特征振动频率。例如，水分子由 3 个原子组成，共有 3×3－6＝3（个）简正振动，如图 6-5（c）所示，它表示水分子 $3N-6$ 个正则振动，其中 a 是两个 H 原子与 O 原子键做对称的伸缩运动，c 是不对称伸缩振动，b 则是变形振动或弯曲振动。

前面提到的水分子属于非线型分子，CO_2 则属于线型分子，其自由度就有 $3N-5$ 个，即有 $3N-5=4$（个）简正振动，则不是 3 个，如图 6-6 所示。

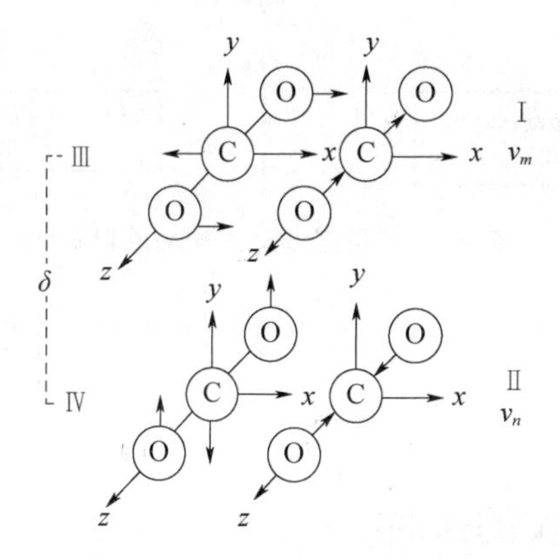

图 6-6　CO_2 分子的正则振动

在红外光谱中，并不是所有分子的简正振动均可以产生红外吸收。根据红外光谱的基本原理，只有当振动时有偶极矩改变才可以说红外光子，并产生红外吸收。如果在振动时分子振动没有偶极矩的变化，则不会产生红外吸收光谱。这即是红外光谱的选择性定则。

6.2.1.3　分子振动的类型

分子的基本振动类型有两大类，即伸缩振动和弯曲振动。

伸缩振动（ν）是指原子沿价键方向来回运动。如果运动过程中分子的对称性不变，则称为对称伸缩振动（Symmetrical Stretching Vibration，ν_s），反之则称为不对称伸缩振动（Asymmetrical Stretching Vibration，ν_{as}）。

弯曲振动（δ），是指原子沿垂直于价键的方向运动。常常又把弯曲振动细分为变形振动、摇摆振动和卷曲振动。

变形振动：是使分子基团键角发生变化的振动。若这种变形振动方向垂直于分子平面，则称面外变形振动（γ）；若振动方向与分子平面平行，则称面内变形振动（β）。

摇摆振动：在这种弯曲振动中，基团的键角不变，只是作为一个整体相对于分子平面摇摆。如果这种摇摆在分子平面内，则称面内摇摆振动（ν）；如果偏离分子平面，则称面外摇摆振动（ω）。

卷曲振动：分子基团绕与基团相连分子的价键扭动。扭动时若分子键角发生变化，则称扭曲振动（t）；若键角不变，则称为扭转振动（τ）。如图 6-7 所示为乙醇羟基分子振动的形式。

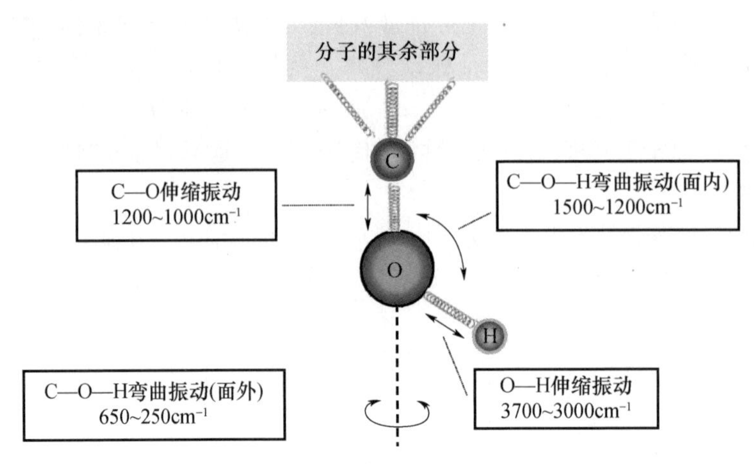

图 6-7　乙醇羟基分子振动的形式

在红外光谱中，并不是所有分子的振动均可以产生红外吸收。产生红外吸收需要一定的条件。

6.2.2　产生红外吸收的条件

红外光谱是由于物质吸收电磁辐射后，分子振动能级的跃迁而产生的。物质能吸收电磁辐射应满足以下两个条件

（1）辐射应具有刚好能满足物质跃迁时所需的能量

振动的频率与红外光谱段的某频率相等，即红外光波中的某一波长恰与某分子中的一个基本振动形式的波长相等，吸收了这一波长的光，可以把它的能级从基态跃迁到激发态，这是产生红外吸收光谱的必要条件。

（2）辐射与物质间有相互耦合作用，即有瞬间偶极矩变化

外界辐射能将它的能量转移到分子中去，而这种能量的转移是通过偶极距的变化来实现的，因此，分子必须有偶极矩的改变。

分子在振动过程中，原子间的距离（键长）或夹角（键角）会发生变化，这时可能引起分子偶极矩的变化，结果产生了一个稳定的交变电场，它的频率等于振动的频率，这个稳定的交变电场将和运动的具有相同频率的电磁辐射电场相互作用，从而吸收辐射能，产生红外光谱的吸收，如图 6-8 所示。当偶极子处在电磁辐射的电场中时，此电场做周期性反转，偶极子将经受交替的作用力而使偶极距增加和减小。

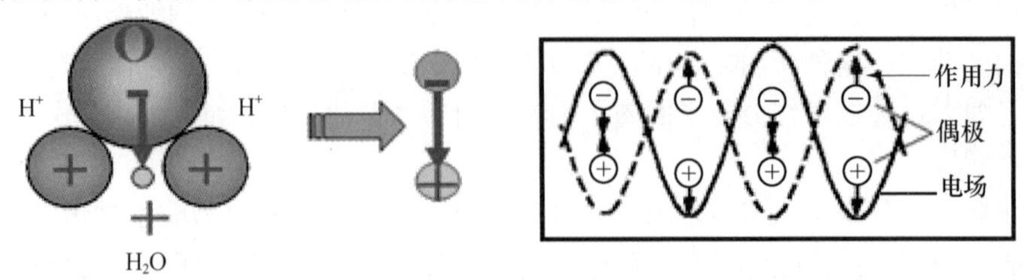

图 6-8　水分子及振动中偶极矩的变化

由于偶极子具有一定的原有振动频率，只有当辐射频率与偶极子频率相匹配时，分子才与辐射发生相互作用（振动耦合）而增加它的振动能，使振动加激（振幅加大），即分子由原来的基态振动跃迁到较高的振动能级。只有发生偶极距变化的振动才能引起可观测的红外吸收谱带，我们称这种振动活性为红外活性的，反之为非红外活性的。

当一定频率的红外光照射分子时，如果分子中某个基团的振动频率和它一样，二者就会产生共振，此时光的能量通过分子偶极距的变化而传递给分子，这个基团就吸收一定频率的红外光，产生振动跃迁；反之，红外光就不会被吸收。

对于一个非极性的双原子分子，如 N_2、O_2 和 Cl_2 等分子，它们虽然也有振动，但是由于在振动过程中没有偶极矩变化，不会产生交变的偶极电场，这种振动与红外辐射不会发生共振，分子没有红外吸收光谱。对于非对称分子，在振动过程中产生偶极矩变化，有红外活性。

如果是多原子分子，尤其是分子具有一定的对称性，则除了上述的振动简并外，还会有一些振动没有偶极矩的变化，在图 6-9 CO_2 的振动中，对称伸缩运动不伴随偶极矩的变化，因而不会产生红外辐射的吸收。所以 CO_2 在红外吸收光谱图中，就只有 $2349cm^{-1}$ 和 $667cm^{-1}$ 两个基频振动，它们是红外活性的。而水分子的红外吸收光谱中，就有 3 个基频振动。例如，SiO_2 中应当有 15－6＝9（个）基本振动，但真正属于红外活性的只有两个振动：不对称伸缩振动（$1050cm^{-1}$）和弯曲振动（$650cm^{-1}$）。

这种不发生吸收红外辐射的振动，称为非红外活性振动。非红外活性振动往往是拉曼活性的。例如，$R_1-C\equiv C-R_2$ 型分子，若 $R_1=R_2$，则对于 $-C\equiv C-$ 来说是对称的，因而 $C\equiv C$ 的对称伸缩振动没有对应的红外吸收谱带。如 $R_1=H$，那么分子的对称性被破坏，就会在 $2100cm^{-1}$ 附近产生 $-C\equiv C-$ 很强的吸收谱带，使它成为红外活性的。

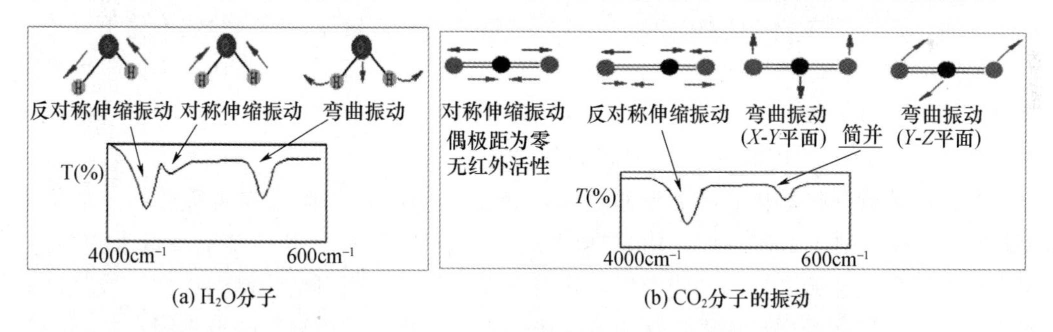

图 6-9　H_2O 和 CO_2 的红外谱图产生情况

6.2.3　基团频率和红外光谱区域的关系

按照光谱与分子结构的特征，红外光谱大致可分为官能团区及指纹区。官能团区（$4000\sim1330cm^{-1}$）即化学键和基团的特征振动频率部分，它的吸收光谱主要反映分子中特征基团的振动，基团的鉴定工作主要在这个光谱区域进行。指纹区（$1330\sim400cm^{-1}$）的吸收光谱较复杂，但是能反映分子结构的细微变化。每一种化合物在该区的谱带位置、强度和形状都不一样，相当于人的指纹，用于认证有机化合物是很可靠的。此外，在指纹区也有一些特征吸收带，对于鉴定官能团也是很有帮助的。

利用红外光谱鉴定化合物的结构，需要熟悉重要的红外光谱区域基团和频率的关系。红外谱图按波数可分为以下 6 个区，下面对中红外区的基团振动对应的频率范围做介绍。

6.2.3.1 4000～2500cm^{-1}

这是 X—H（X 包括 C、N、O、S 等）伸缩振动区。O—H 基的伸缩振动出现在 3650～3200cm^{-1} 范围内，它可以作为判断醇类、酚类和有机酸类的重要依据。胺和酰胺的 N—H 伸缩振动也出现在 3500～3100cm^{-1}，因此，可能会对 O—H 伸缩振动有干扰，但 N—H 伸缩振动吸收峰相对较尖锐。C—H 的伸缩振动可分为饱和碳和不饱和碳的 C—H 的伸缩振动两种。饱和碳的 C—H 伸缩振动出现在 3000cm^{-1} 以下，为 3000～2800cm^{-1}，不饱和碳的 C—H 伸缩振动出现在 3000cm^{-1} 以上，可以此来判别化合物中是否含有不饱和碳的 C—H 键。苯环的 C—H 伸缩振动出现在 3030cm^{-1} 附近，它的特征是强度比饱和碳的 C—H 键稍弱，但谱带比较尖锐。三键 C≡C 上的 C—H 伸缩振动出现在更高的区域（3300cm^{-1}）。

2500～1900cm^{-1} 为三键和累积双键伸缩振动吸收区，包括 C≡C、C≡N 等三键的伸缩振动。

（1）羟基（醇和酚的羟基）

羟基的吸收在 3200～3650cm^{-1} 范围。羟基可形成分子间或分子内氢键，而氢键所引起的耦合对红外吸收的位置、形状、强度都有重要影响。游离（无耦合）羟基仅存在于气态或低浓度的非极性溶剂的溶液中，其红外吸收在较高波数（3610～3640cm^{-1}），峰形尖锐，当羟基在分子间耦合时，形成以氢键相连的多聚体，键力常数 k 值下降，因而红外吸收位置移向较低波数（3300cm^{-1} 附近），峰形宽而钝。羟基在分子内也可形成氢键，使羟基红外吸收移向低波数，羧酸内由于羰基和羟基的强烈耦合，吸收峰的底部可延续到～2500cm^{-1}，形成一个很宽的吸收带。

当样品或溴化钾晶体含有微量水分时，会在～3300cm^{-1} 附近出现吸收峰，如含水量较大，谱图上在～1630cm^{-1} 处也有吸收峰（羟基无此峰），若要鉴别微量水与羟基，可观察指纹区内是否有羟基的吸收峰，或将干燥后的样品用石蜡油调糊作图，或将样品溶于溶剂中，以溶液样品作图，从而排除微量水的干扰。游离羟基的吸收因在较高波数（～3600cm^{-1}），且峰形尖锐，因而不会与水的吸收混淆。

（2）胺基

胺基的红外吸收与羟基类似，游离胺基的红外吸收在 3300～3500cm^{-1} 范围，耦合后吸收位置降低约 100cm^{-1}。

伯胺有两个吸收峰，因 NH_2 有两个 N—H 键，它有对称和非对称两种伸缩振动，这使得它与羟基形成明显区别，其吸收强度比羟基弱，脂肪族伯胺更是这样。

仲胺只有一种伸缩振动，只有一个吸收峰，其吸收峰比羟基的要尖锐些。芳香仲胺的吸收峰比相应的脂肪仲胺波数偏高，强度较大。

叔胺因氮上无氢，在这个区域没有吸收。

(3) 烃基

C—H 键振动的分界线是 3000cm^{-1}。不饱和碳（双键及苯环）的碳氢伸缩振动频率大于 3000cm^{-1}，饱和碳（除三元环外）的碳氢伸缩振动频率低于 3000cm^{-1}，这对分析谱图很重要。不饱和碳的碳氢伸缩振动吸收峰强度较低，往往大于 3000cm^{-1}，以饱和碳的碳氢吸收峰的小肩峰形式存在。

C═C—H 的吸收峰在～3300cm^{-1}，由于它的峰很尖锐，不易与其他不饱和碳氢吸收峰混淆。

饱和碳的碳氢伸缩振动一般可见 4 个吸收峰。其中，两个属 CH_3：～2960（ν_{as}）、～2870（ν_s）；两个属 CH_2：～2925（ν_{as}）、～2850（ν_s）。由这两组峰的强度可大致判断 CH_2 和 CH_3 的比例。

CH_3 或 CH_2 由于氧原子相连时，其吸收位置都移向较低波数。

当进行未知物的鉴定时，看其红外谱图 3000cm^{-1} 附近很重要，该处是否有吸收峰，可用于有机物和无机物的区分（无机物无吸收）。

6.2.3.2 2500～2000cm^{-1}

这是三键和累积双键（—C≡C—、—C≡N、>C═C═C<、—N═C═O、—N═C═S 等）的伸缩振动区。在这个区域内，除有时作图未能全扣除空气背景中的二氧化碳（ν_{CO_2}～2365、2335cm^{-1}）的吸收之外，此区间内任何小的吸收峰都应引起注意，它们都能提供结构信息。

2700～2200cm^{-1} 范围还有一重要信息——铵盐。其特征为 2700～2200cm^{-1} 范围有一群峰，归属为 ν_{NH^+}，$\nu_{NH^{2+}}$。药物中的此类化学结构所占比例不低。

6.2.3.3 2000～1500cm^{-1}

2000～1500cm^{-1} 是双键的伸缩振动区，这是红外谱图中很重要的区域。

这个区域内最重要的是羰基的吸收，大部分羰基化合物集中于 1650～1900cm^{-1}。除去羧酸盐等少数情况外，羰基峰都尖锐或稍宽，其强度都较大，在羰基化合物的红外谱图中羰基的吸收一般为最强峰或次强峰。C═O 伸缩振动出现在 1900～1650cm^{-1}，一般是红外光谱中很特别的且往往是最强的吸收峰，以此很容易判断酮类、醛类、酸类、酯类、酰胺及酸酐等化合物。C═C 伸缩振动吸收峰，烯烃的 $\nu_{C=C}$ 在 1680～1620cm^{-1} 范围，一般较弱；单核芳烃的 C═C 伸缩振动吸收峰出现在 1600cm^{-1} 和 1500cm^{-1} 附近，有 2～4 个峰，这是芳环的骨架振动，可用于确认有无芳核的存在。苯的衍生物泛频谱带出现在 2000～1650cm^{-1} 范围。

羰基化合物：

酸酐——1850～1740cm^{-1}

酰卤——～1800cm^{-1}

酯——～1740cm^{-1}

五元环内酯——1780～1750cm^{-1}

四元环内酯——1885～1820cm^{-1}

醛——～1730cm^{-1}

酮——～1715cm^{-1}

酰胺　酰胺Ⅰ——1670～1620cm^{-1} 伯酰胺

$\nu_{C=O}$——1680～1630cm^{-1} 仲酰胺

酰胺Ⅱ——1650～1610cm^{-1} 伯酰胺

$\delta_{NH}+\nu_{CN}$——1570～1430cm^{-1} 仲酰胺

叔酰胺 $\nu_{C=O}$——～1650cm^{-1}

羧酸盐在光谱中没有游离的羰基峰，代之以两个等价的C═O键，有不对称和对称两种伸缩振动。

$\nu_{as\,COO}$——1615～1540cm^{-1}（强），$\nu_{s\,COO}$——1420～1300cm^{-1}（稍弱）。

C═C双键的吸收出现在1600～1670cm^{-1}范围，强度中等或较低。

烯基碳氢面外弯曲振动的倍频可能出现在这一区域。

苯环的骨架振动在～1450cm^{-1}、～1500cm^{-1}、～1580cm^{-1}、～1600cm^{-1}。～1450cm^{-1}处的吸收与CH_2、CH_3的吸收很靠近，因此特征不明显。后3处的吸收则表明苯环的存在。虽然这3处的吸收不一定同时存在，但只要在1500cm^{-1}或1600cm^{-1}附近有吸收，原则上即可知有苯环（或杂芳环）的存在。

杂芳环和苯环有相似之处，如呋喃在～1600cm^{-1}、～1500cm^{-1}、～1400cm^{-1}3处均有吸收谱带，吡啶在～1600cm^{-1}、～1570cm^{-1}、～1500cm^{-1}、～1435cm^{-1}处有吸收。

这个区域除上述C═C、C═O双键吸收之外，尚有C═N、N═O等基团的吸收。含—NO_2基团的化合物（包括硝基化合物、硝酸酯等），因两个氧原子连在同一氮原子上，因此具有对称、非对称两种伸缩振动，但只有反对称伸缩振动出现在这一区域。

硝基基团在红外光谱中具有很特征的吸收：$\nu_{as\,NO_2}$～1565cm^{-1}（强、宽），$\nu_{s\,NO_2}$～1360cm^{-1}（稍弱）。

6.2.3.4　1500～1300cm^{-1}

除前面已讲到苯环（其中～1450cm^{-1}、～1500cm^{-1}的红外吸收可进入此区）、杂芳环（其吸收位置与苯环相近）、硝基的ν_s等的吸收可能进入此区之外，该区域主要提供了C—H弯曲振动的信息。

甲基在～1380cm^{-1}、～1460cm^{-1}处同时有吸收，当前一吸收峰发生分叉时表示偕二甲基（二甲基连在同一碳原子上）的存在，这在核磁氢谱尚未广泛应用之前，对判断偕二甲基起过重要作用，现在也可以作为鉴定偕二甲基的一个辅助手段。偕三甲基的红外吸收与偕二甲基相似。CH_2仅在～1470cm^{-1}处有吸收。

6.2.3.5　1300～910cm^{-1}

所有单键的伸缩振动频率、分子骨架振动频率都在这个区域。部分含氢基团的一些弯曲振动和一些含重原子的双键（P═O，P═S等）的伸缩振动频率也在这个区域。弯曲振动的键力常数k是小的，但含氢基团的折合质量μ也小，因此某些含氢官能团弯曲振动频率出现在此区域。虽然双键的键力常数k大，但两个重原子组成的基团的折合

质量 μ 也大，所以使其振动频率也出现在这个区域。由于上述诸原因，这个区域的红外吸收频率信息十分丰富。

酯 $\nu_{C—O}$～1200cm^{-1}

醇 $\nu_{C—O}$～1100cm^{-1}

酚 $\nu_{C—O}$～1230cm^{-1}

脂肪醚 $\nu_{C—O—C}$1150～1060cm^{-1}

芳香醚 $\nu_{=C—O—C}$ 1280～1220cm^{-1} 芳香部分，强吸收

1055～1000cm^{-1} 脂肪部分，吸收强度略逊

砜（SO_2）ν_{as}1350～1290cm^{-1} 强吸收

ν_s1160～1120cm^{-1} 强吸收

Δ610～525cm^{-1} 吸收强度略逊

亚砜（SO）ν1000～1100cm^{-1}

磺酸及盐	$\nu_{as\ SO_2}$	$\nu_{a\ SO_2}$
$RSO_2 \cdot OH$（无水）	1350～1342cm^{-1}	1165～1150cm^{-1}
$RSO_2 \cdot OH \cdot H_2O$	1230～1120cm^{-1}	1080～1010cm^{-1}
CH_3SO_2OH	1190	1050

有机磷化合物	$\nu_{P=O}$	$\nu_{P—O—C}$
$(RO)_2$（R）P═O	1265～1230cm^{-1}	1050～1030cm^{-1}
$(RO)_3$P═O	1286～1258cm^{-1}	1050～950cm^{-1}

6.2.3.6 910cm^{-1} 以下

苯环因取代而产生的吸收（900～650cm^{-1}）是这个区域很重要的内容。这是判断苯环取代位置的主要依据（吸收源于苯环 C—H 的弯曲振动），当苯环上有强极性基团的取代时，常常不能由这一段的吸收判断取代情况。

芳环的孤立氢（$\delta_{=CH}$ cm^{-1}）

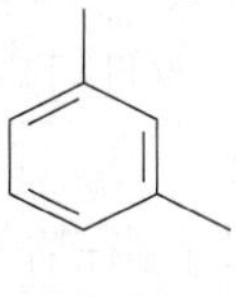

900～860 (s) 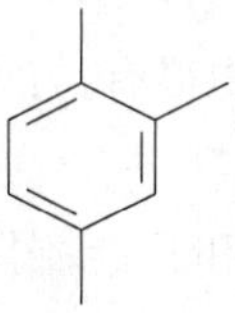　900～860 (s) 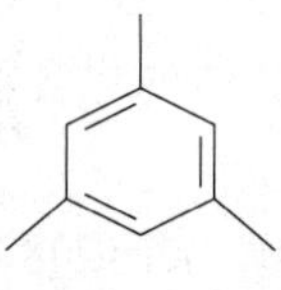　865～810(s) 730～675(ms) 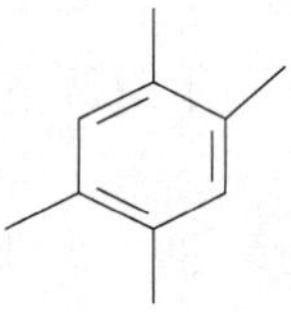　875～860 (ms) 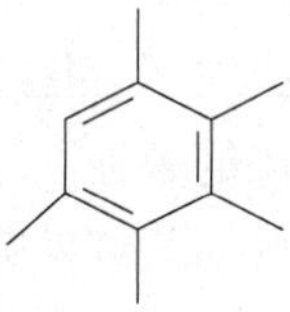　875～860 (m)

芳环 2 个相邻氢（$\delta_{=CH}$ cm^{-1}）

800(s) 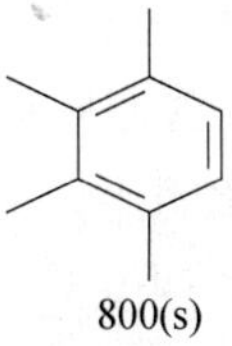　800(s) 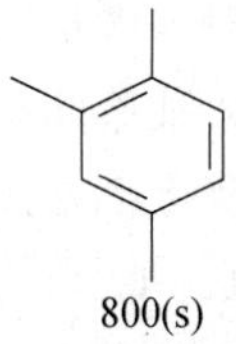　800(s)

芳环 3 个相邻氢（$\delta_{=CH}$ cm^{-1}）

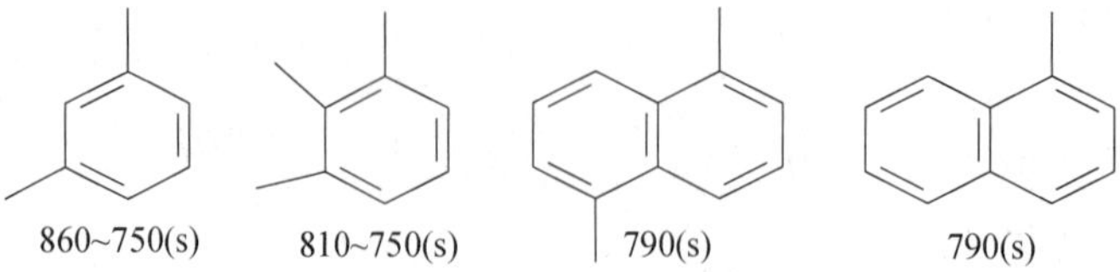

860~750(s)　810~750(s)　790(s)　790(s)

芳环 4 个相邻氢（$\delta_{=CH}$）在 770～735cm^{-1} 出现强吸收。

芳环 5 个相邻氢（$\delta_{=CH}$）在～750cm^{-1} 和～690cm^{-1} 同时出现强吸收。

6.2.4 指纹区和官能团区

从前面 6 个区的讨论我们可以看到，由第 1～第 4 区（即 4000～1300cm^{-1} 范围）的吸收都有一个共同点：每一红外吸收峰都和一定的官能团相对应。因此，就这个特点而言，我们称这个大区为官能团区。第 5 和第 6 区与官能团区不同。虽然在这个区域内的一些吸收也对应着某些官能团，但大量的吸收峰仅显示了化合物的红外特征，犹如人的指纹，故称为指纹区。

官能团区指纹区的存在是容易理解的。含氢的官能团由于折合质量小，含双键或三键的官能团因其键力常数大，这些官能团的振动受其分子剩余部分影响小，它们的振动频率较高，因而易于与该分子中的其他振动相区别。这个高波数区域中的每一个吸收，都和某一含氢官能团或含双键、三键的官能团相对应，因此形成了官能团区。首先，分子中不连氢原子的单键的伸缩振动及各种键的弯曲振动由于折合质量大或键力常数小，这些振动的频率相对于含氢官能团的伸缩振动及部分弯曲振动频率或相对于含双键、三键的官能团的伸缩振动频率都处于低波数范围，且这些振动的频率差别不大；其次，在指纹区内各种吸收频率的数目多；再次，在该区内各基团间的相互连接易产生各种振动间较强的相互耦合作用；最后，化合物分子存在骨架振动。基于上述诸多原因，在指纹区内产生了大量的吸收峰，且结构上的细微变化都可导致谱图的变化，即形成了该化合物的指纹吸收。

在 1330～600cm^{-1} 区域中，除单键的伸缩振动吸收峰外，还有因变形振动产生的谱带，称为指纹区。指纹区对于指认结构类似的化合物很有帮助，而且可以作为化合物存在某种基团的旁证。

由上述可知，红外吸收的 6 个波段归纳为指纹区和官能团区。存在着这两个大区，既有上述的理论解释，也是实验数据的概括：波数大于 1300cm^{-1} 的区域为官能团区，波数小于 1300cm^{-1} 的区域是指纹区。官能团区的每个吸收峰表示某官能团的存在（强度和峰形），原则上每个吸收峰均可找到归属。指纹区的吸收峰数目较多，往往其中的大部分不能找到归属，但这大量的吸收峰表示了有机化合物分子的具体特征，犹如人的指纹。虽然有上述情况，某些同系物的指纹吸收可能相似，不同的制样条件也可能引起指纹区吸收的变化，这两点都是需要注意的。

1330～600cm^{-1} 是 C—O、C—N、C—F、C—P、C—S、P—O、Si—O 等单键的伸

缩振动和C═S、S═O、P═O等双键的伸缩振动吸收区域。其中～$1375cm^{-1}$的谱带为甲基的C—H对称弯曲振动，对判断甲基存在与否十分有用。C—O的伸缩振动在$1300\sim1000cm^{-1}$，是该区域最强的峰，也较易识别。

指纹区中$650\sim910cm^{-1}$区域又称为苯环取代区，苯环的不同取代位置会在这个区域内有所反映。在这个区域某些吸收峰可用来确认化合物的顺反构型。可以利用芳烃的C—H面外弯曲振动吸收峰来确认苯环的取代类型。

指纹区和官能团区的不同功用对红外谱图的解析很理想。从官能团区可找出该化合物存在的官能团；指纹区的吸收则适于用来与标准谱图（或已知物谱图）进行比较，得出未知物与已知物结构相同或不同的确切结论。官能团区和指纹区的功用正好相互补充。

6.2.5 影响基团频率的因素

同一种化学键或基团的特征吸收频率在不同的分子和外界环境中只是大致相同，即有一定的频率范围。分子中且存在不同程度的各种耦合，从而使谱带发生位移。这种谱带的位移反过来又为我们提供了关于分子邻接基团的情况。例如，C═O的伸缩振动频率在不同的重量基化合物中有一定的差别，酰氯在$1790cm^{-1}$，酰胺在$1680cm^{-1}$。因此，根据C═O伸缩振动频率的差别和谱带形状可以确定羰基化合物的类型。同样，处于不同环境中的分子，其振动谱带的位移、强度和峰宽也可能会有不同，这为分子间相互作用的研究提供了判据。

影响频率位移的因素大体上可以归纳为内部因素和外部因素两大方面。内部因素包括诱导效应、共轭效应和中介效应；外部因素为氢键和物态变化（气态、液态和晶态）。

6.2.5.1 内部因素

红外光谱可以在样品的各种物理状态（气态、液态、固态、溶液或悬浮液）下进行测量，由于状态的不同，它们的光谱往往有不同程度的变化。

气态分子由于分于间相互作用较弱，往往给出振动转动光谱，在振动吸收带两侧可以看到精细的转动吸收谱带。对于大多数有机化合物来说，分子惯性矩很大，分子转动带间距离很小，以致分不清。它们的光谱仅是转动带端的包迹，若样品以液态或固态进行测量，分子间的自由转动受到阻碍，结果连包迹的轮廓也消失，变成一个宽的吸收谱带。对高聚物样品，不存在气态高分子样品谱图的解析问题，但测量中常遇到气态CO_2或气态水的干扰。前者在$2300cm^{-1}$附近，比较容易辨识，且干扰不大。后者在$1620cm^{-1}$附近区域，对微量样品或较弱的谱带的测量有较大的干扰。因此，在测量微量样品或测量金属表面超薄涂层的反射吸收光谱且高分子材料表面的漫反射光谱时，需要用干燥空气或氮气对样品室里的空气进行充分的吹燥后再收集红外谱图。真空红外装置可避免水汽的干扰。

在液态，分子间相互作用较强，有的化合物存在很强的氢键作用。例如，多数羧酸类化合物由于强的氢键作用而生成二聚体，因而使它的羰基和羟基谱带的频率比气态时要下降到 50～500cm^{-1} 之多。

在溶液状态下进行测试，除了发生氢键效应之外，由于溶剂改变所产生的频率位移一般不大。在极性溶剂中，N—H、O—H、C═O、C≡N 等极性官能团的伸缩振动频率，随溶剂极性的增加，向低频方向移动。在非极性溶剂中，极性基团的伸缩振动的频率位移可以用 Kirkwood-Bauer-Magat 的方程式 $\frac{\nu_g-\nu_1}{\nu_g}=c\,\frac{\varepsilon-1}{2\varepsilon+1}$ 近似计算，式中 ν_g 和 ν_1 分别表示在气态和溶液中的频率；ε 为溶剂的介电常数。在极性溶剂中，这个关系不成立。一般情况下，C—C 振动受溶剂极性影响很小，C—H 振动可能位移 10～20cm^{-1}。

在结晶的固体中，分子在晶格中有序排列，加强了分子间的相互作用。一个晶胞含有若干个分子，分子中某种振动的跃迁矩的矢量和便是这个晶胞的跃迁矩。所以某种振动在单个分子中是红外活性的，在晶胞中不一定是活性的。例如，化合物 $Br(CH_2)_8Br$ 液态的红外谱图在 980cm^{-1} 处有中等强度的吸收带，但是它在该化合物结晶态的红外光谱中完全消失了。与此同时，一条新的谱带出现在 580cm^{-1} 处，归属于 CH_2 有序排列引起的新的跃迁矩。

结晶态分子红外光谱的另一特征是谱带分裂。例如，聚乙烯的 CH_2 面内摇摆振动在非晶态时只有一条谱带，位于 720cm^{-1} 处，而在结晶态时分裂为 720cm^{-1} 和 731cm^{-1} 两条谱带。

在一些有旋转异构体的化合物中，结晶态时只有一种异构体存在，而在液态时则可能有两种以上的异构体存在，因此谱带反面增多。相反，长链脂肪酸结晶中的亚甲基是全反式排列，由于振动相互耦合的缘故，在 1350～1180cm^{-1} 区域出现一系列间距相等的吸收带，而在液体的光谱中仅是一条很宽的谱带。还有一些具有不同晶型的化合物，常由于原子周围环境的变化而引起吸收谱带的变化，这种现象在低频区域特别敏感。

6.2.5.2 外部因素

(1) 诱导效应（Ⅰ）

在具有一定极性的共价键中，随着取代基的电负性不同而产生不同程度的静电诱导作用，引起分子中电荷分布的变化，从而改变了键力常数，使振动的频率发生变化，这就是诱导效应。这种效应只沿着键发生作用，故与分子的几何形状无关，主要随取代原子的电负性或取代基的总的电负性而变化。例如，下面几个取代的丙酮化合物，随着取代基电负性增强而使其羰基伸缩振动频率向高频方向位移：

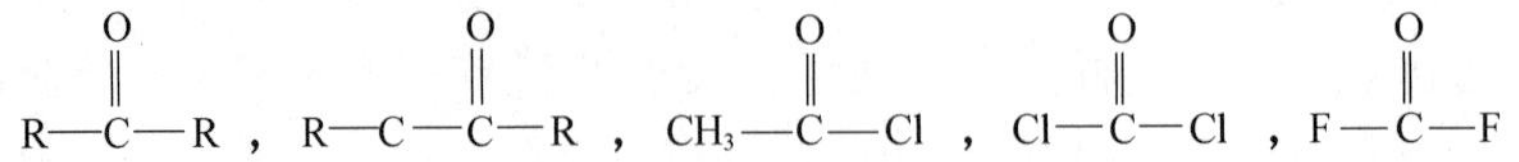

$$\underset{1715cm^{-1}}{R-\overset{\overset{O}{\|}}{C}-R},\quad \underset{1735cm^{-1}}{R-C-\overset{\overset{O}{\|}}{C}-R},\quad \underset{1800cm^{-1}}{CH_3-\overset{\overset{O}{\|}}{C}-Cl},\quad \underset{1827cm^{-1}}{Cl-\overset{\overset{O}{\|}}{C}-Cl},\quad \underset{1928cm^{-1}}{F-\overset{\overset{O}{\|}}{C}-F}$$

这种现象是由诱导效应引起的。在丙酮分子中的羰基略有极性，其氧原子具有一定的电负性，意味着成键的电子云离开键的几何中心而偏向氧原子。如果分子中的甲基被电负性强得多的氧原子或卤素原子所取代，由于对电子的吸引力增加而使电子云更接近于键的几何中心，因而降低了羰基键的极性，使其双键性增加，从而使振动频率增高。取代基的电负性越大，诱导效应越显著，因此，振动频率向高频位移也越大。

（2）共轭效应

在类似1,3-丁二烯的化合物中，所有的碳原子都在一个平面上。由于电子云的可动性，使分子中间的C—C单键具有一定程度的双键性，同时原来的双键的键能稍有减弱，这就是共轭效应。

由于共轭效应，使C═C伸缩振动频率向低频方向位移，同时吸收强度增加。正常的孤立的C═C伸缩振动频率在1650cm^{-1}附近，在1,3-丁二烯中位移到1597cm^{-1}。当双键与苯环共轭时，因为苯环本身的双键较弱，故位移较小，出现在1250cm^{-1}附近。

羰基与苯环相连时，由于共轭效应使C═O伸缩振动的频率向低频位移，在1680cm^{-1}处产生吸收。另外，苯环的骨架伸缩振动在1600～1580cm^{-1}处有两条谱带。正常情况下，前者稍强，后者较弱，有时甚至觉察不出来。但是当苯环与羰基或其他不饱和基团直接相连时，则后一谱带明显增强，在光谱中很明显。

由于共轭效应引起的羰基伸缩振动频率的降低，可由下面几个取代丙酮类化合物的吸收频率来加以证实：

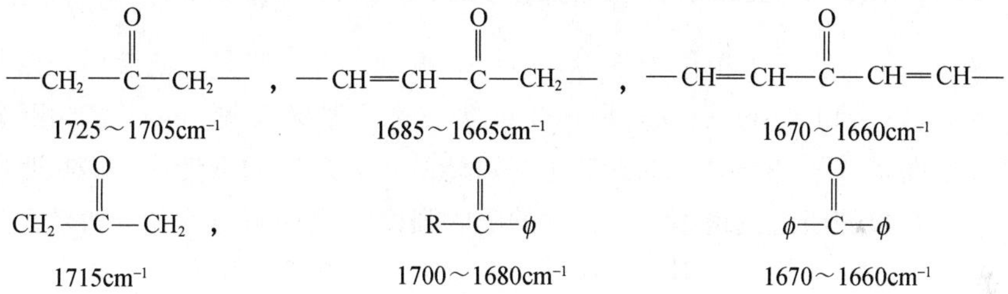

$$—CH_2—\overset{\overset{\displaystyle O}{\|}}{C}—CH_2—\quad 1725\sim1705cm^{-1},\qquad —CH{=}CH—\overset{\overset{\displaystyle O}{\|}}{C}—CH_2—\quad 1685\sim1665cm^{-1},\qquad —CH{=}CH—\overset{\overset{\displaystyle O}{\|}}{C}—CH{=}CH—\quad 1670\sim1660cm^{-1}$$

$$CH_2—\overset{\overset{\displaystyle O}{\|}}{C}—CH_2\quad 1715cm^{-1},\qquad R—\overset{\overset{\displaystyle O}{\|}}{C}—\phi\quad 1700\sim1680cm^{-1}\qquad \phi—\overset{\overset{\displaystyle O}{\|}}{C}—\phi\quad 1670\sim1660cm^{-1}$$

（3）中介效应（M）

酰氯（1800cm^{-1}）、酯（1740cm^{-1}）、酰胺（1670cm^{-1}）的羰基频率连续下降，这里频率的移动不能由诱导效应单一作用来解释，尤其在酰胺分子中氮原子的电负性比碳原子强，但是酰胺的羰基频率比丙酮低。这是由于在酰胺分子中同时存在诱导效应（Ⅰ）和中介效应（M），而中介效应起了主要作用：

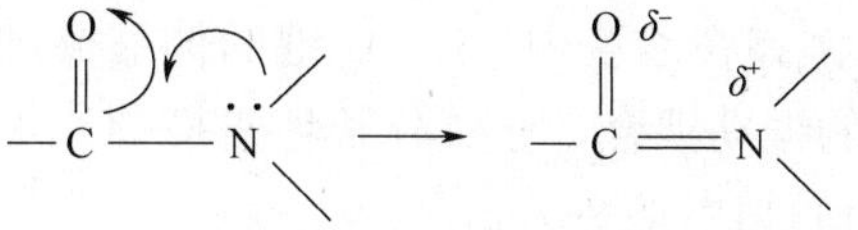

$$—\overset{\overset{\displaystyle O}{\|}}{C}—\ddot{N}\langle \longrightarrow —\overset{\overset{\displaystyle O^{\delta^-}}{\|}}{C}{=}\overset{\delta^+}{N}\langle$$

如果原子含有易极化的电子，以未共用电子对的形式存在而且与多重键连接，则可出现类似于共轭的效应。如上式中，氮原子上未共用电子对部分地通过C—N键向氧原子转移，结果削弱了碳氧双键，增强了碳氮键。

在一个分子中，诱导效应（Ⅰ）和中介效应（M）往往同时存在，因此振动频率的位移方向将取决于哪一个效应占优势。如果诱导效应比中介效应强，则谱带向高频位移。反之，谱带向低频位移。

(4) 键应力的影响

在甲烷分子中，碳原子位于正四面体的中心，它的键角为 109°28′，有时由于结合条件的改变，使键角、键能发生变化，从而使振动频率产生位移。

键应力的影响在含有双键的振动中最为显著。例如，C═C 伸缩振动的频率在正常情况下为 1650cm^{-1} 左右，在环状结构的烯烃中，当环变小时，谱带向低频位移，这是由于键角改变使双键性减弱的原因。另外，双键上 CH 基团键能增加，其伸缩振动频率向高频区移动。

环状结构也能使 C═O 伸缩振动的频率发生变化。羰基在七元环和六元环上，其振动频率和直链分子的差不多。当羰基处在五元环或四元环上时，其振动频率随环的原子个数减少而增加。这种现象可以在环状酮、内酯及内酰胺等化合物中看到。

6.2.5.3 氢键的影响

一个含电负性较强的原子 X 的分子 R—X—H 与另一个含有未共用电子对的原子 Y 的分子 R′—Y 相互作用时，生成 R—X H……Y—R′形式的氢键。对于伸缩振动，生成氢键后谱带发生 3 个变化，即谱带加宽，吸收强度加大，而且向低频方向位移。但是对于弯曲振动来说，氢键则引起谱带变窄，同时向高频方向位移。

6.2.5.4 倍频、组频、振动耦合与费米（Fermi）共振

在正常情况下，分子大都位于基态（$n=0$）振动，分子吸收电磁波后，由基态跃迁到第一激发态（$n=1$），由这种跃迁所产生的吸收称为基频吸收。除了基频跃迁外，由基态到第二激发态（$n=2$）之间的跃迁也是可能的，其对应的谱带称为倍频吸收。倍频的波数是基频波数的两倍或稍小一些，它的吸收强度要比基频弱得多。如果光子的能量等于两种基频跃迁能量的和，则有可能同时发生从两种基频到激发态的跃迁，光谱中所产生的谱带频率是两个基频频率之和，这种吸收称为和频。和频的强度比倍频还稍弱一些。若光子能量等于两个基频跃迁能量之差，在吸收过程中一个振动模式由基态跃迁到激发态，同时另一个振动模式由激发态回到基态，此时产生差频谱带，其强度比和频的更弱。和频与差频统称为合频或组频。

如果一个分子中两个基团位置很靠近，它们的振动频率几乎相同，一个振子的振动可以通过分子的传递去干扰另一个振子的振动，这就是所说的振动耦合。其结果在高频和低频各出现一条谱带。例如在乙烷中，C—C 键的伸缩振动频率是 992cm^{-1}，但在丙烷中，由于两个 C—C 键的振动耦合，导致分子骨架 C—C—C 的不对称伸缩振动频率为 1054cm^{-1}，对称伸缩振动的频率是 867cm^{-1}。

相距很近的双键当它们的频率相近时，也发生耦合。例如，羧酸阴离子的两个 C═O 键有一个公共的碳原子，因此它们发生强烈耦合，不对称和对称伸缩振动分别在 1610～1550cm^{-1} 和 1420～1300cm^{-1} 区出现两个吸收带。

此外，当一个伸缩振动和一个弯曲振动频率相近，两个振子又有一个公共的原子时，弯曲振动和伸缩振动间也发生强耦合。例如，仲酸胺中的 C—N—H 部分，C—N 的伸缩振动和 N—H 的弯曲振动频率相同。这两个振子耦合结果在光谱上产生两个吸收

带，它们的频率分别为 1550cm^{-1} 和 1270cm^{-1}，即所谓的酰胺Ⅱ、酰胺Ⅲ谱带。

在红外光谱中，另一重要的振动耦合是费米（Fermi）共振。这是倍频或组频振动与一基频振动频率接近时，在一定条件下所发生的振动耦合。和上述所讨论的几种耦合现象相似，其吸收带不在预料位置，往往分开得更远一些，同时吸收带的强度也发生变化，原来较弱的倍频或组频谱带强度增加。例如，苯有 30 个简正振动，有 3 个基频频率，为 1485、1585、3070cm^{-1}，前两个频率的组频为 3070cm^{-1}，恰与最后一个基频频率相同，于是基频与组频振动发生费米共振，在 3099cm^{-1} 和 3045cm^{-1} 处分别出现两个强度近乎相等的吸收带。很多醛类化合物的 C—H 伸缩振动在 2830～2695cm^{-1} 区域内有吸收，同时 C—H 弯曲振动的倍频也出现在相近的频率区域，两者常常发生费米共振，使这个区域内出现两条很强的谱带，这对于鉴定醛类化合物是很特征的。

6.2.5.5 立体效应

一般红外光谱的立体效应，包括键角效应和共轭的立体阻碍两部分。后者对高聚物红外光谱的作用，可用来研究高分子链的立构规整度。

6.2.6 单一组成均聚物材料的第二强谱带

一般来说，具有相同极性基团的同类化合物大都在同一光谱区里。有些聚合物在 3500～2800cm^{-1} 范围内有第一吸收，但是这类谱带易受样品状态等外来因素干扰（如 6.2.5 节所属），所以按它们的第二强谱带来分类，可以把聚合物红外光谱按照其最强谱带的位置，从 1800～600cm^{-1} 分为如下 6 类。

1 区：1800～1700cm^{-1}，聚酯、聚羧酸、聚酰亚胺等（表 6-2）。

2 区：1700～1500cm^{-1}，聚酸亚胺、聚脲等（表 6-3）。

3 区：1500～1300cm^{-1}，饱和线型脂肪族聚烯烃和一些有极性基团取代的聚烃类（表 6-4）。

表 6-2 1 区（1800～1700cm^{-1}）的聚合物

高聚物	谱带位置（cm^{-1}）及基团振动模式	
	最强谱带	特征谱带
聚醋酸乙烯酯	1740 ν（C=O）	1240 1020 ν（C—O）；1375 δ（CH_3）
聚丙烯酸甲酯	1730 ν（C=O）	1170 1200 1260 ν（C—O）；2960 ν_{BS}（CH_3）
聚丙烯酸丁酯	1730 ν（C=O）	1165 1245 ν（C—O）；940 960 丁酯特征
聚甲基丙烯酸甲酯	1730 ν（C=O）	1150 1190 ν（C—O）；1240 1268 一对双峰
聚甲基丙烯酸乙酯	1725 ν（C=O）	1150 1180 ν（C—O）；1240 1268 一对双峰；1022 乙酯特征

续表

高聚物	谱带位置（cm^{-1}）及基团振动模式	
	最强谱带	特征谱带
聚甲苯丙烯酸丁酯	1730 ν（C═O）	1150　1180 ν（C—O）　1240　1268 一对双峰　950　970 丁酯特征
聚邻苯二甲酸酯	1735 ν（C═O）	1280　1125 ν（C—O）　1070　745　705 ν（CH）
聚对苯二甲酸酯	1730 ν（C═O）	1265　1100 ν（C—O）　1015 δ（CH）　730 γ（CH）

表 6-3　2 区（1700～1500cm^{-1}）的聚合物

高聚物	谱带位置（cm^{-1}）及基团振动模式	
	最强谱带	特征谱带
聚酰胺	1640 ν（C═O）	1550 ν（C—H）＋δ（NH）　3090 倍频　3300 ν（NH）　700 γ（CH）
聚丙烯酰胺	1650　1600 ν（C═O）δ（NH_2）	3300　3176　1020 ν（NH_2）
聚乙烯吡咯烷酮	1665 ν（C═O）	1280　1410
脲—甲醛树脂	1640 ν（C═O）	1540　1250 ν（C—H）＋δ（NH）

表 6-4　3 区（1500～1300cm^{-1}）的聚合物

高聚物	谱带位置（cm^{-1}）及对应基团振动模式	
	最强谱带	特征谱带
聚乙烯	1470 δ（CH_2）	731　720 r（CH_2）
全同聚丙烯	1376 δ_B（CH_3）	1166　998　973　841 与结晶有关
聚异丁烯	1385　1365 δ_S（CH_2）	1233 ν（C═C）
全同聚（1-丁烯）（变体Ⅰ）	1465 δ（CH_2）	921　847　797　758 γ（CH_2）
萜烯树脂	1465 δ（CH_2）	1385　1365 δ_S（CH_3）　3400　1700
天然橡胶	1450 δ（CH_3）	885 γ（CH）
氯磺化聚乙烯	1475 δ（CH_2）	1250　1160 δ（CH）　1316（肩带） ν（S═O）

4 区：1300～1200cm^{-1}，芳香族聚醚类、聚砜类和一些含氯的高聚物（表 6-5）。

5 区：1200～1000cm^{-1}，脂肪族的聚醚类、醇类和含硅、含氟的高聚物（表 6-6）。

6 区：1000～600cm^{-1}，取代苯、不饱和双键和一些含氯的高聚物（表 6-7）。

在一些书中按照这种分类将每个区所包含的聚合物列成表格，左面一列是最强谱带的位置，后面一列是这个聚合物所具有的特征谱带的位置，最特征的在下面划________，对于双峰则以|________|连接起来。

按照上述表格，对于一种单组成的聚合物，只要根据 1800～600cm^{-1} 范围内最强谱带的位置即可初步确定聚合物的类型，再对照表中最强谱带和特征谱带的对应关系，即可大体上确定是哪一种聚合物及其结构，但最准确的结构确定还是要查标准谱图。

表 6-5　4 区（1300～1200cm^{-1}）的聚合物

高聚物	谱带位置（cm^{-1}）及对应基团振动模式	
	最强谱带	特征谱带
双酚 A 型环氧树脂	1250 ν（C—O）	2980 $\underline{1300}$ $\underline{1188}$ $\underline{915}$ $\underline{830}$ ν_{as}（CH_3） γ（CH）
酚醛树脂	1240 ν（C—O）	3300 $\underline{815}$ γ（CH）
叔丁基酚醛树脂	1212 ν（C—O）	1065 878 820 ν（C—O）
双酚 A 型聚碳酸酯	1240 ν（C—O）	$\underline{1780}$ 1190 1165 830 ν（C=O） γ（CH）
二乙二醇双烯丙基聚碳酸酯	1250 ν（C—O）	$\underline{1780}$ 790 ν（C=O）
双酚 A 型聚砜	1250 ν（C—O）	$\underline{1310}$ $\underline{1160}$ 1110 830 ν（S=O）
聚氯乙烯	1250 δ（CH）	$\underline{1420}$ $\underline{1330}$ $\underline{700—600}$ δ（CH_2） δ（CH）+i（CH_2） ν（CCl）
聚苯醚	1240 ν（C—O）	1600，1500，1160，1020，873，752，692 γ（CH）
硝化纤维素	1285 ν（N—O）	$\underline{1660}$ $\underline{845}$ 1075 硝酸酯特征
三醋酸纤维素	1240 ν（C—O）	$\underline{1740}$ $\underline{1380}$ 1050 醋酸酯特征

表 6-6　5 区（1200～1000cm^{-1}）的聚合物

高聚物	谱带位置（cm^{-1}）及对应基团振动模式	
	最强谱带	特征谱带
聚氧乙烯	1100 ν（C—O）	945

续表

高聚物	谱带位置（cm^{-1}）及对应基团振动模式	
	最强谱带	特征谱带
聚乙烯醇缩甲醛	1020 ν（C—O）	1060 1130 1175 1240 缩甲醛特征
聚乙烯醇缩乙醛	1140 ν（C—O）	1340 940 缩乙醛特征
聚乙烯醇缩丁醛	1140 ν（C—O）	1000
纤维素	1050 ν（C—O）	1158 1109 1025 1000 970 在主峰两侧一系列肩带
纤维素醚类	1100 ν（C—O）	1050 3400 残存 OH 吸收
单醋酸纤维素	1050 ν（C—O）	1740 1240 1380 醋酸酯的特征
聚醚型聚氨酯	1100 ν（C—O）	1540 1690 1730 δ（NH）+ν（C—N） ν（C═O）

表 6-7 6 区（1000～600cm^{-1}）的聚合物

高聚物	谱带位置（cm^{-1}）及对应基团振动模式	
	最强谱带	特征谱带
聚苯乙烯	760 700 单取代苯	3100 3080 3060 3022 3000
聚对甲基苯乙烯	815 γ（CH）	720
1,2－聚丁二烯	911 γ（═CH）	990 1642 700 γ（═CH） ν（C═C）
反－1,4－聚丁二烯	967 γ（═CH）	1667 ν（C═C）
顺－1,4－聚丁二烯	738 γ（═CH）	1646 ν（C═C）
聚甲醛	935 900 ν（C—O—C）+r（CH_2）	1091 1238
聚硫甲醛	732 ν（C—S）	709 1175 1370
（高）氯化聚乙烯	670 ν（CCl）	760 790 1266 ν（CCl） δ（CH）
氯化橡胶	790 ν（CCl）	760 736 1280 1250 ν（CCl） δ（CH）

6.3 红外光谱图的解析

红外光谱的最大特点是具有特征性，这种特征性与各种类型化学键振动的特征相联系。在研究了大量化合物的红外光谱后发现，不同分子中同一类型基团的振动频率是非常相近的，都在一较窄的频率区间出现吸收谱带，这种吸收谱带的频率称为基团频率。最有分析价值的基团频率在 4000～1300cm^{-1}，这一区域称为基团频率区、官能团区或特征区。区内的峰是由伸缩振动产生的吸收带，比较稀疏，易于辨认，常用于鉴定官能团。

在对某一个未知化合物的红外光谱进行解析时，首先应了解组外光谱的特点。红外光谱具有如下 4 个主要特征。

6.3.1 红外光谱图的特征

（1）谱带的数目

谱带的数目反映振动数目。它与物质的种类、基团存在与否、成分复杂程度有关。对于一张红外光谱图，首先要分析它所含有的谱带数目，如图 6-10 中十二烷在 3000cm^{-1} 附近有 4 个吸收带。若仪器性能不好，或制样不妥，就不好分辨，使吸收谱带数减少。

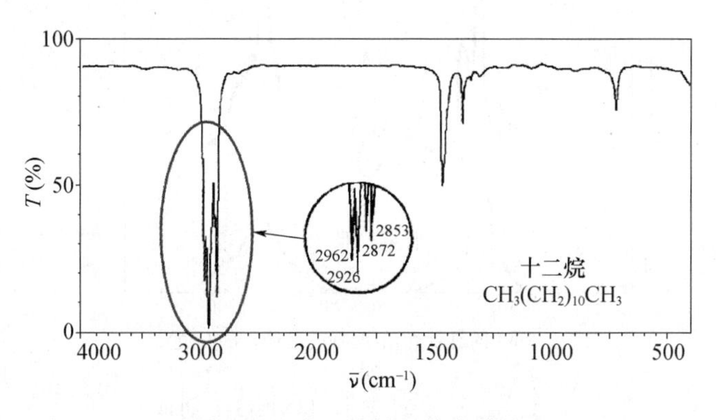

图 6-10 十二烷的红外光谱图

（2）吸收带的位置

由于每个基团的振动都有特征振动频率，在红外光谱中表现出特定的吸收谱带位置，并以波数（cm^{-1}）表示。在鉴定化合物时，谱带的位置是表明某一基团存在的最有用的特征，如图 6-11 所示。

（3）谱带的形状

谱带的形状常与谱带的半峰宽相关，即谱带的宽窄。有时从谱带的形状也可以得到有关基团的一些信息。例如，氧键和离子的官能团可以产生很宽的红外谱带，这对于鉴定特殊基因的存在很有用。如果所分析的化合物较纯，它们的谱带比较尖锐，对称性

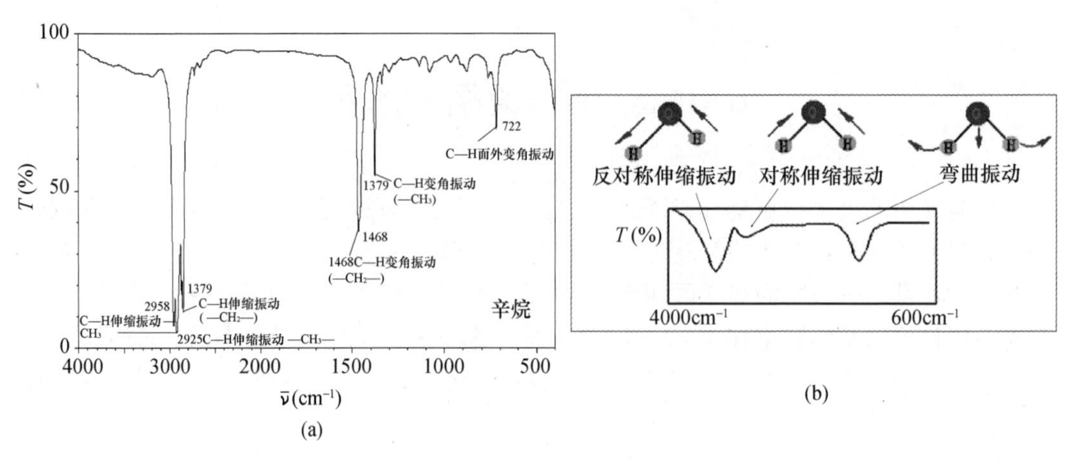

图 6-11　辛烷的红外光谱图

好。对于晶体固态物质，其结晶的完整性程度影响谱带的形状。若出现谱带重叠、加宽，对称性会被破坏。不同基团的某一种振动形式可能会在同一频率范围内都有红外吸收，如—OH、—NH 的伸缩振动峰都在 3400～3200cm^{-1}，但二者峰形状有显著不同。图 6-12 为 SiO_2 的红外光谱图，非晶态 SiO_2 在 800cm^{-1} 有一宽的吸收带，而晶态 SiO_2 的 800cm^{-1} 吸收带分裂成两个尖锐的带 800cm^{-1} 和 780cm^{-1}，且 680cm^{-1} 的宽弱带变得尖锐并且增强。

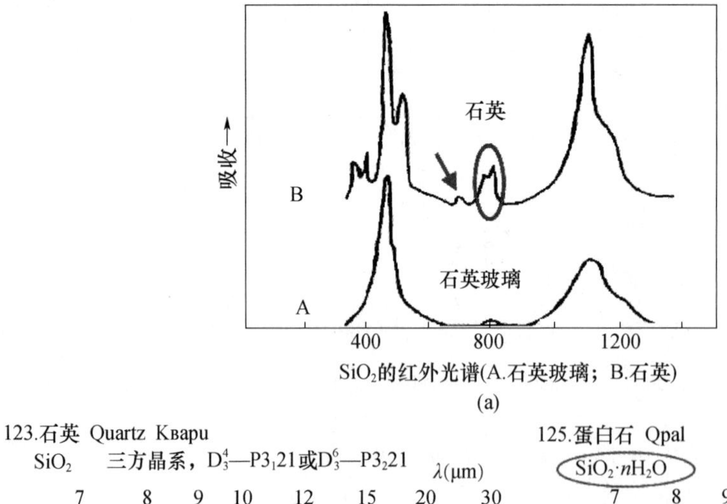

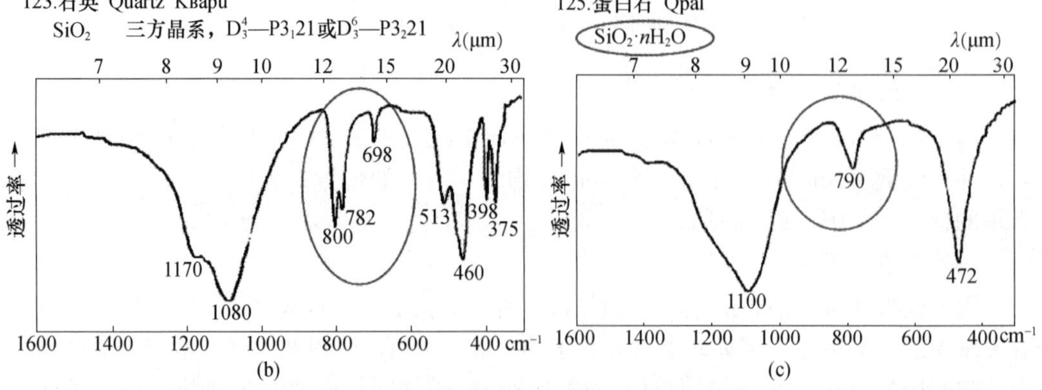

图 6-12　SiO_2 的红外光谱图

（4）谱带的强度

谱带强度是谱带的另一个重要特征，可以作为判断基团存在的另一个佐证。许多不同的基团可能在相同的频率区域产生吸收，但它们的谱带强度可能不同。谱带可以分为“强吸收、中等吸收、弱或可变”3种类型。红外吸收峰的强度取决于分子振动时偶极矩的变化，振动时分子偶极矩的变化越大，谱带强度就越强。一般说来，键两端原子电负性相差越大（极性越强）的基团（如C═O，C—X）振动，吸收强度较大；极性较弱的基团（如C═C，N—C等）振动，吸收强度较弱。需要指出的是，以谱带强度作为谱带位置判断基团存在的佐证时，这些基团应是样品中的主要结构。因为谱带强度除与基团自有特征（极性）有关外，还与该基团存在的浓度相关。另外，同一基团谱带强度的变化还可提供与其相邻基团的结构信息，如C—H基团邻接氯原子时，将使它的变形振动谱带由弱变强，因此从对应谱带的增强可以判断氯原子的存在。

对于一定的化合物，它们的基频吸收强度都较大。一种物质的红外光谱的谱带数目、谱带位置、谱带形状及谱带强度，随物质分子间键力的变化、基团内甚至基团外环境的改变而改变。如固体物质分子之间产生相互作用会使一个谱带发生分裂，晶体内分子对称性降低会使简并的谱带解并成多重谱带；每一种物质，每一吸收谱带的相对强度都是一定的，它是由该吸收谱带所对应的价键的振动决定的。

6.3.2 红外光谱的解析方法

6.3.2.1 解析方法

利用红外光谱进行定性分析，大致可分为官能团定性分析和结构分析两方面。官能团定性是根据化合物的IR光谱的特征峰，测定物质含有哪些官能团，从而确定化合物的类别。结构分析是由化合物的R光谱，结合其他性质测定有关化合物的化学结构式或晶体结构。在进行化合物的鉴定及结构分析时，对图谱解析经常用到直接法、否定法和肯定法。

（1）直接法

用已知物的标准品与被检品在相同条件下测定IR光谱，并进行对照。完全相同时则可肯定为同一化合物（极个别例外，如对映异构体）。无标准品对照，但有标准图谱时，则可按名称、分子式查找核对。但必须注意如下几点。

①所用仪器与标准图谱是否一致。如所用仪器分辨率较高，则在某些峰的细微结构上会有差别。

②测定条件（指样品的物理状态、样品浓度及溶剂等）与标准图谱是否一致。若不同，则图谱也会有差异。尤其是溶剂因素影响较大，须加注意，以免得出错误的结论。如果只是样品物质的量浓度不同，则峰的强度会改变，但是每个峰的强弱顺序（相对强度）通常应该是一致的。固体样品，因结晶条件不同，也可能出现差异，甚至差异较大。

（2）否定法

根据IR光谱与分子结构的关系，谱图中某些波数的吸收峰反映了某种基团的存在，当谱图中不出现某种吸收峰时就可否定某种基团的存在。例如，在 IR 光谱中 1740cm^{-1}附近无强吸收，就表示不存在 C═O 基。

（3）肯定法

借助红外光谱中的特征吸收峰确定某种特征基团存在的方法叫作肯定法。例如，谱图中 1470cm^{-1} 处有吸收峰，且在 1260～1050cm^{-1} 区域内出现两个强吸收峰，就可以判定分子中含有酯基。

在实际工作中，往往是 3 种方法联合使用，以便得出正确的结论。

6.3.2.2 谱图解析的步骤

测得试样的 IR 光谱后，接着就是对谱图进行解析。应该说，谱图解析并无严格的程序和规则。在本章前面几节对各基团的 IR 光谱进行了简单的讨论，并将中红外区分成 6 个区域。但是应当指出，这样的划分仅仅是为了将谱图稍加系统化以利于解释而已。解析谱图时，可先从各区的特征频率入手，发现某基团后，再根据指纹区进一步核证其基团及其与其他基团的结合方式。例如，1-辛烯 $CH_3(CH_2)CH═CH_2$ 的红外光谱图如图 6-13 所示。在该光谱中，由于有—$CH═CH_2$ 的存在，可观察到 3040cm^{-1} 附近的不饱和═C—H 伸缩振动（图 6-13a）、1680～1620cm^{-1} 处的 C═C 伸缩振动（图 6-13b）和 990cm^{-1} 及 910cm^{-1} 处的═C—H 及═CH_2 面外摇摆振动（图 6-13c）4 个特征峰。这一组特征峰是因—$CH═CH_2$ 基的存在而存在的相关峰。可见，用一组相关峰可以更准确地鉴别官能团，单凭一个特征就下结论是不够的，要尽可能把一个基团的每个相关峰都找到。也就是既有主证又有佐证才能肯定。这是应用 IR 光谱进行定性分析的一个原则。有这样一个经验叫作“四先、四后、一抓法”，即先特征，后指纹；先最强峰，后次强峰，再中强峰；先粗查，后细查；先肯定，后否定；一抓是抓一组相关峰。谱图具体解析步骤如下：

第一步：了解样品来源、纯度（要求物质的量浓度 98%以上）。对样品的颜色、气味、物理状态、灰分等外观进行观察。如果未知样品含有杂质，要进行分离提纯。

第二步：由于 IR 光谱不易得到总体信息，如相对分子质量、分子式等，若不给出其他方面资料而解析 IR 光谱，在多数情况下是困难的。为了便于 IR 光谱的解析，尽可能收集到元素分析值，从而确定未知物的实验式；有条件时应当测定其分子量以确定分子式，通过分子式计算化合物的不饱和度。同时还应收集一般的理化常数和溶解度、沸点、熔点、遮光度、旋光度等，以及紫外、质谱、核磁共振和化学性质等资料。

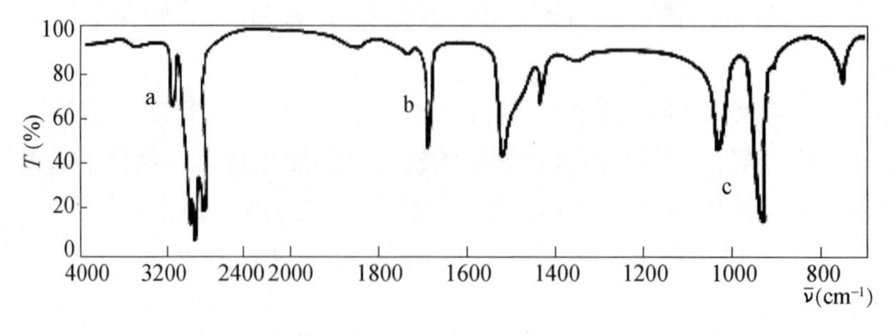

图 6-13 1-辛烯 $CH_3(CH_2)$ $CH═CH_2$ 的红外光谱图

计算化合物的不饱和度，对于推断未知物的结构是非常有帮助的。不饱和度是有机分子中碳原子不饱和的程度。计算不饱和度的经验公式为

$$U=1+n_4+\frac{1}{2}(n_3-n_1) \tag{6-17}$$

式中，n_4、n_3、n_1 分别代表四价、三价、一价原子的数目。通常规定，双键和饱和环状化合物的不饱和度为 1，三键的不饱和度为 2，苯环不饱和度为 4。因此，根据分子式，计算不饱和度就可初步判断有机化合物的类别。

第三步：由 IR 光谱确定基团及其结构。

①从高波数（特征区）吸收峰确定原子基团及其结构。即首先观察 4000～1330cm^{-1} 范围内出现的特征吸收峰，它们是由 H 和 C、N、O 等各原子的伸缩振动或者是多重键的伸缩振动所引起的。接着从低波数区（指纹区）相应吸收的另外数据中得到进一步确证。

在分析谱带时，不仅要考虑谱带的位置，而且要考虑谱带的形状和强度。如在 1900～1650cm^{-1} 之间有强吸收，则可以肯定含有 C═O 基；如果在此区间有中弱的吸收带，则肯定不是 C═O 基，而要考虑其他基团存在的可能。有时遇到的困难往往是位于该区的峰有几种解释，在这种情况下，就要根据其他区域峰特征吸收方能做出最后的判断。例如，位于 1675cm^{-1} 处强峰，可以肯定是 C═O，但是哪种化合物（醛、酮、羧酸、酯、酰胺）中的 C═O 呢？假如在 2720cm^{-1} 处出现一个弱的吸收峰，就可以肯定是醛中的 C═O。

②注意整个分子各个基团的相互影响因素。

第四步：根据以上三点推测可能的结构式。

第五步：查阅标准谱图集。

为了便于谱图的解释和确保这种解释的正确性，在实际工作中，常将所分析试样的谱图与其对应的某种标准光谱图做一对照。这种标准光谱图可以用纯物质在与分析试样相同的条件下自己测定。用带有计算机系统的红外分光光度计将这种谐图储存在磁盘上，使用时计算机便可自动检索对照。但在多数情况下，常要从有关的书刊中查找。而最方便的方法是利用已编辑出版的标准谱图集。

由于红外光谱的特征吸收频率并非通过数学模型由理论计算绘出，而是用标准物质通过红外光谱仪测得的，因而红外标准谱图的测绘、编辑出版就成为光谱学家的一项重要而又有实际指导意义的工作。自 20 世纪 40 年代以来，不少国家的光谱学家一直在各自的实验室里积极从事此项工作，目前已有很多种化合物的红外谱图，以谱图集、卡片和索引等多种形式汇成册并出版发行，为从事红外光谱研究工作的人们提供了极为便利的条件。

(1) 萨特勒红外光谱图集（Sadtler）

萨特勒红外光谱图集（Sadtler）由美国费城 Sadtler 研究实验室编制，是目前收集红外光谱最多的图集。自 1947 年开始出版，每年增加纯化合物谱图约 2000 张，可分为标准红外光谱、商业光谱及其他（专用）红外光谱三大类。标准红外光谱是纯度在 98％以上的化合物的光谱（包括光栅和棱镜两种）标准图。由谱图上可看到分子式、结构式、相对分子量、溶点或沸点、样品来源、制样方法和绘图所用仪器等。商业谱图收

集了大量商品的红外光谱，它又分为30余种（农业化学品、通常被滥用的药物、多元醇、面活性剂等）。

萨特勒标准光谱有4种索引帮助查找谱图：分子式索引、官能团字顺索引、波长索引、化学分类索引。首先从索引中找到某化合物的谱号，然后根据谱号在谱集中将该化合物的谱图查出。

（2）其他标准红外谱图资料

API（American Petroleum Institute）光谱图片。该光谱图片主要是烃类的光谱，也有少量的氧、氮、硫衍生物，某些金属有机化合物及一些很普通的化合物。

考勃伦茨（Coblentz）学会红外光谱图集。这套谱图集总数达到4000张后，该学会改变了方法，开始与其他组织联合，致力于发展和出版所谓“研究级”的标准图集。

DMS（Documentation of Molecular Spectroscopy）周边缺口光谱卡片。分别用英文和德文出版。此卡片可以回答以下问题：给定化合物光谱的形状；给定光谱应属于何种化合物；什么物质应有什么吸收带；某种官能团或某种特定分子结构，其特征吸收带如何；在给定的物质中有何杂质。

Infrared Spectroscopy of Inorganic Compounds《无机化合物的红外光谱》记录了无机材料的光谱。

除以上几种光谱资料外，还有很多已出版的光谱资料。例如，常用的红外光谱索引工具书：

①*Molecular Formula List of Compounds Names and References to Published Spectra*《已发表红外光谱的化合物分子式、名称和参考文献索引》。该索引书为ASTM所编，列有92000种化合物的出处，根据分子式和英文名称的字母顺序两种方式编目。

②*An Index of Published Infrared spectra*《已发表红外光谱索引》，它收集了至1957年发表的10000篇文献中所讨论的红外光谱，主要是有机物。

6.3.2.3 红外谱解析要点及注意事项

（1）红外吸收谱的三要素（位置、强度、峰形）

在解析红外谱时，要同时注意红外吸收峰的位置、强度和峰形。吸收峰的位置（即吸收峰的波数值）无疑是红外吸收最重要的特点，因此，各红外专著都充分地强调了这一点。然而，在确定化合物分子结构时，必须将吸收峰位置辅以吸收峰强度和峰形来综合分析，可是这后两个要素往往未得到应有的重视。

每种有机化合物均显示若干红外吸收峰，因而易于对各吸收峰强度进行相互比较。从大量的红外谱图可归纳出各种官能团红外吸收的强度变化范围。所以，只有当吸收峰的位置及强度都处于一定范围时才能准确地推断出某官能团的存在。以羰基为例，羰基的吸收是比较强的，如果1680～1780cm^{-1}（这是典型的羰基吸收区）有吸收峰，但其强度低，这并不表明所研究的化合物存在有羰基，而是说明该化合物中存在着羰基化合物的杂质。吸收峰的形状也决定于官能团的种类，从峰形可辅助判断官能团。以耦合羟基、耦合伯胺基及炔氢为例，它们的吸收峰位置只略有差别，而主要差别在于吸收峰形不一样：耦合羟基峰圆滑而钝；耦合伯胺基吸收峰有一个小或大的分岔；炔氢则显示尖锐的峰形。

总之，只有同时注意吸收峰的位置、强度、峰形，综合地与已知谱图进行比较，才能得出较为可靠的结论。

（2）同一基团的几种振动的相关峰是同时存在的

对于任意一个官能团来讲，由于存在伸缩振动（某些官能团同时存在对称和反对称伸缩振动）和多种弯曲振动，因此，任何一种官能团会在红外图的不同区域显示出几个相关的吸收峰。所以，只有当几处应该出现吸收峰的地方都显示吸收峰时，方能得出该官能团存在的结论。以甲基为例，在 2960、2870、1460、1380cm^{-1} 处都应有 C—H 的吸收峰出现。以长链 CH_2 为例，2920、2850、1470、720cm^{-1} 处都应出现吸收峰。当分子中存在酯基时，能同时见到羰基吸收和 C—O—C 的吸收。

（3）红外光谱图解析顺序

在解析红外光谱图时，可先观察官能团区，找出该化合物存在的官能团，然后再查看指纹区。

6.3.2.4 基团特征频率图

在了解了谱图解析的方法和步骤后，在实际解析之前还需要了解一个重要工具——红外光谱基团特征频率图。特征基团频率图给出了各类化合物所含主要官能团振动频率（图 6-14），非常有助于根据基团查频率或根据频率查对应基团。

6.3.2.5 红外光谱的应用

对红外光谱的解析应用主要有两个方面：一是定性分析；二是定量分析。

（1）定性分析

定性分析包括两个内容：一是鉴定它究竟属何种物质，是否含有其他杂质；二是可以进一步确定它的结构并做较深入的分析。和其他谱仪的分析一样，在做红外光谱的定性分析时，也常常可以借鉴已有标准图谱和数据来确定未知物。

定性分析的一般方法是首先按照前文所述分析谱带的特征，根据谱带形状、数目、位置和相对强度等特征，依次确定每一个谱带的位置及相对强度。

如果是对已知物进行验证，需知它的合成纯度时，可以取另一标准物质分别做红外光谱加以比较或借助已有的标准红外谱图或资料卡查对。假如除了已知的谱带外，还存在其他的谱带，则表明其中尚有杂质，或未反应完全的原料化合物或反应的中间物。这时还可以进一步把标准物放在参比光路中，与待分析试样同时测定，就得到了其他物质的光谱图，可以确定杂质属于何种物质。

如果待测物完全属未知情况，则在做红外光谱分析以前，应对样品做必要的准备工作和对其性能的了解。例如，对物质的外观、晶态或非晶态；物质的化学成分；是否含结晶水或其他水（可以用差热分析先进行测定，这对处理样品有指导意义，因为红外测定必须除去吸附水）；是属于纯化合物或混合物或者是否有杂质等。如果是晶态物质，也可以借助 X 射线做测定。

（2）定量分析

定量分析可用于分子结构基础研究和化学组成分析。前者包括应用 IR 测定分子的键长、键角，以此推断出分子的立体构型；根据所得的力常数可以知道化学键的强弱，由简正频率来计算热力学函数等。后者可根据光谱中吸收峰的位置和形状来推断未知物结构，依照特征吸收峰的强度来测定混合物中各组分的含量。

1）定量分析原理

兰柏-比尔定律是用红外分光光度法进行定量分析的理论基础。

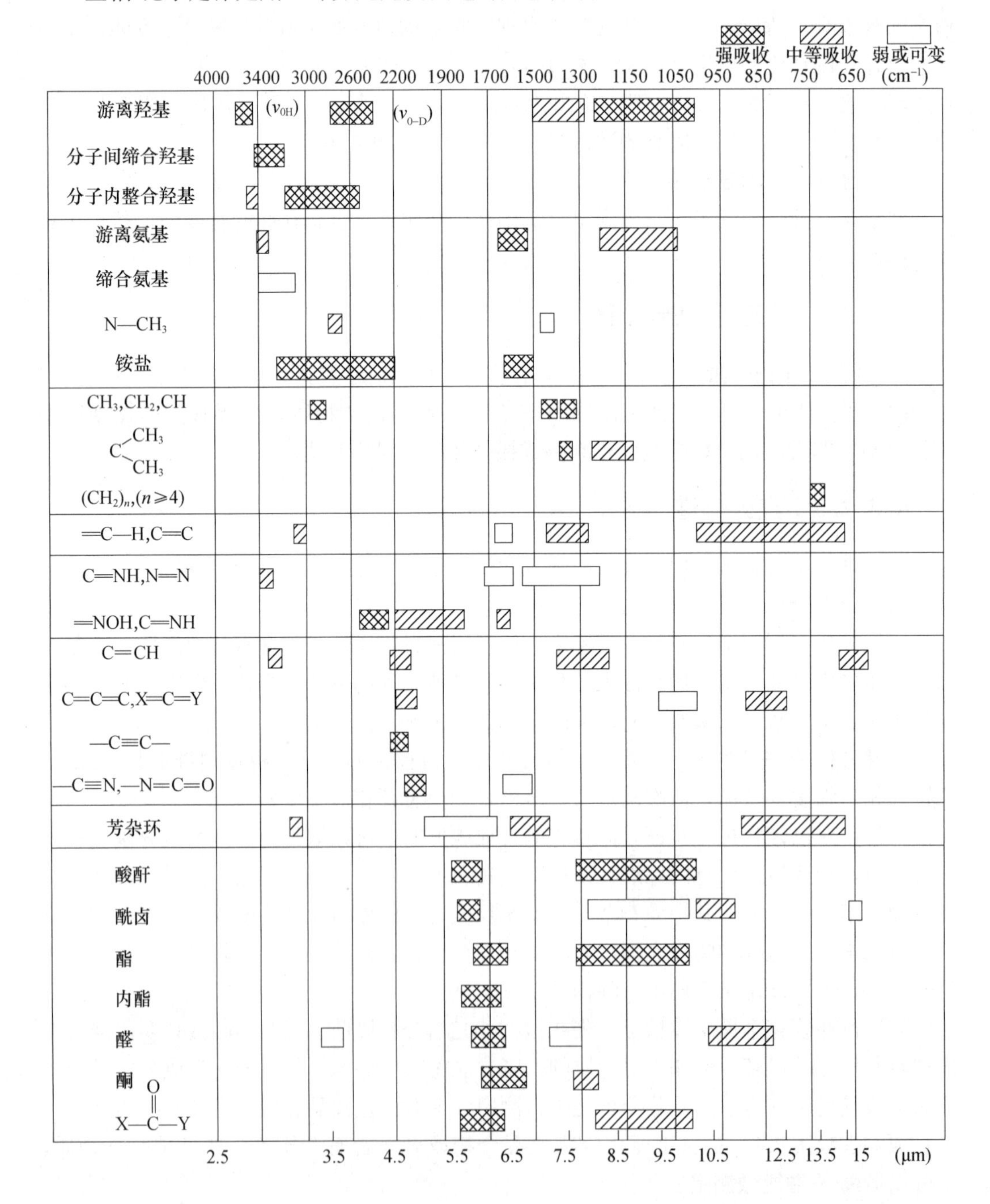

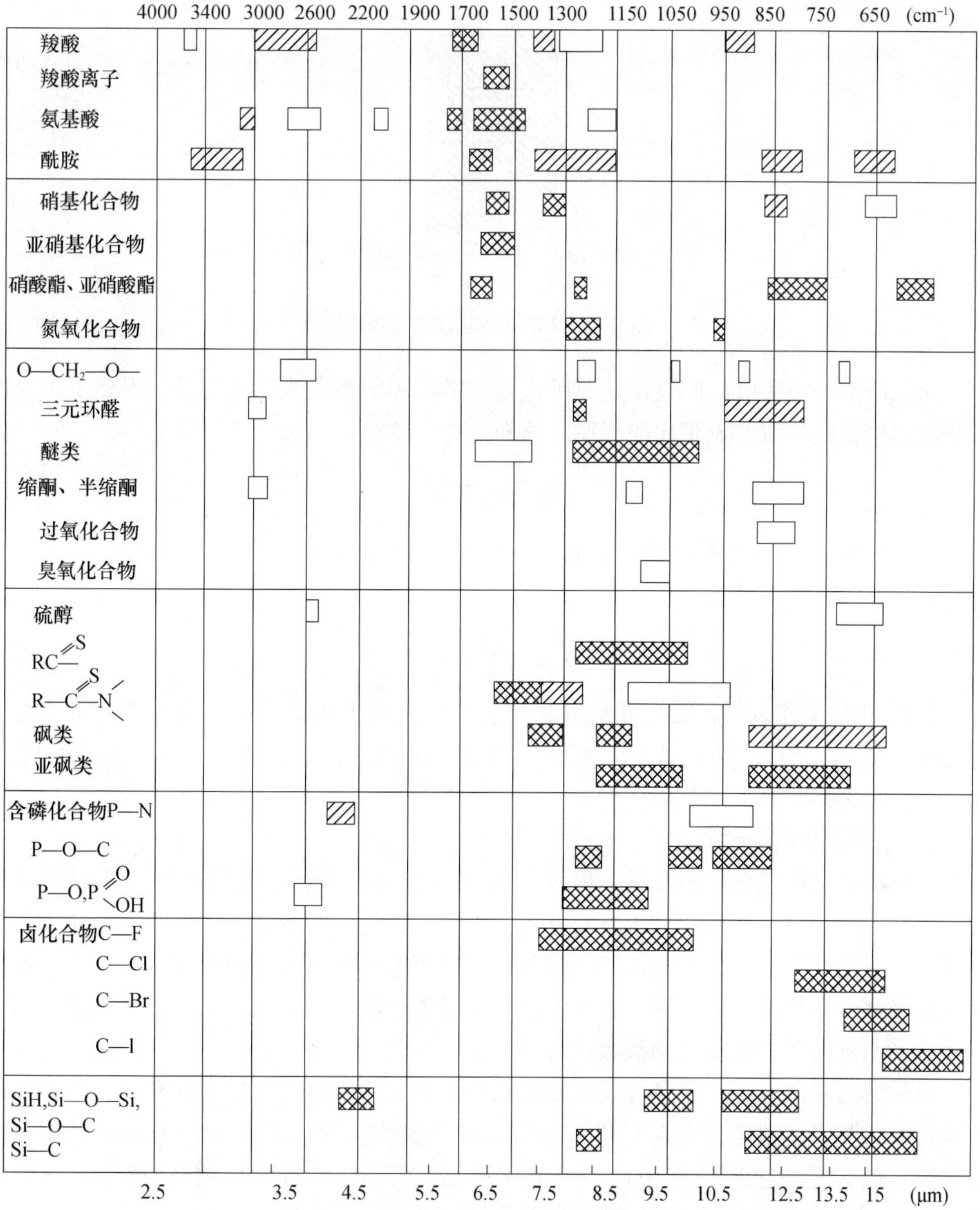

4000　3400　3000　2600　2200　1900　1700　1500　1300　1150　1050　950　850　750　650　(cm^{-1})

羧酸
羧酸离子
氨基酸
酰胺
硝基化合物
亚硝基化合物
硝酸酯、亚硝酸酯
氮氧化合物
O—CH_2—O—
三元环醛
醚类
缩酮、半缩酮
过氧化合物
臭氧化合物
硫醇
RC(=S)—
R—C(=S)—N<
砜类
亚砜类
含磷化合物P—N
P—O—C
P—O,P(=O)OH
卤化合物C—F
C—Cl
C—Br
C—I
SiH,Si—O—Si,
Si—O—C
Si—C

2.5　3.5　4.5　5.5　6.5　7.5　8.5　9.5　10.5　12.5　13.5　15　(μm)

图 6-14　各类化合物官能团特征峰频率范围

如图 6-15 所示，设入射光强度为 I_0，入射光穿过样品槽后强度为 I，样品的厚度为 b，一束平行单色光穿过无限小的吸收层以后，则其强度的减弱量与入射光的强度和样品的厚度成正比，即：$-\frac{\mathrm{d}I}{\mathrm{d}b}=KI$，其解为：$I=I_0e^{-Kb}$ 或 $T=\frac{I}{I_0}=e^{-Kb}$

$$A=\lg\frac{1}{T}=\lg\frac{I_0}{I}=Kb \tag{6-18}$$

式（6-18）即为兰柏吸收定律。

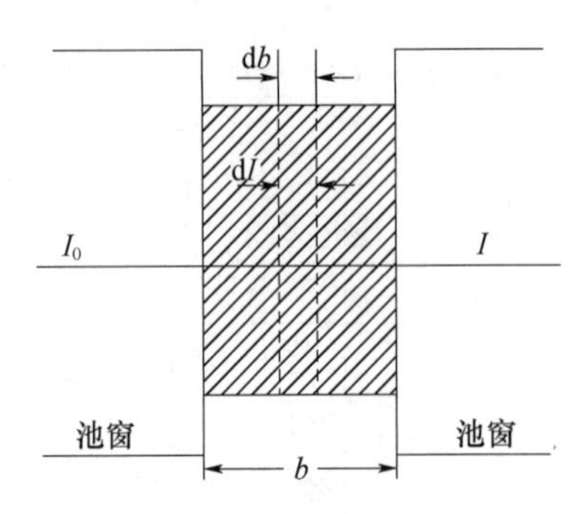

图 6-15　物质对辐射的吸收示意

比尔研究了在吸收层厚度固定时吸光度与吸收辐射物质浓度的关系，得到了吸光度与吸收辐射物质的浓度成正比的规律，这即是比尔定律：

$$\lg \frac{I_0}{I} = K'C \tag{6-19}$$

式中，C 为吸收辐射物质的浓度。将式（6-18）和式（6-19）联立，即得出兰柏-比尔定律：

$$A = \lg \frac{I_0}{I} = KCb \tag{6-20}$$

兰柏-比尔定律表明，吸光度与吸收物质的浓度及吸收层的厚度成正比。若浓度 C 用 mol/L 表示，厚度以 cm 表示，则常数 K 就是摩尔吸光系数，简称吸光系数，单位为 L/（mol·cm）。

2）定量分析的条件选取

分析波长（或波数）的选择：根据兰柏-比尔定律，考虑最大限度地减小对比尔定律的影响，定量分析选择的分析波长（或波数）应满足这些条件：一是所选吸收带必须是样品的特征吸收带；二是所选特征吸收带不被溶剂或其他组分的吸收带干扰；三是所选特征吸收带有足够高的强度，并且强度对定量组分浓度的变化有足够的灵敏度；四是尽量避开水蒸气和二氧化碳的吸收区。

最适透过率的选择：定量分析的精度取决于测定分析谱带透过率的精度。透过率过大或过小，都会造成定量分析精度的下降。计算表明，透过率在 36.8％时，其相对误差最小。但在实际定量分析中，不可能保持透过率 36.8％，而一般将透过率保持在 25％～50％时，就可以获得比较满意的结果了。

分光计操作条件的选择：红外光谱定量分析要求仪器有足够的分辨率，而分辨率主要取决于狭缝的宽度，狭缝越窄，分辨率越高。选择窄的狭缝，虽然提高了分辨率，但入射光能量大大减弱，势必要提高放大器的增益才能进行测量，从而使噪声增大，造成测量稳定性的下降。实际操作中，只能先保证到达检测器上的光有足够的能量，并降低放大器的增益，再在此基础上尽可能减小狭缝宽度。此外，定量分析时，要时刻保持分光计的稳定性。

3）吸光系数的测量

吸光系数一般采用工作曲线的方法求得，也就是把待测物质用同一配剂配成各种不同浓度的样品，然后测定每个不同浓度样品再分析波长处的吸光度。以样品浓度为横坐标、吸光度为纵坐标作图，则可得到一条通过原点的直线。由兰柏-比尔定律可知，该直线的斜率就是待测物质在分析波长处的吸光系数和厚度的乘积 Kb，将该斜率值除以 b 即得到吸光系数 K。

4）吸光度的测量

测量吸光度的方法主要有顶点强度法，即在吸收带的最高位置（吸收带的顶点）进行吸光度的测定，有较高的灵敏度。具体测定时又分为带高法和基线法。

带高法依据谱带高度与吸光度成正比的规律，直接量取谱带高度，扣除背景作为吸光度，适合于一些形状比较对称的吸收带的测量。

基线法主要用于测量形状不对称的吸收带的吸光度。先选择测量谱带两侧最大透过率处的两点画切线作为基线，再由谱带顶点做平行于纵坐标的直线，从这条直线的基线到谱带顶点的长度即为吸光度（图 6-16）。

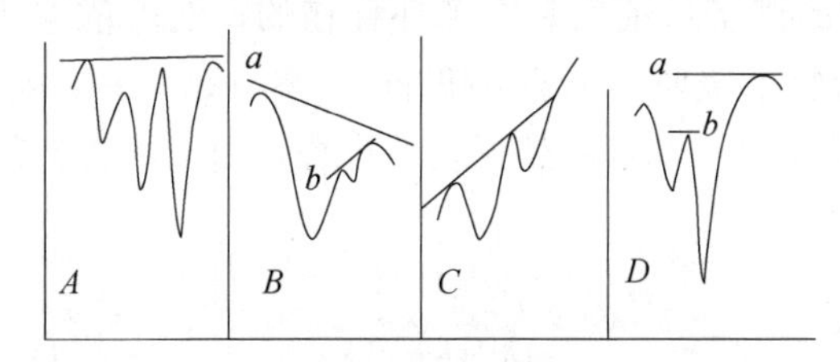

图 6-16　基线的常用画法

5）定量分析的方法

定量分析的方法主要有标准法、吸光度比法和补偿法等。

①标准法。首先测定样品中所有成分的标准物质的红外光谱，由各物质的标准红外光谱选择每一成分与其他成分吸收带不重叠的特征吸收带作为定量分析谱带。采用标准法进行红外定量分析，绝大多数是在溶液的情况下进行的。

利用一系列已知浓度的标准样品，获得组分浓度和吸光度之间的关系曲线，即工作曲线。由于这种方法是直接和标准样品对比测定，因而系统误差对于被测样品和标准样品是相同的。如果没有人为误差，那么该法可以给出定量分析最精确的结果。同时，该法不需要求出某一定量分析谱带的吸光系数，而只要求出样品在该分析谱带处的吸光度，即可由工作曲线求出该组分的浓度。

②吸光度比法。假设有一个两组分的混合物，各组分有互不干扰的定量分析谱带，两组分浓度分别为 C_1 和 C_2，则 $C_1+C_2=1$。由于在一次测定中样品的厚度 b 相同，则在同一状态下进行两个波长的吸光度测定时，根据兰柏-比尔定律，其吸光度之比 R 可以写成：

$$R=\frac{A_1}{A_2}=\frac{K_1C_1b}{K_2C_2b}=\frac{K_1C_1}{K_2C_2}=K\frac{C_1}{C_2} \tag{6-21}$$

由于 $C_1+C_2=1$，则有，

$$C_1=\frac{R}{K+R} \tag{6-22}$$

$$C_2=\frac{K}{K+R} \tag{6-23}$$

从式（6-22）、式（6-23）可以看出，只要知道二元组分在定量分析谱带处的吸光系数（利用标准物质或标准物质的混合物求出），就可求出各组分的浓度。这种方法避免了精确测定样品厚度的困难，测试结果的重复性好，比标准法简便一些，因而获得了较普遍的应用。

（3）红外光谱分析实例

例一：图 6-17 为一聚合物的红外谱图，判断该未知物的结构为聚苯乙烯。可以看出，在 3100～3000cm^{-1} 处有吸收峰，可知含有芳环或烯类的 C—H 伸缩振动，但究竟属于哪种类型就要看 C—H 的其他峰。以 2000～1668cm^{-1} 区域的一系列的峰和 757～699cm^{-1} 处出现的峰为依据查图，可知为苯的单取代苯，这样可判断 3100～3000cm^{-1} 处的峰为苯环中的 C—H 的伸缩振动；再检查苯的骨架振动，在 1601cm^{-1}、1583cm^{-1}、1493cm^{-1}、1452cm^{-1} 的谱带可证实是有苯环存在的；然后依据 3000～2800cm^{-1} 的谐带判断是饱和碳氢化合物的吸收，而且 1493cm^{-1} 和 1452cm^{-1} 处的强吸收也可以说明有—CH_2 或 C—H 弯曲振动与苯环骨架振动的重叠，由上可初步判断为聚苯乙烯。

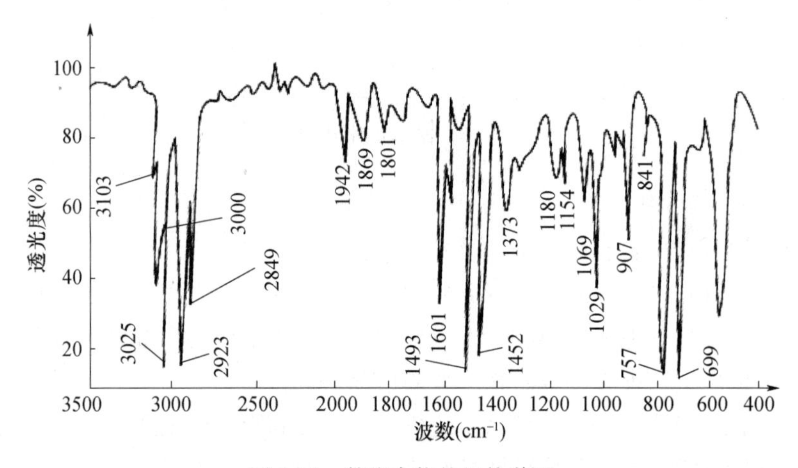

图 6-17　某聚合物的红外谱图

例二：正硅酸乙酯（TEOS）可以通过水解和缩聚形成氧化硅薄膜，水解产物的红外图谱如图 6-18 所示，利用这种溶胶凝胶反应在多孔硅表面形成氧化硅的包覆层，具体反应过程如下：

$\equiv SiOC_2H_5+H_2O \longrightarrow \equiv Si—OH+C_2H_5OH$

$\equiv SiOC_2H_5+HO—Si\equiv \longrightarrow \equiv Si—O—Si\equiv +C_2H_5OH$

$\equiv Si—OH+HO—Si\equiv \longrightarrow \equiv Si—O—Si\equiv +H_2O$

由图 6-18 可以看出，在凝胶化 1h 后，TEOS 中烷氧基的峰（1168cm^{-1}、1102cm^{-1}、1078cm^{-1}、963cm^{-1} 和 787cm^{-1}）依然存在，甘油中的烷氧基峰位于 1100cm^{-1}、1036cm^{-1}、995cm^{-1}、925cm^{-1} 和 852cm^{-1} 处，在 3000～2830cm^{-1}、1500～1160cm^{-1} 处的谱带是由 TEOS 和甘油中的 C_nH_{2n+1} 引起的，Si—O—Si 的伸缩和弯曲振动分别位于 1065cm^{-1} 和 800cm^{-1}，说明形成了 SiO_2。在图 6-18（b）中，水解 24h

以后，Si—O—Si 在 $1065cm^{-1}$ 和 $800cm^{-1}$ 处的峰显著上升，而甘油和水的峰明显下降，但 TEOS 的峰仍然存在。多孔硅的 Si—H 键的伸缩振动谱带从 $2125cm^{-1}$ 移动到 $2252cm^{-1}$，同时在 800～$1000cm^{-1}$ 范围内观察到 Si—H 的弯曲振动。Si—H 键的背键被氧化，形成了 $H_2Si—O_2$（2196～$2213cm^{-1}$，$976cm^{-1}$），$HSi—O_2$（$2265cm^{-1}$，$876cm^{-1}$），$HSi—SiO_2$（$2204cm^{-1}$，$840cm^{-1}$）和 $HSi—Si_2O$（$803cm^{-1}$）。7d 以后，$HSi—O_2$（$876cm^{-1}$）和 $HSi—SiO_2$（$840cm^{-1}$）增加，$H_2Si—O_2$（$970cm^{-1}$）键增加，而 $HSi—Si_2O$（$796cm^{-1}$）键减少。上述 Si—H 背键的氧化和 SiH_2 数量的上升造成了多孔硅发光强度的上升和发光稳定性的增强。

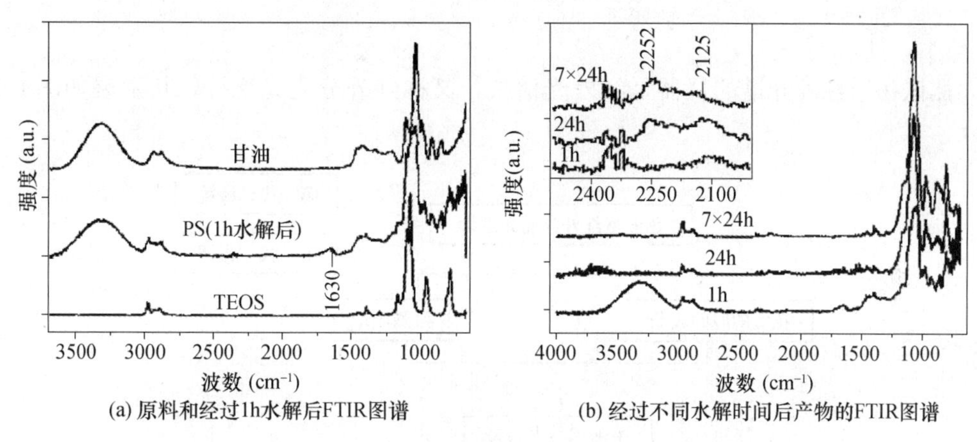

图 6-18 正硅酸乙酯（TEOS）在多孔硅表面水解和缩聚形成 SiO_2

例三：纯液体化合物的分子式为 C_8H_8，其红外吸收图谱如图 6-19 所示，试推断其可能的结构。

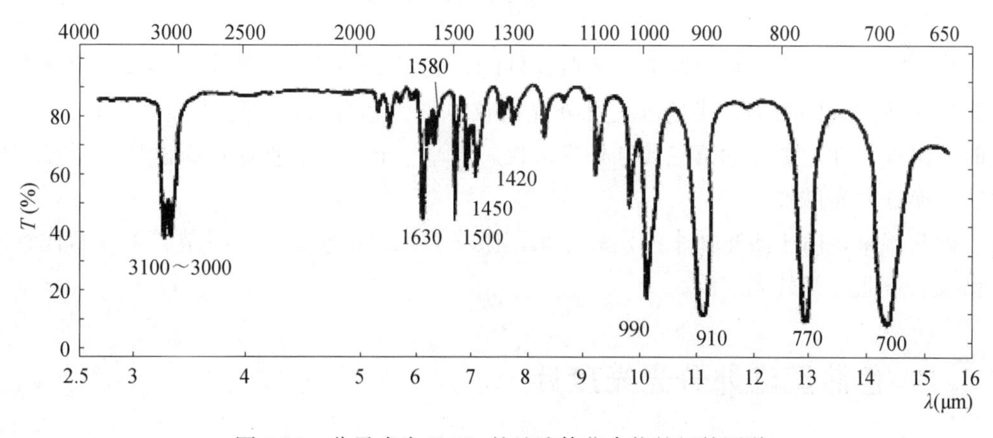

图 6-19 分子式为 C_8H_8 的纯液体化合物的红外图谱

根据 6.2.6 节及 6.3.2 节所介绍的均聚物强谱带表和基团特征频率图，分析图 6-19 可知：

3100～$3000cm^{-1}$：$\nu_{=C-H}$（双键上的 C—H 或者烯氢的伸缩振动）

ν_{Ar-H}（芳氢伸缩振动）

$1630cm^{-1}$：$\nu_{C=C}$（C═C 双键伸缩振动）

$1580cm^{-1}$、$1500cm^{-1}$、$1450cm^{-1}$：苯环上的骨架振动

$1420cm^{-1}$：$\nu_{C—C}$（C—C 伸缩振动）

$770cm^{-1}$、$710cm^{-1}$：一取代苯

$990cm^{-1}$、$910cm^{-1}$：$\delta_{=C—H}$（双键上的 C—H 或者烯氢面外弯曲振动）

表明存在—CH═CH_2，可能的结构为：$C_6H_5—\underset{H}{C}=CH_2$

6.4 红外光谱仪的种类及工作原理

测试物质红外光谱的仪器是红外光谱仪，又称红外分光光度计，其发展如图 6-20 所示。

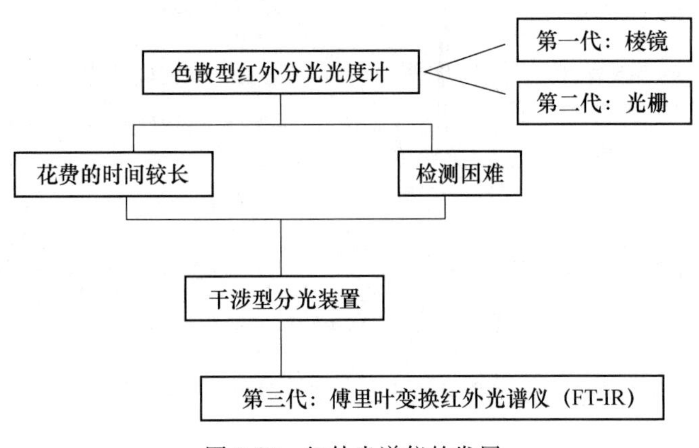

图 6-20　红外光谱仪的发展

早先的红外光谱仪是用棱镜作色散元件的，到了 20 世纪 60 年代，出现了用光栅代替棱镜作色散元件的第二代色散型红外光谱仪，称为色散型红外分光光度计。到 70 年代时，出现了性能更好的第三代红外光谱仪，即基于光的相干性原理而设计的干涉型傅里叶变换红外光谱仪。

近几年来，由于激光技术的发展，采用激光器代替单色器，已研制成了第四代红外光谱仪——激光红外光谱仪。

6.4.1 色散型红外分光光度计

自光源发出两束强度相等的红外光，分别通过样品池和参比池到达扇形镜（又称斩光器），这是一个半圆形的反射镜，以一定的频率匀速旋转，使样品光路和参比光路的光交替地在入射狭缝上成像。穿过狭缝的光经过光栅色散后，再到出射狭缝上排列成光谱带，由检测器和放大记录系统记录成红外光谱图。

如果穿过样品池和参比槽的光强度相等，则检测器上产生相等的光电效应，使得只有稳定电压输出，而没有交流信号输出。但若在样品光路中放置了样品，则由于样品的

吸收破坏了两束光的平衡，检测器就有交流信号发生，这种信号被放大后用来驱动梳状光阑（减光器），使它进入参比光路遮挡辐射，直到参比光路的辐射强度与样品光路的辐射强度相等为止。很明显，参比光路中梳状光阑所削弱的光强度就是样品吸收的光强度。如果记录笔与梳状光阑做同步运动，就可直接记录下吸光度或透过率。在用衍射光栅作分光元件的单色器中，当衍射光栅连续转动时，到达检测器上的红外光波数（或波长）将连续变化，因此，在连续扫描过程中就得到了样品的整个红外光谱图，如图 6-21 所示。

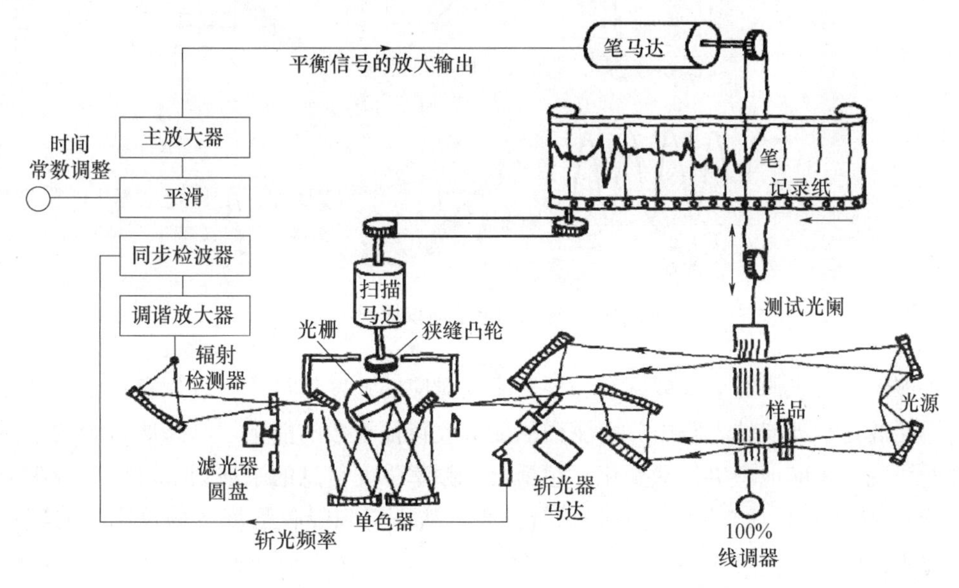

图 6-21　色散型红外分光光度计结构原理示意

6.4.2　傅里叶变换红外光谱仪（FT-IR）

傅里叶变换红外光谱仪的核心部分为 Michelson 干涉仪，它将光源来的信号以干涉图的形式送往计算机进行 Fourier 变换的数学处理，最后将干涉图还原成光谱图，如图 6-22 所示。它与色散型红外光度计的主要区别在于干涉仪和电子计算机两部分。迈克尔逊干涉仪如图 6-23 所示。

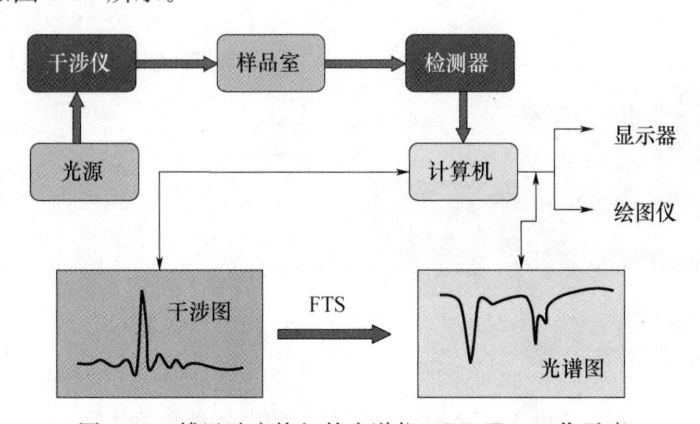

图 6-22　傅里叶变换红外光谱仪（FT-IR）工作示意

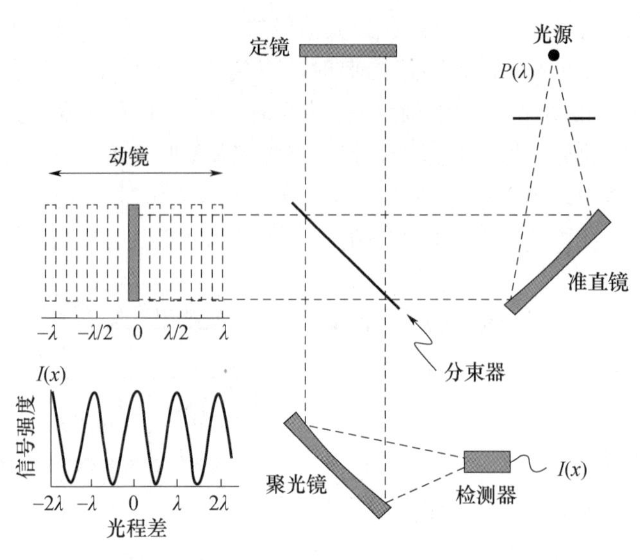

图 6-23　迈克尔逊干涉仪原理示意

干涉图包含光源的全部频率和与该频率相对应的强度信息，所以如有一个有红外吸收的样品放在干涉仪的光路中，由于样品能吸收特征波数的能量，结果所得到的干涉图强度曲线就会相应地产生一些变化。包括每个频率强度信息的干涉图，可借助数学上的Fourier 变换技术对每个频率的光强进行计算，从而得到吸收强度或透过率和波数变化的普通光谱图。

用傅里叶变换红外光谱仪测量样品的红外光谱包括以下几个步骤：

①分别收集背景（无样品时）的干涉图及样品的干涉图；

②分别通过傅里叶变换将上述干涉图转化为单光束红外光谱；

③将样品的单光束光谱除以背景的单光束光谱，得到样品的透射光谱或吸收光谱。

图 6-24 为实际测试过程中几个中间步骤的干涉图及光谱图。

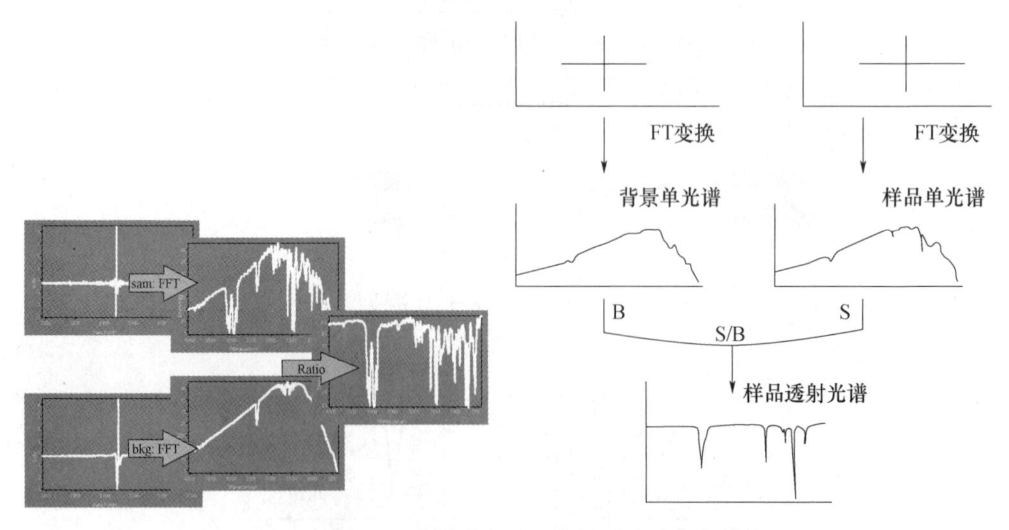

图 6-24　FT-IR 光谱获得过程中的干涉图和光谱图

傅里叶变换红外光谱仪的特点：

①测试速度快，质量好。Fourier 变换仪器是在整个扫描时间内同时测定所有频率的信息，一般只要 1s 左右即可。因此，它可用于测定不稳定物质的红外光谱。而色散型红外光谱仪，在任何一瞬间只能观测一个很窄的频率范围，一次完整扫描通常需要 8s、15s、30s 等。

②没有狭缝限制，不需要分光，信号强，灵敏度很高。因 Fourier 变换红外光谱仪不用狭缝和单色器，反射镜面又大，故能量损失小，到达检测器的能量大，可检测 10^{-8}g 数量级的样品。

③分辨能力高，波数精确度高，普通红外光谱仪分辨能力约 0.5cm^{-1}，傅里叶红外光谱仪可达 0.005cm^{-1}。

④测定光谱范围宽（1000～10cm^{-1}），可研究整个红外区的光谱。

6.5 红外光谱实验技术

6.5.1 粉末法

将研磨至 2μm 左右的细粉，悬浮在易挥发的液体中，移至盐窗上，待溶剂挥发后即形成一均匀薄层。盐窗一般用对红外线透明的碱金属卤化物制作，大多采用溴化钾盐片窗口，如图 6-25 所示。

KBr盐片(窗片)

图 6-25 溴化钾盐片窗口

当红外光照射在样品上时，粉末粒子会产生散射，较大的颗粒会使入射光发生反射，这种杂乱无章的反射降低了样品光束到达检测器上的能量，使谱图的基线抬高。散射现象在短波长区表现尤为严重，有时甚至可以使该区无吸收谱带出现。所以为了减少散射现象，就必须把样品研磨至直径小于入射光的波长，即必须磨至直径在 2μm 以下（因为中红外光波波长是从 2μm 起始的）。即使如此也还不能完全避免散射现象。

6.5.2 糊状法

固体样品还可用调糊法（或重烃油法，Nujol 法）。

将固体样品（5～10mg）放入研钵中充分研细，滴1～2滴重烃油（如石蜡油）调成糊状，涂在盐片上用组合窗板组装后测定。若重烃油的吸收妨碍样品测定，可改用六氯丁二烯。

对于大多数固体试样，都可以使用糊状法来测定它们的红外光谱，如果样品在研磨过程中发生分解，则不宜用糊状法。糊状法不能用来做定量分析，因为液体槽的厚度难以掌握，光的散射也不易控制。固体样品及红外透光窗盐片如图6-26所示。

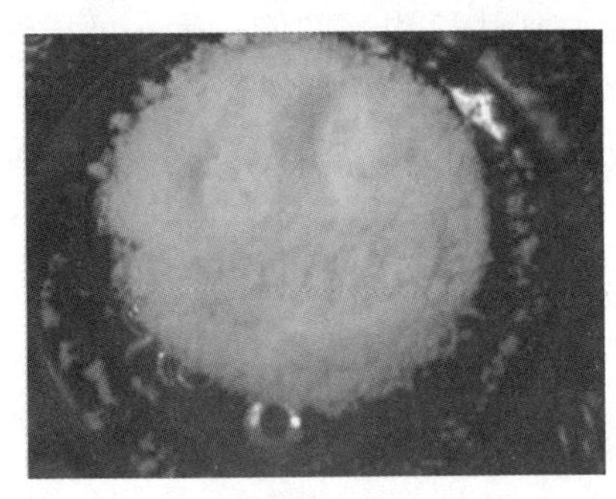

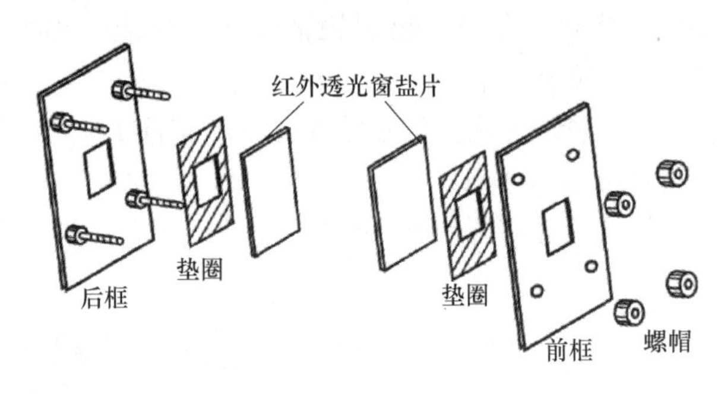

图6-26　固体样品及红外透光窗盐片

6.5.3　压片法

由于碱金属卤化物（如KBr、KCl、KI及CsI等）加压后变成可塑物，并在中红外区完全透明，因而被广泛用于固体样品的制备。

一般将固体样品1～3.8mg放在玛瑙研钵中，加100～300mg的KBr（重量比大约为1∶100），混合研磨均匀，使其粒度达到2μm以下。将磨好的混合物小心倒入压模中，加压成型，就可得到厚约0.8mm的透明薄片。

KBr的吸湿性较强，即使在红外灯烘烤下或在干燥箱中研磨，也不可避免地会吸收空气中的游离水。为了除去游离水的干扰，常在相同条件下制备另一个纯KBr透明薄片，作为补偿，放在参比光路中。

压片法的优点：

①没有溶剂和糊剂的干扰，能一次完整地获得样品的红外吸收光谱。

②使用的卤化物是红外透明的，在红外扫描的区域内不出现干扰吸收谱。可以根据样品的折射率选择不同的基质，把散射光的影响尽可能地减小。

③只要样品能变成细粉，并且加压下不发生结构变化，都可用压片法进行测试。

④由于薄片的厚度和样品的浓度可以精确控制，因而可用于定量分析。

⑤压成的薄片便于保存。

需要注意的是：压片法对样品中的水分要求严格，因为样品含水不仅影响薄片的透明度，而且影响对化合物的判定。因此，要尽量采用加热、冷冻或其他有效方法除水。样品粉末的粒度对吸光度有影响，粒度越小，吸光度越大。做定量分析时，要求样品粉末有均一的分散性和尽可能小的粒度。

6.5.4 薄膜法

(1) 剥离薄片

有些矿物如云母类是以薄层状存在，小心剥离出厚度适当的薄片（10～150μm），即可直接用于红外光谱的测绘。有机高分子材料常常制成薄膜，做红外光谱测定时只需直接取用。

(2) 熔融法

对于一些熔点较低，熔融时不发生分解、升华和其他化学、物理变化的物质，如低熔点的蜡、沥青等，只需把少许样品放在盐窗上，用电炉或红外灯加热样品，待其熔化后直接压制成薄膜。

(3) 溶液法

这一方法的实质是将样品悬浮在沸点低、对样品的溶解度大的溶剂中，使样品完全溶解，但不与样品发生化学变化，将溶液滴在盐片上，在室温下待溶液挥发，再用红外灯烘烤，以除去残留溶剂，这时就得到了薄膜，常用的溶剂有苯、丙酮等。

6.6 一些常见无机化合物红外光谱示例

红外分析技术大多用于高分子材料合成研究，在无机非金属材料中应用相对较少，相关的谱图信息资料也较少。基于此，本节对常见的无机化合物阴离子基团红外吸收图谱进行较为系统的总结。红外光谱图中的每一个吸收谱带都对应于某化合物的基团振动的形式。无机化合物在中红外区的吸收，主要是由阴离子（基团）的晶格振动引起的。因此，在鉴别无机化合物的红外光谱图时，主要着重于阴离子基团的振动频率。

6.6.1 氢氧化物

不同状态水的红外吸收频率如表 6-8 所示。

①氢氧化物中，主要以 OH^- 离子形式存在，无水的碱性氢氧化物中 OH^- 的伸缩振动频率在 3550～3720cm^{-1} 范围内，如 KOH 为 3678cm^{-1}、NaOH 为 3637cm^{-1}、$Mg(OH)_2$ 为 3698cm^{-1}、$Ca(OH)_2$ 为 3644cm^{-1}。两性氢氧化物中 OH^- 的伸缩振动偏小，其上限为 3660cm^{-1}，如 $Zn(OH)_2$、$Al(OH)_3$ 分别为 3260cm^{-1} 和 3420cm^{-1}。这里阳离子对 OH^- 的伸缩振动有一定的影响。

②水分子的 O—H 振动。一个孤立的水分子有 3 个基本振动。但是含结晶水的离子晶体中，由于水分子受其他阴离子团和阳离子的作用而会影响振动频率。例如，以简单的含水络合物 $M \cdot H_2O$ 为例，它含有 6 个自由度，其中 3 个是与水分子内振动有关的，H_2O 处在不同的阳离子（M）场中，使振动频率发生变化。当 M 是一价阳离子时，水

分子中 OH^- 的伸缩振动频率位移的平均值 $\Delta\nu$ 为 $90cm^{-1}$；而当 M 是三价阳离子时，频率位移高达 $500cm^{-1}$。

含氧盐水合物中晶体水吸收带，可以石膏 $CaSO_4 \cdot 2H_2O$ 说明它的特点。因为石膏中的水分子在晶格中处在等价的位置上，每一个水分子与 SO_4^{2-} 离子的氧原子形成两个氢键，O—H 键长的差别却很大，所以在 $CaSO_4 \cdot 2H_2O$ 的多晶样品 O—H 伸缩振动区内，除有水分子的两个伸缩振动外，还有好几个分振动谱带，即 $3554cm^{-1}$、$3513cm^{-1}$ 和 $3408cm^{-1}$，而且在谱带的两斜线上还有几个弱的吸收台阶，石膏中 H_2O 的弯曲振动在 $1623cm^{-1}$ 和 $1688cm^{-1}$ 两处。若石膏脱水生成半水石膏以后，则只留下 $1623cm^{-1}$ 弯曲振动，伸缩振动减少为两个，并略向高波数移动至 $3615cm^{-1}$、$3560cm^{-1}$ 处（表 6-8）。

表 6-8　不同状态水的红外吸收频率

项目名称	O—H 伸缩振动（cm^{-1}）	弯曲振动（cm^{-1}）
游离水	3756	1595
吸附水	3435	1630
结晶水	3200～3250	1670～1685
结构水 （羟基水）	～3640	1350～1260

6.6.2　碳酸盐（CO_3^{2-}）的基团振动

未受微扰的碳酸盐离子 CO_3^{2-} 是平面三角形对称型，它的简正振动模式有（表 6-9）：对称伸缩振动，是非红外活性的；非对称伸缩振动在 $1415cm^{-1}$ 处；面内弯曲振动在 $680cm^{-1}$ 处；面外弯曲振动在 $879cm^{-1}$ 处。但是，碳酸盐离子总是以化合物形式存在，自由离子的频率是很难测定的。碳酸盐离子的振动频率会受到阳离子的影响。方解石（$CaCO_3$）是一轴晶三方对称，由于它的单晶比较容易获得，所以在文献中有不少关于方解石单晶的红外光谱数据，如表 6-9 和图 6-27 所示。一些具有方解石结构的其他碳酸盐，其阳离子是中等大小的二价元素，如 Mg^{2+}、Cd^{2+}、Fe^{2+}、Mn^{2+} 等，均具有图 6-27 所示的红外光谱图。

碳酸盐的二价金属离子的离子半径较大时，则形成霰石结构。霰石是斜方晶系，CO_3^{2-} 可能是非平面型的，它们的红外光谱总体上是相仿的，只是霰石的对称性较低，出现的谱带较多，如图 6-27（a）所示。图中非对称伸缩振动是十分强而宽的谱带，并且随阳离子质量加大而逐渐变得更强。弯曲振动 ν_2 和 ν_4 各分裂为两个小谱，其原因有认为是 ^{13}C 同位素所引起，亦有认为是 ν_4 与晶格模式得到的差谱带。

表 6-9 方解石单晶的红外光谱数据

项目	单晶（cm^{-1}）	粉末（系 5 个不同作者数据平均）（cm^{-1}）
非对称伸缩振动 ν_s	1407	1425
面外弯曲振动 $1\nu_2$	872	877
面内弯曲振动 $2\nu_4$	712	712

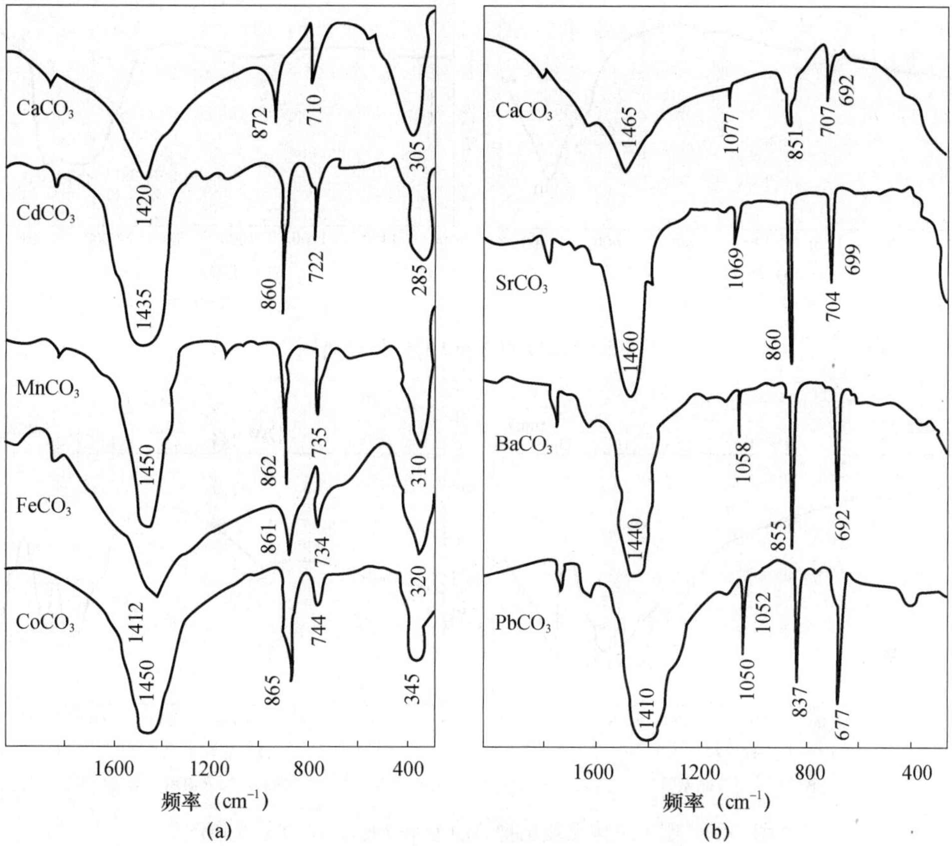

图 6-27 具有方解石结构的红外光谱图（KBr 粉末压片法）

6.6.3 无水氧化物

（1）MO 化合物

这类氧化物大部分具有 NaCl 结构，所以它只有一个三重简并的红外活性振动模式，如 ZnO、MgO、NiO 分别在 $430cm^{-1}$、$450cm^{-1}$、$445cm^{-1}$ 有吸收谱带，如图 6-28 所示。

（2）M_2O_3 化合物

刚玉结构类氧化物 Al_2O_3、Cr_2O_3、Fe_2O_3 等，它们的振动频率低且谱带宽，在

700～200cm^{-1} 范围，如图 6-29 所示。但是目前对于刚玉型结构的振动尚无较满意的解释。

(3) AB_2O_4 尖晶石结构化合物

尖晶石结构的化合物在 700～400cm^{-1} 范围有两个大而宽的吸收谱带，是 B—O 的振动引起，如图 6-30 所示。

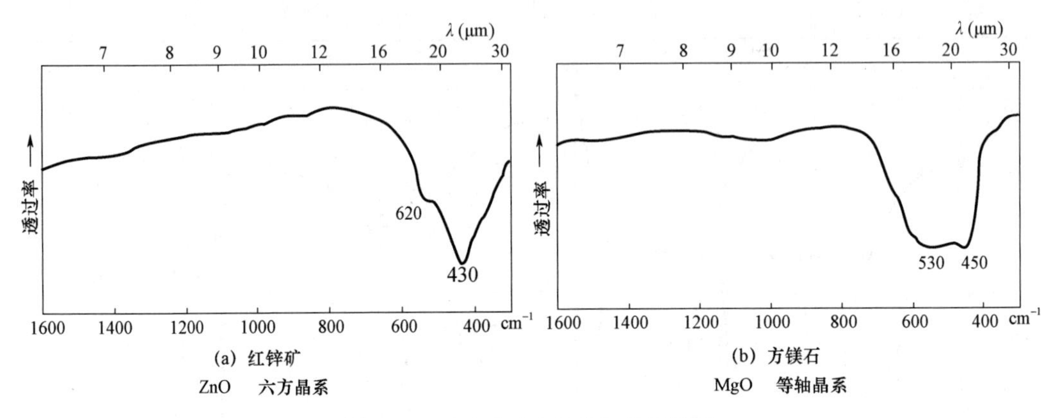

图 6-28 ZnO 和 MgO 的红外光谱图

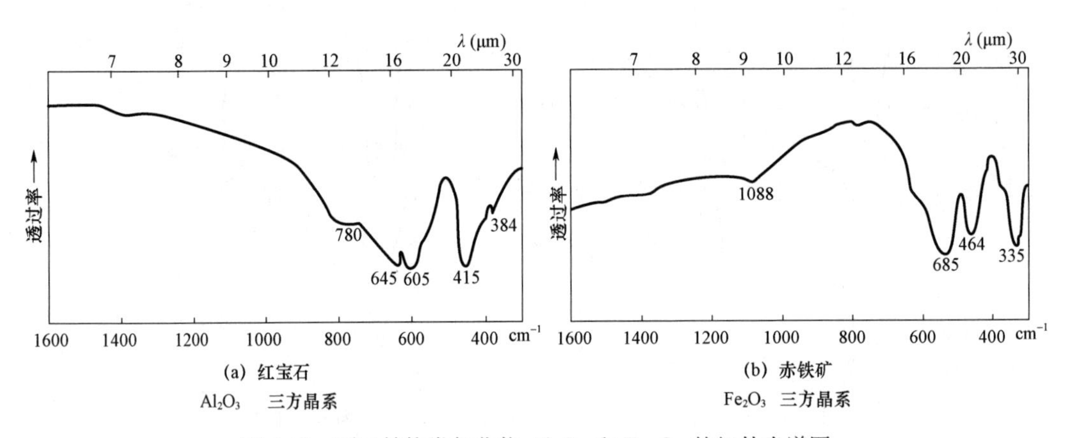

图 6-29 刚玉结构类氧化物 Al_2O_3 和 Fe_2O_3 的红外光谱图

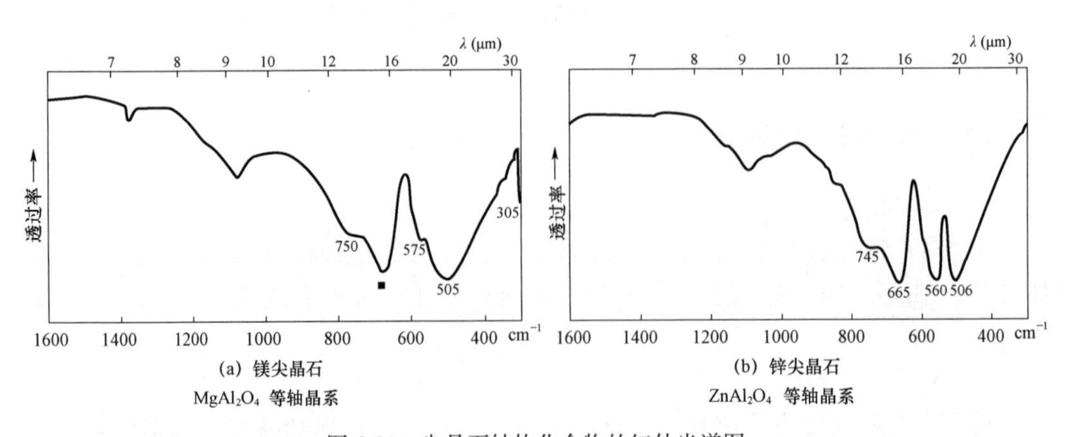

图 6-30 尖晶石结构化合物的红外光谱图

6.6.4 硫酸盐化合物

硫酸盐化合物是以 SO_4^{2-} 孤立四面体的阴离子团与不同的阳离子结合而成的化合物。当 SO_4^{2} 保持对称时，孤立离子团将有 4 种振动模式，它们的振动频率分别是 983cm^{-1}、1150cm^{-1}、450cm^{-1}、611cm^{-1}。但 SO_4^{2} 总是要与金属元素化合的，这时就会影响各特征吸收谱带的位置。一般来说，对同族元素，SO_4^{2} 的对称振动频率随阳离子原子量的增大而减小。石膏是硅酸盐工业中常用的原料之一，它可分为二水石膏 $CaSO_4 \cdot 2H_2O$、半水石膏 $CaSO_4 \cdot 1/2H_2O$ 和硬石膏（无水）。三者的红外光谱有一定的差别，如表 6-10 所示。

表 6-10　石膏的红外光谱数据

名称	ν_1	ν_2	ν_3	ν_4	水
硬石膏	1013	515 420	1140，1126 1095	671，612 592 667，634	—
$CaSO_4 \cdot 1/2H_2O$	1012	465	1156，1120		3625，1629
$CaSO_4 \cdot 2H_2O$	1000 1006	492 413	1131，1142 1116，1138	602～669	3555，1690 3500，1629

6.6.5 硅酸盐矿物

孤立的 SiO_4^{4-} 离子只有两个红外活性振动模式，它们分别在 800～1000cm^{-1} 和 450～550cm^{-1} 范围。孤立的 SiO_4 四面体实际上并不存在，它总是与其他阳离子结合，破坏 SiO_4 四面体的对称性，并使原来简并的谱带分裂或者使非红外活性的振动成为红外活性而出现光谱带。所以，在实际硅酸盐矿物的红外光谱中，在 800～1000cm^{-1} 和 450～600cm^{-1} 两个范围内出现几个吸收谱带。橄榄石族的红外光谱图如图 6-31 所示。

需要特别说明阳离子对 SiO_4 离子振动频率的影响。一般阳离子 M—O 的振动在 400cm^{-1} 以下，但是阳离子的离子半径和质量都将影响谱带频率的变化。离子半径大、质量大的阳离子（如 Ba^{2+}）干扰的影响小于大多数其他二价阳离子，所以 Ba_2SiO_4 中阴离子的振动与孤立的 SiO_4 的振动十分接近。

除正硅酸盐外其他结构类的硅酸盐矿物中，SiO_4 四面体都有以顶角相连生成 Si—O—Si 连接方式，它可以呈线性，也可能有一定键角。拉扎雷夫在研究 $Si_2O_7^{6-}$ 阴离子振动时，把 Si—O—Si 键和末端的 Si—O 键的振动分开讨论，线性 Si—O—Si 的对称伸缩振动在 630～730cm^{-1}，而 1100～1170cm^{-1} 是这种键的非对称振动，比正硅酸盐的振动要高许多，这主要是 Si—O—Si 的 Si—O 键的力常数和 Si—O 末端键的力常数不同，一些线性或近乎线性的 Si—O—Si 键长相对要小些。

当 SiO_4 四面体聚合形成复杂的长键状阴离子时，产生以下两个方面的影响：其一，

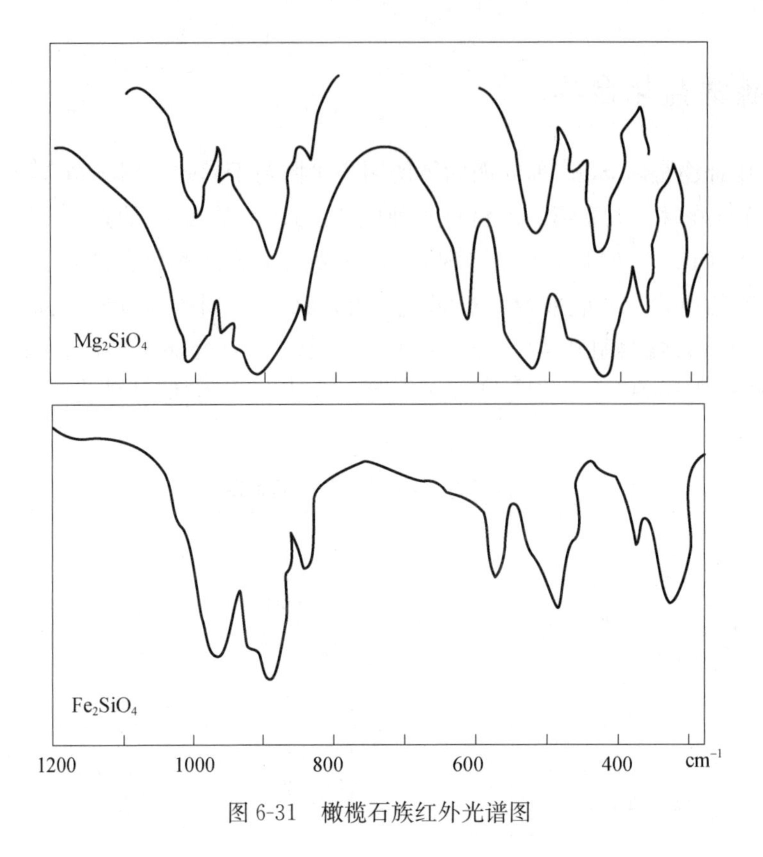

图 6-31　橄榄石族红外光谱图

消除了原来振动中的简并，谱带变得复杂，这反映了末端氧与桥氧离子键间的差异，桥氧总是与两个 Si 配位，与其他氧离子之间的键很弱。但是非桥氧则连接 1Si 和 3M。其二，在 550～750cm^{-1} 区域内出现的是弯曲 Si—O—Si 的振动新谱带。

层状硅酸盐都含有平面六方 Si—O 环，如果把假六方硅氧层看成独立实体，由于对称性较高，理论上可推导出 12 个振动模式。当然，在实际矿物中，由于阳离子和羟基的存在，会使这些振动频率位移。层状硅酸盐中 Si—O 振动（非对称伸缩）均分裂，以高岭土为例，800～1200cm^{-1} 之间可以存在 5 个谱带，915cm^{-1}、935cm^{-1}、1010cm^{-1}、1033cm^{-1} 和 1169cm^{-1}，其他层状结构矿物也类似，它们共同的特点是 Si—O 非对称伸缩振动继续向高频率方向位移，并大于 1100cm^{-1}。

这类硅酸盐中主要存在 Si—O—Si（或 Si—O—Al）和 O—Si—O 键，在 950～1200cm^{-1} 范围内有 Si—O—Si 的非对称性振动。它一般可高达 1170cm^{-1} 以上，不仅明显地比正硅酸盐高出许多，而且比链式或层状结构硅酸盐也高。另一谱带在 550～850cm^{-1} 区域，为中等强度，凡是有 SiO_4^{2-} 阴离子四面体网状聚合态存在的都会在此区间有吸收谱带，至于 400～500cm^{-1} 间的振动频率仍可归属于 O—Si—O 的弯曲振动。

当 Al 进入四面体以后，就将使振动产生畸变，但是它也包括在 950～1200cm^{-1} 和 600～800cm^{-1} 范围内。已经证明，当 Al 含量增加，950～1200cm^{-1} 范围内的非对称伸缩振动将向低频率方向移动，所以长石类的最高振动频率均小于石英最大振动频率。

6.6.6 水泥的红外光谱研究

波特兰水泥熟料主要是无水的钙硅酸盐和铝酸盐矿物，4 种主要的熟料矿物是：阿利特或硅酸三钙（C_3S）、贝利特或硅酸二钙（C_2S）、铝酸三钙（C_3A）和铁相（C_4AF）。

C_3S 在 800～1000cm^{-1} 范围有宽的吸收带是阿利特的特征。在水泥熟料中，C_3S 的晶格中含有 Na_2O、K_2O 等杂质而使阿利特稳定存在。纯 C_3S 的吸收带比阿利特的尖锐。

C_2S 的晶格中含有外来离子时，就成为贝利特而稳定存在。外来离子的存在对贝利特的红外光谱影响较小。

C_3A 具有立方晶系结构，Al 在 C_3A 中的配位数为 4，即以 AlO_4 四面体的形式存在。由于 AlO_4 比 SiO_4 的对称性更低，振动基本没有简并。C_3A 主要的吸收带在 800cm^{-1} 附近。

普通硅酸盐水泥的主要水化产物是水化硅酸钙、氢氧化钙、钙矾石及单硫酸盐等。图 6-32 是普通波特兰水泥水化过程的红外光谱。波特兰水泥中的硅酸盐、硫酸盐和水

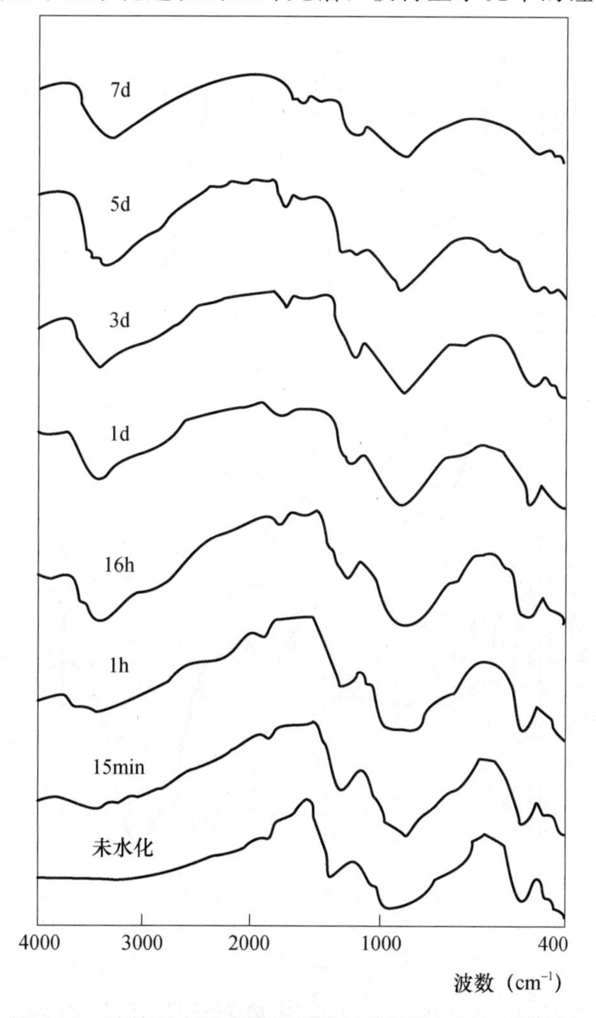

图 6-32 波特兰水泥水化过程的红外光谱（KBr 压片法）

的红外光谱吸收带波数的变化反映了它的水化过程。在未水化的波特兰水泥中，可以很容易地鉴别属于 C_3S 的 $925cm^{-1}$ 和 $525cm^{-1}$ 吸收带、属于石膏中的 SO_4 离子的 $1120cm^{-1}$ 和 $1145cm^{-1}$ 吸收带及属于石膏中 H_2O 的 $1623cm^{-1}$、$1688cm^{-1}$、$3410cm^{-1}$ 和 $3555cm^{-1}$ 吸收带。随着水化的进行，谱带发生变化，$1120cm^{-1}$ 谱带的变化表明了钙矾石的逐步形成过程。水化 16h、24h 之后，$925cm^{-1}$ 谱带逐渐向高波数方向位移到 $970cm^{-1}$，表明了 C—S—H 相的形成。而硫酸盐和水在 $1100cm^{-1}$、$1600cm^{-1}$ 和 $3200\sim3600cm^{-1}$ 附近吸收带波数的类似变化，则反映了水泥浆体中钙矾石向单硫酸盐的转化。

在石膏转化为钙矾石及进一步转化为单硫酸盐的过程中，硫酸盐和水的吸收带都发生了变化，图 6-33 显示了这些变化的细节，在 $1100cm^{-1}$ 处的吸收带归属于 SO_4^{2-} 离子的不对称伸缩振动，在石膏中，这个谱带分裂为 $1120cm^{-1}$ 和 $1145cm^{-1}$ 两个吸收带，但当钙矾石形成时，又只有 $1120cm^{-1}$ 这个单一吸收带了，而钙矾石转化为单硫酸盐后，该谱带又分裂为 $1100cm^{-1}$ 和 $1170cm^{-1}$ 两个吸收带。

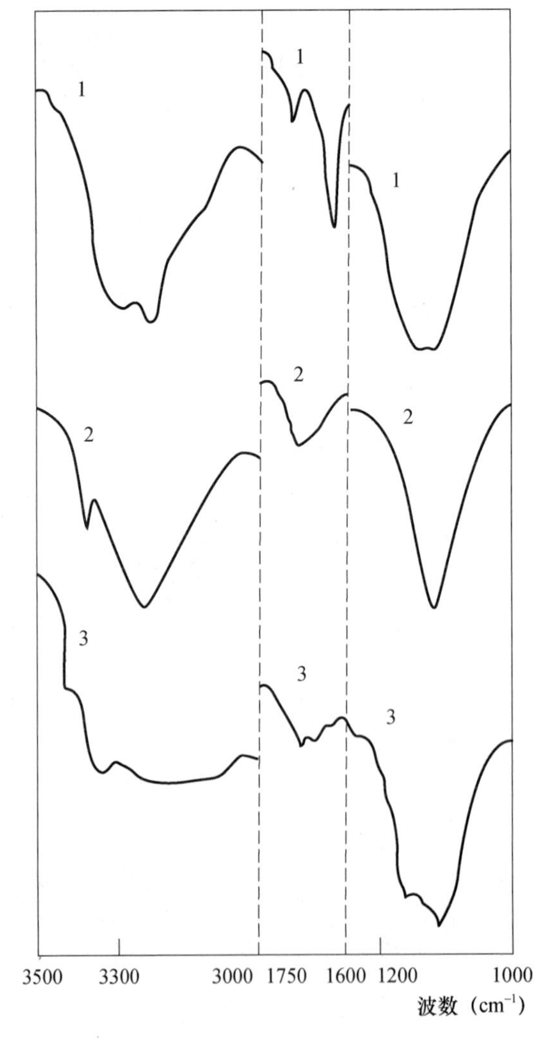

图 6-33

1—石膏、2—钙矾石、3—单硫酸盐的红外光谱（石蜡油糊状法）

习题与思考题

1. 为什么进行红外吸收光谱测试时要做空气背景扣除？

2. 进行液体样品测试时，如样品中含水应该如何操作？

3. 进行固体样品测试时，为什么要将样品研磨至 $2\mu m$ 左右？

4. 影响基团振动频率的因素有哪些？这对于由红外光谱推断分子的结构有什么作用？

5. 产生红外吸收的条件是什么？是否所有的分子振动都会产生红外吸收光谱？为什么？

6. 何谓基团频率？它有什么重要用途？影响基团频率的因素有哪些？

7. 何谓指纹区？它有什么特点和用途？

8. 红外光谱定性分析的基本依据是什么？简要叙述红外定性分析的过程。

9. 某化合物的分子式为 C∶H∶O＝2∶3∶1，其分子量为 86。对其进行红外光谱测定，在波数为 $3095cm^{-1}$、$1762cm^{-1}$、$1649cm^{-1}$、$1373cm^{-1}$、$1217cm^{-1}$、$977cm^{-1}$、$877cm^{-1}$ 处出现了明显的吸收峰，根据以上条件判断该化合物的结构式，并说明原因。

7

热分析技术

7.1 概　　述

7.1.1 热分析的定义及分类

热分析（Thermal Analysis，TA）是指用热力学参数或物理参数随温度变化的关系进行分析的方法。国际热分析协会（International Confederation for Thermal Analysis，ICTA）于1977年将热分析定义为：在程序控温和一定气氛下，测量物质的物理性质与温度或时间变化关系的一类技术统称为热分析。“程序控温”一般指线性升温或线性降温，也包括恒温、循环或非线性升温、降温；这里的“物质”指试样本身和（或）试样的反应产物，包括中间产物。物理性质主要包括质量、温度、热焓、尺寸、力学、声、光、磁、电等性质。根据物理性质的不同，建立了相对应的热分析技术。

热分析是一类多学科通用的分析测试技术，其仪器种类繁多，应用范围极广。根据国际热分析协会（ICTA）的归纳和分类，按照所测的物理性质的不同，目前的热分析方法共分为9类17种（表7-1）。

表7-1　热分析方法的分类

物理性质	方法	英文名称及缩写	备注
质量	热重法	Thermogravimetry（TG）	测定物质的质量与温度关系
	等压质量变化测定	Isobaric mass change determination	测定在恒定挥发物分压下的平衡质量与温度的关系
	逸出气检测法	Evolved gas detection（EGD）	测定逸出的挥发物热导性与温度的关系
	逸出气分析	Evolved gas analysis（EGA）	测定挥发物的类别及数量与温度的关系
	射气热分析	Emanation thermal analysis	测定放射性物质与温度的关系
	热粒子分析	Thermoparticulate analysis	测定放出的微粒物质与温度的关系

续表

物理性质	方法	英文名称及缩写	备注
温度	升温曲线测定	Heating-curve determination	测定物质温度与时间的关系
	差热分析	Differential thermal analysis (DTA)	测定物质与参比物之间的温差与温度的关系
热焓	差示扫描量热法	Differential scanning calorimetry (DSC)	测定物质与参比物的热流差（功率差）与温度的关系
尺寸	热膨胀法	Thermodilatometry	包括线膨胀法和体膨胀法
力学量	热机械分析	Thermomechanical analysis (TMA)	测定非振荡负荷下形变与温度的关系
	动态热机械分析	Dynamic thermomechanical analysis (DMA 或 DTMA)	测定振荡性负荷下动态模数（阻尼）与温度的关系
声学量	热发声法	Thermosonimetry	测定声发射与温度的关系
	热传声法	Thermoacoustimetry	测定声波特性与温度的关系
光学量	热光法	Thermophotometry	包括热光谱法、热折射法、热致发光法、热显微镜
电学量	热电法	Thermoelectrometry	测定电学特性（电阻、电导、电容等）与温度的关系
磁学量	热磁法	Thermomagnetometry	测定磁化率与温度的关系

在这些热分析技术中，热重法（TG）、差热分析（DTA）、差示扫描量热法（DSC）和热机械分析（TMA）应用最为广泛。根据热力学的基本原理，物质的焓、熵和自由能都是物质的一种特性，他们之间的关系可由 Gibbs-Helmholtz 方程式表达。由于在给定温度下每个体系总是趋向于达到自由能最小状态，所以当逐渐加热试样时它可转变成更稳定的晶体结构或具有更低自由能的另一种状态，伴随着这种转变产生热焓的变化，这就是差示扫描量热法和差热分析的基础。热重法是基于测定质量的变化研发的。热机械分析法是以一定的加热速率加热试样，使试样在恒定的较小负荷下随温度升高而发生形变，测量试样温度-形变曲线的方法。

7.1.2 热分析技术的应用

热分析技术是对各类物质在很宽的温度范围内进行定性或定量表征极为有效的技术。通过测定加热或冷却过程中物质本身发生的变化和测定加热过程中从物质中产生的气体，推知物质的变化。其中，差热分析、差示扫描量热法、热重法和热机械分析是热分析的四大支柱，用于研究物质的晶型转变、融化、升华、吸附等物理现象，以及脱水、分解、氧化、还原等化学现象。它们能快速提供被研究物质的热稳定性、热分解产物、热变化过程的焓变、各种类型的相变点、玻璃化温度、软化点、比热容、纯度、爆破温度等数据，是无机、有机及高分子材料的物理及化学性能的重要测试手段，也是高聚物的表征及结构性能研究及进行相平衡研究和化学动力学过程研究的常用手段。热分析技术在物理、化学、化工、冶金、地质、建材、燃料、轻纺、食品、生物等领域得到广泛应用。表 7-2 是一些热分析技术的主要应用范围。

表 7-2 热分析技术的主要应用范围

应用范围	热分析技术							
	TG	DTA	DSC	TMA	DMA	EGA	热电学法	热光学法
相转变、融化、凝固	—	B	A	C	—	—	B	A
吸附、解吸	A	B	A	—	—	B	—	B
裂解、氧化还原、酸化黏合	A	B	A	—	B	B	B	B
相图制作	B	A	A	C	—	—	—	C
纯度测定	—	B	A	—	—	—	—	B
热固化	—	B	B	B	—	—	—	B
玻璃化转变	—	B	A	A	B	—	C	B
软化	—	—	C	A	C	—	C	C
结晶	—	B	A	B	B	—	C	B
液晶、比热容测定	—	B	A	—	—	—	—	—
耐热性测定	A	A	A	B	B	B	C	B
升华、反应和蒸发速率测定	A	B	A	—	—	A	C	B
膨胀系数、黏度测定	—	—	—	A	—	—	—	—
黏弹性	—	—	—	A	A	—	—	—
组分分析	A	B	A	—	C	A	B	B
催化研究	—	B	A	—	—	A	—	—
煤、能源、地球化学	A	A	B	—	—	C	—	—
生物化学	C	B	A	—	—	C	—	—
海水资源	B	B	A	—	—	C	—	—

注：A—最适用，B—可用，C—某些样品可用。

热分析的主要优点：

①可在宽广的温度范围内对样品进行研究；

②可使用各种温度程序（不同的升温、降温速率）；

③对样品的物理状态无特殊要求；

④所需样品量可以很少（0.1μg～10mg）；

⑤仪器灵敏度高（质量变化的精确度达 10^{-5}）；

⑥可与其他技术联用；

⑦可获取多种信息。

在应用热分析时，不仅要了解热分析技术的使用情况，而且还应该了解各种热分析技术的用处和局限性。值得注意的是，在某些情况下仅用一种热分析技术并不能对所研究的体系给出足够的数据，这时往往需要用其他的分析方法（包括其他的热分析技术）加以补充，如 DTA 或 DSC 通常要用 TG 来补充。如果涉及有气体产生，热分析技术最好和质谱、气相色谱联用。热分析和其他分析方法的联用技术对研究反应机理和确证实验结果是极为重要的。近年来，热分析对高聚物、络合物、生物化学和动力学方面的研究有着较快的发展。

7.1.3 热分析的起源及发展

热分析一词是德国人 Tammann 在 1905 年提出的，但热分析技术的发明和应用已有很长的历史。1780 年，英国人 Higgins 在研究石灰黏结剂和生石灰的过程中第一次用天平测量了试样受热时所产生的重量变化。1786 年，英国人 Wedgwood 在研究黏土时测得了第一条热重曲线，观察到将黏土加热到“暗红”（500～600℃）时有明显失重现象。1915 年，日本东北大学的本多光太郎把化学天平的一端秤盘用电炉围起来，提出来“热天平”（Thermobalance）概念并开创了热重分析（TG）技术，但由于测定时间长未能普及。第一台商品化的热天平是 1945 年在 Chevenard 等工作的基础上设计制作出来的。Cahn 和 Schultz 于 1963 年将电子天平引入现代自动热天平中，使仪器的灵敏度达到 0.1μg，质量变化精度达 10^{-5}。我国第一台商业热天平是 20 世纪 60 年代初由北京光学仪器厂制造的。

差热分析技术一般被认为起源于法国，1887 年，法国物理化学家 Le Chatelier 将一个铂-铂/10％铑热电偶插入受热的黏土试样中，研究黏土矿物在升温过程中热性质的变化。1899 年，英国人 Roberts-Austen 使用差示热电偶和参比物，记录样品与参照物之间的温度差随时间或温度变化的规律，并获得了电解铁的 DTA 曲线，这就是差热分析（DTA）技术的原始模型。1964 年，Watson 和 O'Neill 等发表了称为“差示扫描量热法”的文章，提出了“差示扫描量热”的概念，被美国 Perkin-Elmer 公司采用，研制成功了功率补偿型差示扫描量热仪，即 DSC。由于 DSC 能直接测量物质在程序温度下所发生的热量变化（以毫卡计），而且定量性和重复性都很好，因此它一出现就受到人们的普遍重视，得到了迅速发展。目前 DSC 仪器从设计原理上看可分为两大类：一类称为功率补偿式 DSC；另一类称为热流式 DSC。后者属于定量型 DTA。

从热分析总体发展来看，在 20 世纪 40 年代以前，由于受到当时科技发展水平的限制，热分析仪主要是手工操作，目测数据，测量时间长，劳动强度高，同时样品用量大，仪器灵敏度低，主要应用于无机物（如黏土、矿物的）研究。20 世纪 50 年代，由于电子工业的迅速发展，使得自动控制与自动记录技术开始应用于热分析仪，热分析得以较快进步，但仪器体积仍较大。20 世纪 60 年代，由于石油化工和合成材料的迅速发展，有机材料的热分析有了很大的突破，特别是可控硅和集成电路的出现与应用使热分析仪小型化成为可能，并进一步向微型化方向发展，灵敏度有了较大的提高。

随着热分析技术和研究的不断发展，1965 年，由英国的 Mackinzie、Redfern 等发起，召开了第一次国际热分析大会，并于 1968 年成立了国际热分析协会（ICTA）。中国化学会于 1979 年在昆明成立了“溶液化学—热力学—热化学—热分析”专业组，并于 1980 年召开了首届全国溶液理论—热力学—热化学—热分析学术报告会。

20 世纪 70 年代以后，热分析仪在自动化、微量化方面更为完善。由于计算机技术的迅速发展，使热分析仪从选择实验条件到数据处理全部由微处理机控制，热分析仪有了较快的发展，热分析的内容也不断扩充，应用领域日趋广泛，热分析在理论、数据分析和实验方法上也取得较大的进展。目前，热分析已经发展成为系统性的分析方法。从材料研究的观点出发，希望能在同一环境条件下得到物质在高温过程中的各种信息，从而对材料的高温性能做出比较全面的评价。因此，仪器的综合化在高温物相分析中已有所体现。例如，综合热分析仪，可以同时测定试样的差热曲线、失重曲线及膨胀（或收缩）曲线；又如，差热分析与高温 X 射线衍射仪组合、高温显微镜与膨胀率测定仪的组合等，都使高温物相分析更有效和更方便了。同时，气氛条件、压力装置的引入，使高温物相的研究更接近实际状态，使得其无论是在对材料的理论研究上，还是在解决生产实际问题方面，都提高了一步。

7.2 差热分析

差热分析法是在程序控制温度下，测量样品与参比物（基准物，是在测量温度范围内不发生任何热效应的物质，如 α-Al_2O_3）之间的温度差与温度之间关系的一种热分析方法。差热分析曲线描述了样品与参比物之间的温差（ΔT）随温度或时间的变化关系。当试样发生任何物理或化学变化时，所释放或吸收的热量使样品温度高于或低于参比物的温度，从而相应地在差热曲线上得到放热峰或吸热峰。图 7-1 是材料的典型 DTA 曲线。

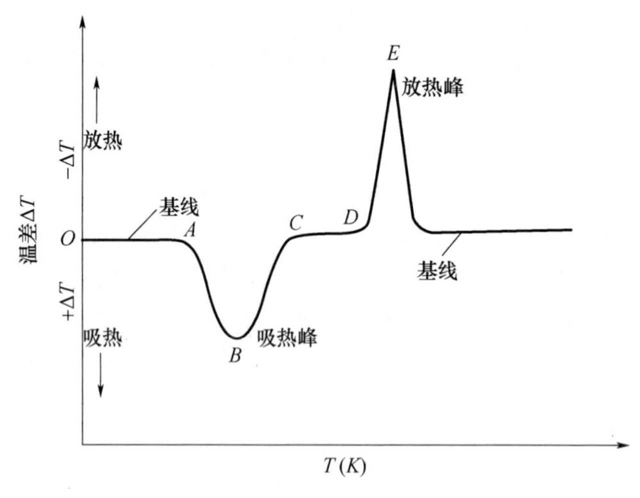

图 7-1　典型的 DTA 曲线

差热分析方法能较精确地测定和记录物质在加热过程中发生的失水、分解、相变、升华、熔融、晶格破坏和重建及物质间的相互作用等一系列的物理和化学现象，并借以判定物质的组成及反应机理。因此，差热分析法已广泛应用于地质、冶金、陶瓷、无机硅酸盐、石油、建材及高分子等各个领域的科学研究和工业生产中。差热分析方法与其他现代测试方法相配合，有利于材料研究工作的深化，目前已是材料科学研究中不可缺少的方法之一。

7.2.1 差热分析的基本原理

现代的差热分析仪采用集成电路等先进技术，其在结构和功能上相较于原来的差热分析仪有了较大的改进，但是其基本原理仍然采用示差热电偶，一端测温，另一端记录并测定样品与参比物之间的温度差。在所测的温度范围内，参比物基本上不发生任何热效应，而样品在某温度区间内发生了热效应，释放或者吸收热量导致样品的温度低于或高于参比物，从而达到鉴定未知样品的目的。

众所周知，金属中存在许多在晶格中不停地做不规则热运动的自由电子，常温下自由电子不能从金属中逸出，要使之逸出表面，需施加能量 V（逸出功）。当有两种金属A、B，若金属 A 的逸出功大于金属 B 的逸出功，即 $V_a > V_b$，则 A、B 接触时自由电子就会从金属 B 中逸出流入金属 A 中，使金属 A 的电子数目多于金属 B，结果金属 A 带负电荷，金属 B 带正电荷，并在两种金属中形成电位差 V'_{ab}（接触电位差）。

$$V'_{ab} = V_b - V_a \tag{7-1}$$

图 7-2 为不同距离下两块金属中电子的位能图。

不同金属中自由电子的数目不同，如果金属 A 的自由电子数目为 N_a，金属 B 的自由电子数目为 N_b，且 $N_a > N_b$，则从金属 A 中逸出的自由电子数多于从金属 B 中逸出的自由电子数，结果在金属 A、B 间形成另一电位差 V''_{ab}。

$$V''_{ab} = (KT/e)\ \ln\ (N_a/N_b) \tag{7-2}$$

式中，K 为玻尔茨曼常数；T 为温度；e 为电子电荷。

则金属 A 与金属 B 实际接触时它们之间产生的电位差为：

$$V_{ab} = V'_{ab} + V''_{ab} = V_b - V_a + (KT/e)\ \ln\ (N_a/N_b) \tag{7-3}$$

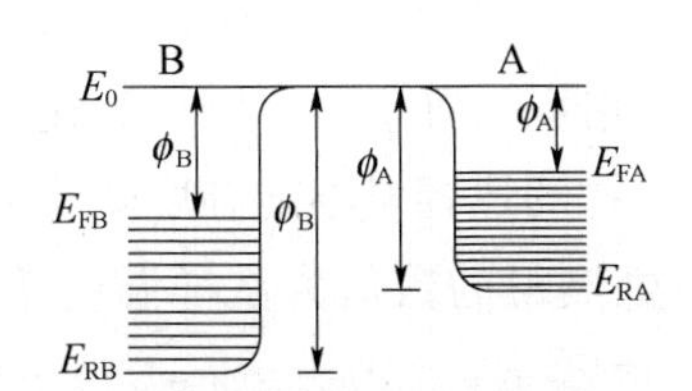

(a)两块金属A、B相距很远时的费密能级、逸出功与势垒的示意

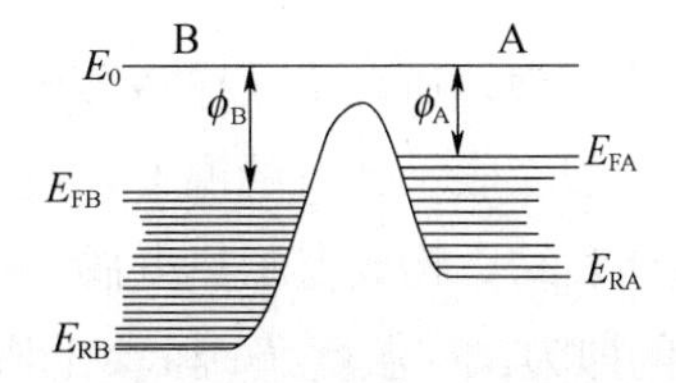

(b)A、B移近，但尚未接触，中间势垒逐渐变薄并下降，穿透势垒电子的概率逐渐变大

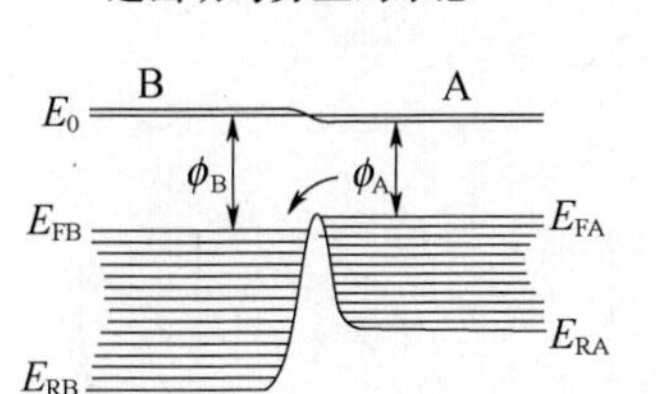

(c)A、B开始接触，A中的电子开始流向B，在接触处开始形成接触电位差

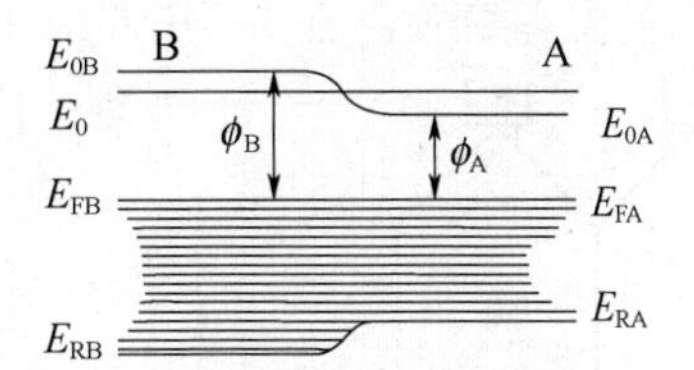

(d)A、B完全接触后，费密能级E_{FA}与E_{FB}重合，中间势垒消失

图 7-2 不同距离下两块金属中电子的位能

由于两种金属中自由电子的数目不同及自由电子的逸出功不同，当它们相接触时，就形成了两种金属的接触电位差。

基于热电偶的基本原理，把两种不同金属 A 和 B 焊成一个闭合回路，若两个接点的温度分别为 T_1 和 T_2，当 $T_1 \neq T_2$ 时，闭合回路中就会有电流通过，检流计指针发生偏转，即构成了热电偶，如图 7-3（a）所示，这种电流叫作温差电流。产生温差电流的电动势即温差电动势，这个现象称为塞贝克效应。

金属闭合回路中的温差电动势等于该回路中全部电位跃变之和，即

$$E_{ab}=V_{ab}+V_{ba}=(T_1-T_2)(K/e)\ln(N_a/N_b)。\tag{7-4}$$

由此可见，在两种不同的金属之间形成的 E_{ab}（温差电动势）与两焊接点间的温差（T_1-T_2）成正比。它们之间温度差的变化是由于相转变或反应的吸热或放热效应引起的。

若将金属 A 和金属 B 焊接后，其一端置于待测温度处，另一端置于恒定的已知温度的物质（如冰水混合物）中，这样回路中产生一定的温差电动势，可由电流计直接读出待测温度值，即构成了用于测温的温差热电偶，如图 7-3（b）所示。

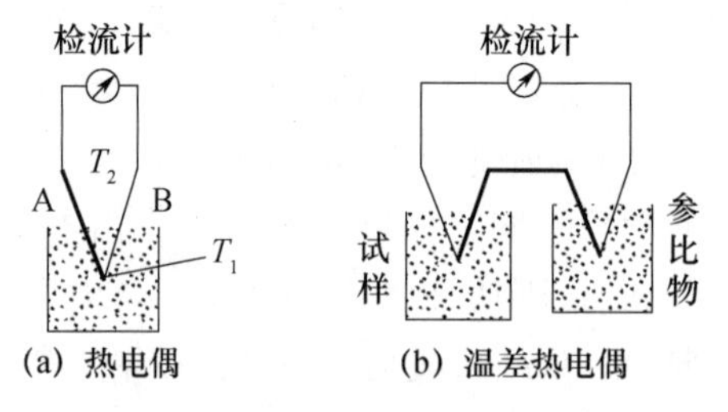

图 7-3　热电偶和温差热电偶

当试样在加热或冷却过程中发生物理或化学变化时，所吸收或释放的热量导致试样和参比物之间产生温度差，测量电动势（电压）可知温差，进一步可知热效应的出现与否及强度。

根据上述原理，通常将试样和参比物分别放入坩埚，置于炉中以一定速率进行程序升温，以 T_S、T_R 表示各自的温度，设试样和参比物的热容量不随温度变化而变化。两对热电偶反向联结，构成差示热电偶。在电表 T 处测得的数值为试样温度 T_S，在电表 ΔT 处测得的即为试样温度 T_S 和参比物温度 T_R 之差 ΔT。若以 $\Delta T=T_S-T_R$ 对 t 作图，所得 DTA 曲线如图 7-4 所示。随着温度的增加，试样产生了热效应（如相转变），与参比物间的温差变大，在 DTA 曲线中表现为峰、谷。

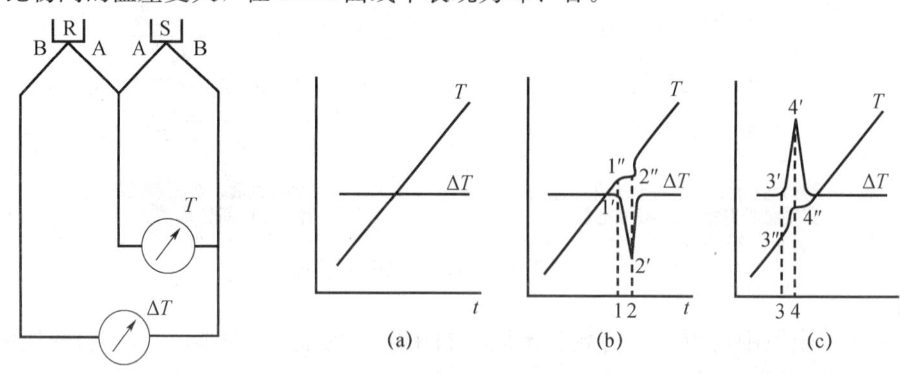

图 7-4　差热分析的原理示意

对比试样的加热曲线与差热曲线可见，当试样在加热过程中有热效应变化时，则相应差热曲线上就形成了一个峰谷。不同的物质由于它们的结构、成分、相态都不一样，在加热过程中发生物理、化学变化的温度高低和热焓变化的大小均不相同，因而在差热曲线上峰谷的数目、温度、形状和大小均不相同，这就是应用差热分析进行物相定性、定量分析的依据。

7.2.2 差热分析曲线

根据国际热分析协会（ICTA）的规定，差热分析（DTA）是将试样和参比物置于同一环境中以一定速率加热或冷却，将两者间的温度差对时间或温度做记录的方法。从DTA获得的曲线实验数据是这样表示的：纵坐标为试样与参比物的温度差（ΔT），吸热过程显示一个向下的峰，放热过程显示一个向上的峰，横坐标为温度（T）或时间（t）。

差热分析曲线反映的是过程中的热变化，物质发生的任何物理和化学变化，其DTA曲线上都有相应的峰出现。图7-5是一个典型的吸热DTA曲线。如图7-5所示，*AB*及*DE*为基线，是DTA曲线中ΔT不变的部分；*B*点称为起始转变温度点，说明样品温度开始发生变化；*BCD*为吸热峰，是指样品产生吸热反应，温度低于参比物，ΔT为负值（峰形凹下于基线），若为放热反应，则图中出现放热峰，温度高于参比物，ΔT为正值（峰形凸起于基线）；*BD*为峰宽，为曲线离开基线与回到基线之间的温度（或时间）之差；*C*点为样品与参比物温差最大的点，它所对应的温度称为峰顶温度，通常用峰顶温度作为鉴别物质或其变化的定性依据；*CF*为峰高，是自峰顶*C*至补插基线*BD*间的距离；*BCDB*的面积称为峰面积，该面积有很多方法进行计算，具体方法可参考其他热分析书籍。

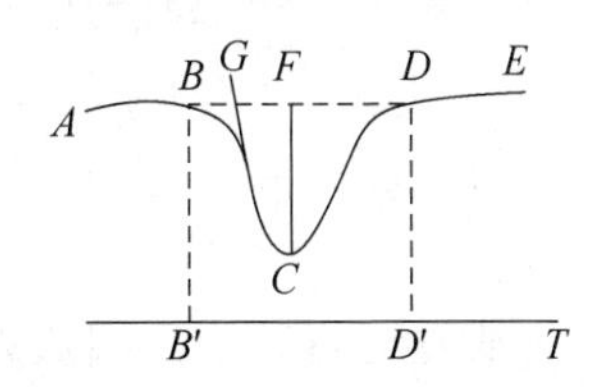

图7-5 典型的吸热DTA曲线

DTA法可用来测定物质的熔点，实验表明，在某一定样品量范围内，样品量与峰面积呈线性关系，而后者又与热效应呈正比，故峰面积可表征热效应的大小，是计量反应热的定量依据。但在给定条件下，峰的形状取决于样品的变化过程。因此，从峰的大小、峰宽和峰的对称性等还可以得到有关动力学的信息。根据DTA曲线中的吸热或放热峰的数目、形状和位置还可以对样品进行定性分析，并估测物质的纯度。表7-3为样品在加热或冷却过程中常见的化学变化或物理变化的热效应。

表7-3 差热分析中常见的物理变化或化学变化的热效应

物理现象	反应热		化学现象	反应热	
	吸热	放热		吸热	放热
晶型转变	+	+	化学吸附	−	+
熔融	+	−	去溶剂化	+	−
蒸发	+	−	脱水	+	−
升华	+	−	分解	+	+

续表

物理现象	反应热		化学现象	反应热	
	吸热	放热		吸热	放热
吸附	－	＋	氧化降解	－	＋
解吸	＋	－	氧化还原反应	＋	＋
吸收	＋	－	固态反应	＋	＋

7.2.3 差热分析仪

差热分析装置称为差热分析仪。早期的差热分析仪是采用照相记录差热和温度曲线，自动化程度低、灵敏度较差，所以目前已被电子放大装置的自动记录式差热分析仪代替。照相式，是把温差电流通过灵敏度为 10^{-9}A 的检流计，变为机械能，使检流计小镜偏转而达到光点在照相纸上连续移动而记录差热曲线。自动记录式，是通过电子放大器，把微弱的温差电动势放大，最后通过伺服马达转化为机械能，带动记录笔记录差热曲线。

一般热分析装置由加热炉、温度控制系统、信号放大系统、差热系统及记录系统等组成，如图 7-6 所示。

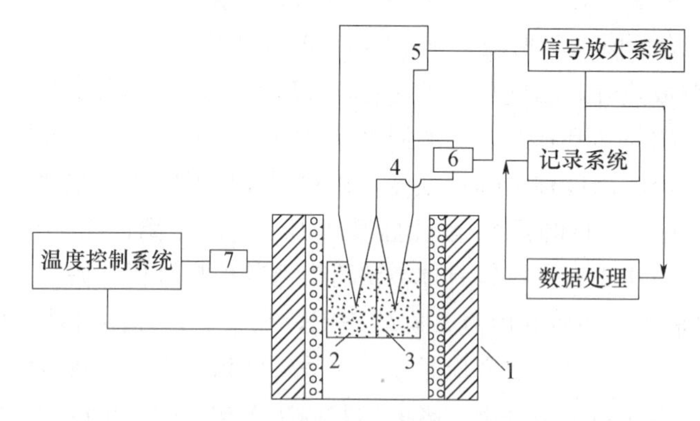

图 7-6 差热分析装置示意

1—加热炉；2—试样；3—参比物；4—测温热电偶；5—温差热电偶；6—测温元件；7—温控元件

(1) 加热炉

加热炉是加热试样的装置。作为差热分析用的电炉需满足以下要求：①炉内应有一均匀温度区，以使试样能均匀受热；②程序控温下能以一定的速率均匀升（降）温，控制精度要高；③电炉的热容量要小，以便于调节升温、降温速度；④炉子的线圈应无感应现象，以防对热电偶产生电流干扰；⑤炉子的体积要小、质量要轻，以便于操作和维修。

加热炉的种类繁多，通常根据炉温可分为普通炉、超高温炉（炉温可达 2400℃）和负温或低温炉（炉温在 150～250℃可等速控制）；根据发热体的不同可将加热炉分为电热丝炉、红外加热炉和高频感应加热炉等形式；按炉膛的形式可分为箱式炉、球形炉和管状炉，其中管状炉使用最广泛；若按炉子放置的形式又可分为直立和水平两种。加热炉中炉芯管根据使用温度条件而采用不同种类的耐高温材料，作为发热体材料亦根据使用温度及条件而不同。表 7-4 为加热炉常用发热体及炉管材料。

表 7-4 加热炉常用发热体及炉管材料

发热体材料	常用温度范围（℃）	最高使用温度（℃）	炉芯管材料及使用条件
镍铬丝	900～1000	1100	耐火黏土管材
康铜丝	1200	1300	耐火黏土管材
铂丝	1350～1400	1500	刚玉质材料
铂铑丝	1400～1500	1600（1750）	刚玉质材料
钼丝	>1500	1700（2000）	高温热分析炉需以 H_2、Ar 等气体保护
硅碳棒	>1300	1400	用硅碳管材、兼作发热体
碳粒石墨	<2000	（2200）	用硅碳管材、兼作发热体
钨丝	<2000	（2800）	用于高温热分析炉（用石墨管材或坩埚）

为提高仪器的抗腐蚀能力或试样需要在一定的气氛下观察其反应情况，可在炉内抽真空或通以保护气氛及反应气氛。

（2）温度控制系统

温度控制系统主要由加热器、冷却器、温控元件和程序温度控制器组成。由于程序温度控制器中的程序毫伏发生器发出的毫伏数和时间呈线性增大或减小的关系，可使炉子的温度按给定的程序均匀地升高或降低。升温速率可在 1～100℃/min 的范围内改变，常用的为 1～20℃/min。该系统要求保证能使炉温按给定的速率均匀地升温或降温。

随着自动化控制技术的发展，由微电脑控制的温度控制系统能够更加精确地控制炉温。

（3）信号放大系统

信号放大系统的作用是通过直流放大器把温差热电偶产生的微弱温差电动势放大、增幅、输出，以足够的能量使伺服马达转动，带动差热记录笔移动，记录差热曲线。

（4）记录系统

记录系统的作用是把信号放大系统所检测到的物理参数对温度作图。可采用电子电位差记录仪或电子平衡电桥记录仪、示波器、*X-Y* 函数记录仪及照相式的记录方式等以数字、曲线或其他形式直观地显示出来。一般采用双笔记录仪进行自动记录。

该系统的作用是将所检测到的物理参数对温度的曲线或数据做进一步的分析处理，直接计算出所需要的结果和数据由打印机输出。它包括专用微型计算机处理或微机处理。

（5）差热系统

差热系统由试样室、试样坩埚及热电偶等组成。用于差热分析的试样通常是粉末状，一般将待测试样和参比物先装入样品坩埚后置于试样室内。样品坩埚可用陶瓷质、石英玻璃质、刚玉质和钼、铂、钨等材料。作为样品支架的试样室材料，在耐高温的条件下，以选择热传导性能好的材料为宜。所以在使用温度不超过 1300℃时，以金属镍作为试样室为宜。超过 1300℃，则以刚玉质材料为宜。

热电偶是差热分析中的关键性元件，既是测温工具，又是传输温差电动势的工具，其精确度直接影响差热分析结果。对于热电偶，一般应满足下列条件：能产生较高的温差电动势，并能与反应温度之间呈直线变化关系；能测较高的温度，测温范围较宽，长时间使用后不发生化学及物理变化，高温下能耐氧化、耐腐蚀等；比电阻小，导电系数大；电阻温度系数及比热容较小；有足够的机械强度，价格适宜。

热电偶材料有铜-康铜、铁-康铜、镍铬-镍铝、铂-铂铑和铱-铱铑等。一般中低温（500～1000℃）差热分析多采用镍铬-镍铝热电偶，高温（1000～1600℃）时用铂-铂铑热电偶为宜。

热电偶冷端的温度变化将影响测试结果，可采用一定的冷端补偿法或将其固定在一个零点，如置于冰水混合物中，以保证准确地测温。

7.2.4 影响差热曲线形态的因素

在差热分析中，温度的测定至关重要。由于各种DTA仪器的设计、所使用的结构材料和测温的方法各有差别，测量结果相差很大。为此，ICTA公布了一组物质如表7-5所示，以它们的相变温度作为温度的标准，进行温度校正。

表7-5 ICTA推荐的温度标定物质

物质	转变相	平衡转变温度（℃）	DTA平均值	
			外推起始温度（℃）	峰温（℃）
KNO_3	S—S	127.7	128	135
In（金属）	S—L	157	154	159
Sn（金属）	S—L	231.9	230	237
$KClO_4$	S—S	299.5	299	309
Ag_2SO_4	S—S	430	424	433
SiO_2	S—S	573	571	574
K_2SO_4	S—S	583	582	588
K_2CrO_4	S—S	665	665	673
$BaCO_3$	S—S	810	808	819
$SrCO_3$	S—S	925	928	938

国际热分析标准化委员会认为，热分析数据的不一致性大部分是由于实验条件不相同引起的。因此，在进行热分析时必须严格控制实验条件，并且在发表数据时应明确测定时所采用的实验条件。

影响差热曲线形态的因素大致有两种：一是试样本身的性质，如试样用量、粒度等，这是内因；二是指仪器结构，包括加热炉的形状和尺寸、坩埚大小、热电偶位置等和操作条件，如加热速度、气氛等实验因素的影响，这是外因。

7.2.4.1 外部因素

（1）升温速率

在差热分析中，升温速度的快慢对差热曲线的基线、峰温的位置、峰面积的大小、形状和相邻峰的分辨率都有明显的影响。升温越快，更多的反应将发生在相同的时间间隔内，峰的高度、峰顶或温差将会变大，峰形尖锐，使系统偏离平衡条件的程度也大，易使基线漂移，并导致相邻两个峰重叠，分辨力下降。升温速率慢，基线漂移小，使体系接近平衡条件，得到宽而浅的峰，也能使相邻两峰更好地分离，因而分辨率高，但测定时间长，需要仪器的灵敏度高。

不同的升温速度还会明显影响峰顶温度。图 7-7 显示了升温速率对高岭土差热曲线的影响。从图 7-7 中可见，随着升温速度的提高，峰形变得尖而窄、形态拉长、峰温增高，说明反应温度滞后，峰向高温移动。升温速度慢时，峰谷宽、矮，形态扁平，峰温降低。

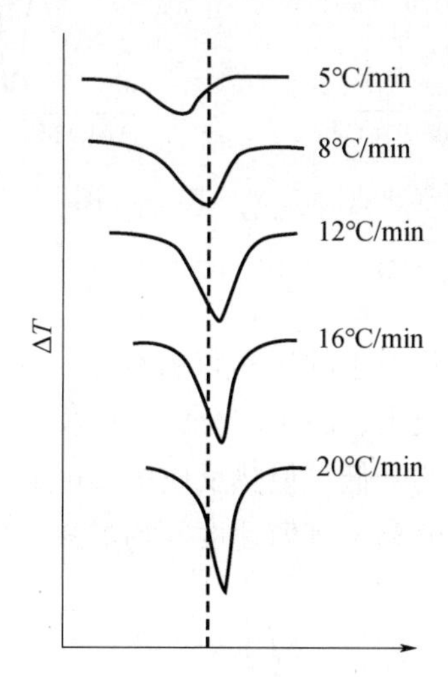

图 7-7 不同加热速率下高岭土的 DTA 曲线

升温速率不仅影响峰温的位置，而且影响峰面积的大小。差热分析是一个热动力过程，试样需在一定的温度条件下才能进行热反应，热反应的进行便与单位时间内供给试样的热量及试样本身的传热性质、反应速度等有关。反应速度快，升温速率影响不明显。反应速度中等，当升温较慢时，反应时间拉得很长，热效应分散，因而形成的热峰（或谷）比较平缓。图 7-8 为 $MnCO_3$ 的 DTA 曲线，由图 7-8 可见，当升温速率过小时差热峰变圆变低，甚至显示不出来；当升温较快时，峰（或谷）的温度滞后，峰形尖锐，且会造成相邻反应峰（或谷）的重叠现象。图 7-9 为并四苯的 DTA 曲线，由图 7-9 可见，升温速率小（10℃/min），曲线上有两个明显的吸热峰，而升温速率大（80℃/min），只有一个吸热峰，显然升温过快使两峰完全重叠。当试样在加热过程中反应速度迟缓时，形成的反应峰（或谷）不易观察。当升温速率变化时，热效应的温度范围及热峰（或谷）形态的变化亦不显著。

因此，选择合适的升温速率是提高测试精度的一个关键因素，这与试样本身性质有关。例如，硅酸盐材料的导热性较差，在加热过程中会出现试样内外的温度差。因此，必须根据试样来选择合适的升温速率，使试样内外的温差以不影响试样的正常热效应为宜。当温差过大时，会使试样外层已产生了热反应，而试样内部仍处于未反应状态，直到热电偶感应到时，试样中的大部分已反应完毕，结果热效应很不明显，甚至难以觉察，造成很大的误差。因此，选择升温速率时应考虑到试样的量、传热性能，以及参比物、炉子、试样室的特征和记录的灵敏度等。此外，导热性差的试样，记录仪灵敏度高时升温速率可以适当降低，反之则应提高升温速率。升温速率选择适当，可以得到精确表征试样热效应特性的DTA曲线。一般试样宜选用10℃/min的升温速率。

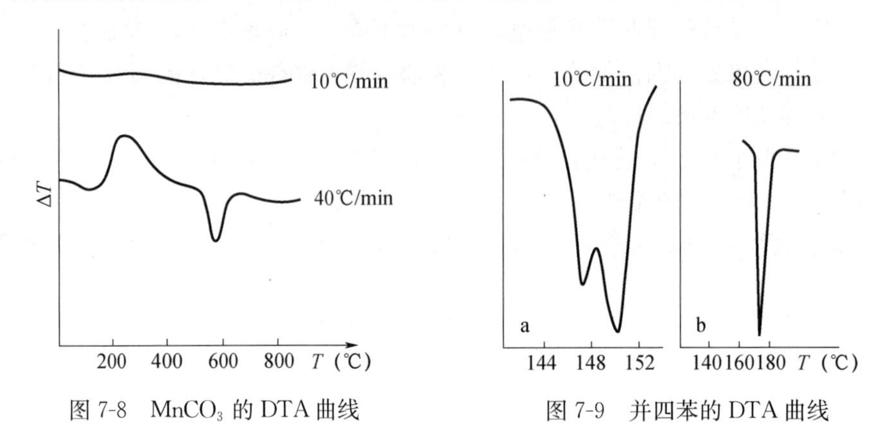

图7-8 $MnCO_3$的DTA曲线

图7-9 并四苯的DTA曲线

（2）压力与气氛的影响

压力对差热反应中体积变化很小的试样影响不大，对于体积变化明显的试样则影响显著。对于在热反应中有气体放出、脱水、分解等体积变化较大的试样，在外界压力增大时，试样的分解、扩散速度均降低，使热反应的温度向高温方向移动。当外界压力降低或抽真空时，试样的分解、分离、扩散速度等均加快，使热反应的温度向低温方向移动，如图7-10所示。

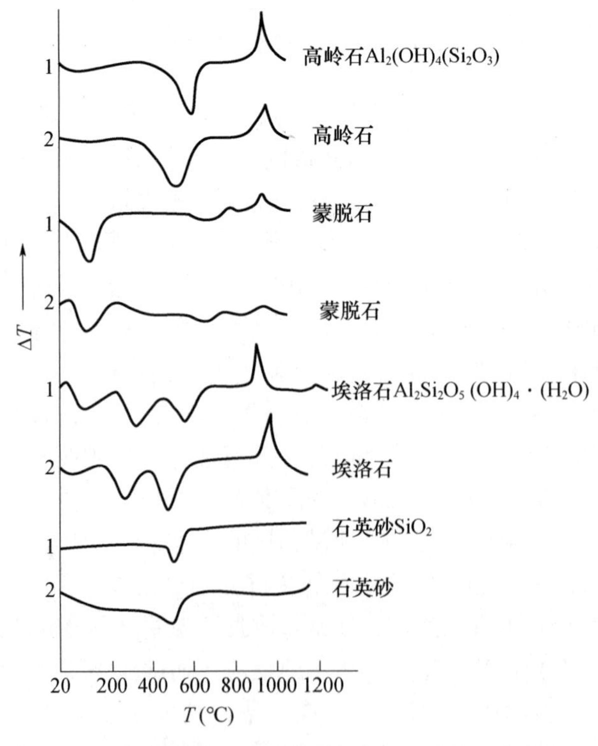

图7-10 压力对试样热反应温度及DTA曲线形态的影响

1—空气中加热的试样；2—真空中加热的试样

不同性质的气氛，如氧化性、还原性和惰性气氛，对差热曲线的影响是很大的。许多物质在不同的气氛条件下其反应产物不同，反应速度亦有差异，必然影响差热曲线的形态，如图 7-11 所示。通常进行气氛控制有两种形式：一种是静态气氛，一般为封闭系统，随着反应的进行，样品上空逐渐被分解出来的气体所包围，将导致反应速度减慢，反应温度向高温方向偏移；另一种是动态气氛，气氛流经试样和参比物，分解产物所产生的气体不断被动态气氛带走，只要控制好气体的流量就能获得重现性好的实验结果。

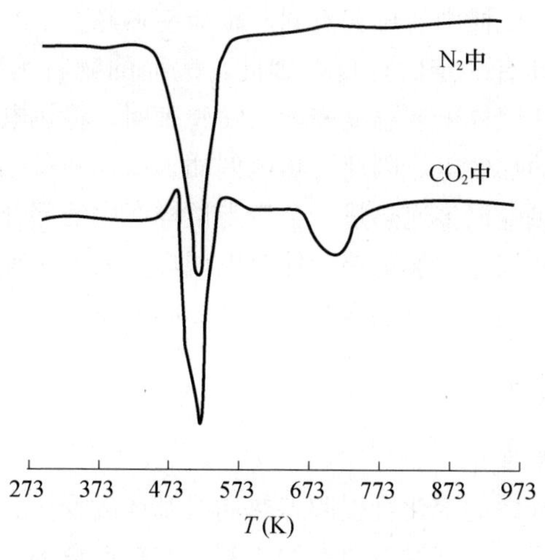

图 7-11　不同气氛（N_2、CO_2）下 Cd（OH）$_2$ 的 DTA 曲线

（3）试样容器

在差热分析中，试样容器多用金属铝、镍、铂及无机材料如玻璃、陶瓷、α-Al_2O_3、石英等制成。制备坩埚的材料在测试温度范围内必须保持物理与化学惰性，自身不发生各种物理与化学变化，对试样、产物（包括中间产物）、气氛等都是惰性的，并且不起催化作用。用不同材料制成的试样容器，差热曲线基线的倾斜程度不同。如图 7-12 所示，用高铝瓷容器装高岭土试样时［曲线（2）］，所得差热曲线的基线随温度的上升而偏斜。这是因为金属的热传导性能比高铝氧化物材料好，而且高铝瓷制品的比热容随温度的升高而增大，黏土试样的比热容则随温度的升高而降低。

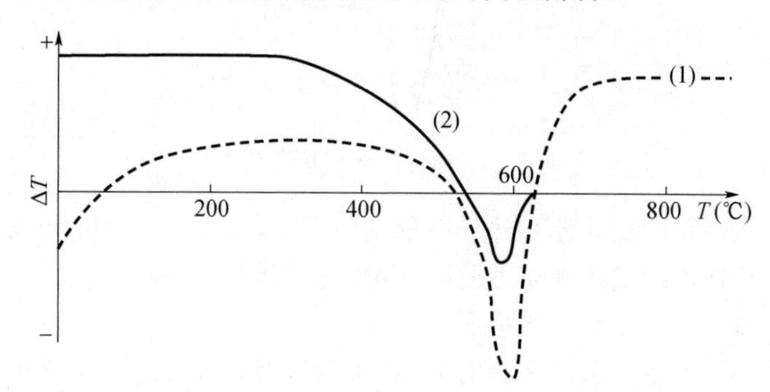

图 7-12　试样容器对 DTA 曲线基线的影响曲线

(1)—镍容器盛装石英的 DTA 曲线；(2)—用高铝瓷质容器盛装高岭土的 DTA 曲线

（4）稀释剂的影响

在差热分析中有时需要在试样中添加稀释剂，常用的稀释剂有参比物或其他惰性材料，如 SiC、铁粉、Fe_2O_3、玻璃珠、Al_2O_3 等。添加稀释剂可以改善基线，防止试样烧结，调节试样的热导性，增加试样的透气性以防试样喷溅，配制不同浓度的试样。稀释剂的加入往往会降低差热分析的灵敏度。

（5）热电偶

热电偶的接点位置、类型和大小等因素都会对差热曲线的峰形、峰面积及峰温等产生影响。此外，热电偶在试样中的位置不同，也会使热峰产生的温度和热峰面积有所改变。这是因为物料本身具有一定的厚度，因此，表面的物料其物理化学过程进行得较早，而中心部分较迟，使试样出现温度梯度。实验表明，将热电偶热端置于坩埚内物料的中心点时可获得最大的热效应。因此，热电偶插入试样和参比物时，应具有相同的深度。也有人指出，由于热电偶传递热量，会带走试样产生的部分热量，因而会使差热曲线形态改变。所以，选择细些的热电偶，使热电偶焊点的比热容为常数，是减少热电偶散失热量的方法。通常选用的热电偶直径为 0.3～0.5mm。

7.2.4.2 内部因素

（1）热容量和热导率变化

试样的热容量和热导率的变化会引起差热曲线基线的变化。一台性能良好的差热仪的基线应是一条水平直线，但试样差热曲线的基线在热反应的前后往往不会停留在同一水平上，这是由于试样在热反应前后比热容或热导率变化的缘故。如图 7-13（a）所示，反应前基线低于反应后基线，表明反应后比热容减小。如图 7-13（b）所示，反应前基线高于反应后基线，表明反应后试样比热容增大。反应前后热导率的变化也会引起基线有类似的变化。

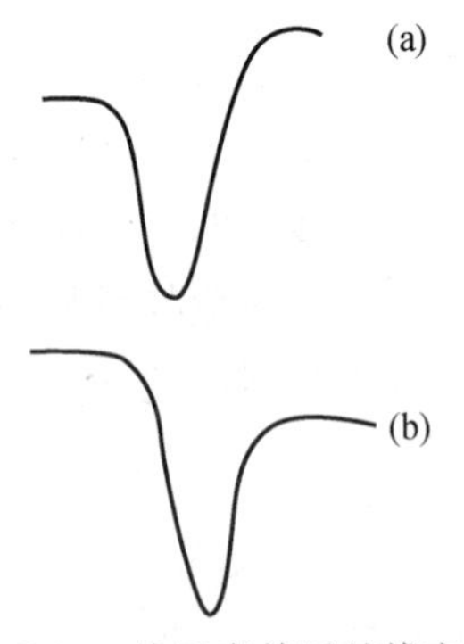

图 7-13　热反应前后基线变化

当试样在加热过程中比热容和热导率都发生变化，而且在加热速度较快、灵敏度较高的情况下，差热曲线的基线随温度的升高可能会有较大的偏离。

（2）试样用量、颗粒度及装填情况

试样的热传导性和热扩散性都会对 DTA 曲线产生较大的影响，若涉及气体参加或释放气体的反应，还与气体的扩散等因素有关，显然这些影响因素与试样的用量、粒度、装填的均匀性和密实程度及稀释剂等密切相关。试样用量多，热效应大，峰顶温度滞后，易使相邻两峰重叠，降低分辨率，差热峰越宽越圆滑，如图 7-14 所示。因为在加热过程中，从试样表面到中心存在温度梯度，试样越多，梯度越大，峰也就越宽。所以，一般尽可能减少用量，最多大至毫克。对在反应过程中有气体放出的热分解反应，试样用量会影响气体到达试样表面的速度，进而影响 DTA 曲线。

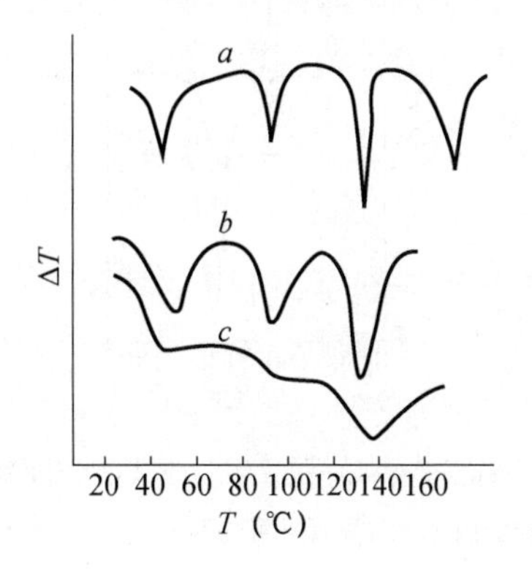

图 7-14 NH_4NO_3 的 DTA 曲线

a—5mg；b—50mg；c—5g

图 7-15 为 $ZnC_2O_4 \cdot 2H_2O$ 的 DTA 曲线。$ZnC_2O_4 \cdot 2H_2O$ 在升温过程中的反应式如下：

$$ZnC_2O_4 \cdot 2H_2O \xrightarrow{240℃} ZnC_2O_4 + 2H_2O \tag{7-5}$$

$$ZnC_2O_4 \xrightarrow{400\sim500℃} ZnO + CO_2 + CO \tag{7-6}$$

$ZnC_2O_4 \cdot 2H_2O$ 在升温过程中发生了脱水、脱碳反应，这是一个吸热过程，但图 7-15 中，当 $ZnC_2O_4 \cdot 2H_2O$ 的用量为 66mg、80mg、97mg 时 DTA 曲线上表现为放热，这是因为试样用量少时，分解产生的 CO 快速扩散到样品表面被氧化，产生放热效应，掩盖了脱水和脱碳引起的吸热效应。

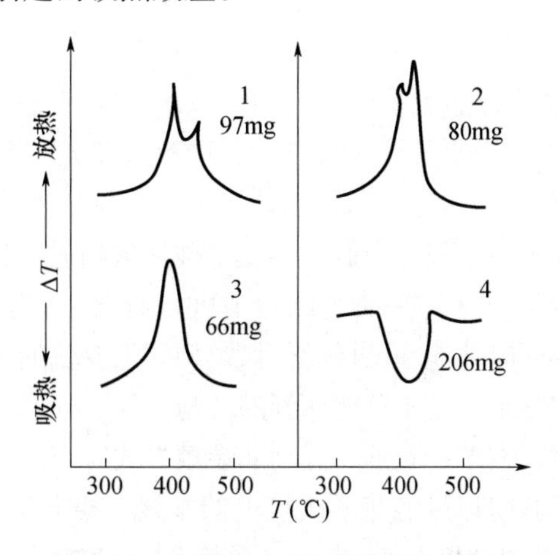

图 7-15 $ZnC_2O_4 \cdot 2H_2O$ 的 DTA 曲线

粒度会影响峰形和峰位，如图 7-16 所示。尤其对有气相参与的反应。通常采用小颗粒样品，样品应磨细过筛并在坩埚中装填均匀。一般在测试时，样品的颗粒度在 100～200 目，太细可能会破坏样品的结晶度。对易分解产生气体的样品，颗粒应大一些。如果是聚合物就切成小片，纤维状试样应切成小段或制成球粒状，金属试样应加工成小圆片或小块等。同一种试样应选择相同的粒度。

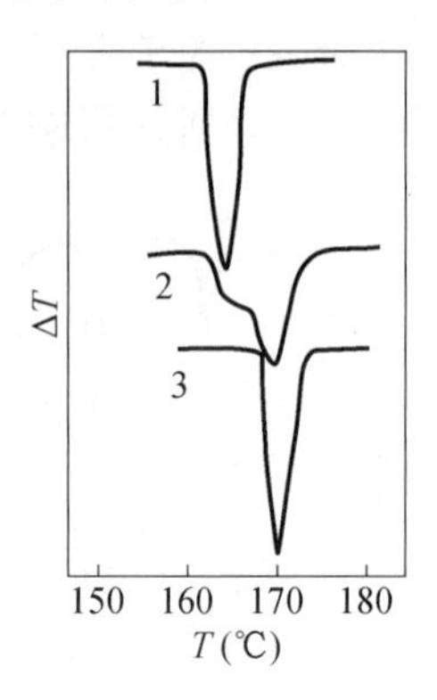

图 7-16 $AgNO_3$ 的 DTA 曲线随粒度变化

1—原始试样；2—经稍微粉碎试样；3—经仔细研磨试样

试样的装填疏密，即试样的堆积方式，决定着试样体积的大小。在试样用量、颗粒度相同的情况下，装填疏密不同也影响产物的扩散速度和试样的传热快慢，进而影响 DTA 曲线的形态。参比物的颗粒、装填情况及紧密程度应与试样一致，以减少基线的漂移。

（3）试样的结晶度、纯度

Carthew 等研究了试样的结晶度对差热曲线的影响，发现结晶度不同的高岭土样品吸热脱水峰面积随样品结晶度的减小而减小，随结晶度的增大，峰形更尖锐。通常也不难看出，结晶良好的矿物，其结构水的脱出温度相应要高些。如结晶良好的高岭土 600℃脱出结构水，而结晶差的高岭土 560℃就可脱出结构水。

天然矿物都含有各种各样的杂质，含有杂质的矿物与纯矿物比较，其差热曲线形态、温度都可能不相同。杨惠仙等研究了杂质对二水石膏的差热曲线的影响，发现混入二水石膏中的晶态 SiO_2、非晶态 SiO_2、$CaCO_3$、Al_2O_3 和高岭土等杂质均会改变二水石膏的热性能，降低二水石膏的脱水温度，加快脱水速度，使二水石膏的起始脱水温度由 112℃依次降为 102.8℃、102.2℃、98.7℃、105℃、93.8℃。

（4）参比物（中性体）

参比物是指在一定温度下不发生分解、相变、破坏的物质，是在热分析过程中用于与被测物质相比较的标准物质。从差热曲线原理中可以看出，只有当参比物和试样的热性质、质量、密度等完全相同时才能在试样无任何类型能量变化的相应温度区内保持温差为零，得到水平的基线，实际上这是不可能达到的。与试样一样，参比物的导热系数也受到许多因素影响，如比热容、密度、粒度、温度和装填方式等，这些因素的变化均能引起差热曲线基线的偏移。为了获得尽可能与零线接近的基线，要求参比物在加热或冷却过程中不发生任何变化，在整个升温过程中其比热容、导热系数、粒度尽可能与试样一致或相近。

常用 α-Al_2O_3（经 1450℃以上煅烧 2～3h 的氧化铝粉）或煅烧过的氧化镁（MgO）或石英砂作为参比物。表 7-6 列举了一些用于差热分析的常见参比物质。当被测试样为黏土类或一般硅酸盐物质时，可选用 Al_2O_3 或高岭土熟料为中性体，对于碳酸盐类物质宜选用 MgO 为中性体；如果试样与参比物的热性质相差很远，则可用稀释试样的方法解决。

表 7-6 用于差热分析的常见参比物质

化合物	温度极限（℃）	反应性	化合物	温度极限（℃）	反应性
碳化硅	2000	可能是一种催化剂	硅油	1000	惰性的
玻璃粉	1500	惰性的	石墨	3500	在无氧气氛中是惰性的
氧化铝	2000	与卤代化合物反应	铁	1500	约 700℃时晶型变化

7.2.4.3 其他因素

振动对于灵敏度高的热分析仪影响很大，所以热分析仪应安置在不受外界振动影响的固定台面上。

为避免外来信号的干扰，差热分析仪外接电源的线路中应没有电焊机等功率大的设备。为保证记录仪正常而稳定地工作，必要时，可把记录仪电源插头单独接到稳压器上。如图 7-17 所示，感应电流对 DTA 曲线影响很大。

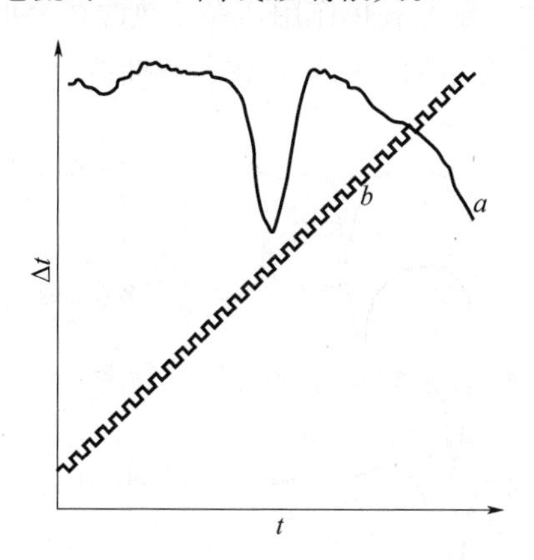

图 7-17 感应电流对 DTA 曲线的影响

a—差热曲线中基线不平，呈锯齿状；*b*—温度曲线呈锯齿状

总之，影响差热分析的因素是多方面的、复杂的，有的因素也是难以控制的。因此，要用差热分析进行定量分析比较困难，一般误差很大，如果只做定性分析（主要依据是峰形和要求不很严格的温差），则很多影响因素可以忽略，只有样品量和升温速率是主要因素。

7.2.5 差热分析的应用

凡是在加热（或冷却）过程中，因物理、化学变化而产生吸热或放热效应（表现为失水、氧化、还原、分解、晶格结构的破坏或重建、晶型转变等）的物质，均可利用差热分析法加以鉴定。下面是应用实例。

7.2.5.1 物质的放热和吸热

（1）含水化合物的脱水

物质中水的存在状态可以分为吸附水、结晶水和结构水。由于水的结构状态不同，失水温度和差热曲线的形态亦不同，依此特点可以确定水在化合物中的存在状态，做定性和定量分析。

吸附水是表现为物理性地吸附在物质表面、颗粒周围或间隙中的水分子，在加热过程中吸附水失去的温度大约为110℃。结晶水是水化作用的结果，水分子在晶格中占有一定的位置，有一定的百分比，水在化学式中以整个水分子的形式出现。在结晶水化物中，结晶水的结合强度极不一样。在大多数情况下，结晶水是在300℃时放出，而且水的逸出有阶段性特点，逐渐转变为无水化合物。图7-18为一些层间吸附水及结晶水矿物的DTA曲线，可以看出，同样的物质，尽管它们含有的吸附水量不同，但脱去吸附水的温度都是基本一致的，如1、2曲线和3、4曲线所示。同样组成和结构的含结晶水的物质，尽管它们的来源不同，但失去结晶水的温度也基本一致，如5～7曲线所示。结构水亦称为化合水，是矿物中结合最牢固的水。水以 H^+、OH^- 或 H_3O^+ 的形式存在于矿物的晶格结构中。其含量一定，高温时，结构水逸出后，矿物晶格即行破坏，矿物碎裂成粉状。含水化合物失水时，发生吸热作用，在差热曲线上形成吸热谷，此种效应称为吸热效应。图7-19为几种含有结构水的矿物的差热曲线。

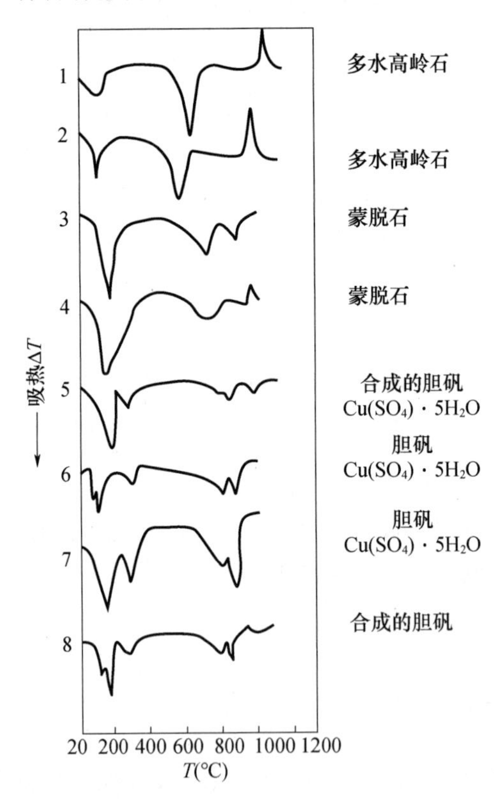

图7-18 某些含层间吸附水及结晶水矿物的DTA曲线

（2）高温下有气体放出的物质

碳酸盐、硫酸盐及硫化物等物质，在加热过程中，由于 CO_2、SO_2 等气体的放出而产生吸热效应，在差热曲线上表现为吸热谷。不同类物质放出气体时的温度不同，差热曲线的形态也不同，利用这种特征可以对不同类物质进行区分和鉴定。

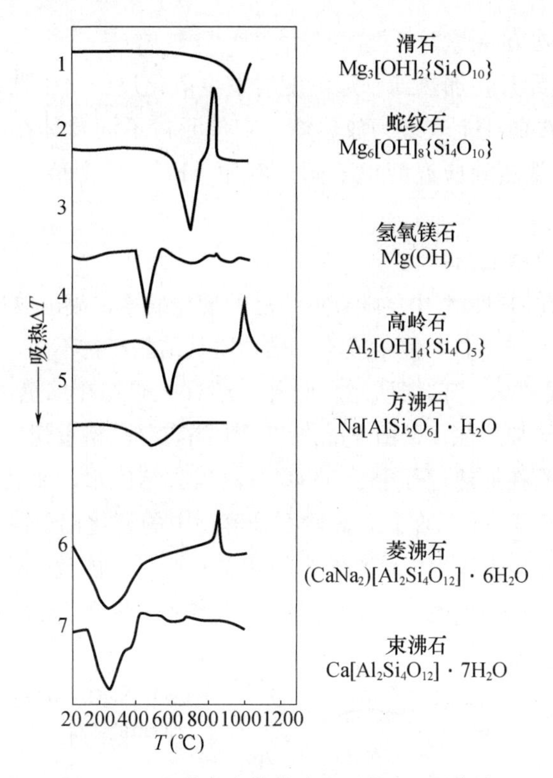

图 7-19　几种含有结构水的矿物 DTA 曲线

例如，方解石大约在 950℃分解放出 CO_2；白云石则有两个吸热谷：第一个吸热谷为白云石分解成游离的 MgO 和 $CaCO_3$；第二个吸热谷是 $CaCO_3$ 分解，放出 CO_2；菱镁矿（$MgCO_3$）的分解温度约为 680℃；菱铁矿（$FeCO_3$）于 540℃分解，放出 CO_2；重晶石（$BaSO_4$）于 1150℃分解，放出 SO_2。图 7-20 为上述 5 种矿物的 DTA 曲线。

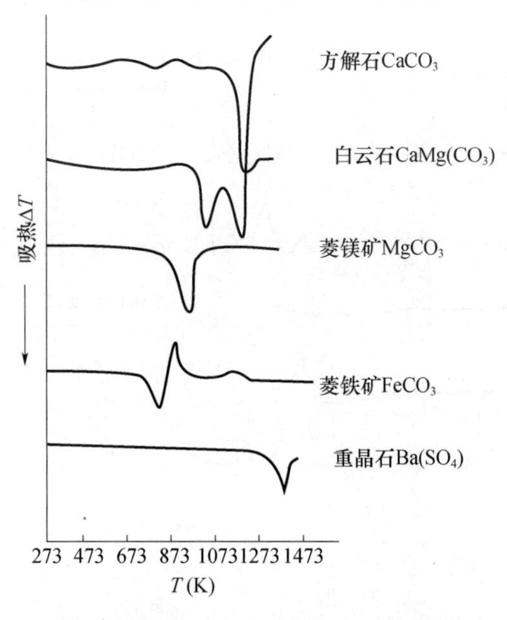

图 7-20　几种碳酸盐、硫酸盐矿物的 DTA 曲线

(3) 矿物中含有变价元素

矿物中含有变价元素，加热到一定温度时发生氧化反应，由低价元素变为高价元素而放出热量，在 DTA 曲线上表现为放热峰。变价元素不同及其在晶格结构中的情况不同，因氧化而产生的放热效应温度也不同。例如，Fe^{2+} 变成 Fe^{3+}，在 340～450℃伴随有放热效应发生。

(4) 非晶态物质的重结晶

有些非晶态物质在加热过程中伴随有重结晶的现象发生，放出热量，在 DTA 曲线上形成放热峰（图 7-21），成分一样，但组成不一样物质其结晶产物不同，对应的放热曲线也有所不同，如 2～5 曲线和 6、7 曲线所示。此外，还有些矿物在加热过程中晶格发生破坏，变为非晶态物质，继续加热往往又由非晶态转变为晶态（晶格重建）而放出结晶热，形成放热峰。例如，高岭石在加热过程中于 560℃左右失去结构水，使晶格发生破坏，变成非晶态物质；继续加热，于 960℃左右，高岭石分解物中的氧化铝结晶为 γ-Al_2O_3 而产生第一个放热峰；1050℃左右由于生成莫来石中间相又有一个小的放热峰；1100℃生成莫来石产生放热效应，1250～1300℃还有一个放热峰，是多余的 SiO_2 结晶成 α-方石英的结果。

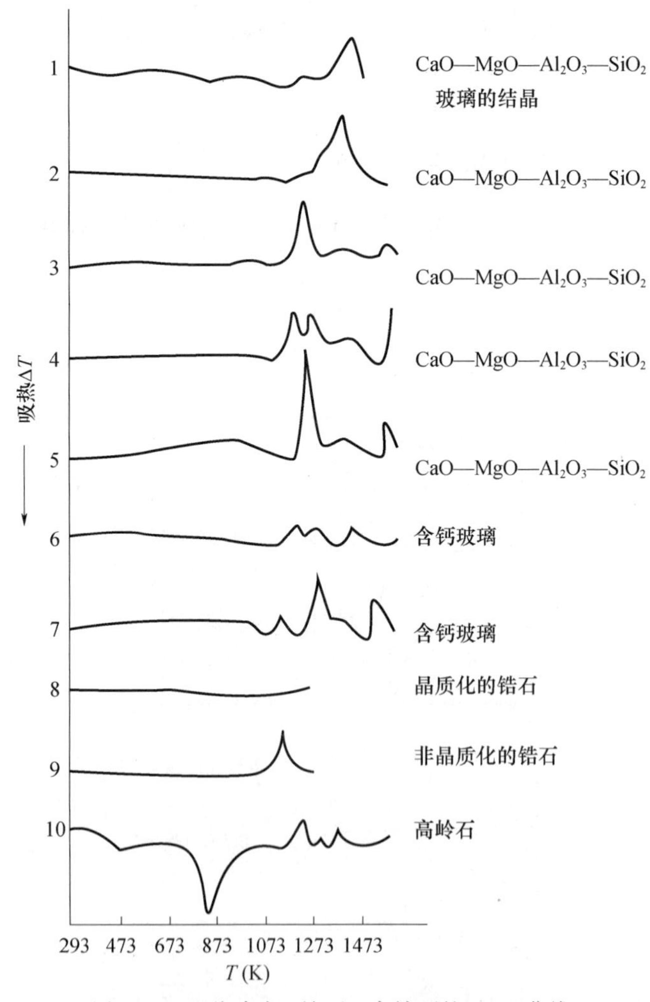

图 7-21　几种玻璃、锆石、高岭石的 DTA 曲线

(5) 晶型转变

有些矿物在加热过程中由于晶型转变而吸收热量，在DTA曲线上形成吸热谷。例如，β-石英（三方晶系）于570℃转变为α-石英（六方晶系）；软锰矿（MnO_2）为四方晶系，加热至500℃时不发生变化，而于550～650℃时分解为β-褐锰矿，变为立方晶系，继续加热至900～1000℃，β-褐锰矿变为高温最稳定的黑锰矿（立方晶系）。

上述各种类型的矿物在加热过程中的物理、化学变化均以热效应（放热或吸热）的形态表现出来，所以可以用DTA法加以分析研究。尤其是黏土类及碳酸盐类矿物，用DTA分析法更有其独到之处。因为黏土类矿物颗粒细小，光学显微镜下难以分辨。黏土类矿物的化学成分比较接近，所以化学分析法也难以区分。同时，因黏土类矿物晶体结构相近，线条弥散而微弱，不易鉴别。此外，有些黏土矿物还可能以非晶态存在，这就更增加了鉴定的困难。由于上述各种原因，黏土类矿物经常以热分析法进行研究。当然，电子显微镜也是一种研究黏土矿物的有效工具，但多数情况下仍以差热分析为主。

对于碳酸盐类矿物，因其双折射率很高，折射率测定程序繁杂，而使用差热分析法可根据各种矿物分解释放CO_2的温度不同，在差热曲线上很容易区分。

7.2.5.2 差热分析在成分分析中的应用

每种物质在加热过程中都有自己独特的DTA曲线，根据这些曲线可以把它从未知多种物质的混合物中识别出来。

图7-22是两种物质的混合物的DTA曲线，在图7-22（a）中120℃和190℃的两个吸热峰与图7-22（b）中的$CaSO_4 \cdot 2H_2O$的两个脱水峰一样，而240℃的吸热峰与图7-22（c）中的Na_2SO_4的吸热峰形一样，说明图7-22（a）的混合物是由无水Na_2SO_4和$CaSO_4 \cdot 2H_2O$两种物质组成的。

目前，国内外的科学工作者已先后收集了多种物质的大量DTA曲线，并编制成册及索引。我国的地质工作者也在实践的基础上收集编制了950种矿物的2600余条DTA曲线，为未知矿物成分的定性分析提供了方便。

采用差热分析进行矿物成分定性分析时，应注意以下几点：

①加热过程中混合物中的单一物质之间不能有任何化学反应和变化。

②加热过程中物质的热效应不能过于简单，否则不易识别。

③在实验温度区不允许个别物质形成固熔体，以免影响定性分析结果。

④实验条件必须严格控制，最好在同一台仪器上进行，以便于比较。

⑤差热分析不适于无定型物质成分的定性分析。

7.2.5.3 差热分析在无机材料中的应用

差热分析在无机材料上的应用主要是指在硅酸盐材料上的应用。硅酸盐材料通常是指水泥、玻璃、陶瓷、耐火材料等建筑材料，其中最常见的是硅酸盐水泥和玻璃。

硅酸盐水泥与水混合发生反应后，会凝固硬化，经一定时间能达到应有的最高机械强度。一般DTA在硅酸盐水泥化学分析上的应用有：①焙烧前的原料分析。如确定原

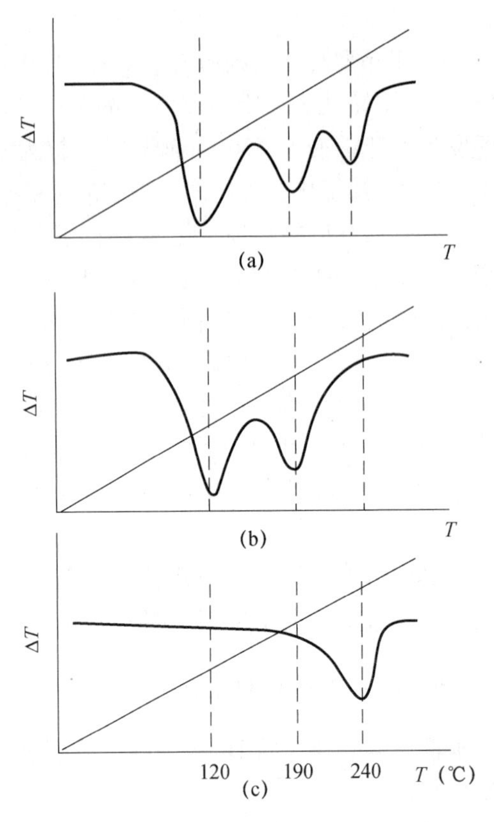

图 7-22 Na_2SO_4 和 $CaSO_4 \cdot 2H_2O$ 混合物（a）及单一物（b）、（c）的 DTA 曲线

料中所含的碳酸钙和碳酸镁的含量；②研究精细研磨的原料逐渐加温到 1500℃形成水泥熟料的物理、化学过程；③研究水泥凝固后不同时间内水合产物的组成及生成速率；④研究促凝剂和阻滞剂对水泥凝固特性的影响。

图 7-23 是典型的普通硅酸盐水泥水合的 DTA 曲线。图 7-23 中曲线 1 是硅酸盐水泥混合原料即石灰石和黏土混合物的 DTA 曲线；其中，100～150℃的吸热峰为黏土原料吸附水的释放所产生的，550～750℃的吸热峰为黏土结构水的释放所产生的，900～1000℃的大吸热峰为碳酸钙的分解所产生的，此时铝酸三钙、铁铝酸四钙开始形成，1200～1400℃的放热峰和吸热峰是铝酸三钙、铁铝酸四钙大量形成和 $2CaO \cdot SiO_2$ (C_2S)、$3CaO \cdot SiO_2$ (C_3S) 等产物的吸热峰。

曲线 2 是硅酸盐水泥水合 7d 后的 DTA 曲线。可发现在 100～200℃时存在着水合硅酸钙凝聚物的脱水吸热峰；在 500℃附近出现的第 2 个吸热峰是由 $Ca(OH)_2$ 分解造成的，500℃附近 $Ca(OH)_2$ 吸热峰随着水合时间的延长、$Ca(OH)_2$ 与 SiO_2 反应生成 $CaO \cdot SiO_2$ 而逐渐变小以致消失；第 3 个吸热过程在 800～900℃时，这可能是碳酸钙分解形成的，同时也有可能与固-固相转变有关。

曲线 3 是水泥的一个重要成分 $2CaO \cdot SiO_2$ 的 DTA 曲线。它在 780～830℃及 1447℃时产生的吸热峰是由 γ 型转变为 α' 型和由 α' 型转变为 α 型而形成的。

曲线 4 是水泥的主要组分 $3CaO \cdot SiO_2$ 的 DTA 曲线。其在 464℃的吸热峰为 $Ca(OH)_2$ 的

脱水峰，622℃和 755℃时产生的吸热峰是 $2CaO \cdot SiO_2$ 由 γ 型转变为 α'型和由 α'型转变为 α 型而形成的，923℃和 980℃两个吸热峰是 $3CaO \cdot SiO_2$ 发生转变而产生的。

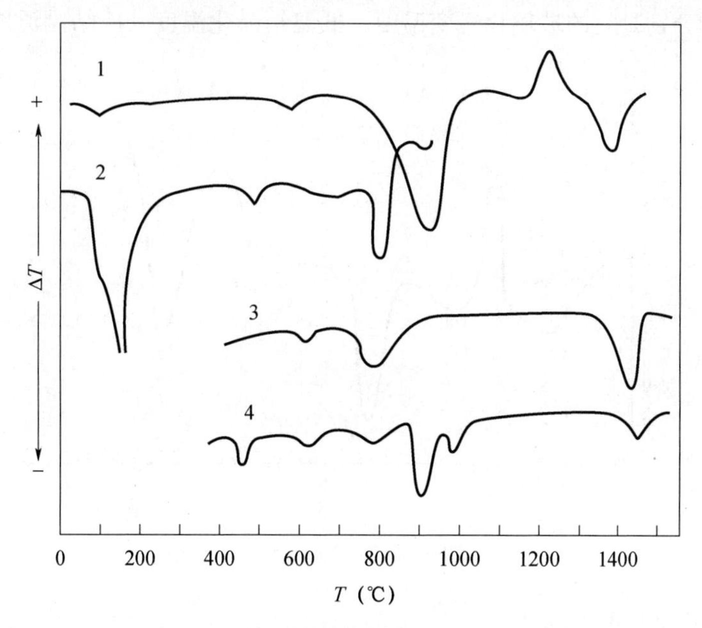

图 7-23 水泥原料及其产物的 DTA 曲线

1—水泥原料、水泥水合物；2—碳酸盐水泥（水合第 7d）；3—C_2S；4—C_3S

7.2.5.4 差热分析在高分子材料中的应用

（1）测定高聚物的玻璃化转变

例如，用 DTA 测定聚苯乙烯的玻璃化转变。由于聚苯乙烯的玻璃态与高弹态的比热容不同，所以在差热曲线上有一个转折，如图 7-24 所示，$T_g=82℃$。

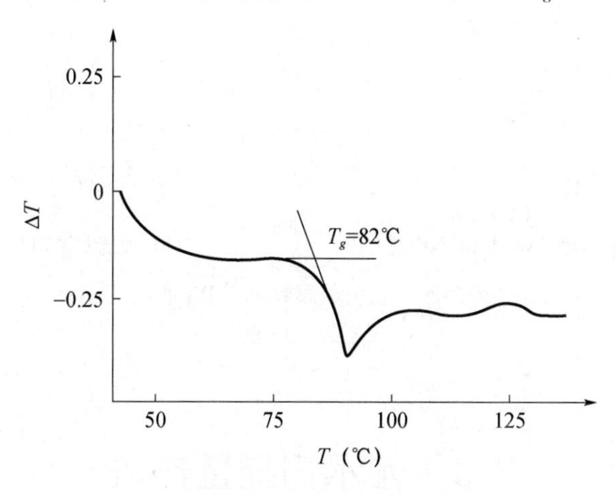

图 7-24 聚苯乙烯的 DTA 曲线

（2）热转变温度的测定

聚合物的热转变温度与其组成和结构密切相关。聚对苯二甲酸乙二醇酯（PET）具有良好的化学性能和物理机械性能，是纤维和薄膜的良好材料。掌握其各转变温度有利于加工。图 7-25 是在氮气保护下测定的未拉伸 PET 纤维的 DTA 曲线。77℃、136℃、261℃及 447℃分别是它的玻璃化转变温度、低温结晶化温度（冷结晶温度）、熔融温度及分解温度。

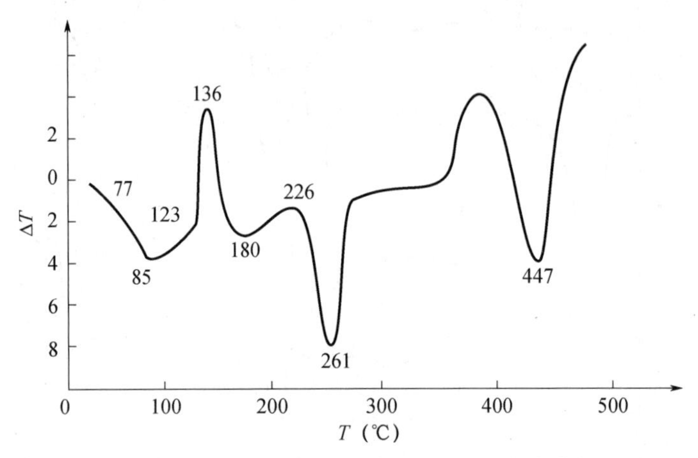

图 7-25　未拉伸 PET 纤维的 DTA 曲线

（3）共聚物结构的研究

用热分析手段测定共聚物热转变，可借以阐明无规、嵌段及多嵌段共聚物的形态结构。图 7-26 中差热曲线出现两个峰，表明是嵌段乙丙共聚物，一个峰表示聚乙烯的熔点，另一个峰表示聚丙烯的熔点。只有一个峰的是无规共聚物。

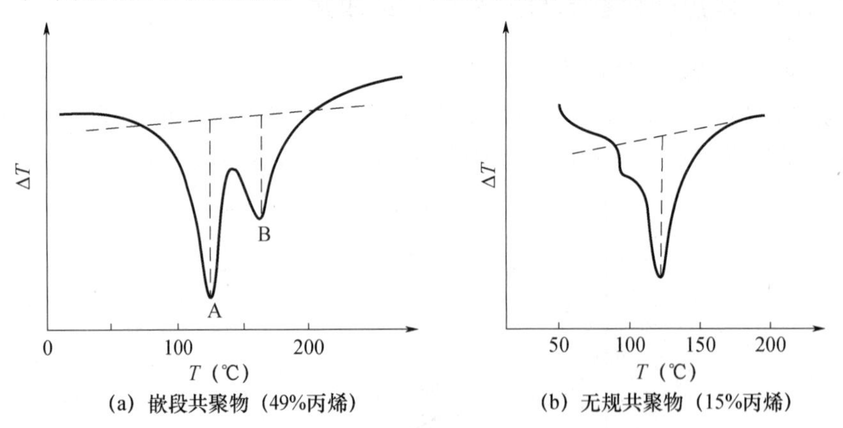

图 7-26　乙丙共聚物的 DTA 曲线

A—聚乙烯；B—聚丙烯

7.3　差示扫描量热法

差示扫描量热分析（Differential Scanning Calorimetry，DSC），是在程序控制温度下，测量输入试样和参比物的能量差随温度或时间变化的一种技术。

在差热分析中，当试样发生热效应时，试样本身的升温速度是非线性的。以吸热反应为例，试样开始反应后的升温速度会大幅落后于程序控制的升温速度，甚至发生不升温或降温的现象；待反应结束时，试样升温速度又会高于程序控制的升温速度，逐渐跟上程序控制温度；升温速度始终处于变化中。而且在发生热效应时，试样与参比物及试样周围的环境有较大的温差，它们之间会进行热传递，降低了热效应测量的灵敏度和精确度。因此，到目前为止的大部分差热分析技术还不能进行定量分析工作，只能进行定性或半定量的分析工作，难以获得变化过程中的试样温度和反应动力学的数据。

差示扫描量热分析法就是为克服差热分析在定量测定上存在的这些不足而发展起来的一种新的热分析技术。该法通过对试样因发生热效应而发生的能量变化进行及时的应有的补偿，保持与参比物之间温度始终相同，无温差、无热传递，使热损失小、检测信号大。因此，在灵敏度和精度方面都大有提高，可进行热量的定量分析工作。

7.3.1 差示扫描量热法的基本原理

根据测量方法的不同，差示扫描量热法可分为功率补偿型差示扫描量热法和热流型差示扫描量热法。

（1）功率补偿型差示扫描量热仪

功率补偿型 DSC 工作原理建立在“零位平衡”原理上。图 7-27 为功率补偿型差示扫描量热仪原理示意图。其主要特点是样品和参比物分别具有独立的加热器和传感器，整个仪器有两条控制电路：一条用于控制温度，使样品和参比物在预定的速率下升温或降温；另一条用于控制功率补偿器，给样品补充热量或减少热量以维持样品和参比物之间的温差为零。当样品发生热效应时，如放热效应，样品温度将高于参比物，在样品与参比物之间出现温差，该温差信号被转化为温差电势，再经差热放大器放大后送入功率补偿器，使样品加热器的电流 I_S 减小，而参比物的加热器电流 I_R 增加，从而使样品温

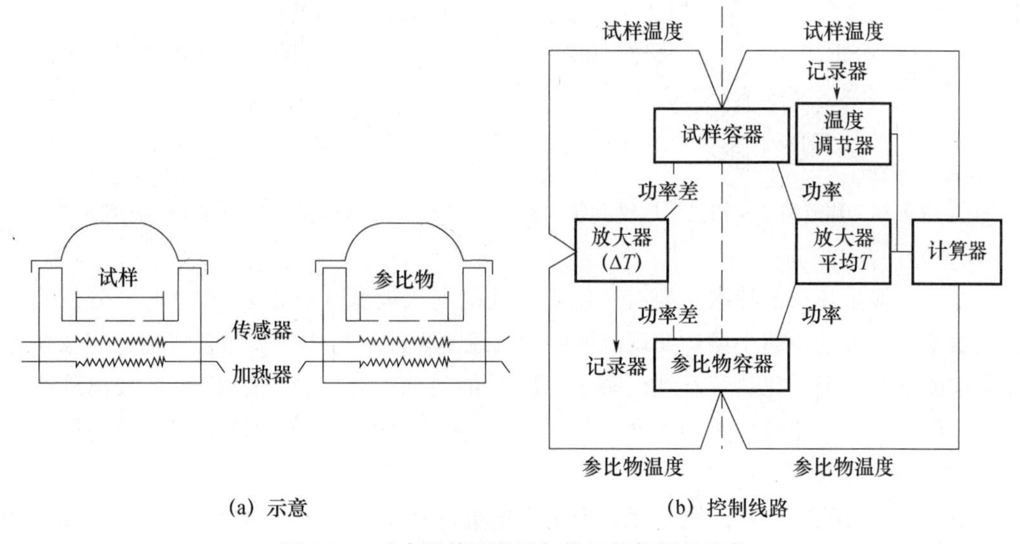

(a) 示意　　(b) 控制线路

图 7-27　功率补偿型差示扫描量热仪原理示意

度降低、参比物温度升高，最终导致两者温差又趋于零。因此，只要记录样品的放热速度或吸热速度（即功率），即记录下补偿给样品和参比物的功率差随温度 T 或时间 t 变化的关系，就可获得试样的 DSC 曲线。

（2）热流型差示扫描量热仪

热流型 DSC 主要通过测量加热过程中试样吸收或放出热量的流量达到 DSC 分析的目的，有热反应时试样和参比物之间仍存在温度差。该法包括热流式和热通量式，都是采用 DTA 原理来进行量热分析。

热流型差示扫描量热仪的构造与差热分析仪相近，如图 7-28 所示。它利用康铜电热片作试样和参比物支架底盘并兼作测温热电偶，该电热片与试样及参比物底盘下面的镍铬丝和镍铝丝组成热电偶以检测差示热流。当加热器在程序控制单元控制下加热时，热量通过加热块对试样和参比物均匀加热。由于在高温时试样和周围环境的温差较大，热量损失较大，因此，在等速升温的同时，仪器自动改变差示放大器的放大系数，温度升高时，放大系数增大，以补偿因温度变化对试样热效应测量的影响。

热通量型差示扫描量热法的检测系统如图 7-29 所示。该类仪器的主要特点是检测器由许多热电偶串联成热电堆型的热流量计，两个热流量计反向连接并分别安装在试样容器和参比容器与炉体加热块之间，如同温差热电偶一样检测试样和参比物之间的温度差。由于热电堆中热电偶很多，热端均匀分布在试样与参比物容器壁上，检测信号大。检测的试样温度是试样各点温度的平均值，所以测量的 DSC 曲线重复性好、灵敏度和精确度都很高，常用于精密的热量测定。

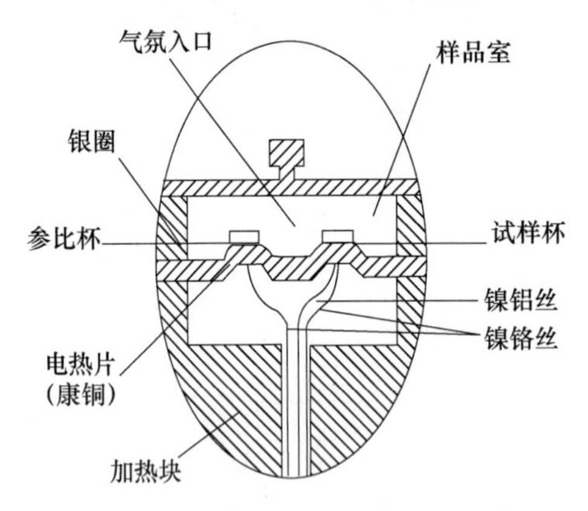

图 7-28　热流型差示扫描量热仪示意

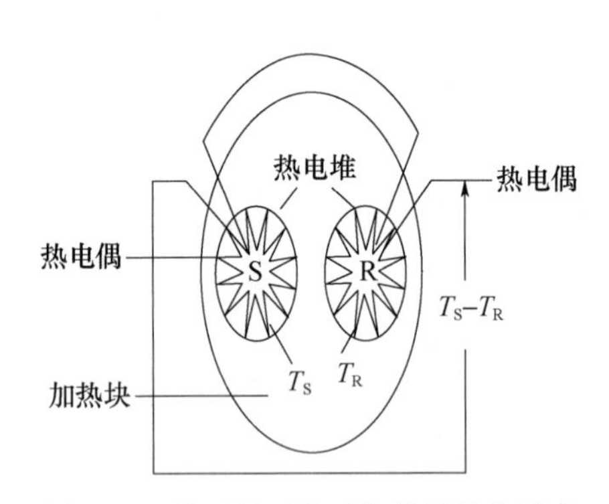

图 7-29　热通量型差示扫描量热仪示意

差示扫描量热法的特点主要有：使用温度范围比较宽（－175～725℃）、分辨能力和灵敏度高；可使用超小型炉实现温度的精确控制；能进行快速加热、快速冷却及快速测定；能进行等温、比热容及纯度测定；DSC 的另一个突出特点是 DSC 曲线离开基线的位移代表试样吸热或放热的速度，是以 mJ/s 为单位来记录的，DSC 曲线所包围的面积是 ΔH 的直接度量。

虽然 DSC 克服了 DTA 的不足，但是它本身也有一定的局限性：①允许的样品量相对较小；②随着试样温度的升高，试样与周围环境温度偏差加大，造成热量损失，使测量精度下降，因而 DSC 的测温范围通常低于 800℃；③在个别情况下，传感器可能会受到某些特殊样品的污染，需小心操作。

7.3.2 差示扫描量热曲线

DSC 曲线是在差示扫描量热仪中记录到的以试样与参比物的功率差（热流率）dH/dt（单位：mJ/s）为纵坐标，以温度（T）或时间（t）为横坐标的关系曲线。图 7-30 为典型的 DSC 曲线。与差热分析一样，它也是基于物质在加热过程中发生物理、化学变化的同时往往伴随有吸热、放热现象出现的原理而制得的。图 7-30 中曲线离开基线的位移即代表样品吸热或放热的速率（mJ/s），而曲线中峰或谷包围的面积即代表热量的变化，因而差示扫描量热法可以直接测量样品在发生物理或化学变化时的热效应。

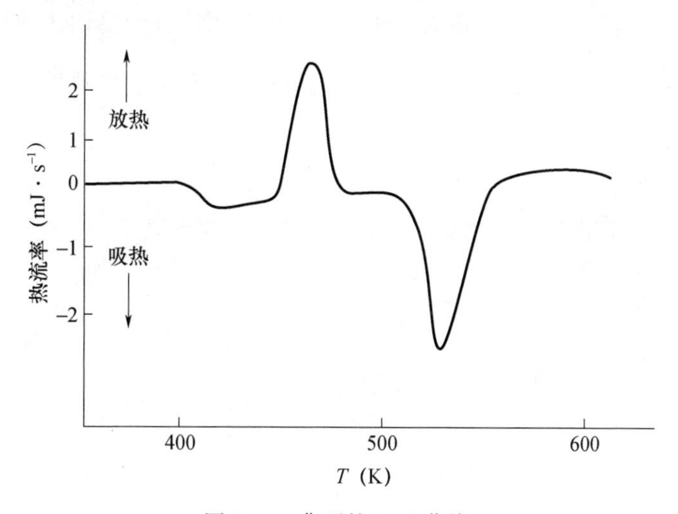

图 7-30　典型的 DSC 曲线

考虑到样品发生热量变化（吸热或放热）时，此种变化除传导到温度传感装置以实现样品（或参比物）的热量补偿外，尚有一部分传导到温度传感装置以外的地方，因而差示扫描量热曲线上吸热峰或放热峰面积实际上仅代表样品传导到温度传感器装置的那部分热量变化，样品真实的热量变化与曲线峰面积的关系为：

$$m\Delta H = KA \tag{7-7}$$

式中，m 为样品质量；ΔH 为单位质量样品的焓变；A 为与 ΔH 对应的曲线峰面积；K 为修正系数，称为仪器常数。

7.3.3 差示扫描量热法的温度和能量校正

DSC 是一种动态量热技术，在程序温度下测量样品的热流率随温度变化的函数关系，常用来定量地测定熔点和比热容。因此，对 DSC 仪器的校正要重点注意两项：一项为温度校正；另一项为能量校正。

（1）温度校正

DSC 温度坐标的精确程度是衡量仪器的一项重要指标。即使出厂时调试好的仪器，由于重新更换样品支架、重新调整基线、改变环境气氛，严格地说，都应进行重新校正。校正温度最常用的方法是选用不同温度点测定一系列标准化合物的熔点，校正时必须选用测定时所用的控温速率。表 7-7 列出了几种标准物质的熔融转变温度和能量。

表 7-7　常用标准物质熔融转变温度和能量

物质	铟（In）	锡（Sn）	铅（Pb）	锌（Zn）	K_2SO_4	K_2CrO_4
转变温度（℃）	156.60	231.88	327.47	419.47	585.0±0.5	670.5±0.5
转变能量（J/g）	28.46	60.47	23.01	108.39	33.27	33.68

纯物质的熔融是一个等温的一级转变过程，因此，在转变过程中样品温度是不变的。起始转变温度不像峰温那样明显地受样品量变化的影响，如图 7-31（a）所示，所以它的相变温度应是开始能检测到的温度。实践中常用峰谷前沿切线的外延起始点温度作为熔融转变温度，如图 7-31（b）所示，铟的熔融温度即是峰前沿斜率为$\frac{1}{R_0}\frac{\Delta T}{\Delta t}$的切线的外延起始温度 E。

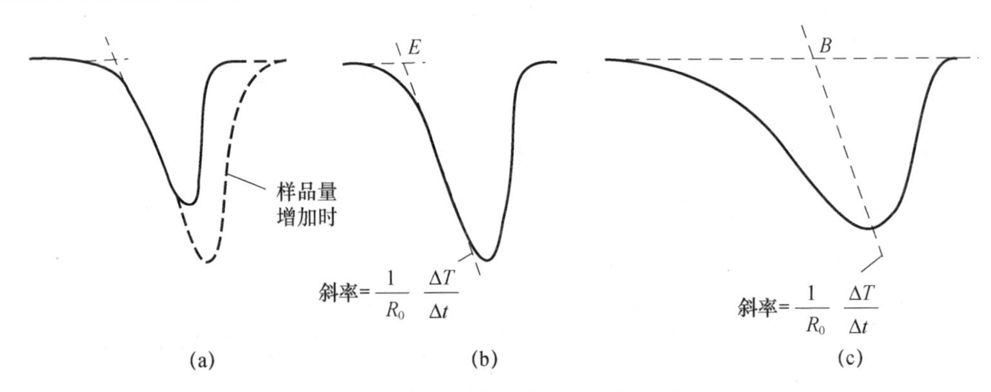

图 7-31　铟的熔融转变温度的测量

对于不等温的二级转变来说，如图 7-31（c）所示，熔融转变温度最好用铟熔融峰的前沿切线来确定，可将铟的熔融峰的前沿切线重合在试样的熔融峰上面，即过试样熔峰顶做一斜率为$\frac{1}{R_0}\frac{\Delta T}{\Delta t}$的直线平行于铟的前沿切线，并使其与试样 DSC 曲线的外延基线相交，交点 B 即为试样熔融的转变点。

（2）能量校正与热焓测定

当测量伴随某一转变或反应时，总的能量（焓变）需对整个 DSC 峰面积对应于时间进行积分：

$$\Delta H = \int \frac{\mathrm{d}H}{\mathrm{d}t}\mathrm{d}t \tag{7-8}$$

但实际的 DSC 能量（热焓）测量包括仪器校正常数、灵敏度（量程）、记录仪扫描速率（纸速）及峰面积的测量等，通常用式（7-9）来计算反应或转变的焓变。

$$\Delta H=\frac{KAR}{WS} \tag{7-9}$$

式中，ΔH 为试样转变的热焓，mJ/mg；W 为试样质量，mg；A 为试样焓变时扫描峰面积，mm^2；R 为设置的热量量程，mJ/s；S 为记录仪走纸速度，mm/s；K 为仪器校正常数。

仪器校正常数 K 的测定常用已知熔融比热容的高纯金属作为标准，最常用作校正标准的是铟。精确称量 5～10mg 试样，并选择适当的升温速率、灵敏度（量程）和记录仪纸速，测量出它的 DSC 曲线，即可按式（7-10）求出仪器校正系数 K。

$$K=\Delta HWS/AR \tag{7-10}$$

由式（7-10）可见，仪器量程标度、纸速等如有误差，在上述校正中均已并入校正系数 K 中，因此对于测量能量来说，这种校正精度已足够。但对那些要求直接涉及纵坐标位移的测量，如动力学研究和比热容测定，还需对量程标度进行精确修正。

（3）量程校正

量程标度的准确度关系到纵坐标的准确度，在需要准确的动力学数据和比热容数据的测量中是极为重要的。量程标度的精确测定可用铟作为标准进行校正，校正方法为：在铟的记录纸上画出一块大小适当的长方形面积，如取高度为记录纸的横向全分度的 3/10，即三大格，长度为半分钟走纸距离，再根据热量量程和纸速将长方形面积转化成铟的热焓 ΔH，按式（7-10）计算校正系数 K'。若量程标度已校正好，则 K' 与铟的文献值计算的 K 应相等。若量程标度有误差，则 K' 与按文献值计算的 K 不等，这时的实际量程标度应等于 $K/K'R$。

如图 7-32 所示，测定时选定量程 41.84mJ・s^{-1}，纸速 32mm/min，加热速度 10℃/min，则画出长方形长为 30s，高为 12.552mJ・s^{-1}（3mcal・s^{-1}），长方形的面积即相当于热量 30s×12.552mJ・s^{-1}=376.6mJ。将该面积 A 和纸速 S 代入式（7-10）即可计算 K'，与标准铟的 K 值相比较就可得到实际量程标度。

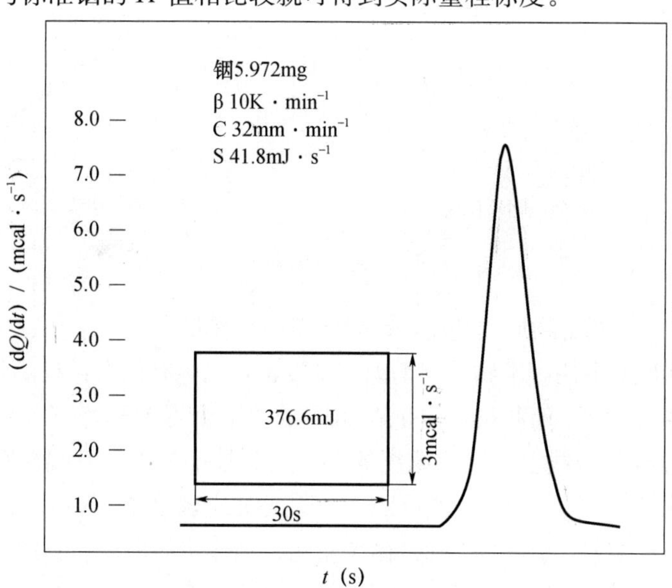

图 7-32 标准铟熔融面积转化为同面积的长方形面积计算热量

7.3.4 差示扫描量热法的应用

7.3.4.1 差示扫描量热法在成分和物性分析中的应用

（1）纯度测定

在化学分析中，纯度分析是很重要的一项内容。DSC 法在纯度分析中具有快速、精确、试样用量少及能测定物质的绝对纯度等优点，近年来已广泛应用于无机物、有机物和药物的纯度分析。

DSC 法测定纯度是根据熔点或凝固点下降来确定杂质总含量的。基本原理是以 Vant Hoff 方程为依据的，熔点降低与杂质含量可由式（7-11）来表示：

$$T_S = T_0 - \frac{RT_0^2 x}{\Delta H_f} \cdot \frac{1}{F} \tag{7-11}$$

式中，T_S 为样品瞬时的温度（K）；T_0 为纯样品的熔点（K）；R 为气体常数；ΔH_f 为样品熔融热；x 为杂质摩尔数；F 为总样品在 T_S 熔化的分数。

由式（7-11）可知，T_S 是 $1/F$ 的函数。T_S 可以从 DSC 曲线中测得，$1/F$ 是曲线到达 T_S 的部分面积除以总面积的倒数。以 T_S 对 $1/F$ 作图为一直线，斜率为 $\frac{RT_0^2 x}{\Delta H_f}$，截距为 T_0。ΔH_f 可从积分峰面积求得。所以由直线的斜率即可求出杂质含量 x，如图 7-33 所示。

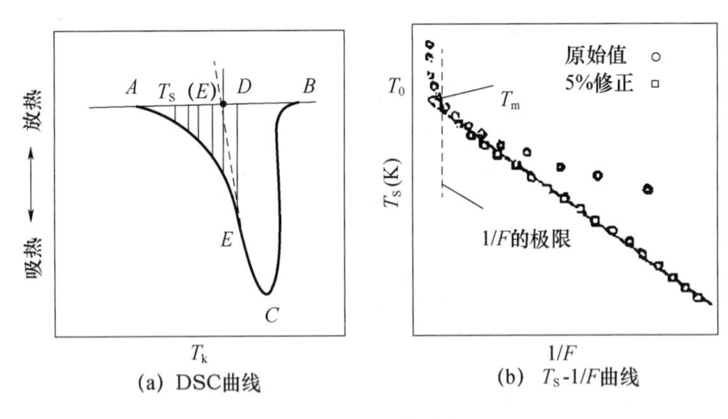

(a) DSC曲线 (b) T_S-1/F曲线

图 7-33 纯度测定

应用式（7-11）测定物质的纯度，需要修正两个参量。

①样品的熔融热要用标准物质（如铟）来校正，以弥补没有被检测到的熔化。

②样品瞬时温度 T_S 的测量，应把在相同条件下测得的标样（如铟）峰前沿斜率的切线平移通过样品曲线上需读取温度的那一点并外推与实际基线相交。交点对应的温度即为 T_S 对应温度。如图 7-33（a）中 E 点对应温度为 $T_S(E)$。对应峰面积为 AED，$F = AED/ABC$。做出 T_S-1/F 的关系图，经修正后即为一直线，如图 7-33（b）所示。

（2）比热容测定

比热容是物质的一个重要物理常数。可用基线偏移测定试样的比热容，大部分用DSC测定。利用DSC法测量比热容是新发展起来的一种仪器分析方法。在DSC法中，热流速率正比于样品的瞬时比热容：

$$\frac{\mathrm{d}H}{\mathrm{d}t}=mC_{\mathrm{p}}\frac{\mathrm{d}T}{\mathrm{d}t} \tag{7-12}$$

式中，$\mathrm{d}H/\mathrm{d}t$ 为热流速率（$\mathrm{J\cdot s^{-1}}$）；m 为样品的质量（g）；C_{p} 为比热容（$\mathrm{J\cdot g^{-1}℃^{-1}}$）；$\mathrm{d}T/\mathrm{d}t$ 为程序升温速率（$\mathrm{℃\cdot s^{-1}}$）。

为了解决 $\mathrm{d}H/\mathrm{d}t$ 的校正工作，可采用已知比热容的标准物质如蓝宝石为标准，为测定进行校正。实验时首先将空坩埚加热到比试样所需测量比热容的温度 T 低的温度 T_1 恒温，然后以一定速度（一般 8～10℃ · $\mathrm{min^{-1}}$）升到比 T 高的温度 T_2 恒温，做DSC空白曲线，如图7-34所示；再将已知比热容和质量的参比物放在坩埚内，按同样条件进行操作，做出参比物的DSC曲线；然后将已知质量的试样放入坩埚，按同样条件做DSC曲线。此时可从图中量得欲测温度 T 时的 y' 和 y 值。

对于标准参比物（蓝宝石）：

$$\left(\frac{\mathrm{d}H}{\mathrm{d}t}\right)_B=m_BC_{\mathrm{p}B}\frac{\mathrm{d}T}{\mathrm{d}t} \tag{7-13}$$

将式（7-12）除以式（7-13）得：

$$C_{\mathrm{p}}=\frac{\dfrac{m_BC_{\mathrm{p}B}}{m}\dfrac{\mathrm{d}H}{\mathrm{d}t}}{\left(\dfrac{\mathrm{d}H}{\mathrm{d}t}\right)_B}=C_{\mathrm{p}B}\frac{m_B}{m}\frac{y}{y'} \tag{7-14}$$

采用DSC法测定物质比热容时，精度可到0.3%，与热量计的测量精度接近，但试样用量要小4个数量级。

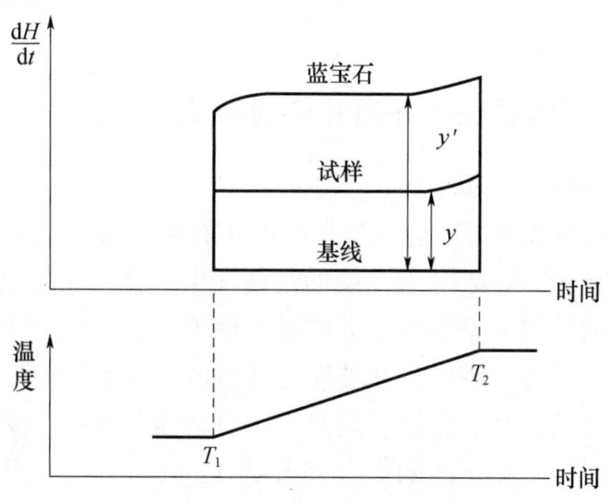

图7-34　用比值法确定比热容

7.3.4.2　差示扫描量热法在无机材料中的应用

水泥基水化产物相的性质决定水泥混凝土材料的结构强度和工程性质，因此，水化产物相一直是研究的热点。而不同温湿条件下，水泥水化产物的失水对水泥制品的凝结和硬化有着重要的影响。水泥水化产物的热分解其实就是一个脱水过程。采用DSC技术对微量材料进行测试，能够有效地减少固体样品之间的热交换，对其相应数据进行积分或微分处理。

在恒定的升温速率下，水化水泥浆体的升温曲线呈现3个主要的吸热反应阶段，对应3个吸热峰，图7-35所示为试样在不同升温速率（β）下的DSC曲线，峰值温度分别出现在86.11～122.65℃、423.84～474.84℃、634.47～696.75℃3个区域内。第1个区域（86.11～122.65℃）的峰对应于AFt（高硫型水化硫铝酸钙晶体）的结合水脱除，升温速率为5℃/min时，此位置前55℃左右的1个小肩峰是由脱除吸附水产生，随着升温速率的提高肩峰消失，仪器扫描不到；第2个区域（423.84～474.84℃）的峰是由$Ca(OH)_2$分解后脱除结构水产生；第3个区域（634.47～696.75℃）的峰则是水化硅酸钙凝胶（C—S—H）脱水所致，由于试样为养护期3d，龄期较短，C—S—H含量不高，因此第3峰不太明显。

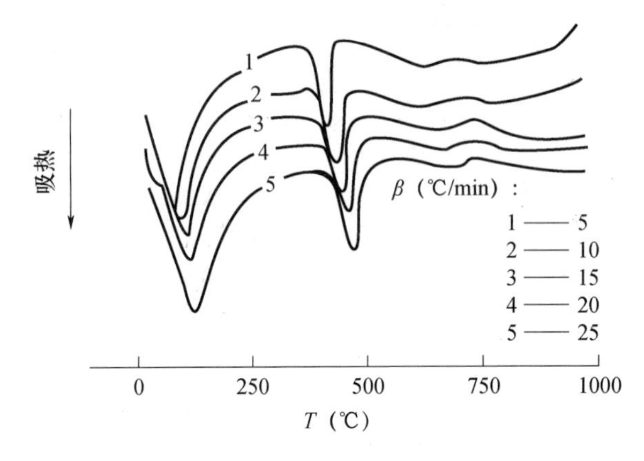

图7-35　试样在不同升温速率（β）下的DSC曲线

7.3.4.3　差示扫描量热法在高分子材料中的应用

（1）玻璃化转变温度T_g的测定

高聚物的玻璃化转变温度T_g是一个非常重要的物性数据，高聚物在玻璃化转变时由于比热容的改变导致DTA或DSC曲线的基线发生平移，在曲线上出现一个台阶。玻璃态是高聚物高弹态的转变，是链段运动的松弛现象（链段运动“冻结”—“解冻”）。玻璃化转变发生在一个温度范围内，在玻璃化转变区，高聚物的一切性质都发生急剧的变化，如比热容、热膨胀系数、黏度、折光率、自由体积和弹性模量等。根据ICTA的规定，以转折线的延线与基线延线的交点B作为T_g点。图7-36又以基本开始转折处A和转折回复到基线处C为转变区。有时在高聚物玻璃化转变的热谱图上会出现类似一级转变的小峰，常称为反常比热峰，如图7-36（b）所示，这时C点定在反常比热峰的峰顶上。

（2）高聚物结晶行为的研究

用DSC法测定高聚物的结晶温度和熔点可以为其加工工艺和热处理条件等提供有

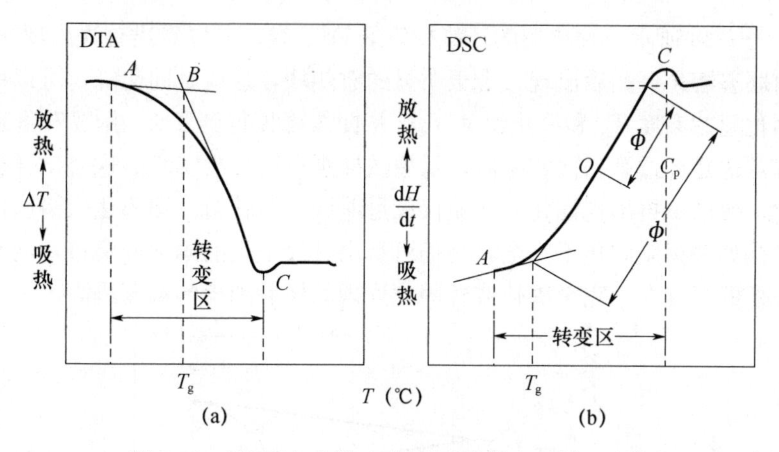

图 7-36 用 DTA 曲线 A 和 DSC 曲线 B 测定 T_g 值

用的资料。最典型的例子是运用 DSC 法的测定结果确定聚酯树脂薄膜的加工条件。聚酯树脂熔融后在冷却时不能迅速结晶，因此，经快速淬火处理可以得到几乎无定型的材料。淬火冷却后的聚酯树脂再升温时无规则的分子构型又可变为高度规则的结晶排列，因此，会出现冷结晶的放热峰。图 7-37 是经淬火处理后的聚酯树脂的 DSC 图。从图 7-37 可看到 3 个热行为：第 1 个是 81℃的玻璃化转变温度；第 2 个是 137℃左右的放热峰，这是冷结晶峰；第 3 个是结晶熔融的吸热峰，出现在 250℃左右。从这个简单的 DSC 曲线即可确定其薄膜的拉伸加工条件。拉伸温度必须选择在 T_g 以上和冷结晶开始的温度（117℃）以下的温度区间内，以免结晶而影响拉伸。拉伸热定型温度则一定要高于冷结晶结束的温度（152℃）使之冷结晶完全，但又不能太接近熔点，以免结晶熔融。这样就能获得性能好的薄膜。

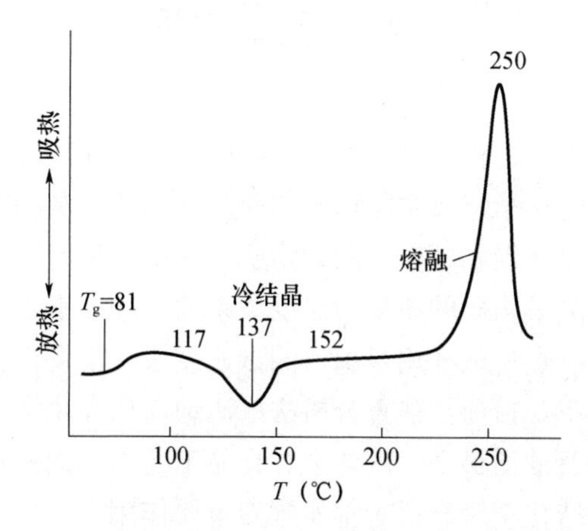

图 7-37 用 DSC 曲线确定聚酯树脂薄膜的加工条件

（3）热固性树脂固化过程的研究

用 DSC 法测定热固性树脂的固化过程有不少优点。例如，试样用量小而测量精度较高（其相对误差可在 10%之内），适用于各种固化体系。从测定中可以得到固化反应的起始温度、峰值温度和终止温度，还可得到单位质量的反应热及固化后树脂的玻璃化转变温度。这些数据对于树脂加工条件的确定、评价固化剂的配方（包括促进剂等）都很有意义。图 7-38 所示一种典型的环氧树脂的 DSC 线，可以看出首先出现一个吸热峰，这是树脂由固态熔化，然后出现一个很明显的放热峰，这就是固化峰。可以用基线与之相切得到固化起始温度 T_a 和终止温度 T_c，从曲线峰顶得到 T_b。由图 7-38 还可看到下面一条曲线，这是经过第一次实验后，对原试样进行第二次实验。这时试样已经经过热处理而固化，所以不再出现固化峰，而仅仅可看到一个转折，即固化后树脂体系的玻璃化转变。但是如果树脂固化不完全，则仍可看出有较平坦的固化峰痕迹，同时玻璃化转折出现在较低的温度上，完全固化或经固化处理的样品测出的温度最高。

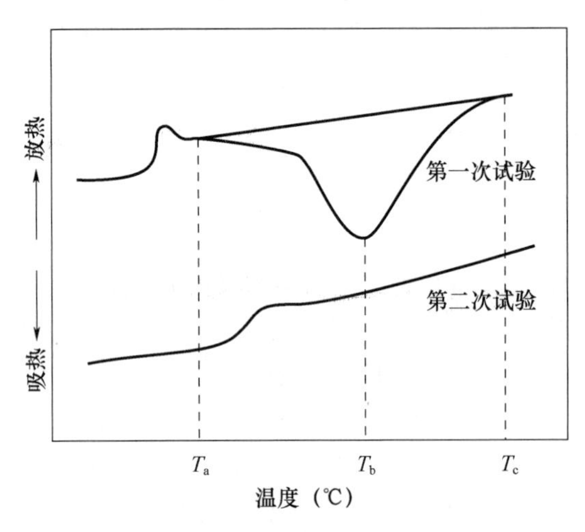

图 7-38　典型的环氧树脂固化的 DSC 曲线

7.4　热重分析

许多物质在加热或冷却过程中除了产生热效应外，往往还有质量变化，其变化的大小及出现的温度与物质的化学组成和结构密切相关。因此，利用在加热和冷却过程中物质质量变化的特点，可以区别和鉴定不同的物质。热重分析（Thermogravimetry，TG）就是在程序控制温度下测量物质的质量与温度关系的一种技术，它是研究化学反应动力学的重要手段之一。其特点是试样用量少、测试速度快、定量性强，能准确地测量物质的质量变化及变化的速率。目前，热重分析法广泛地应用在化学及与化学有关的各个领域中，在冶金学、漆料及油墨科学、陶瓷学、食品工艺学、无机化学、有机化学、聚合物科学、生物化学及地球化学等学科中都发挥着重要作用。

7.4.1　热重分析法原理

物质在加热过程中常伴随着质量的变化，这种变化过程有助于研究晶体性质的变化，如熔化、蒸发、升华和吸附等物质的物理现象；也有助于研究物质的脱水、解离、氧化、还原等物质的化学现象。热重分析法是在程序控温下，测量物质的质量随温度

（或时间）的变化关系，通常分为静态法和动态法两种。静态法是把试样在各给定的温度下加热至恒重，然后按质量变化对温度（或时间）作图；动态法是在加热过程中连续升温和称重，按质量变化对温度（或时间）作图。静态法的优点是准确度高、灵敏快速，能记录微小的失重变化；缺点是操作复杂，时间较长。动态法的优点是能自动记录，可与差热分析法紧密配合，有利于对比分析；缺点是对微小的质量变化灵敏度低。

检测质量的变化最常用的办法是用热天平，热天平测定样品质量变化的方法有变位法和零位法。变位法是根据天平梁倾斜度与质量变化呈正比的关系，用差动变压器直接控制检测，并自动记录。零位法是靠电磁作用力使因质量变化而倾斜的天平梁恢复到原来的平衡位（即零位），所施加的电磁力与质量变化呈正比，而电磁力的大小和方向是通过调节转换机构线圈中的电流实现的，天平梁的倾斜可采用差动变压器或光电系统检测，经电子放大后反馈到安装在天平梁上的感应线圈，使天平梁又返回到原点。通过热天平连续记录质量与温度（或时间）的关系，即可获得热重曲线。

7.4.2 热重分析仪

热重分析仪进行热重分析的基本仪器为热天平。热天平一般包括天平、炉子、程序控温系统、记录系统等部分。有的热天平还配有通入气氛或真空装置。典型的热天平结构如图 7-39 所示。除热天平外，还有弹簧秤。国内已有 TG 和 DG 联用的示差天平。

热天平与常规分析天平一样，都是称量仪器，但因结构特殊，其与一般天平在称量功能上有显著差别。它能自动、连续地进行动态称量与记录，并在称量过程中能按一定的温度程序改变试样的温度，且可以对试样周围的气氛进行控制或调节。

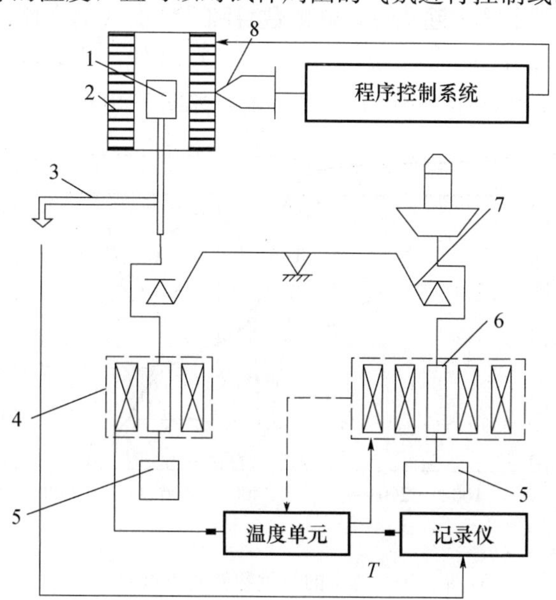

图 7-39　热天平结构

1—试样支持器；2—炉子；3—测温热电偶；4—传感器（差动变压器）；5—平衡锤；6—阻尼天平复位器；7—天平；8—阻尼信号

热天平由精密天平和线性程序控温加热炉组成。在加热过程中，试样无质量变化时天平能保持初始平衡状态；而在试样有质量变化时，天平就失去平衡，并立即由传感器检测并输出天平失衡信号，这一信号经测重系统放大用以自动改变平衡复位器中的电流，使天平重又回到初始平衡状态（即所谓的零位）。通过平衡复位器中的线圈电流与试样质量变化呈正比，因此，记录电流的变化即可得到加热过程中试样质量连续变化的信息。而试样温度同时由测温热电偶测定并记录，于是得到试样质量与温度（或时间）关系的曲线。热天平中阻尼器的作用是维持天平的稳定，天平摆动时，就有阻尼信号产生，这个信号经测重系统中的阻尼放大器放大后再反馈到阻尼器中，使天平摆动停止。

7.4.3 热重曲线

热重分析得到的是程序控制温度下物质质量与温度关系的曲线，即热重曲线（TG曲线）。横坐标为温度或时间，纵坐标为质量，表示加热过程中样品的失重累计量，属积分型。也可用失重百分数等其他形式表示。

由于试样质量变化的实际过程不是在某一温度下同时发生并瞬间完成的，因此，热重曲线的形状不呈直角台阶状，而是形成带有过渡和倾斜区段的曲线。曲线的水平部分（即平台）表示质量是恒定的，曲线斜率发生变化的部分表示质量的变化。因此，从热重曲线还可求算出微商热重曲线 DTG，热重分析仪若附带有微分线路就可同时记录热重和微商热重曲线。

微商热重曲线的纵坐标为质量随时间的变化率 dW/dt，横坐标为温度 T 或时间 t。DTG 曲线在形貌上与 DTA 或 DSC 曲线相似，但 DTG 曲线表明的是质量变化速率，峰的起止点对应 TG 曲线台阶的起止点，峰的数目和 TG 曲线的台阶数相等，峰顶为失重（或增重）速率的最大值，即 $d^2W/dt^2=0$，它与 TG 曲线的拐点相对应。峰面积与失重量呈正比，因此可从 DTG 的峰面积算出失重量，如图 7-40 所示。

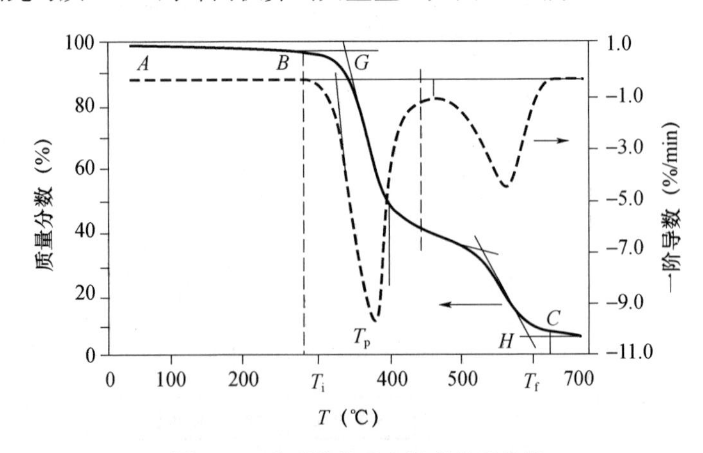

图 7-40 典型的热重和微商热重曲线

TG 曲线上质量基本不变的部分称为平台，两平台之间的部分称为台阶。B 点所对应的温度 T_i 是指累计质量变化达到能被热天平检测出的温度，称为反应起始温度。C

点的温度 T_f 是指累计质量变化达到最大的温度（TG 已检测不出质量的继续变化），称为反应终止温度。反应起始温度 T_i 和反应终止温度 T_f 之间的温度区间称为反应区间。亦可将 G 点取作 T_i 或以失重达到某一预定值（5%、10%等）时的温度作为 T_i，将 H 点取作 T_f。T_p 表示最大失重速率温度，对应 DTG 曲线的峰顶温度。

虽然微商热重曲线与热重曲线所能提供的信息是相同的，但微商热重曲线能清楚地反映出起始反应温度、达到最大反应速率的温度和反应终止温度，而且提高了分辨两个或多个相继发生的质量变化过程的能力。由于在某一温度下微商热重曲线的峰高直接等于该温度下的反应速率，因此，这些值可方便地用于化学反应动力学的计算。

图 7-41 是含有一个结晶水的草酸钙 $CaC_2O_4 \cdot H_2O$ 的热重曲线和微商热重曲线。$CaC_2O_4 \cdot H_2O$ 的热分解过程分下列几步进行：

$$CaC_2O_4 \cdot H_2O \longrightarrow CaC_2O_4 + H_2O \tag{7-15}$$

$$CaC_2O_4 \longrightarrow CaCO_3 + CO \tag{7-16}$$

$$CaCO_3 \longrightarrow CaO + CO_2 \tag{7-17}$$

$CaC_2O_4 \cdot H_2O$ 在 100℃以前的失重现象，其热重曲线呈水平状态，为 TG 曲线中的第 1 个平台。在 100～200℃失重并开始出现第 2 个平台，这一步的失重占试样总质量的 12.331%，相当于每摩尔 $CaC_2O_4 \cdot H_2O$ 失掉 1molH_2O。在 400～500℃失重并开始呈现第 3 个平台，其失重占试样总质量的 19.170%，相当于每摩尔 CaC_2O_4 分解 1molCO。最后在 600～800℃失重并出现第 4 个平台，为 $CaCO_3$ 分解成 CaO 和 CO_2 的过程。

图 7-41 所示 DTG 曲线所记录的 3 个峰是与 $CaC_2O_4 \cdot H_2O$ 三步失重过程相对应的。根据这 3 个 DTG 的峰面积，同样可算出 $CaC_2O_4 \cdot H_2O$ 各个热分解过程的失重或失重百分数。

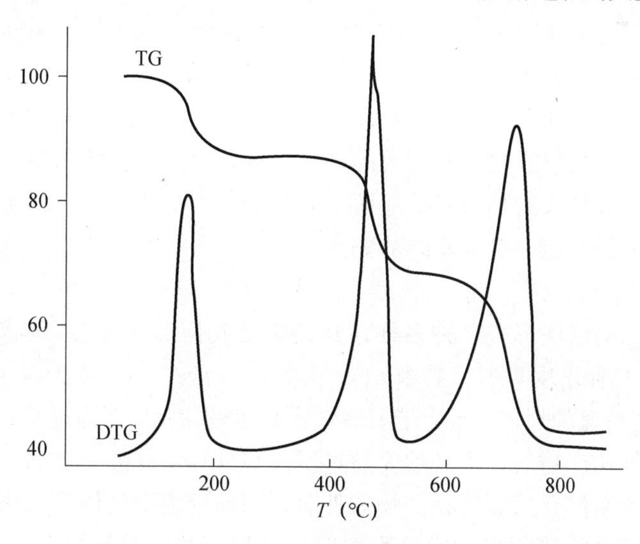

图 7-41 $CaC_2O_4 \cdot H_2O$ 的 TG 和 DTG 曲线

从上述例子看出，当原始试样及其可能生成的中间体在加热过程中因物理或化学变化而有挥发性产物释出时，从热重曲线中可以得到它们的组成、热稳定性、热分解及生成的产物等与质量相关联的信息。

7.4.4 影响热重曲线的因素

热重分析和差热分析一样，也是一种动态技术，其实验条件、仪器的结构与性能、试样本身的物理和化学性质及热反应特点等多种因素都会对热重曲线产生明显的影响。来自仪器的影响因素主要有浮力与对流、坩埚形式和测温热电偶等；来自试样的影响因素有质量、粒度、物化性质和装填方式等；来自实验条件的影响因素有升温速率、气氛和走纸速率等。为了获得准确并能重复和再现的实验结果，研究并在实践中控制这些因素，显然是十分重要的。

7.4.4.1 仪器因素

（1）浮力与对流的影响

热重曲线的基线漂移是指试样没有变化而记录曲线却指示出有质量变化的现象，它造成试样失重或增重的假象。这种漂移主要与加热炉内气体的浮力效应和对流影响、Knudsen 力及温度与静电对天平机构等的作用紧密相关。

悬挂在加热炉中的试样盘受到一定的浮力，由于气体密度随温度而变化，如室温空气的密度是 1.18kg・m^{-3}，而 1000℃时仅为 0.28kg・m^{-3}。所以，随着温度升高，试样周围的气体密度下降，气体对试样支持器及试样的浮力也在变小，于是出现增重现象。与浮力效应同时存在的还有对流影响，这是试样周围的气体受热变轻形成一股向上的热气流，这一气流作用在天平上便引起试样的表观失重；当气体外逸受阻时，上升的气流将置换上部温度较低的气体，而下降的气流势必冲击试样支持器，引起表观增重。仪器不同、气氛和升温速率不同，气体的浮力与对流的总效应也不一样。

Knudsen 力是由热分子流或热力环流形式的热气流造成的。温度梯度、炉子位置、试样、气体种类、温度和压力范围，对 Knudsen 力引起的表观质量变化都有影响。

温度对天平性能的影响也是非常大的。数百度乃至上千度的高温直接对热天平部件加热，极易通过热天平臂的热膨胀效应而引起天平零点的漂移，并影响传感器和复位器的零点与电器系统的性能，造成基线的偏移。

（2）坩埚形式

热重分析所用的坩埚形式多种多样，其结构及几何形状都会影响热重分析的结果。图 7-42 为常用的几种坩埚类型。其中 a、b 为无盖浅盘式，c、d 为深坩埚，e 为多层板式坩埚，f 为带密封盖的坩埚，g 为带有球阀密封盖的坩埚，h 为迷宫式坩埚。

热重分析时气相产物的逸出必然要通过试样与外界空间的交界面，深而大的坩埚或者试样充填过于紧密都会妨碍气相产物的外逸，因此反应受气体扩散速度的制约，结果使热重曲线向高温侧偏移。当试样量太多时，外层试样温度可能比试样中心温度高得多，尤其是升温速度较快时相关更大，因此会使反应区间增大。

通常选用轻巧的浅盘，尤其是多层板式坩埚，使试样在盘中摊成均匀的薄层，以利于热传导和热扩散，试样受热均匀，试样与气氛之间有较大的接触面积，因此得到的热重分析结果比较准确。迷宫式坩埚由于气体外逸困难，热重曲线向高温侧偏移较严重。

但浅盘式坩埚不适用于加热时易发生爆裂或发泡外溢的试样，这种试样可用深的圆柱形或圆锥形坩埚，也可采用带盖坩埚。带球阀盖的坩埚可将试样气氛与炉子气氛隔离，当坩埚内气体压力达到一定值时，气体可通过上面的小孔逸出。如果采用流动气氛，不宜采用迎风面很大的坩埚，以免流动气体作用于坩埚造成基线严重偏移。

试样盘的材质有玻璃、铝、陶瓷、石英、金属等，应注意试样盘对试样、中间产物和最终产物都应是惰性的。如铂金试样盘不适宜做含磷、硫或卤素的聚合物的试样皿，因铂金对该类物质有加氢或脱氢活性。

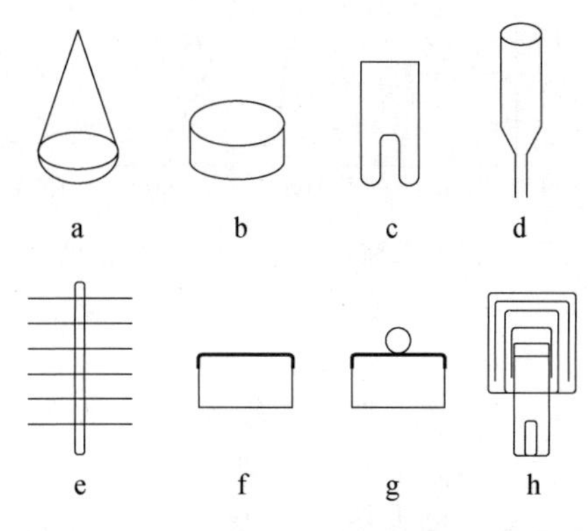

图 7-42　热天平常用坩埚类型

（3）热电偶位置

热重分析中，热点偶的位置不与试样接触，试样的真实温度与测量温度之间存在着差别。另外，升温和反应所产生的热效应往往使试样周围的温度分布紊乱，引起较大的温度测量误差。要获得准确的温度数据，需采用标准物质来校核热重分析仪的测量温度。通常可利用一些高纯化合物的特征分解温度来标定，也可利用强磁性物质在居里点发生表观失重来确定准确的温度。

（4）挥发物冷凝的影响

样品受热分解或升华溢出的挥发物往往在热重分析仪的低温区冷凝，这不仅污染仪器，而且使实验结果产生严重偏差。对于冷凝问题，可从两个方面来解决：一方面从仪器上采取措施，在试样盘的周围安装一个耐热的屏蔽套管或者采用水平结构的热天平；另一方面可从实验条件着手，尽量减少样品用量和选用合适的净化气体流量。

7.4.4.2　试样因素

在影响热重曲线的试样因素中，主要有试样量、试样粒度和热性质及试样装填方式等。

（1）试样量

试样量对热重曲线的影响不可忽视，它从两个方面来影响热重曲线。一方面，试样的吸热或放热反应会引起试样温度发生偏差，用量越大，偏差越大；另一方面，试样用量对逸出气体扩散和传热梯度都有影响，用量大则不利于热扩散和热传递。图 7-43 为不同用量 $CuSO_4 \cdot 5H_2O$ 的热重曲线，从图中可看出，试样用量少时得到的结果较好，热重曲线上反应热分解中间过程的平台很明显，而试样用量较多时则中间过程模糊不清。因此，要提高检测中间产物的灵敏度，应采用少量试样以获得较好的检测结果。

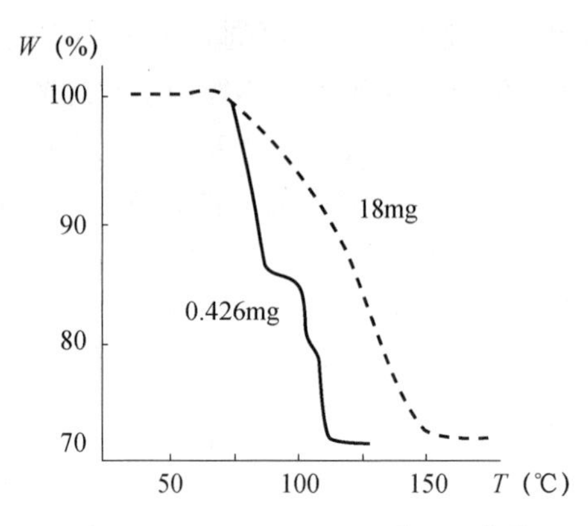

图 7-43　$CuSO_4 \cdot 5H_2O$ 的 TG 曲线

（2）试样粒度

试样粒度对热传导和气体的扩散同样有着较大的影响。试样粒度越细，反应速率越快，将导致热重曲线上的反应起始温度和终止温度降低，反应区间变窄。粗颗粒的试样反应较慢。例如，纤蛇纹石粉状试样在 50～850℃时连续失重，在 600～700℃时热分解反应进行得最快，而块状试样在 600℃左右才开始有少量失重。

（3）试样装填方式

试样装填方式对热重曲线也有影响。一般来说，装填越紧密，试样颗粒间接触就越好，也就越利于热传导，但不利于气氛气体向试样内的扩散或分解的气体产物的扩散和逸出。通常试样装填得薄而均匀，可以得到重复性好的实验结果。

（4）试样物化性质

试样的反应热、导热性和比热容对热重曲线也有影响，而且彼此互相联系。放热反应总是使试样温度升高，而吸热反应总是使试样温度降低。前者使试样温度高于炉温，后者使试样温度低于炉温。试样温度和炉温间的差别，取决于热效应的类型和大小、导热能力和比热容。由于未反应试样只有在达到一定的临界反应温度后才能进行反应，因此，温度无疑将影响试样反应。例如，吸热反应易使反应温度区扩展，且表观反应温度总比理论反应温度高。

此外，试样的热反应性，历时和前处理、杂质，气体产物性质、生成速率及质量，以及固体试样对气体产物有无吸附作用等试样因素，也会对热重曲线产生影响。

7.4.4.3　实验因素

（1）升温速率

升温速率对热重法的影响比较大。研究表明，升温速率越大，所产生的热滞后现象越严重，往往导致热重曲线上的起始温度和终止温度偏高。另外，升温速率快往往不利于中间产物的检出，在 TG 曲线上呈现出的拐点很不明显，升温速率慢，拐点明显，实验结果明确。改变升温速率可以分离相邻反应，如快速升温时曲线表现为转折，而慢速升温时可呈平台状，为此，在热重法中选择合适的升温速率至关重要。在报道的文献中TG实验的升温速率以5℃/min或10℃/min的居多。

(2) 气氛的影响

热重法通常可在静态气氛或动态气氛下进行测定。在静态气氛下，如果测定的是一个可逆的分解反应，虽然随着升温分解速率增大，但是由于样品周围的气体浓度增大又会使分解速率降低；另外，炉内气体的对流可造成样品周围气体浓度的不断变化。这些因素会严重影响实验结果，所以通常不采用静态气氛。为了获得重复性好的实验结果，一般在严格控制的条件下采用动态气氛，使气流通过炉子或直接通过样品。

常见的气氛有空气、O_2、N_2、He、H_2、CO_2、Cl_2 和水蒸气等。样品所处气氛的不同导致反应机制的不同。气氛与样品发生反应，则TG曲线形状受到影响。通入气氛时，应考虑气氛与热电偶、试样容器或仪器的元部件有无化学反应，是否有爆炸和中毒的危险等。气氛处于动态时应注意其流量对试样的分解温度、测温精度和TG谱图形状等的影响，一般气流速度为40～50mL/min。

7.4.5 热重分析的应用

热重分析法的重要特点是定量性强，能准确地测量物质的质量变化及变化的速率，只要物质受热时发生质量的变化，就可以用热重分析法来研究其变化过程。它可用于研究无机和有机化合物的热分解、不同温度及气氛中金属的抗腐蚀性能、固体状态的变化、矿物的冶炼和焙烧、液体的蒸发和蒸馏、煤和石油及木材的热解、挥发灰分的含量测定、蒸发和升华速度的测定、吸水和脱水、聚合物的氧化降解、汽化热测定、催化剂和添加剂评定、化合物组分的定性和定量分析、老化和寿命评定、反应动力学研究等领域。

7.4.5.1 热重分析在金属材料中的应用

(1) 金属与气体反应的测定

金属和气体的反应是气相-固相反应，可用热重法测定反应过程的质量变化与温度的关系，并可做反应量的动力学分析。这类实验甚至可在 SO_2、NH_3 之类的腐蚀性气氛中进行。例如，氧化铁在氢气中的还原反应，反应按式（7-18）进行：

$$Fe_2O_3+3H_2 \longrightarrow 2Fe+3H_2O \tag{7-18}$$

可根据加热过程中的失重率判断氧化铁的被还原程度。类似地，也可测出铁在空气中的氧化增重。

(2) 金属磁性材料的研究

金属磁性材料有确定的磁性转化温度（即居里点），在外加磁场的作用下，磁性物质受到磁力作用，在热天平上显示一个表观质量值，当温度升到该磁性物质的磁性转变温度时，该物质的磁性立即消失，此时热天平的表观质量变为零。利用这个特性，可以对热重仪器进行温度校正。

7.4.5.2 热重分析在无机材料中的应用

热重分析在无机材料领域有着很广泛的应用。它可以用于研究含水矿物的结构及热反应过程、测定强磁性物质的居里点温度、测定计算热分解反应的反应级数和活化能等。在测定玻璃、陶瓷和水泥材料的研究方面也有着较好的应用价值。在玻璃工艺和结构的研究中，热重分析可用来研究高温下玻璃组分的挥发、验证伴有失重现象的玻璃化学反应等。在水泥化学研究中，热重分析可用于研究水合硅酸钙的水合作用动力学过程，它可以精确地测定加热过程中水合硅酸钙中游离氢氧化钙和碳酸钙的含量变化。在采用热重分析结合逸气分析研究硬化混凝土中的含水率时，可以发现在500℃以前发生脱水反应，而在700℃以上发生的则是脱碳过程。

物质的热重曲线的每一个平台都代表了该物质确定的质量，它能精确地分析出二元或三元混合物各组分的含量。在研究白云石的热重曲线时，如图7-44所示，可求出白云石中CaO和MgO的含量，并推算出白云石的纯度。图7-44所示 W_1-W_0 为白云石中 $MgCO_3$ 分解出 CO_2 的失重，以此可算出MgO的含量。W_2-W_1 为白云石中 $CaCO_3$ 分解释放出 CO_2 的失重，以此可算出CaO的质量。由白云石中的CaO和MgO的质量可算出白云石的纯度。

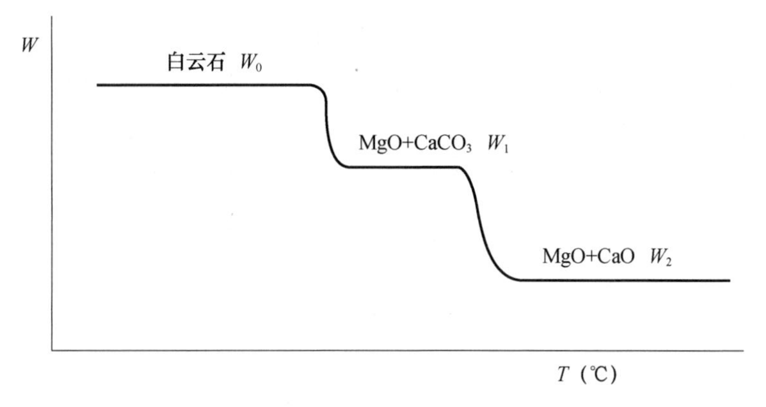

图7-44 白云石的TG曲线

7.4.5.3 热重分析在高分子材料中的应用

在高分子材料研究中，热重分析可用于测定高聚物材料中的添加剂含量和水分含量、鉴定和分析共混和共聚的高聚物、研究高聚物裂解反应动力学和测定活化能、估算高聚物化学老化寿命和评价老化性能等。

（1）评定高分子材料的热稳定性

热重法可以评价聚烯烃类、聚卤代烯类、含氧类聚合物、芳杂环类聚合物（单体、多聚体和聚合物）、弹性体高分子材料的热稳定性。高温下聚合物内部可能发生各种反应，如开始分解时可能是侧链的分解，而主链无变化，达到一定的温度时，主链可能断裂，引起材料性能的急剧变化。有的材料一步完全降解，而有些材料可能在很高的温度下仍有残留物。如图7-45所示，在同一台热天平上，以同样的条件进行热重分析，每种聚合物在特定温度区域有不同的 TG 曲线。由图 7-45 所示的 TG 曲线可以看出，具有杂环结构的聚酰亚胺稳定性最高，而以氟原子代替聚烯烃链上的 H 原子也大大增加了热稳定性。但在有机材料链中存在氯原子，将形成弱键致使聚氯乙烯热稳定性最差。由此可知这 5 种聚合物的相对热稳定性顺序是 PVC＜PMMA＜HPPE＜PTFE＜PI。

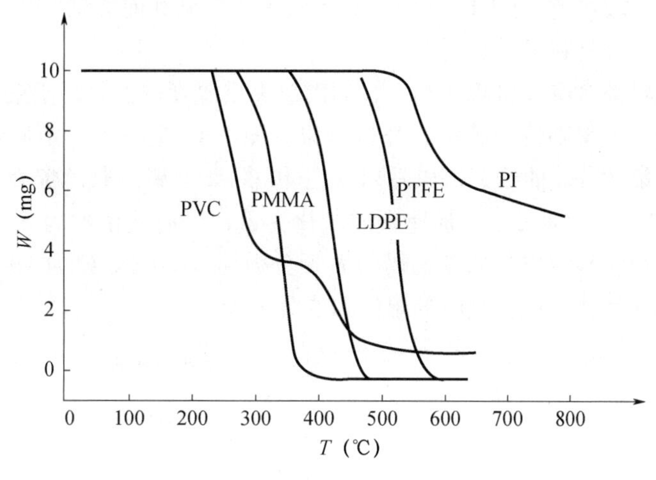

图 7-45　5 种材料的热稳定性比较

（2）裂解反应动力学

用热重法可方便地研究有机材料裂解反应动力学，其优点是快速、样品用量少、不需要对反应物和产物进行定量测定，而且可在整个反应温度区连续计算动力学参数，并确定动力学参数如反应级数 n 和活化能 E 等。

图 7-46 为某一材料热分解后生成产物 B（固体）和产物 C（气体）的 TG 曲线。其中，W_0 为起始物 A（固）的质量，W 为温度 T（或时间 t）时 A（固）和 B（固）的质量之和，W_∞ 为 B 固体的质量，ΔW 为 T（或时间 t）时的失重量。样品的失重率 a 可用式（7-19）表示。

$$a=\frac{W_0-W}{W-W_\infty}=\frac{\Delta W}{\Delta W_\infty} \tag{7-19}$$

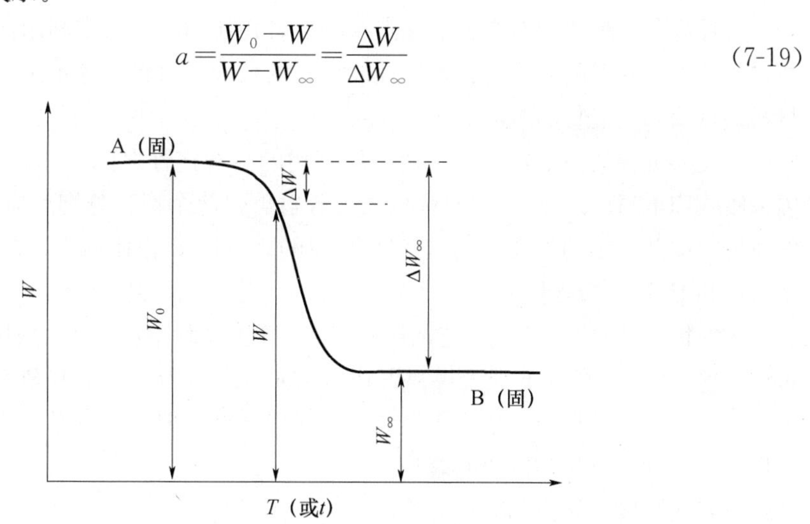

图 7-46　材料 A（固）热分解生成 B（固）和 C（气）的 TG 曲线

应用质量作用定律和 Arrhenius 方程，可得到简单的热分解反应动力学方程：

$$\frac{\mathrm{d}a}{\mathrm{d}T}=\frac{A}{\phi}\mathrm{e}^{-\frac{E}{RT}}(1-a)^{n} \tag{7-20}$$

求解动力学参数的方法有多种，包括等温法、图解微分法、差减微分法、积分法，以及对差减微分法改进的 Anderson-Freeman 法等，详见其他文献。

(3) 聚合物复合材料成分分析

许多复合材料都含有无机添加剂，它们的热失重温度往往要高于聚合物材料，因此根据热失重曲线，可得到较为满意的分析结果。图 7-47 是混入一定质量比的碳和二氧化硅的聚四氟乙烯的 TG 曲线。可以看出，在 400℃以上聚四氟乙烯开始分解失重，留下碳和 SiO_2 在 600℃时通过空气加速碳的氧化失重，最后残留物为 SiO_2。根据图 7-47 上的失重曲线，很容易定出聚四氟乙烯的质量分数为 31.0%，C 为 18.0%，而 SO_2 为 50.5%，其余为挥发物（包括吸附的湿气和低分子物）。

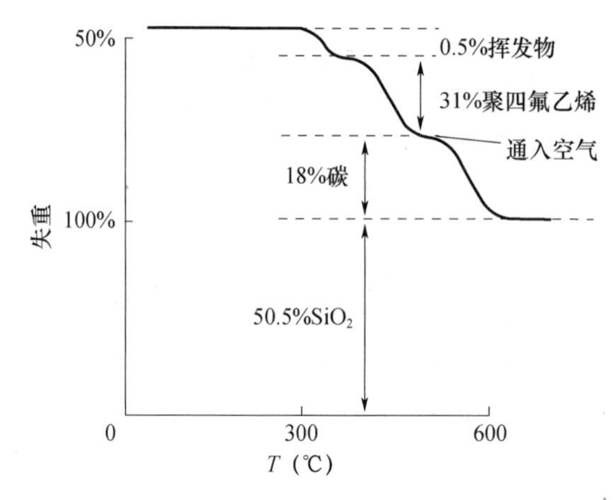

图 7-47　TG 法分析含填料的聚四氟乙烯成分

(4) 用热重法研究高分子材料的共聚与共混

每种高分子材料都有自己的优点和缺点，在使用时，为了利用优点、克服缺点，往往采用共聚或共混的方法得到使用性能更好的高分子材料。热重法可以用于测定高分子材料共聚物和共混物的组成。

二元共混物的热稳定性介于两种均聚物的热稳定性之间，如天然橡胶（NR）与乙丙橡胶（EPDM）共混，在 DTG 曲线上各自出现两个峰，分别对应于 NR 和 EPDM 峰的位置。把共混物的峰高分别与 NR 和 EPDM 的峰高相比后求出的比值，就是共混物中 NR 和 EPDM 的含量。

共聚物若是无规共聚物，它的热稳定性介于两个均聚物之间。嵌段共聚物有两个分解过程，它的热稳定性又低于无规共聚物。例如，苯乙烯与 α-甲基苯乙烯共聚（图 7-48），其热稳定性顺序为聚苯乙烯>无规共聚>嵌段共聚>聚 α-甲基苯乙烯。所以，用热重法可以鉴别无规共聚物和嵌段共聚物。

(5) 硫化胶中炭黑的定性分析

通过 TGA 法进行硫化胺（主要是丁基橡胶）中炭黑的定性分析。图 7-49 是用

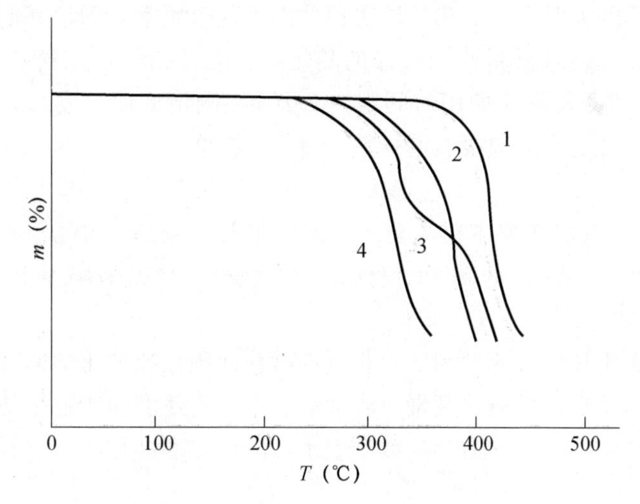

图 7-48 用 TG 法鉴别共聚物的结构

1—聚苯乙烯；2—无规共聚物；3—嵌段共聚物；4—聚 α-甲基苯乙烯

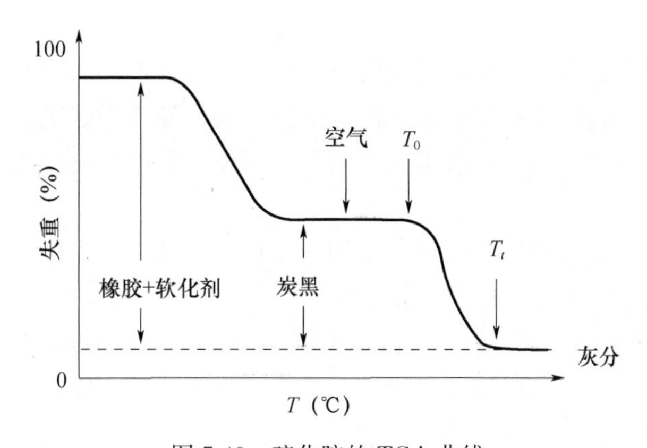

图 7-49 硫化胺的 TGA 曲线

TGA 法得到的温度与失重关系。胶样在氮气中加热，到 500℃左右时除炭黑以外的有机物几乎均分解气化。炭黑在 800℃以上仍是稳定的，为了促进其分解，将空气通入体系中，其结果是从图上的温度 T_0 到 T_t 观察到第二减量，这期间炭黑完全分解，剩下的只是灰分。不同表面积的炭黑可测得不同的 T_0 和 T_t 值，这些温度值即作为炭黑的分解特征温度。如果用 DTA 法决定起始反应温度 T_0，随意性很大，而用失重法测定较为可靠。

(6) 热重法研究高分子材料的老化

在工程技术上，高分子材料的使用寿命是非常重要的指标。很多材料使用时都要求测定使用寿命，而用常规自然老化的方法测定材料的寿命要花费很长的时间，常以年、十年计。材料的寿命越长，测定的时间就越长。

功能性指标、温度、环境气氛和使用时间是构成材料使用寿命的四大要素。为了快速有效地测定材料的使用寿命，经过多年的研究和实践，总结出了用热重法进行快速测定的理论公式和经验公式，并在材料使用寿命的测定中得到广泛的应用。

在使用寿命的四大要素中，热重法是抓住温度这个要素，固定其他3个要素来进行测定比较的。例如，绝缘材料使用寿命的测定，功能性指标定在材料失重10%，环境气氛定为N_2和空气条件下，使用时间定在2万h，测定使用温度，温度越高，材料的使用寿命就越长。又如，漆包线温度指数T_{20000}与热重曲线10%失重率关系为：

$$T_{20000}=a+b\lg T_{10\%}\ (℃) \tag{7-21}$$

以$\beta=1℃/min$升温速率求得聚酯类、聚氨酯类、聚酯-亚胺类和聚酰胺-亚胺类漆包线的$a=-1214.4$，$b=563.6$；而缩醛类、亚胺类、异氰酸酯型聚酰胺-亚胺类冷冻漆包线的$a=-1130.1$，$b=514.3$。

寿命问题的实质是反应速度问题，是制约材料使用性能的化学速度快慢问题。反应速度快，寿命短；反之，反应速度慢，寿命就长。反应速度问题就是动力学问题，可以用动力学方程来描述，或用动力学参数来表示，因此，寿命与动力学有关。

7.5 热分析仪器的发展趋势

热分析技术迄今已有百余年的发展历史。随着科学技术的发展及在材料领域中的广泛应用，热分析技术展现出新的生机和活力。近年来，随着科研工作的不断深入，对材料测试的要求日益升级，热分析技术也不断取得创新与突破。热分析技术的发展趋势主要包括：

①计算机技术的渗透使热分析仪器更加智能化和自动化，应用范围更广。如采用数字过滤技术改善仪器信噪比、提高分辨率等。

②小型化、高能化是今后发展的必然趋势。目前，TG精度可以达到ng级，DTA精度可以达到μW级。还可以极快的速度达到极高或极低的温度，挑战温控技术极限。例如，日本理学的热流式DSC，体积只相当于原先产品的1/3，同时还提高了仪器的灵敏度和精度。

③新型热分析技术不断问世，如高温DSC、高压TG、微分DTA、温度调节技术、微量热技术、介电热技术、样品控制热分析、脉冲热分析等。

④联用技术能够获取更多信息，成为热分析发展的新亮点。一般来说，每种热分析技术只能了解物质性质及其变化的某些方面，而一种热分析手段与别的热分析手段或其他分析手段联合使用，会收到互相补充、互相验证的效果，从而获得更全面、更可靠的信息。目前，除了DTA、DSC、TG可相互连用外，热分析还能与气相色谱（GC）、质谱（MS）、红外光谱（IR）等仪器联合使用分析。

随着科学技术的进步与研究工作的深入，过去较少应用的热分析技术现在得到了普遍的应用，如热机械分析技术。热机械分析技术主要分为两种：动态热机械分析（DMA）和静态热机械分析（TMA）。目前，DMA已经从过去单纯测定材料的动态黏弹性发展到可以测定材料的静态黏弹性，并且只要配置了合适的配件，如与显微镜联用，功能还能进一步扩展。

生物大分子热力学过程有着重要的研究意义，而研究这一过程需要利用目标分子直接测量伴随生物大分子反应的热效应。微量热技术便是测定这种热效应的一种新型热分析技术，具有样品用量小、精确度高、测定速度快、操作简单等特点。目前，微量热仪器主要包括差示扫描微量热仪、等温滴定量热仪（ITC)、热活性微量热仪等。其中，等温滴定量热仪和差示扫描微量热仪的原理相似，前者只是增加了滴定模块的功能：ITC可以收集到滴定过程中吸热或放热的热量变化，用以了解生物分子之间的相互作用。

7.5.1 热分析联用技术

热分析应用如此之广，与热分析联用技术的兴起有着很大的关系。目前，热分析联用技术主要包括同时联用、串接联用和间歇联用3种类型。

（1）同时联用技术

同时联用技术，即综合热分析法，它是在程序控温下对一个试样同时采用两种或多种分析技术进行分析。最常用的有TG-DTA、TG-DSC、TG-DTA/D等。近期发展的有动态热机械（DMA）与介电分析（DEA）联用，DMA与流变仪（Rheometer）联用和差示扫描量热（DSC）与光量热计（photocalorimeter）联用。除了拥有各种单一热分析仪器的分析手段外，还可对物质的各种热效应进行综合判断，从而更为准确地判断物质的热过程。由于综合热分析技术能在相同的实验条件下获得尽可能多地表征材料特性的多种信息，因此，它在科研和生产中获得了广泛的应用。

①DTA-TG联用。DTA-TG是出现最早的联用技术。溶胶-凝胶法是一种低温制备新材料的方法，在材料制备过程中需进行烧结以脱去吸附水和结构水，并排除有机物，同时材料还会发生析晶等变化。图7-50为某一凝胶材料的DTA-TG联用曲线。由图7-50可知，DTA曲线上110℃附近的吸热峰为吸附水的脱去；而300℃附近的吸热峰伴随有明显的失重，应为由凝胶中的结构水脱去而引起的；400℃附近的放热峰也伴随着失重，因此可以认为属有机物的燃烧；而在500～600℃的放热峰所对应的TG曲线为平坦的过程，说明该峰属析晶峰。通过DTA-TG联用分析可以定出以下烧结工艺制度：升温烧结时在100℃、300℃和400℃附近的升温速度要慢，以防止制品开裂。

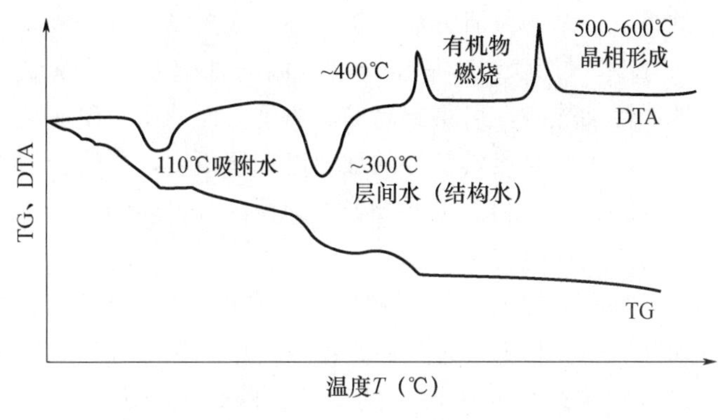

图7-50 凝胶化材料的DTA-TG联用曲线

②DMA-DEA 联用。DEA 是一种在设定时间/温度及频率下对材料的两项基本电荷特性、电容及电导进行定性定量分析的技术。电容和电导分别描述了材料容纳电荷和传导电荷的能力，它们与材料的分子运动相关联。DEA 可提供的参数有介电常数、玻璃化转化温度、固化程度及固化速率、二级转化温度、损耗系数、离子导电率、高级形态学等。PE 公司新型动态热机械-介电同步分析仪，由动态热机械分析仪和介电分析仪两个主要部分组成并由相应的配件和软件连接。DMA7e 主机作为主要的力学测试机构和试样夹具。试样夹具采用平行板测试系统，为圆片状。若试样为液体（如固化前的环氧树脂），则可用杯状和平板的测试系统。Eumetric 系Ⅲ型微介电分析仪作为电信号的发生、接收和数据处理系统，在底盘（即样品底部）施加振荡电压、电信号穿过试样，到达上平行板后通过一个电导接口箱将信号输入计算机，通过数据处理，以离子黏度随时间变化的形式输出。

③DSC-PC 联用。差示扫描量热仪和光量热计（PC）联用，可以测定材料在单波长或全光谱紫外光辐照下光化学反应热焓（热流）值的变化。可以进行光硬化、分解树脂、黏结剂、涂料、光纤维被覆材料等紫外线照射树脂的交联度的特性评价。在半导体、电子、印刷油墨、涂料工业中的低温光引发固化方面有着极其广泛的应用。PE 公司开发的双光束光量热计 DPA7 可以与 DSC7 联用，有两种光学系统可供选择。选择单波长可精确评价反应机制及光引发剂、选择全光谱范围可模拟加工条件。多光源可用于不同的反应条件，DSC7 可保证热焓测定的准确性。

（2）串接联用技术

串接联用技术是指热分析技术与质谱、红外光谱等联用的一类综合分析技术。这种联用技术目前主要用于热分析过程挥发产物的分析。采用红外光谱（IR）对多组分共混、共聚或复合成的材料及制品进行研究时，经常会遇到这些材料中混合组分的红外光谱谱带位置很靠近甚至重叠，相互干扰，很难判定。而采用 DSC 法测定混合物时，不需要分离即可将混合物中几种组分的熔点按高低分辨出来。采用 IR-DSC 联用技术，则可根据 IR 法提供的特征吸收谱带初步判断几种基团的种类，再由 DSC 法提供的熔点和曲线就可准确地鉴定共混物组成。这种方法对于共混物、多组分混合物和难以分离的复合材料的分析和鉴定准确而快捷，是一种行之有效的方法。

热分析与质谱（MS）联用，同步测量样品在热处理中质量热焓和析出气体组分的变化，对剖析物质的组成、结构及研究热分析或热合成机制，都是极为有用的一种联用技术。而调幅式 DSC 技术（MDSC）是在线性升温的基础上，另外重叠一正弦波加热方式。当试样缓慢地线性加热时，可得到高的解析度，而采用正弦波振荡方式加热，产生瞬间的剧烈温度变化，可同时兼具较好的敏感度和解析度，再配合傅里叶转换可将试样热焓变化的总热流分解为可逆和不可逆部分，即可区分可逆的聚合物结晶熔融和玻璃化转变过程及不可逆的热焓松弛现象。

热分析和质谱分析联用技术在无机材料特别是高温无机材料方面的应用十分广泛。在各种无机材料（如硅酸盐和粉末冶金材料）的生产中，热处理是必不可少的方法。各种无机材料在受热过程中往往会发生质量的变化（脱蜡、分解、放气、气体反应等），体积和几何形状的变化（收缩、致密化、膨胀等），热焓的变化（相的形成、相的转变等），电导和其他电学、磁学和光学性能的变化等。热分析和质谱分析联用技术不仅可以测得各种无机材料在受热过程中发生的质量、体积和其他性能的变化，同时还可对逸出的气体组分进行表征。这对分析无机材料的热分解机制，改进材料的制备工艺，都有着极其重要的意义。近代新型无机材料的发展中正崛起一种无机-有机复合材料。通过将有机官能团引入无机材料的网络之中，对无机材料加以改性，使材料同时兼有无机和有机材料的某些特性，大大改进了材料的性能，扩大了材料的应用范围。利用热分析和质谱分析联用技术可以研究有机-无机复合材料的复合网络的热分解行为。从挥发的有机官能团或者它们的碎片离子质谱表征分析，可以推导出该种有机-无机复合材料的键的断裂方式及与温度的关系。这对有机先驱体的选择有极大帮助。

质谱在鉴别挥发性物质和物质的热分解碎片方面是十分理想的工具。热分析和质谱分析联用技术的发展主要将集中在下列几个方面：

①联用仪器配有更高级的计算机软件，能解决材料在热分析过程中逸出气体组分质谱峰的判别及重叠质谱峰的分解。

②热分析仪和质谱联用的方法更趋于多样化。可根据材料研究的实际需要，对TG、DTA（差热）、DSC（差示扫描量热）、GC（色谱）、FTIR（傅里叶红外光谱）和MS等有选择性地加以组合和同步联用，如TG-MS、TG-DTA-MS、TG-DTA/DSC-MS；还可加上GC，如TG-GC-MS或加FTIR，如TG-FTIR-MS。间歇式联用有TG-CT-GC-MS（CT为Cold Trap，冷阱）。

③热分析仪和串联质谱（TG-MS/MS）的联用技术将快速发展。采用串联质谱MS/Ms，引入第二次质谱分离步骤，将能够区分具有相似热失重行为的试样。这对于分析混合物试样具有较大意义。

④热分析和质谱联用技术的应用和研究范围将更加宽广。对于环境试样，少量样品往往不足以代表环境的污染状况。

⑤一种新的脉冲热分析方法可以在选定的温度下进行气体-固体间反应。这种方法适合于用MS对逸出气体进行定量表征。

综上所述，热分析质谱法的发展前景十分广阔，在这里不再一一赘述。热分析质谱联用技术的应用在我国虽然是近十多年的事情，但已经引起人们浓厚的兴趣和密切关注，并有许多研究机构、高技术和产业部门已经或正在着手开展相关的研究工作。

（3）间歇联用技术

间歇联用技术是指对同一试样应用两种分析技术，而对第二种分析技术的取样是不连续的。TA-GC联用属于间歇串联联用，如差热分析和气相色谱的间歇联用。由于GC从进样到出峰需要一定的时间间隔，而热分析是一种连续的测定过程，需要通过一种接口或取样器，可以每隔一定时间间隔就通过载气把热分析气相产物送入GC进行分析。由于分析的不连续性，从而限制了热分析与色谱联用技术的发展。

热分析技术一个新的发展趋势是自动化程度更强，近年来出现了自动进样器，实现了数十个样品可自动进样。许多公司相继推出带有机械手的自动热分析测量系统，并配有相应的软件包，能实现自动设定测量条件和存储测试结果，使仪器操作更简便、结果更精确、重复性与工作效率更高。而模型动力学处理软件的开发使处理动力学数据更为方便。

7.5.2 热分析仪器的最新进展

（1）温度调制式差示扫描量热技术

DSC的热流量反映的是表观现象，对于发生在同样温度范围内的多重转变过程还不能从本质上给出一个准确的解释，也无法同时获得高灵敏度和高分辨率。对于一些微弱转变的表征在很大程度上还受到基线斜率和稳定性的影响。此外，传统DSC无法测量材料在恒温下的比热容变化。这些问题均限制了该技术的应用。20世纪90年代，由M. Reading等发展的“调制温度式差示扫描量热仪（Modulated Differential Scanning Calorimetry，MDSC）”很好地解决了这些问题。MDSC是在线性加热的基础上又叠加了一个正弦振荡方式的加热，如图7-51所示。所以，当缓慢线性加热时可得到高的分辨率，同时正弦振荡方式加热时又造成了瞬间剧烈的温度变化，故可获得较佳的灵敏度，弥补了传统DSC不能同时具备高灵敏度和高分辨率的不足。然后运用傅里叶变换可将总热流分解成可逆成分和不可逆成分，从而将许多重叠的转变分开，据此可对材料的结构和特性做进一步的分析。

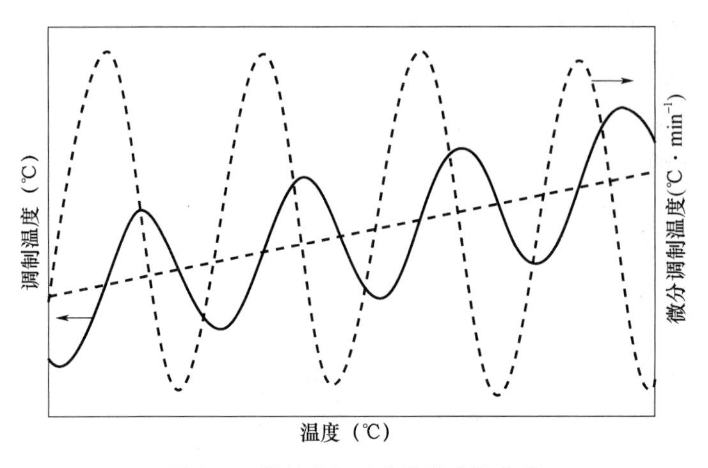

图7-51 线性叠加正弦波的升温曲线

（2）微量差示扫描量热计

微量差示扫描量热计，即MicroDsc或Microcalorimeter，是在传统的差示扫描量热计（DSC）基础上，根据Calvet原理设计和制造的。传统的DSC因样品仅一面与平板检测器相接触，不能对整个样品进行非常准确的测量，而MicroDSC可对样品各个方向实施“包围”检测，因而具有灵敏度高、检测范围广的特点。最重要的是它除了具有传统DSC的功能外，还有效地用于固-液、固-气、液-液相在不同温度下的两相反应和动力学研究，因而可用于研究物理学中的相变，化学中的分子反应动力学和机制、分子间相互作用及分子自组装，高分子科学中的链结构和区域结构（Domain Structure），生物医学中蛋白质的折叠（Folding）、蜷曲（Refolding）与变性（Denaturationn）、DNA的杂化（Hybridization），以及抗原与抗体间的反应和食品科学中配方的优化等。

另外，微量差示扫描量热计的另一种形式是等温滴定量热计，即ITC（Isothermal

Titration Calorimetry）。这种 ITC 可直接测量由一种溶液中逐步加入另外一种溶液时的热量变化。该方法经常用于研究蛋白与配合物间结合常数及蛋白和蛋白间作用的研究。

（3）动态热机械分析技术

动态热机械法（Dynamic Thermal Mechanometry）是指让试样处于程序控温下，测量试样物质在振动负荷下的动态模量和力学损耗随温度变化的一种技术。事实上，动态热机械分析仪是在热机械分析仪基础上附加了一个加力马达，在加力马达中通入低频交流电，产生交变力叠加在试样上，这样就可测量材料的动态力学性能。与差热分析方法不同，动态热机械分析法测定的不是温度、热焓等热力学参数，而是材料的力学性能参数（如模量、内耗等）。内耗科学在金属、高分子材料和生物材料等方面的发展较为突出，在钢铁、橡胶、纤维和涂料等方面应用广泛，特别适合于高聚物的固化、交联、结晶、玻璃化转变、热稳定性、老化等方面的研究。动态热机械分析仪通常有 4 种类型：①自由衰减振荡式，如扭摆仪、扭辫仪等；②共振式，如振动笛仪等；③非共振强迫振动式，如动态黏弹仪等；④波传播式，如动态模量测试仪等。

（4）高分辨热重分析仪

高分辨热重分析仪技术主要是根据样品裂解速率的变化，由计算机自动调整加热速率，从而提高了解析度。其中加热速率可采用 3 种不同的方法加以控制，即动态加热速率、步阶恒温和定反应速率。动态加热速率即根据样品裂解速率来调整加热速率。当样品未裂解时，TG 以较高的加热速率加热；当样品开始裂解时，则将加热速率降低，以避免温度过头，影响解析度；而当裂解完毕后又可恢复到较高的加热率，以节省时间。步阶恒温即 TG 以一定的初始加热速率加热，当达到预定的质量损失或质量损失速率时，则恒温；样品完全裂解后，TG 恢复到初始加热速率。定反应速率即根据选定的裂解速率来控制加热炉的温度，以维持一定的裂解速率。利用高分辨 TG，可更精确地对样品中各组分进行定量。传统的 TG 图中两组分间无明显分界，难以准确定量，但可清楚地分辨出两个转折，对组分的定量具有重要意义。

除了上述进展外，近几年还出现了自动进样器，多个样品可实现自动进样。此外，软件的发展也使测量温度和标定温度之间可实现自动校正，这样测量温度不必非与标定温度一致。而模型动力学处理软件的开发使处理动力学数据更为方便。

7.6　综合热分析在工程实践中的应用

7.6.1　综合热图谱在材料研究中的作用

在科学研究和生产中，无论是对物质结构与性能的分析测试还是反应过程的研究，一种热分析手段与另一种或几种热分析手段或其他分析手段联合使用，都会收到互相补充、互相验证的效果，从而获得更全面、更可靠的信息。因此，在热分析技术中，各种单功能的仪器倾向于综合化，这便是综合热分析法，它是指在同一时间对同一样品使用两种或两种以上热分析手段。综合热分析仪的出现，提供了相同的实验条件，因而利用对于取得的热谱曲线（如差热、失重、膨胀收缩等）的综合分析，就能比较顺利地得出符合实际的判断。

综合热分析法实验方法和曲线解释与单功能热分析法完全一样，但在曲线解释时有一些综合基本规律可供分析参考。

①产生吸热效应并伴有质量损失时，一般是物质脱水或分解；产生放热效应并伴有质量增加时，为氧化过程。

②产生吸热效应而无质量变化时，为晶型转变所致；有吸热效应并有体积收缩时，也可能是晶型转变。

③产生放热效应并有体积收缩，一般为重结晶或新物质生成。

④没有明显的热效应，开始收缩或从膨胀转变为收缩时，表示烧结开始，收缩越大，烧结进行得越剧烈。

由于综合热分析技术能在相同的实验条件下获得尽可能多的表征材料特征的多种信息，为材料加热过程中的变化机制提供了可靠的根据，因此，综合热分析仪在科研或生产中获得了广泛的应用。

7.6.2 综合热分析在工程实践中的应用案例

（1）综合热分析法设计高温材料的配方

水泥、玻璃、陶瓷等材料均需以生料适当配合后经高温烧结而成。综合分析生料的热性能可为研制性能优质的高温材料提供合理配方。

例如，高岭石和水云母类矿物等都是陶瓷坯料中使用的黏土原料，图 7-52 示出它们的 DTA-TG-TD（热膨胀）曲线。高岭石的 DTA 曲线上 600℃的大吸热峰为结构水排除，TG 曲线对应明显失重，收缩曲线表明 500℃以后开始有较大收缩，DTA 曲线上 1000℃的放热峰为非晶质重结晶，对应收缩严重。水云母类矿物的 DTA 曲线 100℃较大的吸热峰为层间吸附水排除，500℃的吸热峰为排除结构水，TG 曲线对应两个较小的失重台阶；收缩曲线 500℃后对应有微膨胀；DTA 曲线上 900℃的吸热峰表明水云母释放出最后的 OH，接着重结晶。综合分析这两种矿物的脱水、失重和膨胀收缩可以看出：在坯料配方中若仅选高岭石类矿物，则会造成烧成时因结构水排除效应集中而开裂，且排水过程会出现一定的收缩，同时烧结温度也高；若仅选水云母类黏土配料，则可塑性差，层间水排除效应集中易形成低温开裂，结构水排除过程略形成膨胀，且烧结温度低，Al_2O_3 含量低，烧结瓷体莫来石组分少。为此，对于使用性能要求较高的陶瓷坯体往往结合高岭石类和水云母类黏土加热过程中结构水排除效应的集中和分散、排水过程会产生体积上的膨胀和收缩、烧结温度的高低及烧结范围的宽窄，采用两种黏土适当配合，以消除各自的缺点，发挥各自的优点，互补利弊。

（2）锆酸钙合成的研究

锆酸钙（$CaZrO_3$）有一系列优良的特性，因此，近年来许多人研究过用 $CaCO_3$ 和 ZrO_2 为原料，经固相反应合成 $CaZrO_3$。$CaZrO_3$ 的形成过程如图 7-53 所示。

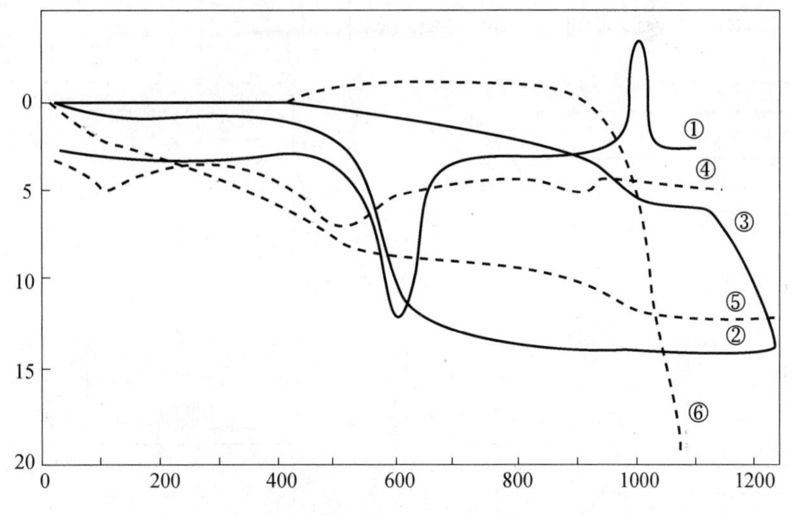

图 7-52　高岭石和水云母的 DTA-TG-TD 曲线

①④—DTA 曲线；②⑤—TG 曲线；③⑥—TD 曲线

（注：高岭石以实线表示；水云母以虚线表示）

二氧化锆（ZrO_2）加热时，在 1150℃附近有一个吸热谷，线膨胀收缩曲线上有明显的收缩，如图 7-53（A）所示。这是 ZrO_2 的晶型转变（单斜→四方晶系）引起的，这一转变是可逆的，冷却曲线上可见到明显的放热峰，如图 7-53（a）所示。摩尔比为 10%（$CaCO_3$）+90%（ZrO_2）的试样，加热过程中于 950～1200℃区域有明显的体积膨胀，如图 7-53（B）所示。随着试样中 $CaCO_3$ 含量的增加，试样的膨胀量也相应地增大。试样尺寸增加的最大值位于 $CaCO_3$：ZrO_2＝1：1 处，如图 7-53（D）所示。如果继续提高 $CaCO_3$ 的含量，膨胀量不但不再增加，反而最终失去膨胀。

上述综合热分析的结果说明，试样的体积膨胀与 $CaCO_3$ 分解无关，因试样开始膨胀前 $CaCO_3$ 已经分解结束，这一点可由差热及失重曲线的结果得到证实，如图 7-53（F）所示。此外，试样膨胀的最大值处于 $CaCO_3$：ZrO_2＝1：1 的位置，是符合 $CaZrO_3$ 化合物的组成特点的，并已由相化学分析及不同温度下淬火试样的 X 射线分析结果证实。试样的膨胀是由锆酸钙（$CaZrO_3$）的形成引起的，因此，为制备致密的锆酸钙烧结制品，需要进行一次预烧，其温度应略高于 $CaZrO_3$ 的形成温度。

（3）高压瓷坯料的研究

为制定合理的烧成制度，以保证制品的性能及成品率，以某高压电瓷坯料的综合热分析为例，予以说明。电瓷的配方组成如表 7-8 所示，电瓷坯料的综合热谱图如图 7-54 所示。

从图 7-54 可见，400℃以前，坯料的失重变化不大，体积则因膨胀而略有增加。500℃以后由于黏土类脱水使失重发生明显变化（坯体孔隙率增大），至 750℃左右失重稳定。因此，在坯体剧烈失水阶段（500～750℃），升温速度应缓慢进行。于 1120℃坯体开始收缩，空隙率降低，容重增加。在 1120～1300℃范围内，坯体剧烈收缩（由于低共熔物形成大量液相所致），并出现二次莫来石（1250℃放热峰）及方石英（1300℃放热峰）等晶体，所以坯体的升温速度更宜缓慢。1300～1370℃范围内，坯体收缩趋于稳定（波动为 8.56%～8.76%），可视为坯体的烧结温度范围。电瓷坯体综合热图谱的分析为制定该类电瓷的烧成制度提供了理论根据。

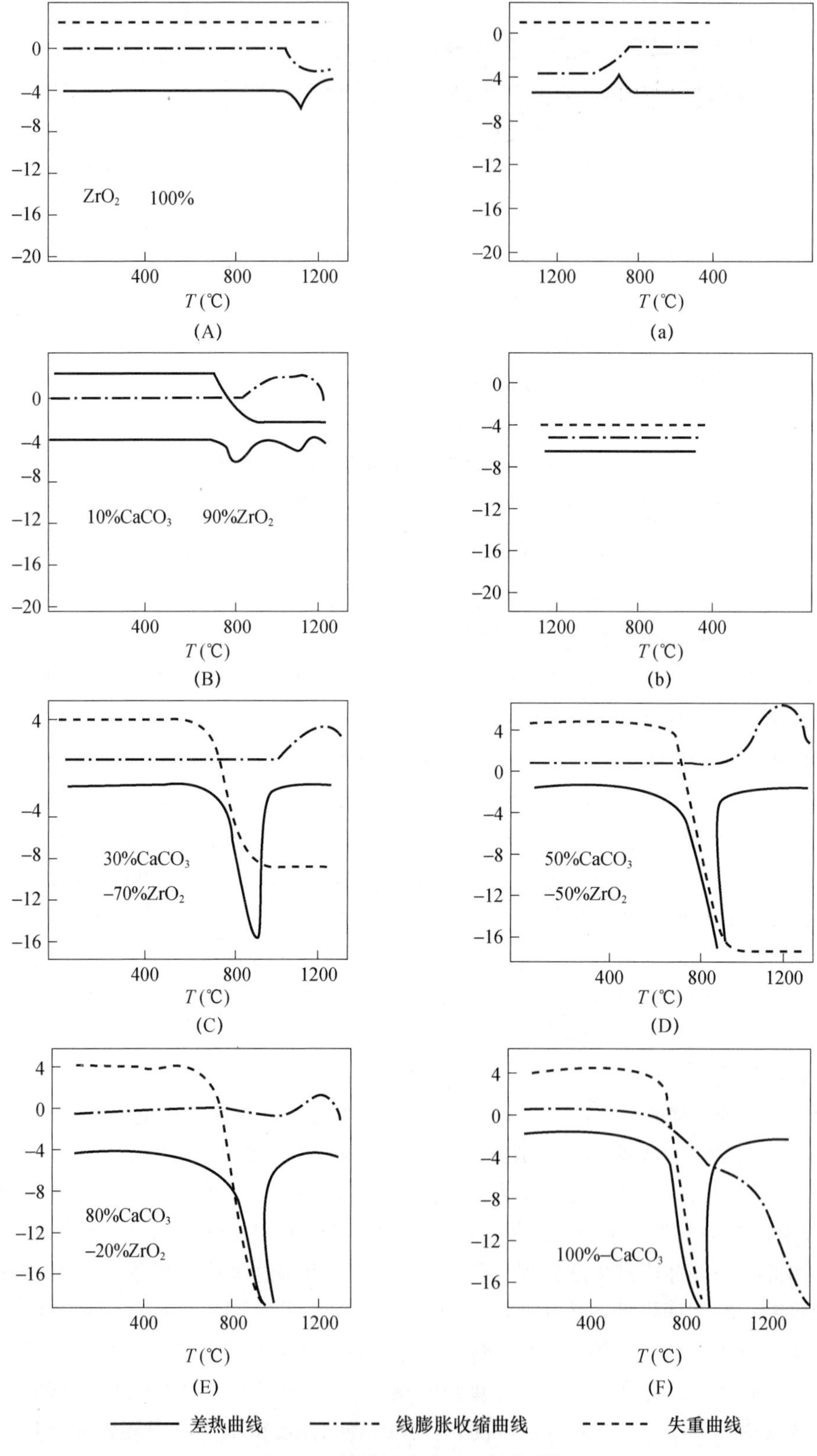

图 7-53 锆酸钙形成过程的热谱图

表 7-8 电瓷坯料组成

原料	黏土	高岭土	石英砂	伟晶花岗岩	碎瓷粉
质量含量（%）	17.90	26.28	8.32	42.00	5.00

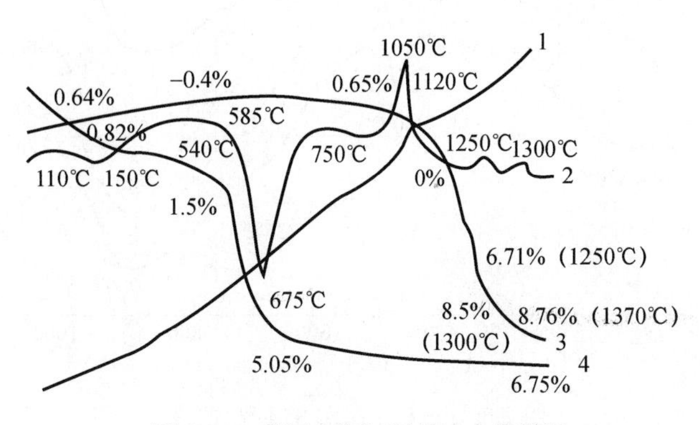

图 7-54 高压电瓷坯料的综合热谱图

1—温度曲线；2—差热曲线；3—体积变化曲线；4—失重曲线

（4）综合热分析在水泥基复合材料中的应用

王冲等采用X射线衍射与差示扫描量热-热重法研究了粉煤灰与矿渣对水泥早期水化及其火山灰放热行为的影响。纯水泥浆试样（基准样）、掺20%粉煤灰试样（FA-20）与掺20%矿渣试样（GGBS-20）的DSC实验结果如图7-55～图7-57所示。图7-55至图7-57结果表明，基准、FA-20和GGBS-20等3个试样在30～1000℃有3个明显的吸热峰。第1个吸热峰出现在100～110℃，这主要是AFt和C—S—H水化产物的凝胶水脱去所致。$Ca(OH)_2$的吸热峰出现在440～480℃，900℃左右的吸热峰为C—S—H凝胶结构分解。DSC实验结果表明：不掺任何混合材，与分别掺入粉煤灰和磨细矿渣作为混合材的水化产物类型基本相同，主要是C—S—H凝胶$Ca(OH)_2$。此外，在图7-55至图7-57的DSC曲线725℃附近有1个非常小的吸热峰，这主要是Ca（$OH)_2$的碳化产物$CaCO_3$。

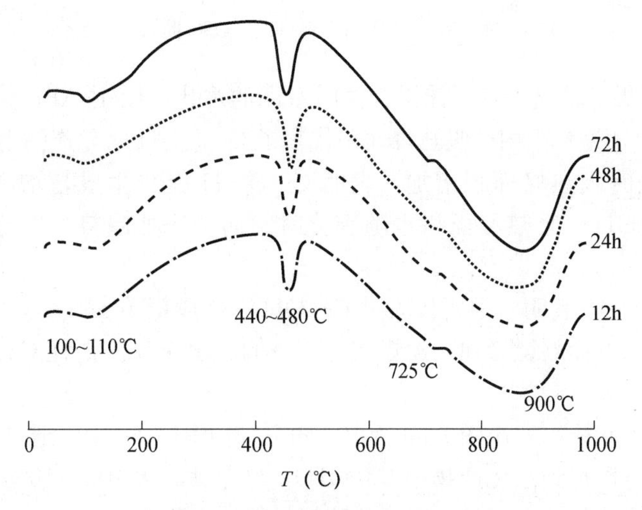

图 7-55 基准试样的DSC曲线

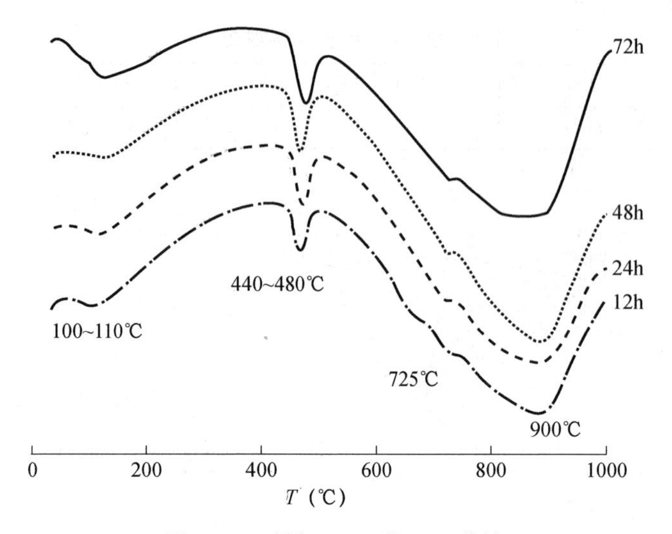

图 7-56　试样 FA-20 的 DSC 曲线

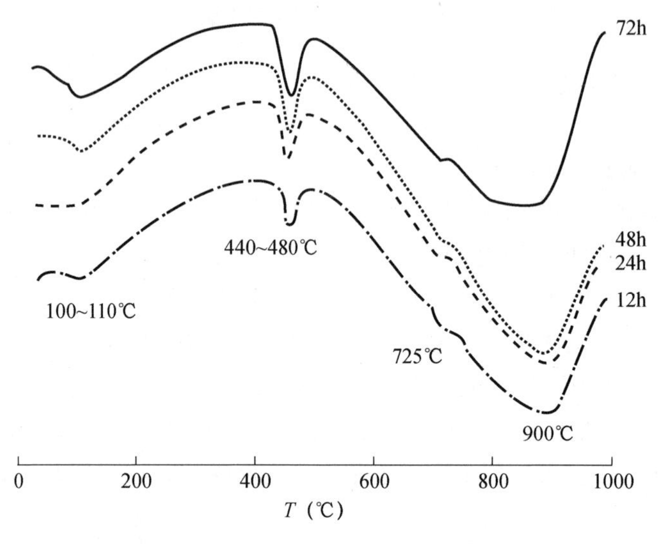

图 7-57　试样 GGBS-20 的 DSC 曲线

XRD 分析结果已经显示，不掺混合材时水泥的水化产物中 AFt 不稳定存在，因而图 7-55 中 100～110℃范围内的吸热峰面积代表了 C—S—H 水化产物生成量，水化时间从 12～72h 变化时吸热峰面积增加，表明 C—S—H 凝胶生成量增加。同时，440～480℃范围内 $Ca(OH)_2$ 吸热峰面积也随水化时间而呈增加趋势，这与 XRD 实验结果相符。

图 7-56 和图 7-57 表明，主要代表了 $Ca(OH)_2$ 生成量的 440～480℃的吸热峰面积随水化时间 12～72h 而略微增加，粉煤灰与矿渣的火山灰反应消耗 $Ca(OH)_2$ 的速度不明显。

TG 实验结果如图 7-58 至图 7-60 所示。图 7-58 至图 7-60 中，通过计算 440～480℃范围的质量损失可以得到水化产物中 $Ca(OH)_2$ 的含量，从 105～1000℃范围内的质量损失可得到水化产物的结合水量，以反映胶凝材料的水化程度。

图 7-58 至图 7-60 中 TG 曲线在 440～480℃范围内质量损失表明，无论掺与不掺活性混合材，水化产物中 $Ca(OH)_2$ 含量随水化时间而增加，特别是掺入粉煤灰或矿渣后的样品 FA-20 与 GGBS-20 试样的 $Ca(OH)_2$ 含量并未因其火山灰反应而减少水化产物中 $Ca(OH)_2$ 的含量，这与图 7-55 的 DSC 结果相符。相同水化时间内水化产物结合水量也增加，反映出粉煤灰与矿渣的火山灰反应消耗 $Ca(OH)_2$ 的结果是促进了水泥熟料的水化反应，从而使得水化产物中 $Ca(OH)_2$ 含量并未降低。

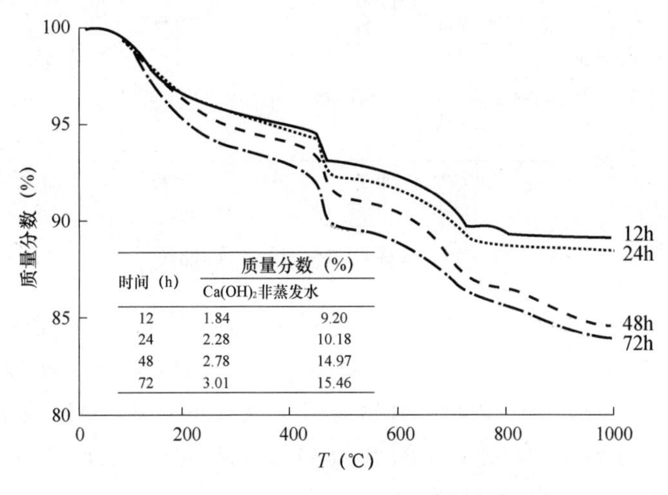

图 7-58　基准试样的 TG 曲线

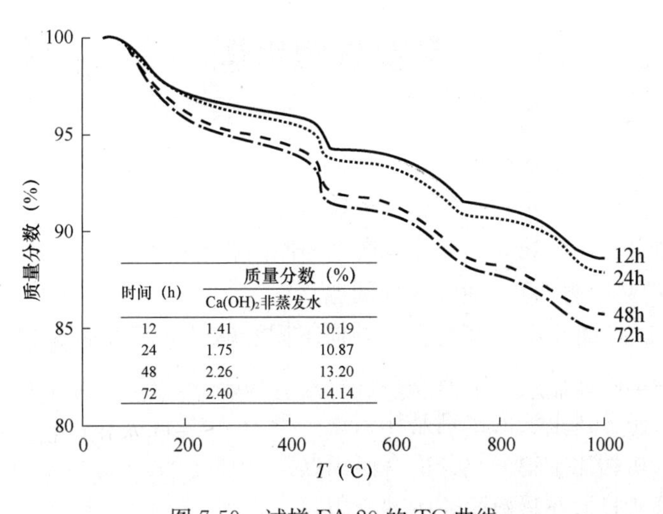

图 7-59　试样 FA-20 的 TG 曲线

实验结果表明，分别掺入粉煤灰（图 7-59）和矿渣粉（图 7-60）后试样的水化产物中 $Ca(OH)_2$ 含量少于基准试样中 $Ca(OH)_2$ 含量，48h 和 72h 的结合水量也小于基准试样，这表明粉煤灰与矿渣的掺入降低了水泥的水化程度。虽然图 7-59 与图 7-60 结果显示水化 12h 与 24h 时的结合水含量大于基准试样，这主要是因为 24h 前掺入活性混合材后水泥水化产物中有 AFt 存在，AFt 结晶水含量高，因而测得的结合水量也高，但这并不意味着水泥水化程度高。对比图 7-59 与图 7-60 的 $Ca(OH)_2$ 含量实验结果可以发

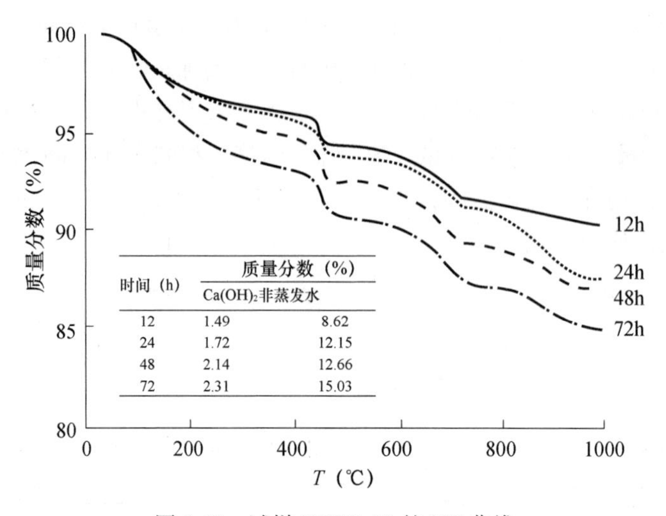

时间（h）	质量分数（%）	
	$Ca(OH)_2$	非蒸发水
12	1.49	8.62
24	1.72	12.15
48	2.14	12.66
72	2.31	15.03

图 7-60　试样 GGBS-20 的 TG 曲线

现，FA-20 试样在水化 12h 时 AFt 含量高、$Ca(OH)_2$ 含量低；GGBS-20 试样在水化 24h 时 AFt 峰值较强。结果表明，活性矿物掺和料对水泥水化热的降低除其活性不如熟料而导致水化热降低外，活性矿物掺和料延迟了 AFt 的分解，AFt 覆盖在水泥熟料颗粒表面，从而阻碍了水泥的水化，水泥水化热降低，与此同时 Ca（OH）$_2$ 含量降低，粉煤灰与矿渣的火山灰反应也受到影响。

习题与思考题

1. 简述热分析的定义和内涵。

2. 简述差热分析、差示扫描量热分析和热重分析的定义和原理。

3. 试述差热分析中放热峰和吸热峰产生的原因有哪些？

4. 比较 DSC 曲线与 DTA 曲线的异同点。

5. DTA 与 DSC 曲线中，峰的含义有何不同？峰的面积能否直接用于表征试样的效应？

6. 热重法与微分热重法的区别是什么？

7. 综合热分析相比于单一热分析有何优点？

8. 简述热分析技术在材料研究中的应用。

9. 图 7-61 为白云石的热重曲线，根据图中所提供的信息，求出 MgO、CaO 含量，$CaMg(CO_3)_2$ 的纯度，并写其出热分解方程式。

10. 图 7-62 为 $CuSO_4 \cdot 5H_2O$ 的热重曲线，根据图中所提供的信息，写出其热分解方程式（写出推断过程）。

11. 说明影响 DTA 曲线形态的因素主要有哪些？图 7-63 中 a、b、c 分别为不同试样用量的 DTA 曲线，根据曲线形态写出 a、b、c 试样用量分别是多少。

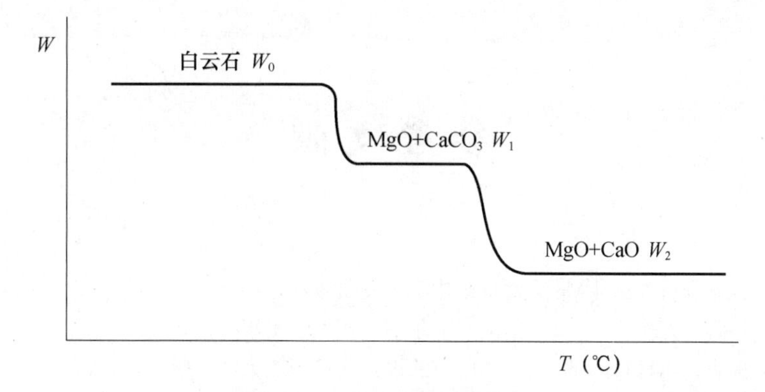

图 7-61 白云石的热重曲线

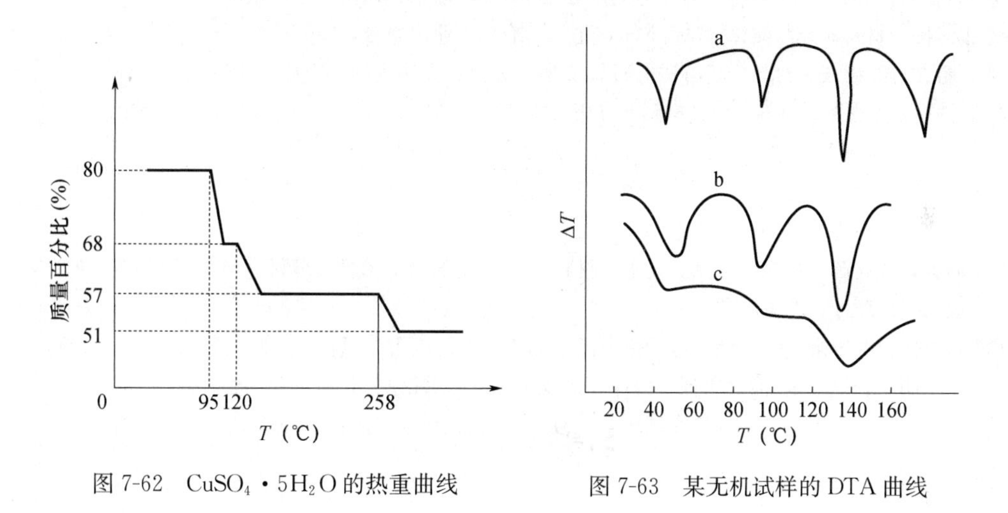

图 7-62 $CuSO_4 \cdot 5H_2O$ 的热重曲线

图 7-63 某无机试样的 DTA 曲线

12. 说明影响 TG 曲线形态的因素主要有哪些？图 7-64 中 a、b 分别为不同试样用量的 TG 曲线，根据曲线形态写出 a、b 试样用量分别是多少。

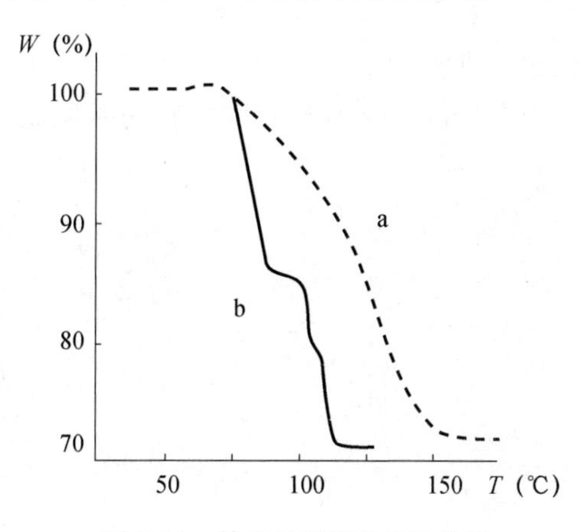

图 7-64 某无机试样的 TG 曲线

参考文献

[1] 张锐．现代材料分析方法［M］．北京：化学工业出版社，2007.

[2] 黄新民．材料研究方法［M］．哈尔滨：哈尔滨工业大学出版社，2008.

[3] 杨南如．无机非金属材料测试方法［M］．武汉：武汉理工大学出版社，1990.

[4] 唐正霞．材料研究方法［M］．西安：西安电子科技大学出版社，2018.

[5] 朱和国，王恒志．材料科学研究与测试方法［M］．南京：东南大学出版社，2013.

[6] 张国栋．材料研究与测试方法［M］．北京：冶金工业出版社，2007.

[7] 杜希文，原续波．材料分析方法［M］．2 版．天津：天津大学出版社，2014.

[8] 常铁军，刘喜军．材料近代分析测试方法（修订版）［M］．哈尔滨：哈尔滨工业大学出版社，2005.

[9] 马世良．金属 X 射线衍射学［M］．西安：西北工业大学出版社，1997.

[10] 梁敬魁．粉末衍射法测定晶体结构［M］．北京：科学出版社，2003.

[11] 黄继武，李周．多晶材料 X 射线衍射［M］．北京：冶金工业出版社，2012.

[12] 周玉，武高辉．材料分析测试技术：材料 X 射线衍射与电子显微分析［M］．哈尔滨：哈尔滨工业大学出版社，2007.

[13] 郭可信，叶恒强，吴玉琨．电子衍射图在晶体学中的应用［M］．北京：科学出版社，1983.

[14] 任小明．扫描电镜/能谱原理及特殊分析技术［M］．北京：化学工业出版社，2020.

[15] 彭文世，刘高魁．矿物红外光谱图集［M］．北京：科学出版社，1982.